高职高专规划教材·基础课系列

U0958126

机械制图

许云飞　杨巍巍　主　编
李　伟　任丰兰　刘承信　副主编
李　宏　主　审

電子工業出版社
Publishing House of Electronics Industry
北京·BEIJING

内容简介

本书是根据教育部“高职高专教育机械制图课程教学基本要求（机械专业）”，结合编者多年的教学经验精心编写而成的，内容遵循机械制图的教学规律，采用最新的《技术制图》、《机械制图》国家标准。学生在开始学习之前就有一个具体的学习目标载体，带着疑问、思考来学习这门课程，极大地调动学习的好奇心和积极性。在选材上，以培养技术应用型专门人才为目标，侧重绘制和阅读机械图样基本能力的训练，通过典型教学载体，将各个学习项目及任务串联起来，由浅入深，循序渐进，知识逐渐系统化。

全书的主要知识点包括制图的国家标准，正投影理论，点、线、面、基本体、组合体投影，轴测图，机件的表达方法，标准件、常用件，零件图上各种技术要求，零件图，装配图。

本书可作为高职高专机械、数控技术应用、机电一体化、模具设计与制造等专业的教材，也可作为职工大学、函授大学、中专学校、技工学校的教材，与本书配套的《机械制图习题集》同时出版。

图书在版编目（CIP）数据

机械制图/许云飞，杨巍巍主编 . —北京：电子工业出版社，2014.9
高职高专规划教材·基础课系列
ISBN 978-7-121-23301-2

Ⅰ.①机…　Ⅱ.①许…②杨…　Ⅲ.①机械制图—高等学校—教材　Ⅳ.①TH126

中国版本图书馆 CIP 数据核字（2014）第 107454 号

策划编辑：郭穗娟
责任编辑：万子芬
印　　刷：北京七彩京通数码快印有限公司
装　　订：北京七彩京通数码快印有限公司
出版发行：电子工业出版社
　　　　　北京市海淀区万寿路 173 信箱　邮编：100036
开　　本：787×1 092　1/16　印张：23.25　字数：595 千字
版　　次：2014 年 9 月第 1 版
印　　次：2021 年 9 月第 4 次印刷
定　　价：49.8 元

凡所购买电子工业出版社图书有缺损问题，请向购买书店调换。若书店售缺，请与本社发行部联系，联系及邮购电话：（010）88254888，88258888。

质量投诉请发邮件至 zlts@ phei. com. cn，盗版侵权举报请发邮件至 dbqq@ phei. com. cn。

本书联系方式：（010）88254502，guosj@ phei. com. cn。

前　　言

本书是根据教育部“高职高专教育机械制图课程教学基本要求（机械专业）”，结合编者多年的教学经验精心编写而成的。

本书在编写过程中，力求反映高职高专的教学特点，以高等职业教育的人才需求为出发点，根据高职高专的培养目标、教学要求和教育特点，结合制图教学改革实践经验，重点培养学生的空间思维能力。遵循“以应用为目的，以必需、够用为度”的原则，对传统的画法几何内容进行了大量的删减，并对组合体的画图和读图，常用的视图、剖视图、断面图等表达方法进行了较为详尽的介绍。

本书遵循机械制图的教学规律，采用了最新的《技术制图》、《机械制图》国家标准。学生在开始学习之前就有一个具体的学习目标载体，带着疑问、思考来学习这门课程，极大地调动学习的好奇心和积极性。在教材内容选择上，以培养技术应用型专门人才为目标，侧重绘制和阅读机械图样基本能力的训练，通过典型教学载体，将各个学习项目及任务串联起来，由浅入深，循序渐进，知识逐渐系统化，制图的核心能力即识图、绘图能力逐渐提升。全书主要知识点包括制图的国家标准，正投影理论，点、线、面、基本体、组合体投影，轴测图，机件的表达方法，标准件、常用件，零件图上各种技术要求，零件图、装配图。

本书参编人员由具有丰富教学经验的教师组成。许云飞、杨巍巍为主编，负责全书的统稿和定稿；李宏为主审，负责全书的审稿工作；李伟、任丰兰、刘承信参与了本书的编写。其中项目一、项目二、项目七、项目八、项目九、项目十由许云飞编写，项目四、项目五由杨巍巍编写，项目三由任丰兰编写，项目六由李伟编写，刘承信负责全书的附录及习题编写。

在本书编写过程中，参照了部分同行的书籍，得到了单位领导的关心和大力支持，在此表示感谢。

由于编者水平有限，本书编写时虽力争严谨完善，但疏漏欠妥之处在所难免，恳请读者批评指正，以便进一步修改，编者邮箱：jssky@ 139. com。

编　者

2014 年 5 月

目　录

绪　论

一、本课程的目标群体

本课程是工科机械、机电、数控、模具等专业的一门重要技术基础课，它介绍机械图样绘制与识读的基本原理和规则，以及绘制和阅读机械图样的方法，培养作图的技能与技巧，是一门实践性很强的课程。它不仅为学习专业技术知识提供基础，也是直接服务于生产的一种重要工具。

二、本课程的主要内容

本课程的主要内容包括制图的基本知识和技能，投影基础，基本体，立体表面交线，轴测图，组合体，物体的表达方法，标准件和常用件，零件图上的技术要求，零件图，装配图等，其中投影基础、组合体、物体的表达方法、零件图和装配图的绘制与阅读等内容是学习的重点。

三、本课程的任务

本课程的主要目的是培养学生自觉地运用各种绘图手段来构思、分析和表达工程问题的能力，培养尺规绘图、徒手绘图的能力。

本课程的主要任务：

（1）学习投影理论，培养绘制和阅读机械图样的能力。

（2）培养空间想象和空间思维能力。

（3）初步掌握机械图样的有关知识，培养查阅有关标准的能力。

（4）学会正确使用常用的绘图工具和仪器。

（5）培养自学能力，提高分析问题、解决问题的能力。

（6）培养耐心细致的工作作风和认真负责的工作态度。

四、本课程的学习方法

（1）本课程是一门实践性很强的技术基础课，必须注重理论联系实际，细观察、多思考、勤动手，掌握正确的读图、绘图方法和步骤，提高绘图技能。

（2）根据正投影原理，加强对基本体、组合体、零件、部件的感性认识，按投影规律作图，提高空间想象和空间思维能力。

（3）自学能力和独立工作能力是科技人员必须具备的基本素质，在学习过程中，要有意识地加以培养和提高。

由于图样在生产中起着重要的作用，绘图和读图的差错都会带来巨大的损失，因此读者在完成习题时，应该养成认真负责的工作态度和严谨细致的工作作风。本课程只能为读者的绘图和读图能力打下初步基础，这种能力在后续课程及生产实习、课程设计和毕业设计中还需继续提高。

五、工程图的发展历史

自从劳动开创人类文明史以来，图形一直是人们认识自然，表达、交流思想的主要形式之一，图形的重要性是别的任何表达方式所不能替代的。

蒸汽机的发明及其应用，开始了近代工业革命，而蒸汽机制造的关键技术是汽缸的加工，加工汽缸需要车床，无论是汽缸的加工还是机床的制造，都需要工程图样作为产品信息的载体。到20世纪初，美国由于采用了互换性和公差与配合，使得汽车制造中心由欧洲转移到美国，汽车工业的生产效率大大提高。由于成批生产，汽车的价格大幅度下降，汽车进入了每一个家庭，使整个美国社会成为“轮子社会”，而“轮子”是按图样生产出来的。

在图形学的发展长河中，具有5000年文明史的中国也有辉煌的一页。“没有规矩，不成方圆”反映了古代中国人民已对尺规作图的规律具有深刻的理解和认识。春秋时代的技术著作《周礼考工记》中已记载了规矩、绳墨、悬垂等绘图工具的运用情况。到了宋代，建筑制图已经相当规范，如李诫的著作《营造法式》。

在近代工业革命的进程中，随着生产的社会化，1795年法国科学家蒙日系统地提出了以投影几何为主线的画法几何，把工程图的表达与绘制高度规范化、唯一化，从而使得画法几何成为工程图的语法，工程图成为工程界的语言。

计算机的广泛应用大大促进了图形学的发展，计算机图形学的兴起开创了图形学应用和发展的新纪元。以计算机图形学为基础的计算机辅助设计（CAD）技术，推动了几乎所有领域的设计革命，CAD技术的发展和应用水平已成为衡量一个国家科技现代化和工业现代化水平的重要标志之一。CAD技术从根本上改变了过去手工绘图、凭图纸组织整个生产过程的技术管理方式。

计算机的广泛应用并不意味着可以取代人的作用，它使技术人员可以用更多的时间进行创造性的设计、创造性的劳动，而创造性的设计离不开运用图形工具的表达、构思。随着CAD和无纸生产的发展，图形的作用不仅不会削弱，反而显得更加重要。

项目一　机械制图基础知识

在工程技术中，根据投影原理、标准或有关规定表示工程对象的形状、结构和大小，并有必要技术说明的图称为图样。

工程图样是工程技术界的语言，是生产过程中的重要技术资料和主要依据，具有严格的规范性。不同性质的生产部门所需的工程图样有不同的标准和名称，如机械制造行业需要机械图样。要完整、清晰、准确地绘制出机械图样，除了需要有耐心细致和认真负责的工作态度外，还要求掌握正确的作图方法、熟练地使用绘图工具，同时还必须严格遵守国家标准《技术制图》与《机械制图》中的各项规定。

任务 1-1　制图基本规定的学习

为了便于技术交流、档案保存和各种出版物的发行，以及制图规格和方法的统一，国家质量监督检验检疫总局依据国际标准组织的标准，制定并颁布了与 ISO 国际标准接轨的我国国家标准（简称“国标”）《技术制图》和《机械制图》。在绘制技术图样时，必须掌握和遵守有关的规定。

标准是为了在一定范围内获得最佳秩序，经协商一致制定并由公认机构批准，共同使用和重复使用的一种规范性文件。国家标准是国家颁布的法令性文件，具有强制性，必须严格遵照执行。国家标准又分为强制性标准（GB）和推荐性标准（GB/T）两类。国家标准编号由国家标准的代号、国家标准发布的顺序号和国家标准发布的年号（四位数字）构成，如 GB/T 10609. 1—2008。

任务要求

通过本任务的学习，达到以下目标：

➢ 理解国家标准的作用及标准的编号规则。

➢ 掌握国家标准《技术制图》与《机械制图》中关于图纸幅面及格式、标题栏的方位与格式、字体、比例等规定，初步奠定绘图基础。

➢ 抄画如图 1-1 所示的任务图，采用留有装订边的 X 型 A4 图纸、简化的标题栏，注意各种线型的画法。

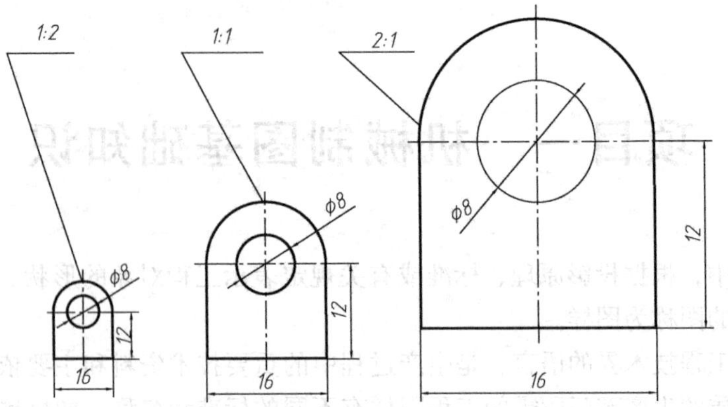

图 1 – 1　任务图抄画

相关知识

一、图纸幅面和格式（GB/T 14689—2008）

1. 图纸幅面

（1）图纸幅面指的是图纸宽度 B 与长度 L 组成的图面，简称图幅。基本图幅大小有 A0、A1、A2、A3、A4 五种规格尺寸。绘制图样时应优先采用表 1 – 1 中所规定的基本幅面，表 1 – 1 中为基本幅面以尺寸关系，图 1 – 2 中粗实线所示为基本幅面。

表 1 – 1　图纸基本幅面代号及尺寸　　单位：mm

幅面代号		A0	A1	A2	A3	A4
尺寸 $B \times L$		841 × 1189	594 × 841	420 × 594	297 × 420	210 × 297
边框	a	25				
	c	10			5	
	e	20		10		

（2）必要时，也允许选用国家标准中所规定的加长幅面。这些幅面的尺寸是由相应基本幅面的短边成整数倍增加得出，如图 1 – 2 中细实线和细虚线所示都为加长幅面。其优先级别顺序为基本幅面（A4、A3、A2、A1、A0），由细实线表示的加长幅面（A3 ×3、A3 ×4、A4 ×3、A4 ×4、A4 ×5），由细虚线表示的加长幅面（A0 ×2、A0 ×3、A1 ×3、A1 ×4、A2 ×3、A2 ×4、A2 ×5、A3 ×5、A3 ×6、A3 ×7、A4 ×6、A4 ×7、A4 ×8、A4 ×9）。

加长幅面的代号为基本幅面代号 × 加长幅数。如 A3 幅面要加长至 3 倍，则长边 420 不变，短边为 297 ×3 =891，因此其幅面尺寸为 420 ×891。

2. 图框格式

在图纸上必须用粗实线画出图框，其格式分为留装订边和不留装订边两种。同一产品的图样只能采用一种图框格式。

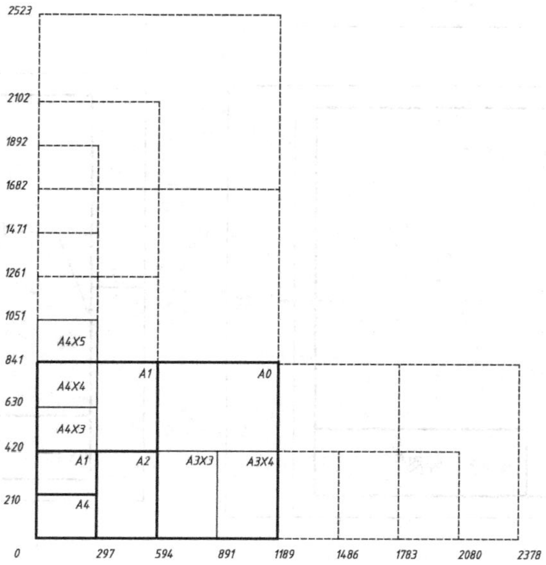

图 1－2　图纸的基本幅面及加长幅面尺寸

（1）不留装订边的图纸，其图框格式如图 1－3 所示，尺寸规定参见表 1－1。

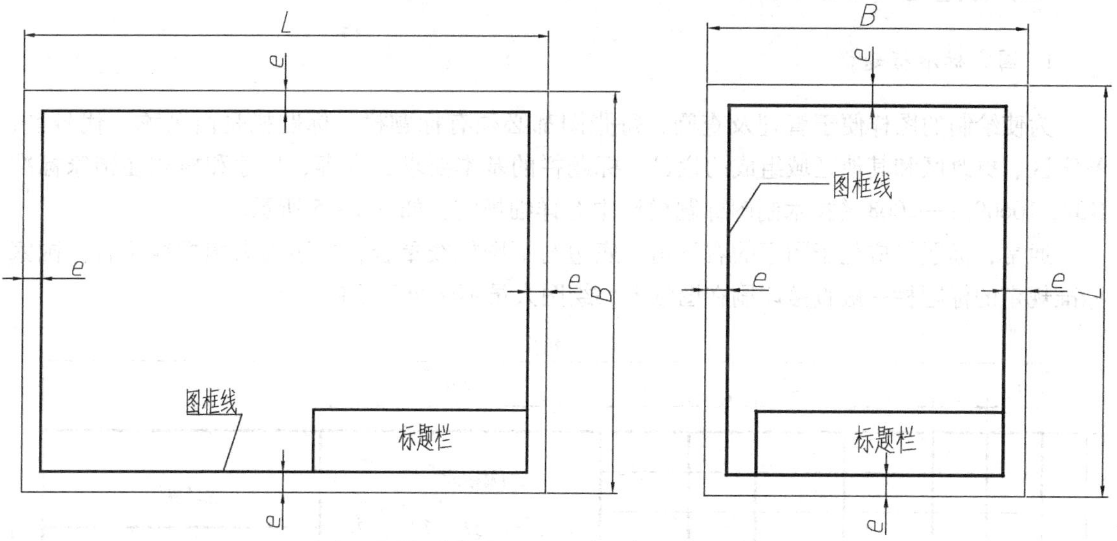

（a）　　　　（b）

图 1－3　不留装订边的图框格式

（2）留有装订边的图纸，其图框格式如图 1－4 所示，尺寸规定参见表 1－1。

对于加长格式的图框尺寸，就按照所选用的基本幅面大一号图纸的图框尺寸来确定。例如，A2×3 的图框尺寸，按 A1 的图框尺寸确定，即 e 为 20（或 c 为 10），而 A3×4 的图框尺寸，按 A2 的图框尺寸确定，即 e 为 10（或 c 为 10）。

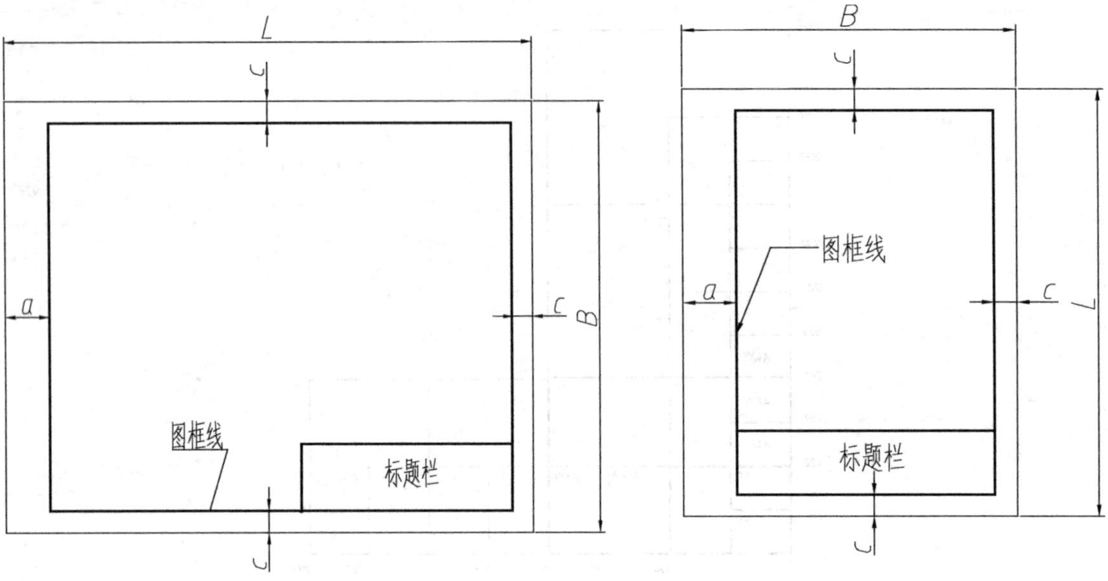

（a）　　（b）

图 1－4　留有装订边的图框格式

二、标题栏（GB/T 10609.1—2008）

1. 国家标准标题栏

为使绘制的图样便于管理及查阅，每张图都必须有标题栏。标题栏是由名称、代号区、签字区、更改区和其他区域组成的栏目。标题栏的基本要求、内容、尺寸和格式在国家标准 GB/T 10609.1—2008《技术制图标题栏》中有详细规定，如图 1－5 所示。

通常，标题栏应位于图框的右下角，底边与下图框线重合，右边与右图框线重合。国家标准规定的标题栏一般直接印刷在图纸上，绘图人员不必自己绘制。

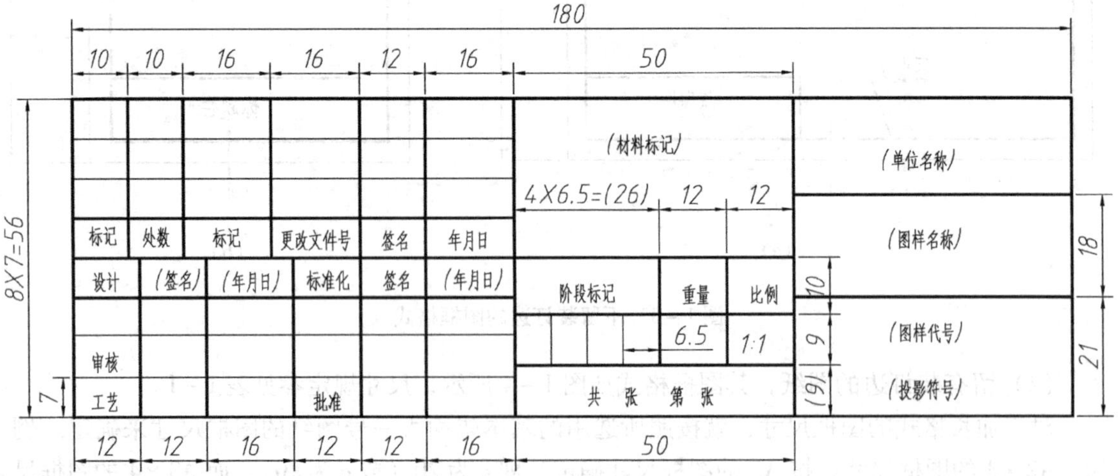

图 1－5　国家标准推荐的标题栏

2. 简化标题栏

制图作业的标题栏，其格式可以简化，一般采用如图 1－6 所示的格式绘制，也可以采用其他格式，不统一要求。

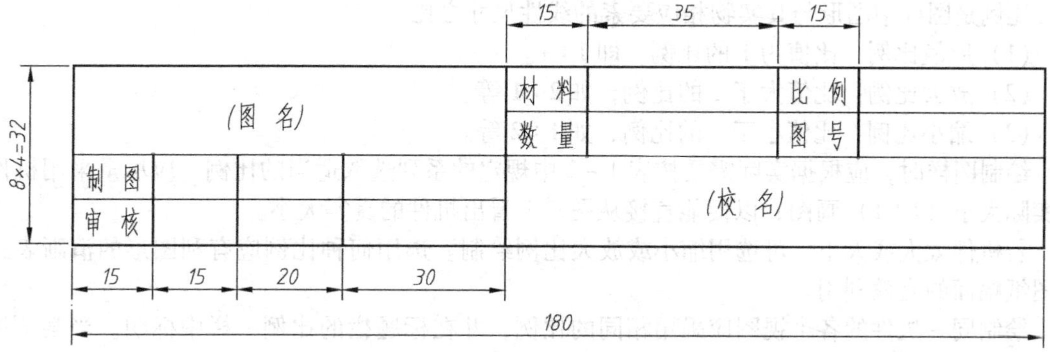

图 1－6　简化的标题栏

3. 标题栏的方位与格式

（1）标题栏的方位。每张图纸上都必须画出标题栏。标题栏的位置应位于图纸的右下角，如图 1－3 和图 1－4 所示。

当标题栏的长边置于水平方向并与图纸的长边平行时，则构成 X 型图纸，如图 1－3（a）、图 1－4（a）所示；当标题栏的长边与图纸的长边垂直时，则构成 Y 型图纸，如图 1－3（b）、图 1－4（b）所示。此时，看图的方向与看标题栏的方向一致。

（2）对中符号。为了使图样复制和缩微摄影时定位方便，应在图纸各边长的中点处分别画上对中符号。对中符号用粗实线绘制，宽度不小于 0.5mm，长度从纸边界开始至伸入图框约 5mm，如图 1－7、图 1－8 所示。

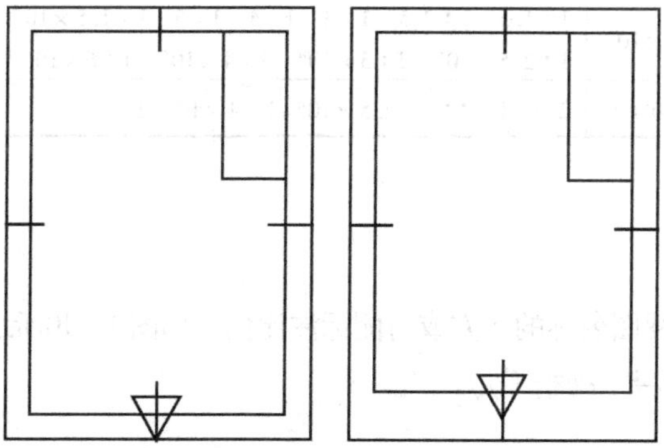

图 1－7　X 型图纸的短边置于水平

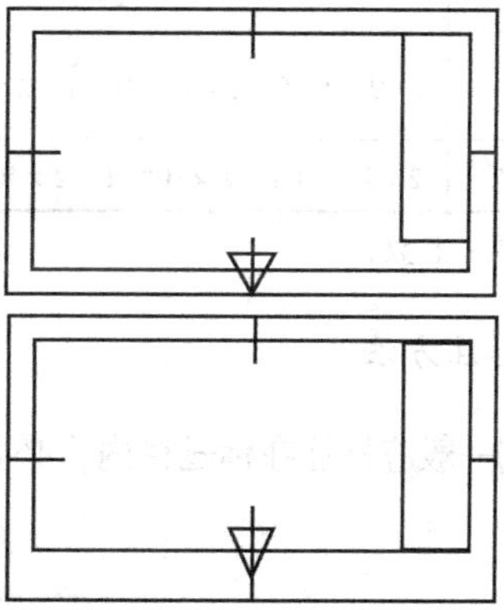

图 1－8　Y 型图纸的长边置于水平

对中符号的位置误差应不大于 0.5mm。

当对中符号处在标题栏范围内时，则伸入标题栏部分省略不画，如图 1－8 所示。

（3）方向符号。若使用预先印制好的图纸，为了明确绘图和看图时图纸的方向，应在图纸的下边对中符号处画出一个方向符号，方向符号是用细实线绘制的等边三角形，其大小和所处的位置如图 1－9 所示。

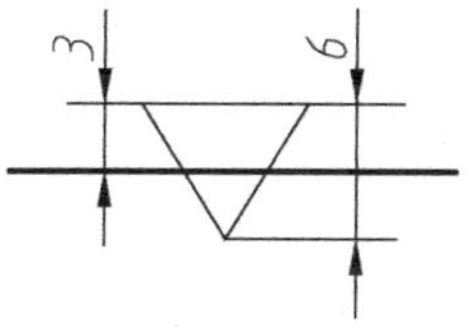

图 1－9　方向符号

预先印刷的图纸一般应具有图框、标题栏、对中符号、方向符号四项基本内容。

三、比例（GB/T 14690—1993）

1. 术语

比例是图样中图形与其实物相应要素的线性尺寸之比。

（1）原值比例：比值为 1 的比例，即 1∶1。

（2）放大比例：比值大于 1 的比例，如 2∶1 等。

（3）缩小比例：比值小于 1 的比例，如 1∶2 等。

绘制图样时，应根据实际需要按表 1 - 2 中规定的系列选取适当的比例。应尽量采用机件的实际大小（1∶1）画图，以便能直接从图样上看出机件的真实大小。

若机件太大或太小，可选用缩小或放大比例绘制。选用何种比例应有利图形的清晰表达和图纸幅面的有效利用。

绘制同一机件的各个视图应采用相同的比例，并在标题栏的比例一栏中标明。当某个视图需要采用不同的比例时，必须另行标注。应注意，不论采用何种比例绘图，标注尺寸时，均按机件的实际尺寸大小注出。

2. 比例系列

国家标准 GB/T 14690—1993《技术制图比例》中对比例的选用作了规定。同一张图纸上，各图比例相同时，在标题栏中标注即可，采用不同的比例时，应分别标注。绘图时可采用表 1 - 2 中的规定比例。

表 1 - 2　比例系列

种　类	优先选用比例系列	允许选用比例系列
原值比例	1∶1	
缩小比例	1∶2　1∶5　$1:1\times10^n$　$1:2\times10^n$　$1:5\times10^n$	1∶1.5　1∶2.5　1∶3　1∶4　1∶6　$1:1.5\times10^n$ $1:2.5\times10^n$　$1:3\times10^n$　$1:4\times10^n$　$1:6\times10^n$
放大比例	2∶1　5∶1　$1\times10^n:1$　$2\times10^n:1$　$5\times10^n:1$	2.5∶1　4∶1　$2.5\times10^n:1$　$4\times10^n:1$

注：*n* 为正整数。

3. 标注方法

比例一般应标注在标题栏内，必要时可在视图名称的下方或右侧标注比例，如图 1 - 10所示。

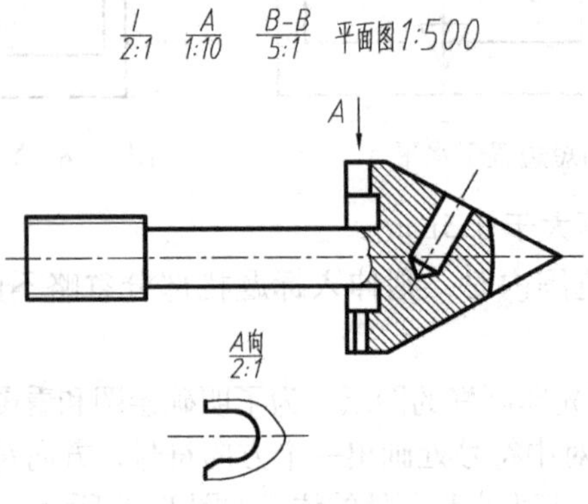

图 1 - 10　标注示例

不论采用何种比例，图形上所注尺寸数字必须是实物的实际尺寸值，而与图形所采用的比例和绘图准确度无关，如图 1－11 所示。绘制图形角度时，不论该图采用何种比例，都要按物体实际角度绘出。

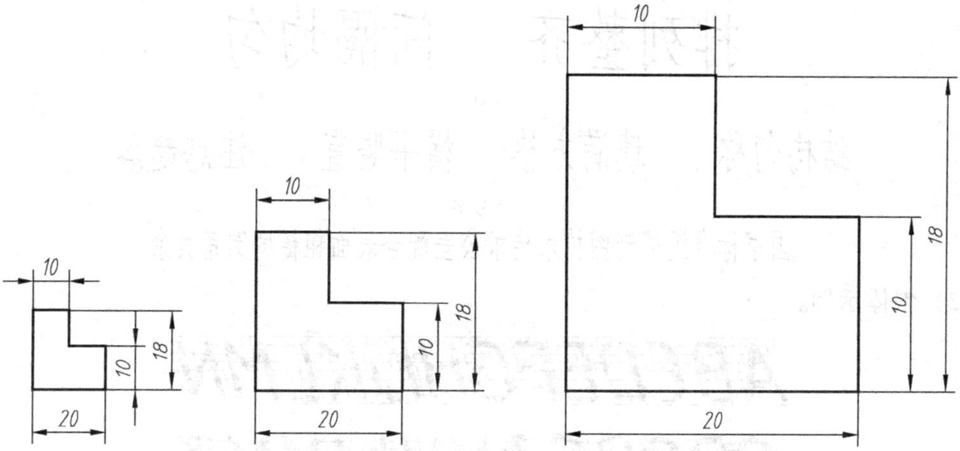

（a）1∶2图样　（b）1∶1图样　（c）2∶1图样

图 1－11　用不同比例绘制图形和尺寸的标注方法

四、字体（GB/T 14691—1993）

图样上除了表达机件形状的图形外，还要用文字和数字说明机件的大小、技术要求和其他内容。字体指的是图中汉字、字母、数字的书写形式。

1. 基本要求

（1）书写字体必须做到：字体工整、笔画清楚、间隔均匀、排列整齐。

（2）字体高度（用 h 表示）的公称尺寸系列为 1.8mm，2.5mm，3.5mm，5mm，7mm，10mm，14mm，20mm。如需要书写更大的字，其字体高度应按 $\sqrt{2}$ 的比率递增。字体高度代表字体的号数。

（3）汉字应写成长仿宋体字，并应采用国家正式公布推行的《汉字简化方案》中规定的简化字。汉字的高度 h 不应小于 3.5mm，其字宽一般为 $h/\sqrt{2}$。长仿宋体汉字的特点是横平竖直，起落有锋，粗细一致，结构匀称。

（4）字母和数字分 A 型和 B 型。A 型字体的笔画宽度 d 为字高 h 的 1/14，B 型字体的笔画宽度 d 为字高 h 的 1/10。

（5）字母和数字可写成斜体和直体。斜体字字头向右倾斜，与水平基准线成 75°。

在同一图样上，只允许选用一种形式的字体。

2. 书写示例

（1）长仿宋体汉字示例。

10号字

字体端正　笔画清楚

排列整齐　间隔均匀

7号字

结构匀称　填满方格　横平竖直　注意起落

5号字

国家标准机械制图技术要求公差配合表面粗糙度倒角其余

（2）斜体示例。

ABCDEFGHIJKLMN

OPQRSTUVWXYZ

abcdefghijklmn

opqrstuvwxyz

1234567890

（3）直体示例。

ABCDEFGHIJKLMN

OPQRSTUVWXYZ

abcdefghijklmn

opqrstuvwxyz

0123456789

3. 其他符号

（1）用作指数、分数、极限偏差、注脚等的数字及字母，一般应采用小一号的字体。示例：

$$R3\quad 2X45^{\circ}\quad M24\text{-}6H\quad \phi60H7\quad \phi30g6$$

$$\phi100\frac{H7}{M6}\quad 200^{+0.02}_{-0.016}\quad Q235\quad \frac{3}{5}\quad 10^{2}\quad 70^{+1^{\circ}}_{-1^{\circ}}$$

（2）图样中的数学符号、物理量符号、计量单位符号及其他符号、代号，应分别符合相应的规定。

五、图线（GB/T 17450—1998、GB/T 4457.4—2002）

工程图样中的图形是由不同形式的图线组成的。为了便于绘图和读图，国家标准规定了图线名称、形式、尺寸、一般应用及其画法等。我国现行图线的国家标准有两项：GB/T 17450—1998《技术制图　图线》，GB/T 4457.4—2002《机械制图　图样画法　图线》；《技术制图　图线》应用于各种图样，如机械、电气、建筑等，主要有基本线型、线宽、画法等。《机械制图　图样画法　图线》是关于机械图样的图线画法，包括线型及应用、应用示例等，机械制图教材是对这两个标准的综合应用。

1. 图线型及尺寸

（1）基本线型。国家标准 GB/T 17450—1998《技术制图　图线》规定了 15 种基本线型，绘制图样时，应采用技术制图标准规定的图线。

（2）图线的宽度。所有线型图线的宽度 d 应按图样的类型和尺寸大小在下列数系中选择 0.13mm，0.18mm，0.25mm，0.35mm，0.5mm，0.7mm，1mm，1.4mm，2mm。粗线、中粗线和细线的宽度比率为 4∶2∶1。在同一图样中，同类图线的宽度应一致。

2. 机械制图图线

国家标准 GB/T 4457.4—2002《机械制图　图线》对机械制图中常用的线型、宽度和一般应用作了规定，在机械图样中采用粗细两种线宽，它们之间的比例关系为 2∶1，见表 1－3。

表 1－3　机械制图线型及应用

序　号	名　称	线型及代号	线　宽	一 般 应 用
1	粗实线		d（优先采用 0.5mm 和 0.7mm）	A1　可见轮廓线 A2　可见过渡线 A3　可见棱边线 A4　模样分型线 A5　相贯线、表格图、流程图中的主要表示线 A6　螺纹牙顶线 A7　螺纹长度终止线 A8　齿顶圆（线） A9　剖切符号用线、系统结构线

续表

序　号	名　称	线型及代号	线　宽	一 般 应 用
2	细实线		d/2	B1　尺寸线、尺寸界线、尺寸线的起止线 B2　剖面线、短中心线 B3　重合断面的轮廓线 B4　螺纹的牙底及齿轮的齿根线 B5　指引线、表示平面的对角线 B6　分界线与范围线 B7　弯折线、投影线、网络线 B8　辅助线、锥面结构的基本位置 B9　不连续的同一表面的连线 B10　成规律分布的相同要素的连线 B11　过渡线、叠片结构位置线
3	波浪线		d/2	C1　断裂处的边界线 C2　视图与剖视图的分界线
4	双折线		d/2	D1　断裂处的边界线 D2　视图与剖视图的分界线
5	细虚线	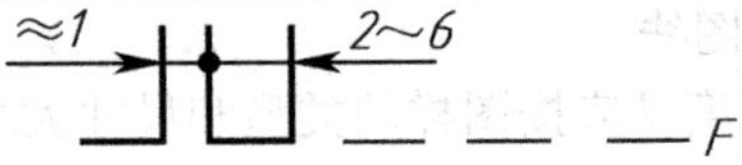	d/2	F1　不可见轮廓线 F2　不可见棱边线
6	细点画线	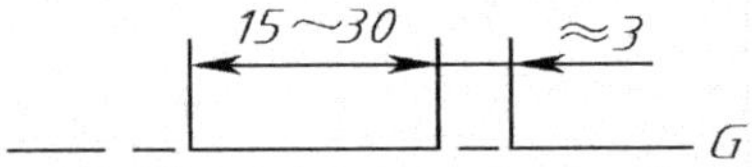	d/2	G1　轴线 G2　对称中心线 G3　孔系分布的中心线 G4　分度圆（线） G5　剖切线
7	粗点画线		d	J1　限定范围表示线
8	细双点画线		d/2	K1　相邻辅助零件的轮廓线 K2　可动零件的极限位置的轮廓线 K3　成形前的轮廓线或毛坯图中制成品的轮廓线 K4　剖切面前的结构轮廓线 K5　工艺结构轮廓线 K6　中断线、重心线 K7　轨迹线、特定区域线
9	粗虚线		d	L1　允许表面处理的表示线

3. 常用图线的应用举例

如图 1－12 所示，列举了常用图线的用法，为了保证图样的清晰度、易读性和便于缩微复制，尽量避免采用宽度小于 0.18mm 的图线。

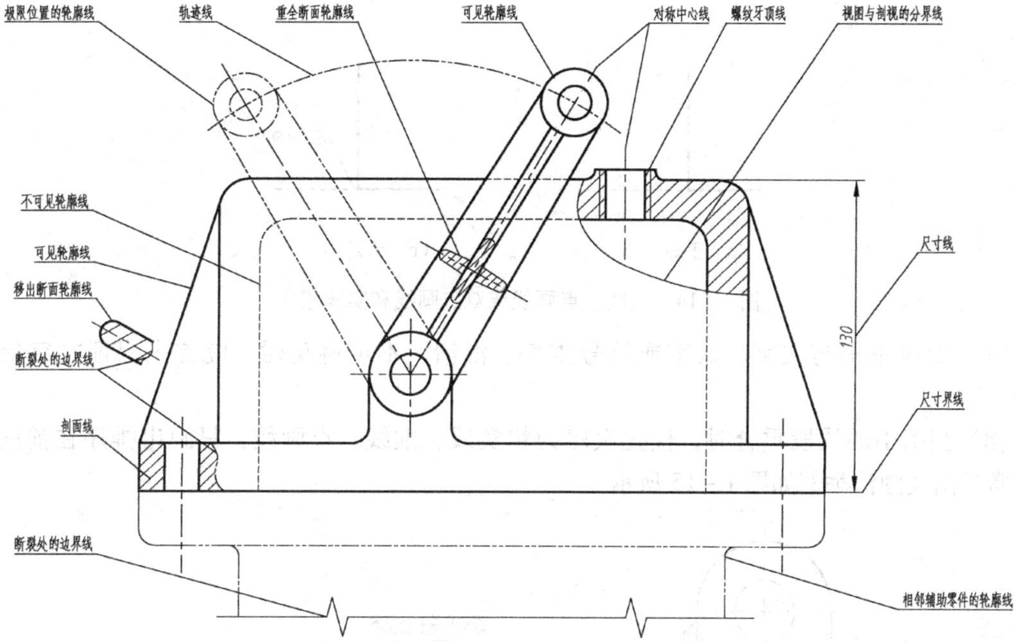

图 1－12　常用图线的应用举例

4. 图线的画法

（1）在同一张图纸内，同类图线的宽度应基本一致。虚线、点画线的长度、间隙、短线应各自相等。点画线和双点画线的首末两端为“长线”，而不应为“点”，如图 1－13 所示。

（a）虚线　　（b）点画线　　（c）双点画线

图 1－13　虚线、点画线、双点画线的画法

（2）相互平行的图线（包括剖面线），其间隙不宜小于其中的粗实线的两倍宽度，且不宜小于 0.7mm。在一张图样上，波浪线或双折线一般采用同一种线型。

（3）绘制圆的对称中心线时，圆心应为画线的交点，且要超出图形的轮廓线约为 3～5mm。

（4）在较小图形中绘制单点长画线或双点长画线有困难时，可用实线代替。

（5）细虚线与细虚线相交或细虚线与其他线相交，应在画线处相交。当细虚线处在粗实线的延长线上时，粗实线应画到分界点而细虚线应留有空隙。

（6）当细虚线圆弧与细虚线直线相切时，细虚线圆弧应画到切点，而细虚线直线应留有空隙，如图 1－14 所示。

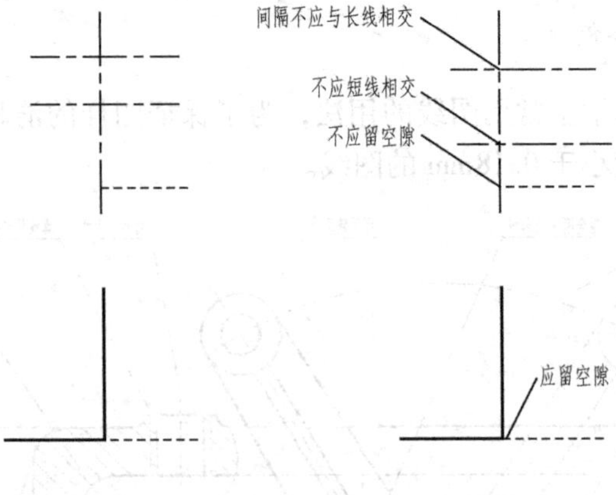

（a）正确　　（b）错误

图 1 - 14　虚线、点画线或双点画线和实线相交

（7）图线不得与文字、数字或符号重叠、混淆，不可避免时，应首先保证文字等的清晰。

（8）当图中的线段重合时，优先次序为粗实线、虚线、点画线，只画出排序在前的图线。常见图线画法举例如图 1 - 15 所示。

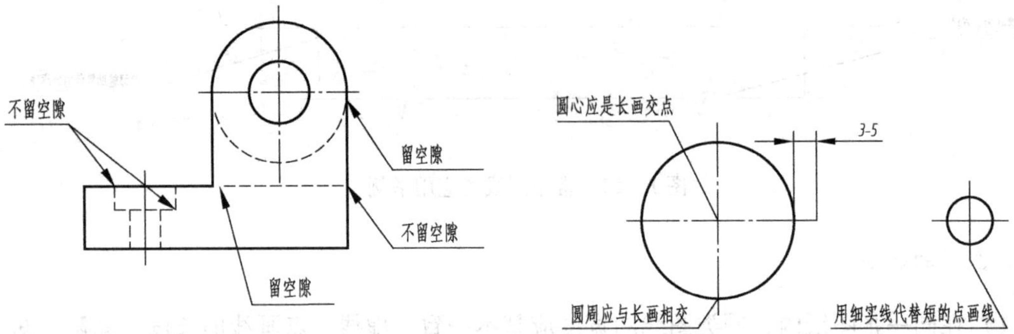

（a）　　（b）

图 1 - 15　图线画法举例

任务实施

完成如图 1 - 1 所示的抄图任务，具体步骤如下：

（1）绘制留有装订边的 A4 图纸，*a* 取 25mm，*c* 取 5mm，图纸边界用细实线，图框用粗实线。

（2）画出简化的标题栏，注意粗细实线的应用。

（3）按图中比例抄画图形，并用仿宋字体标注，注意各种线型画法，尤其是相交处的画法。

思考与练习

一、填空题

（1）1∶2 是________（放大的、缩小的）比例，表示____________与____________的线型尺寸之比。

（2）制图中所使用的汉字均采用________字，且汉字字高不应小于____________ mm。

（3）制图中的图线线型有________、________之分，可见轮廓线应该用________线绘制，对称中心线要用________线绘制。

（4）A4 图纸幅面尺寸是________；如果 A4 幅面要加长至 5 倍，其幅面尺寸为____________。

二、简答题

（1）国家标准规定 A3、A2、A1、A0 号图纸的幅面分别是多少？它们大小变化规律怎样？

（2）同一图样中的图线有什么要求？基本线型相交时有什么要求？

任务 1－2　常见几何图形的绘制

任何平面图形都是由各种线段（直线或曲线）构成的。最常见的几何图形绘制有：线段等分、圆周等分、斜度、锥度、椭圆等。熟练掌握平面图形的绘制方法，是提高绘图速度和质量的基本要求之一。

本任务详细介绍了等分线段、等分圆周、斜度和锥度、椭圆的画法，并通过实例让大家真实体验常见几何图形的绘制过程。

任务要求

通过本任务的学习，达到以下目标：

➢ 熟练掌握利用圆规，三角板等绘图工具完成基本几何作图。其中包括正多边形、斜度、锥度、椭圆的画法。

➢ 抄画如图 1－16 所示带有斜度的图形，注意斜度的画法。

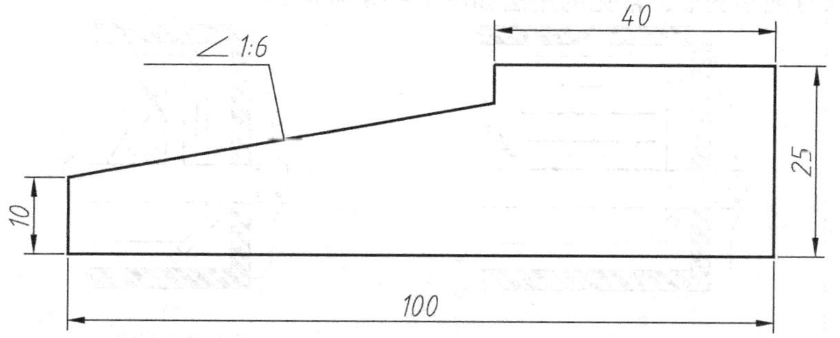

图 1－16　带有斜度的图形

相关知识

图样绘制的质量好坏与速度快慢取决于绘图工具和仪器的质量，同时也取决于其能否正确使用，因此，要能够正确挑选绘图工具和仪器，并养成正确使用和经常维护、保养绘图工具和仪器的良好习惯。

本任务除了要求大家掌握机械制图国家标准中规定的相关知识之外，还需要大家掌握一定的几何知识基础及几种常用的绘图工具和仪器、用品以及它们的使用方法，掌握借助绘图工具和仪器进行常见几何图形的绘制。

一、手工绘图工具、仪器

1. 图板

图板是用来铺放和固定图纸的。板面要求平整光滑，图板四周一般都镶有硬木边框，图板的左边是工作边，称为导边，需要保持其平直光滑。使用时，要防止图板受潮、受热。图纸要铺放在图板的左下部，用胶带纸黏住四角，并使图纸下方至少留有一个丁字尺宽度的空间，如图 1－17 所示。

图板大小有多种规格，它的选择一般应与绘图纸张的尺寸相适应，与同号图纸相比每边加长 50mm。

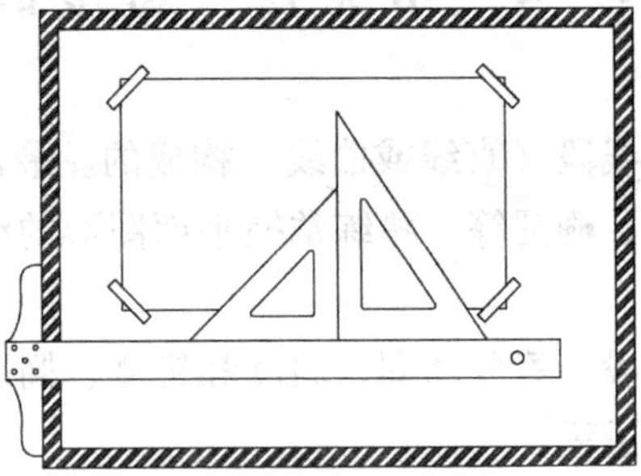

图 1－17　图板

2. 丁字尺

丁字尺主要用于画水平线，它由互相垂直并连接牢固的尺头和尺身两部分组成，尺身沿长度方向带有刻度的侧边为工作边。绘图时，要使尺头紧靠图板左边，并沿其上下滑动到需要画线的位置，同时使笔尖紧靠尺身，笔杆略向右倾斜，即可从左向右匀速画出水平线。应注意：尺头不能紧靠图板的其他边缘滑动而画线；丁字尺不用时应悬挂起来（尺身末端有小圆孔），以免尺身翘起变形，常见的用法如图 1－18 所示。

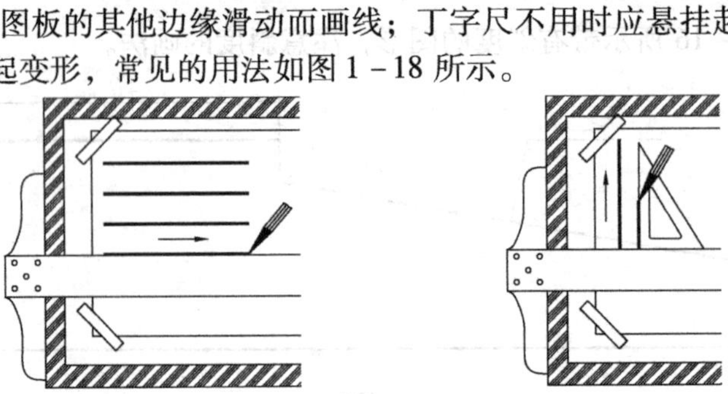

（a）画水平线　　（b）画垂直线

图 1－18　丁字尺的用法

3. 三角板

三角板有45°和30°（60°）两种。三角板与丁字尺配合可画铅垂线；还可画出与水平线成15°、30°、45°、60°、75°、90°的斜线；也可以通过两块三角板的配合绘制出各种位置已知直线的平行线或垂直线，如图1－19所示。

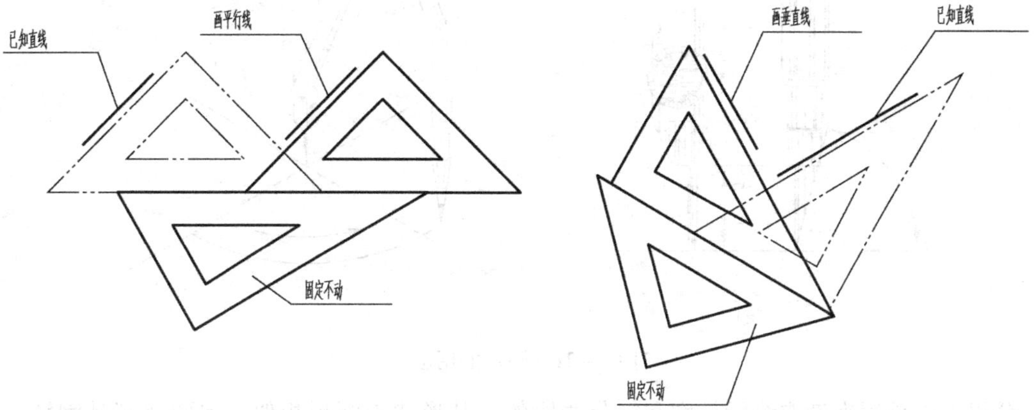

图1－19　用一副三角板画已知直线的平行线和垂直线

4. 比例尺

比例尺是用来按一定比例量取长度时的专用量尺，可放大或缩小尺寸，如图1－20所示。常用的比例尺有两种：一种外形是三棱柱体，上面有六种（1∶100、1∶200、1∶300、1∶400、1∶500、1∶600）不同的比例，称为三棱尺；另一种外形像直尺，上面有三种不同的比例，称为比例直尺。

画图时可按所需比例，用尺上标注的刻度直接量取而不需换算。如按1∶100比例，画出实际长度为3m的图线，可在比例尺上找到1∶100的刻度一边，直接量取相应刻度即可，这时，图上画出的长度是30mm。

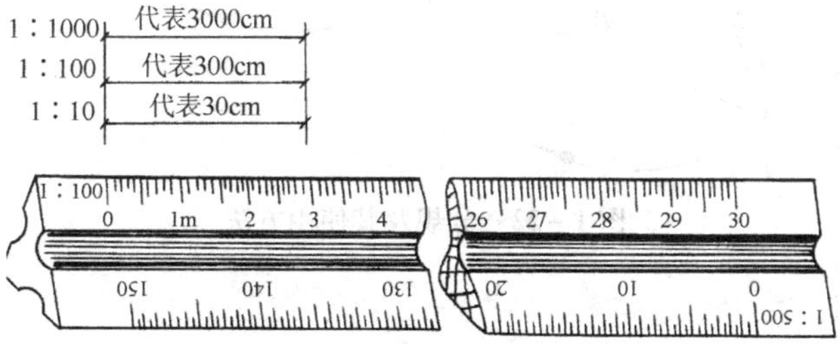

图1－20　比例尺

5. 圆规和分规

圆规主要是用来画圆及圆弧的。一般较完整的圆规应附有铅芯插腿、钢针插腿、直线笔插腿和延伸杆等，如图1－21（a）所示。

在画图时，应使用钢针具有台阶的一端，并将其固定在圆心上，这样可不使圆心扩大，还应使铅芯尖与针尖大致等长。在一般情况下画圆或圆弧时，应使圆规按顺时针转动，并稍向前方倾斜。在画较大圆或圆弧时，应使圆规的两条腿都垂直于纸面，如图1－21（b）所示。在画大圆时，还应接上延伸杆。

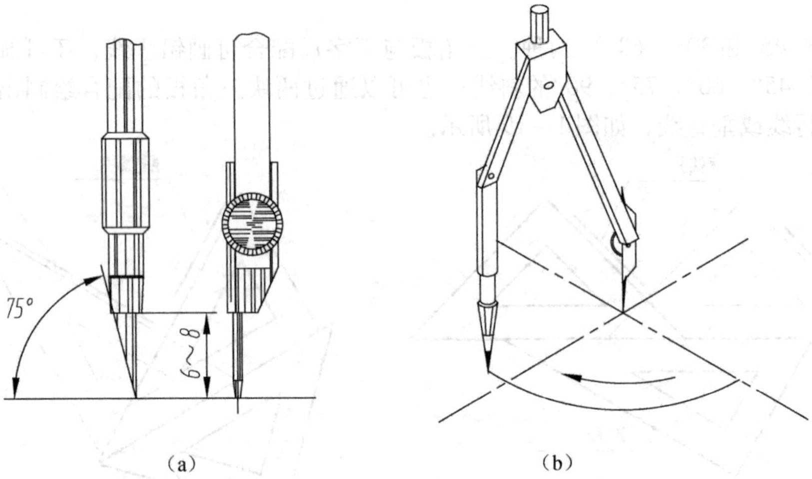

图 1－21 圆规的用法

分规主要是用来量取线段长度和等分线段的，其形状与圆规相似，但两腿都是钢针。为了能准确地量取尺寸，分规的两针尖应保持尖锐，使用时，两针尖应调整到平齐，即当分规两腿合拢后，两针尖必聚于一点。

等分线段时，通常用试分法，逐渐使分规两针尖调到所需距离，然后在图纸上使两针尖沿要被等分的线段依次摆动前进，如图 1－22 所示。

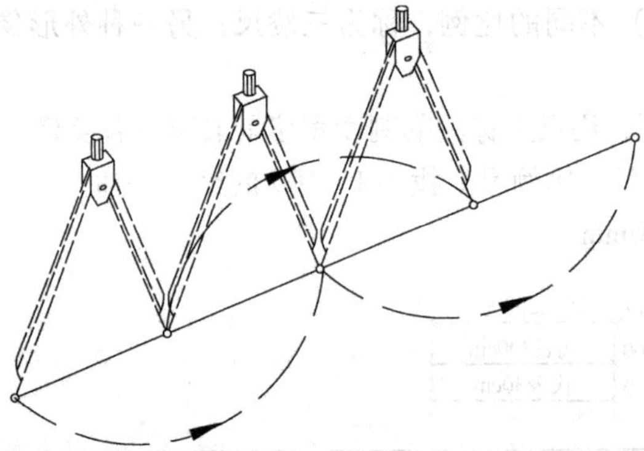

图 1－22 分规及其使用方法

二、绘图用品

1. 绘图纸

绘图时要选用专用的绘图纸。专用绘图纸的纸质应坚实、纸面洁白，且符合国家标准规定的幅面尺寸。图纸有正反面之分，绘图前可用橡皮擦拭来检验其正反面，擦拭起毛严重的一面为反面。

2. 铅笔

铅笔是用来画图线或写字的。铅笔的铅芯有软硬之分，铅笔上标注的“H”表示铅芯的硬度，“B”表示铅芯的软度，“HB”表示软硬适中，“B”、“H”前的数字越大表示铅笔越软或越硬，6H 和 6B 分别为最硬和最软的。常见铅笔及铅芯的选用如表 1－4 所示。

表 1－4　常见铅笔及铅芯的选用

	铅笔			圆规用铅芯	
软硬程度	H 或 2H	HB	HB 或 B	H 或 HB	B 或 2B
用途	画细线	写字	画粗线	画细线	画粗线
削磨形状	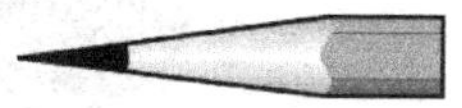 锥形		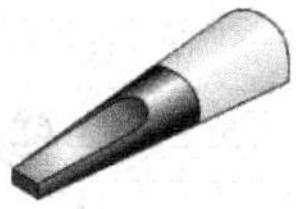 铲形	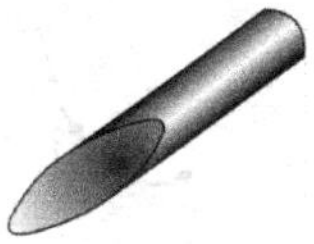 楔形	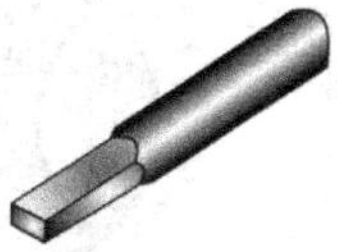 截面为矩形的四棱柱

画工程图时，应使用较硬的铅笔打底稿，如 3H、2H 等，用 HB 铅笔写字，用 B 或 2B 铅笔加深图线。铅笔通常削成锥形或铲形，笔芯露出 6～8mm。铅笔削法和铅芯形状如图 1－23 所示。

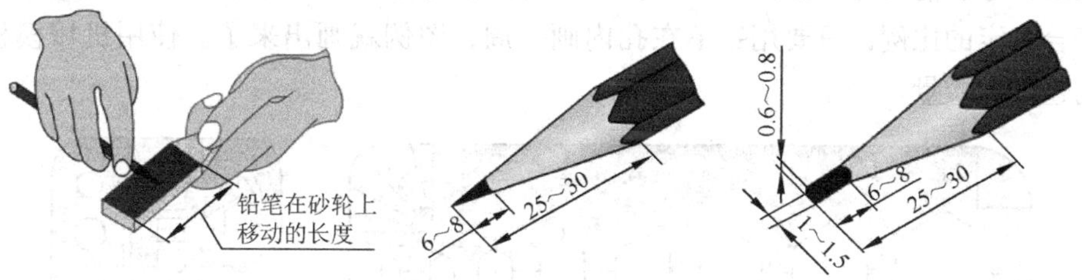

（a）铅笔修磨　（b）削磨成圆锥形　（c）削磨成四棱柱形

图 1－23　铅笔削法及铅芯形状

画图时应使铅笔略向运动方向倾斜，并使之与水平线大致成 75°角，且用力要得当。用锥形铅笔画直线时，要适当转动笔杆，这样可使整条线粗细均匀；用铲形铅笔加深图线时，可削的与线宽一致，以使所画线条粗细一致。铅笔的常见用法如图 1－24 所示。

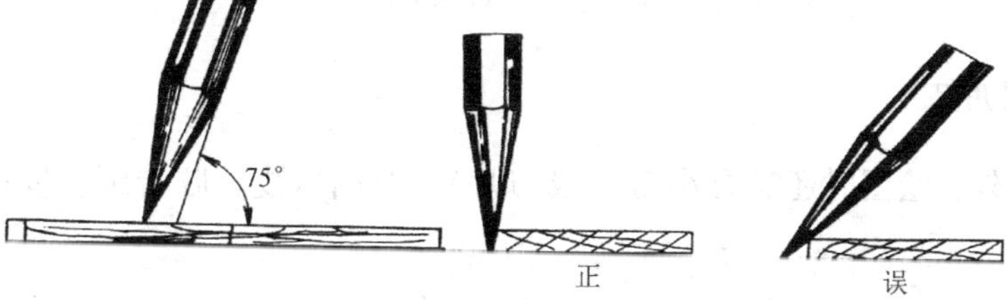

图 1－24　铅笔的使用

3. 曲线板

曲线板是用来画非圆曲线的工具，如图 1－25（a）所示。曲线板的使用方法是首先求得曲线上若干点，再徒手用铅笔过各点轻勾画出曲线，然后将曲线板靠上，在曲线板边缘上选择一段至少能经过曲线上 3～4 个点，沿曲线板边缘画出此段曲线，再移动曲线板，自前段接画曲线，如此延续下去，即可画完整段曲线，如图 1－25（b）、（c）、（d）所示。

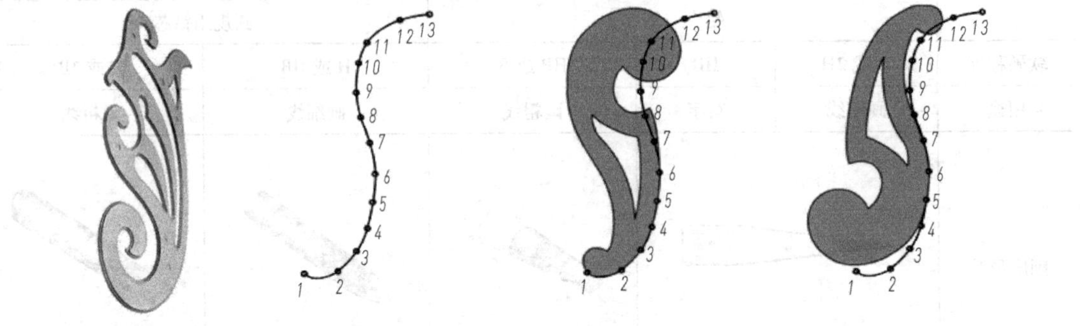

（a）曲线板　（b）勾画曲线轮廓　（c）连接1～5点　（d）连接5～7点

图 1－25　曲线板的使用方法

4. 机械模板

机械模板主要用来画各种机械标准图例和常用符号，如形位公差项目符号、粗糙度符号、斜度、锥度符号、箭头等，如图 1－26 所示。模板上刻有用以画出各种不同图例或符号的孔。其大小符合一定的比例，只要用铅笔在孔内画一周，图例就画出来了。使用机械模板，可提高画图的速度和质量。

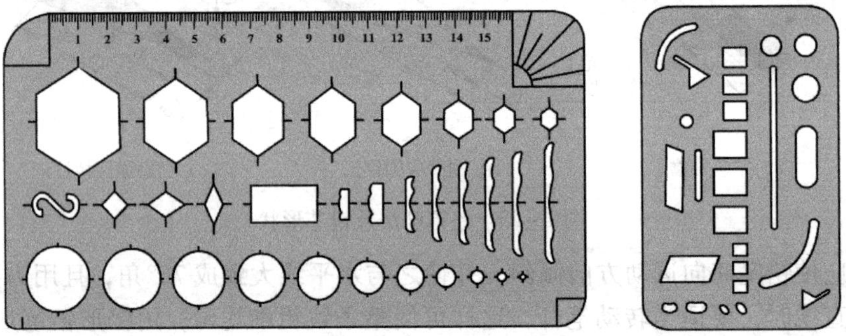

（a）六角螺栓模板　（b）字格符号模板

图 1－26　机械模板

5. 其他绘图用品

除上述用品外，绘图时还需要小刀（或刀片）、绘图橡皮、胶带纸、量角器、砂纸及软毛刷等。

三、等分已知线段

已知线段 AB，现将其五等分，作图过程如图 1－27 所示。

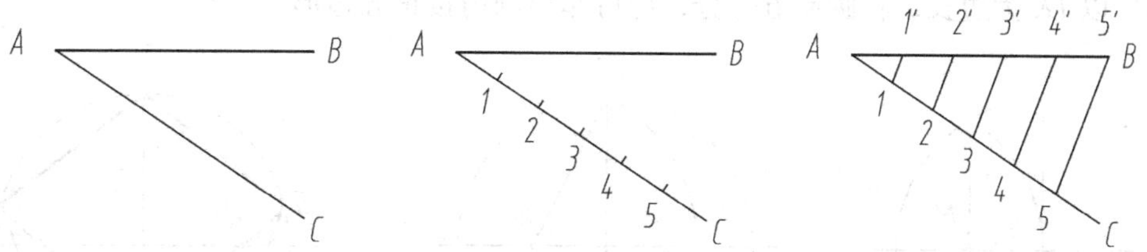

图 1－27 线段五等分过程

五等分线段作图法：

（1）过端点 *A* 任作一条直线 *AC*，用分规以等距离在 *AC* 上量 *1*、*2*、*3*、*4*、*5* 各一等份；

（2）连接 5*B*，过 *1*、*2*、*3*、*4* 等分点作 5*B* 的平行线与 *AB* 相交，得等分点 *1*′、*2*′、*3*′、*4*′ 即为所求。

四、等分圆周及作正多边形

1. 正六边形

已知一半径为 *R* 的圆，求作其内接正六边形。

正六边形的画法：

（1）用圆规作图分别以圆的直径两端 *A* 和 *D* 为圆心，以 *R* 为半径画弧交圆周于 *B*，*F*，*C*，*E*，依次连接 *A*，*B*，*C*，*D*，*E*，*F*，*A*，即可得所求的正六边形，如图 1－28（a）所示。

（2）用三角板配合丁字尺作图用 30°和 60°三角板与丁字尺配合，也可作圆内接正六边形或圆外切正六边形，如图 1－28（b）所示。

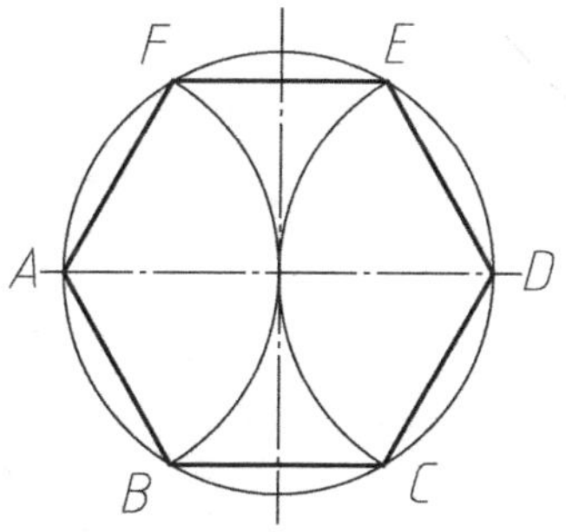

（a）圆规画六边形

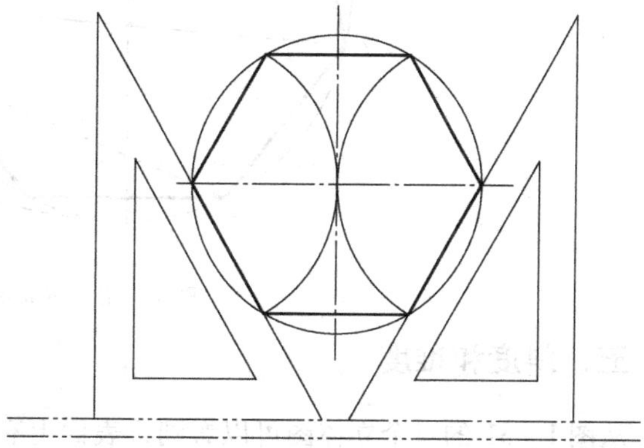

（b）三角板画六边形

图 1－28 正六边形的画法

2. 正五边形

已知一个半径为 *R* 的圆，求作圆内接正五边形。

五等分圆周并作正五边形，可用分规试分，也可按下述方法作图，如图 1－29 所示。

（1）作 *OA* 的中点 *M*。

（2）以 *M* 点为圆心，*M1* 为半径作弧，交水平直径于 *K* 点。

（3）以 *1K* 为边长，将圆周五等分，即可作出圆内接正五边形。

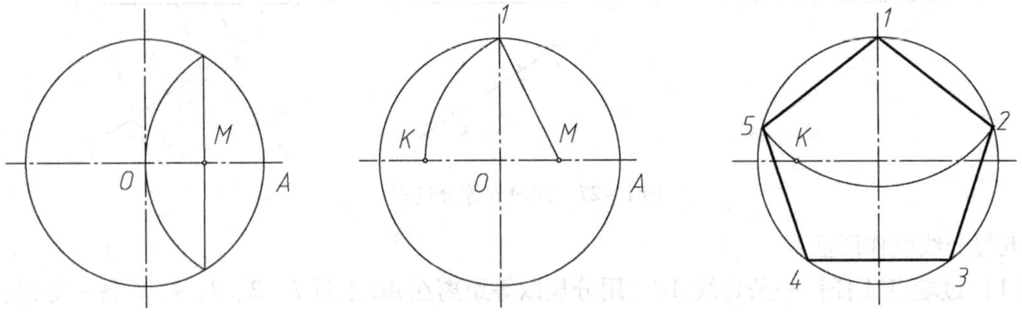

图 1－29　五等分圆周并作正五边形

3. 正 *n* 边形

以正七边形为例 *n* 等分铅垂直径 *AK*，在图中 *n*＝7，以 *A* 点为圆心，*AK* 为半径作弧，交水平中心线于点 *S*，延长连线 *S*2、*S*4、*S*6，与圆周交得点 *G*、*F*、*E*，再作出它们的对称点，即可作出圆内接正 *n* 边形，如图 1－30 所示。

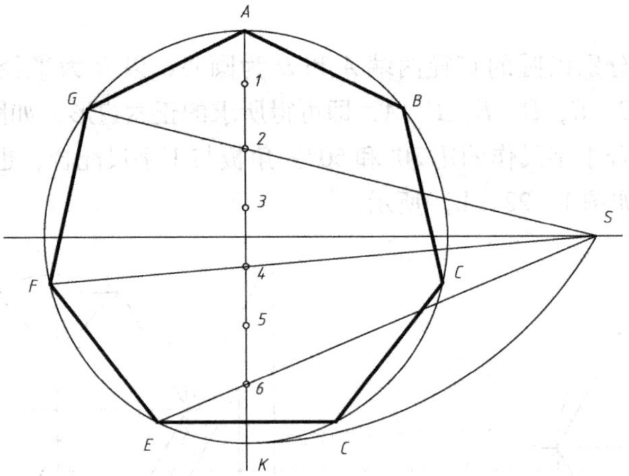

图 1－30　正 *n* 边形画法

五、斜度和锥度

从图 1－31 的三个立体图可以看到，表面上有斜面或锥面。作图时除要用图形表达其形状外，还要在图形上进行必要的标注。

图 1－31　带有斜面或锥面的零件

1. 斜度

一直线（或平面）对另一直线（或平面）的倾斜程度称为斜度。一般以直角三角形的两直角边的比值来表示，并把比例前项化为1而写成1∶n的形式。由图1-32（a）可知：

$$斜度 = \tan\alpha = H : L = 1 : \frac{L}{H}$$

若要对直线AB作一条斜度为1∶4的倾斜线，则作图方法为：先过点A作$AC \perp AB$，并使$AC : AB = 1 : 4$，连接BC，即得所求斜线。标注斜度时，在数字前应加注符号“∠”，符号“∠”的指向应与直线或平面倾斜的方向一致，如图1-32（b）所示。

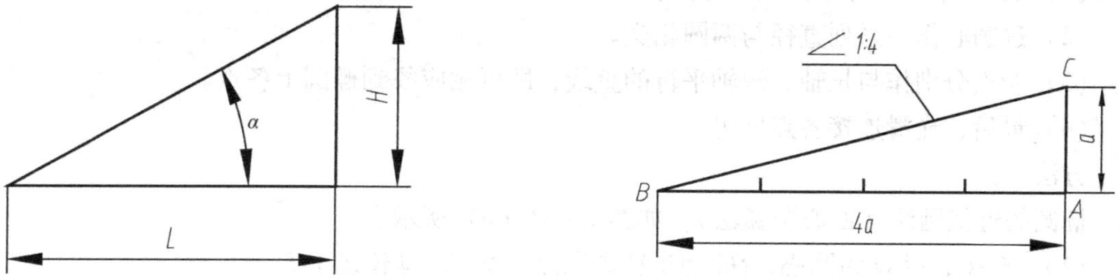

（a）斜度　　（b）斜度的画法

图1-32　斜度、斜度的画法

2. 锥度

锥度是指正圆锥底圆直径与锥高之比。对圆台而言，锥度是两底圆直径之差与其高度之比。由图1-33（a）可知：

$$锥度 = \frac{D}{L} = \frac{D-d}{l} = 2\tan\alpha \quad （其中\alpha为1/2锥顶角）$$

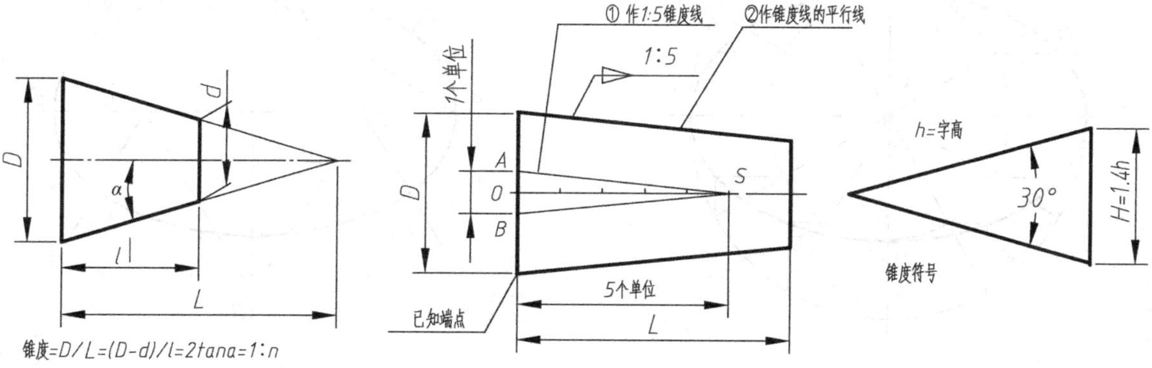

（a）锥度计算　　（b）锥度画法　　（c）锥度符号

图1-33　锥度、锥度符号和锥度的画法

锥度在图样上的标注形式为1∶n，且在此之前加注符号“◁”（如图1-33（b））。符号尖端方向应与锥顶方向一致。

若要求作一个锥度为1∶5的圆台锥面，且已知底圆直径为D，圆台高度为L，则其作图方法如图1-33（b）所示。

由 S 在轴上取5个单位长度，得 O，由 O 作轴线的垂线，分别向上、向下量取半个单位长度，得 A、B，连 SA、SB，即得锥度1∶5。图中锥度是用符号“ ◁ ”标注的，符号的方向与所标注的锥度方向一致。锥度符号的画法如图1－33（c）所示。

六、椭圆的画法

已知椭圆的长轴 AB 与短轴 CD，画椭圆常用有同心圆法和四心圆弧法两种。

方法一：

同心圆法，如图1－34（a）所示。

（1）以 AB 和 CD 为直径画同心圆。

（2）过圆心作一系列直径与两圆相交。

（3）交点分别作与长轴、短轴平行的直线，即可相应找到椭圆上各点。

（4）最后，光滑连接各点即可。

方法二：

椭圆的近似画法（四心圆弧法），如图1－34（b）所示。

（1）连 AC，以 O 为圆心，OA 为半径画圆弧，交 CD 延长线于 E。

（2）以 C 为圆心，CE 为半径画圆弧，截 AC 于 E_1。

（3）作 AE_1 的中垂线，交长轴于 O_1，交短轴于 O_2，并找出 O_1 和 O_2 的对称点 O_3 和 O_4。

（4）把 O_1与 O_2、O_2与 O_3、O_3与 O_4、O_4与 O_1分别连上直线。

（5）以 O_1、O_3为圆心，O_1A 为半径；O_2、O_4为圆心，O_2C 为半径，分别画圆弧到连心线，K、K_1、N_1、N 为连接点即可。

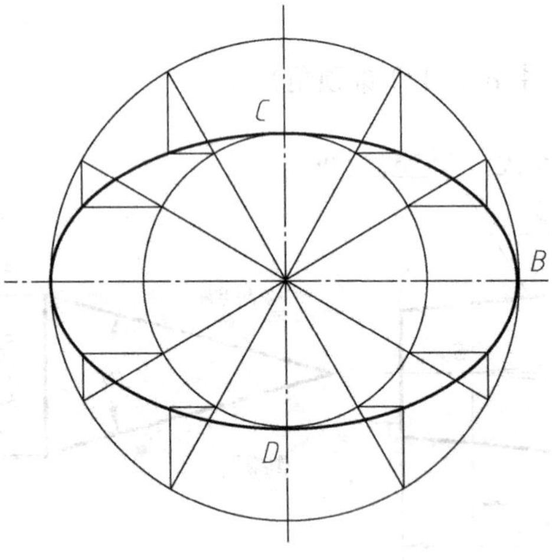

（a）同心圆法

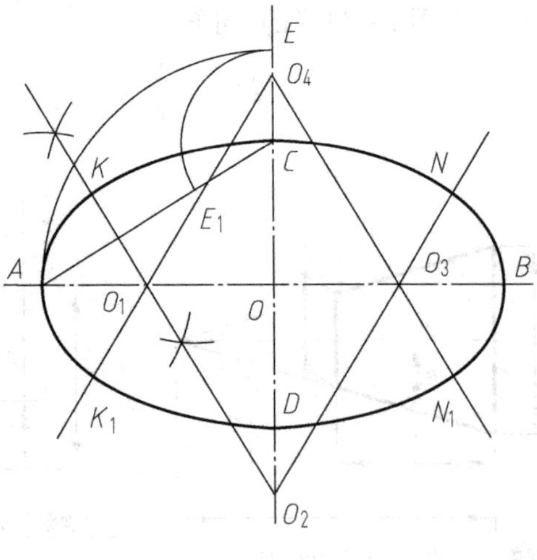

（b）四心圆弧法

图1－34　斜度和锥度的画法

七、圆的渐开线的画法

当一个直线在一定圆上作无滑动滚动时，直线上一点的运动轨迹即为该圆的渐开线，其作图方法如下：

（1）画出基圆，如图1－35所示，将基圆圆周分成若干等份，并将基圆圆周的展开长度

（πD）也分成数目相同的等份（如 12 等份）。

（2）在圆周上各等份点处，按同一方向作圆的切线；在第一条切线上取长度 $=1/12\pi D$，得点 I，在第二条切线上取长度 $=2/12\pi D$，得点 II，依此类推。

（3）用曲线板依次连接所得各点即可。

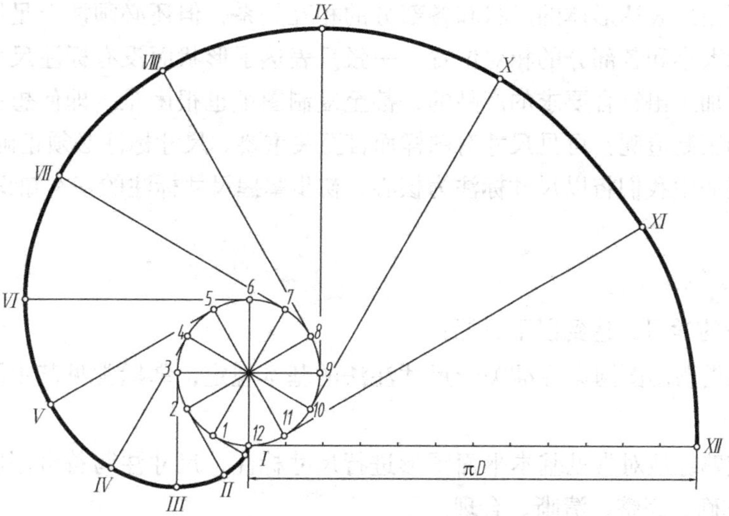

图 1-35　圆的渐开线画法

任务实施

完成如图 1-36 所示的抄图任务，具体步骤如下：

（1）先过点 A 作 $AC \perp AB$，并使 $AC : AB = 1 : 6$，连接 BC，即得所求 1 : 6 的斜线。

（2）过 B 点作 10mm 线到 B'，过 B' 作 1 : 6 的斜线的平行线，过 D 点向下作垂线与 1 : 6 的斜线交于 C'，标注斜度符号∠1 : 6，结果如图 1-36 所示。

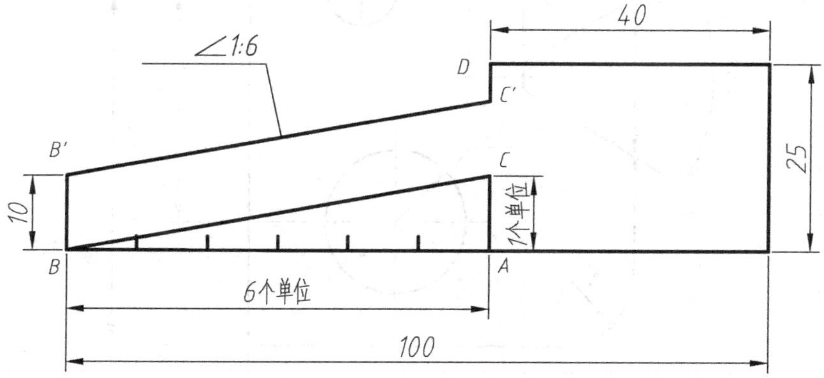

图 1-36　1 : 6 的斜度绘制

思考与练习

（1）使用绘图工具，练习绘制本任务常见几何图形。

（2）用四心法作椭圆，椭圆长轴 42mm，短轴 28mm。

任务1-3 常见平面图形的尺寸标注

虽然图样清楚地表达形体的形状和各部分的相互关系，但还必须注上足够的尺寸，才能明确形体的实际大小和各部分的相对位置。一张只表达了形状而没有标注尺寸或尺寸标注不全的图样是无法加工出符合要求的产品的，甚至复制图纸也很困难，即使想抄画它们都是困难的，更何况加工制造呢？可见尺寸对图样而言至关重要。尺寸标注必须正确、完整、清晰、合理。在这一任务中我们将以尺寸标注为核心，初步掌握尺寸标注的基本知识。

任务要求

通过本任务的学习，达到以下目标：

➢ 学习和贯彻制图国家标准关于尺寸注法的基本规定，掌握常见基本图形的尺寸注写方法与规律。

➢ 能比较熟练地对常见基本平面图形进行尺寸标注，尺寸注写符合制图国家标准的有关规定，做到正确、完整、清晰、合理。

➢ 找出图1-37中尺寸标注的错误，并在其该图的相应的位置画出该图并正确标注。

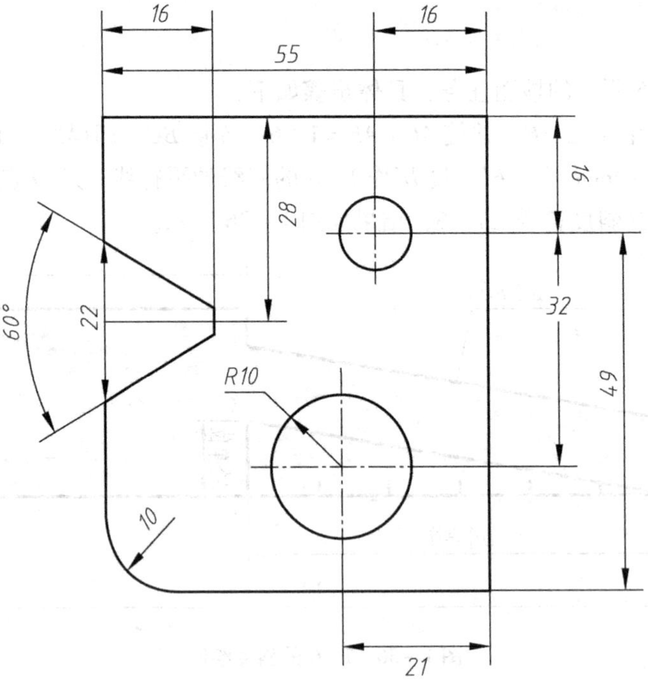

图1-37 改正前的尺寸标注

相关知识

对于确定的图形，尺寸的数量是一定的，标注的尺寸既不能多，也不能少，多标注或少标注，都是错误的，都将导致图示的零件无法加工或装配。不同的尺寸，作用也不相同，有的尺寸用来确定几何要素的位置，有的则用来确定几何元素的形状和大小。要避免在尺寸标注过程中出现错误与遗漏，做到正确、完整、清晰、合理地标注尺寸，就要遵照国家标准，按一定的方法和规律合理进行。

一、尺寸标注（GB/T 4458.4—2003）

图形只能表达机件的形状，而机件的大小必须通过尺寸标注才能确定。国家标准《尺寸注法》（GB/T 4458.4—2003）中规定了标注尺寸的基本规则、符号和方法，在绘图时必须严格遵守这些规定。

1. 标注尺寸的基本规则

（1）机件的真实大小应以图样上所标注的尺寸数值为依据，与图形的大小及绘图的准确度无关。

（2）图样中（包括技术要求和其他说明）的尺寸，以毫米为单位时，不需标注单位或名称。若采用其他单位，则应注明相应的单位符号。

（3）图样中所标注的尺寸为该图样所示机件的最后完工尺寸，否则需另加说明。

（4）机件的每一个尺寸在图样上一般只可标注一次，并应标注在反映该结构最清晰的图形上。

2. 标注尺寸的基本要素

一个完整的尺寸由尺寸界线、尺寸线和尺寸数字3个基本要素组成，如图1-38所示。

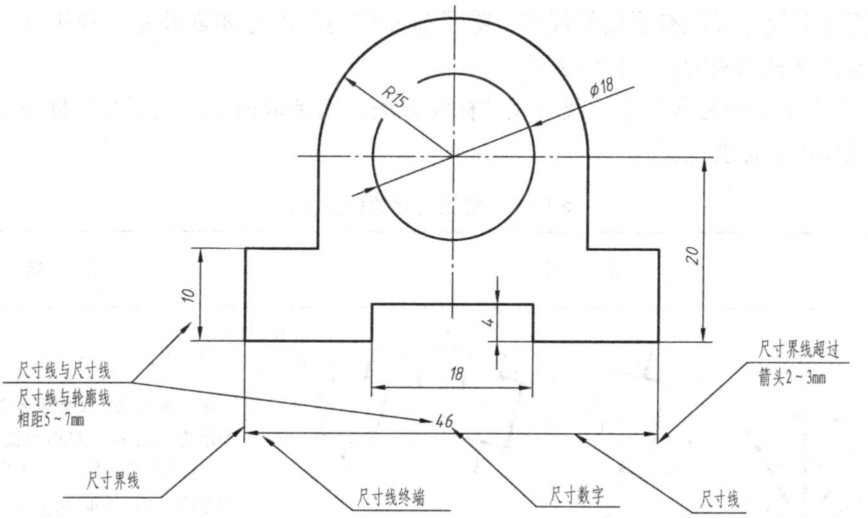

图1-38 标注尺寸的基本要素

（1）尺寸界线。尺寸界线用细实线绘制，并由图形的轮廓线、轴线或对称中心线处引出。也可以利用轮廓线、轴线或对称中心线作为尺寸界线。

（2）尺寸线。尺寸线用细实线绘制，其终端可以有箭头或斜线两种形式，用来表示尺寸线的起止，如图1-39所示。只有当尺寸线垂直于尺寸界线时才可以采用斜线终端，机械图上的尺寸线终端一般采用箭头。在同一图样中，其终端的形式应一致。

尺寸线不能用图中的任何图线来代替，也不得与其他图线重合或画在其延长线上。

线性尺寸的尺寸线应绘制成与所标注线段间隔为 5 ~ 7mm 的平行线。各尺寸线之间或尺寸线与尺寸界线之间应尽量避免相交，因此，在标注并联尺寸时，应将小尺寸放在里面，大尺寸放在外面。

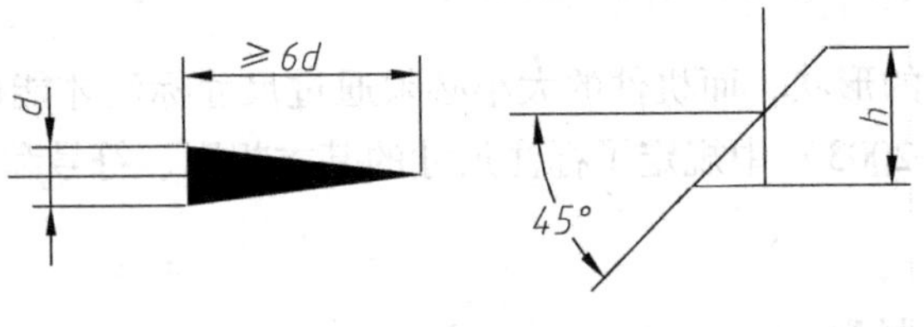

（a）箭头　　　　（b）斜线

图 1 – 39　尺寸线的终端形式

当标注角度时，尺寸线应画成圆弧，其圆心是该角的顶点。当对称机件的图形只画出一半或略大于一半时，尺寸线应略超过对称中心线或断裂处的界线，此时仅在尺寸线的一端画出箭头。

（3）尺寸数字。尺寸数字表示尺寸的大小。线性尺寸数字一般注写在尺寸线的上方，也允许注写在尺寸线的中断处，字头朝上；垂直方向的尺寸数值应注写在尺寸线的左侧，字头朝左；倾斜方向的尺寸数字，应保持字头向上的趋势。

注意：尺寸数字不可被任何图线通过，否则应将该图线断开。

二、常见结构的尺寸注法

国家标准对尺寸标注有明确的规定，除了前面讲述的尺寸要素和基本规则外，制图人员还需熟练掌握常见结构的尺寸标注方法。

表 1 – 5 中所示的是常见结构及其尺寸标注方法，附带地说明指出了对应标注方法使用的范围和注意事项，需要熟记。

表 1 – 5　常见尺寸的标注方法

标注内容	示　　例	说　　明
线性尺寸数字方向	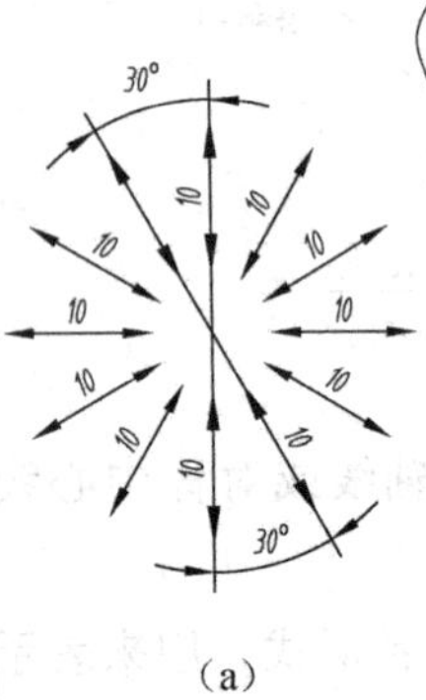 （a） 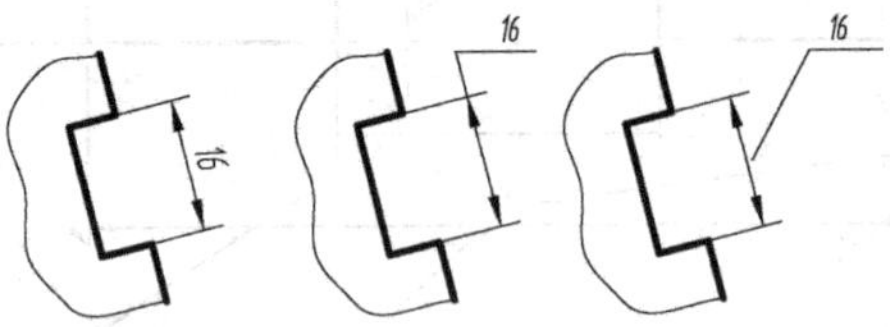 （b） 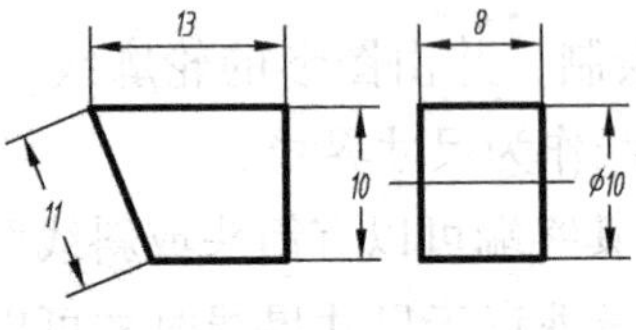 （c）	第一种方法：尺寸数字应按左图（a）所示方向注写，并尽可能避免在图示30°范围内标注尺寸，当无法避免时可按左图（b）的形式标注。 第二种方法：在不致引起误解时，对于非水平方向的尺寸，其数字可水平地注写在尺寸线的中断处，如左图（c）所示。 在一张图样中，应尽可能采用同一种方法，一般应采用第一种方法

续表

标注内容	示　例	说　明
角度	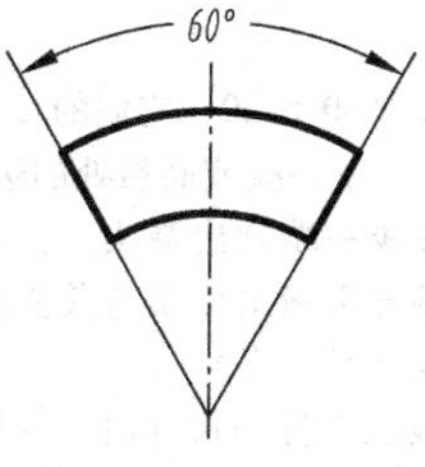 （a） 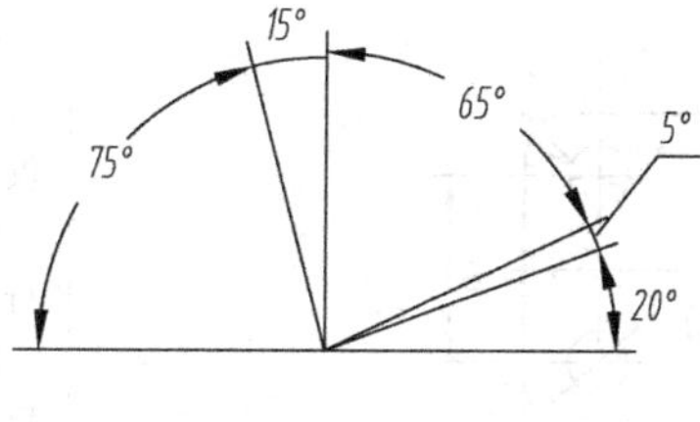 （b）	尺寸界线应沿径向引出，尺寸线画成圆弧，圆心是角的顶点。尺寸数字一律水平书写，一般注在尺寸线的中断处，必要时也可按左图（b）的形式标出
圆	 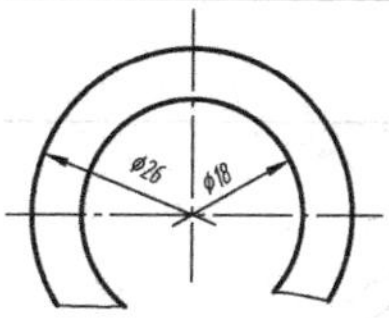	圆或大于半圆的圆弧应标注直径。标注直径尺寸时，在数字前加注符号“ϕ”。尺寸线应通过圆心，并在接触圆周的终端画箭头。不完整圆的尺寸线应超过半径
圆弧	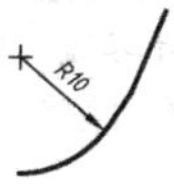 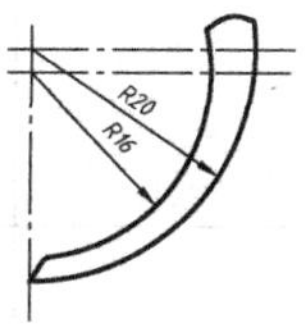	当圆弧的长度≤1/2 圆时，圆弧的半径尺寸标注应通过圆心，带箭头的一端应与圆弧接触。当圆弧长度恰好为 1/2 圆时，一般标注半径尺寸，特殊情况下也可标注直径尺寸
大圆弧	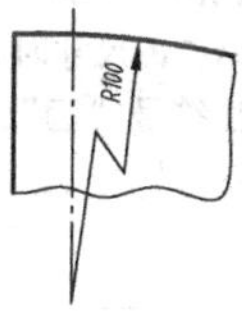 （a） 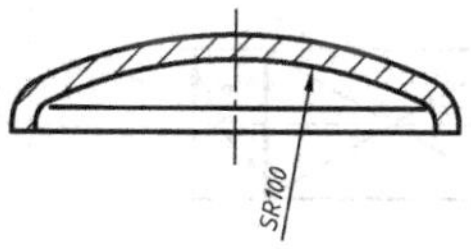 （b）	在图纸范围内无法标出圆心位置时，可按左图（a）标注；不需标出圆心位置时，可按左图（b）标注
小尺寸	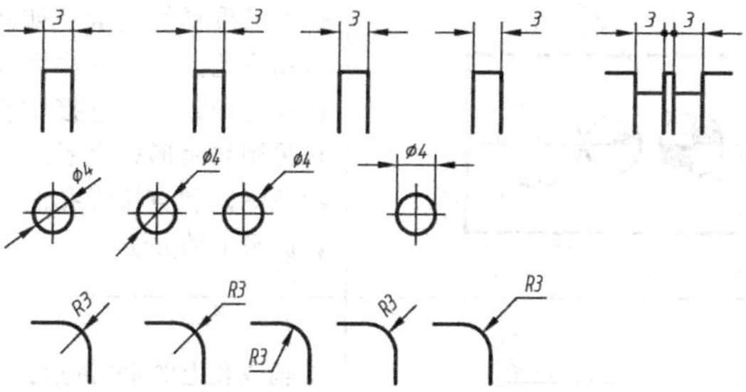	当没有足够位置时，箭头可画在外面，或用小圆点代替两个箭头；尺寸数字也可写在外面或引出标注。圆和圆弧的小尺寸，可按左图中第二、三行的例图标注
球面	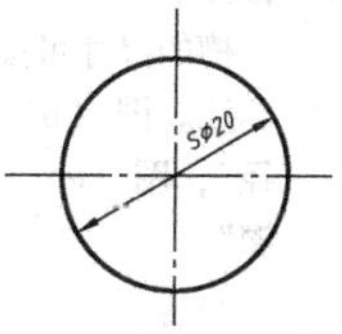 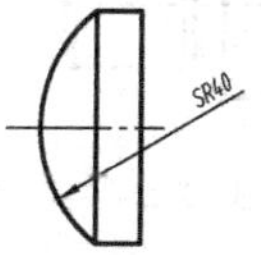	标注球面的尺寸，如左侧两图所示，应在 ϕ 或 *R* 前加注“*S*”。若不致引起误解时，则可省略
弦长与弧长	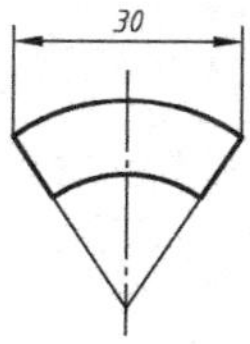 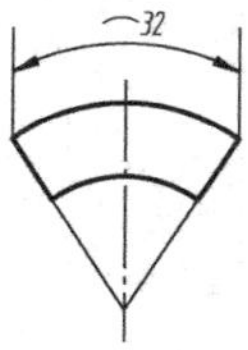	标注弦长和弧长，如左侧两个图例。尺寸界线应平行于弦的垂直平分线。标注弧长尺寸时，尺寸线用圆弧，并应在尺寸数字前方加注符号“⌒”

续表

标注内容	示　　例	说　　明
对称机件、板状机件	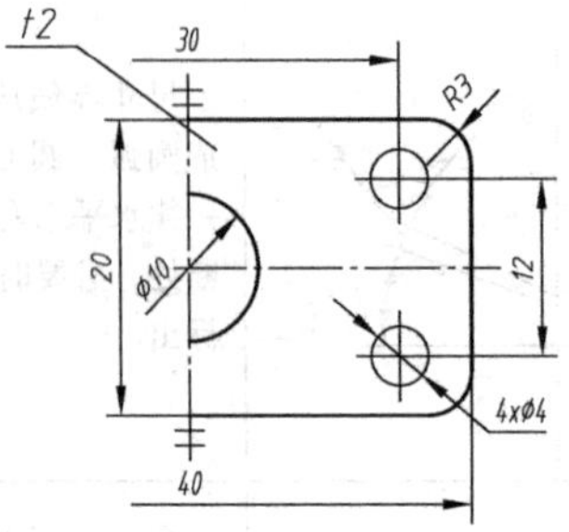	图中尺寸 30 和 40，它们的尺寸线应略超过对称中心线或断裂处的边界线，仅在尺寸线一端画出箭头。在对称中心线两端分别画出两条与其垂直的平行细实线（对称符号）。 标注板状零件的尺寸时，在厚度的尺寸数字前加注符号“*t*”，如左图中的 *t*2
允许界线倾斜	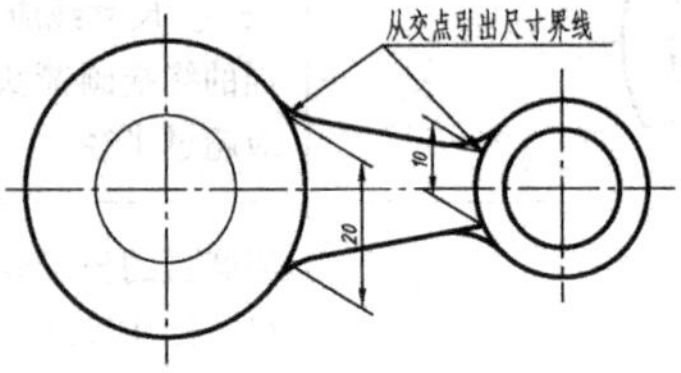	如左侧例图所示，在光滑过渡处，必须用细实线将轮廓线延长，并从它们的交点引出尺寸界线。 尺寸界线一般应与尺寸线垂直，必要时允许倾斜
正方形结构	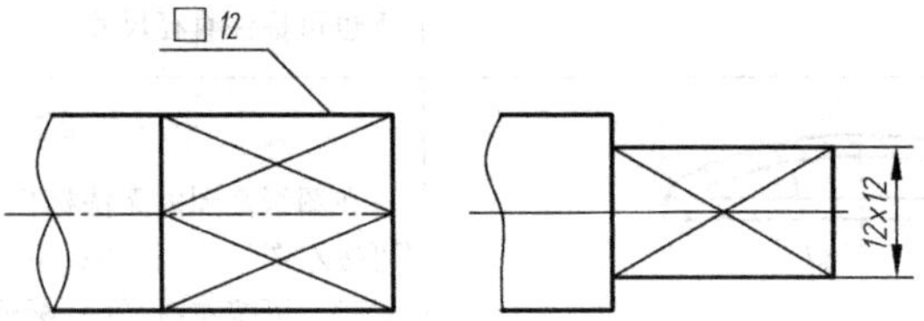	如左侧例图所示，标注机件的剖面为正方形结构的尺寸时，可在边长尺寸数字前加注符号“□”，或者用 12 × 12 代替“□12”
简化标注和其他标注形式	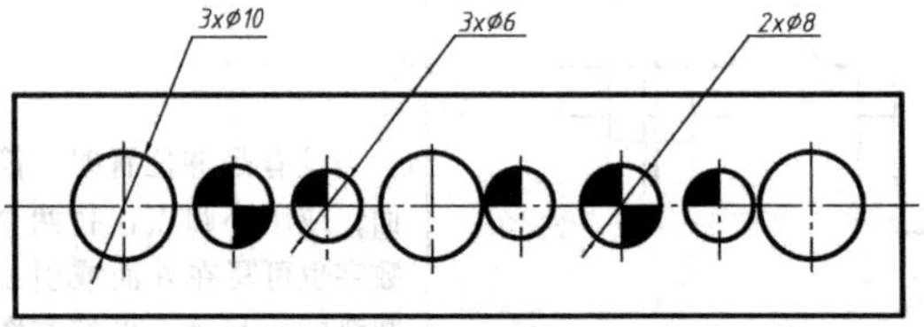	在同一图形中具有几种尺寸数值相似而又重复的要素（如孔等）时，可采用涂色标记或标注字母等方法。孔的尺寸和数量可直接注在图形上，也可另用列表形式表示。左侧例图是用涂色标记和直接将孔的尺寸和数量注在图形上的方法
	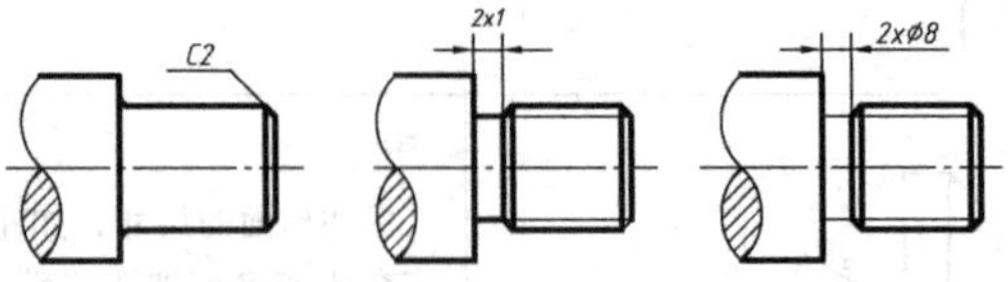 (a)　　(b)　　(c)	轴或孔上的 45°倒角，可按左图（a）标注。 槽的尺寸可按左图（b）或左图（c）标注。图（b）所注的是“槽宽 × 直径”，图（c）所标注的是“槽宽 × 槽深”

续表

标注内容	示　例	说　明
简化标注	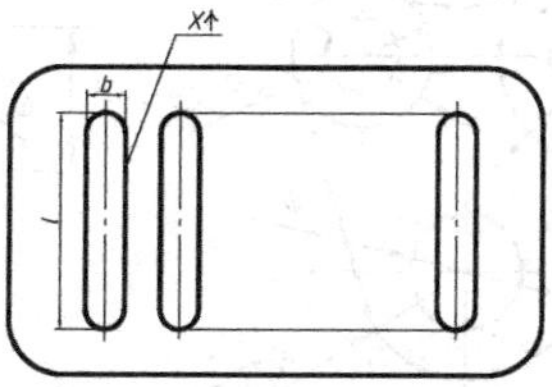	如左侧例图所示，在同一图形中，对于相同尺寸的孔，槽等成组要素，可仅在一个要素上注出其尺寸和数量
	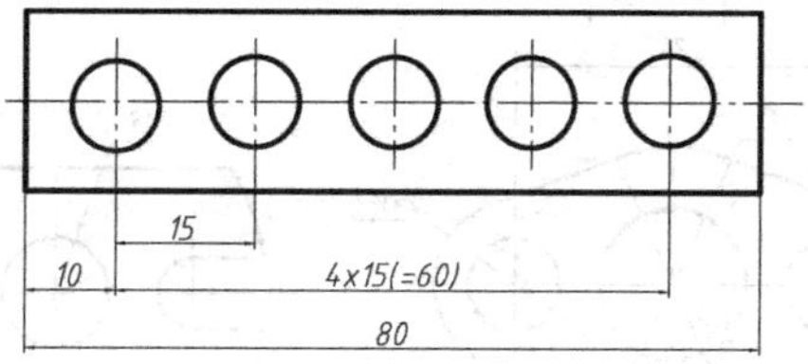	间隔相等的链式尺寸，可采用左侧例图中所示的方法标注
	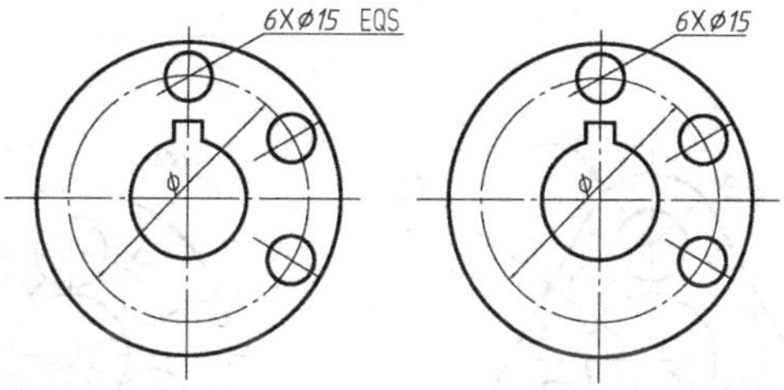（a）　（b）	均匀分布的成组要素（如孔等）的尺寸，按左图所示的方法标注；当成组要素的定位和分布情况在图形中已明确时，可不标注其角度，并省略“EQS（均布）”两字，如左图（b）所示

三、标注尺寸的符号

标注尺寸时，应尽可能使用符号和缩写词。常用的符号和缩写词如表 1－6 所示。

表 1－6　常用的符号和缩写词

名　称	符　号	名　称	符　号	名　称	符　号	名　称	符　号
直径	ϕ	球直径	$S\phi$	45°倒角	C	埋头孔	⌵
半径	R	球半径	SR	深度	↧	均布	EQS
厚度	t	正方形	□	沉孔或锪平	⌴		

四、常见平面图形的尺寸注法

图形和尺寸的关系极为密切。图 1－40 为一些常见平面图形的尺寸标注，供读者参考。

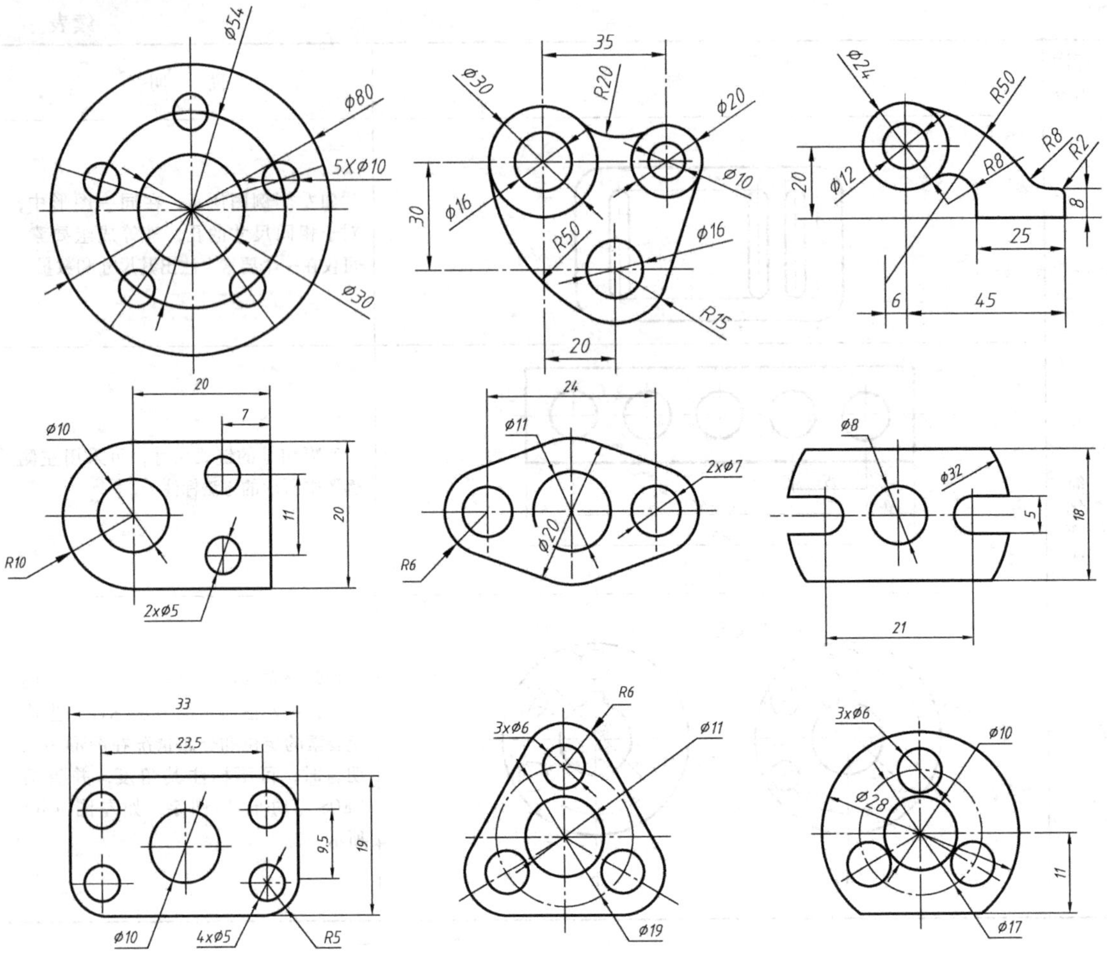

图 1－40　常见平面图形尺寸标注

任务实施

改正图 1－37 所示的错误，正确的结果如图 1－41 所示。

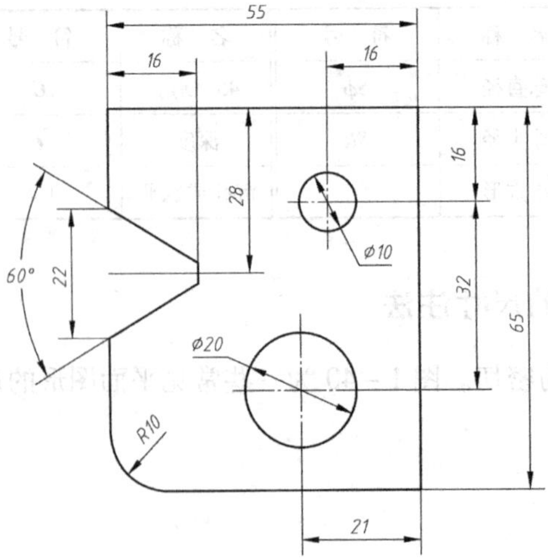

图 1－41　改正后的尺寸标注

思考与练习

一、填空题

（1）一个完整的尺寸由________、________和________三部分组成。当图样中标注的所有尺寸均未注明单位时，表示图中尺寸均以______为单位。

（2）标注线性几何要素的尺寸时，尺寸线的方向应与轮廓线________，圆或大于1/2圆的圆弧的尺寸应标注____径尺寸，小于圆的圆弧尺寸应标注______径尺寸。

（3）水平方向的尺寸数字字头朝______书写，垂直方向尺寸数字头朝______书写，注写倾斜方向的尺寸数字时，应使字头朝______趋势书写；当尺寸数字与图线相遇时，必须将图线断开。

（4）尺寸界线应与尺寸线_________，相互平行的尺寸线应大尺寸在_________，小尺寸在____进行标注。

二、标注题

标注如图1－42所示的各个尺寸，尺寸数值在图中按实际尺寸量取并取整。

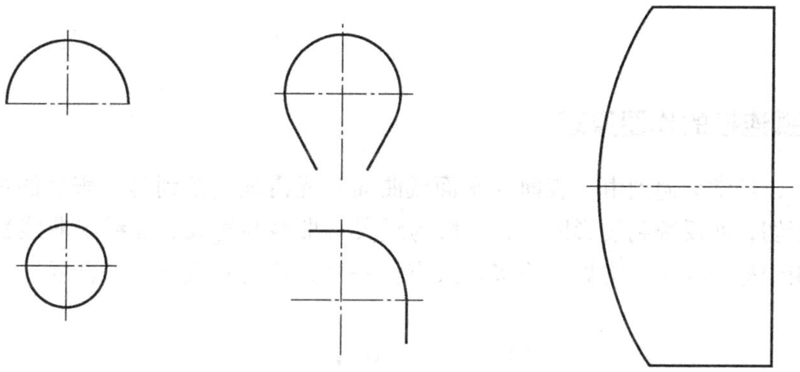

图1－42　标注尺寸

任务1－4　绘制平面图形

机械图样中的大多数图形是由直线与圆弧，圆弧与圆弧连接而成的。圆弧连接实际上就是用已知半径的圆弧光滑地连接两已知线段（直线或圆弧），其中起连接作用的圆弧称为连接弧。这里讲的连接，指圆弧与直线或圆弧与圆弧的连接处是相切的。因此，在作图时，必须根据连接弧的几何性质，准确求出连接弧的圆心和切点的位置。

常见圆弧连接的形式有以下几种。

（1）用连接圆弧连接两已知直线；

（2）用连接圆弧连接两已知圆弧；

（3）用连接圆弧连接一条已知直线和一个已知圆弧。

任务要求

通过本任务的学习，达到以下目标：

➢ 掌握绘制工具的使用，能对平面图形进行正确分析，利用绘图工具进行平面图形的绘制并进行尺寸标注。

➢ 能徒手绘制基本图形。

➢ 绘制如图所示 1－43 的平面图形。

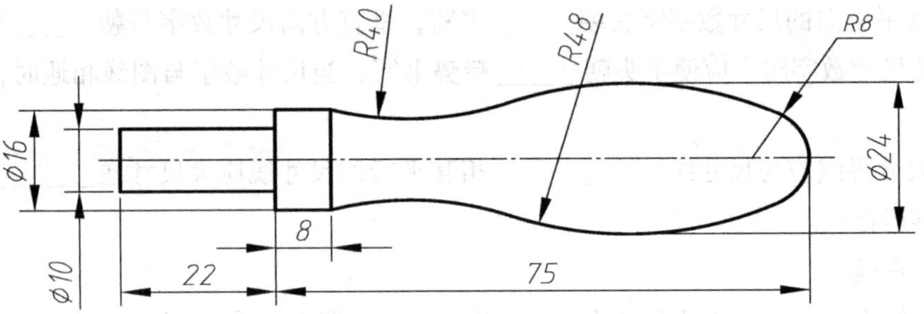

图 1－43 要求绘制的平面图

相关知识

一、圆弧连接的作图原理

在零件上，经常会遇到由一表面（平面或曲面）光滑地过渡到另一表面的情况，这种过渡称为面面相切，而反映到投影图上，一般为线段（曲线与直线、曲线与曲线）相切。在制图中将这种相切称为连接，常见的连接形式有：一个圆弧与直线连接、圆弧与圆弧连接，如图 1－44 所示。

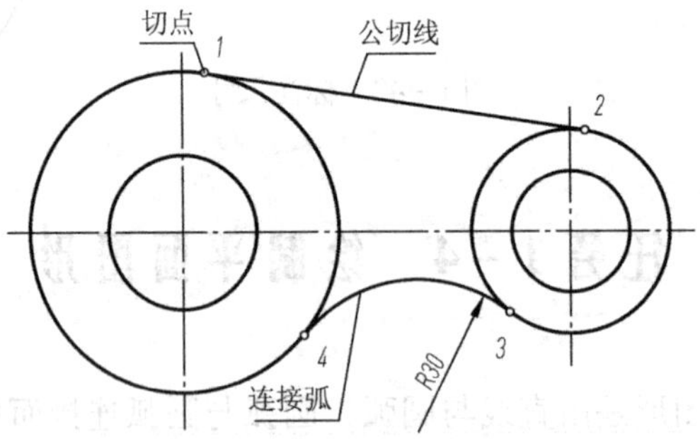

图 1－44 圆弧连接

1. 圆弧与直线连接

当一个圆（半径为 R）与已知直线 AB 相切时，其圆心轨迹是已知直线的平行线，两直线的距离为 R。过圆心向已知直线作垂线，垂足 K 就是连接点（切点），如图 1－45（a）所示。

2. 圆弧与圆弧连接

当一个圆（半径为 R）与已知圆弧 AB 相切时，其圆心轨迹是已知圆弧的同心圆。当两圆弧外切时，同心圆半径为 $R_{外} = R_1 + R$，如图 1－45（b）所示；当两圆弧内切时，同心圆半径为 $R_{内} = R_1 - R$，如图 1－45（c）所示。两圆弧连心线与已知圆弧的交点 K 即为连接点（切点）。

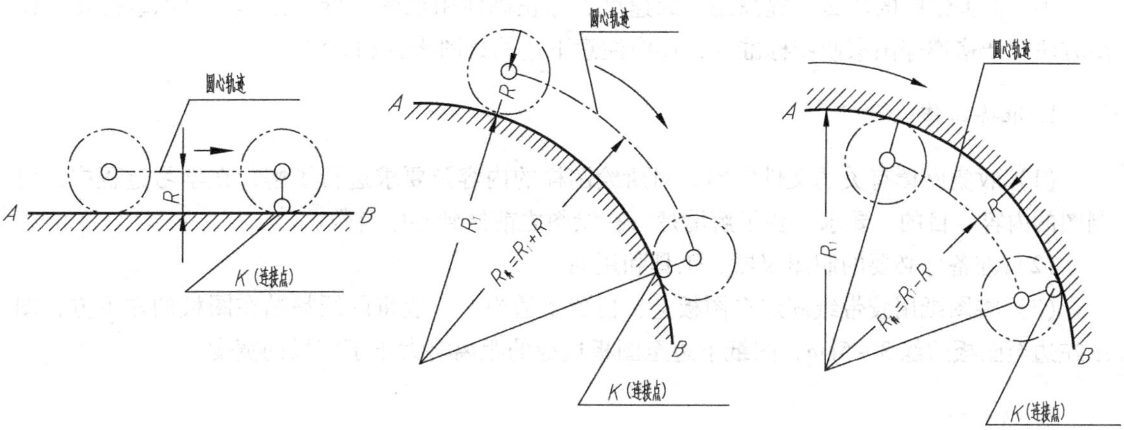

图 1－45　圆弧连接的几何关系

二、圆弧连接的作图示例

常见的各种圆弧连接的作图方法和步骤见表 1－7。

表 1－7　各种圆弧连接的作图方法和步骤

连接要求	作图方法和步骤		
	求圆心 O	求切点 K_1、K_2	画连接圆弧
连接直线与直线	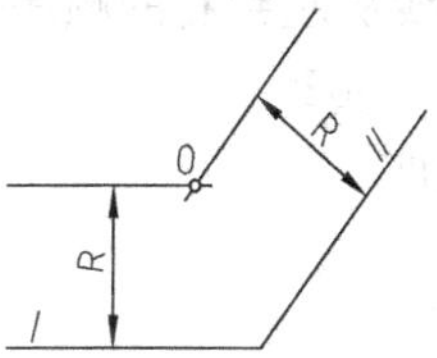	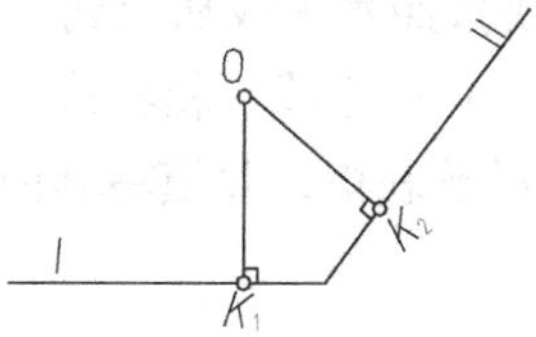	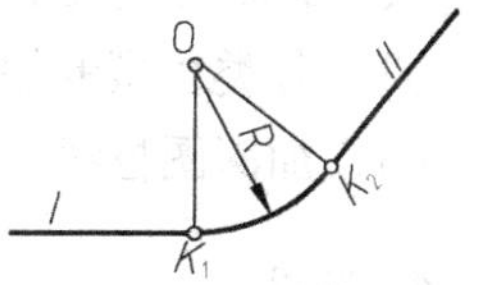
连接一条直线和一个圆弧	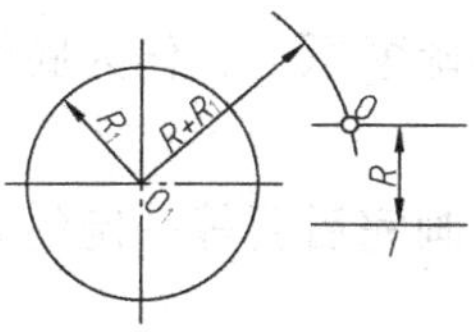	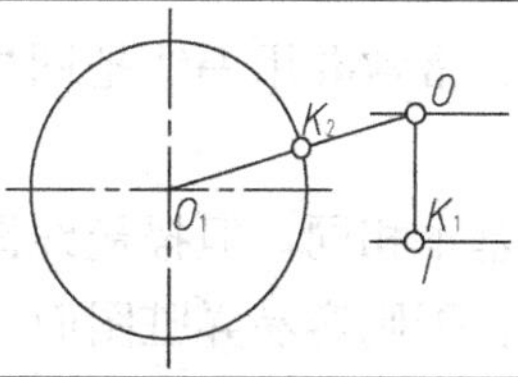	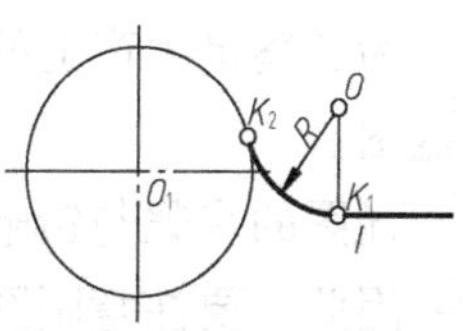
外接两段圆弧	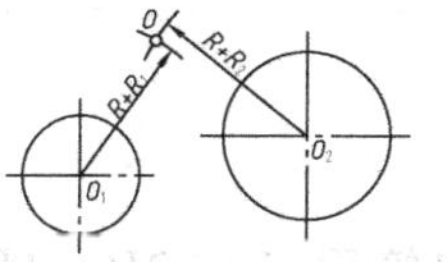	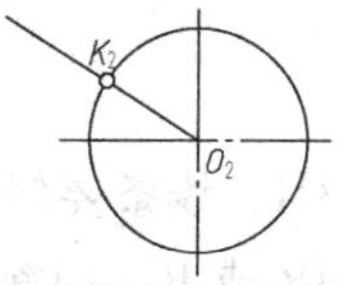	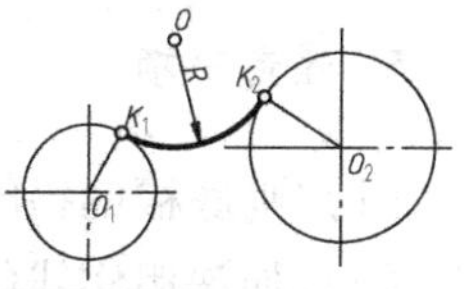
内接两段圆弧	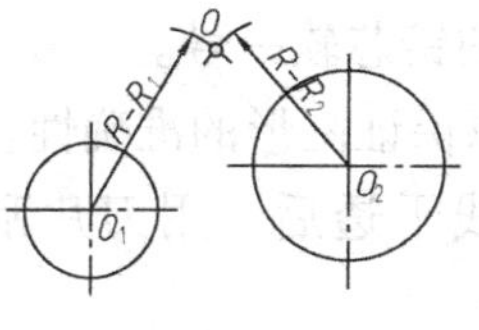	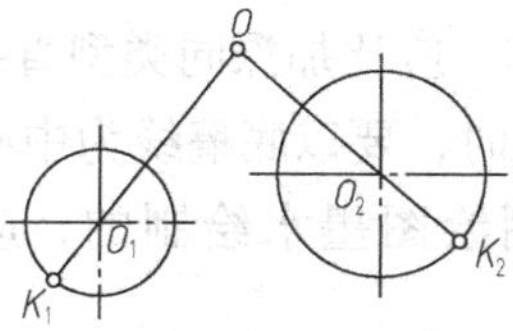	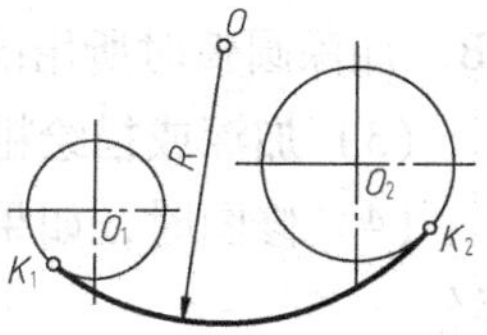

三、用绘图工具和仪器绘制图样

为了保证绘图的质量，提高绘图的速度，除正确使用绘图仪器、工具，熟练掌握几何作图方法和严格遵守国家制图标准外，还应注意下述的绘图步骤和方法。

1. 准备工作

（1）收集阅读有关的文件资料，对所绘图样的内容及要求进行了解，在学习过程中，对制图的内容、目的、要求，要了解清楚，在绘图之前做到心中有数。

（2）准备好必要的制图仪器、工具和用品。

（3）将图纸用胶带纸固定在图板上，位置要适当。一般将图纸粘贴在图板的左下方，图纸左边至图板边缘3～5cm，图纸下边至图板边缘的距离略大于丁字尺的宽度。

2. 画底稿

（1）按制图标准的要求，先把图框线及标题栏的位置画好。

（2）根据图样的数量、大小及复杂程度选择比例，安排图位，定好图形的中心线。

（3）画图形的主要轮廓线，再由大到小，由整体到局部，直至画出所有轮廓线。

（4）画尺寸界限、尺寸线以及其他符号等。

（5）进行仔细的检查，擦去多余的底稿线。

3. 用铅笔加深

（1）当直线与曲线相连时，先画曲线后画直线。加深后的同类图线，其粗细和深浅要保持一致。加深同类线型时，要按照水平线从上到下，垂直线从左到右的顺序一次完成。

（2）各类线型的加深顺序：中心线、粗实线、虚线、细实线。

（3）加深图框线、标题栏及表格，并填写其内容及说明。

4. 描图

为了满足生产上的需要，常常要用墨线把图样描绘在硫酸纸上，作为底图，再用来复制成蓝图。

描图的步骤与铅笔加深基本相同。但描墨线图，线条画完后要等一定的时间，墨才会干透。因此，要注意画图步骤，否则容易弄脏图面。

5. 注意事项

（1）画底稿的铅笔用H至3H，线条要轻而细。

（2）加深粗实线的铅笔用HB或B，加深细实线的铅笔用H或2H。写字的铅笔用H或HB。加深圆弧时所用的铅芯，应比加深同类型直线所用的铅芯软一号。

（3）加深或描绘粗实线时，要以底稿线为中心线，以保证图形的准确性。

（4）修图时，如果是用绘图墨水绘制的，应等墨线干透后，用刀片刮去需要修整的部分。

四、平面图形的尺寸分析和线段分析

平面图形一般包含一个或多个封闭图形，而每个封闭图形又由若干线段（直线、圆弧或曲线）组成，故只有首先对平面图形的尺寸和线段进行分析，才能正确地绘制图形。

1. 平面图形的尺寸分析

尺寸按其在平面图形中所起的作用，可分为定形尺寸和定位尺寸两类。现以图 1－46 手柄的图形为例进行分析。

（1）定形尺寸。确定平面图形上几何元素大小的尺寸称为定形尺寸，如直线的长短、圆弧的直径或半径及角度的大小等。如图 1－46 中的 $\phi20$，$\phi5$，$R15$，$R12$，$R50$ 等尺寸。

（2）定位尺寸。确定平面图形上几何元素间相对位置的尺寸称为定位尺寸，如图 1－46 中的 8，75。

（3）尺寸基准。基准就是标注尺寸的起点。对平面图形来说，常用的基准是：

对称图形的对称线，圆的中心线，左、右端面，上、下顶（底）面等，如图 1－46 中的中心线。

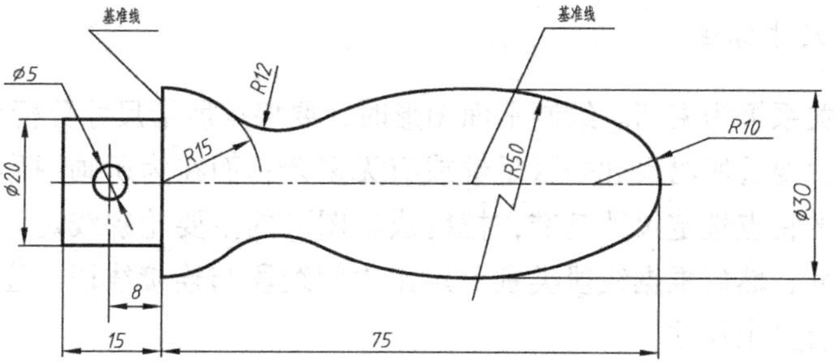

图 1－46　手柄

2. 平面图形的线段分析

平面图形中的线段（直线或圆弧）按所标尺寸的不同可分为三类：

（1）已知线段。有足够的定形尺寸和定位尺寸，能直接画出的线段，如图 1－46 中的线段 $\phi20$，$\phi5$，$R10$，$R15$ 圆弧等。

（2）中间线段。有定形尺寸，但缺少一个定位尺寸，必须依靠其与一端相邻线段的连接关系才能画出的线段。如图 1－46 中的线段 $R50$。

（3）连接线段。只有定形尺寸，而无定位尺寸（或不标任何尺寸，如公切线）的线段，也必须依靠其余两端线段的连接关系才能确定画出。如图 1－46 中的线段 $R12$。

3. 平面图形的作图步骤

在对其进行线段分析的基础上，应先画出已知线段，再画出中间线段，后画出连接线段。画平面图形时，应首先对其进行尺寸分析和线段分析；然后，按正确的顺序作图，即

（1）画出基准线，并根据各个封闭图形的定位尺寸画出定位线；

（2）画出已知线段；

(3) 画出中间线段；

(4) 画出连接线段。

图 1 –46 手柄的作图步骤如图 1 –47 所示。

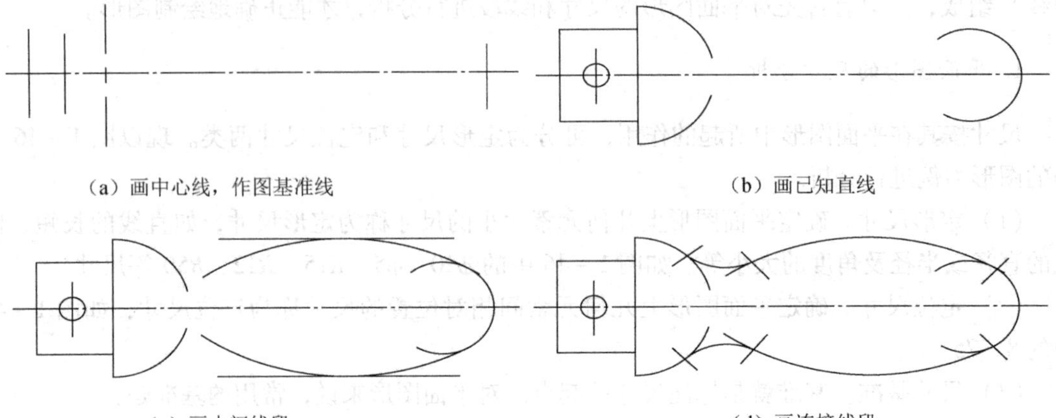

(a) 画中心线，作图基准线　　(b) 画已知直线

(c) 画中间线段　　(d) 画连接线段

图 1 –47　手柄平面图的作图步骤

4. 平面图形的尺寸标注

图形和尺寸的关系极为密切。绘制平面图形时，要根据所给尺寸分析其各类线段，因此，能否正确绘出图形，要看所给尺寸是否足够或有无多余；而在为所画图形标注尺寸时，则首先要根据所画图形的特点选定尺寸基准，把构成该图形的主要轮廓线定为已知线段，注出相应的定形、定位尺寸；然后根据线段类别，定出中间线段与连接线段，注出相应的尺寸。此时应特别注意不能有多余尺寸。

平面图形画完后，需按照正确、完整、清晰、合理的要求来标注尺寸。即标注的尺寸要符合国标规定；尺寸不出现重复或遗漏，也不多注；尺寸要安排有序，注写清楚。标注平面图形尺寸的一般步骤如下：

(1) 分析平面图形各部分的构成，确定尺寸基准；

(2) 标注全部定形尺寸；

(3) 标注必要的定位尺寸；

已知线段的两个定位尺寸都要注出；对于中间弧只需注出圆心的一个定位尺寸；连接弧圆心的两个定位尺寸都不必注出，否则，便会出现多余尺寸。

(4) 检查、调整、补遗删多。

尺寸排列要整齐、匀称，小尺寸在里，大尺寸在外，以避免尺寸线与尺寸界线相交，箭头不应指在切点处，而应指向表示该线段几何特征最明显的部位。

五、徒手绘图的方法

徒手绘图是指只用铅笔、橡皮和纸张来绘制草图的方法。草图是指以目测估计图形与实物的比例，按一定画法要求徒手（或部分使用绘图仪器）绘制的图。

徒手绘图所使用的铅笔铅芯削成圆锥形，用于画中心线和尺寸线的笔削得较细，用于画可见轮廓线的笔削得较粗。

草图的“草”字只是指徒手作图而言，并没有允许潦草的含义。草图上的线条也要粗细分明，基本平直，方向正确，长短大致符合比例，线型符合国家标准。画草图的铅笔要软一些，如 B 或 2B。

画草图要手眼并用，作垂直线、等分一条线段或一段圆弧、截取相等的线段等，都是靠眼睛估计决定的。徒手画圆的方法与徒手绘图是一项重要的基本技能，要不断地实践才能逐步提高。各种图线的画法如下。

1. 直线

徒手画直线的手势如图 1 – 48 所示，运笔力求自然，眼睛应朝着前进方向，随时留意线段终点。画长线时可用目测在直线中间定出几个点，然后分段画出。

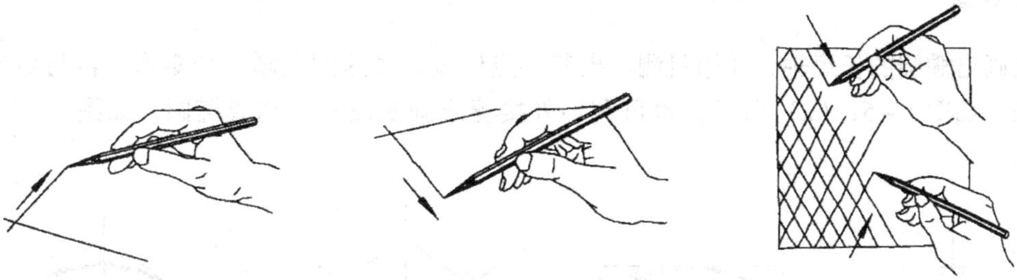

（a）画水平线　（b）画垂直线　（c）画倾斜线

图 1 – 48　徒手画直线

2. 角度

画与水平线成 30°，45°，60°的斜线时，可利用两直角边的比例关系近似画出。如画 10°和 15°等角度线时，可先画出 30°线后再等分求得，如图 1 – 49 所示。

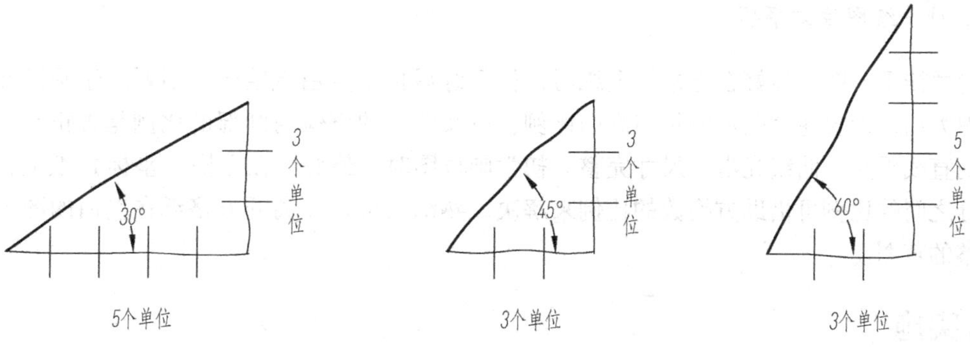

图 1 – 49　徒手画角度

3. 圆

画圆时先徒手作两条相互垂直的中心线，定出圆心，再根据直径大小，用目测估计半径的大小后，在中心线上截得四点，然后徒手将各点连接成圆。当所画的圆较大时，可过圆心多作几条直径，在上面找点后再连接成圆，如图 1 – 50 所示。

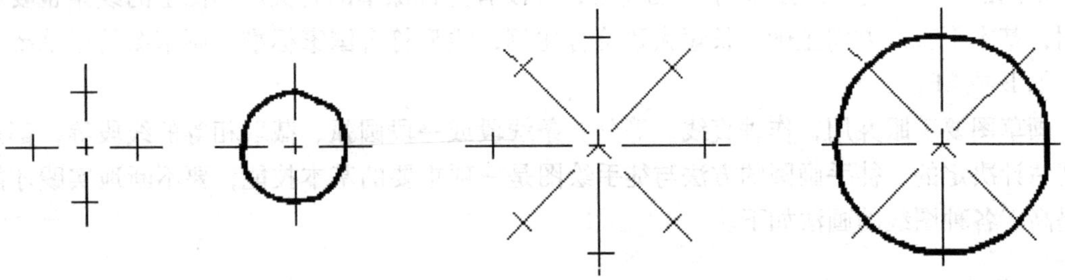

（a）画小圆　　　　（b）画大圆

图1－50　徒手画圆

4. 椭圆

先画出椭圆的长短轴，并用目测定出其端点位置，过这四点画一个矩形，再与矩形相切画椭圆，如图1－51（a）所示；也可利用外接菱形画四段圆弧构成椭圆，如图1－51（b）所示。

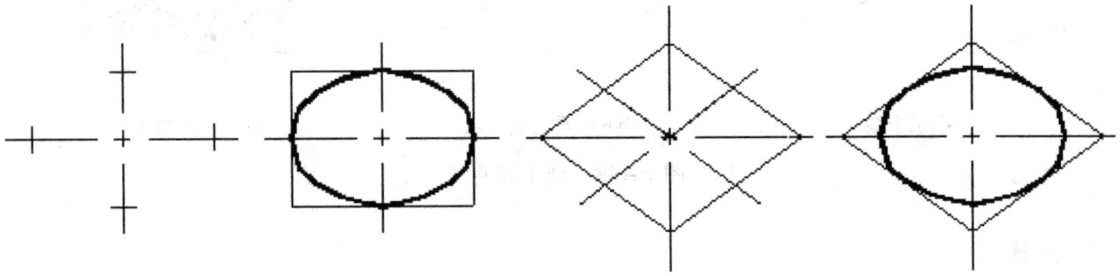

（a）矩形画法　　　　（b）菱形画法

图1－51　徒手画椭圆

5. 徒手绘图注意事项

初学徒手绘图，最好在方格纸上练习，待熟练后再用空白纸绘图。不要急于画细部，先要考虑大局，即要注意图形的长与高的比例，以及图形的整体与细部的比例是否正确。要尽量做到直线平直、曲线光滑、尺寸完整。初学画草图时，最好画在方格（坐标）纸上，图形各部分之间的比例可借助方格数的比例来解决，熟练后可逐步离开方格纸在空白的图纸上画出工整的草图。

任务实施

绘制如图1－43所示的平面图形，其平面图形的尺寸和线段分析如下。

（1）定出图形的基准线，画已知线段，如图1－52（a）所示。

（2）以 O 点为圆心，以 $R40$（$R48-R8$）为半径画圆弧，与两条48长度的线分别交于 O_1、和 O_2 两点，如图1－52（b）所示。

（3）画中间线段 $R48$，分别与相距24的两根平行线相切，与8圆弧内切，如图1－52（c）所示。

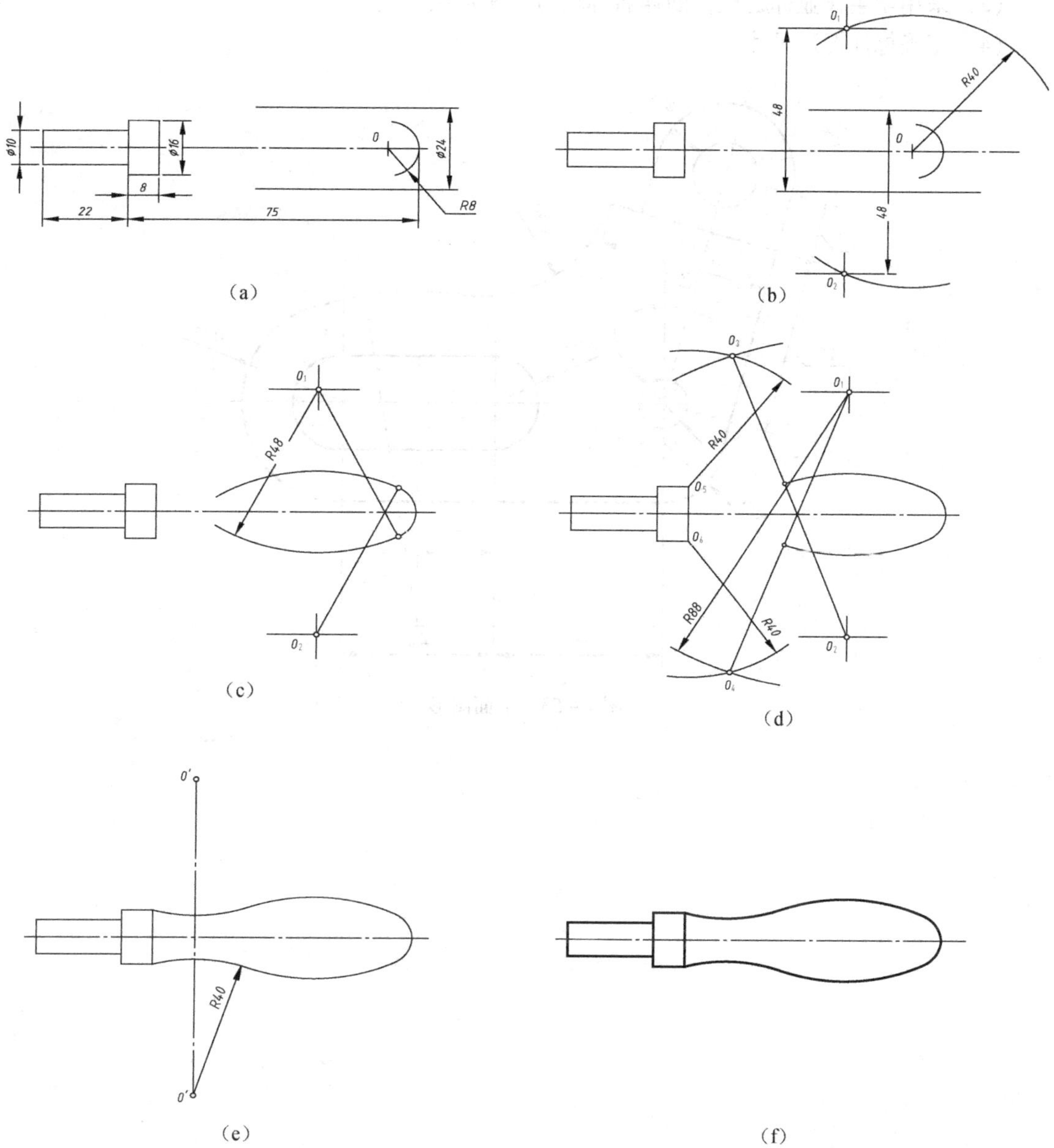

图 1-52　手柄绘图步骤

（4）以 O_5 为圆心，以 $R40$ 为半径画圆弧。以 O_2 为圆心，以 $R88$（$R48+R40$）为半径画圆弧，两圆弧交于 O_3 点。同理作出 O_4 点，如图 1-52（d）所示。

（5）分别以 O_3、O_4 为圆心，画连接圆弧 $R40$，与 $R48$ 圆弧外切，如图 1-52（*e*）所示。

（6）整理全图，仔细检查无误后加深图线，如图 1-52（*f*）所示。

思考与练习

分析图 1-53，按要求绘制下列图形。

（1）选用 A4 图纸，图框留有装订边。

（2）比例采用 1∶1。

（3）采用学生作业标题栏，图样名称填写“平面图形”。

（4）正确标注图形尺寸。

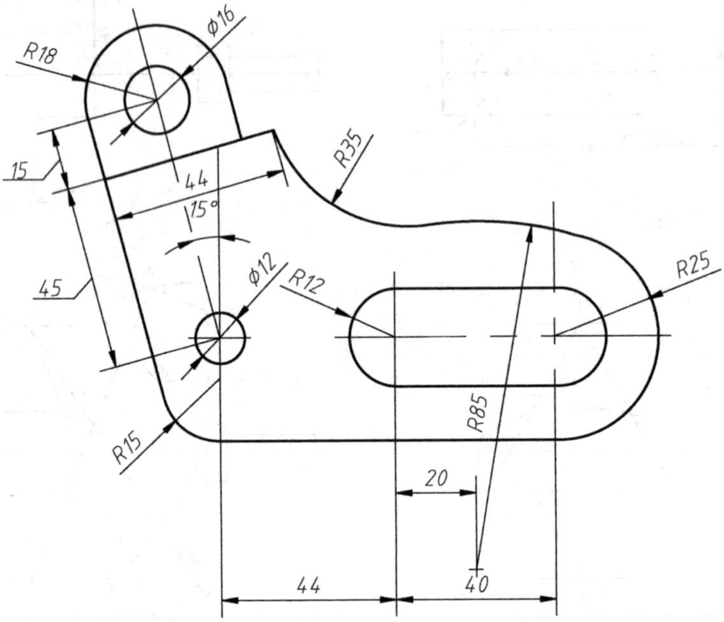

图 1－53　平面图形

项目二 投影基础

在日常生活中，人们根据光照射成影的物理现象，提出了用投影在平面上的图形表达空间物体形状的方法，即投影法。投影法是分析学习立体投影的基础，通过投影理论理解三面投影与三视图的关系，分析掌握点、线、面在投影面体系中各种位置投影的特点。

任务2－1 点的投影

点、直线和平面是构成空间物体的最基本的几何元素。点的投影是线、面投影的基础。因此首先应掌握点的投影规律及其投影特性。

任务要求

通过本任务的学习，达到以下目标：

- 了解投影法的基本知识，掌握正投影的基本特性；
- 掌握点在投影面体系中各种位置的投影；
- 已知点 A 的坐标（30，15，27），作出点的三面投影，并画出其立体图。

相关知识

一、投影法知识

1. 投影法的概念

投影法是画法几何学的基本方法。如图 2－1 所示，S 为投影中心，A 为空间一点，P 为投影面，SA 连线为投射线。投射线均由投影中心 S 射出，射过空间点 A 的投射线与投影面 P 相交于一点 a，点 a 称为空间点 A 在投影面 P 上的投影。同样，点 b 是空间点 B 在投影面 P 上的投影。在投影面和投射中心确定的条件下，空间点在投影面上的投影是唯一确定的。

画法几何就是靠这种假设的投影法，确定空间的几何原形在平面上（图纸上）的图像。图 2－2 是三角板投影的例子。

2. 投影法的种类

上述的投影法，投射线均通过投影中心，称为中心投影法，如图 2－2 所示。如果投射线互相平行，此时，空间几何原形在投影面上也同样得到一个投影，这种投影法称为平行投影法。当平行的投射线与投影面垂直时，称为正投影法，如图 2－3 所示。当平行的投射线对投影面倾斜时，称为斜投影法，如图 2－4 所示。

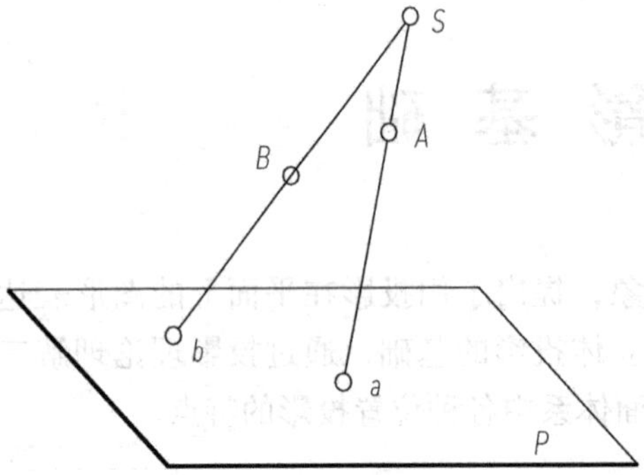

图 2－1　投影法

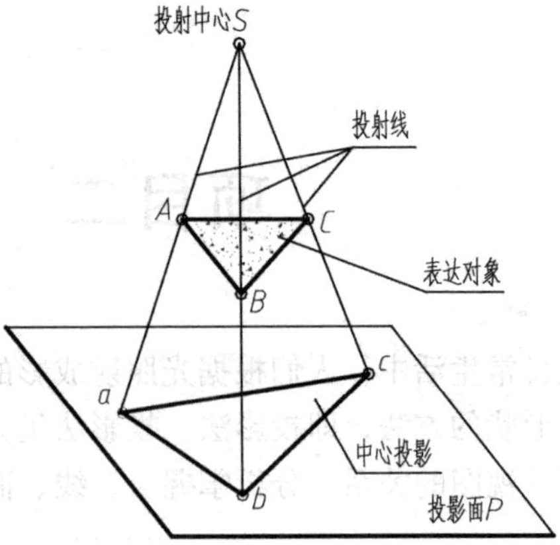

图 2－2　中心投影法

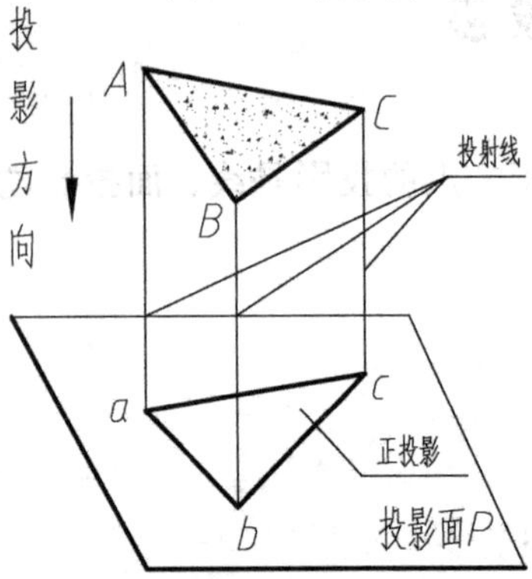

图 2－3　平行投影法——正投影法

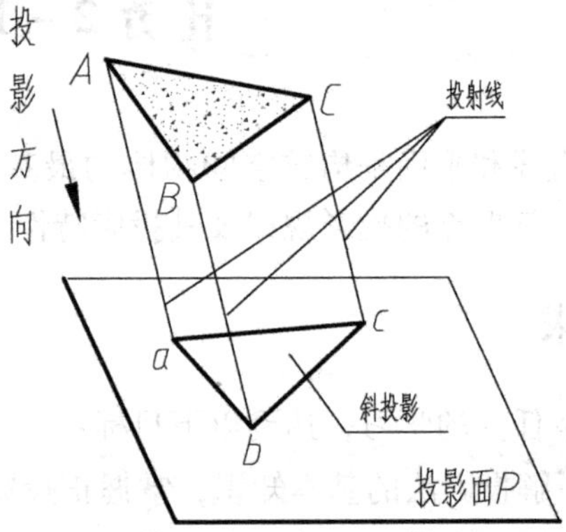

图 2－4　平行投影法——斜投影法

平行投影的特点之一是，空间的平面图形如与投影面平行，则它的投影反映出真实的形状和大小。

3. 投影法的应用

工程上常用的投影法是平行投影法，其中正投影法应用尤其广泛。本课程主要研究正投影法。为了叙述简便起见，本书中如未加说明，所述投影均指正投影。

投影法的应用与图例见表 2－1。

表 2－1　投影法应用与图例

投影法	投影图名	图　例	投影面个数	特点与应用
中心投影法	透视图	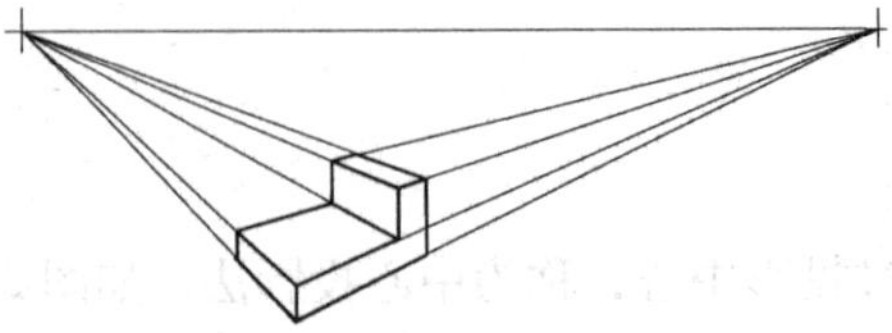	单个	近大远小，直观逼真，但作图复杂，度量性差。广泛用于工艺美术及宣传广告图样建筑等效果图

续表

投影法	投影图名	图例	投影面个数	特点与应用
平行投影法	轴测图	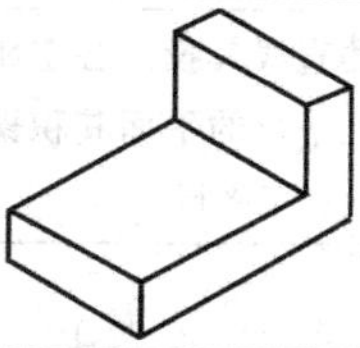	单个	直观性强但没有透视图逼真，度量性差。多应用于工程辅助图样
	多面正投影图	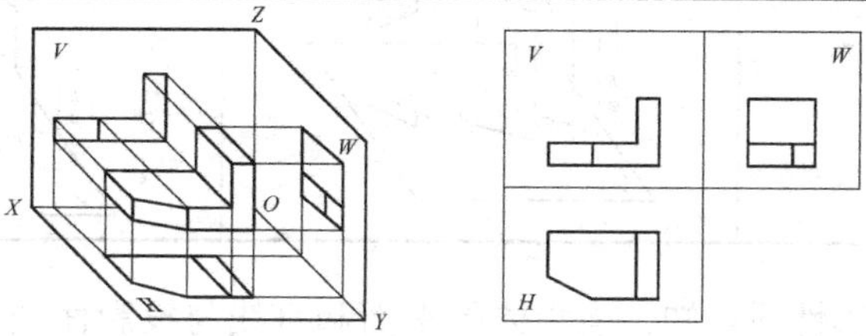	多个	度量性好且作图容易，但直观性较差。主要应用于工程图样的绘制
	标高投影图	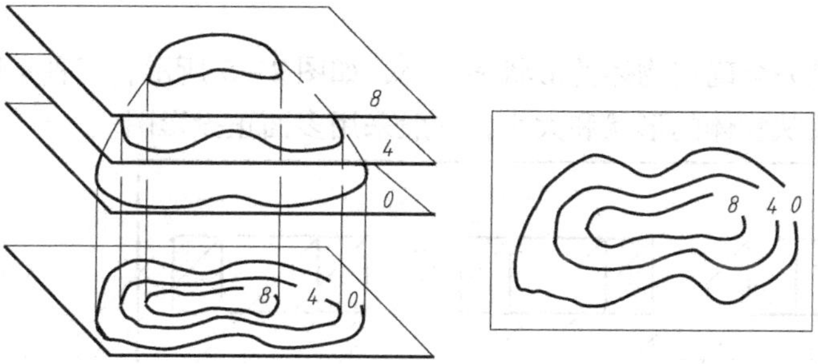	多个	采用正投影法获得空间几何元素的投影之后，再用数字标出空间几何元素对投影面的距离，以在投影图上确定空间几何元素的几何关系。常用来表示不规则曲面，如船舶、飞行器、汽车曲面及地形等

4. 正投影法的基本性质

由于正投影投影线与投影面的相互垂直，其投影具有真实性、积聚性、类似性等基本性质。正投影的基本性质如表 2－2 所示。

表 2－2 正投影的基本性质

性质	真 实 性	积 聚 性	类 似 性
说明	当直线或平面与投影面平行时，直线的投影反映为实长、平面的投影反映为实形的性质	当直线或平面与投影面垂直时，直线的投影积聚为一点、平面的投影积聚成一条直线的性质	当直线或平面与投影面倾斜时，直线的投影小于直线的实长、平面的投影与平面实形类似，且小于平面实形的性质
图例	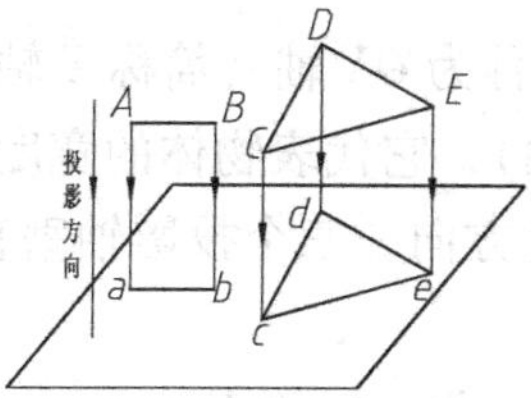	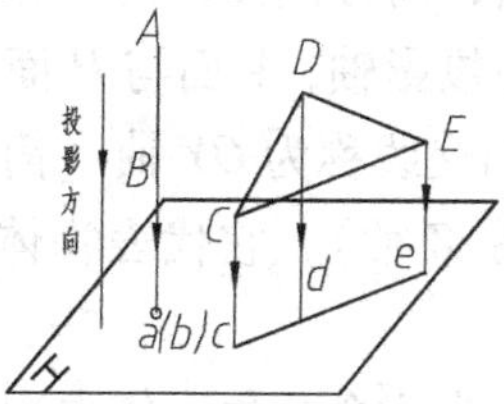	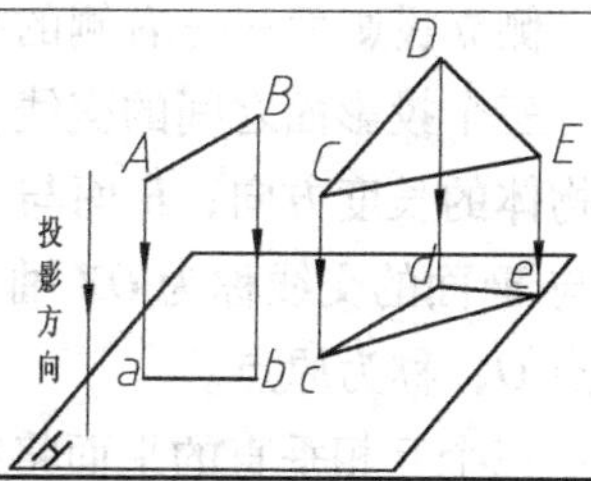

续表

性质	定 比 性	平 行 性	从 属 性
说明	点分线段的比，与其投影之比相等；两平行线段之比与其投影之比相等	互平行的直线其投影必定相互平行；相互平行的平面其积聚性的投影必定相互平行	直线或曲线上的点其投影必在该直线或曲线的投影上；平面或曲面上的点、线其投影必在该平面或曲面的投影上
图例	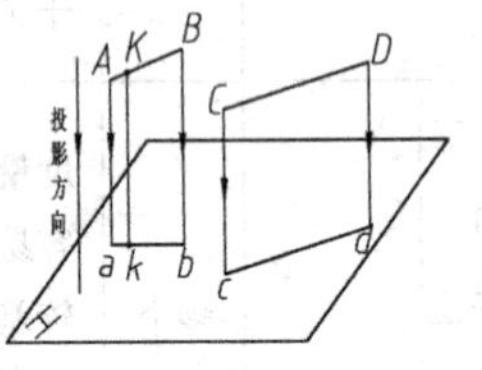	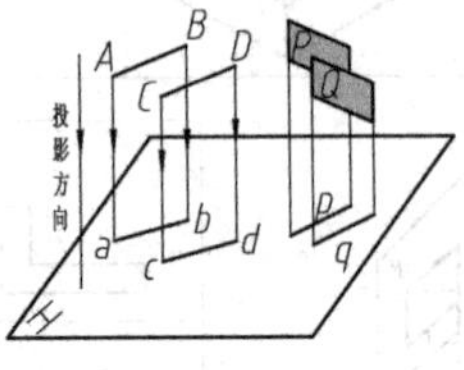	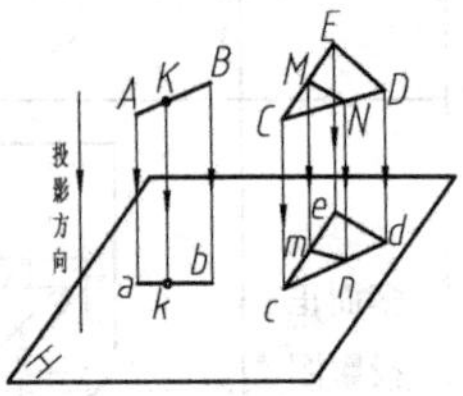

根据以上正投影法的投影性质可知，当物体的平面和直线与投影面处于平行或垂直的位置时，视图能够反映物体的真实形状和大小。

二、三视图

一个视图一般不能完全确定物体的形状和大小，如图 2－5 所示，三种不同的立体正投影图相同。为了准确地反映物体的形状和大小，一般采用多面正投影图。

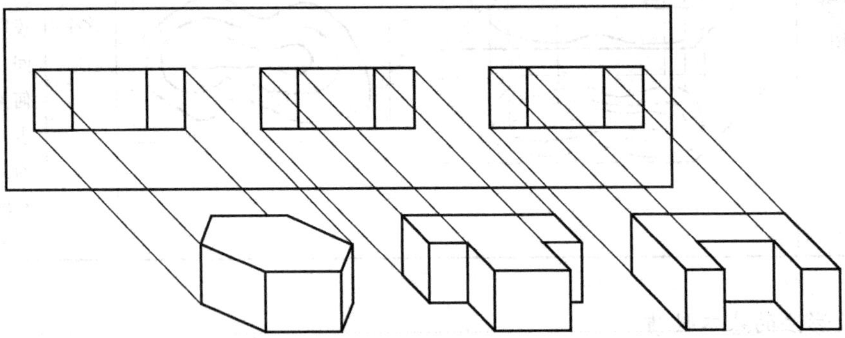

图 2－5　两种不同的立体正投影图相同

1. 三面投影体系

在工程图中，通常采用与物体的长宽高相对应的三个相互垂直的投影面，该三投影面形成了三投影面体系，如图 2－6 所示。

正立投影面——直立在观察者正对面的投影面，简称正面，用 *V* 表示；

水平投影面——水平位置的投影面，简称水平面，用 *H* 表示；

侧立投影面——右侧的投影面，简称侧面，用 *W* 表示。

三个投影面之间的交线，称为投影轴，*V* 面与 *H* 面的交线称为 *OX* 轴（简称 *X* 轴），它代表物体的长度方向；*H* 面与 *W* 面的交线称为 *OY* 轴（简称 *Y* 轴），它代表物体的宽度方向；*V* 面与 *W* 面的交线称为 *OZ* 袖（简称 *Z* 袖），它代表物体的高度方向，三个投影轴垂直相交的交点 *O*，称为原点。

三个互相垂直的平面将空间分为八个分角，依次用Ⅰ、Ⅱ、Ⅲ、Ⅳ等表示。

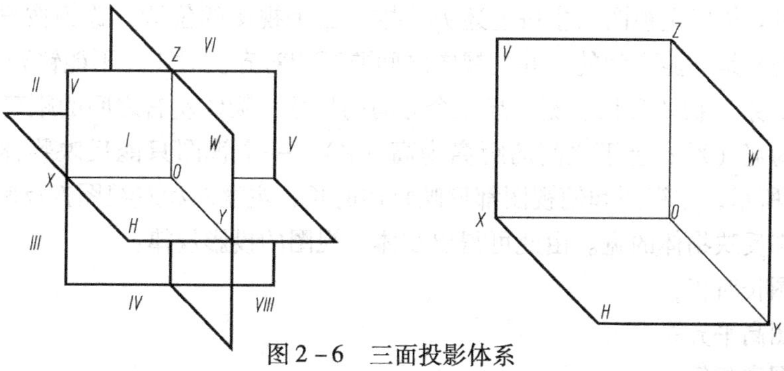

图2－6　三面投影体系

2. 三视图的形成

将物体置于第一分角内，并使其处于观察者与投影面之间分别向 V、H、W 面正投影，可分别得到该物体的三个投影：

（1）由前向后投影，在正面上所得视图称为主视图；

（2）由上向下投影，在水平面上所得视图称为俯视图；

（3）由左向右投影，在侧面上所得视图称为左视图。

为了方便绘图与读图，三面视图应该画在同一张图纸上，可将三投影面展开。正面 V 保持不动，水平面 H 绕 OX 轴向下旋转90°，侧面 W 绕 OZ 轴向右旋转90°，使三面共面，如图2－7（a）所示。

在投影面展开时，OY 轴一分为二，在 H 面上的标记为 OY_H，在 W 面上的标记为 OY_W。展开后得到如图2－7（b）所示的投影图。

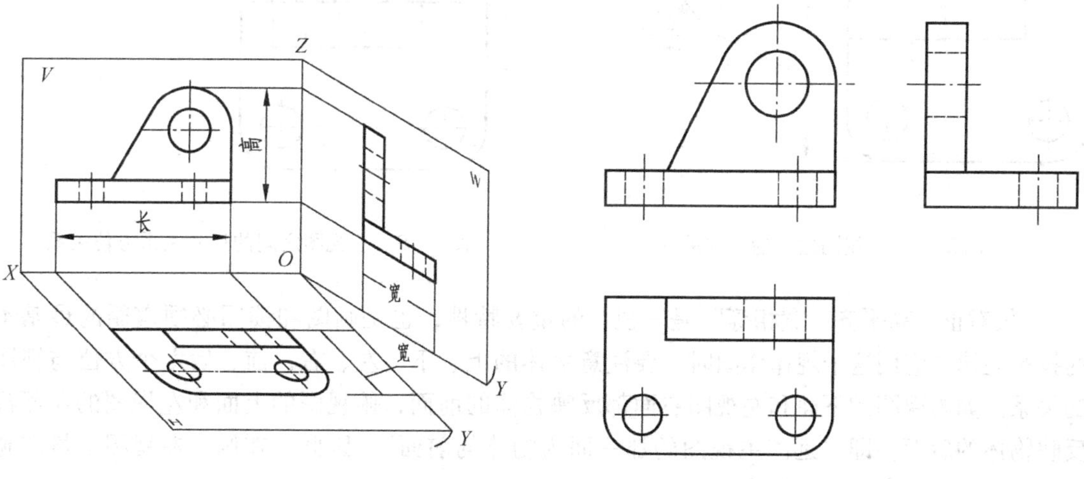

（a）　　　　（b）

图2－7　三视图展开

画图时，通常省去投影面的边框和投影轴。在同一张图纸内按图2－7（b）所示那样配置视图时，一律不注明视图的名称。

3. 三视图之间的对应关系

（1）位置关系。以主视图为主，俯视图在主视图的正下方，左视图在主视图的正右方。

画三视图时必须以主视图为主按上述关系排列三个视图的位置，称为按投影关系配置视图。这个位置关系是不能更动的，并且视图之间要互相对齐、对正，不能错开，更不能倒置。

(2) 尺寸关系。物体有长、宽、高三个方向的尺寸。物体左右之间的距离为长（X）；前后之间的距离为宽（Y）；上下之间的距离为高（Z）。一个视图只能反映物体两个方向的尺寸，如图2-8所示，主视图和俯视图都反映物体的长，主视图和左视图都反映物体的高，俯视图和左视图都反映物体的宽。由此可得出物体三视图的投影规律：

主、俯视图长对正；

主、左视图高平齐；

俯、左视图宽相等。

(3) 方位关系。物体有上、下、前、后、左、右六个方位，如图2-9所示。主视图能反映物体的上下和左右关系，左视图能反映物体的上下和前后关系，俯视图能反映物体的左右和前后关系。

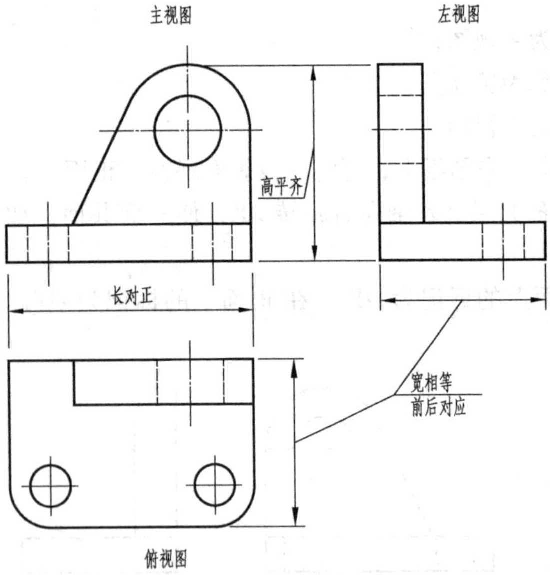

图2-8　三视图之间的尺寸关系

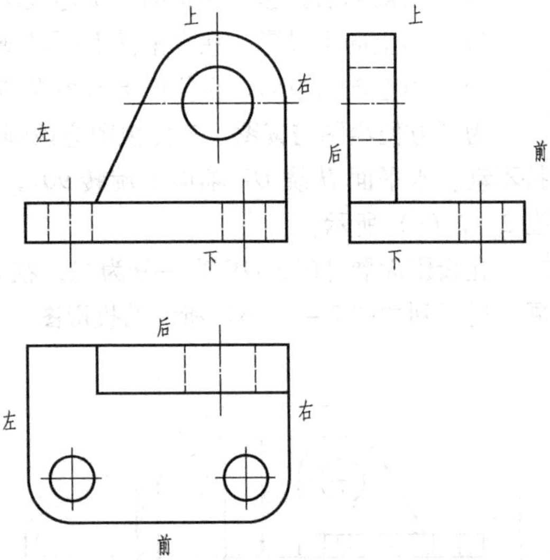

图2-9　三视图之间的尺寸关系方位关系

“长对正、高平齐、宽相等”是三视图的重要特性，也是画图和读图必须遵循的最基本的投影规律。应用这个规律作图时，要注意物体的上、下、左、右、前、后六个方位与视图的关系。如俯视图的下面和左视图右面都反映物体的前面，俯视图的上面和左视图的左面都反映物体的后面，即“远离主视图的那一面为物体的前面”。因此，在俯、左视图上量取宽度时，要特别注意量取的起点和方位。

三、点的投影

物体是由点、线和面组成，其中点是最基本的几何元素，如图2-10所示的三棱锥。为了迅速而又正确地绘制和阅读形体的投影或分析空间几何问题，必须首先研究空间几何元素（点、线、面）的投影规律和投影特性。

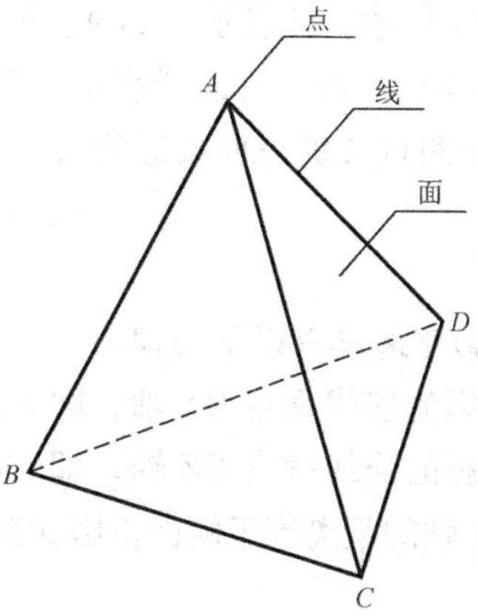

图 2－10 三棱锥

1. 点在投影体系中展开

三面投影图具体的展开过程如图 2－11 所示。

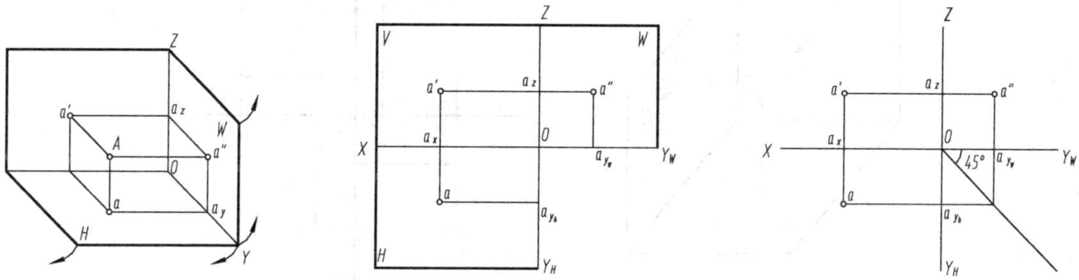

图 2－11 三面投影图具体展开过程

2. 点的三面投影

在三面投影体系中有一点 A，过点 A 分别向三个投影面作垂线，得垂足 a、a'，a''，即得点 A 在三个投影面的投影，如图 2－12 所示。

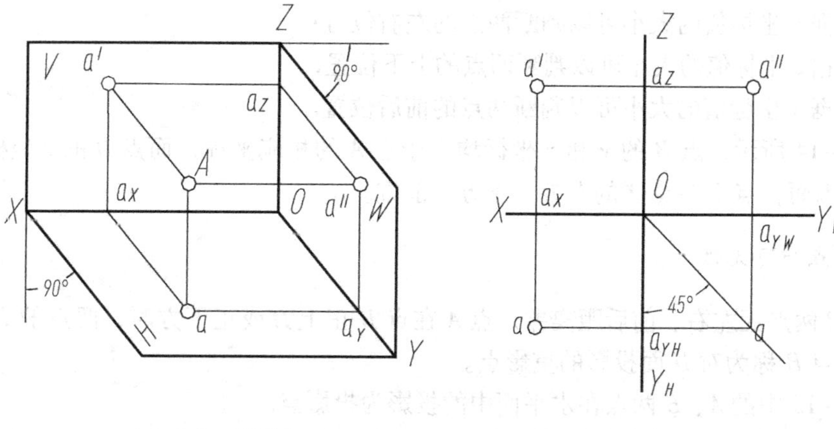

（a）点的三面投影 （b）点的三面投影展开形式

图 2－12 点的三面投影

为了统一起见，规定空间点用大写字母表示，如 A、B 等；水平投影用相应的小写字母表示，如 a、b 等；正面投影用相应的小写字母加撇表示，如 a'、b'；侧面投影用相应的小写字母加两撇表示，如 a''、b''。如空间点 A 的三面投影为（a，a'，a''）。

3. 点的投影规律

由图分析可知，点的三面投影普遍具有以下规律：

（1）点的正面投影和水平投影的连线垂直 OX 轴，即 $a'a \perp OX$；

（2）点的正面投影和侧面投影的连线垂直 OZ 轴，即 $a'a'' \perp OZ$；

（3）点的水平投影 a 和到 OX 轴的距离等于侧面投影 a'' 到 OZ 轴的距离，即 $a\,a_x = a''a_z$。

4. 点的三面投影与直角坐标

空间点 A 到三个投影面的距离可分别用它的直角坐标 X、Y、Z 表示。点的坐标的规定书写形式为 A（X，Y，Z），如 A（30，10，20），如图 2－13 所示。

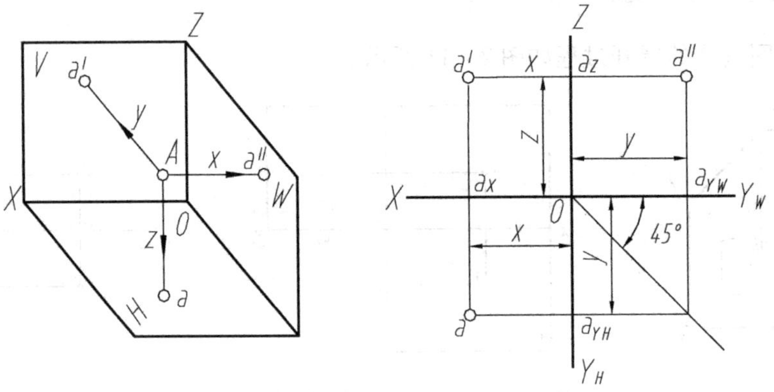

（a）　　　　（b）

图 2－13　点的三面投影与直角坐标

5. 两点的相对位置

根据两点的三面投影坐标可判断两点的相对位置：

（1）根据 x 坐标值的大小可以判断两点的左右位置；

（2）根据 z 坐标值的大小可以判断两点的上下位置；

（3）根据 y 坐标值的大小可以判断两点的前后位置。

如图 2－14 所示，点 B 的 y 和 x 坐标均大于点 A 的相应坐标，而点 B 的 z 坐标小于点 A 的 y 坐标，因而，点 B 在点 A 的左方、下方、前方。

6. 重影点与可见性

若 A、B 两点无左右、前后距离差，点 A 在点 B 正上方或正下方时，两点的 H 面投影重合，点 A 和点 B 称为对 H 面投影的重影点。

如图 2－15 中的 A、B 两点在水平面中的投影为投影点。

重影点需判别可见性：根据正投影特性，可见性的区分应是前遮后、上遮下、左遮右，即坐标值大者可见。在图 2－15 中，A 点在 B 点之上。

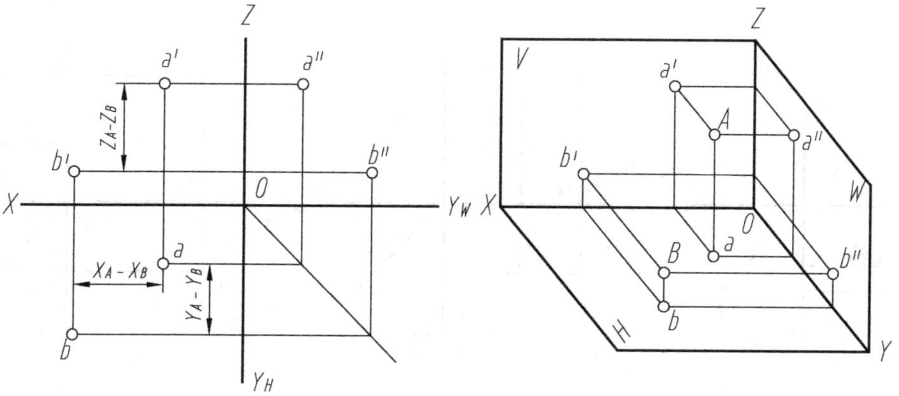

(a) (b)

图 2-14 两点的相对位置

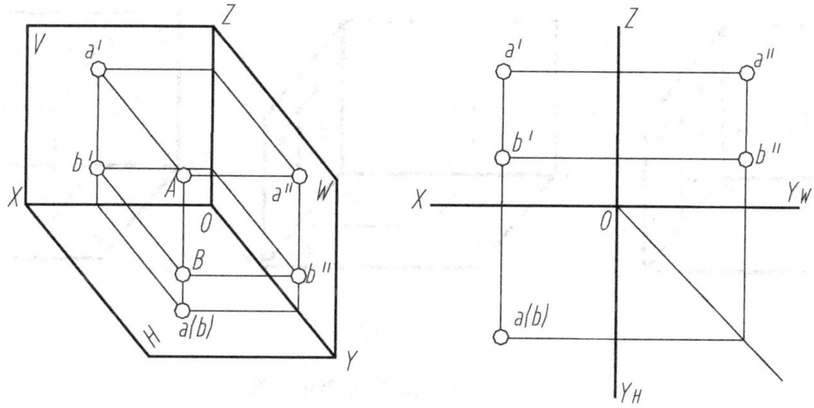

(a) (b)

图 2-15 重影点的投影

任务实施

完成点 A（30，15，27）的作图任务，具体步骤如下：

其作图方法与步骤如图 2-16 所示。

（1）画坐标轴，在 OX 轴上自 O 向左量取 30，定出 a_x。

（2）过 a_x 作 OX 轴的垂线，并从 a_x 向下量取 $aa_x=15$，得 a 点，从 a_x 向上量取 $a'a_x=27$，得 a' 点。

（3）自 a' 点作 OZ 轴的垂线，得交点 a_z，自 a_z 向右量取 $a_z a''=15$，得 a'' 点。

立体图的作图步骤如图 2-17 所示。

（1）根据投影图的坐标值，按 1:1 的比例沿各轴量取 x、y、z 尺寸得 a_x、a_y、a_z。

（2）过 a_x、a_y、a_z 在各坐标面上分别引各轴的平行线，得点 A 的三个投影 a、a'、a''。

（3）过 a 作 $aA//OZ$，过 a' 作 $a'A//OY$，过 a' 作 $a''A//OX$，所作三条直线的交点即为空间的点 A。

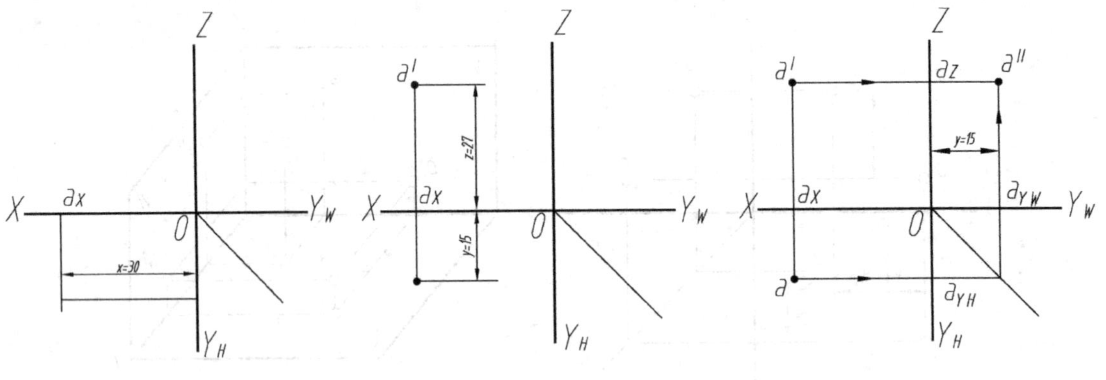

(a) (b) (c)

图 2-16 由点的坐标作点的三面投影

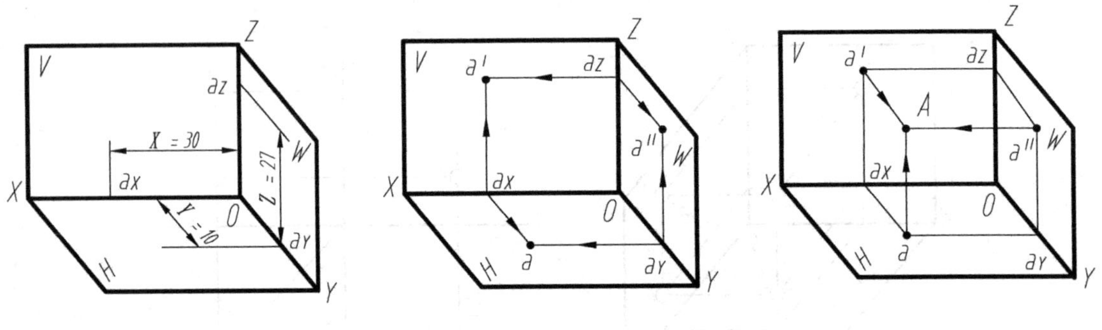

(a) (b) (c)

图 2-17 由点的坐标作立体图

思考与练习

一、简答题

(1) 简述点的三面正投影的形成及其投影规律。

(2) 如何判断空间两点的相对位置。什么叫重影点? 怎样判别重影点的可见性?

二、作图题

(1) 如图 2-18 所示，已知点 A 的三面投影，点 B 在点 A 的右 15、下 5、后 10 处，求点 B 的三面投影。

(2) 如图 2-19 所示，根据各点的两面投影，求第三面投影。

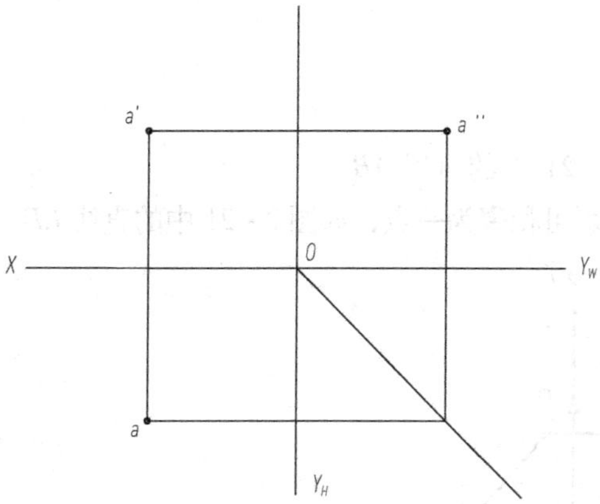

图 2－18　作图 1

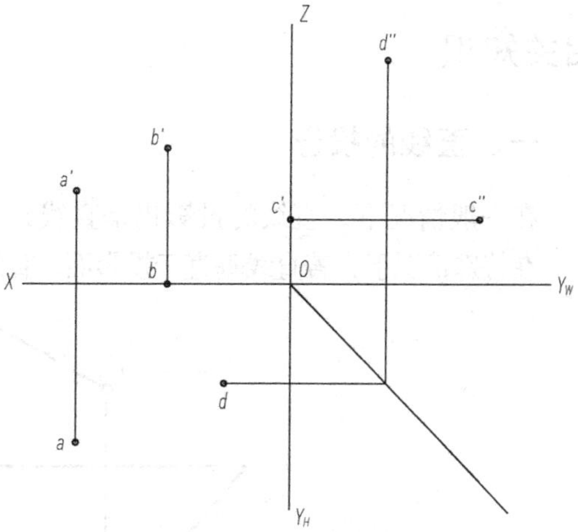

图 2－19　作图 2

任务 2－2　直线的投影

由几何学可知，直线由两点确定，要作直线的投影，实质就是作出线上两点的投影，也就是说，它的投影由直线上两点的同面投影的连线来确定。

任务要求

通过本任务的学习，达到以下目标：

➢ 掌握直线在投影面体系中各种位置的投影；

➢ 补画图 2－20 所示直线的第三投影，并判断其相对投影面的位置。

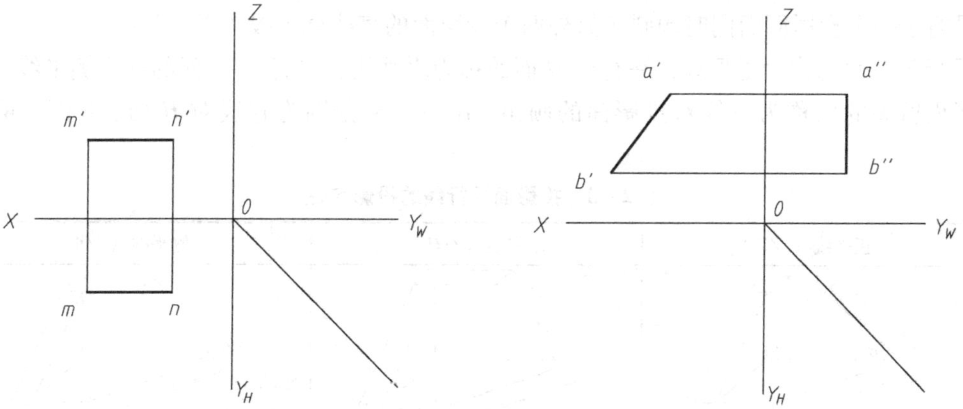

MN_______________线　　　　AB_______________线

图 2－20　直线的第三投影及其相对投影面的位置（补画前）

相关知识

一、直线的投影

在一般情况下，直线的投影仍是直线，如图 2－21 中的直线 *AB*。

在特殊情况下，若直线垂直于投影面，直线的投影可积聚为一点，如图 2－21 中的直线 *CD*。

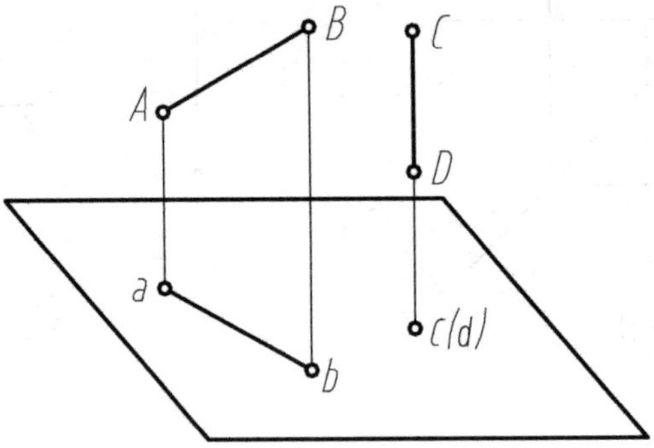

图 2－21　直线的投影

直线的投影可由直线上两点的同面投影连接得到，分别作出直线上两点 *A*、*B* 的三面投影，将其同面投影相连，即得到直线 *AB* 的三面投影图。

二、各种位置直线的投影特性

根据直线在三投影面体系中的位置可分为投影面平行线、投影面垂直线和一般位置线三类。

1. 投影面平行线

平行于一个投影面而同时倾斜于另外两个投影面的直线称为投影面平行线。

平行于 *V* 面的称为正平线；平行于 *H* 面的称为水平线；平行于 *W* 面的称为侧平线；直线与投影面所夹的角称为直线对投影面的倾角。*α*、*β*、*γ* 分别为直线对 *H* 面、*V* 面、*W* 面的倾角。

表 2－3　投影面平行线的投影特性

名称	正平线（//*V*）	水平线（//*H*）	侧平线（//*W*）
实例	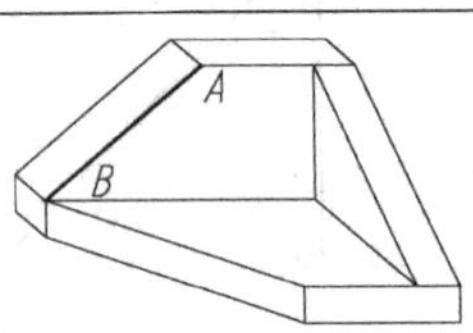	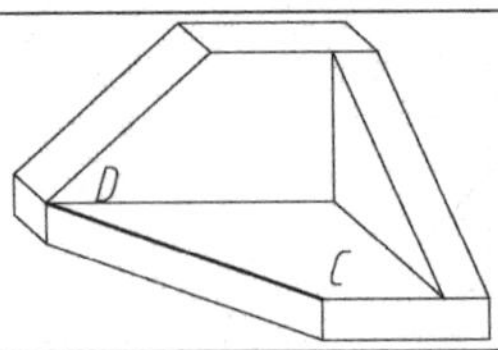	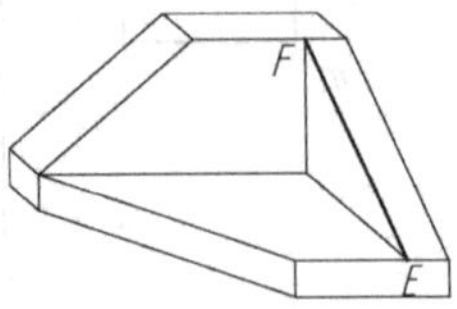
立体图	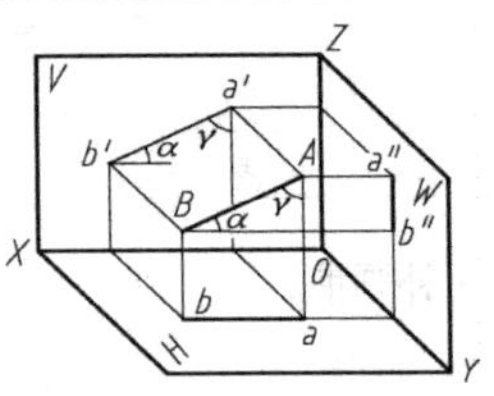	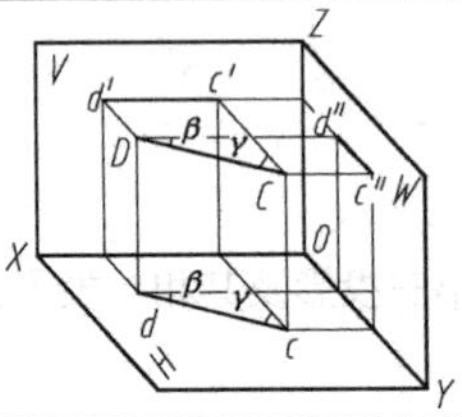	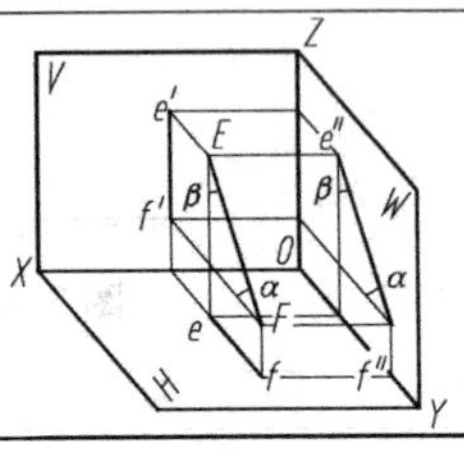

续表

名称	正平线（//V）	水平线（//H）	侧平线（//W）
投影图	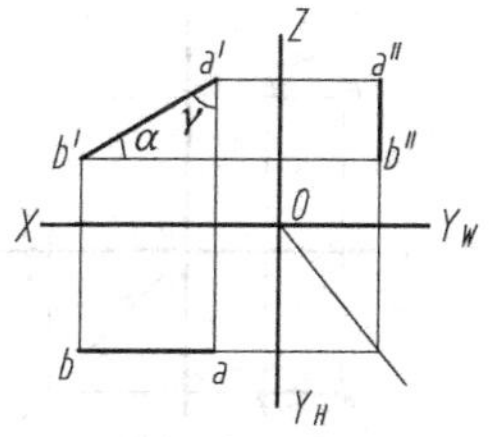	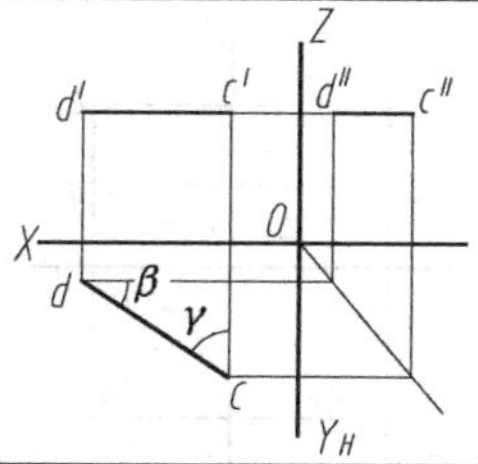	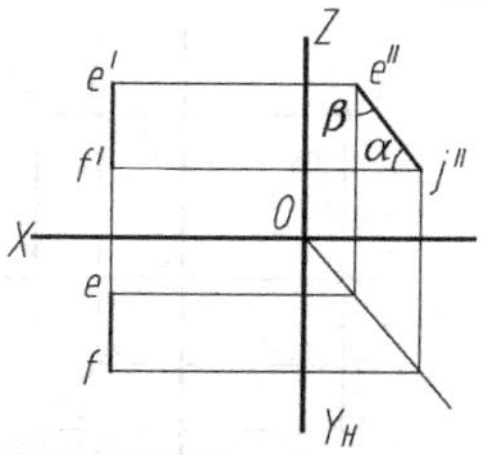
投影特性	（1）正面投影 $a'b'$ 反映实长 （2）正面投影 $a'b'$ 与 OX 轴和 OZ 轴的夹角 α、γ 分别为 AB 对 H 面和 W 面的倾角 （3）水平投影轴 $ab // OX$ 轴，侧面投影 $a''b'' // OZ$ 轴，且都小于实长	（1）水平投影 cd 反映实长 （2）水平投影 cd 与 OX 轴和 OY_H 的夹角 β、γ 分别为 CD 对 V 面和 W 面的倾角 （3）正面投影 $c'd' // OX$ 轴，侧面投影 $c''d''// OY_W$，且都小于实长	（1）侧面投影 $e''f''$ 反映实长 （2）侧面投影 $e''f''$ 与 OZ 轴和 OY_W 轴的夹角 β 和 α 分别为 EF 对 V 面和 H 面的倾角 （3）正面投影 $e'f' // OZ$ 轴，水平投影 $ef // OY_H$，且都小于实长

从表 2－3 中可得出投影面平行线的投影特征：

（1）直线平行哪个投影面，它在该投影面上的投影反映空间线段的实长，并且这个投影和投影轴所夹的角度，就等于空间线段对相应投影面的倾角。

（2）其他两个投影都小于空间线段的实长，而且与相应的投影轴平行。

投影面平行线的辨认：当直线的投影有两个平行于投影轴，第三投影与投影轴倾斜时，则该直线一定是投影面平行线，且一定平行于其投影为倾斜线的那个投影面。

2. 投影面垂直线

垂直于一个投影面而同时平行于另外两个投影面的直线称为投影面垂直线。

垂直于 V 面的称为正垂线；垂直于 H 面的称为铅垂线；垂直于 W 面的称为侧垂线。

表 2－4 为投影面平行线的立体图、投影图及投影特征。

表 2－4　投影面垂直线的投影特性

名称	正垂线（⊥V）	铅垂线（⊥H）	侧垂线（⊥W）
实例	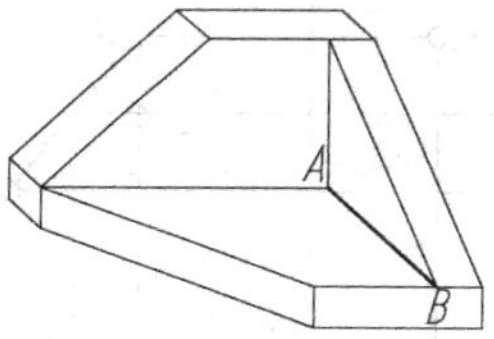	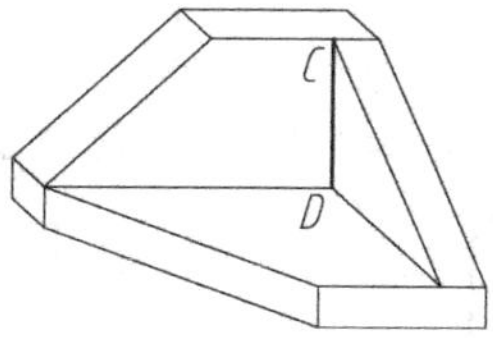	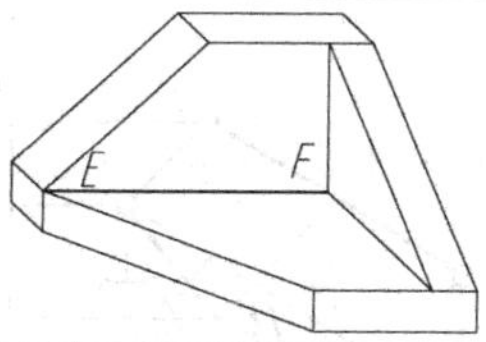
立体图	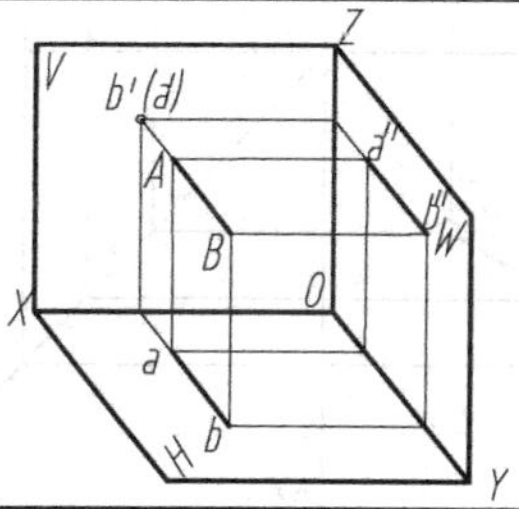	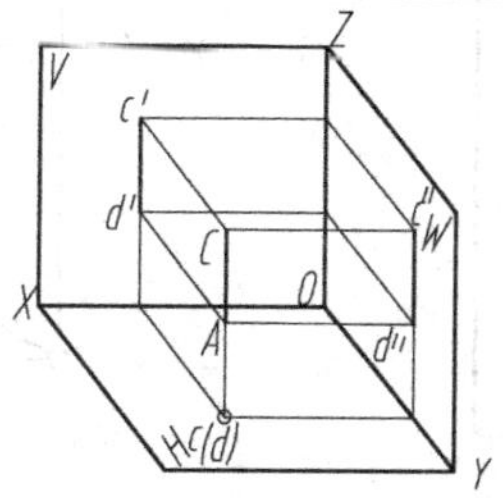	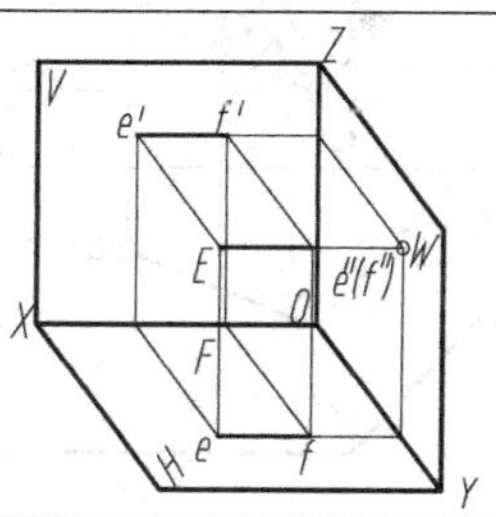

续表

名称	正垂线（$\perp V$）	铅垂线（$\perp H$）	侧垂线（$\perp W$）
投影图	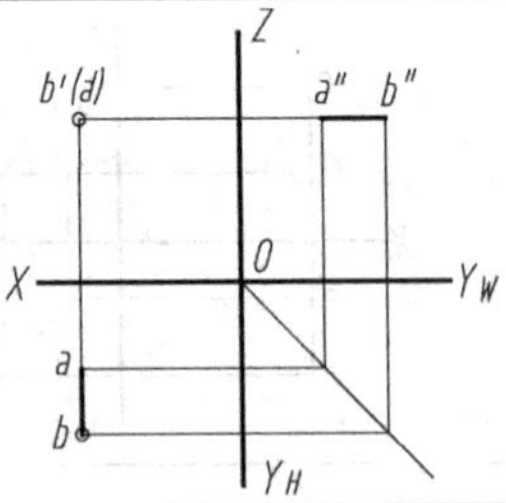	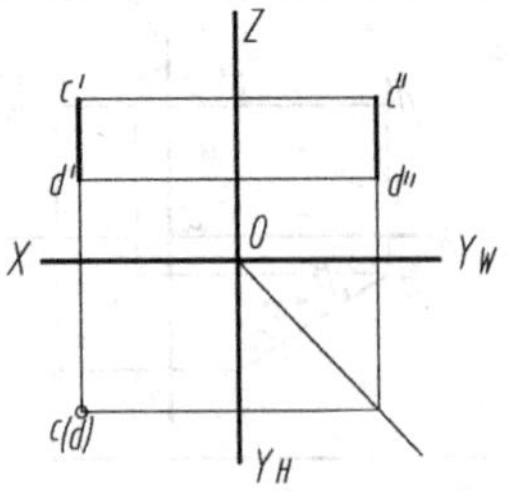	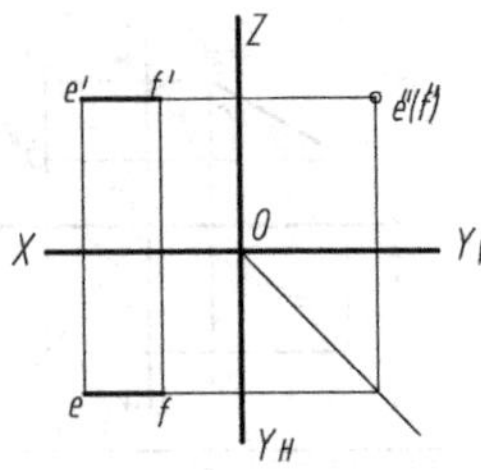
投影特性	（1）正面投影b'（a'）积聚成一点 （2）水平投影ba，侧面投影$b''a''$都反映实长，且$ba \perp OX$，$b''a'' \perp OZ$	（1）水平投影c（d）积聚成一点 （2）正面投影$c'd'$，侧面投影$c''d''$都反映实长，且$c'd' \perp OX$，$c'd' \perp OY_W$	（1）侧面投影e''（f''）积聚成一点 （2）正面投影$e'f'$，水平投影ef都反映实长，且$e'f' \perp OZ$，$ef \perp OY_H$

可见投影面垂直线的投影特征：

（1）直线垂直哪个投影面，它在该投影面上的投影积聚为一点。

（2）其他两个投影都与相应的投影轴垂直，并且都反映空间线段的实长。

投影面垂直线的辨认：直线的投影中只要有一个投影积聚为一点，则该直线一定是投影面垂直线，且一定垂直于其投影积聚为一点那个投影面。

3. 一般位置直线

与三个投影面都处于倾斜位置的直线称为一般位置直线。

一般位置直线三个投影皆为倾斜直线，且均不反映实长并小于实长，也不反映对投影面倾角的真实大小。

直线的投影一般仍为直线。由几何学知道，空间两点决定一直线，因此要作直线的投影，只需作出直线段上两点的投影（两点在同一投影面上的投影称为同面投影），如图 2－22 所示。

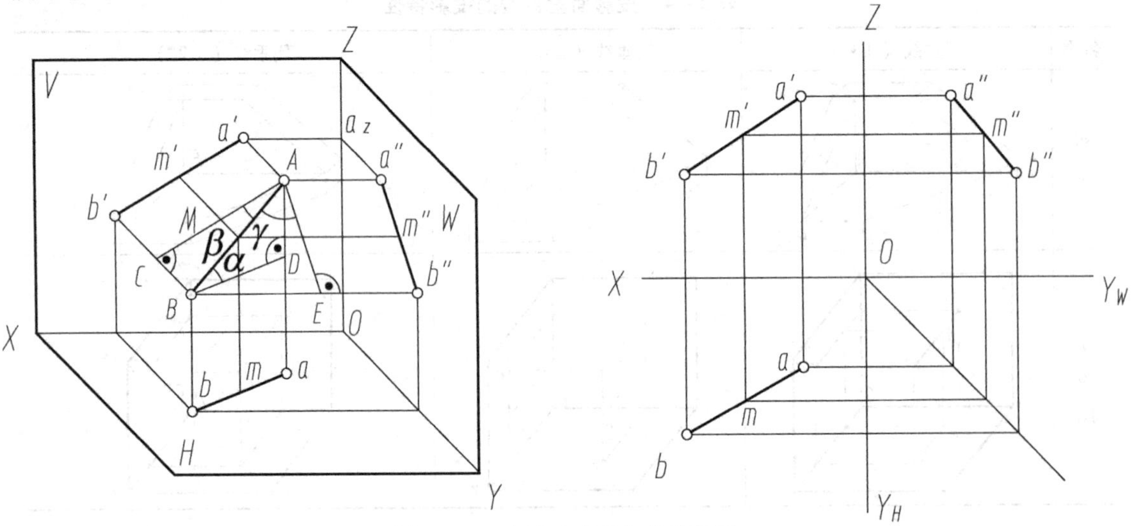

图 2－22　直线及直线上点的投影

一般位置直线对三个投影面都倾斜，其三面投影仍为直线。直线对 H、V、W 面的倾角用 α、β、γ 来表示，则 $ab = AB\cos\alpha < AB$，$a'b' = AB\cos\beta < AB$，$a''b'' = AB\cos\gamma < AB$。

点在直线上，由正投影的基本性质可知，应有下列投影特性：

（1）点的投影必在直线的同面投影上（从属性）。如图 2-22 所示，在直线 AB 上有一点 M，点 M 的三面投影 m、m'、m'' 分别在直线 AB 的同面投影 ab、$a'b'$、$a''b''$ 上。

（2）点分线段之比等于其投影之比（定比性）。如图 2-22 所示，点 M 分 AB 成 AM 和 BM，有 $AM:BM = am:bm = a'm':b'm' = a''m'':b''m''$。

由图可见，一般位置直线在三个投影面上的投影都不反映实长（均小于实长），投影和投影轴均倾斜，且投影与投影轴之间的夹角也不反映直线与投影面之间的倾角。

一般位置直线的判定：直线的投影如果与三个投影轴都倾斜，则可判定该直线为一般位置直线。

4. 两直线的相对位置

两直线在空间的相对位置有三种情况：平行、相交和交叉，具体见表 2-5。

表 2-5　两直线的相对位置

相对位置	投影特性	投 影 特 性	
两直线平行	空间两直线平行，其同面投影必相互平行，且具有定比性	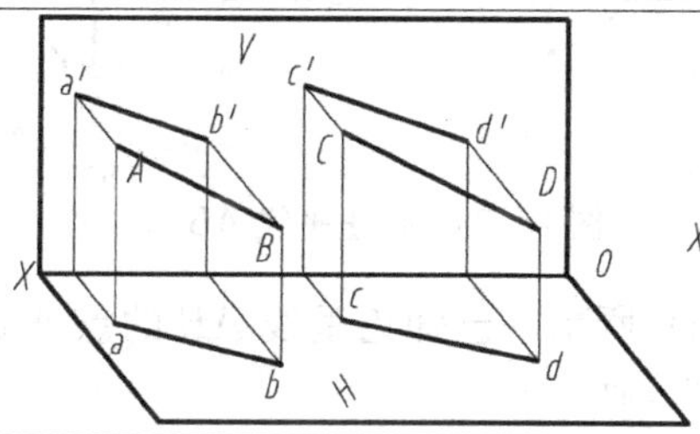	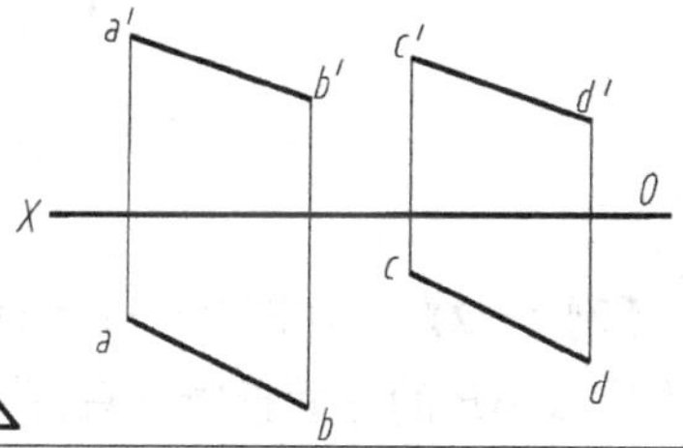
两直线相交	相交两直线的同面投影分别相交，且交点符合点的投影规律	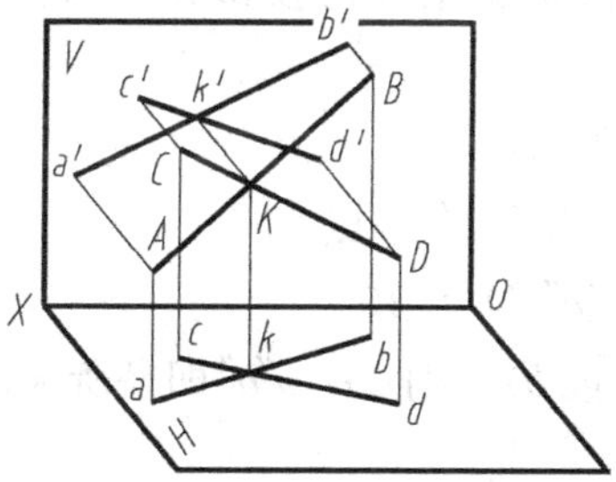	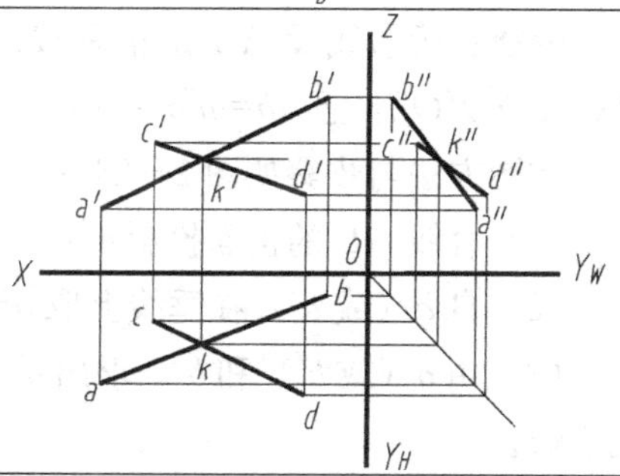
两直线交叉	既不符合平行两直线的投影特性，又不符合相交两直线的投影特性	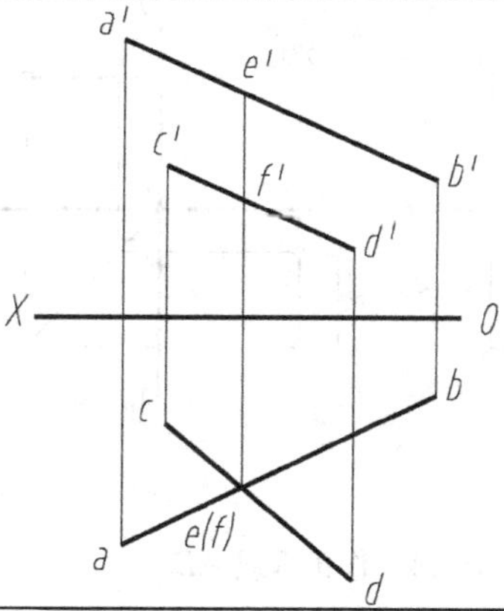	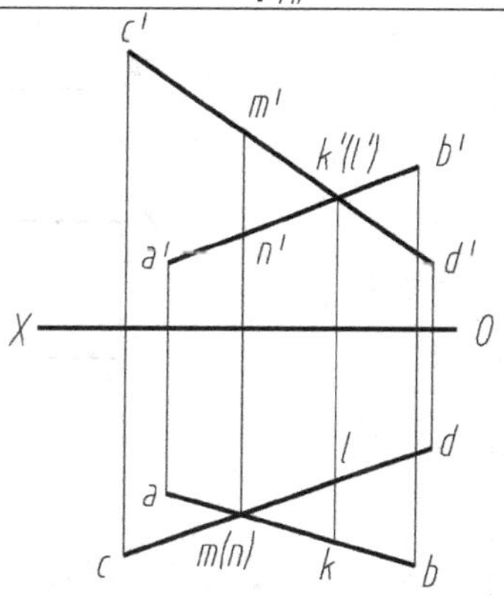

【例 2—1】 如图 2—23（a）所示，已知点 A，试作线段 AB，长为 15，并使其平行 V 面，与 W 面倾角 $\gamma=60°$（只需一解）。

分析： 所求线段 AB 是正平线。根据正平线的投影特性以及已知条件，可知，$ab /\!/ OX$，$a''b'' /\!/ OY_W$，$a'b'=15$；$a'b'$ 与 OZ 轴的夹角 $\gamma=60°$。

作图方法与步骤如图 2—23（b）所示。

（1）自 a' 作直线与 OZ 轴倾斜 60°，并在其上量取 $a'b'=15$。$a'b'$ 即是所求线段 AB 的正面投影。

（2）过 a 及 a'' 各自作 OX 及 OZ 轴的平行线。

（3）自 b' 作直线垂直 OX 及 OZ 轴，并与上述两平行线相交于 b 及 b''，连接 ab 及 $a''b''$ 即是所求线段 AB 的水平投影和侧面投影。

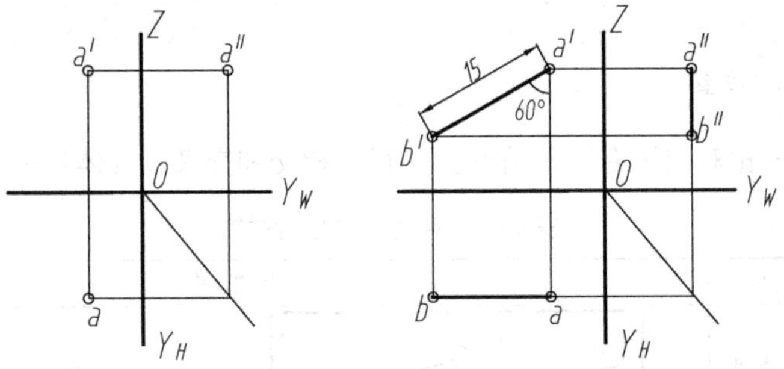

（a）　（b）

图 2—23　作正平线 AB

【例 2—2】 如图 2—24（a）所示，已知正垂线 AB 的点 A 的投影及直线 AB 长为 20，试作直线 AB 的三面投影（只需一解）。

分析： 所求线段 AB 是正垂线。根据正垂线的投影特性可知，$a'b'$ 积聚为一点。$ab /\!/ OX$，$a''b'' /\!/ OZ$，且 $ab=a''b''=10$。

作图方法与步骤如图 2—24（b）所示：

（1）直线 AB 的正面投影 $a'b'$，积聚在 a' 一点。

（2）自 a（或 a''）在垂线上取 ab（$a''b''$）$=10$。

（3）由 b（或 b''）和 b'，求出 b''（或 b），则 ab、$a''b''$ 即是所求正垂线 AB 的水平投影和侧面投影。

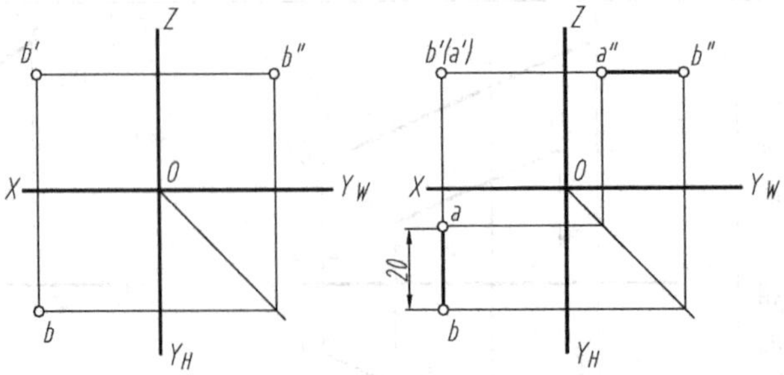

（a）　（b）

图 2—24　作正垂线 AB

任务实施

完成如图 2－20 所示的直线的第三投影，并判断其相对投影面的位置，结果如图 2－25 所示。

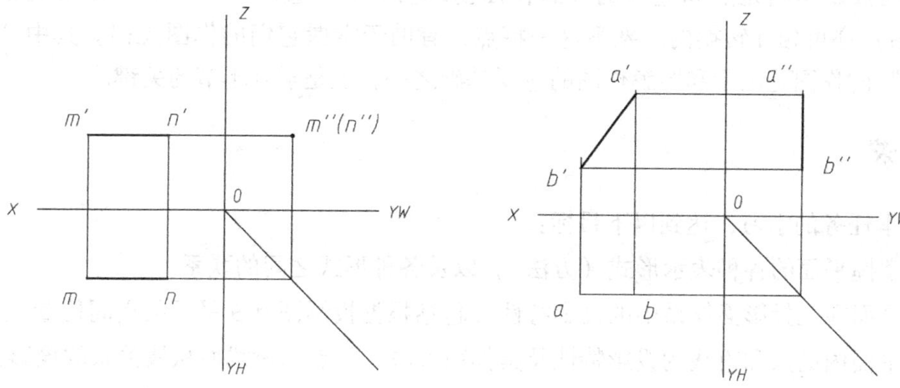

MN____侧垂____线　　　　AB____正平____线

图 2－25　直线的第三投影及其相对投影面的位置（补画后）

思考与练习

一、简答题

（1）试述投影面平行线和投影面垂直线的投影规律。根据直线的投影图如何想象它的空间位置？

（2）试述直线上点的投影特性。两直线的相对位置有几种？在投影图上各有什么特性？

二、判断下列直线相对投影面的位置。

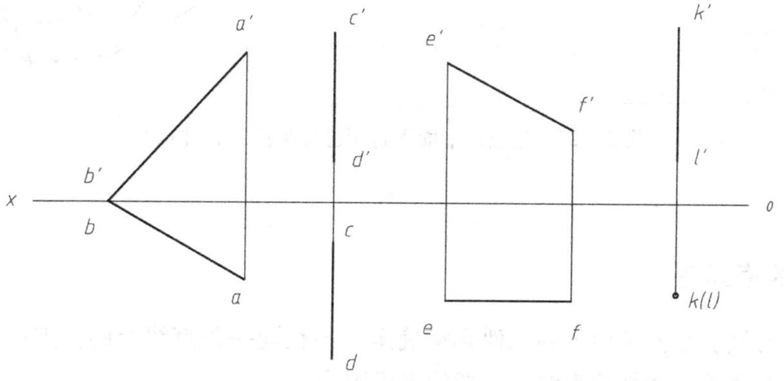

AB________线　　　　CD________线

EF________线　　　　KL________线

图 2－26　判断直线相对投影面的位置

任务2-3　平面的投影

平面的投影作图是点和直线的投影作图的综合，点、直线、平面这三元素是相互依存（从属关系）亦可相互转换的。熟悉这一特点，有助于掌握它们的作图规律。其中“平面内取点作线”的作图是图示和图解作图的重要基础之一，也是学好本节的关键。

任务要求

通过本任务的学习，达到以下目标：

➢ 掌握平面的各种表示形式（方法），以及各种形式之间的联系。

➢ 平面在三投影面体系中的投影特性（包括根据投影图判断平面的空间位置）。

➢ 平面内的点和直线的投影特性及其作图方法。重点掌握线面从属关系的投影作图。

➢ 如图2-27所示，标注A、B、C、D四个面在另两视图中的投影，并说明它们相对投影面的位置。

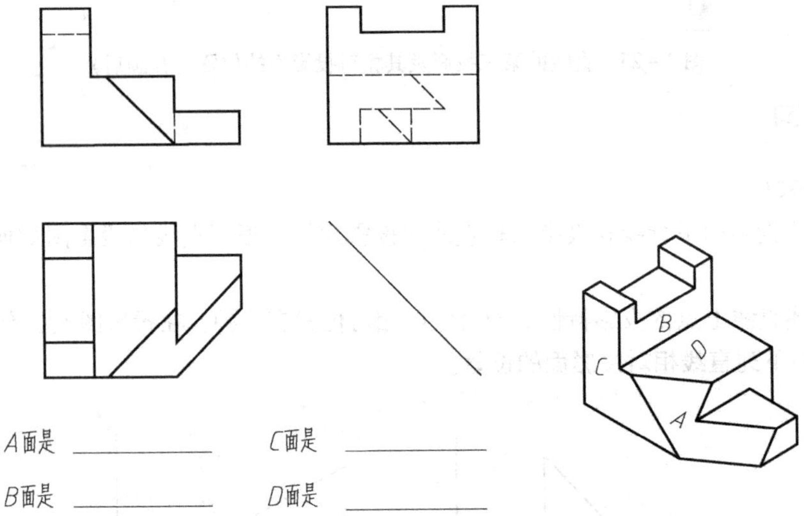

图2-27　过点作平面平行于已知平面（标注前）

相关知识

一、面的表示法

由几何学可知，平面可由下列几何元素确定：不在同一条直线上的三点；一直线及直线外一点；两相交直线；两平行直线；任意的平面图形。

（1）不在同一直线上的三点，如图2-28（a）所示。

（2）一条直线和不属于该直线的一点，如图2-28（b）所示。

（3）相交两直线，如图2-28（c）所示。

（4）平行两直线，如图2-28（d）所示。

（5）任意平面图形，如三角形、四边形、圆形等，如图 2－28（e）所示。

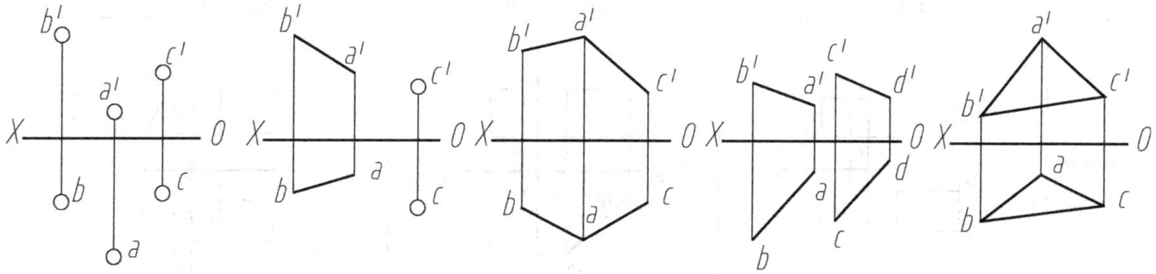

（a）　（b）　（c）　（d）　（e）

图 2－28　面的表示法

二、各种位置平面的投影

根据平面在三投影面体系中的位置，平面可分为投影面平行面、投影面垂直面及一般位置面三类。

1. 投影面垂直面

垂直于一个投影面而同时倾斜于另外两个投影面的平面称为投影面垂直面。垂直于 *V* 面的平面称为正垂面；垂直于 *H* 面的称为铅垂面；垂直于 *W* 面的称为侧垂面。平面与投影面所夹的角称为平面对投影面的倾角。α、β、γ 分别为平面对 *H* 面、*V* 面、*W* 面的倾角。

表 2－6 为投影面垂直面的立体图、投影图及投影特征。

从表 2－6 中可得出投影面垂直面的投影特征：

（1）平面垂直哪个投影面，它在该投影面上的投影积聚为一直线且与投影轴倾斜，并且这个投影和投影轴所夹的角度，就等于空间平面对相应投影面的倾角。

（2）其他两个投影都是空间平面的类似形。

表 2－6　投影面垂直面的投影特性

名称	正垂面（⊥*V*）	铅垂面（⊥*H*）	侧垂面（⊥*W*）
实例	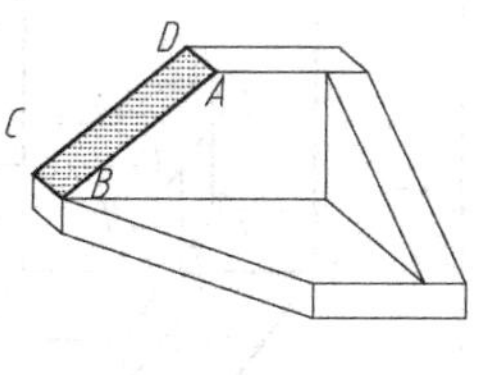	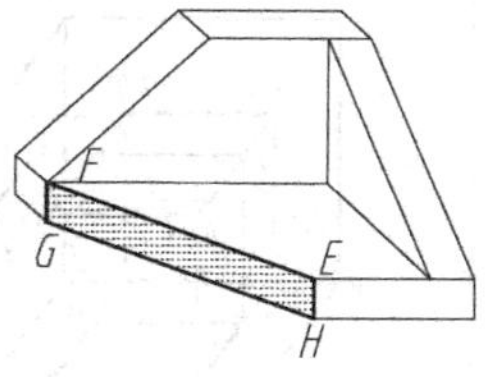	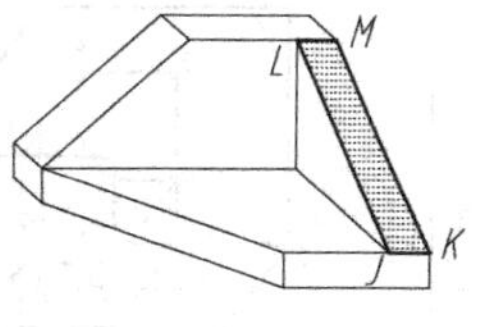
立体图	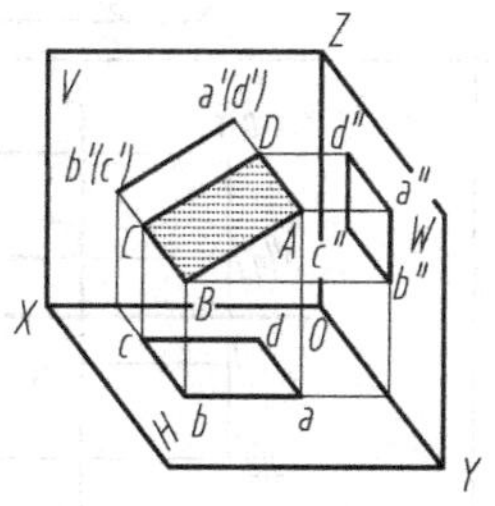	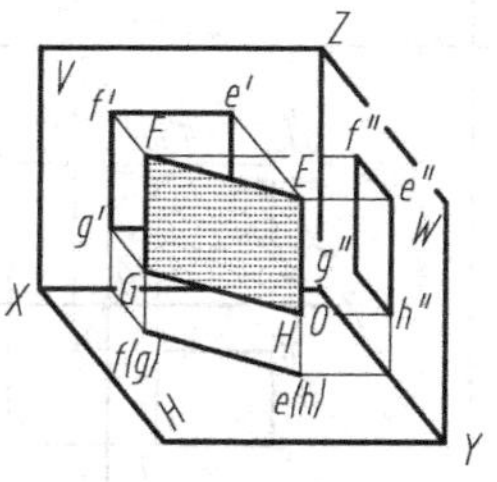	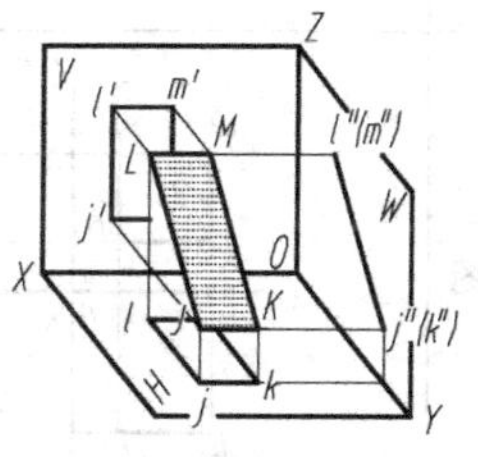

续表

名称	正垂面（⊥*V*）	铅垂面（⊥*H*）	侧垂面（⊥*W*）
投影图	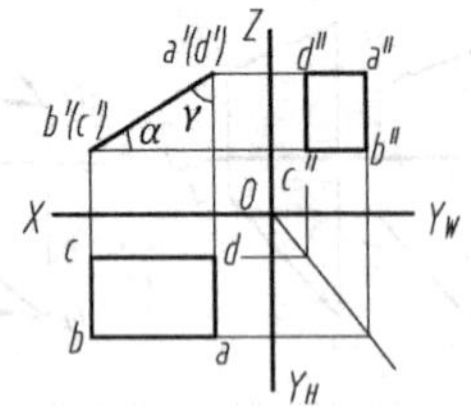	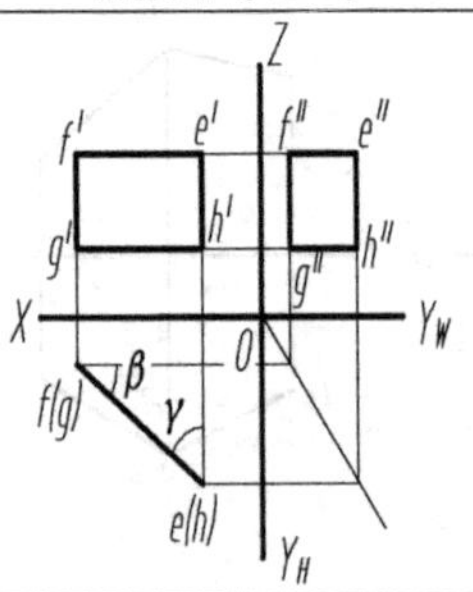	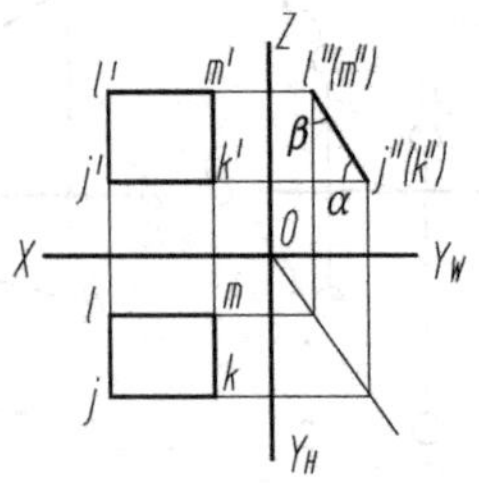
投影特性	（1）正面投影积聚成一条直线，它与 *OX* 轴和 *OZ* 轴的夹角 α、γ 分别为平面对 *H* 面和 *W* 面的真实倾角。 （2）水平投影和侧面投影都是类似形	（1）水平投影积聚成一条直线，它与 *OX* 轴和 OY_H 的夹角 β、γ 分别为平面对 *V* 面和 *W* 面的真实倾角。 （2）正面投影和侧面投影都是类似形	（1）侧面投影积聚成一条直线，它与 *OZ* 轴和 OY_W 轴的夹角 β 和 α 分别为平面对 *V* 面和 *H* 面的真实倾角。 （2）正面投影和水平投影都是类似形

对于投影面垂直面的辨认：如果空间平面在某一投影面上的投影积聚为一条与投影轴倾斜的直线，则此平面垂直于该投影面。

2. 投影面平行面

平行于一个投影面而同时垂直于另外两个投影面的平面称为投影面平行面。平行于 *V* 面的平面称为正平面；平行于 *H* 面的称为水平面；平行于 *W* 面的称为侧平面。

表 2－7 为投影面平行面的立体图、投影图及投影特征。

表 2－7　投影面平行面的投影特性

名称	正平面（//*V*）	水平面（//*H*）	侧平面（//*W*）
实例	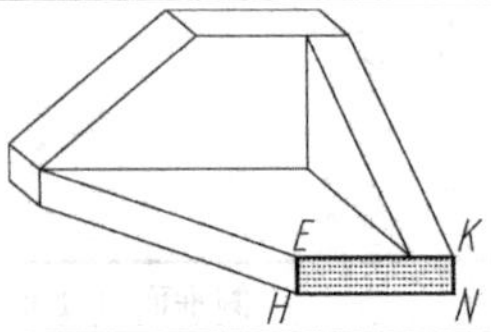	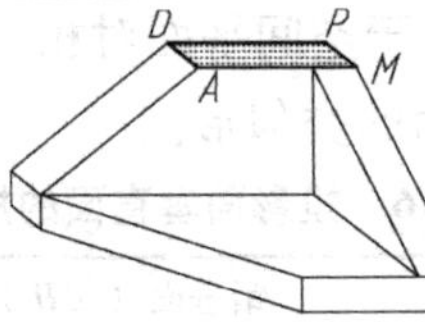	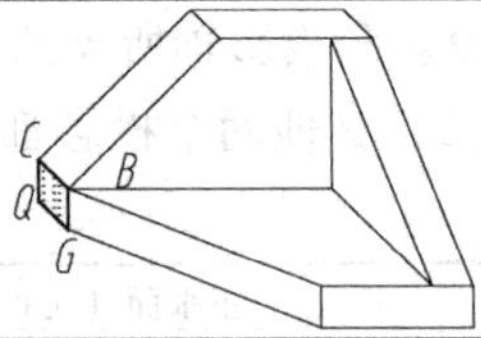
立体图	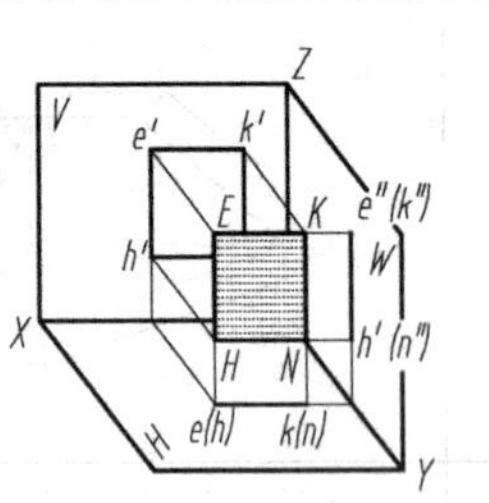	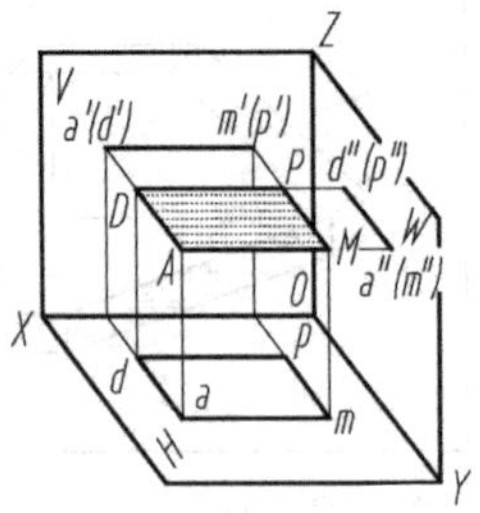	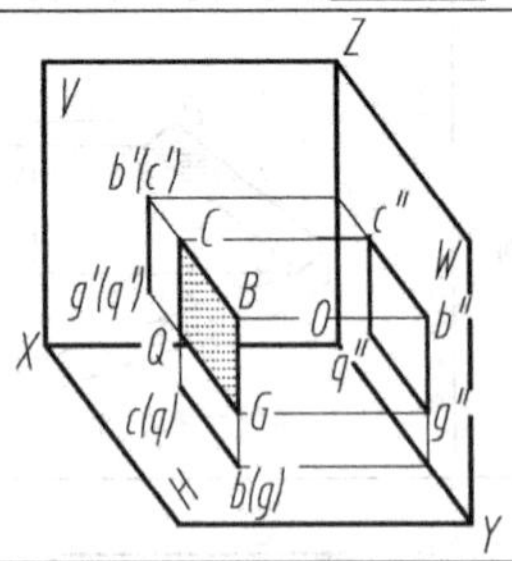
投影图	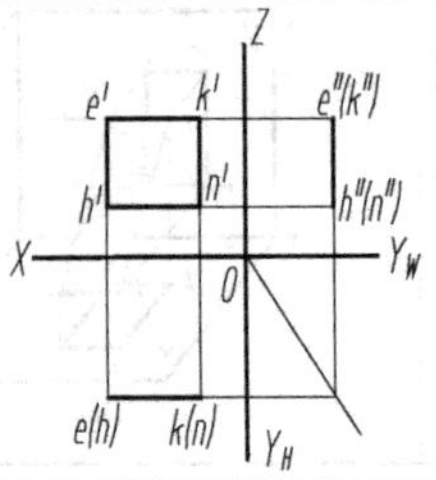	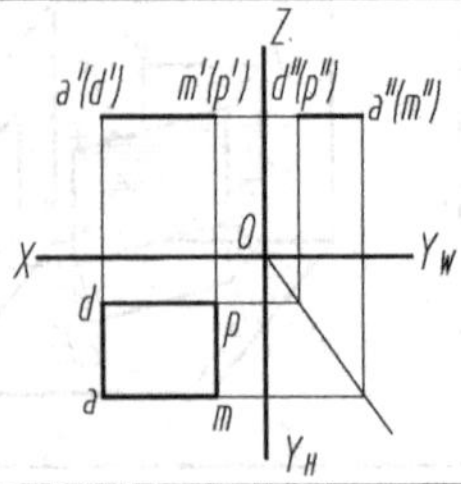	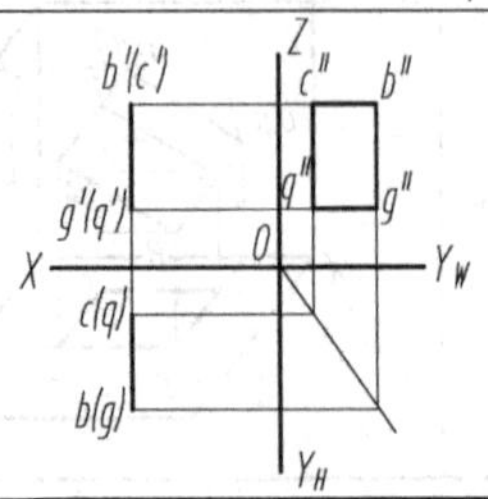

续表

名称	正平面（//V）	水平面（//H）	侧平面（//W）
投影特性	（1）正面投影反映实形。 （2）水平投影积聚成直线且平行于 OX 轴。 （3）侧面投影积聚成直线且平行于 OZ 轴	（1）水平投影反映实形。 （2）正面投影积聚成直线且平行于 OX 轴。 （3）侧面投影积聚成直线且平行于 OY_W 轴	（1）侧面投影反映实形。 （2）正面投影积聚成直线且平行于 OZ 轴。 （3）侧面投影积聚成直线且平行于 OY_H 轴

从表 2－7 中可得出投影面平行面的投影特征：

（1）平面平行于哪个投影面，它在该投影面上的投影反映空间平面的实形。

（2）其他两个投影都积聚为直线，而且与相应的投影轴平行。

对于投影面平行面的辨认：当平面的投影有两个分别积聚为平行于不同投影轴的直线，而且只有一个投影为平面形，则此平面平行于该投影所在的那个平面。

3. 一般位置平面

与三个投影面都处于倾斜位置的平面称为一般位置平面。

例如平面 △ABC 与 H、V、W 面都处于倾斜位置，倾角分别为 α、β、γ，其投影如图 2－29所示。

一般位置平面的投影特征可归纳为：一般位置平面的三面投影，既不反映实形，也无积聚性，而且都为类似形。

对于一般位置平面的辨认：如果平面的三面投影都是类似的几何图形的投影，则可判定该平面一定是一般位置平面。

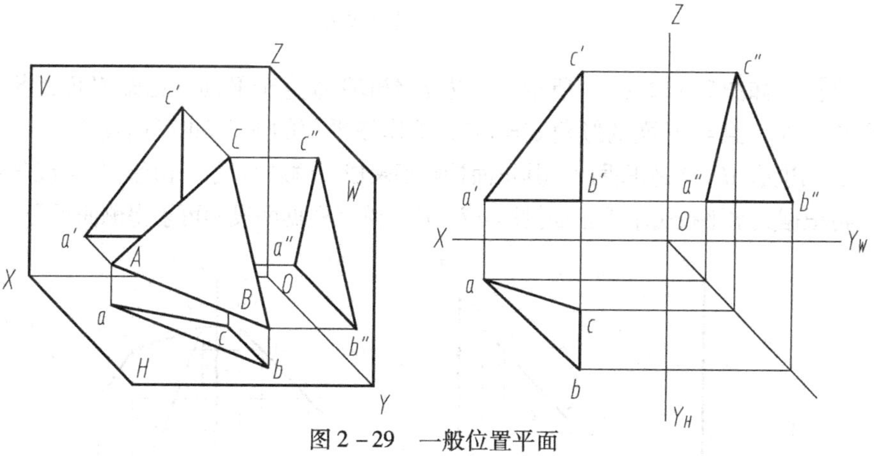

图 2－29 一般位置平面

三、平面上的直线

直线在平面上的几何条件如下：

（1）若一直线通过平面上的两个点，则此直线必定在该平面上。

（2）若一直线通过平面上的一点并平行于平面上的另一直线，则此直线必定在该平面上。

如图 2－30（a）所示，相交两直线 AB、AC 确定一平面 P，分别在直线 AB、AC 上取点 E、F，连接 EF，则直线 EF 为平面 P 上的直线。作图方法如图 2－30（b）所示。

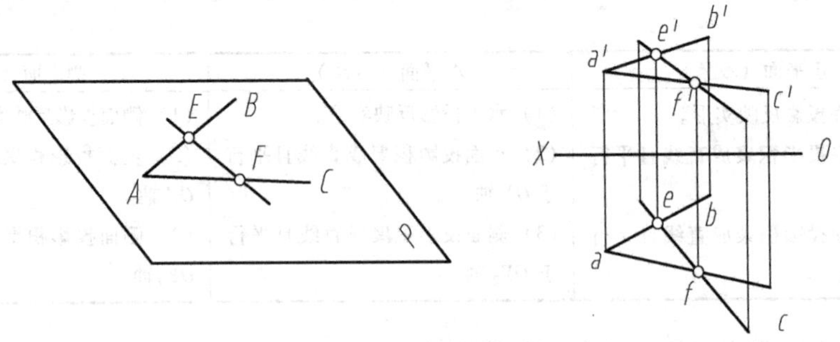

(a)　　　　(b)

图 2-30　平面上的直线

再如图 2-31（a）所示，相交两直线 AB、AC 确定一平面 P，在直线 AC 上取点 E，过点 E 作直线 MN，则直线 MN 为平面 P 上的直线。作图方法如图 2-31（b）所示。

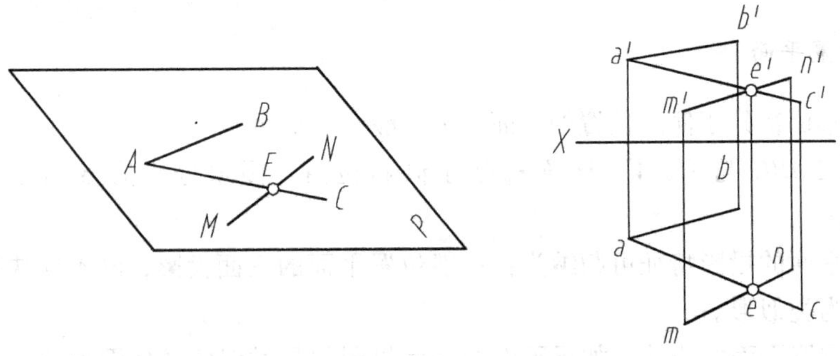

(a)　　　　(b)

图 2-31　平面上的直线

【例 2-3】　如图 2-32（a）所示，四边形 $ABCD$ 垂直于 V 面，已知 H 面的投影 $abcd$ 及 B 点的 V 面投影 b'，且与 H 面的倾角 $\alpha=45°$，求作该平面的 V 面和 W 面投影。

分析： 因四边形 $ABCD$ 是正垂面，其正面投影积聚成一倾斜直线，作此倾斜直线与 OX 轴的夹角 $\alpha=45°$，再根据其水平投影求得正面投影 $a'b'c'd'$，然后根据两投影可求得侧面投影。

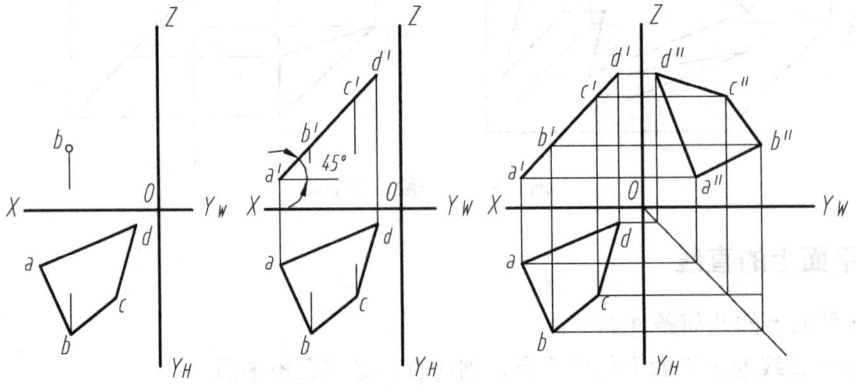

(a)　　　　(b)　　　　(c)

图 2-32　求作四边形平面 $ABCD$ 的投影

作图方法与步骤如下：

（1）过点 b'作与 OX 轴呈 45°的线，使其与自 a、b、c、d 各点所作的 OX 轴垂线分别交于 a'、b'、c'、d'，如图 2－32（b）所示。

（2）由四边形 $ABCD$ 的正面投影 $a'b'c'd'$ 和水平投影 $abcd$ 求侧面投影，得 $a''b''c''d''$，如图 2－32（c）所示。

任务实施

根据如图 2－27 所示，标注 A、B、C、D 四个面在另两视图中的投影，并说明它们相对投影面的位置，结果如图 2－33 所示。

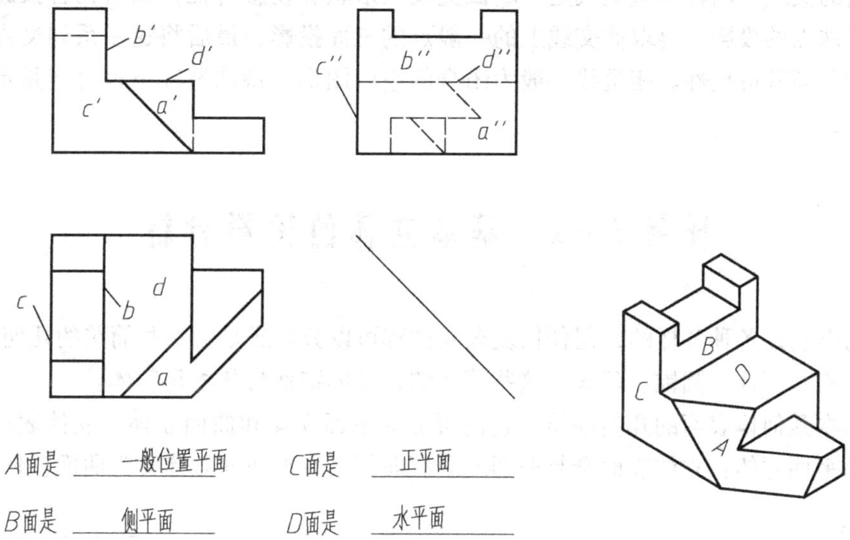

图 2－33 过点作平面平行于已知平面（标注后）

思考与练习

一、简答题

（1）试述投影面平行面的投影特性。

（2）试述投影面垂直面的投影特性。

二、如图 2－34 所示，已知平面 *ABCD* 的对角线 *AC* 为正平线，完成平面的水平投影。

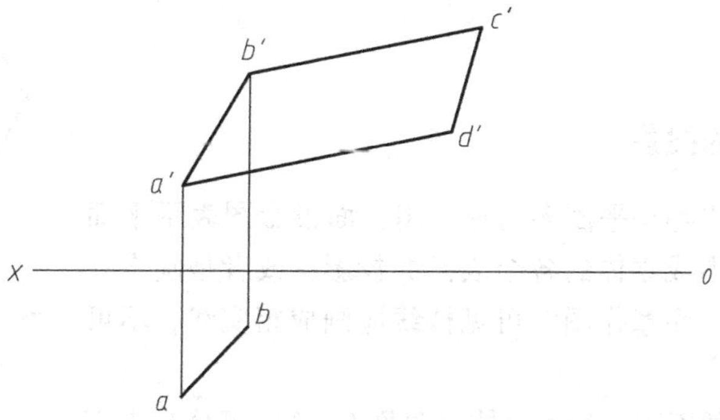

图 2－34 作平面的水平投影

项目三　基本立体及其表面交线投影作图

基本立体的投影是形体表达的重点理论知识，是真实的机件表达、形体分析的基础。熟练运用基本立体的投影特点和表面取点为后续学习奠定基础和提供分析依据。

平面与立体表面的截交线，实际上是截平面与平面立体各棱线的交点，或截平面与平面立体各表面的交线。回转体截交线是判断截交线的形状和投影特征，然后在各投影面上确定截交线上特殊点的投影；再求截交线上的一般点的三面投影，最后将这一系列交点光滑地连成曲线，并判断其可见性。相贯线一般为闭合的空间图形，特殊情况下也可能是不闭合的平面曲线或直线。

任务3-1　基本立体的投影分析

立体的形状是各种各样的，但任何复杂立体都可以分析成是由一些简单的几何体组成的，如棱柱、棱锥、圆柱、圆锥、球等，这些简单的几何体统称为基本几何体。

根据基本几何体表面的几何性质，它们可分为平面立体和曲面立体。立体表面全是平面的立体称为平面立体；立体表面全是曲面或既有曲面又有平面的立体称为曲面立体。

任务要求

通过本任务的学习，达到以下目标：

- 了解什么是平面立体、曲面立体。
- 能对几何体棱柱、棱锥、曲面回转体圆柱、圆锥、球体的投影特性熟练掌握，对几何体的表面取点方法能熟练运用。
- 求作如图3-1所示平面立体的第三投影，补全立体表面上点的三面投影。

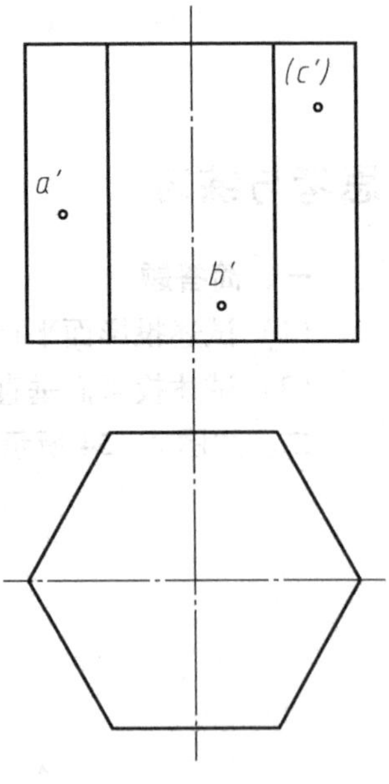

图3-1　立体表面上点的三面投影（补全前）

相关知识

一、平面立体的投影

平面立体的各个边都是平面多边形，用三面投影图表示平面立体，可归纳为画出围成立体的各个表面的投影，或者是画出立体上所有棱线的投影。注意作图时可见棱线应画成粗实线，不可见棱线应画成虚线。

按表面几何形状的不同，基本立体（见图3-2）可分为表面全部为平面的平面立体和表面均为曲面或由平面与曲面共同围成的曲面立体。当曲面立体的曲面为回转面时又称为回转体。

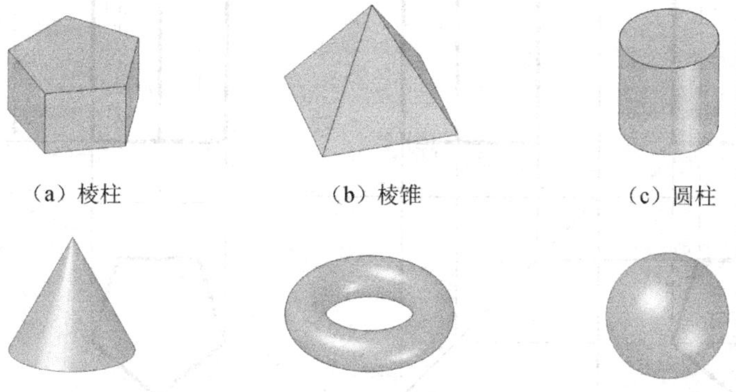

(a) 棱柱　(b) 棱锥　(c) 圆柱

(d) 圆锥　(e) 圆环　(f) 球

图 3－2　基本立体

1. 平面立体的投影

1）五棱柱

根据如图 3－3 所示，分析五棱柱：

五棱柱的顶面和底面平行于 H 面，它在水平面上的投影反映实形且重合在一起，而它们的正面投影及侧面投影分别积聚为水平方向的直线段。

五棱柱的后侧棱面 EE_1DD_1 为一正平面，在正平面上投影反映其实形，EE_1、DD_1 直线在正面上投影不可见，其水平投影及侧面投影积聚成直线段。

五棱柱的另外四个侧棱面都是铅垂面，其水平投影分别汇聚成直线段，而正面投影及侧面投影均为比实形小的类似体。

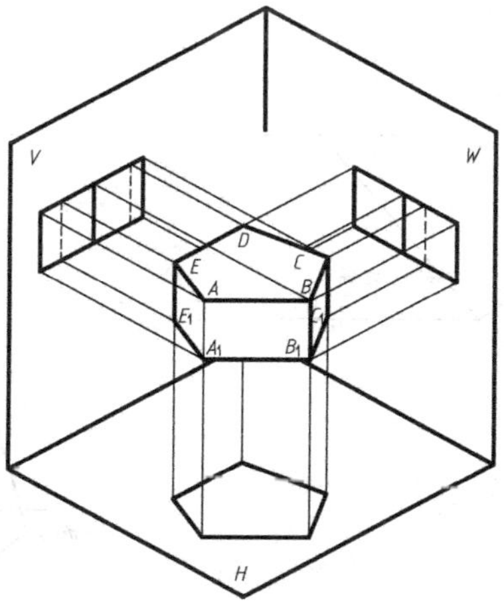

(a) 立体图

图 3－3　五棱柱的投影

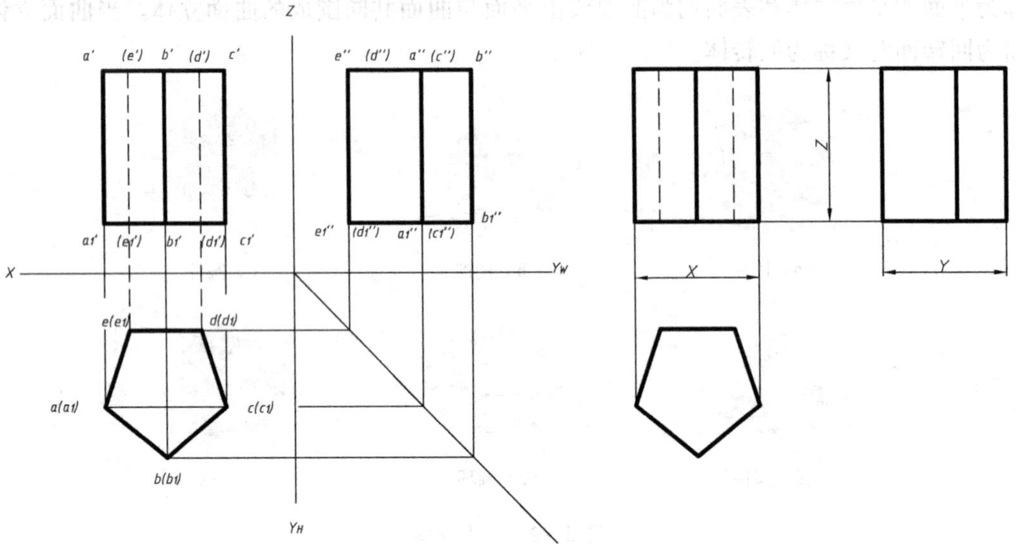

（b）五棱柱的投影　　　　（c）三面投影图

图 3 –3　五棱柱的投影（续）

投影图如图 3 –3 所示，立体图形距离投影面的距离不影响各投影图形的形状及它们之间的相互关系。为了作图简便、图形清楚，在以后的作图中省去投影轴。

投影图的画法步骤如图 3 –4 所示。

（1）布置图面，画作图基线，如图 3 –4（a）所示。

（2）画出反映真实形状的面，如图 3 –4（b）所示。

（3）根据投影规律画出其他视图，如图 3 –4（c）所示。

（4）检查整理底稿后，加深三视图的可见线，将不可见线绘制成虚线，如图 3 –4（d）所示。

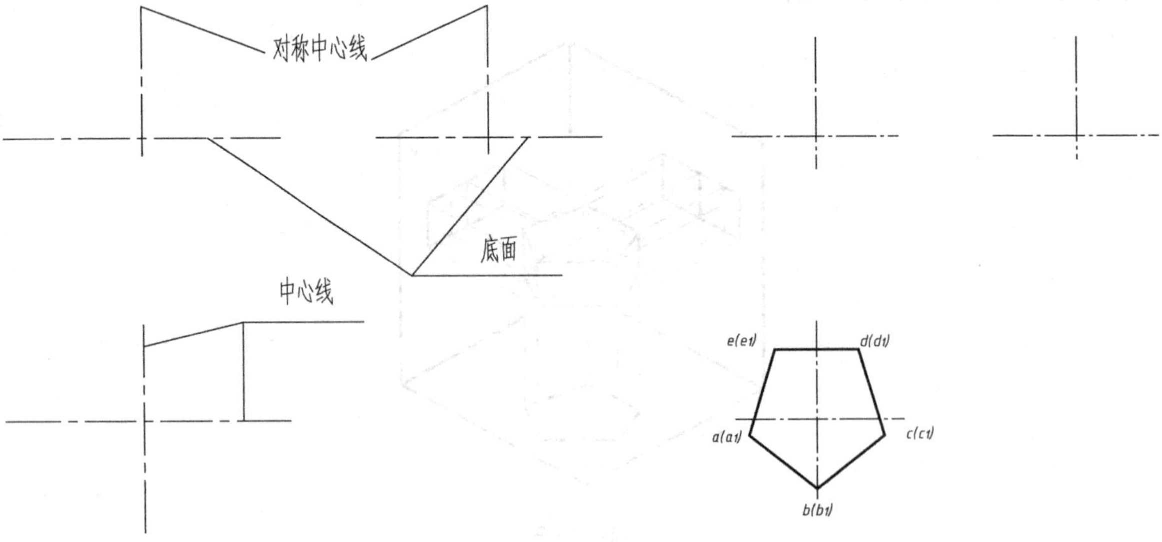

（a）画作图基线　　　　（b）画V面投影

图 3 –4　五棱柱投影图的画法步骤

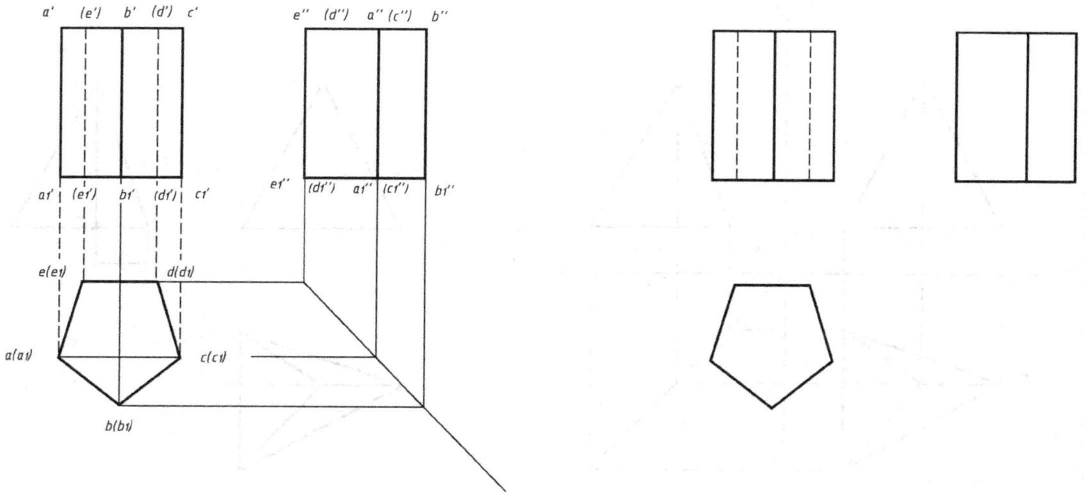

（c）根据投影规律画出其他视图　　　　（d）加深三视图的可见线，将不可见线绘制成虚线

图 3－4　五棱柱投影图的画法步骤（续）

2）三棱锥

如图 3－5 所示，分析三棱柱：三棱锥的底面 *ABC* 平行于水平面 *H*，在水平投影上反映真实形状；*BCS* 垂直于 *V* 面，在正平面上投影为一条直线。作图时应先画出底面△*ABC* 的三面投影，再作出锥顶 *S* 的三面投影，然后连接各棱线，完成斜三棱柱的三面投影图。棱线可见性则需要通过具体情况分析进行判断。

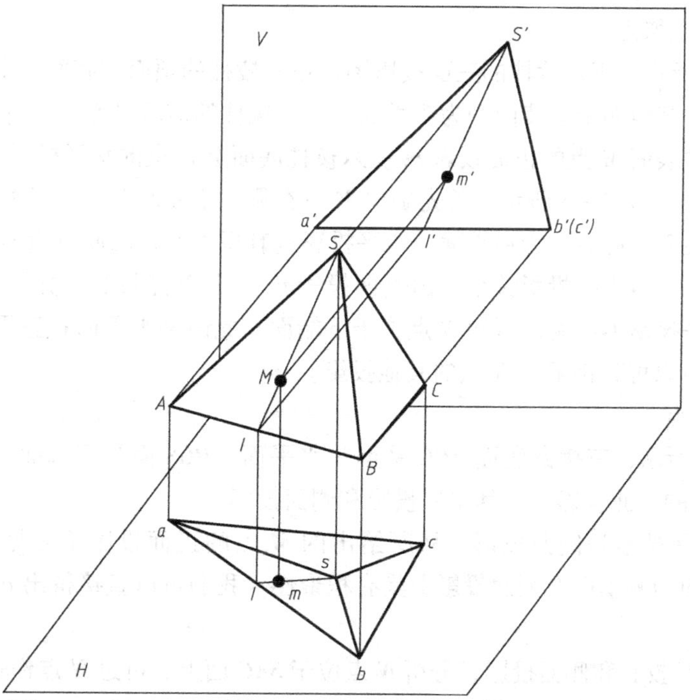

（a）立体图

图 3－5　三棱锥投影作图

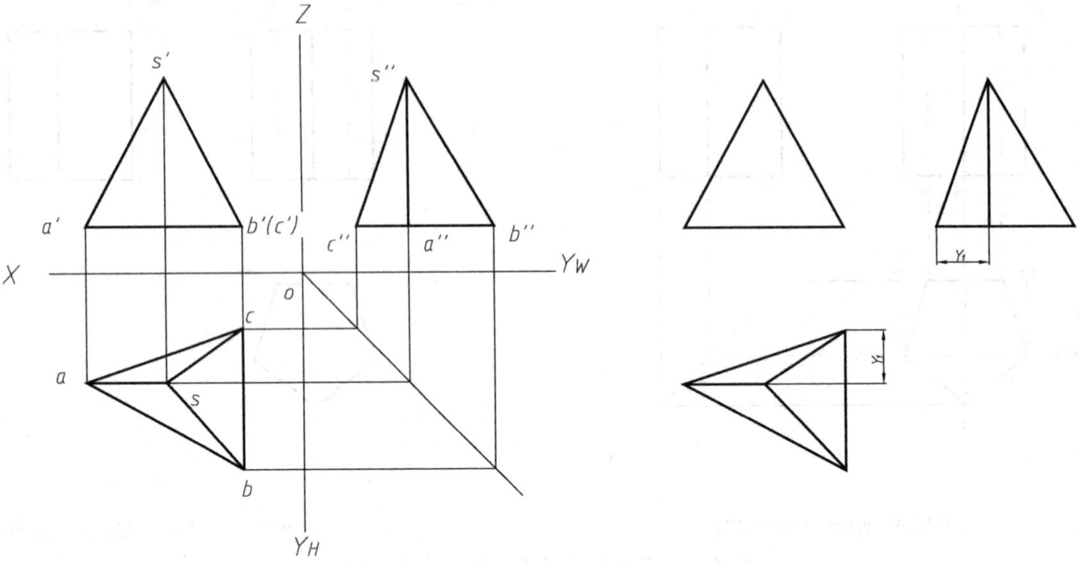

（b）投影图　　　　（c）三面投影图

图 3-5　三棱锥投影作图（续）

2. 棱柱表面上取点

在立体表面上取点，就是根据立体表面上的已知点的一个投影求出它的另外投影。由于平面立体的各个表面均为平面，所以其原理与方法与在平面上取点相同。

1）正六棱柱上取点

如图 3-6 中所示，正六棱柱的三面投影图，正六棱柱的顶面和底面为水平面，前后两侧棱柱面为正平面，其他四个侧棱面均为铅垂面。正六棱柱的前后对称，左右也对称。

若已知六棱柱表面 M 点的正面投影 m'，六棱柱底面上 N 点的水平投影 n，求两点其余投影。求 M 点投影，如图 3-6 所示，首先确定 M 点在哪一个棱面上，由于 M 点可见，故 M 点属于六棱柱左前棱面，此棱面为铅垂面，水平投影具有积聚性，因此可由 m' 向下作辅助线直接求出水平投影 m，再借助投影关系求出侧面投影 m''。求 N 点投影，如图 3-6 所示，确定 N 点所在面，水平投影不可见，可知 N 点位于下端面，此面是水平面在正平面和侧平面上投影具有积聚性，所以可直接求得 N 点的其他投影。

2）三棱锥取点

如图 3-7 中所示，三棱锥底面 ABC 平面为水平面，BCS 面为侧垂面。若已知三棱锥表面上两点 M 和 N 的正面投影，求其水平投影和侧面投影。

求 M 点的水平投影和侧面投影，从所给出的 M 点的正面投影不可见，可知 M 点位于 BCS 面上，BCS 面为侧垂面在侧面投影上具有积聚性，我们可以直接得出 m''，利用投影关系可求得 m。

求 N 点的水平投影和侧面投影，分析 N 点位于 SAC 面上，可过 N 点作辅助直线 SI，可求得 SI 的水平投影和正面投影，N 属于 SI 上的一点，可使用求直线上一点的方法求得 N 点水平投影，使用投影关系求得侧面投影，如图 3-7 所示。

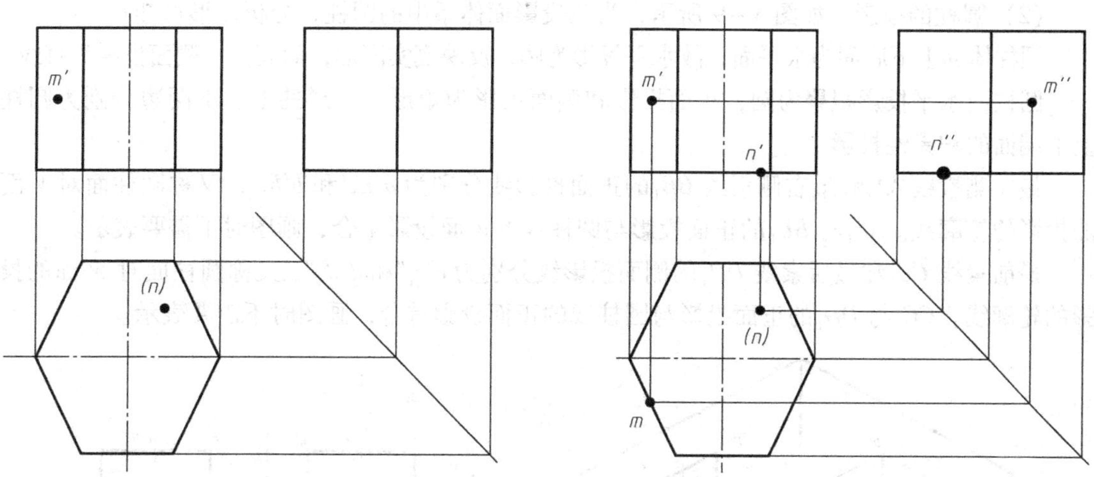

（a）已知　　　　（b）作图求解

图 3－6　正六棱柱上取点

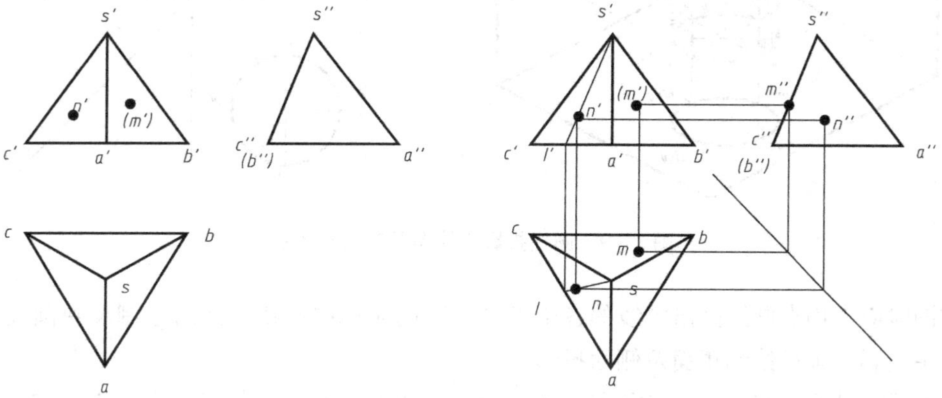

（a）已知　　　　（b）作图求解

图 3－7　三棱锥上取点

二、回转体投影

常见的曲面立体有圆柱、圆锥、球、圆环等，这些立体表面上的曲面都是回转面，因此又称它们为回转体。回转面的形成如图 3－8 所示。

回转面是由一条母线（直线或是曲线）绕某一轴线回转而形成的曲面，母线在回转过程中的任意位置称为素线；母线上各点运行轨迹皆为垂直于回转体轴线的圆。常见的回转体有圆柱、圆锥、圆球和圆环等。

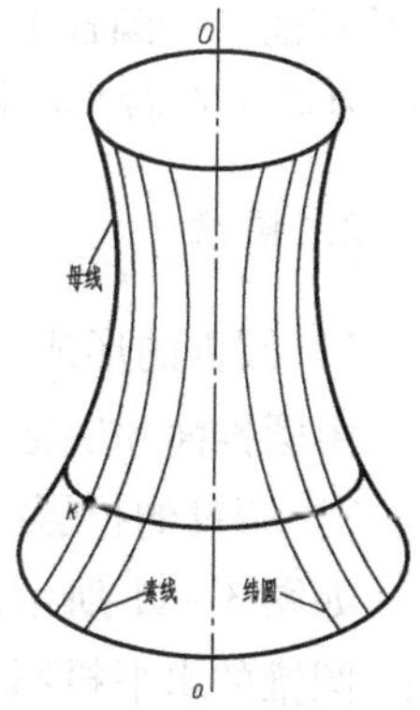

图 3－8　回转面的形成

1. 圆柱

（1）圆柱的形成。由圆柱面和两端圆平面组成。圆柱面是一条直线绕与之平行的轴线旋转而成的。

（2）圆柱的投影。如图 3－9 所示，为三投影面体系中的圆柱，分析图形可知：

圆柱体的上下底面为水平面，故水平投影为圆，反映真实图形，而其正、侧面投影为直线。

圆柱面水平投影积聚为圆，正面投影和侧面投影为矩形，矩形的上、下两边分别为圆柱上下端面的积聚性投影。

最左侧素线 AA_1 和最右侧素线 BB_1 的正面投影线分别为 $a'a_1'$ 和 $b'b_1'$，又称圆柱面对 V 面的投影的轮廓线。AA_1 与 BB_1 的正面投影与圆柱线的正面投影重合，画图时不需要表示。

最前素线 CC_1 和最后素线 DD_1 的侧面投影线分别为 $c''c_1''$ 和 $d''d_1''$，又称圆柱面对 W 面的投影的轮廓线。CC_1 与 DD_1 的正面投影与圆柱线的正面投影重合，画图时不需要表示。

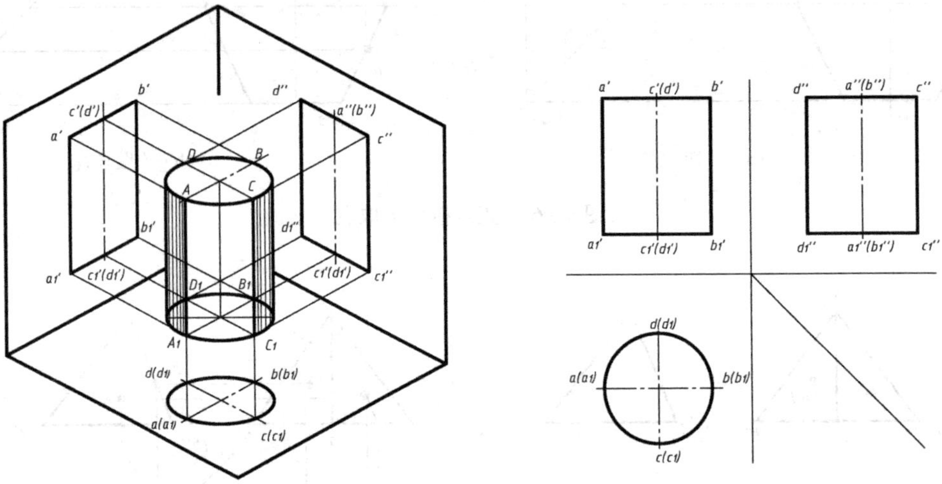

图 3－9　圆柱投影立体图及三面投影图

作图时应先用点画线画出轴线的各个投影及圆的对称中心线，然后绘制反映圆柱底面实形的水平投影，最后绘制正面及侧面投影。

（3）圆柱表面上的点。已知圆柱表面上的一点 K 在正面上的投影为 k'，现作它的其余两个投影，如图 3－10 所示。

由于圆柱面上的水平投影有积聚性，因此点 K 的水平投影应在圆周上，因为 k' 可见所以点 K 在前半个圆柱上，由此得到 K 的水平投影 k，然后根据 k'、k 便可求得点 K 的侧面投影 k''，因点 K 在右半圆柱上，k'' 不可见，应加括号表示不可见性。

2. 圆锥

1）圆锥的形成

由圆锥面和底圆平面组成。圆锥面是由母线绕与它端点相交的轴线回转而成。

2）圆锥的投影

如图 3－11 所示，为三面投影体系中的圆锥，分析图形可知：

圆锥的水平投影为一个圆，这个圆既是圆锥平行于 H 面的底圆的实形，又是圆锥面的水平投影。

圆锥面的正面投影与侧面投影都是等腰三角形，三角形的底边为圆锥底圆平面有积聚性的投影。

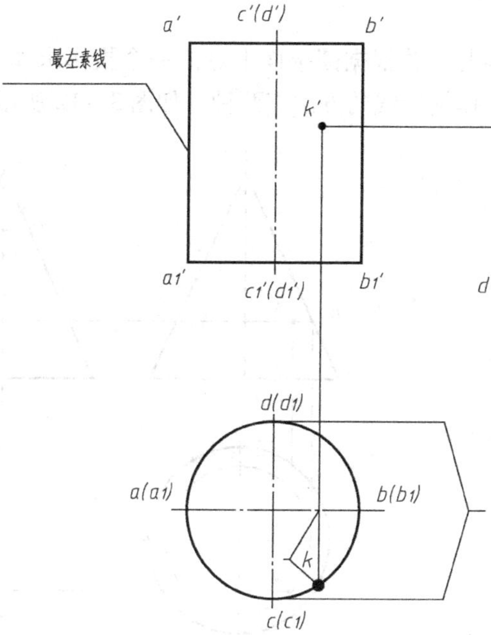

图 3－10 圆柱表面的点

正面投影中三角形的左右两腰 $s'a'$ 和 $s'b'$ 分别为圆锥面上最左素线 *SA* 和最右素线 *SB* 的正面投影，又称为圆锥面对 *V* 面投影的轮廓线，*SA* 和 *SB* 的侧面投影与圆锥轴线的侧面投影重合，画图时不需要表示。

侧面投影中三角形的前后两腰 $s''c''$ 和 $s''d''$ 分别为圆锥面上最前素线 *SC* 和最后素线 *SD* 的侧面投影，又称为圆锥面对 *W* 面投影的轮廓线，*SC* 和 *SD* 的正面投影与圆锥轴线的正面投影重合，画图时不需要表示。

作图时应首先用点画线画出轴线的各个投影及圆的对称中心线，然后画出水平投影上反映圆锥底面的圆，完成圆锥的其他投影，最后加深可见线。

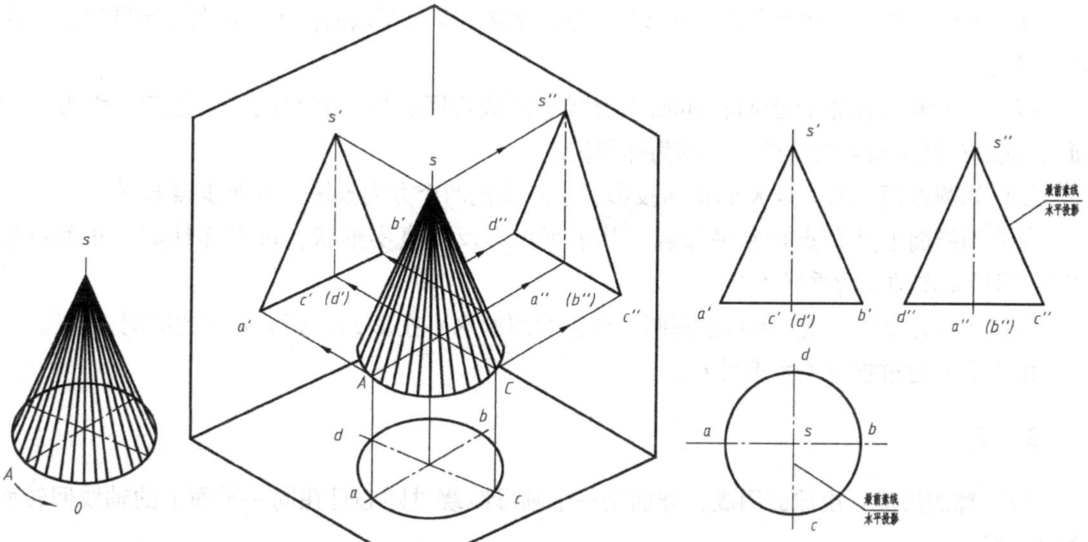

图 3－11 圆锥体立体投影图及三面投影图

3）圆锥表面上的点

由于圆锥的三个投影都没有积聚性，因此，若根据圆锥面上点的一个投影求作该点的其他投影时，必须借助于圆锥面上的辅助线，作辅助线的方法有两种，如图 3－12 所示。

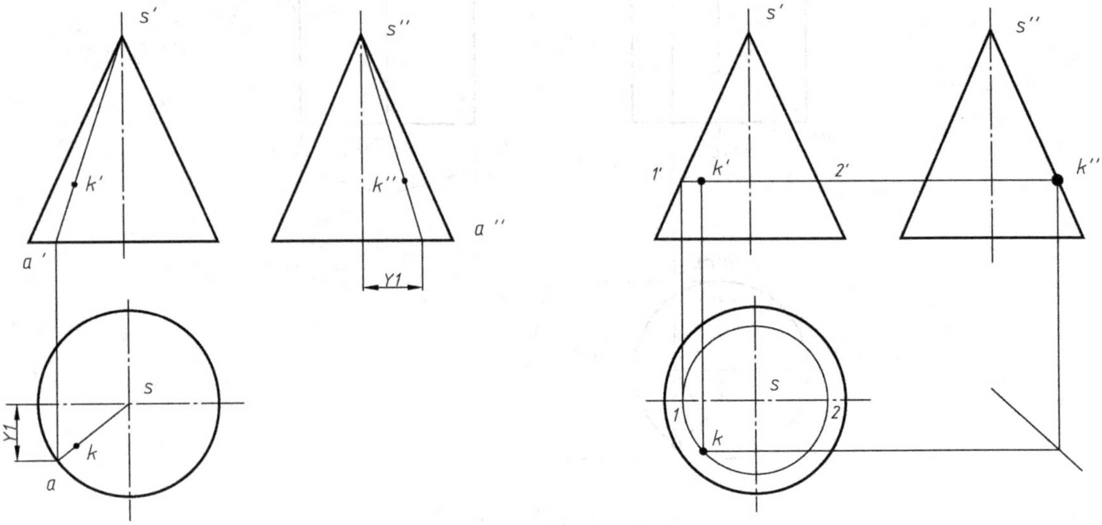

（a）素线法　　　　（b）纬圆法

图 3－12　圆锥表面上的点

（1）素线法：过锥顶作辅助素线。

已知圆锥面上的一点 K 的正面投影 k'，求作它的水平投影 k 和侧面投影 k''。解题步骤如下：

①在圆锥面上过点 K 及锥顶 S 作辅助素线 SA，即过点 K 的已知投影 k' 作 $s'a'$，并求出其水平投影 sa。

②按“宽相等”关系求出侧面投影 $s''a''$。

③判断可见性：根据 k' 点在直线 SA 上的位置求出 k 及 k'' 点的位置，K 在左半圆锥上，所以 k'' 可见。

（2）纬圆法：用垂直于回转体轴线的截平面截切回转体，其交线一定是圆，称为“纬圆”，通过纬圆求解点位置的方法称为纬圆法。

①已知圆锥面上的一点 K 的正面投影，求解其他两个方向投影。解题步骤如下：

②在圆锥面上过 K 点作水平纬圆，其水平投影反映真实形状，过 k' 作纬圆的正面投影 $1'2'$，即过 k' 作轴线的垂线 $1'2'$。

③以 $1'2'$ 为直径，以 s 为圆心画圆，求得纬圆的水平投影 12，则 k 必在此圆周 12 上。由 k' 和 k 通过投影关系求得 k''。

3．球

（1）球的形成：由球面围成，球面是一个圆母线绕过圆心且在同一平面上的轴线回转而成的曲面。

（2）球的投影。如图 3－13 所示，为三投影面体系中的球，分析可知：

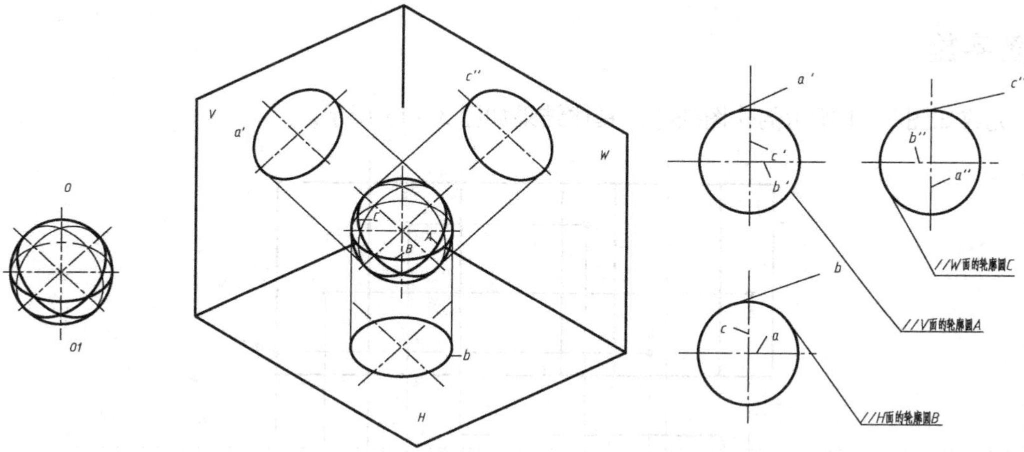

图 3－13　球体的立体投影图及三面投影

球的三面投影均为大小相等的圆，其直径等于球的直径，但三个投影面上的圆是不同转向线的投影。

正面投影 a'是球面平行于 V 面的最大圆 A 的投影（区分前、后半球表面的外形轮廓线）。

水平投影 b 是球面平行于 H 面的最大圆 B 的投影（区分上、下半球表面的外形轮廓线）。

侧面投影 c''是球面平行于 W 面的最大圆 C 的投影（区分左、右半球表面的外形轮廓线）。

注意：作图时首先用点画线画出各投影的对称中心线，然后画出与球等直径的圆。

（3）圆面上取点。由于圆的三个投影都无积聚性，所以在球面上取点、线，除特殊点外可直接求出外，其余均需用辅助圆画法，并注明可见性。

如图 3－14（a）所示，已知圆球和球面上一点 M 的水平投影 m，求点 M 的其余两个投影面投影，作图方法如下：

如图 3－14（b）所示，根据 m 可确定点 M 在上半球面的左前部，过 M 点作一平行于 V 的辅助圆，m'点一定在该圆周上，求得 m'，由点 M 在前半球上，可知 m'可见。

由 m'及 m 根据三面点投影关系求得 m''，由点 M 在左半球上可知 m''可见。

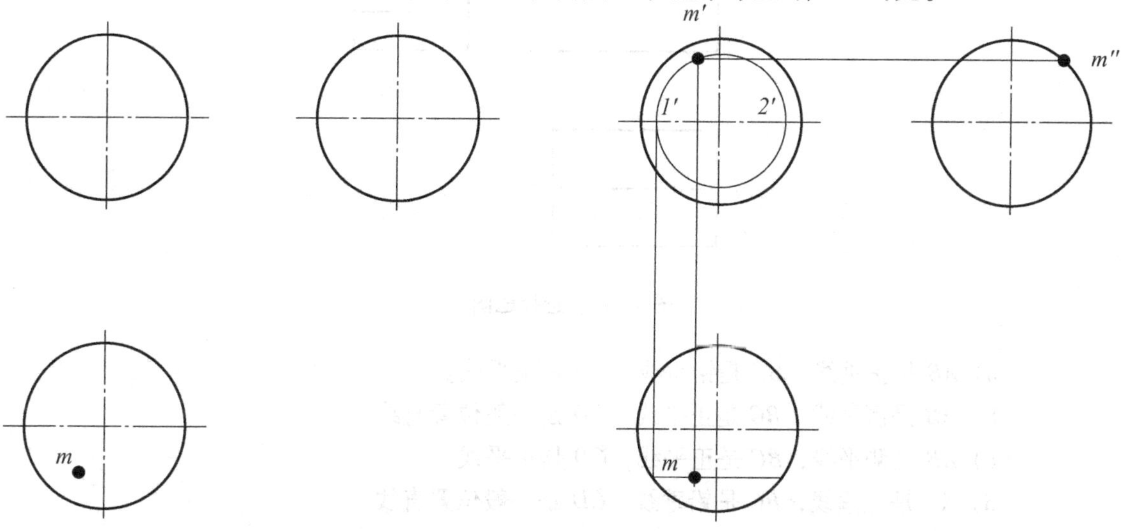

（a）已知　　（b）作图求解

图 3－14　球的投影作图

任务实施

完成如图 3－1 所示的作图任务，具体结果如图 3－15 所示。

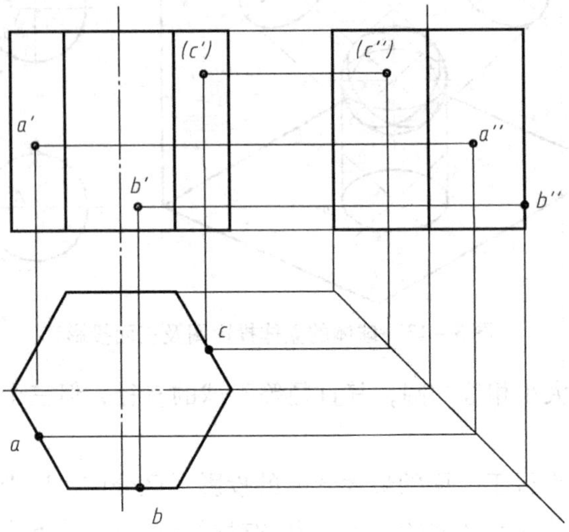

图 3－15　立体表面上点的三面投影（补全后）

思考与练习

一、选择题

（1）如图 3－16 所示，在下列四种说法中，选择一种正确的答案。　　（　　）

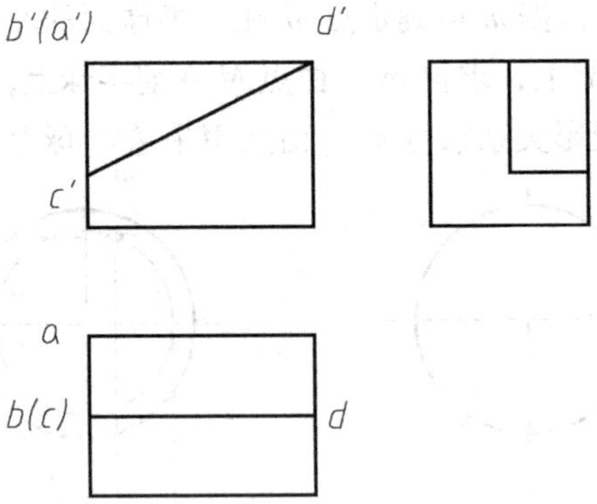

图 3－16　选择题图 1

a）*AB* 是正垂线，*BC* 是铅垂线，*CD* 是正平线。

b）*AB* 是侧平线，*BC* 是正平线，*CD* 是一般位置直线。

c）*AB* 是侧平线，*BC* 是正平线，*CD* 是正平线。

d）*AB* 是正垂线，*BC* 是铅垂线，*CD* 是一般位置直线。

（2）如图 3－17 所示，在下列四种说法中，选择一种正确的答案。（　　）

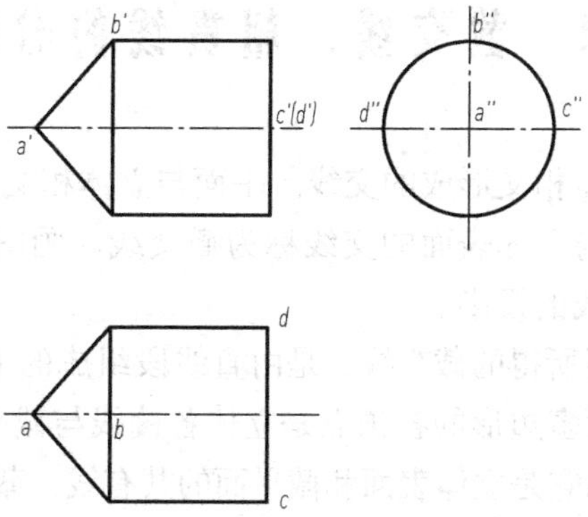

图 3－17　选择题图 2

a）*A* 上 *B* 下，*C* 右 *D* 左
b）*A* 左 *B* 右，*C* 前 *D* 后
c）*A* 左 *B* 上，*C* 右 *D* 前
d）*A* 后 *B* 前，*C* 上 *D* 下

二、补全图 3－18 所示截切立体的三面投影

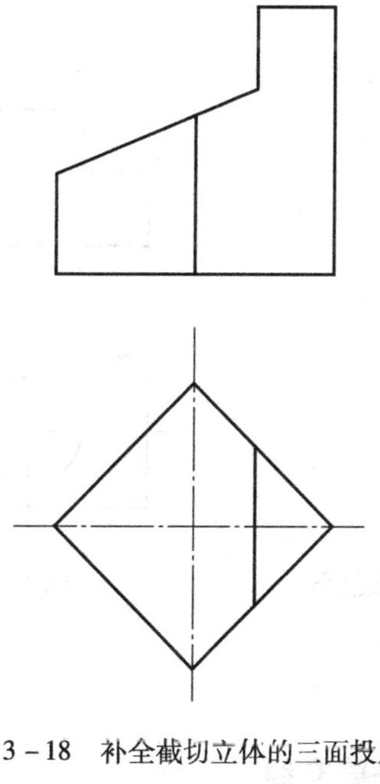

图 3－18　补全截切立体的三面投影

任务3-2 截交线、相贯线的分析与求作

在零件上常有平面与立体相交形成的交线。平面与立体相交，可以认为是平面截切立体，该平面称为截平面，截平面与立体表面的交线称为截交线。画图时，为了清楚地表达零件的形状，必须正确地画出其交线的投影。

平面立体被截平面切割后所得的截交线，是由直线段组成的平面多边形。多边形的各边是立体表面与截平面的交线，而多边形的各顶点是立体各棱线与截平面的交点。截交线既在立体表面上，又在截平面上，所以它是立体表面和截平面的共有线，截交线上的每一点都是共有点。

任务要求

通过本任务的学习，达到以下目标：

➢ 能理解截交线和相贯线的概念及性质，从而能对平面立体和曲面立体的投影进行良好的掌握。

➢ 能作出平面与立体表面的截交线、平面与回转体表面的截交线以及两回转体的相贯线。

➢ 补全如图3-19所示截切立体的三面投影；分析如图3-20所示各曲面立体的相贯线，并补全各面投影。

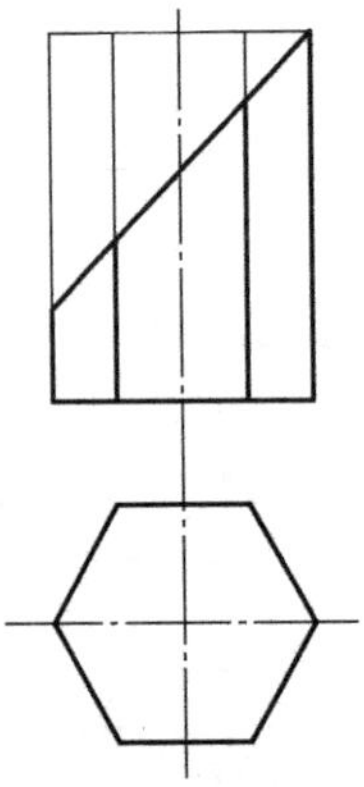

图3-19 截切立体的三面投影

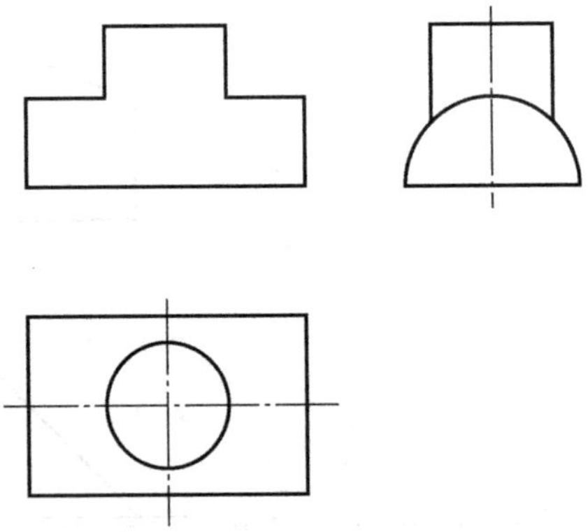

图3-20 补全各面投影

相关知识

一、平面与立体相交——截交线

1. 平面与平面立体表面相交

平面与平面立体表面相交，可看成是立体被平面截切，截切立体的平面称为截平面，截平面与立体表面的交线称为截交线。

1）截交线的性质

（1）共有性：截交线是截平面和立体表面的共有线，截交线上任何一点都是截平面和立体表面的共有点。

（2）封闭性：任何立体都有一定范围，截交线是封闭的平面图形。

2）截交线的作图方法

平面立体被某一平面所截后其截交线为多边形，该多边形各边交点是截平面与平面立体棱线上的点，该多边形各边是截平面与立体相应棱面的交线。要想求出平面立体上的截交线，只需求出立体棱线与截平面的交点即可，然后，依次连接各点。

【例3-1】　已知被平面P'_V截切的三棱锥，完成它的其余视图绘制。步骤如图3-21所示。

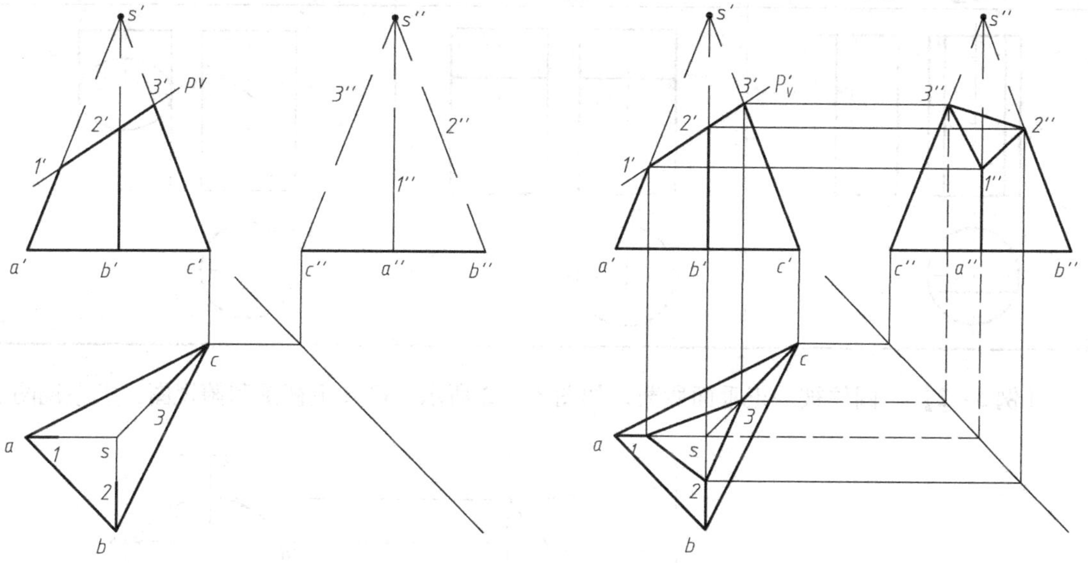

（a）已知　　　　（b）作图求解

图3-21　截切的三棱锥作图

不难看出，截平面与三棱锥的三个棱边均有一个交点，截交线是一个三角形，找出三个点在各投影中的位置就可以绘制出截面投影。

（1）设Pv与$s'a'$、$s'b'$、$s'c'$的交点$1'$、$2'$、$3'$为截平面与各棱线的交点Ⅰ、Ⅱ、Ⅲ的正面投影。

（2）根据线上取点的方法，求出1、2、3和$1''$、$2''$、$3''$。

（3）连接各点的同面投影即为截交线的三个投影。

（4）补全棱线的投影，加深视图。

2. 平面与回转体相交

曲面立体的截交线一般情况下是一条封闭的平面曲线。作图时，须先求出若干个共有点的投影，然后用曲线将它们依次光滑地连接起来，即为截交线的投影。截交线的形状由回转体表面的性质和截平面对回转体的相对位置而决定的。

1）平面与圆柱体相交

平面与圆柱体相交，可根据截平面与圆柱体轴线的相对位置不同，截交线的形状有三种情况，如表3-1所示。

表 3-1 平面与圆柱体相交

平行于轴线	垂直于轴线	倾斜于轴线
矩形	圆	椭圆
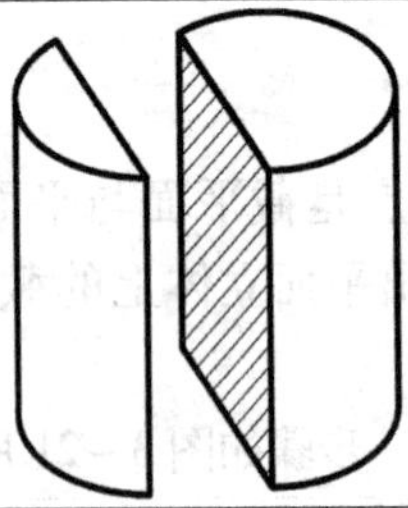	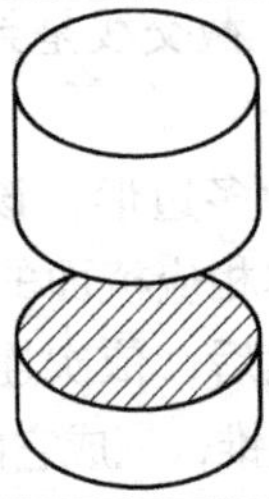	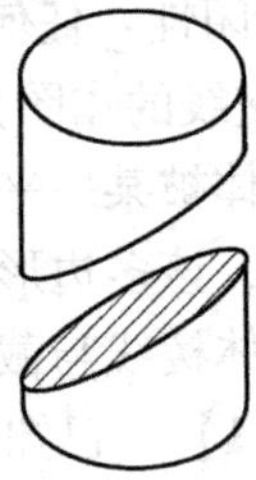
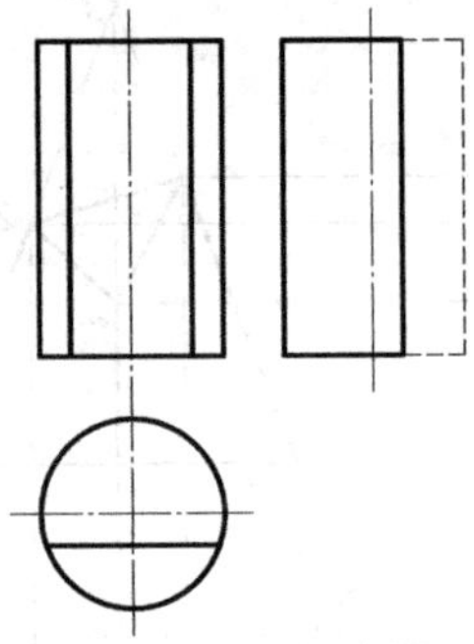	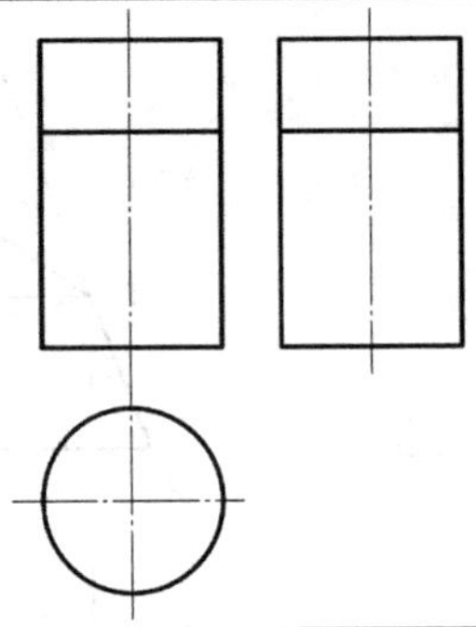	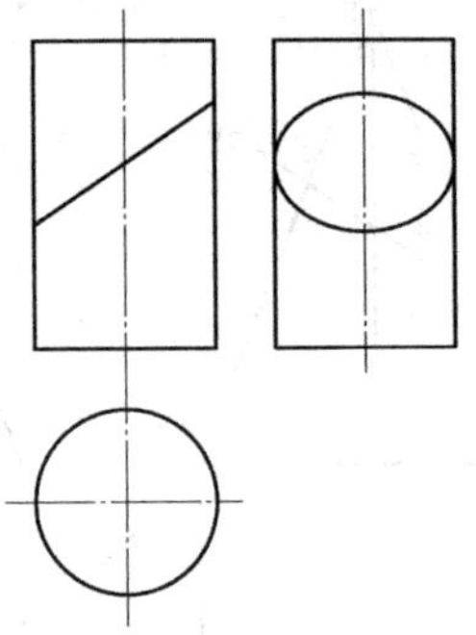

【例 3-2】 圆柱被一正垂面所截，如图 3-22 所示，已知主视图和俯视图，求左视图。

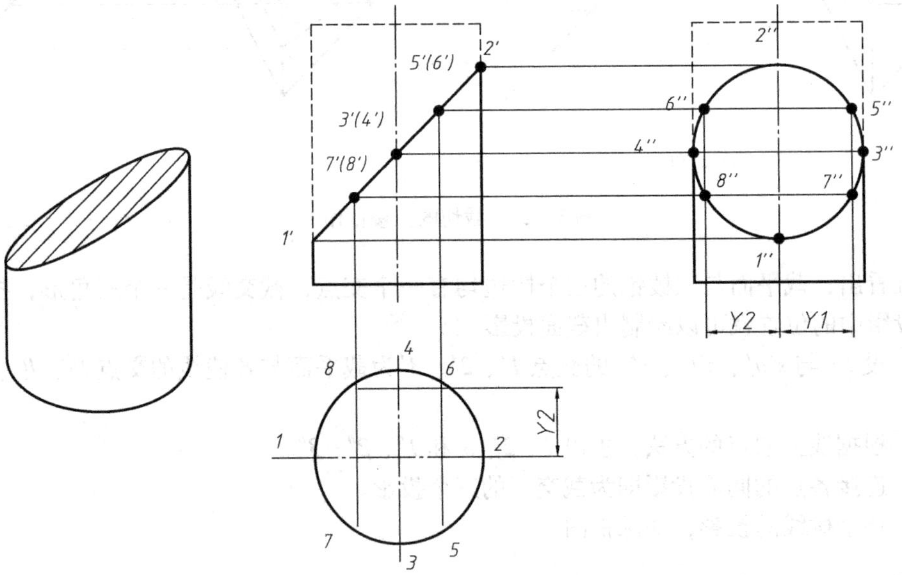

(a) 立体图　　(b) 作图求解

图 3-22 求作圆柱被截后的视图

分析：圆柱体被正垂面截切，截交线是一椭圆。此截交线椭圆的 V 投影积聚为一直线，H 面投影积聚在圆周上，W 面的投影是椭圆需要求出，如图 3-22 所示。

作图：先画出完整的圆柱体的左视图，再求截交线的侧面投影。步骤如下：

(1) 求特殊点。特殊点主要是转向轮廓线上的共有点，截交线上最高、最低、最前、最后、最左、最右点以及能决定截交线形状特性的点，如椭圆长短轴端点等。

（2）*I*、*II* 为椭圆的短轴，*III*、*IV* 为椭圆的长轴，点 *I* 和点 *II* 分别位于圆柱的最左、最右素线上，*I* 为最低点，*II* 为最高点。点 *III* 和 *IV* 分别位于圆柱的最前和最后素线上。它们的正面投影 *1′*、*2′*、*3′*、*4′* 和水平投影 *1*、*2*、*3*、*4* 可直接标出来。由两投影可求出侧面投影 *1″*、*2″*、*3″*、*4″*。

（3）求一般点。为使作图准确，还须作出若干一般点。在特殊点之间再找几个一般点如 *V*、*VI*、*VII*、*VIII*，根据它们的正面投影 *5′*、*6′*、*7′*、*8′* 和水平投影 *5*、*6*、*7*、*8* 即可求出侧面投影 *5″*、*6″*、*7″*、*8″*。

（4）判断可见性，连线。用曲线板依次光滑连接各点的侧面投影，即得截交线的侧面投影。

（5）加深侧投影面的轮廓线至 *3″*、*4″*，完成截交线的侧面投影。

【例 3-3】 完成如图 3-23 所示图形的三视图。

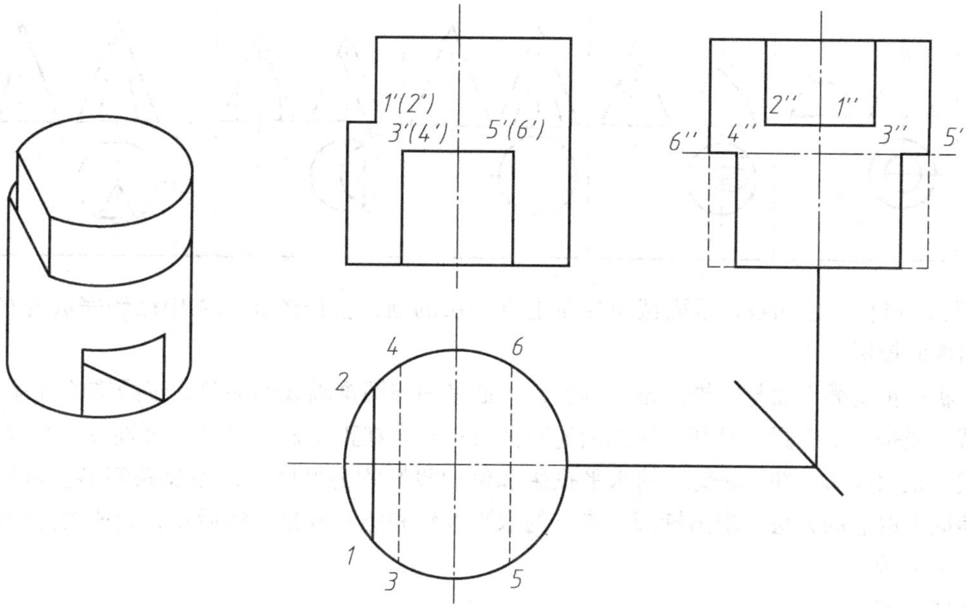

（a）立体图　　（b）作图求解

图 3-23　圆柱面被与其轴线平行的平面所截作图

分析： 圆柱面被与其轴线平行的平面所截，截交线为一对与轴平行的直线，如图 3-23 所示。作图步骤：

（1）画出圆柱的三面投影图。

（2）按截平面的实际位置，画出它们的正面投影。

（3）按投影关系，作出截平面的水平投影。

（4）由 *V*、*H* 两面投影求侧面投影。

（a）求各水平面的侧面投影：两水平面的侧面投影各积聚为水平线段 *1″2″* 和 *5″6″*。

（b）求各铅垂面的侧面投影侧平面各投影为矩形。

（5）判断可见性。

(6) 加深线型。

2) 平面与圆锥相交

根据截平面与圆锥的相对位置不同，截交线有五种情况，见表3－2。

表3－2　平面与圆锥相交

位置	垂直于轴线	倾斜于轴线	平行于轴线	平行于一条素线	过锥顶
形状	圆	椭圆	双曲线和直线段	抛物线和直线段	两相交直线
立体图	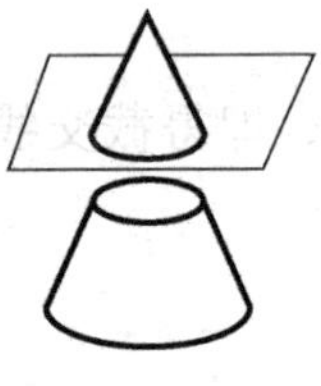	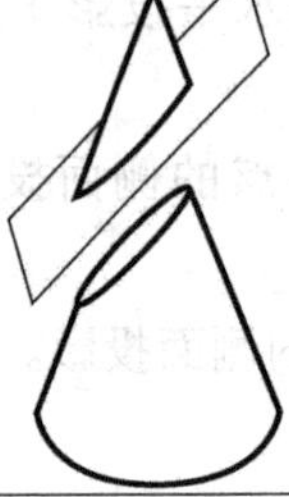	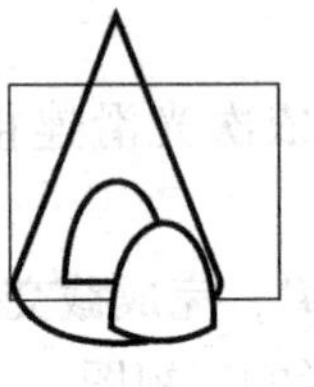	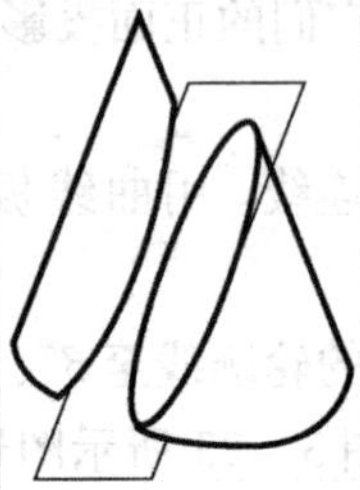	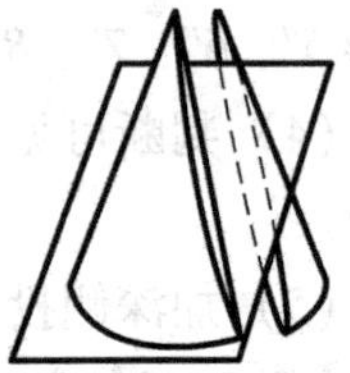
投影图	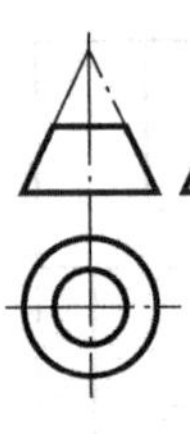	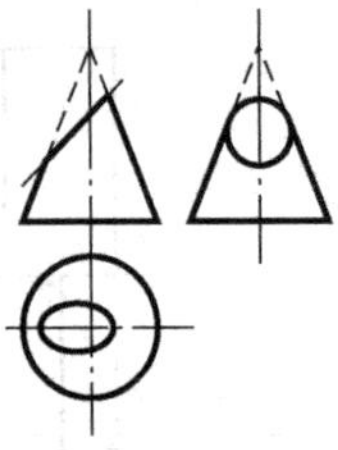	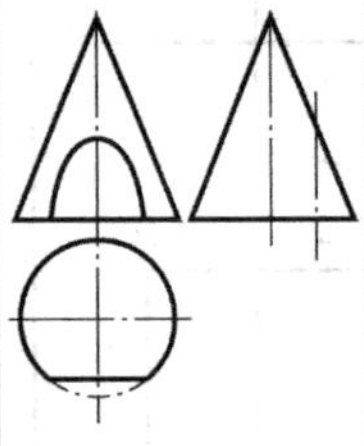	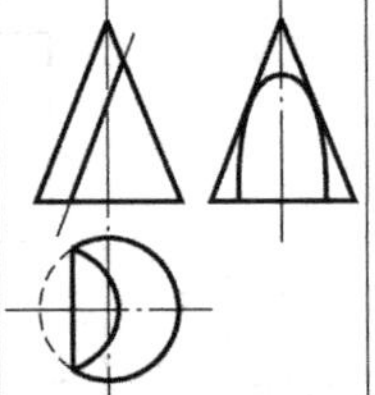	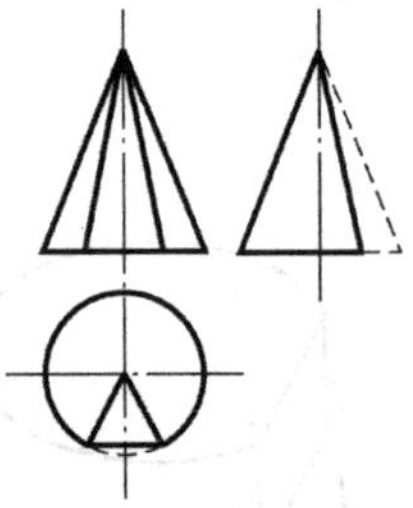

【例3－4】 已知被正垂面截切掉左上方一块的圆，根据图3－24中已经完成的水平投影画出侧面投影。

分析： 正垂截平面与圆锥的轴线倾斜，且截平面与圆锥轴线的夹角大于圆锥的锥顶半角，所以截交线是一个椭圆。且截交线椭圆的正面投影重合在正垂截平面的积聚性投影直线上 即截交线的正面投影已知，截交线的水平投影和侧面投影均为椭圆，但不反映实形。可应用在圆锥表面上取点的方法，求出椭圆上诸点的水平投影和侧面投影，然后将它们依次光滑连接，如图3－22所示。

作图步骤：

(1) 求特殊点。由正面投影可知，$1'$、$2'$分别是截交线上的最底（最左）、最高（最右）点Ⅰ、Ⅱ的正面投影，它们也是圆锥面最左、最右素线上的点，也是空间椭圆的长轴端点；取$1'2'$的中点，即得空间椭圆短轴两端点Ⅲ、Ⅳ的重合的正面投影$3'$（$4'$）；$5'$（$6'$）则是截交线上在圆锥最前、最后素线上的点Ⅴ、Ⅵ的正面投影。根据圆锥面上取点的方法，可分别求出这六个特殊点的水平投影和侧面投影。

(2) 求一般点。为了准确地画出截交线的投影，可求作一般点Ⅶ、Ⅷ，它们的正面投影重合，再根据辅助纬圆法求出它们的水平投影和侧面投影。

(3) 判别可见性并连线。圆锥的上面部分被截切掉，截平面左低右高，截交线的水平投影和侧面投影均可见，用粗实线依次光滑地连接各点的同面投影即可。

(4) 分析圆锥的外形轮廓线。圆锥最前、最后两根素线的上部均被截切掉了，其侧面投影应画到截切点$5''$、$6''$为止。圆锥的底面圆没有被截切，其侧面投影是完整的，用粗实线画出。

【例3－5】 求图3－25所示的铅垂面P_H与圆锥的截交线。

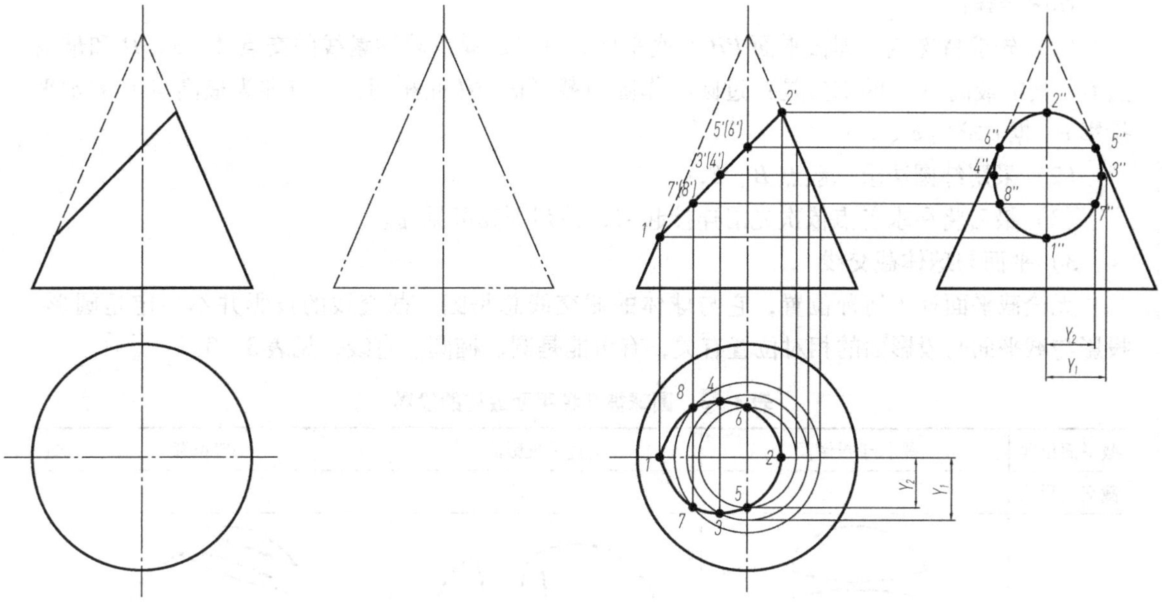

（a）已知　　　　（b）作图求解

图 3 –24　画出侧面投影

分析：P_H面垂直于圆锥轴线，截交线为双曲线，它的水平投影积聚成一直线，而其正面投影和侧面投影为双曲线的类似形。另根据圆锥的投影特性可知，截交线（位于前半圆锥）的正面投影全部可见；截平面 P_H与最前素线的交点 D 为截交线侧面投影可见性的分界点位于右半圆锥面上的截交线未截切前为不可见，如图 3 –25 所示。

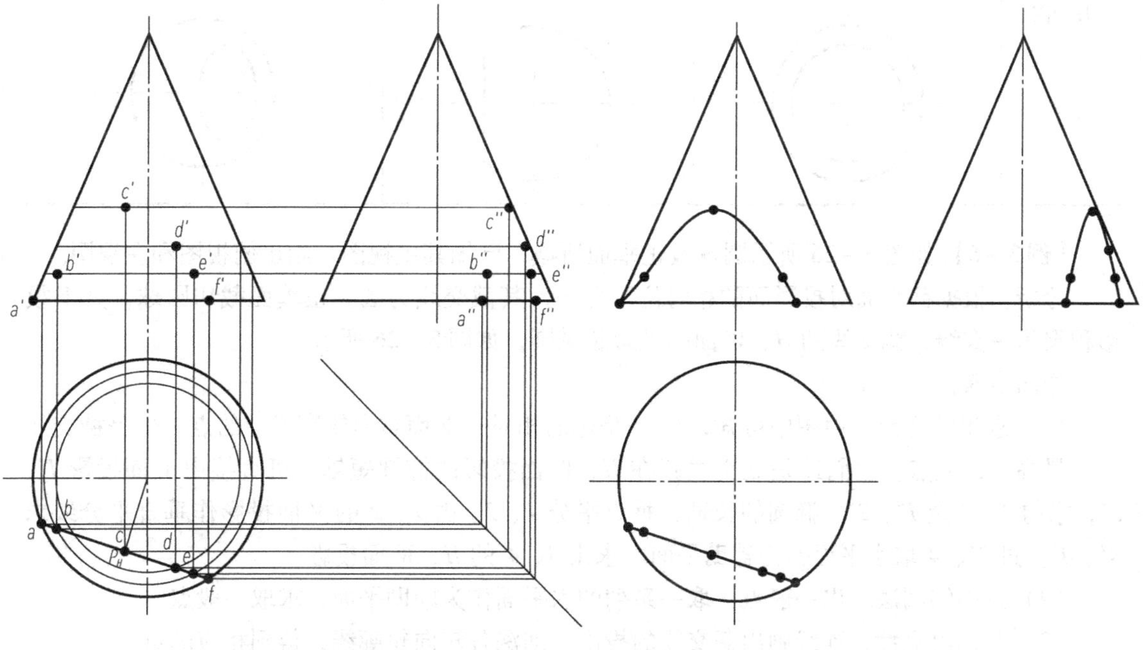

（a）求点　　　　（b）依次光滑连接

图 3 –25　铅垂面 P_H与圆锥的截交线

作图步骤：

（1）先求特殊点，即截平面 PH 与底平面、圆锥的最前轮廓素线的交点 A、F、D 和最高点 C，其中最高点 C 的求法是：过圆心作圆与截平面 PH 面相切，切点即为最高点 C 的水平投影 c，据 c 求出 c'、c''；

（2）采用纬圆法求一般点 B、E；

（3）最后将所求各点依次光滑连接起来，并判别其可见性。

3）平面与球体截交线

无论截平面处于何种位置，它与球体的截交线总是圆。截交线的投影并不一定是圆形，投影与截平面与投影面的相对位置有关，有可能是圆、椭圆、直线，见表 3－3。

表 3－3　圆球被几种平面截切的投影

截平面位置	平行于投影面	垂直于投影面	一般位置
截交线形状	圆		
立体图		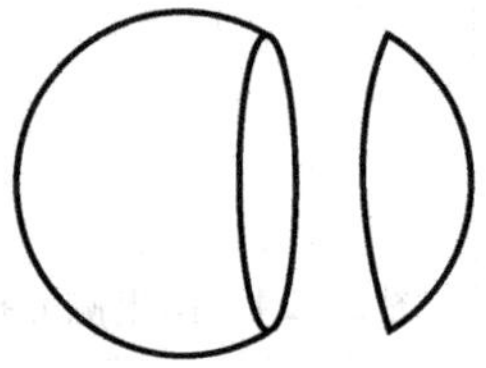	
投影图	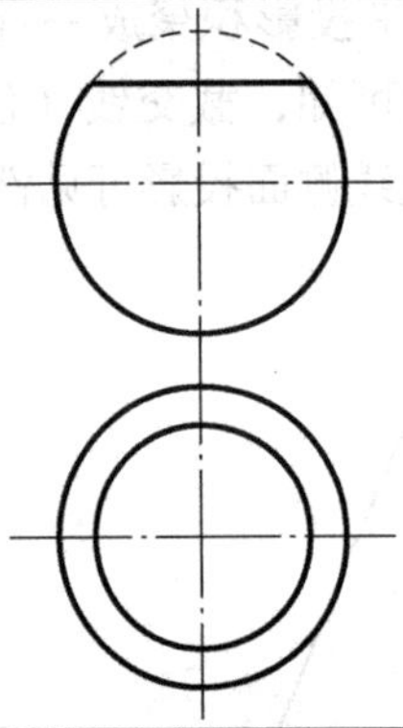	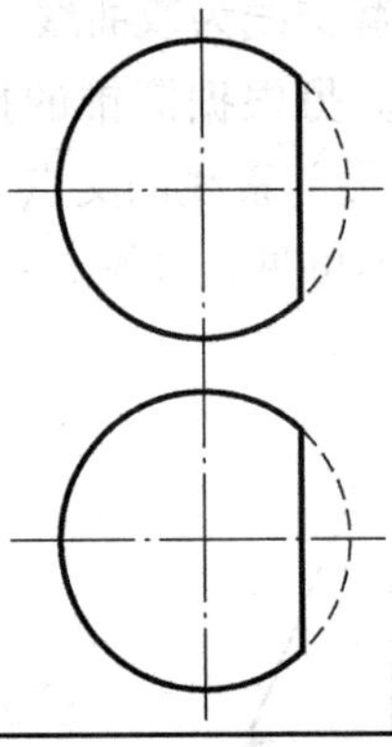	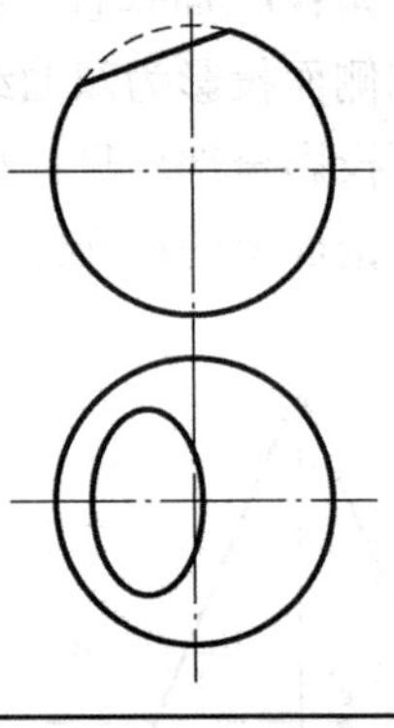

【例 3－6】 如图 3－26 所示圆球被正垂面所截，已知其主视图，画出俯视图和左视图。

分析： 根据截平面对投影面的相对位置可知，其截交线为圆。正垂面截切圆球，其 V 投影积聚为一直线，截交线的 H、W 面的投影是椭圆，如图 3－26 所示。

作图步骤：

（1）求出特殊点。由图中可知，1、2 是球面相对于 V 面转向轮廓线上的点，也是截交线上的最高、最低点。它们还是截交线圆在 H、W 面投影的椭圆短轴。可直接由 V 面投影 $1'$、$2'$，求得 1、2 及 $1''$、$2''$。椭圆的长轴，垂直平分 1、2。由 1、2 的 V 面投影作垂直平分线求 $3'$、$4'$。过 $3'$、$4'$ 取水平面作为辅助平面，求出 3、4 的 H、W 面投影。

（2）采用纬圆法求出一般点：取一系列的水平面作为辅助平面，求取一般点。

（3）判别可见性、连线画出截交线的投影。加深各转向轮廓线，得到相应的点。

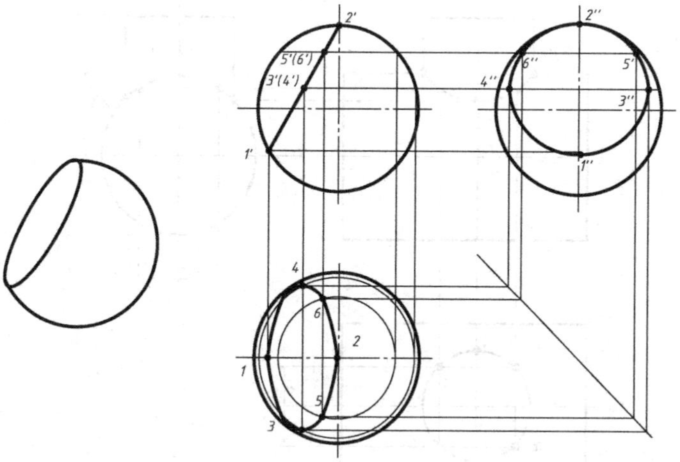

（a）立体图　　（b）作图求截交线

图 3－26　圆球被正垂面所截

二、两回转体相交——相贯线

两曲面立体相交，其交线是两曲面立体的共有线，该线也叫相贯线，相贯线上的点是两曲面立体的共有点。在机件上常见到两个立体相交，其表面相交时形成的交线，称为相贯线。由于相交基本体的几何形状、大小和相对位置不同，相贯线的形状就不相同，但都有共同的基本性质：

（1）共有性。相贯线是两个基本体表面的共有线，是两个基本体表面一系列共有点的集合。

（2）封闭性。由于基本体具有一定的范围，所以相贯线一般为封闭的空间曲线。

求相贯线一般用两种方法：积聚性法和辅助平面法。

1. 利用积聚性求相贯线

1）圆柱与圆柱相交

两圆柱相贯或圆柱与其他回转体相贯时，如果圆柱的轴线垂直于一投影面，则圆柱面在这个投影面上的投影有积聚性。利用这个投影，按照曲面立体表面取点的方法，可求出相贯线的其他两面投影。

【例 3－7】 如图 3－27 所示，求作轴线正交的两圆柱表面的相贯线。

分析： 两圆柱的轴线垂直相交且有公共的前后、左右对称面，铅垂的小圆柱全部穿进大圆柱，因此，相贯线是一条前后、左右对称的封闭的空间曲线。相贯线的水平投影与铅垂圆柱面的水平投影圆重合，侧面投影与侧垂圆柱面投影圆的一段圆弧（被小圆柱轮廓素线包围的那一段）重合。需要求作的是相贯线的正面投影，可利用圆柱表面上取点法，如图 3－28 所示。

作图步骤：

（1）求特殊点。先在相贯线的水平投影上，定出最左、最右点 *I*、*III* 的水平投影 *1*、*3*，并找出其侧面投影 *1″*（*3″*），可知 *I*、*III* 点也是侧垂圆柱面最上一根素线与铅垂圆柱面最左、

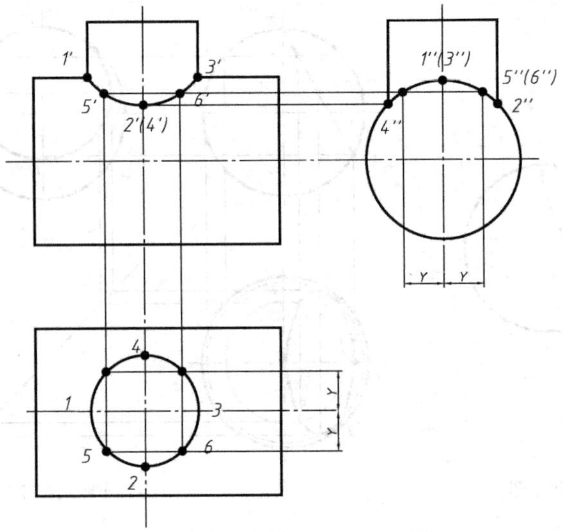

图 3－27　两圆柱表面的相贯线

最右素线的交点。再定出相贯线的最前、最后点Ⅱ、Ⅳ的水平投影2、4及其侧面投影 2″、4″，Ⅱ、Ⅳ点也是铅垂圆柱面最前、最后素线上的点。由 1、2、3、4 可根据投影关系求出 1′、2′、3′、4′。可以看出，点Ⅰ、Ⅲ和Ⅱ、Ⅳ分别是相贯线上的最高、最低点。

（2）求一般点。在相贯线的侧面投影上，取左右对称的点Ⅴ、Ⅵ的侧面投影 5″（6″），再根据圆柱表面上取点法，分别求出其水平投影 5、6 和正面投影 5′、6′。

（3）判别可见性。按水平投影各点的顺序，将相贯线的正面投影连接成光滑的粗实线曲线。相贯线前后对称，其正面投影可见和不可见部分的投影重合。光滑连接相贯线。

2）相贯线的简化画法

（1）如图 3－28（a）所示，先求出相贯线上的三个特殊点 1′、2′、3′，过此三点作圆弧代替相贯线。

（2）如图 3－28（b）所示，以大圆柱体的半径为半径，过 1′、2′两个特殊点作圆弧代替相贯线。

作图时应当注意，圆弧的弯曲方向是向大圆柱投影内弯曲。

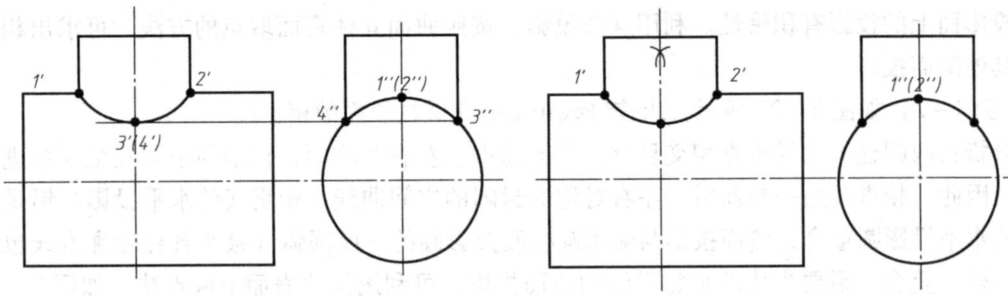

（a）　　　　（b）

图 3－28　相贯线的简化画法

2. 利用辅助平面求相贯线

利用辅助平面同时截切相贯的两曲面立体，可找出两曲面立体的截交线的交点，该点即为相贯线上的点，这些点既是回转体表面上的点，又是辅助平面上的点，因此，辅助平面法就是利用三点共面原理。用辅助平面法求相贯线时，要选择合适的辅助平面，以便简化作图。选择的原则：辅助平面与两曲面立体的截交线投影是简单易画的图形——由直线或圆弧构成的图形。

【例 3 - 8】如图 3 - 29 所示，求轴线正交的圆柱与圆锥的相贯线。

分析：圆柱体完全穿进圆锥体，其相贯线为一封闭、光滑的空间曲线。由于两立体垂直相交，且前后对称，圆柱的轴线垂直于侧面，它的侧面投影积聚为圆，所以相贯线的侧面投影也积聚在此圆上。相贯线的水平投影和正面投影前后对称，可利用辅助平面法求出。作辅助平面 S，S_V同时与两立体相交，其截交线分别为水平圆和两直线，它们的交点 Ⅴ、Ⅵ 即为相贯线上的点，如图 3 - 29 所示。

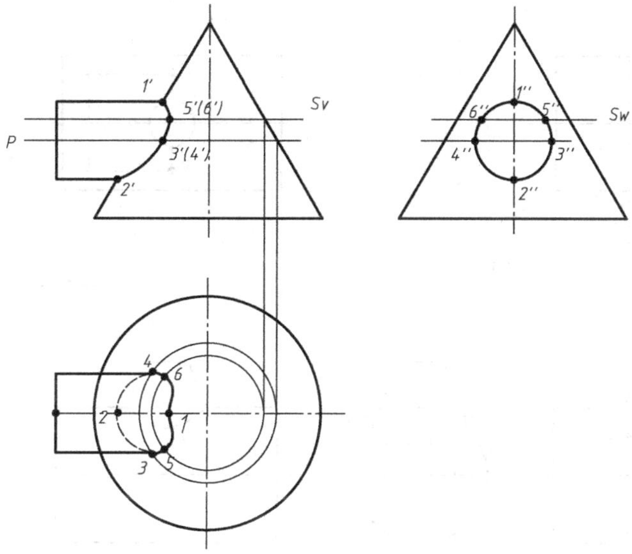

（a）相贯线　　　　（b）求解相贯线

图 3 - 29　轴线正交的圆柱与圆锥的相贯线

作图步骤：

（1）求特殊点：最高点Ⅰ、最低点Ⅱ，可在正面投影和侧面投影上直接求出 $1'$、$2'$和 $1''$、$2''$，Ⅰ、Ⅱ 的水平投影也可直接求出。在正面投影上作辅助平面 P，求出 P 平面与圆锥面的截交线的水平投影圆，P 平面与圆柱面截交线的水平投影为两直线，它们的交点 3、4 即为水平投影。由 3、4 可求出 $3'$、$4'$；求一般点：作一系列的辅助平面，每个辅助平面便可求出两个一般点。

（2）判别可见性并光滑连线：对某一投影面来说，只有同时位于两个可见表面上的点才是可见的。本例中水平投影 3、5、1、6、4 各点在圆柱的上半个表面上，均可见，画成粗实线；3、2、4 各点在圆柱的下半个表面上，均不可见，画成虚线，即得相贯线的水平投影。光滑连接各共有点的正面投影，完成作图。将所求各点的正面投影依次光滑连接即得相贯线的正面投影。

【例3-9】求作图3-30所示圆柱与圆锥正交的相贯线的投影。

分析：

因圆柱与圆锥正交，相贯线为前后、左右对称的空间曲线。圆柱轴线垂直于侧投影面，相贯线的侧面投影为圆的一部分（与圆柱面投影重合），需求出相贯线的正面投影和水平投影。

作图：

（1）求特殊点。如图（b）所示，根据相贯线最高点（也是最左点和最右点）和最低点（也是最前点和最后点）的侧面投影 *1″*（*5″*）、*3″*、*7″*，可求出其正面投影 *1′*、*5′*、*3′*（*7′*）及水平投影 *1*、*5*、*3*、*7*。

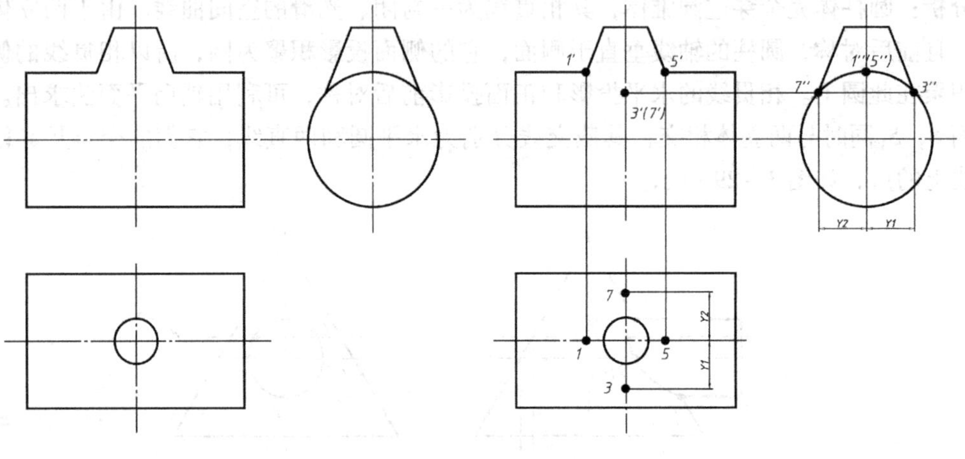

（a）　　　　　　　　　　　　（b）

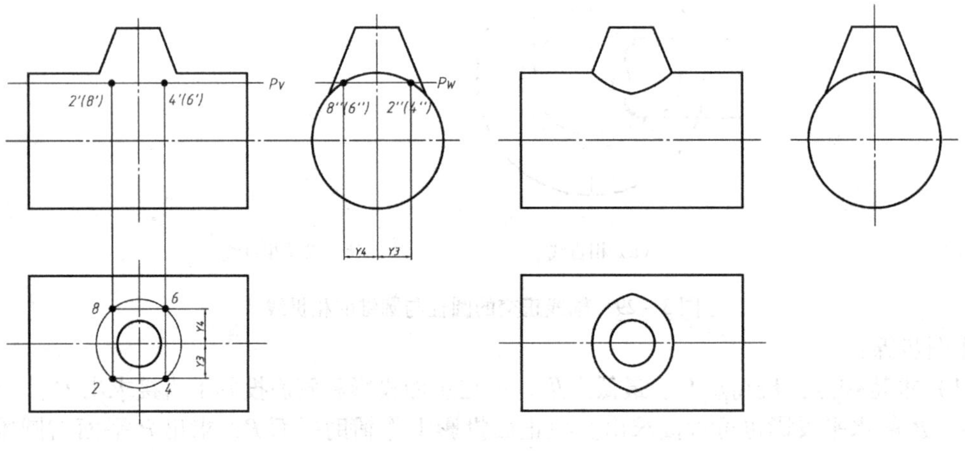

图3-30　圆柱与圆锥正交的相贯线的投影

（2）求一般点。在最高点和最低点之间作一辅助水平面 *P*，水平面 *P* 截切圆锥所得截交线的水平投影为圆，截切圆柱所得截交线的水平投影为两条平行的素线，两组截交线的交点 *2*、*4*、*6*、*8* 即为相贯线上的点。在根据水平投影 *2*、*4*、*6*、*8* 求出正面投影 *2′*（*8′*）、*4′*（*6′*）。

（3）将正面投影的可见点光滑连接即为相贯线的正面投影，不可见部分与可见部分的投影重合。将水平投影各点光滑连接，即为相贯线的水平投影。

3. 相贯线的特殊情况及投影趋势

在一般情况下，两回转体的相贯线是空间曲线，但在某些特殊情况下也可能是平面曲线或直线。

（1）两圆柱轴线平行或两圆锥共顶点相贯，其相贯线为直线，如图 3－31 所示。

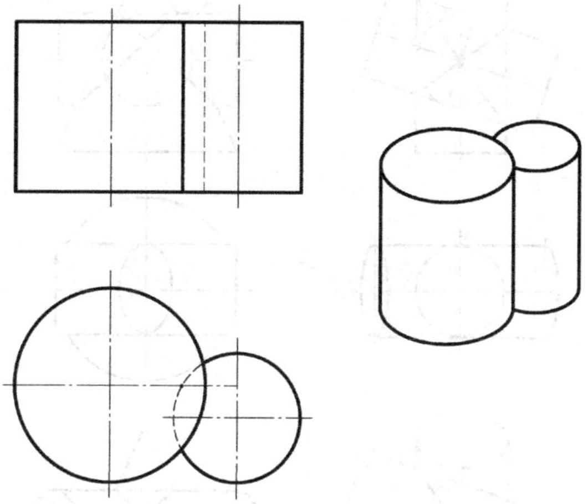

图 3－31　轴线平行的两圆柱相交

（2）同轴的回转体相贯时，相贯线为垂直回转轴线的圆，如图 3－32 所示。

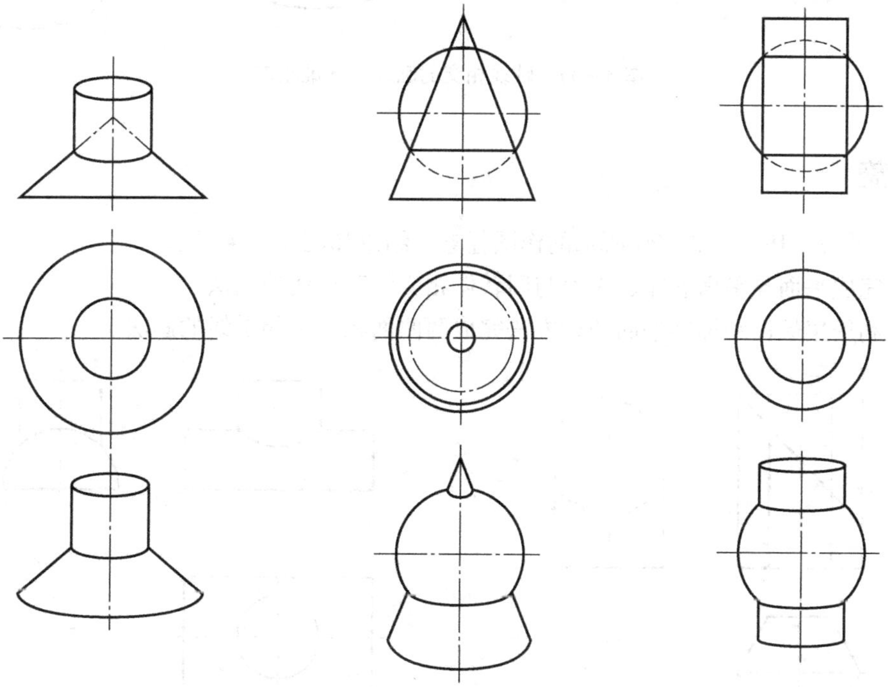

（a）圆柱与球相交　　（b）球与圆锥相交　　（c）圆柱与圆锥相交

图 3－32　同轴的回转体相贯

（3）轴线相交的圆柱、圆锥相贯，若它们公切于一个球面时，则其相贯线为两条平面曲线椭圆。当两立体的相交轴线同时平行于某投影面时，此两椭圆曲线在该投影面上的投影为直线，如图3－33所示。

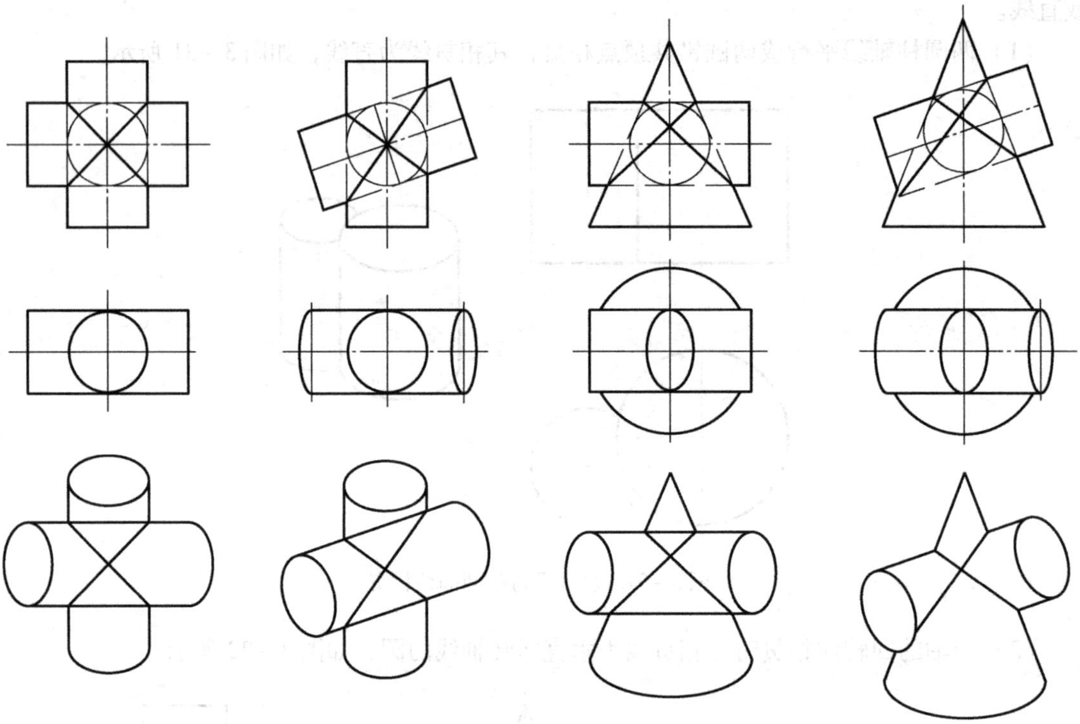

图3－33　轴线相交的圆柱、圆锥相贯

任务实施

完成如图3－19、图3－20所示的作图任务，结果如图3－34所示。

（1）完成平面与平面立体、平面与回转体相交的截交线的画法。

（2）利用集聚性和辅助平面两种方法完成两曲面相交－相贯线的画法。

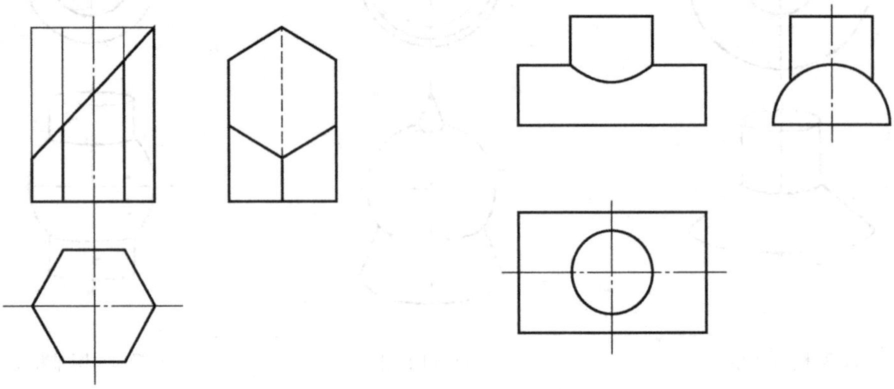

图3－34　两曲面相交－相贯线的画法

思考与练习

（1）分析图 3－35 立体的截交线，补画立体的第三视图。

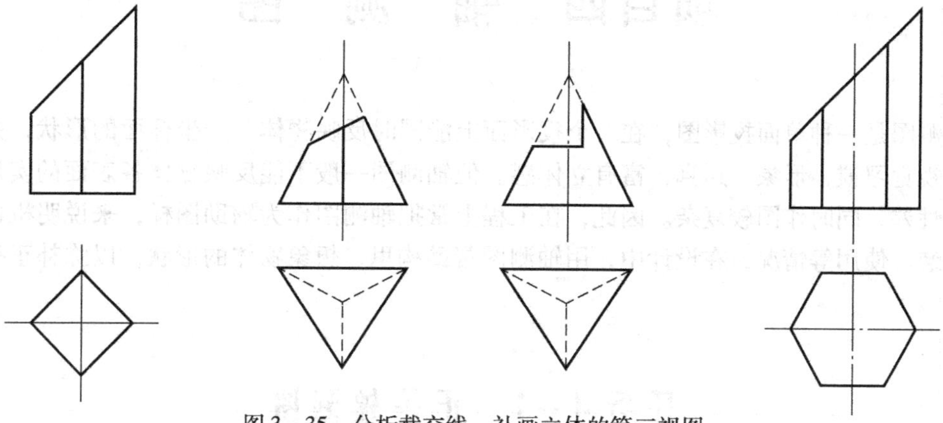

图 3－35　分析截交线，补画立体的第三视图

（2）分析图 3－36 立体的截交线，画全三视图。

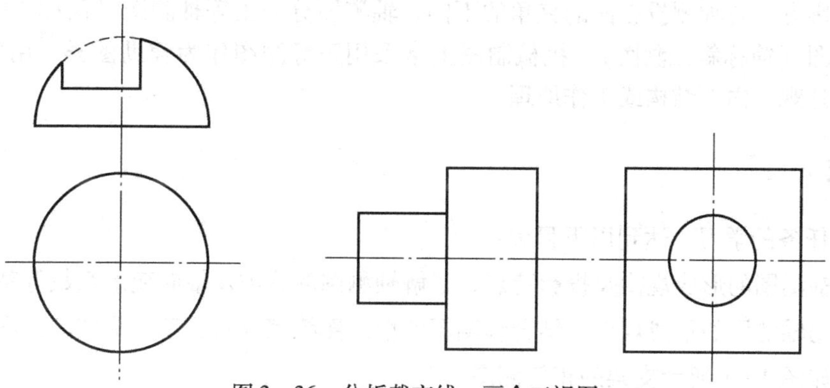

图 3－36　分析截交线，画全三视图

（3）如图 3－37 所示，作相贯线的投影。

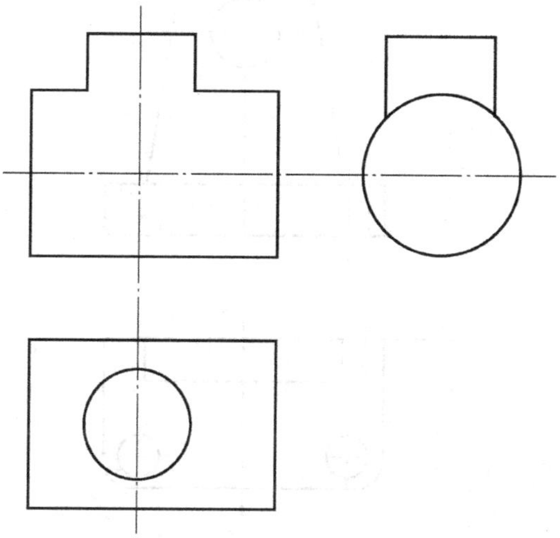

图 3－37　作相贯线的投影

项目四　轴　测　图

轴测图是一种单面投影图，在一个投影面上能同时反映物体三个坐标面的形状，并符合人们的视觉习惯，形象、逼真，富有立体感。但轴测图一般不能反映物体各表面的实形，因而度量性差，同时作图较复杂。因此，在工程上常把轴测图作为辅助图样，来说明机器的结构、安装、使用等情况，在设计中，用轴测图帮助构思、想象物体的形状，以弥补正投影图的不足。

任务 4-1　正等轴测图

按照投影方向与轴测投影面的夹角的不同，轴测图分为正等轴测图（简称正等测图）与斜二等轴测图（简称斜二测图）。机械制图上常采用正等测图作为辅助图样，用以说明机器及零部件的外观、内部结构或工作原理。

任务要求

通过本任务的学习，达到以下目标：

➢掌握轴测图的形成规律及投影特点，了解轴测图的分类及轴向变形系数等基本知识。

➢能应用轴测图的形成规律，结合轴测图的性质熟练完成常见正等测图的绘图和识图。

➢绘制如图 4-1 所示支架的正等测图。

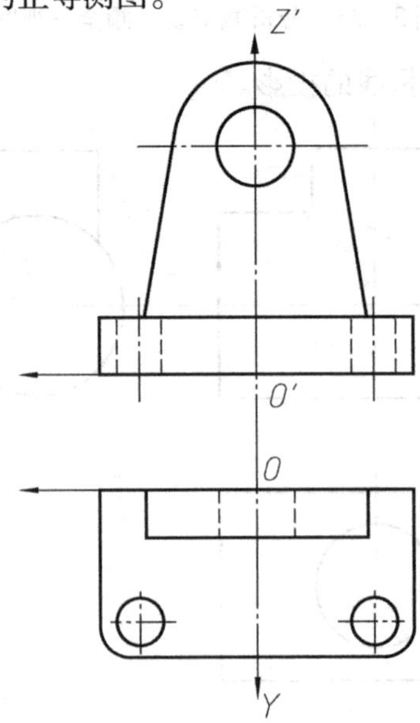

图 4-1　支架

相关知识

一、轴测图的形成原理

将空间物体连同确定其位置的直角坐标系，沿不平行于任意一坐标平面的方向，用平行投影法投射在某一选定的单一投影面上所得到的具有立体感的图形，称为轴测投影图，简称轴测图，如图 4 − 2 所示。

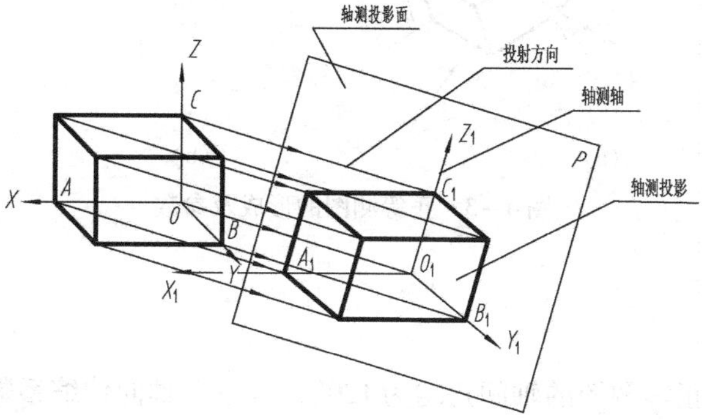

图 4 − 2 轴测图的形成

在轴测投影中，选定的投影面 P 称为轴测投影面；空间直角坐标轴 OX、OY、OZ 在轴测投影面上的投影 O_1X_1、O_1Y_1、O_1Z_1 称为轴测轴；两轴测轴之间的夹角 $\angle X_1O_1Y_1$、$\angle Y_1O_1Z_1$、$\angle X_1O_1Z_1$ 称为轴间角；轴测轴上的单位长度与空间直角坐标轴上对应单位长度的比值，称为轴向伸缩系数。OX、OY、OZ 的轴向伸缩系数分别用 p_1、q_1、r_1 表示。

轴间角与轴向伸缩系数是绘制轴测图的两个主要参数。

如图 4 − 2 中，$p_1 = O_1A_1/OA$，$q_1 = O_1B_1/OB$，$r_1 = O_1C_1/OC$。

二、轴测图的种类

1. 按照投影方向与轴测投影面的夹角的不同分类

（1）正轴测图——轴测投影方向（投影线）与轴测投影面垂直时投影所得到的轴测图。
（2）斜轴测图——轴测投影方向（投影线）与轴测投影面倾斜时投影所得到的轴测图。

2. 按照轴向伸缩系数的不同分类

（1）正（或斜）等测轴测图——$p_1 = q_1 = r_1$，简称正（斜）等测图。
（2）正（或斜）二等测轴测图——$p_1 = r_1 \neq q_1$，简称正（斜）二测图。
（3）正（或斜）三等测轴测图——$p_1 \neq q_1 \neq r_1$，简称正（斜）三测图。

三、正等测图的形成与参数

1. 形成方法

如图 4 − 3（a）所示，如果使三条坐标轴 OX、OY、OZ 对轴测投影面处于倾角都相等的位置，把物体向轴测投影面投影，这样所得到的轴测投影就是正等测图。

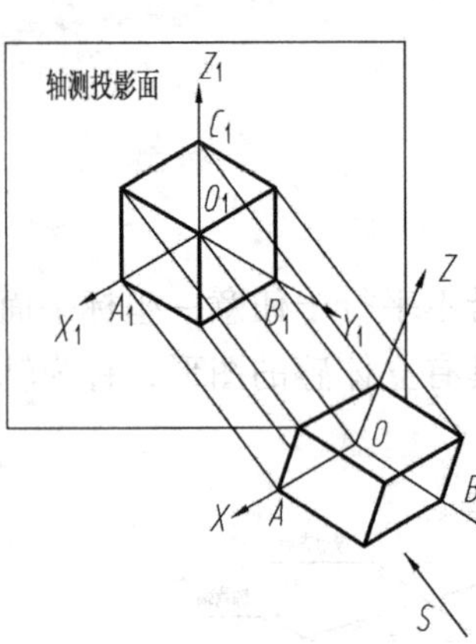

(a)

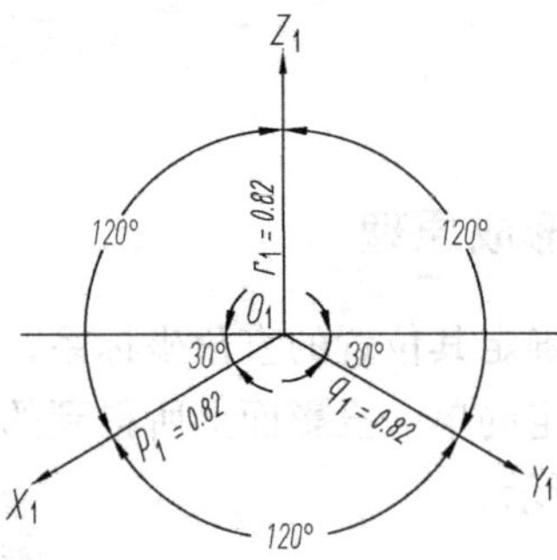

(b)

图4－3 正等测图的形成及参数

2. 参数

如图4－3所示，正等测图的轴间角均为120°，且三个轴向伸缩系数相等。经推证并计算可知$p_1=q_1=r_1=0.82$。

为作图简便，实际画正等测图时可采用$p_1=q_1=r_1=1$的简化伸缩系数画图，即沿各轴向的所有尺寸都按物体的实际长度画图。

四、轴测图的基本性质

轴测投影同样具有平行投影的性质：

(1) 物体上互相平行的线段，在轴测图中仍互相平行；物体上平行于坐标轴的线段，在轴测图中仍平行于相应的轴测轴，且同一轴向所有线段的轴向伸缩系数相同。

(2) 物体上不平行于坐标轴的线段，可以用坐标法确定其两个端点然后连线画出。

(3) 物体上不平行于轴测投影面的平面图形，在轴测图中变成原形的类似形。

如长方形的轴测投影为平行四边形，圆的轴测投影为椭圆等。

五、平面立体正等测图的画法

1. 长方体的正等测图

根据长方体的特点，选择其中一个角顶点作为空间直角坐标系原点，并以过该角顶点的三条棱线为坐标轴。先画出轴测轴，然后用各顶点的坐标分别定出长方体的八个顶点的轴测投影，依次连接各顶点即可。

作图方法与步骤如图4－4所示。

(1) 先在正投影图上定出原点和坐标轴的位置。我们选定右侧后下方的顶点为原点，经过原点的三条棱线为OX、OY、OZ轴，如图4－4 (a) 所示。

(2) 画出轴测轴O_1X_1、O_1Y_1、O_1Z_1。

(3) 在O_1X_1轴上量取长方体的长度a，在O_1Y_1轴上量取长方体的宽度b，画出长方体底面的轴测投影，如图4－4 (b) 所示。

（4）过底面各顶点向上作 O_1Z_1 的平行线，在各线上量取长方体的高度 h，得到顶面上各点并依次连接，得长方体顶面的轴测投影，如图 4－4（c）所示。

（5）擦去多余的图线并描深，即得到长方体的正等测图，如图 4－4（d）所示。

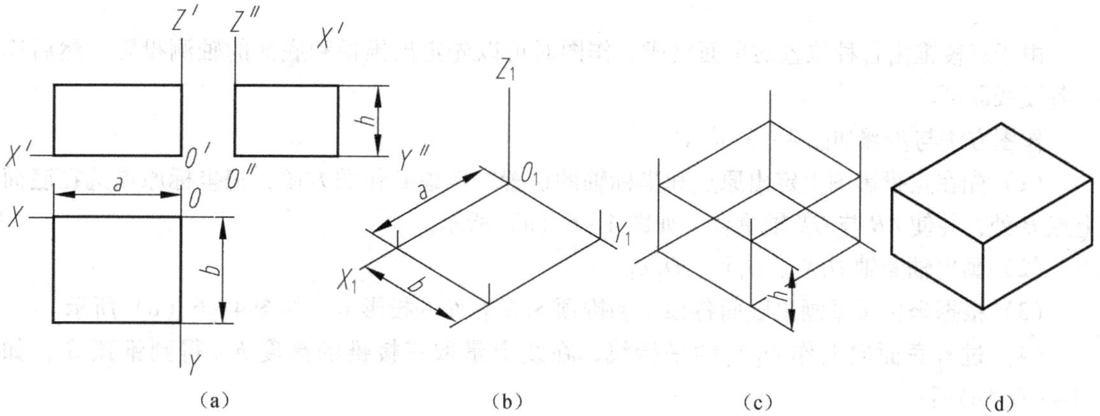

图 4－4　长方体的正等测图

2. 正六棱柱的正等测图

绘制轴测图最基本的方法是坐标法，根据轴测投影规律和立体表面上各顶点的坐标值，按照“轴测”原理确定出它们的轴测投影，连接各顶点即完成平面立体的轴测图。

以正六棱柱作图（见图 4－5）为例说明正等测图的画法。

作图：

（1）选定坐标原点和坐标轴，坐标原点和坐标轴的选择应以作图简便为原则，这里选定正六边形的中心为坐标原点，作轴测轴 O_1X_1，O_1Y_1，O_1Z_1，使三个轴间角均等于 120 °。

（2）作六棱柱顶面的正等测图，在正投影图上按 1∶1 量得各边各点之坐标，作出顶面。

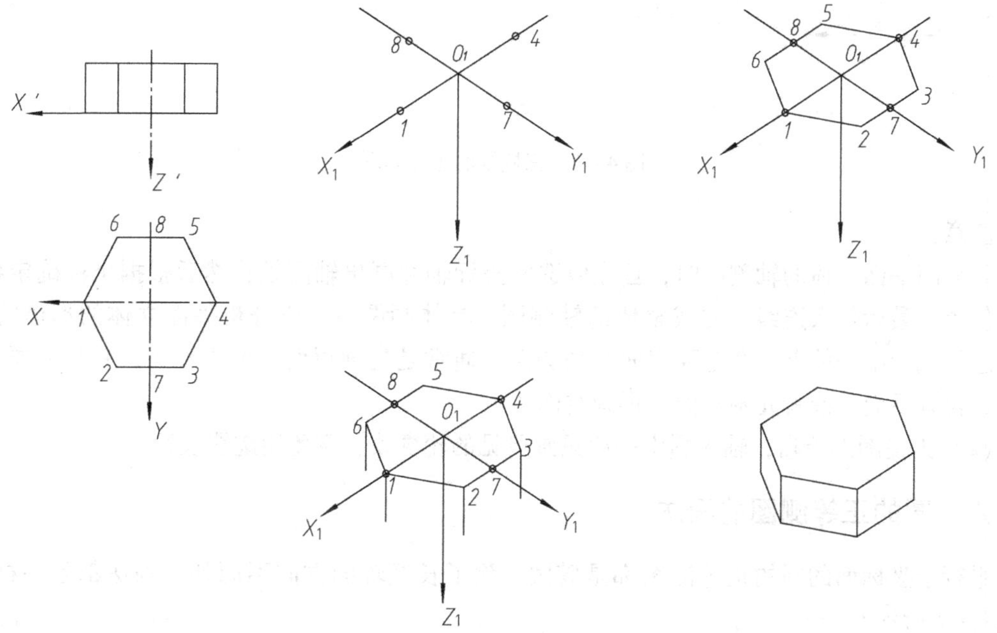

图 4－5　正六棱柱的正等测作图

(3) 分别由各顶点沿 Z_1 轴向下量取各点之 Z 坐标，作各棱线，得底面的正等测图。

(4) 经整理加深得正六棱柱体的正等测图。

3. 三棱锥的正等测图

由于三棱锥由各种位置的平面组成，作图时可以先定出锥顶和底面的轴测投影，然后连接各棱线即可。

作图方法与步骤如图 4-6 所示。

(1) 先在正投影图上定出原点和坐标轴的位置。考虑到作图方便，把坐标原点选在底面上点 B 处，并使 AB 与 OX 轴重合，如图 4-6 (a) 所示。

(2) 画出轴测轴 O_1X_1、O_1Y_1、O_1Z_1。

(3) 根据坐标关系画出底面各顶点和锥顶 S_1 在底面的投影 s_1，如图 4-6 (b) 所示。

(4) 过 s_1 底面向上作 O_1Z_1 的平行线，在线上量取三棱锥的高度 h，得到锥顶 S_1，如图 4-6 (c) 所示。

(5) 依次连接各顶点，擦去多余的图线并描深，即得到三棱锥的正等测图，如图 4-6 (d) 所示。

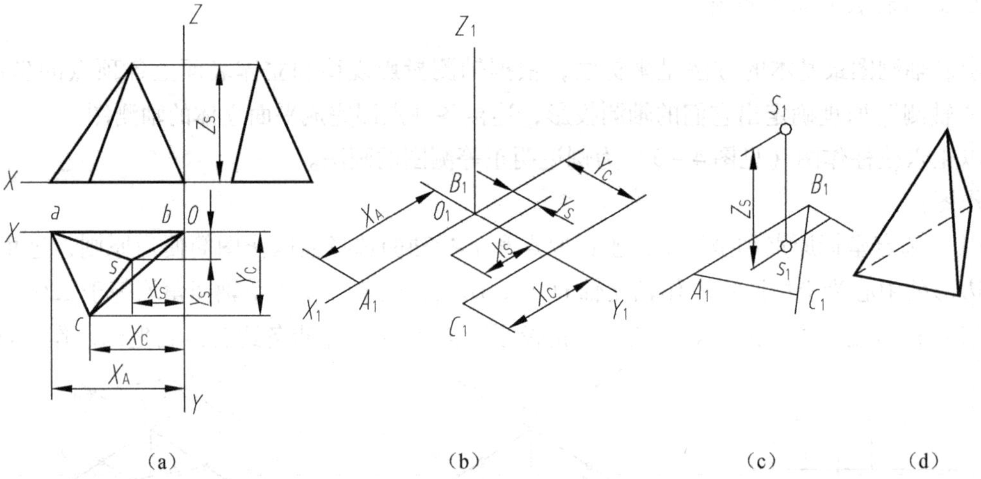

图 4-6　三棱锥的正等测图

注意：

(1) 画平面立体的轴测图时，首先应选好坐标轴并画出轴测轴；然后根据坐标确定各顶点的位置；最后依次连线，完成整体的轴测图。具体画图时，应分析平面立体的形体特征，一般总是先画出物体上一个主要表面的轴测图。通常是先画顶面，再画底面；有时需要先画前面，再画后面，或者先画左面，再画右面。

(2) 为使图形清晰，轴测图中一般只画可见的轮廓线，避免用虚线表达。

六、圆的正等测图的画法

平行于坐标面的圆的正等测图都是椭圆，除了长短轴的方向不同外，画法都是一样的，如图 4-7 所示。

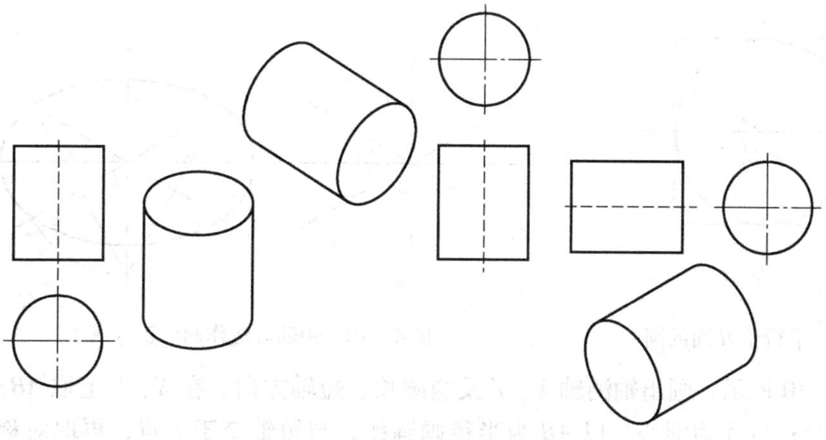

图 4－7　圆的各种正等测图

作圆的正等测图时，必须弄清椭圆的长短轴的方向。如图 4－8 所示，椭圆长轴的方向与菱形的长对角线重合，椭圆短轴的方向垂直于椭圆的长轴，即与菱形的短对角线重合。

综上可见，椭圆的长短轴和轴测轴有关，即：

（1）圆所在平面平行 XOY 面时，它的轴测投影——椭圆的长轴垂直 O_1Z_1 轴，即成水平位置，短轴平行 O_1Z_1 轴；

（2）圆所在平面平行 XOZ 面时，它的轴测投影——椭圆的长轴垂直 O_1Y_1 轴，即向右方倾斜，并与水平线成 60°角，短轴平行 O_1Y_1 轴；

（3）圆所在平面平行 YOZ 面时，它的轴测投影——椭圆的长轴垂直 O_1X_1 轴，即向左方倾斜，并与水平线成 60°角，短轴平行 O_1X_1 轴。

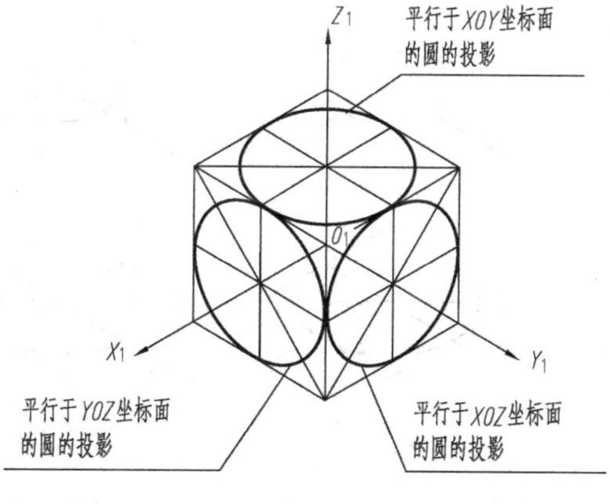

图 4－8　平行坐标面上圆的正等测图

圆的正等测图概括起来就是：平行坐标面的圆（视图上的圆）的正等测投影是椭圆，椭圆长轴垂直于不包括圆所在坐标面的那根轴测轴，椭圆短轴平行于该轴测轴。作图时，常用四段圆弧代替椭圆，即用“四心法”画椭圆。

下面以平行于 H 面（即 XOY 坐标面）的圆（图 4－9）为例，说明圆的正等测图的画法。

其作图方法与步骤如图 4－10 所示。

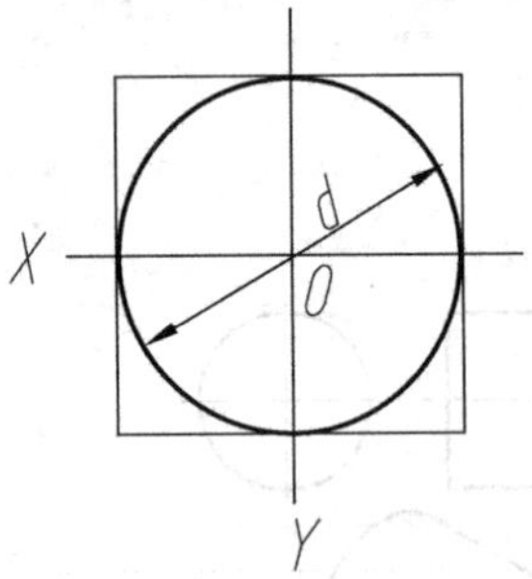

图 4-9　平行于 *H* 面的圆

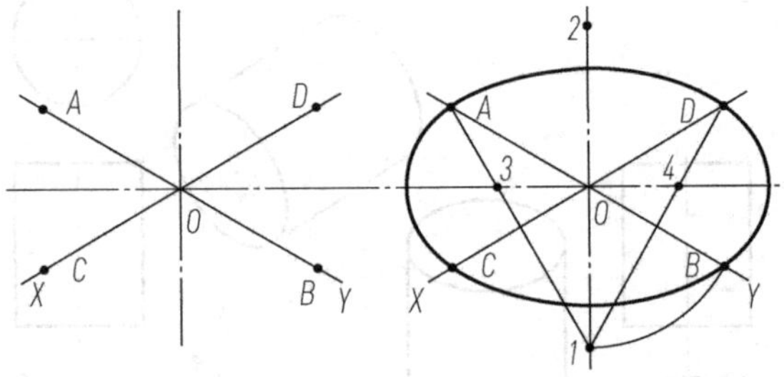

图 4-10　用四心法作圆的正等测图

如图 4-10 所示，画出轴测轴 *X*、*Y* 及椭圆长、短轴方向。在 *X*、*Y* 上取 *AB* = *CD* = *d*，*d* 为空间圆直径；以 *A* 为圆心，以 *AB* 为半径画圆弧，与短轴交于 *1* 点，再取对称点 *2*。连接 *A1*、*D1* 分别交长轴于 *3*、*4* 点；以 *3*、*4* 点为圆心，以 *A3* 为半径画小圆弧，以 *1*、*2* 为圆心，以 *A1* 为半径画大圆弧，四段圆弧相切于 *A*、*B*、*C*、*D* 四点。

平行于 *V* 面（即 *XOZ* 坐标面）的圆、平行于 *W* 面（即 *YOZ* 坐标面）的圆的正等测图的画法都与上面类似，请自己分析。

七、曲面立体正等测图的画法

绘制回转体的正等测图，关键是掌握好圆的正等测图的画法。平行于坐标面的圆的轴测图。以圆台为例，如图 4-11 所示。

根据圆台的直径和高，先画出上下底的椭圆，然后作椭圆的公切线（长轴端点连线），即为转向轮廓线。

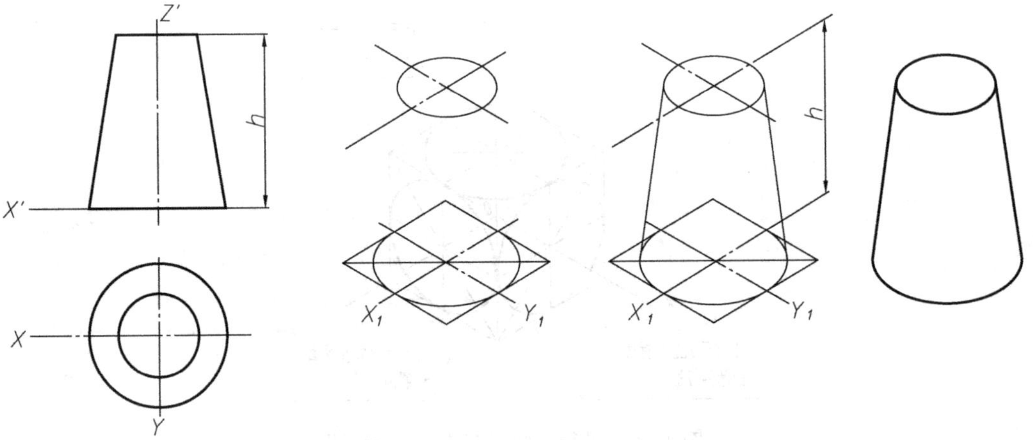

图 4-11　圆台的正等测图

圆角相当于四分之一的圆周，因此，圆角的正等测图，正好是近似椭圆的四段圆弧中的一段。作图时，可简化成如图 4-12 所示的画法，其作图步骤如下：

（1）在角上分别沿轴向取一段长度等于半径 *R* 的线段，得 *A*、*A* 和 *B*、*B* 点，过 *A*、*B* 点作相应边的垂线分别交于 O_1 及 O_2。

（2）以 O_1 及 O_2 为圆心，以 O_1A 及 O_2B 为半径作弧，即为顶面上圆角的轴测图，如

图 4 - 12（b）所示。

（3）将 O_1 及 O_2 点垂直下移，取 O_3、O_4 点，使 $O_1O_3 = O_2O_4 = h$（板厚）。以 O_3 及 O_4 为圆心，作底面上圆角的轴测图，再作上、下圆弧的公切线，即完成作图，如图 4 - 12（c）所示。

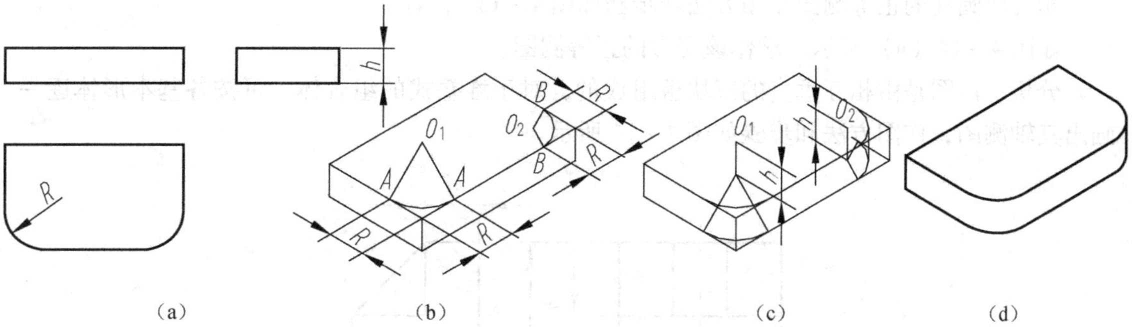

图 4 - 12 圆角的正等测图二、轴测图的形成原理

在画曲面立体的正等测图时，一定要明确圆所在平面与哪一个坐标面平行，才能确保画出的椭圆正确。画同轴并且相等的椭圆时，要善于应用移心法以简化作图和保持图面的清晰。

八、组合体轴测图的画法

画组合体轴测图，常用堆叠法、挖切法、综合法作图。对于堆叠式的组合体，可按各基本形体逐一画出其轴测图，称为堆叠法。对于挖切式的组合体，先按完整形体画出，然后用切割的方法画出其不完整的部分，称为挖切法。对于既有堆叠又有挖切的组合体，可综合采用上述两种方法作图，称为综合法。

如图 4 - 13（a）所示，求作相交两圆柱的正等测图。

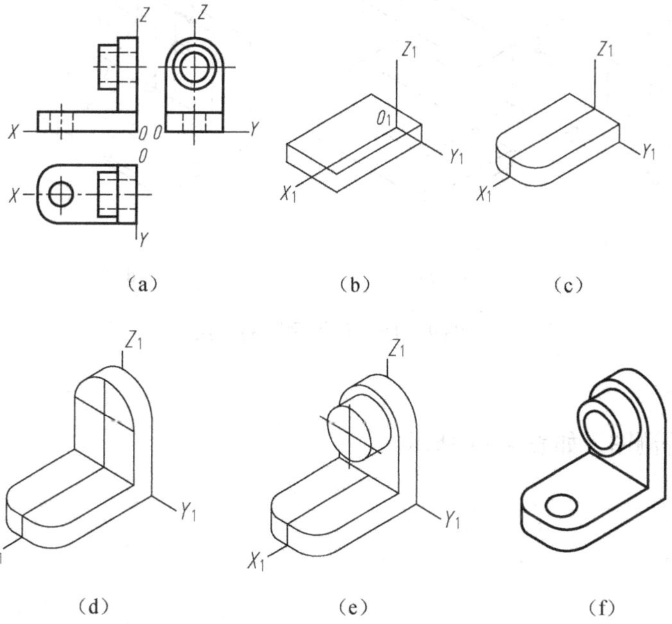

图 4 - 13 支座的正等测图

分析：画两相交圆柱体的正等测图，除了应注意各圆柱的圆所处的坐标面，掌握正等测图中椭圆的长短轴方向外，还要注意轴测图中相贯线的画法。作图时可以运用辅助平面法，即用若干辅助截平面来切这两个圆柱，使每个平面与两圆柱相交于素线或圆周，则这些素线或圆周彼此相应的交点，就是所求相贯线上各点的轴测投影。

相交两圆柱的正等测图作图方法和步骤如图 4－13 所示。

如图 4－14（a）所示，求作该图形的正等测图。

分析：该图是由相互垂直的三块板组成的，对于堆叠式的组合体，可按各基本形体逐一画出其轴测图，作图方法和步骤如图 4－14 所示。

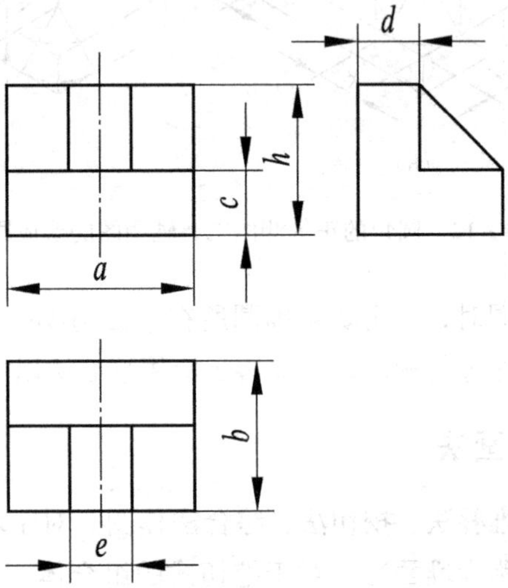

（a）

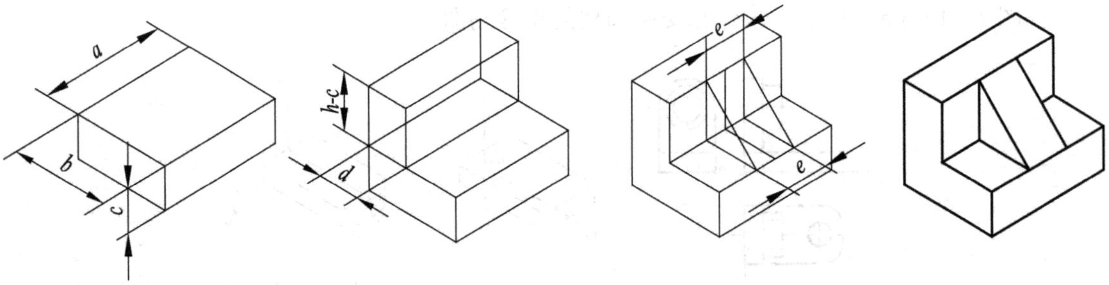

（b）　（c）　（d）　（e）

图 4－14　正等测图的作法

举一反三

绘制底板正等测图，如表 4－1 所示。

表 4-1　切割法作图

1. 确定坐标轴

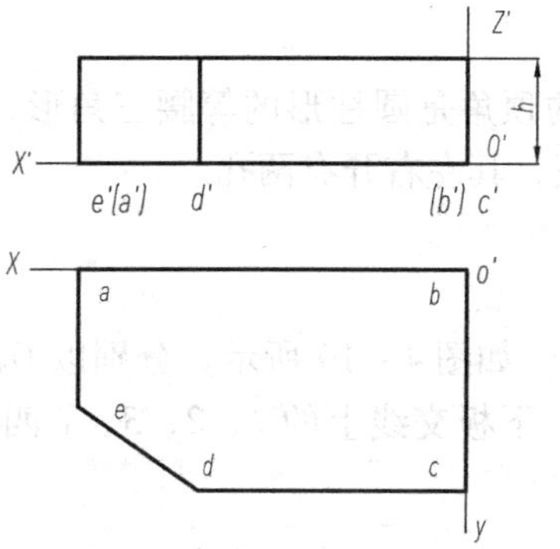

2. 画轴测轴用坐标法画基本体 $AB = ab$，$BC = bc$

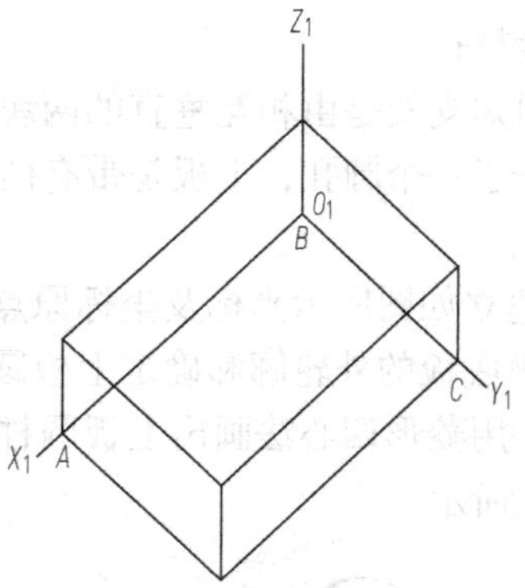

3. 画切割体 $AE = ae$，$DC = dc$

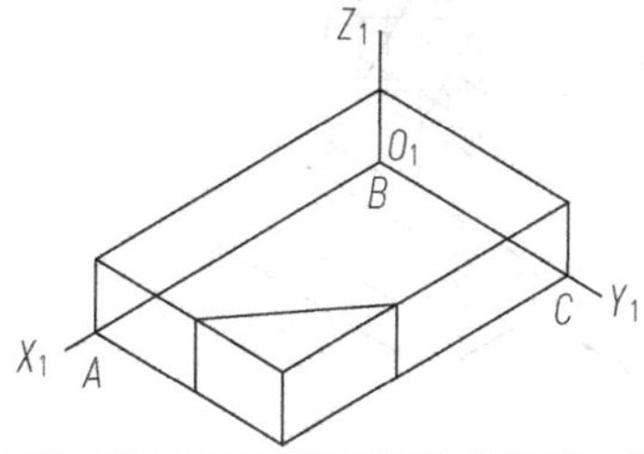

4. 整理描深

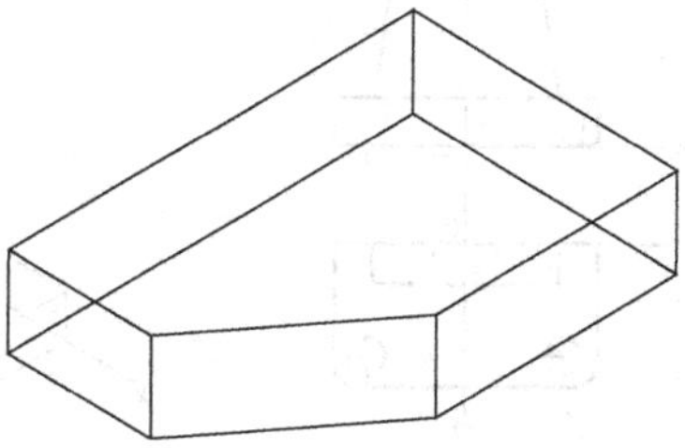

举一反三　已知三视图，表 4-2 示，画正等测图。

表 4-2　叠加法作图

1. 确定坐标轴

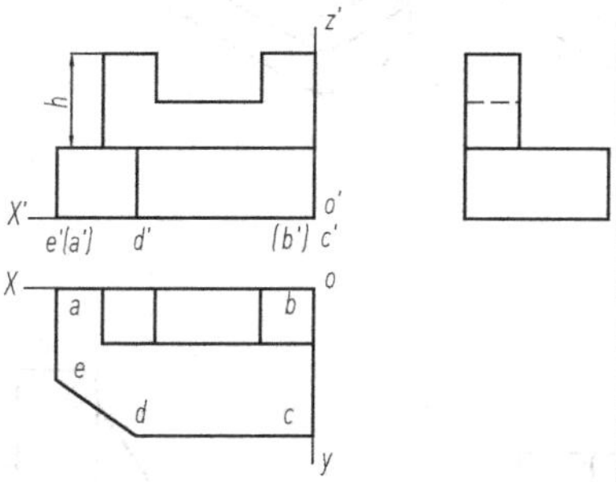

2 画轴测轴，画下底板轴测图

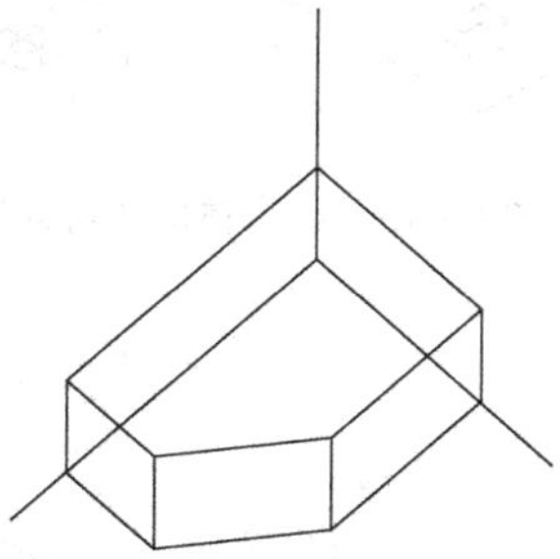

3. 画上面叠加体轴测图 $AB = ab$，　$BC = bc$

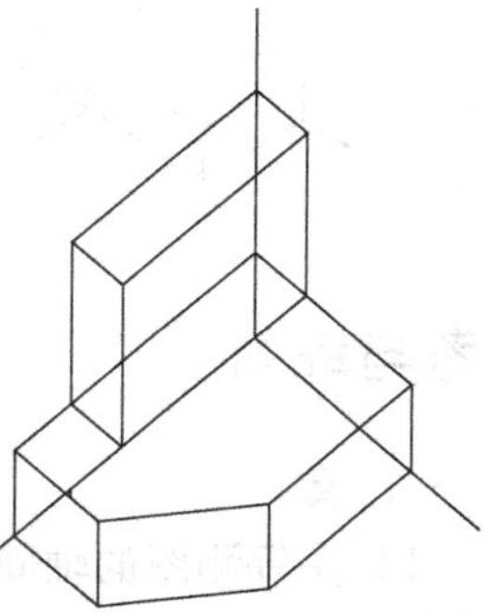

4. 画上部分切口轴测图

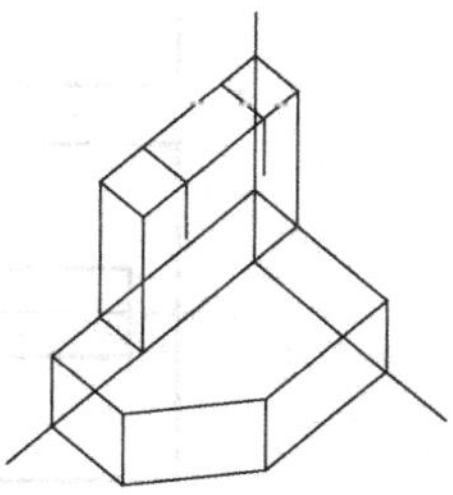

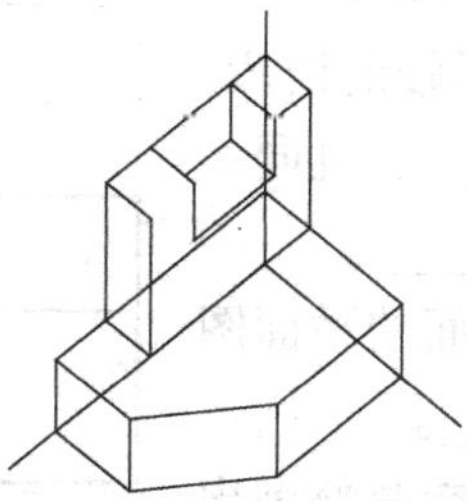

5. 整理描深，完成轴测图

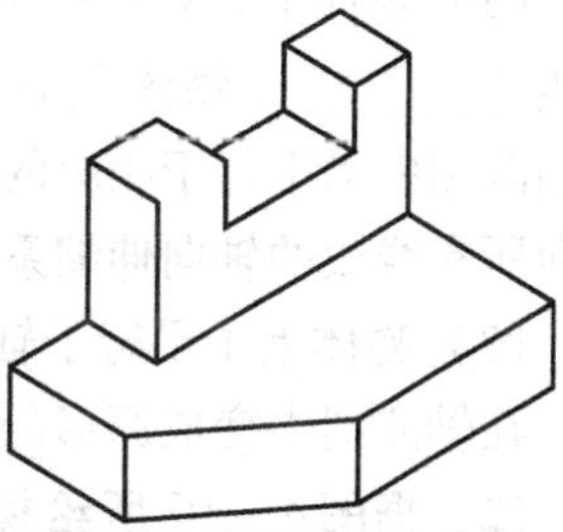

任务实施

形体分析：

由视图知支架是由相互垂直的两块板组成的，上板的顶角是圆柱形的等腰三角形，并沿圆柱轴线开了一个圆孔，下板是带有两个圆角的长方形板，其左右开有两孔。

作图：

（1）建立如图所示坐标及坐标原点，画轴测轴。

（2）画底板的外轮廓和确定上板圆孔的中心 O_2 和 O_3，如图 4－19 所示。分别以 O_2 和 O_3 为椭圆心，用菱形四心法画出上板圆柱形部分椭圆和上、下板交线上的 *1*、*2*、*3*、*4* 四个点，如图 4－15 所示。

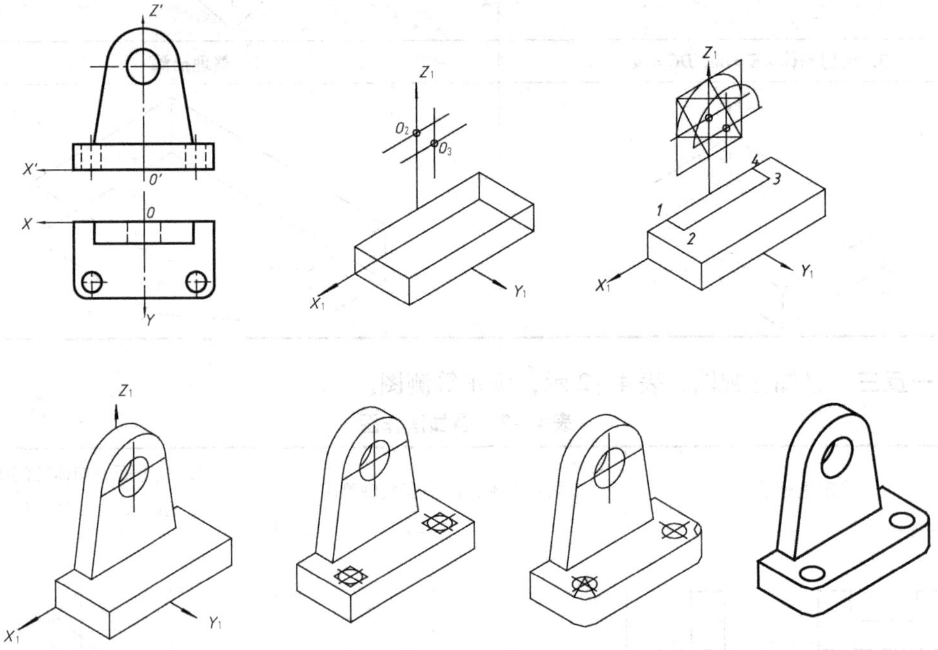

图 4－15　组合体的正等测图

思考与练习

一、填空

（1）正等测图的轴间角为________，且三个轴向伸缩系数______。

（2）物体上互相平行的线段，在轴测图中互相________；物体上平行于坐标轴的线段，在轴测图中仍平行于相应的________，且同一轴向所有线段的轴向伸缩系数________。

（3）物体上不平行于轴测投影面的平面图形，在轴测图中变成原形的________。

二、据图 4－16 所给视图，在空白处画出轴测图。

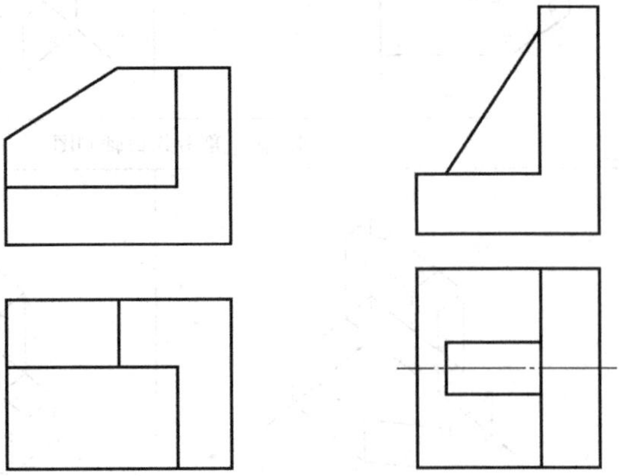

图 4－16　作图

任务4-2 斜二测图

斜二测图是轴测图中的一种，也是常用的工程图样之一，主要用于草图的绘制、产品的说明书并有助于对三视图的识读和理解。斜二测图的投影规律：平行依旧垂改斜，横等纵半竖不变；眼见为实遮为虚，空间观感好体现。

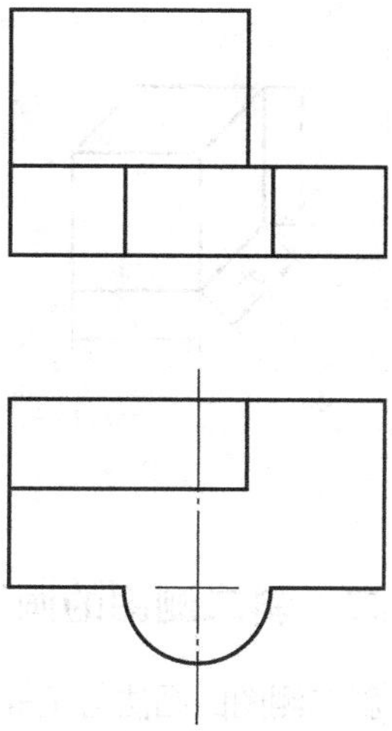

图4-17 绘制斜二测图物体

任务要求

通过本任务的学习，达到以下目标：

- 通过观察，对比，认识斜二测图的特点，斜二测与正等测的区别与联系。
- 通过学习掌握斜二测图的画法与技巧，能完成常见斜二测图的绘图和识图。
- 绘制如图4-17所示物体的斜二测图。

相关知识

一、斜二测图的形成及参数

1. 形成

形体上的一个坐标面与轴测投影面（轴测图的投影面）平行，用平行投影法中的斜投影法进行投影，在一个轴测投影面上得到的投影图形称为斜二测图，如图4-18所示。

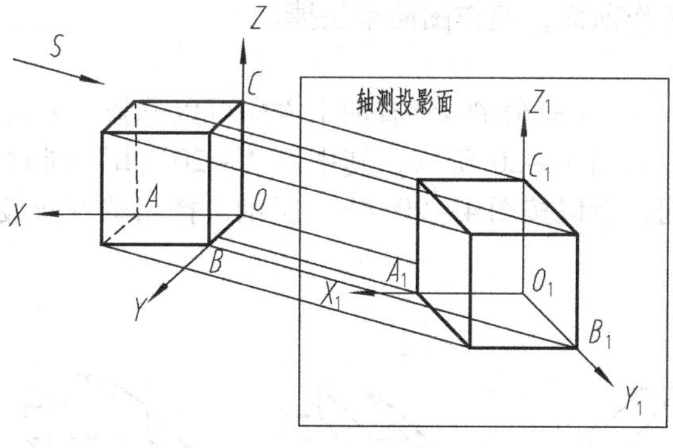

图4-18 斜二测图的形成

由于斜二测图的形成特点，轴测投影面与形体上的一个坐标面平行，在斜二测图中，有一个面的形状与三视图的投影形状完全相同，因此，斜二测图在表达形体某一个坐标面的形状较复杂时，作图简便、快捷，如回转体的表达。

2. 参数

由于绘制斜二测图的形体上的一个坐标面与轴测投影面平行，故该形体坐标面上的图形反映实形，坐标轴相互垂直。如该坐标面选 XOY，即 $\angle XOZ=90°$，$P=r=1$，Y 轴方向 $\angle YOZ=135°$，$q=0.5$，画图时牢记斜轴尺寸缩小一半，如图 4－19 所示。

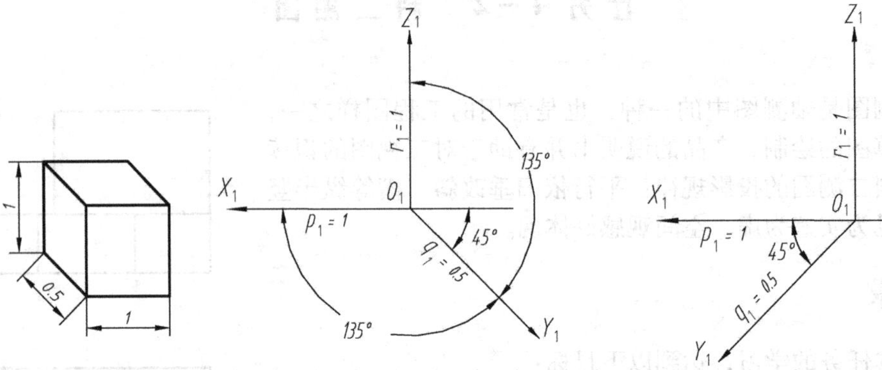

图 4－19　轴间角和轴向伸缩系数

二、斜二测图的画法举例

斜二测图的画法与正等测图的画法基本相似，区别在于轴间角不同以及斜二测图沿 O_1Y_1 轴的尺寸只取实长的一半。在斜二测图中，物体上平行于 XOZ 坐标面的直线和平面图形均反映实长和实形，所以，当物体上有较多的圆或曲线平行于 XOZ 坐标面时，采用斜二测图比较方便。

画斜二测图的注意事项：

画斜二测图时选择轴测轴是绘图的关键，因为，斜二测图中的三个坐标角度不同，两上的图形现实形，另两个轴夹角 135°的坐标面上的图形，斜轴尺寸缩小一半，因此，在画斜二测图时注意斜轴选择。

（1）选择垂直坐标面

由于斜二测图的两个垂直坐标反映实长，该投影面反映实形，因此，画斜二测图时，应尽量把形状复杂的平面选作前面，使作图简单快捷。

（2）选择斜轴方向

确定斜轴方向时，与 X、Y 轴倾斜 45°有四个方向可以选择，要选择能看到形体结构的方向，以便清晰表达形体，如图 4－20 所示，其中图 4－20（b）同时反映的面最多（6 个），结构表达更加清晰、全面，所以按图 4－20（b）所示选择斜轴方向最佳。

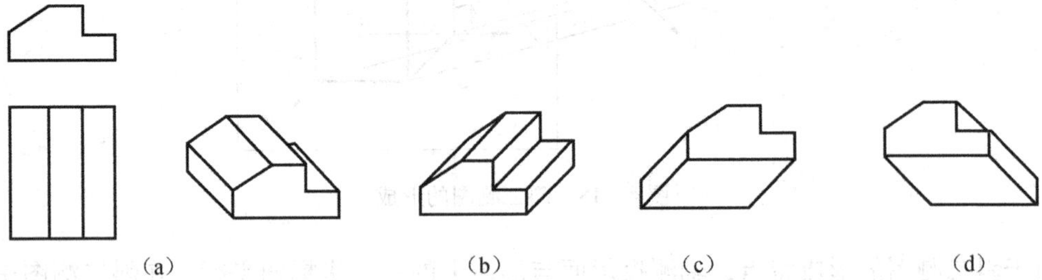

图 4－20　斜二测图的斜方向选择比较

1. 四棱台的斜二测图

作图方法与步骤如图 4－21 所示。

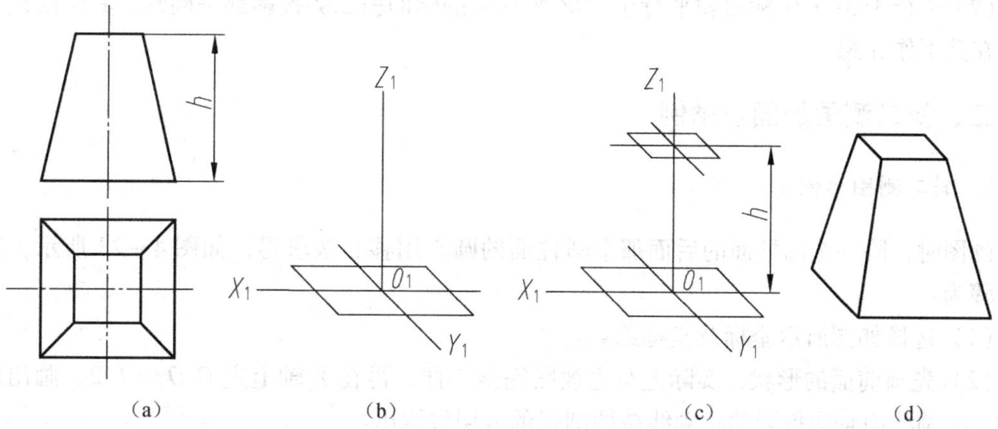

图 4-21 正四棱台的斜二测图

(1) 画出轴测轴 O_1X_1、O_1Y_1、O_1Z_1。

(2) 作出底面的轴测投影：O_1X_1 轴上按 1∶1 截取，O_1Y_1 轴 O_1X_1 轴上按 1∶2 截取，如图 4-21 (b)所示。

(3) 在 O_1Z_1轴上量取正四棱台的高度 h，作出顶面的轴测投影，如图 4-21 (c) 所示。

(4) 依次连接顶面与底面对应的各点得侧面的轴测投影，擦去多余的图线并描深，即得到正四棱台的斜二测图，如图 4-21 (d)所示。

2. 圆台的斜二测图

作图方法与步骤如图 4-22 所示。

(1) 画出轴测轴 O_1X_1、O_1Y_1、O_1Z_1，在 O_1Y_1 轴上量取 $L/2$，定出前端面的圆心 A，如图 4-22 (b)所示。

(2) 作出前、后端面的轴测投影，如图 4-22 (c) 所示。

(3) 作出两端面圆的公切线及前孔口和后孔口的可见部分。

(4) 擦去多余的图线并描深，即得到的圆台的斜二测图，如图 4-22 (d) 所示。

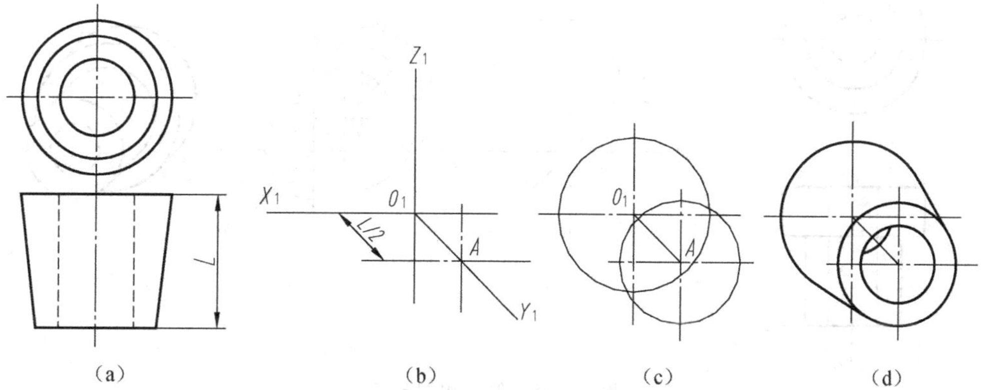

图 4-22 圆台的斜二测图

注意：

(1) 只有平行于 XOZ 坐标面的圆的斜二测投影才反映实形，仍然是圆。

(2) 平行于 XOY 坐标面和平行于 YOZ 坐标面的圆的斜二测投影都是椭圆，其画法比较复杂，在此不作介绍。

三、斜二测图的画法举例

1. 斜二测图示例 1

画图时，同一个圆柱面的后面那个圆柱面的圆心用移心法求得，如图 4－23 所示，其作图步骤为：

(1) 选择如图所示坐标及坐标原点。

(2) 先画前面的形状，实际上与主视图完全一样，再在 Y_1 轴上定 $O_1O_2=L/2$，画出后面形状，半圆柱面轴测投影的轮廓线按两圆弧的公切线画出。

(3) 擦去作图线，描深全图，如图 4－23 所示。

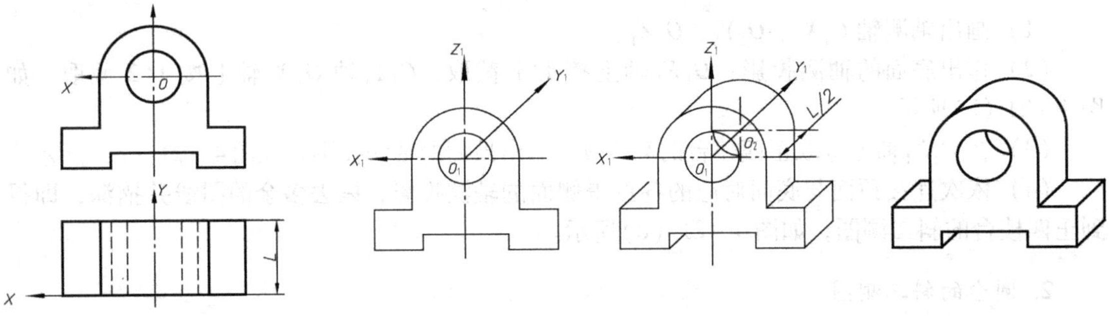

图 4－23　斜二测图示例

2. 斜二测图示例 2

绘制斜二测图，步骤如图 4－24 所示。

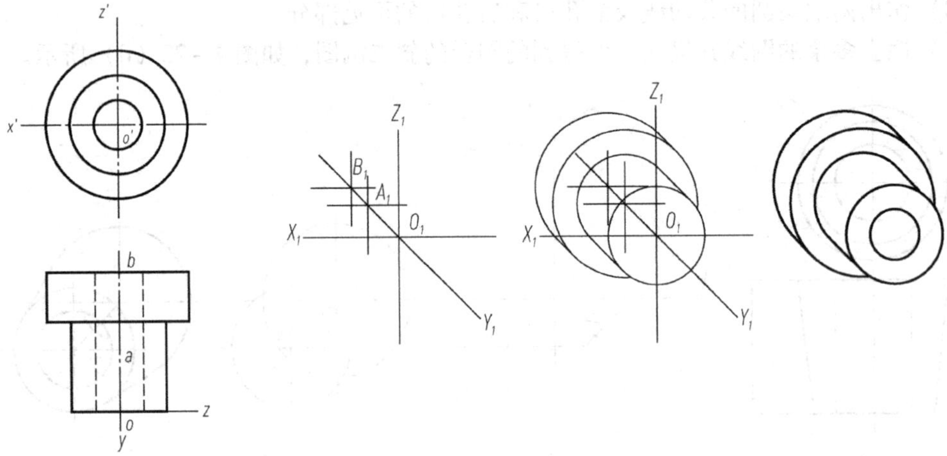

图 4－24　斜二测图示例

四、轴测剖视图的剖切方法

在轴侧图上，为了表示物体的内部不可见结构的形状，也常用剖切的画法，这种剖切后的轴测图，称为轴测剖视图。

1. 剖切面的选择

为了使物体的内、外形状都表达清楚，在轴测图上一般采用两个互相垂直的轴测坐标面进行剖切，如图 4－25（a）所示。应避免用一个剖切面，这样会使物体的外形表达不清楚，如图 4－25（b）所示。

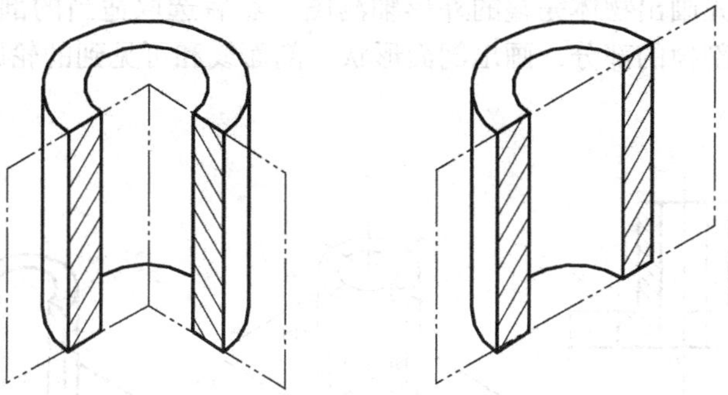

（a）好　　（b）不好

图 4－25　剖切面的选择

2. 剖面线的画法

1）正等测图

投影图上剖面线方向是与水平线成 45°，在轴测剖视图上仍要保持这个关系。例如在 $X_1O_1Z_1$ 平面上画剖面线时，因为角的对边和底边是 1∶1 的比例关系，因此可以在轴测轴上，按各轴的轴向变形系数取相等长度。例如当用简化系数时，可在 O_1X_1、O_1Z_1 轴上各取一个长度单位，得到 1、2 两点。其连线即为 $X_1O_1Z_1$ 平面上 45°线的方向，如图 4－26（a）所示。对正等测图来说，剖面线与水平线成 60°角。

应用同样的办法，可以画出 $Y_1O_1Z_1$、$X_1O_1Y_1$ 两平面上的剖面线方向。

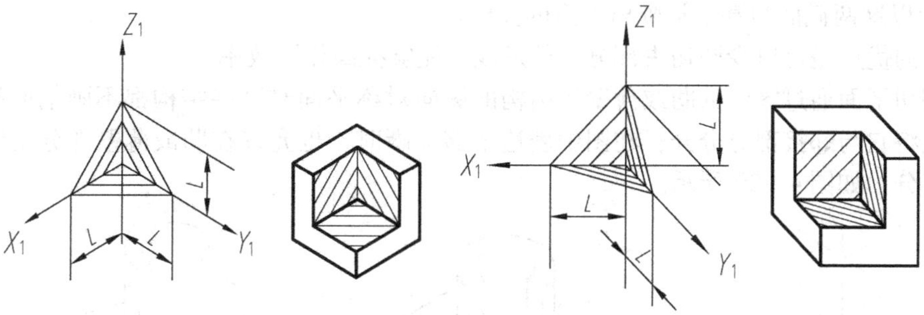

（a）　　（b）

图 4－26　轴测剖视图剖面线的画法

2）斜二测图

剖面线的画法与正等测图类似，只是在画 $Y_1O_1Z_1$、$X_1O_1Y_1$ 两平面上的剖面线时，应注意在 O_1X_1、O_1Z_1 轴上各取一个长度单位，而在 O_1Y_1 轴上取半个长度单位，如图 4－26（b）所示。

五、轴测剖视图的画法

为了表示零件的内部形状，在轴测图上也常取剖视，但为了保持外形的清晰，所以不论零件是否对称，剖视常是切掉物体的四分之一。具体画法有两种，下面以支架的剖视图为例介绍。

1. 先画外形再取剖视

这种画图步骤是先画出物体完整的外形轴测图，然后选取适当的剖切平面，剖去物体的一部分，擦去外形被剖掉的部分，画出剖面形状、剖面线和可见到的轮廓，如图 4 – 27 所示。此法适合初学者采用。

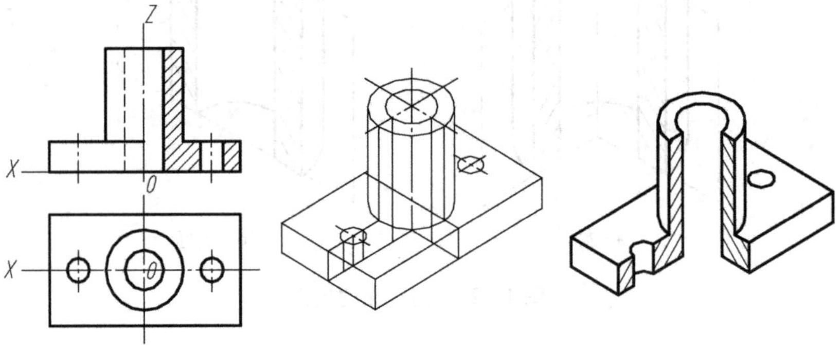

(a)　　(b)　　(c)

图 4 – 27　支架的剖视图的画法（方法一）

2. 先画剖面形状，后画外形

这种画图步骤是先画出物体已知剖切平面的轴测图，然后再画出物体被剖切后余下的部分的可见形体的轮廓的投影，如图 4 – 28 所示，具体画图步骤如下：

（1）确定坐标轴的位置。

（2）画出截面形状。

（3）以这两截面为基础补画出外形的投影。

此法的优点是可以少画切去部分的外形线，能够提高作图效率。

当剖切平面通过零件的肋或薄壁等结构的纵向对称平面时这些结构都不画剖面符号，而用粗实线将它与邻接部分分开；在图中表达不够清晰时，也允许在肋或薄壁部分用细点表示被剖切部分，如图 4 – 29 所示。

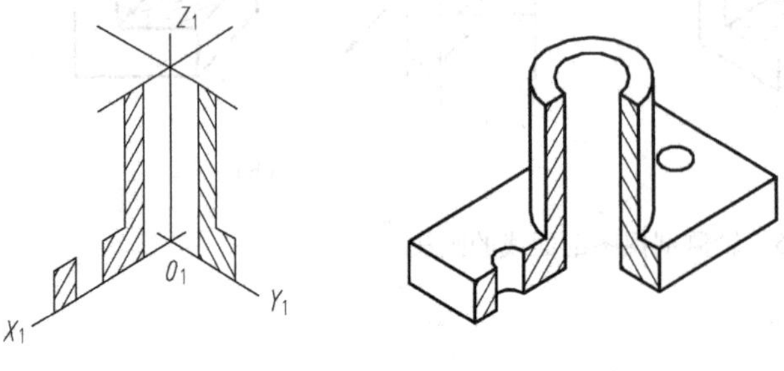

(a)　　(b)

图 4 – 28　支架的剖视图的画法（方法二）

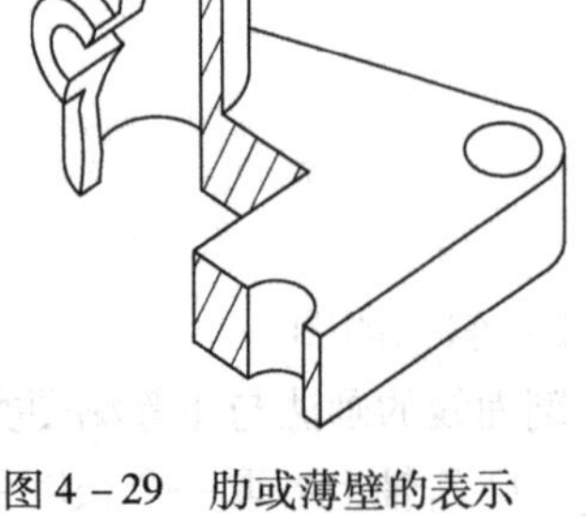

图 4 – 29　肋或薄壁的表示

任务实施

完成如图 4－17 所示的作图任务，具体结果如图 4－30 所示。

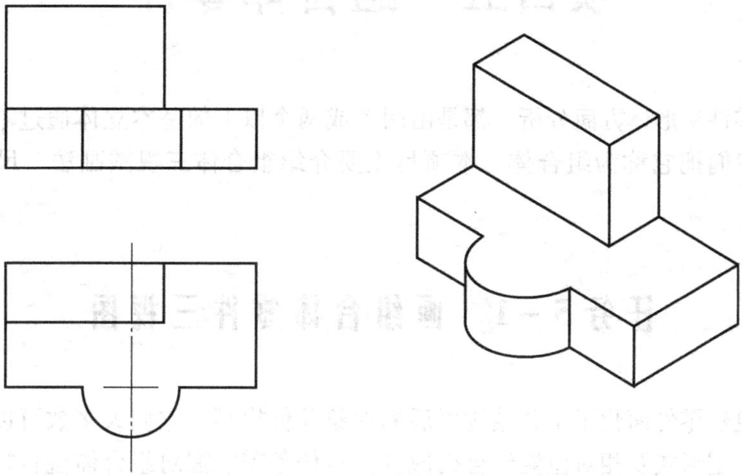

图 4－30　任务结果图

思考与练习

一、填空

(1) 在斜二测图中，$O_1X_1 \perp O_1Z_1$轴，O_1Y_1与 O_1X_1、O_1Z_1的夹角为________，三个轴向伸缩系数分别为 $p_1 = r_1 =$ ______，$q_1 =$ ____。

(2) 在斜二测图中，与坐标面不平行的平面上的圆，其__________为椭圆。

(3) 绘制轴测剖视图的方法有先画____________再作剖视和先画断面形状，再画投影两种。

二、绘制如图 4－31 所示的斜二测图。

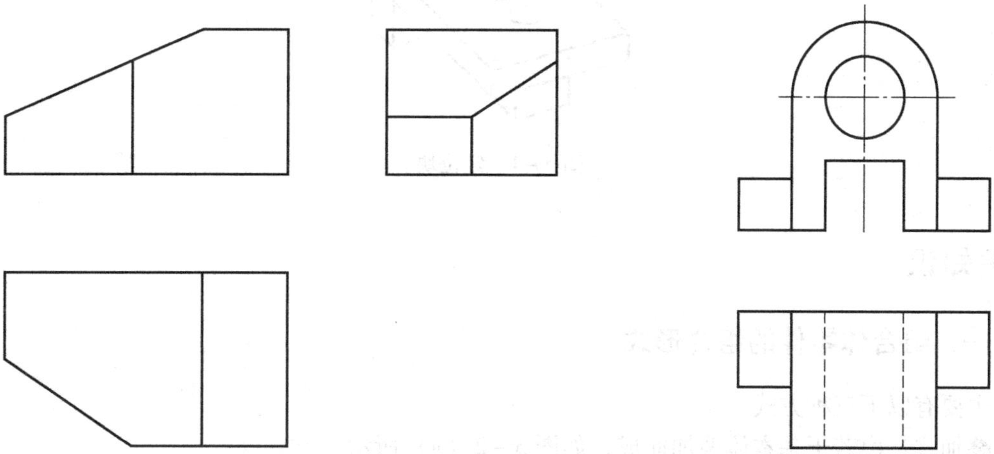

图 4－31　作图

项目五 组合体零件

任何机器零件从形体方面分析，都是由两个或两个以上的基本立体通过不同的组合方式组合而成的，我们把它称为组合体。本项目主要介绍组合体三视图画法、尺寸标注和读图方法。

任务5-1 画组合体零件三视图

组合体是机器零件简化了工艺结构以后的抽象几何模型，它们大多数可以看作是由一些基本几何体按一定形式及相对位置组合构成的。本任务需掌握对组合体进行构形分析及组合体的画法一些基本技能。

任务要求

通过本任务的学习，达到以下目标：

- 了解组合体的组合形式及表面连接关系；
- 掌握组合体零件的形体分析法并能进行组合体零件三视图的绘制；
- 绘制如图5-1所示定位块的三视图。

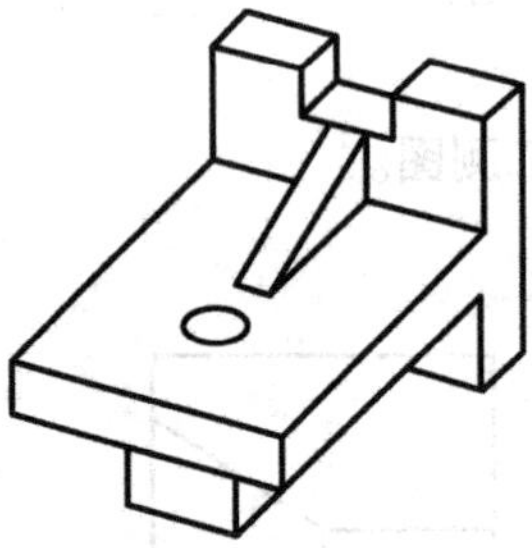

图5-1 定位块

相关知识

一、组合体零件的组合形式

主要有以下三种方式。

叠加式：由若干基本体叠加而成，如图5-2（a）所示。

切割式：由基本体经过切割或穿孔后形成，如图5-2（b）所示。

综合式：既有叠加又有切割而成，如图5-2（c）所示。

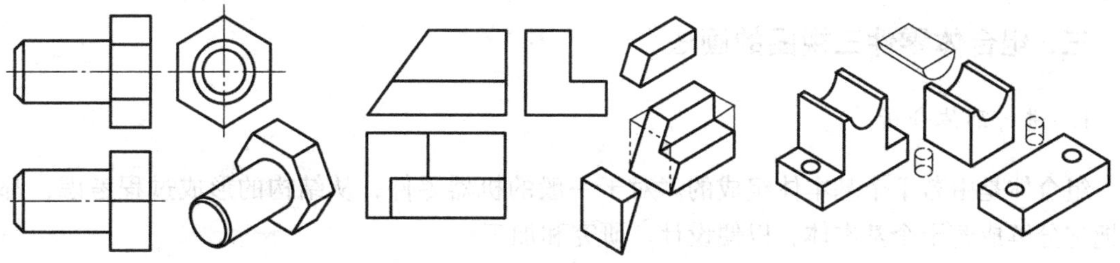

（a）叠加式　　（b）切割式　　（c）综合式

图 5－2　组合体的组合形式

二、组合体表面连接关系

当基本立体组合在一起时，必须正确地表示基本立体之间表面连接关系，连接关系一般可分为四种形式：平齐、不平齐、相切和相交，见表 5－1。

表 5－1　组合体表面连接关系

	图　例	说　明
两表面不平齐	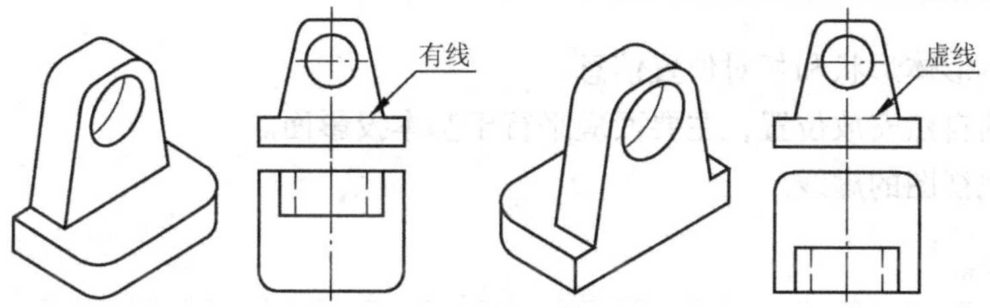	形体相邻两表面不平齐，两形体的投影应当有线隔开
两表面平齐	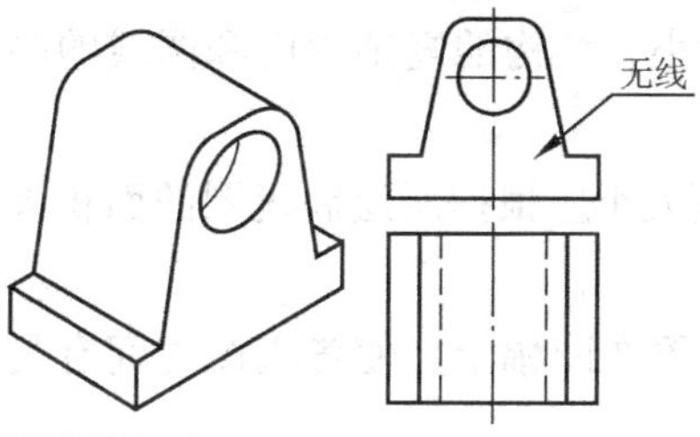	形体相邻两表面平齐，画图时不应画出形体的分界线
两表面相切	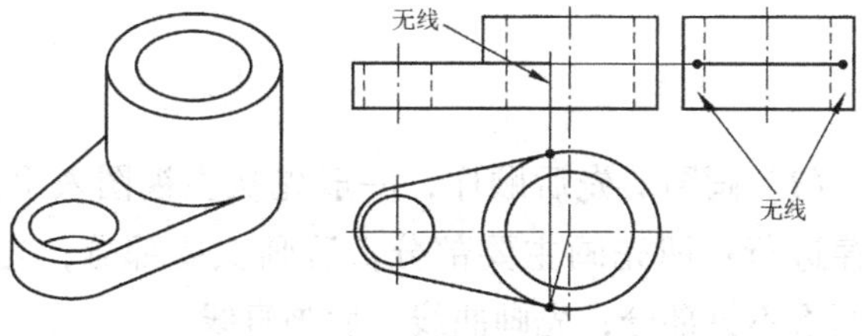	形体相邻两表面相切，由于相切处是光滑过渡，画图时不应画线
两表面相交	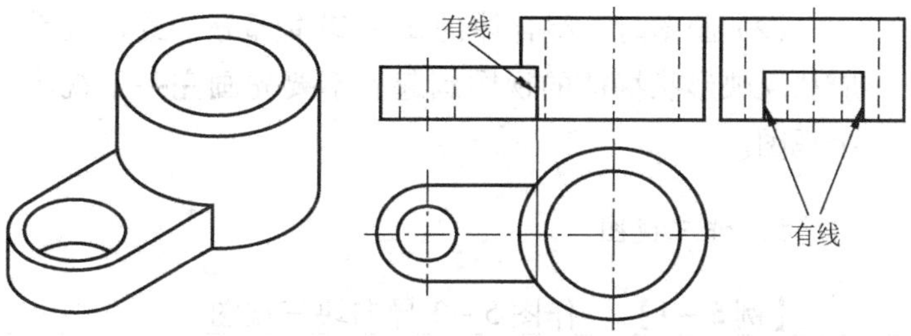	两表面相交，画图时相交处画出交线的投影

三、组合体零件三视图的画法

1. 进行形体分析

组合体是由若干个基本体组成的。对于一般的机器零件，从结构的形成过程考虑，都可以把它分解成若干个基本体，以便设计、研究和加工。

在制图中，人们常常把物体分解成若干个基本体或组成部分，通过分析各基本体或各组成部分的形状、相对位置及组成方式，逐步达到了解总体的目的，这种分析和思考的方法称为形体分析法。

形体分析一般可从以下两方面入手：

(1) 了解该组合体是由哪些基本体组成的。

(2) 了解组成组合体的基本体之间的相对位置、组合形式及表面间的连接关系。

2. 主视图选择

在三个视图中，主视图一旦确定，左、俯视图也随之确定。选择主视图应符合以下三条要求：

(1) 包含较多基本形体形状和相对位置信息。

(2) 符合组合体的自然安放位置，主要面应平行于基本投影面。

(3) 尽量减少其他视图的虚线。

3. 选比例，定图幅

视图确定之后，便根据实物的大小、结构的复杂程度和图线的多少，按标准规定选择适当的作图比例和图幅大小。

作图比例尽可能选用1:1。图幅大小应根据所绘制视图的面积大小及留足标注尺寸、标题栏等的位置来确定。

布置视图时，把各视图均匀地布置在图幅上，使各视图之间有足够空当，视图与图框之间的位置适当。

4. 画底稿时的注意点

(1) 画图的先后顺序，一般先从主视图入手，按三先三后的规律进行：即先画主要部分，后画次要部分；先画看得见部分，后画看不见部分；先画曲线，后画直线。

(2) 画图时，组合体的每一基本部分，最好联系起来画，并应从反映形状特征的视图画起。不要先画完一个视图，再画另一个视图。

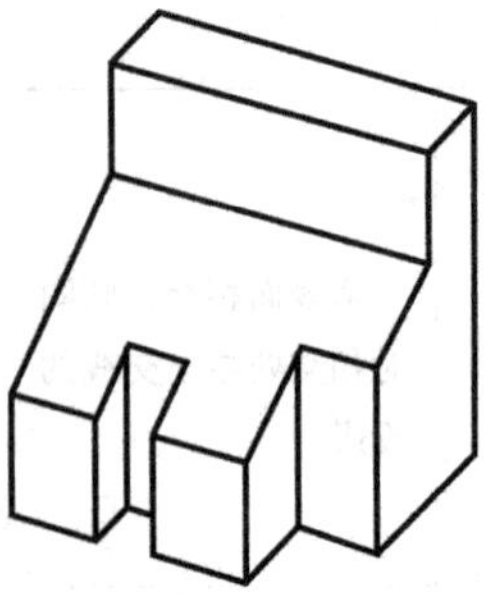

图5-3　导向块

5. 作三视图

【例5-1】　作图5-3导向块三视图。

按形体分析法分析，导向块属于切割型组合体，由长方体经过三次切割而成。主视图选择方向为图示方向，该方向符合组合体的自然安放位置，并且其他视图虚线较少。作图步骤见表 5－2。

表 5－2　导向块三视图的作图步骤

	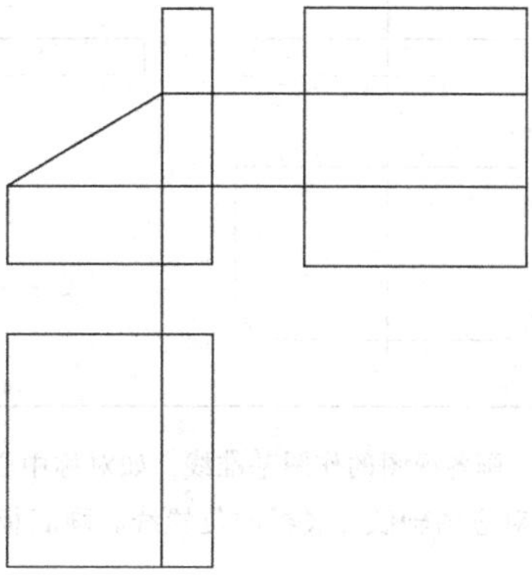
第一步：先画完整长方体的三视图	第二步：画出切割体 I 投影
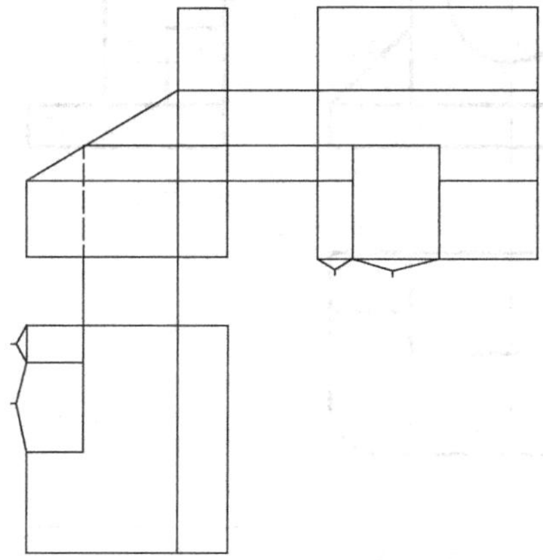	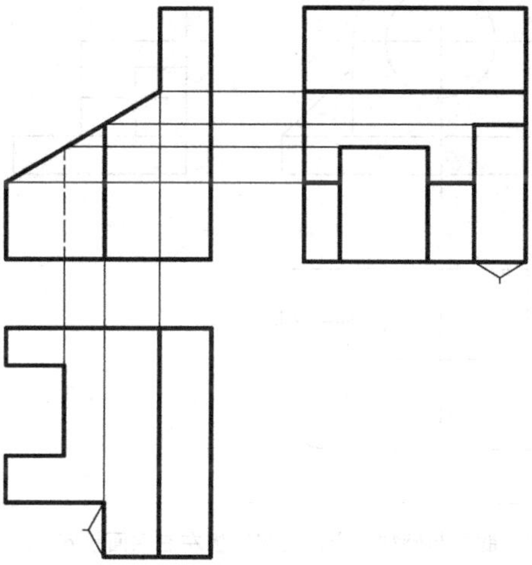
第三步：画出切割体 II 投影，先从反映切口特征的俯视图画，然后画主视图，最后画左视图	第四步：画出切割体 III 投影，先从反映切口特征的俯视图画，然后画主视图，最后画左视图，检查、加粗线型

【例 5－2】 作图 5－4 所示滑块组合体的三视图。

该组合体为叠加型，由底板、半圆支撑板和三棱柱三个部分组合而成。三棱柱与半圆柱相交，半圆支撑板与后表面平齐，整体形状左右对称。

主视图选择方向为图示方向，该方向能反映该组合体较多基本形体形状和相对位置信息，符合组合体的自然安放位置，且其他视图的虚线较少。

作图步骤见表 5－3。

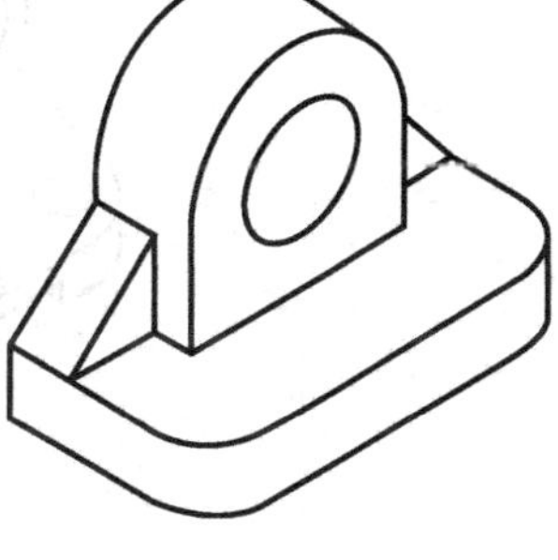

图 5－4　滑块

表 5－3　滑块三视图的作图步骤

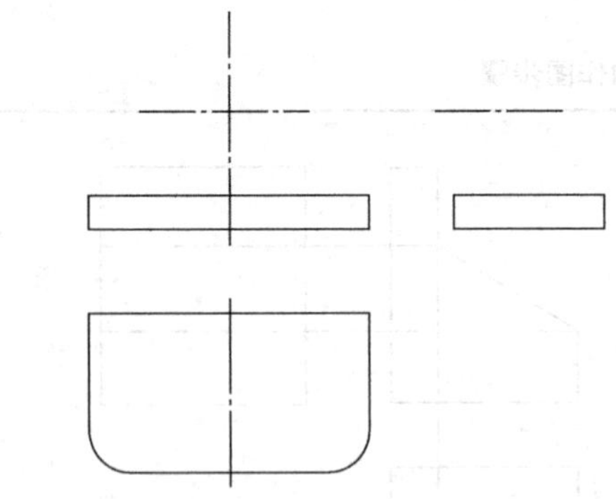	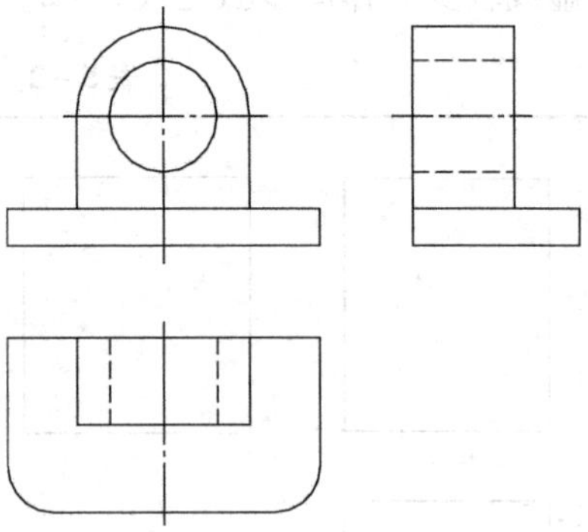
第一步：画各视图的作图基准线，如对称中心线、孔中心线及其对应的轴线、底板的位置线。画底板从俯视图先画	第二步：半圆支撑板，从主视图开始画，该视图后表面平齐，前表面不平齐，注意线型画法
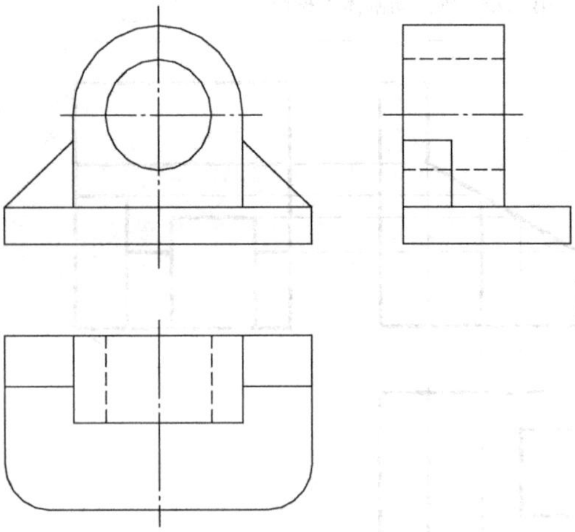	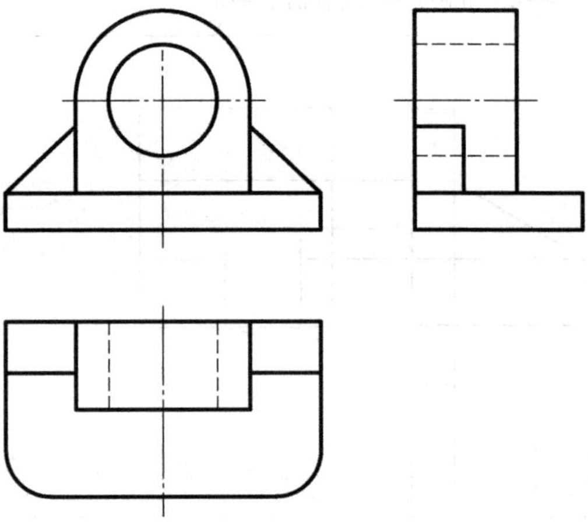
第三步：肋板与圆柱相交，且与底板左右端面平齐	第四步：检查调整后加粗

【例 5－3】 作图 5－5 所示轴承座组合体的三视图。

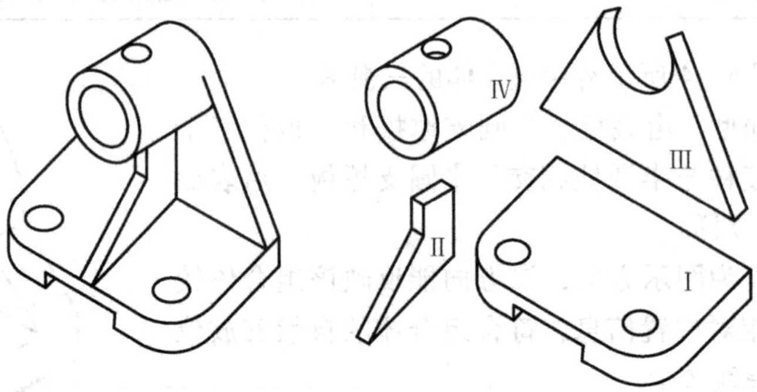

图 5－5　轴承座

作图步骤见表 5 - 4。

表 5 - 4 轴承座三视图的作图步骤

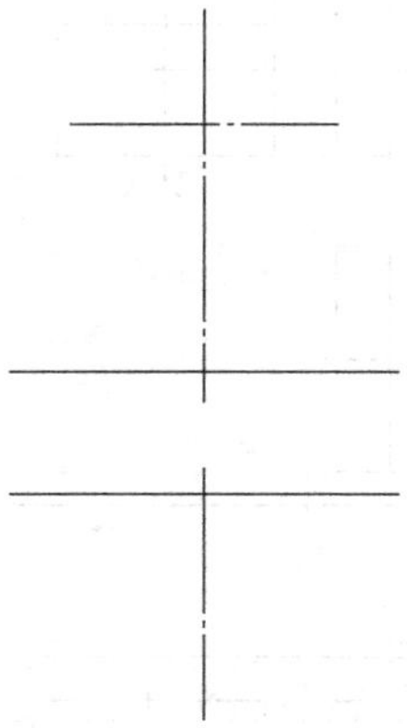	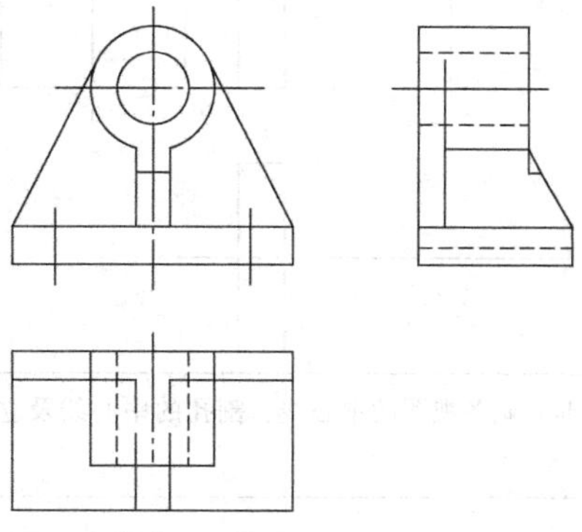
第一步：画各视图的作图基准线，如对称中心线、孔中心线及其对应的轴线、底板的位置线。画底板从俯视图先画	第二步：半圆支撑板，从主视图开始画，该视图后表面平齐，前表面不平齐，注意肋板的画法
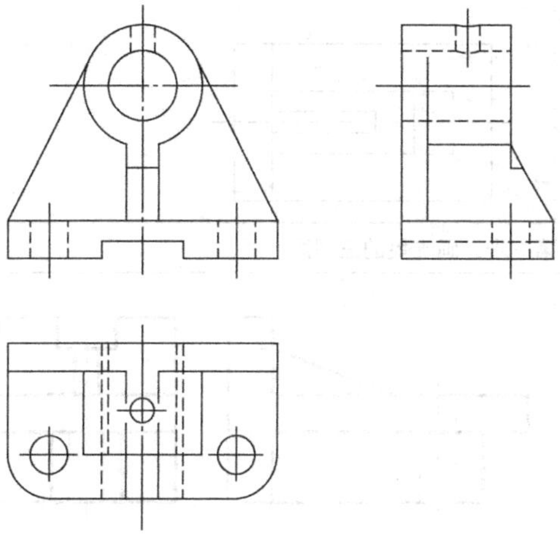	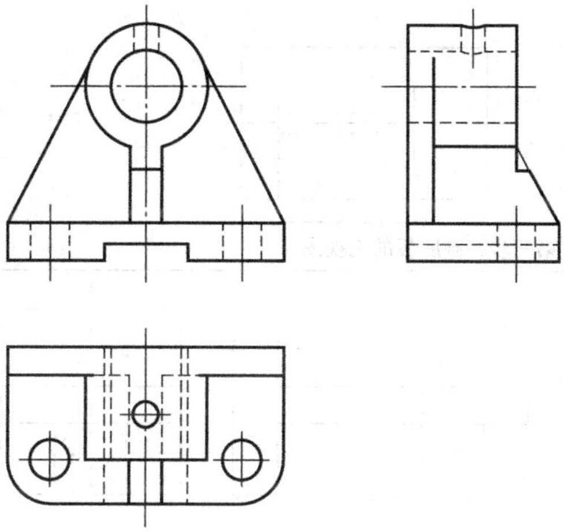
第三步：画出各种孔	第四步：检查调整后加粗

任务实施

完成如图 5 - 1 所示的作图任务，具体步骤如下。

分析：该组合体为综合型，由立板、平板、肋板、支块组合而成。平板与立板搭接，侧面平齐；肋板连接平板和立板；支块与平板相接，下表面与立板下表面平齐。立板和平板均切割一次，整个形状左右对称。主视图选择方向为图示方向，能反映组合体较多基本形体形状和相对位置信息，符合组合体的自然安放位置。

作图步骤如表 5 - 5 所示。

表 5－5　定位块三视图的作图步骤

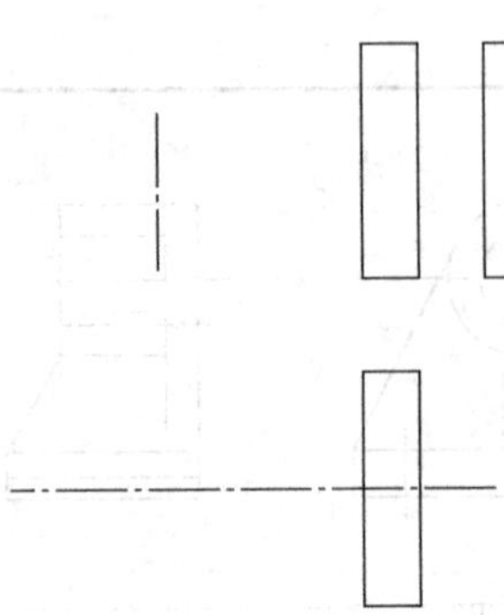	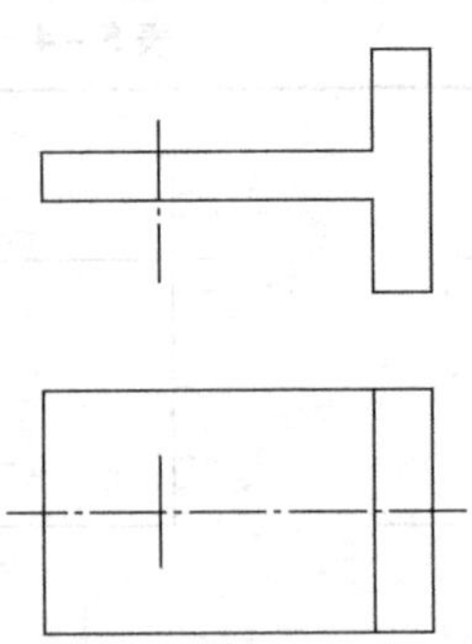
第一步：画各视图的中心线、割孔的中心线及立板的位置线	第二步：画平板的三视图
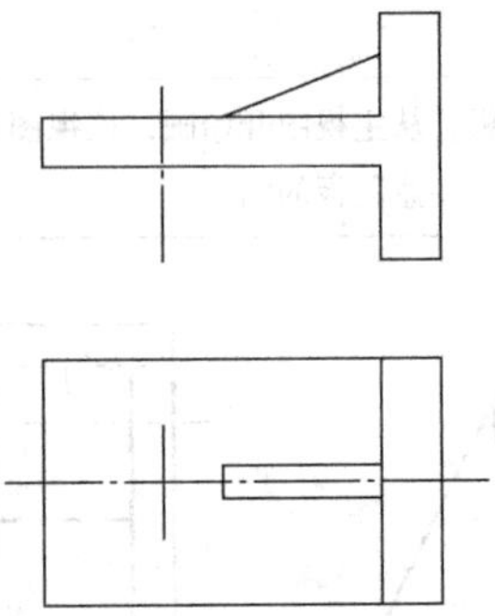	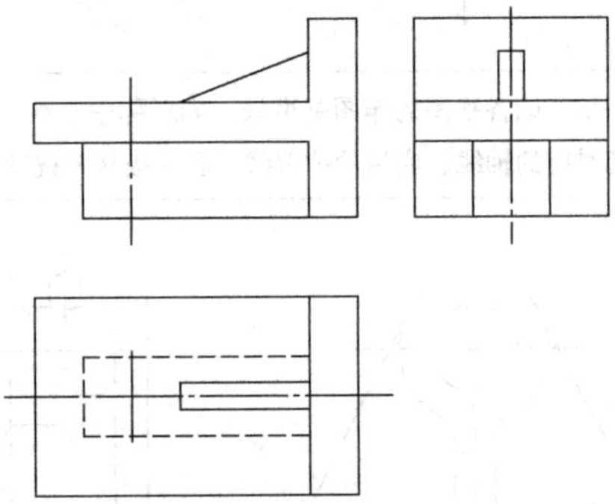
第三步：画肋板的三视图	第三步：画支块的三视图
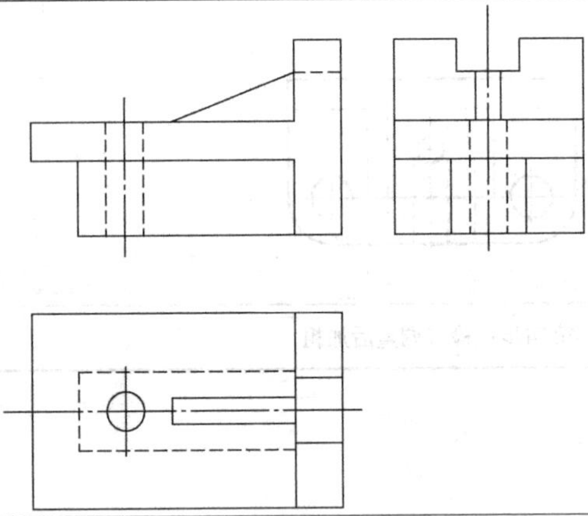	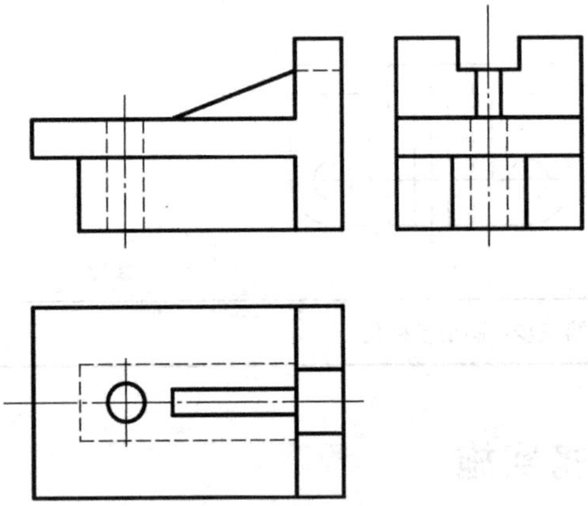
第五步：画立板挖去部分和小通孔的三视图	第六步：检查视图完整性及相关交线画法是否正确，然后按照标准加粗线型

思考与练习

一、简答题

（1）物体三视图之间的投影关系是什么？

（2）组合体的组合形式一般有几种？

（3）画组合体视图时作图步骤是什么？

二、作出图 5－6 所示组合体的三视图。

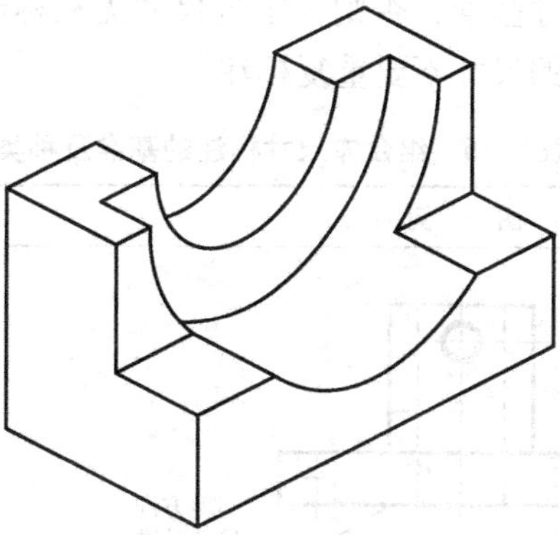

图 5－6　作三视图

任务 5－2　组合体的尺寸标注

视图只能表达组合体的结构形状，而组合体各部分的大小及其相对位置，要通过标注尺寸来确定。本任务将在标注平面图形尺寸的基础上，学习标注组合体的尺寸。

任务要求

通过本任务的学习，达到以下目标：

- 掌握组合体尺寸的种类及基准选择的方法。
- 掌握尺寸标注的基本要求。
- 完成图 5－7 所示支座组合体的尺寸标注。

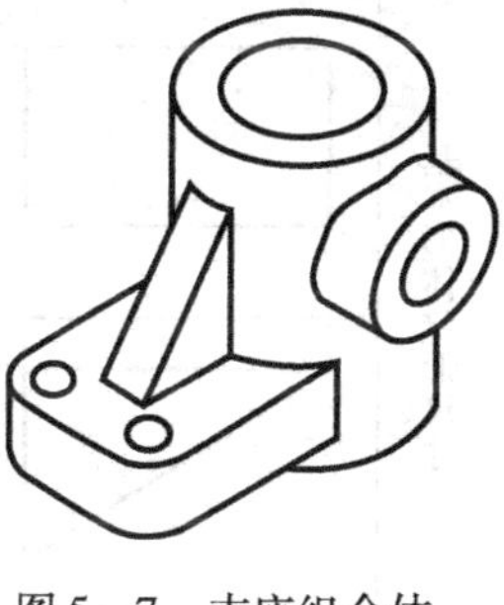

图 5－7　支座组合体

相关知识

一、组合体尺寸标注的基准及种类

标注尺寸的起点称为尺寸的基准。组合体具有长、宽、高三个方向的尺寸，在标注每一个方向的尺寸时，都应当选择好一个尺寸基准，以便从基准出发，确定各基本形体的定位尺寸。

组合体所选择的基准，必须是最能体现该组合体的结构特点，并能使尺寸度量方便，如表 5－6 所示基准选择。

组合体尺寸根据它的作用可分为定形尺寸、定位尺寸和总体尺寸三类。

（1）定形尺寸，确定各基本形体形状和大小的尺寸。

（2）定位尺寸，确定各基本形体之间相对位置的尺寸。

（3）总体尺寸，确定组合体外形的总长、总宽、总高的尺寸。

对组合体进行尺寸标注，首先应对组合体进行形体分析，将其分解为若干基本形体。

标注的基本原则：顺序标注各基本体的定形和定位尺寸，最后标注总体尺寸。标注定形尺寸时，要清楚各基本形体形状，所注尺寸能够确定基本形体的大小和形状，不要遗漏。标注定位尺寸时，首先要确定尺寸基准，否则，定位尺寸无从标起。在组合体的尺寸中，有些定形尺寸也是定位尺寸，这样的尺寸不要重复标注。

表 5－6　组合体尺寸标注的基准及种类

	图　例	说　明
基准的选择	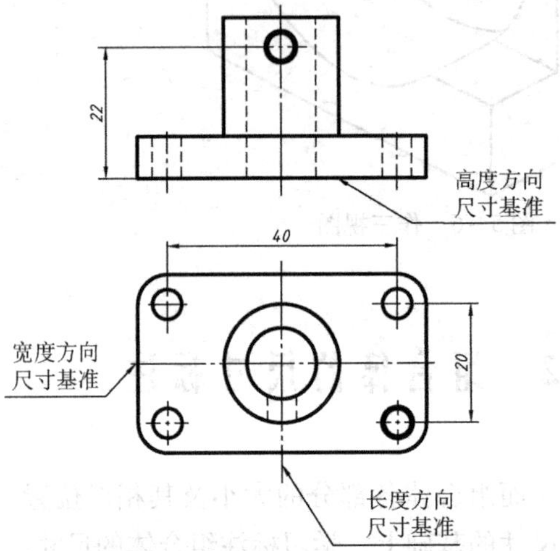	基准的选择主要有底面、对称面、大端面、回转体轴线
基本形体定形尺寸	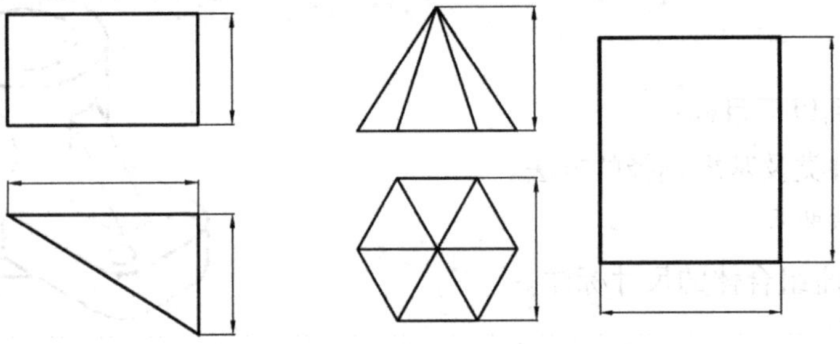	标注定形尺寸先从基本形体入手，逐一展开
定形尺寸 综合举例	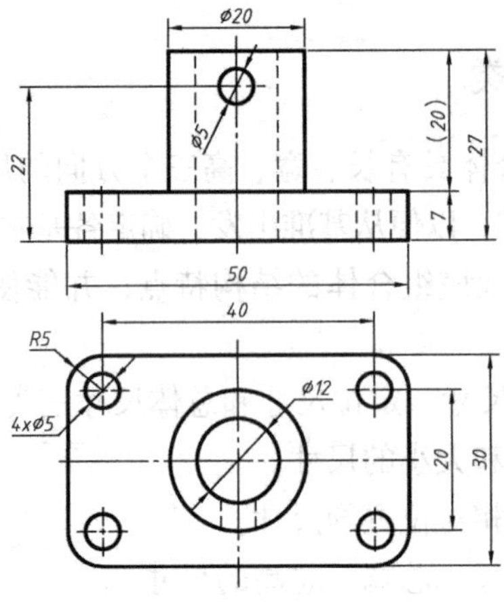	(1) 50、30、7 这三个尺寸确定底板的长、宽、高。 (2) $\phi20$、$\phi12$、(20) 这三个尺寸确定圆筒的大小。 (3) $\phi5$ 尺寸确定圆筒上圆柱孔的大小

续表

	图例	说明
常见的定位尺寸	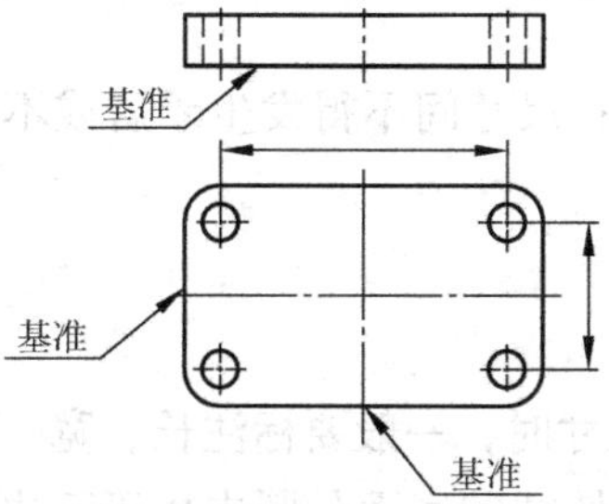 （a）孔的定位尺寸 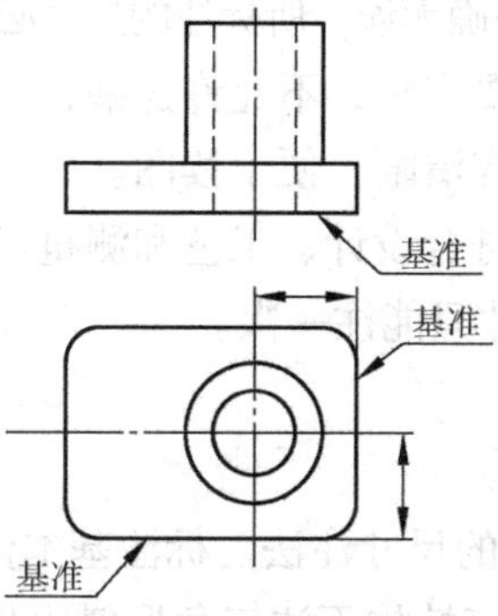 （b）圆柱体的定位尺寸	要标注定位尺寸必须先选定尺寸基准
定位尺寸综合举例	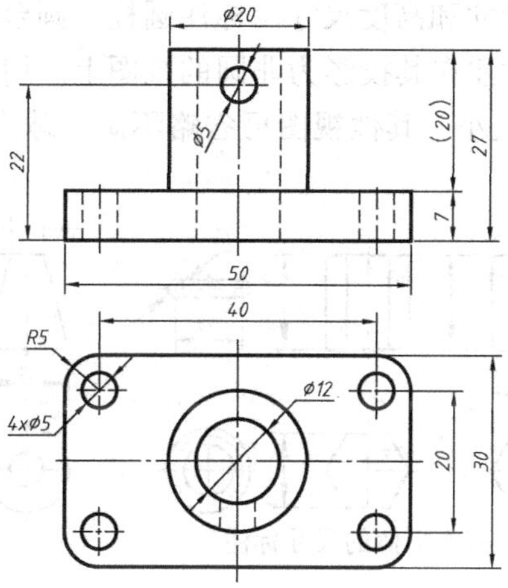	（1）40、20 这两个尺寸确定底板上四个圆柱孔的圆心位置。 （2）22 尺寸确定圆筒上圆柱孔的圆心位置
总体尺寸	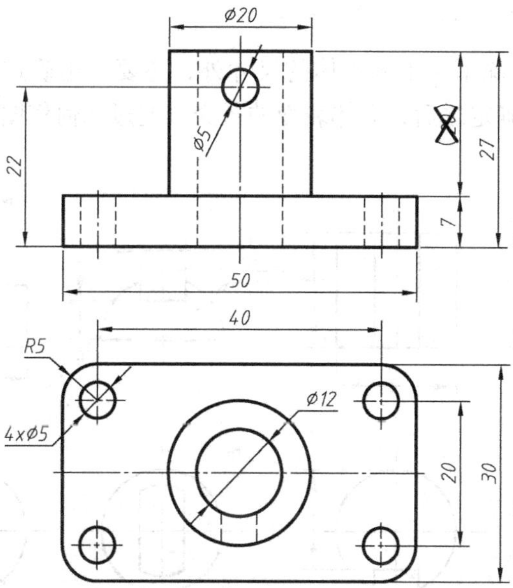	（1）当标注某一方向的总体尺寸后，往往可省略某个定形尺寸。如图中在标注完总体尺寸 27 后，可以将 20 删去。 （2）组合体中往往某个物体的外轮廓就是该物体的总体尺寸，图中底板的长和宽就是该组合体的总长、总宽

二、组合体尺寸标注的基本要求

（1）正确。尺寸数值应正确无误，所标注的尺寸必须符合国家标准中有关的尺寸注法规定。

（2）完整。标注的尺寸要完整，不允许遗漏，一般也不得重复。

（3）清晰。尺寸配置整齐清晰，便于读图。

（4）合理。尺寸标注要符合设计、工艺和测量等要求；尺寸间不得发生矛盾或不便作图等不合理现象。规定一个尺寸只能注一次。

1. 基本体的尺寸标注

图 5－8 表示常见基本体的尺寸注法。标注基本体的尺寸时，一般要标注长、宽、高三个方向的尺寸。在图 5－8 中，三棱柱不注三角形斜边长；五棱柱的底面是圆内接正五边形，可注出底面外接圆直径和高度尺寸；正六棱柱正六边形不注边长，而是注对面距（或对角距）及柱高；四棱台只标注上、下两个底面尺寸和高度尺寸。标注圆柱、圆台、圆环等回转体的直径尺寸时，应在数字前加注 ϕ，并且常注在其投影为非圆的视图上。用这种形式标注尺寸时，只要用一个视图就能确定其形状和大小，其他视图可省略不画。球也只须画一个视图，可在直径或半经符号前加注“*S*”。

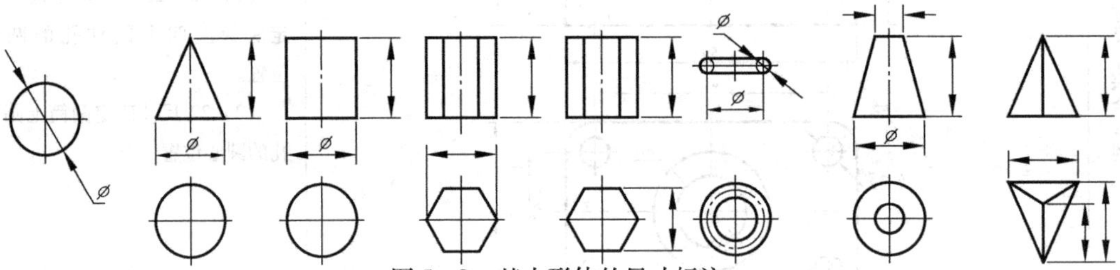

图 5－8　基本形体的尺寸标注

2. 斜截面和带切口的基本体

对于斜截面和带切口的基本体，除了注出基本体的尺寸外，还要注出确定截平面位置的尺寸，如图 5－9 所示。截平面位置确定之后，立体表面的截交线通过几何作图可以确定，因此不必标注截交线的尺寸。

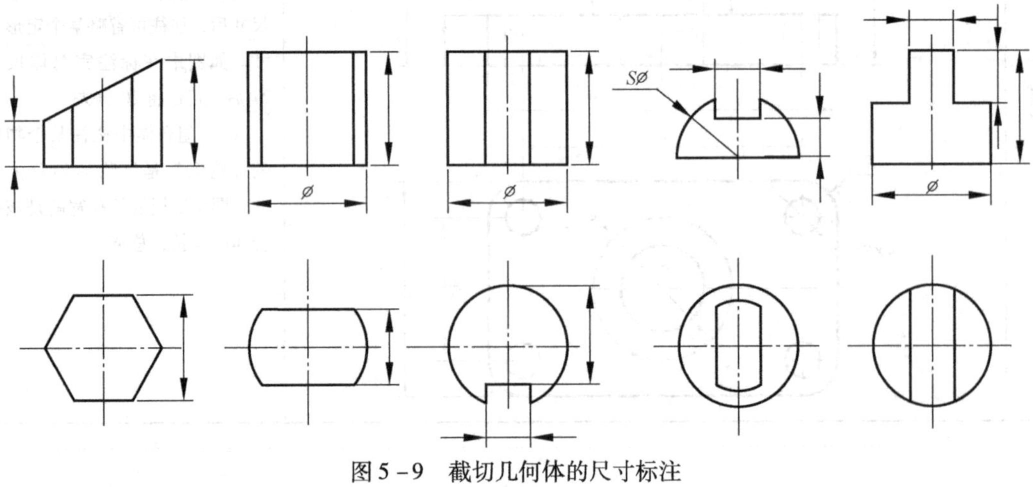

图 5－9　截切几何体的尺寸标注

3. 不标注机件总体尺寸的示例

图 5－10 所示为不标注机件总体尺寸的示例。对于这类机件，为了制造方便，必须标出对称中心线之间的定位尺寸和回转体的半径（或直径）尺寸，而不必注出总体尺寸。

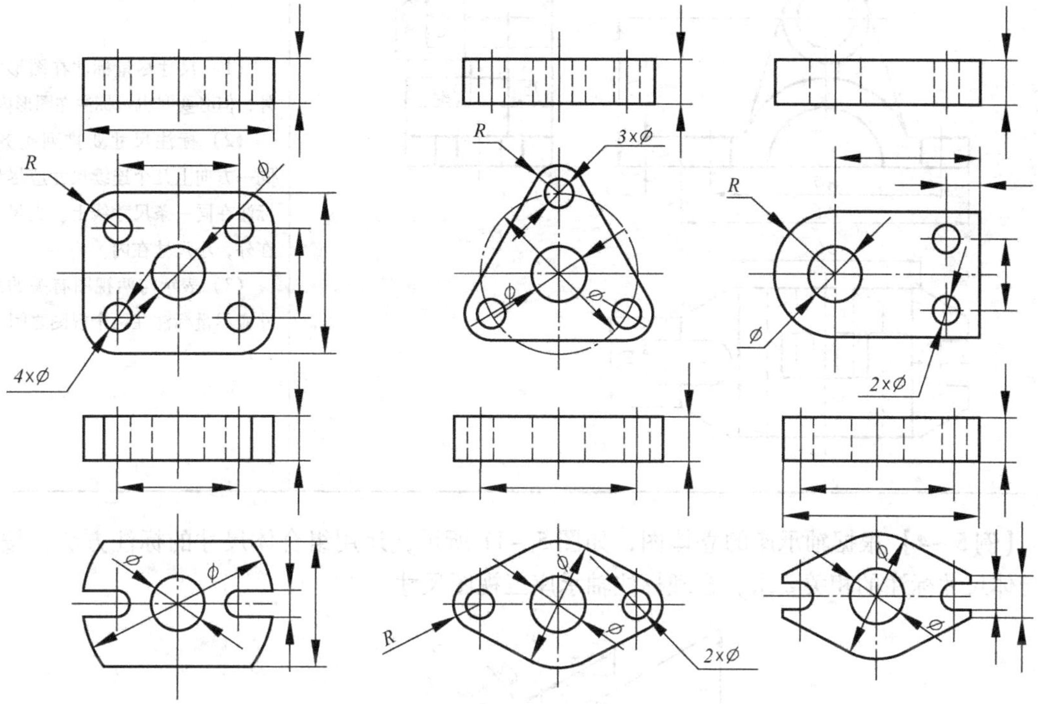

图 5－10 不标注机件总体尺寸的示例

4. 组合体尺寸标注的基本要求示例

组合体尺寸标注的基本要求示例如表 5－7 所示。

表 5－7 组合体尺寸标注的基本要求示例

图 例	说 明
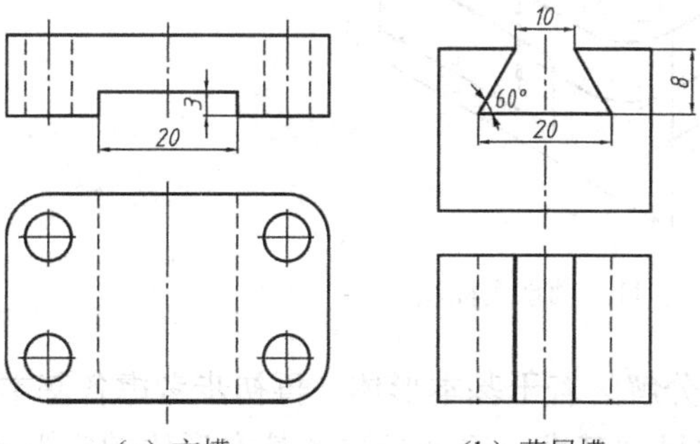 （a）方槽 （b）燕尾槽	组合体中每个简单形体的尺寸，应集中注在反映该形体的形状和位置特征最清晰的视图上。如左图中燕尾槽方槽的尺寸标注

续表

<table>
<tr><th>图　例</th><th>说　明</th></tr>
<tr><td>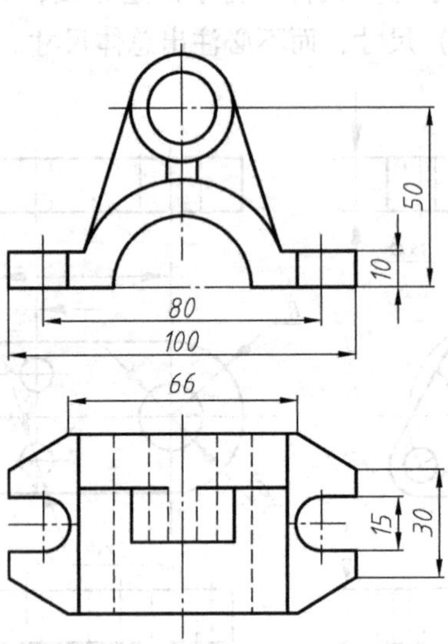
</td><td>（1）尺寸尽量标注在图形之外，但必要时也可标注在图形内。
（2）标注尺寸要排列整齐，同一方向上几个连续尺寸应尽量标注在同一条尺寸线上。大尺寸在外，小尺寸在内。
（3）表示与两视图有关的尺寸应尽量标注在两个视图之间</td></tr>
</table>

【**例 5－4**】根据轴承座的立体图，如图 5－11 所示，运用组合体尺寸的标注方法，按照组合体尺寸标注的相关要求，合理标注轴承座三视图尺寸。

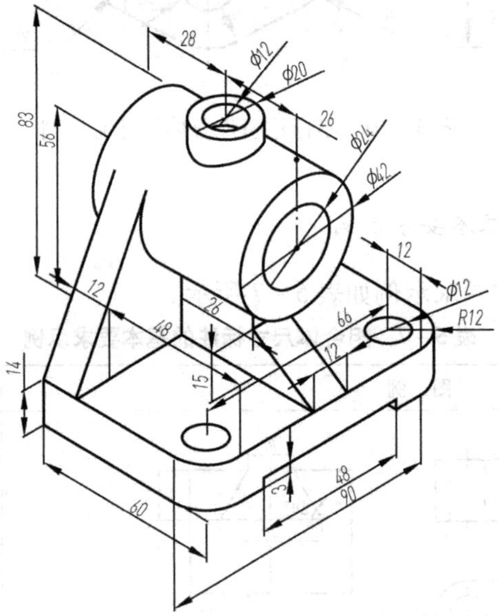

图 5－11　轴承座标注

分析：首先按形体分析法将组合体分解为若干基本形体，再初步考虑各基本形体的定形尺寸；其次选定长、宽、高三个方向的尺寸基准，逐个标注各基本形体的定形和定位尺寸，最后标注总体尺寸，如表 5－8 所示。

表 5－8 轴承座尺寸标注

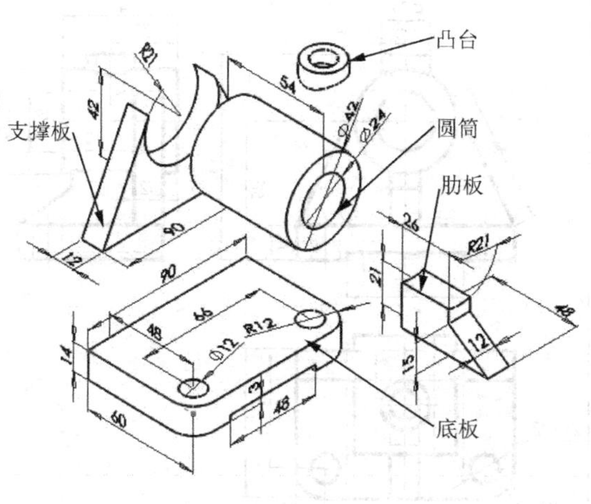

第一步：分解轴承座形体

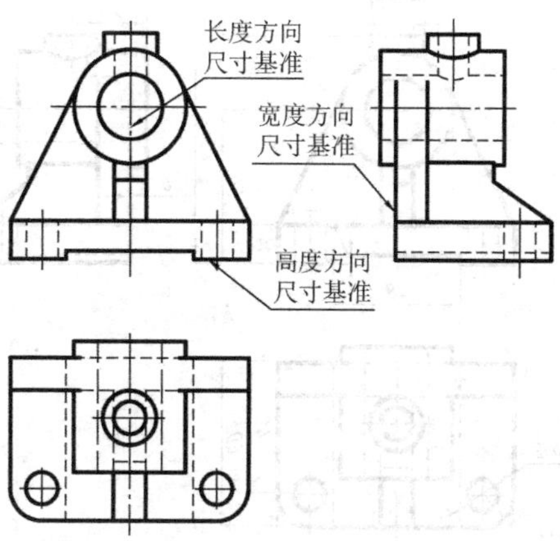

第二步：确定轴承座基准。轴承座左右对称，因此长度方向的尺寸基准为其对称面（即主、俯视图中的垂直中心线）；底板和支撑板的背面（轴承座的后端面）可作为宽度方向的尺寸基准；底板的底面（安装面）作为高度方向的尺寸基准

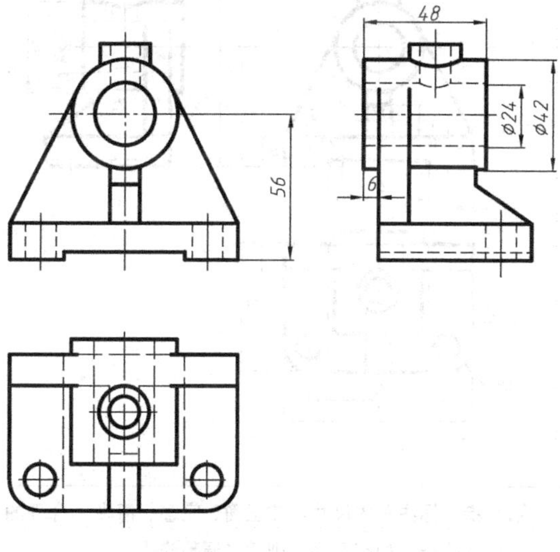

第三步：逐个标注基本形体尺寸。圆筒的定形尺寸 φ42、φ24 和 48，高度方向的定位尺寸 56，宽度方向的定位尺寸 6

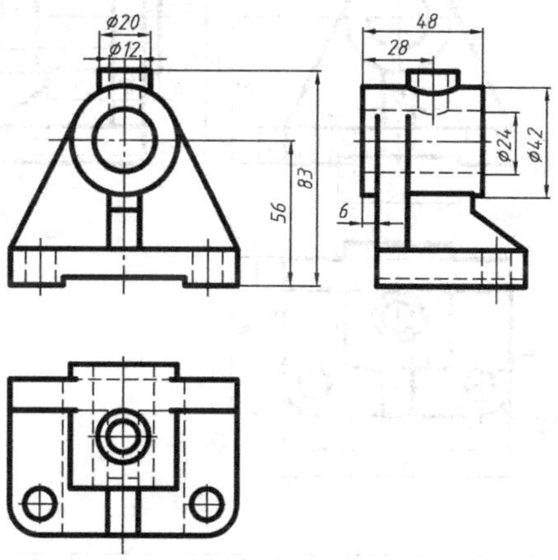

第四步：凸台的定形尺寸 φ20、φ12，高度方向的定位尺寸 83 定出了凸台的顶面位置，也确定了凸台的高度；宽度方向的定位尺寸 28 确定凸台圆柱的轴线位置

续表

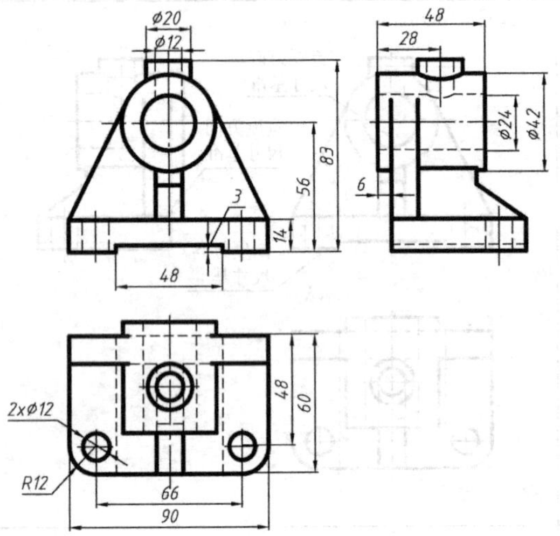	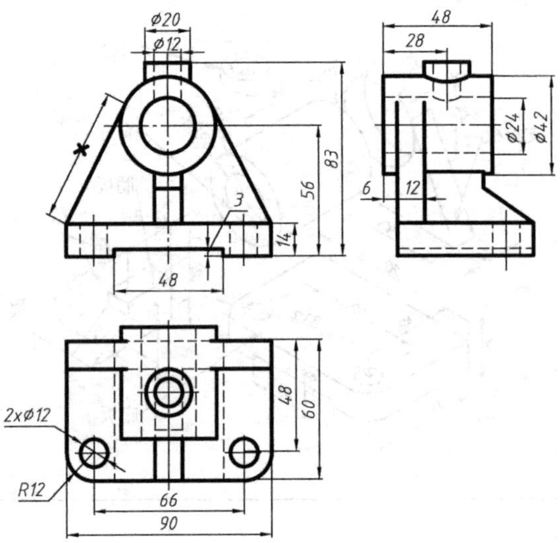
第五步：在俯视图上集中标注底板的长90，宽60，圆角半径R12，两小圆孔直径φ12、圆心的定位尺寸66、48；在主视图上集中标注底板上方槽的尺寸48、3，以及底板的高度14	第六步：在左视图上标注支撑板的宽度12，支撑板的其他尺寸已由相邻的基本形体确定，不需重复标注
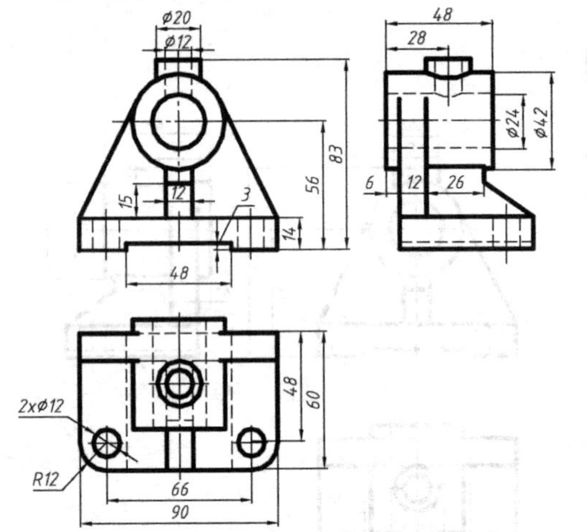	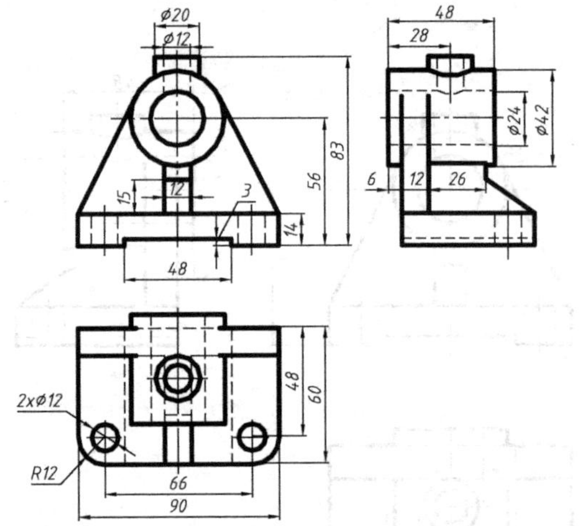
第七步：在主、左视图上分别标注肋板的三个定形尺寸12、15、26	第八步：标注总体尺寸。按正确、完整、清晰、合理的要求进行检查，如有不妥，则适当调整修改

任务实施

完成任务图5－7的尺寸标注，具体步骤如表5－9所示。

分析：首先按形体分析法将组合体分解为4个基本形体，再初步考虑各基本形体的定形尺寸；其次选定长、宽、高三个方向的尺寸基准，逐个标注各基本形体的定形和定位尺寸；最后标注总体尺寸。

表 5-9 支座尺寸标注示例

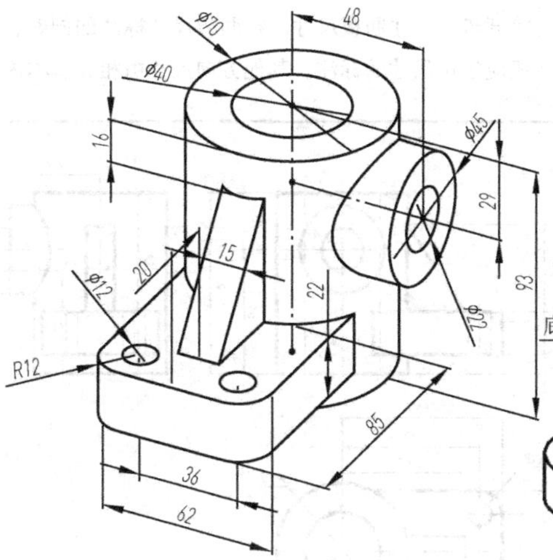

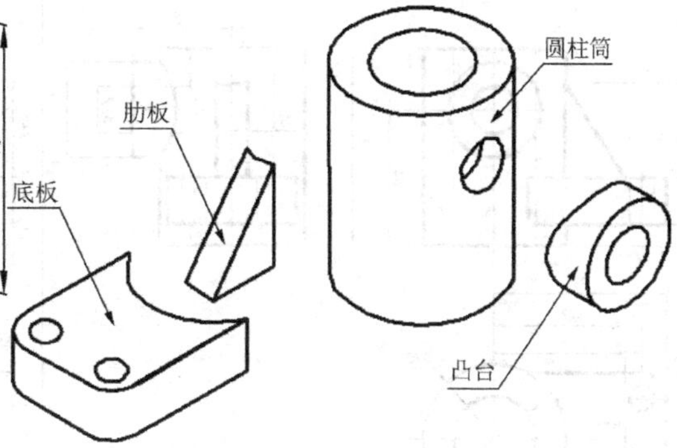

第一步：了解支座的组合方式，分解支座形体。用形体分析法进行形体分析

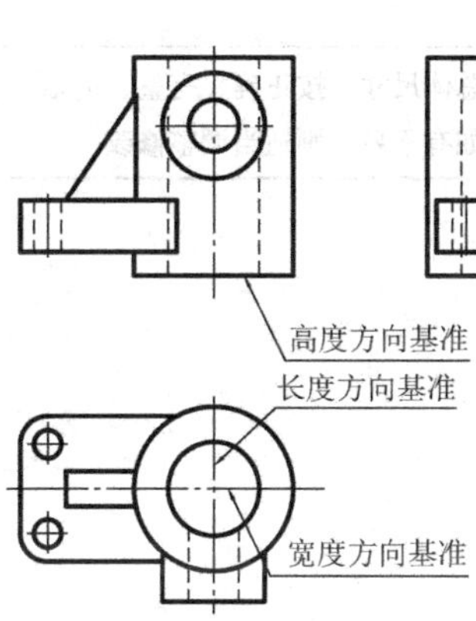

第二步：选择尺寸基准。依据支座结构特点，长度方向以大圆柱左右位置中心线为基准，高度方向以大圆柱下底面为基准，宽度方向以大圆柱的前后面位置中心线为基准

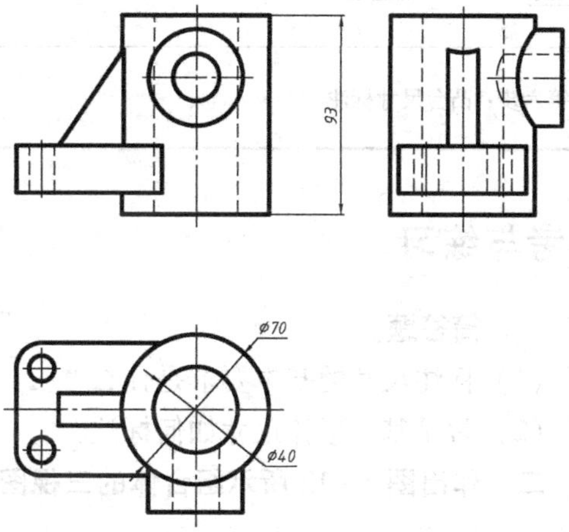

第三步：分别标注各个形体的定形尺寸。大圆柱桶高93，直径分别为70、40

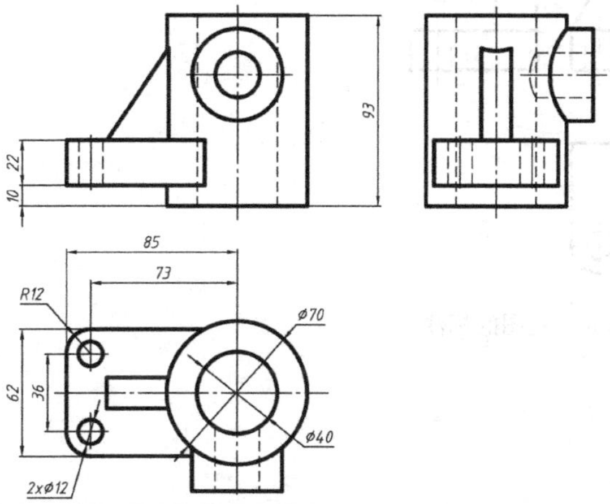

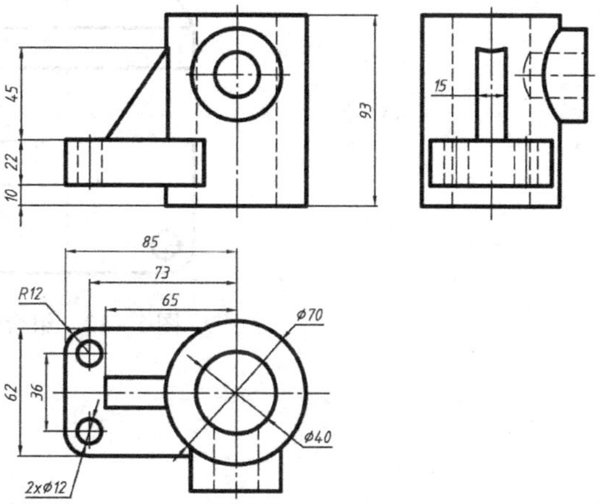

续表

第四步：标注底板尺寸。在底板尺寸标注的同时，要注意相应定位尺寸的标注。如 10、85、73、36。通过这些尺寸确定底板的位置。然后标注相应的定形尺寸	第五步：标注肋板尺寸。在肋板尺寸标注的同时，要注意相应定位尺寸的标注。其他方向尺寸由相邻基本体确定
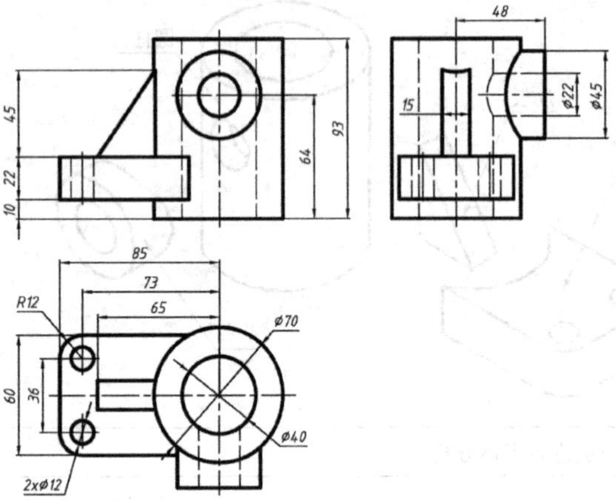	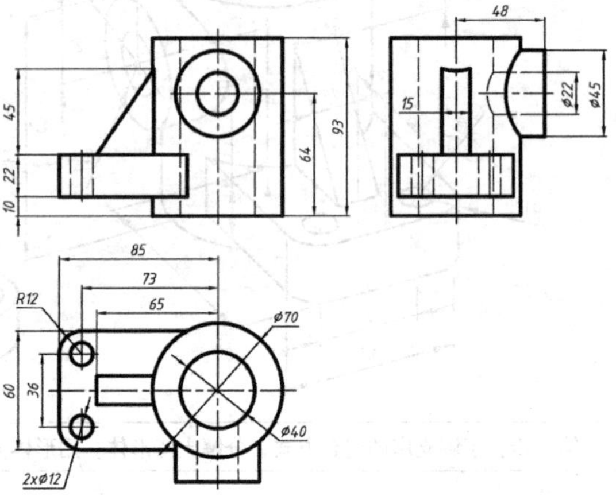
第六步：凸台尺寸标注	第七步：标注总体尺寸。按正确、完整、清晰、合理的要求进行检查，如有不妥，则适当调整修改

思考与练习

一、简答题。

（1）标注尺寸的基本要求是什么？

（2）常见基本形体尺寸如何标注？

二、作出图 5－12 所示组合体的三视图。

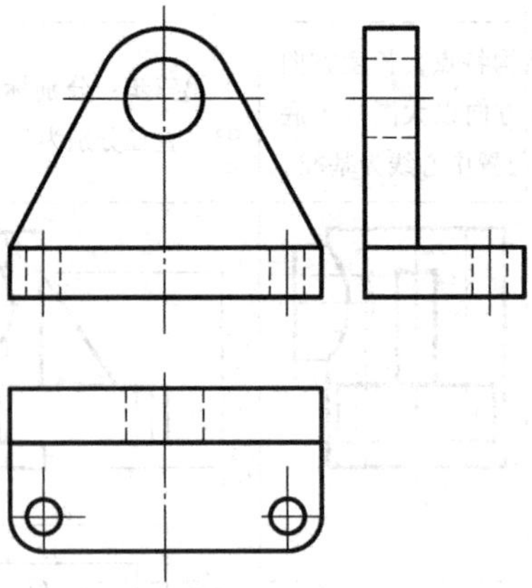

图 5－12　组合体的三视图的标注

任务5-3　根据已知视图补画第三视图

前面两个任务初步介绍了读图思维基础和基本思维方法，本次任务将较为深入、系统地讲述应用形体分析法和线面分析法读视图，从而准确地补画组合体的第三视图。

任务要求

通过本任务的学习，达到以下目标：

- 掌握读、画三视图的方法。
- 熟练运用读三视图的方法准确想象出组合体的形状。
- 补画组合体的第三视图。完成图5-13的左视图投影。

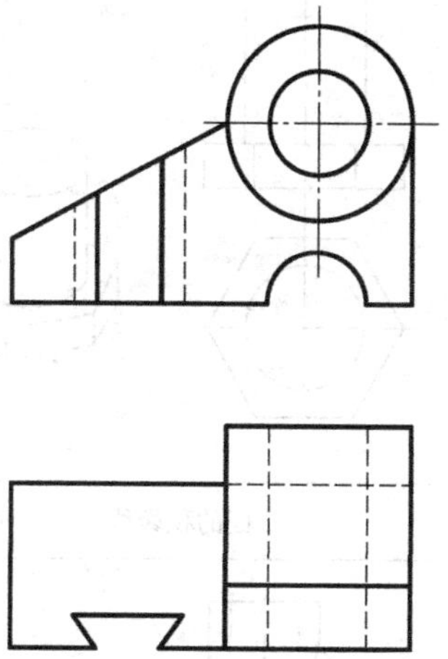

图5-13　任务5-3图例

相关知识

一、读组合体视图的方法

读图是画图的逆过程，是根据给出的视图，通过形体分析和线面分析，想象出物体空间形状的过程。

1. 注意几个视图联系起来看

机械图样中，机件的形状一般是通过几个视图来表达的，每个视图只能反映机件一个方向的形状，因此，一个视图不能完全确定形体的结构形状。如果视图选择不当，两个视图也不能唯一地确定形体的结构形状，见图5-14。

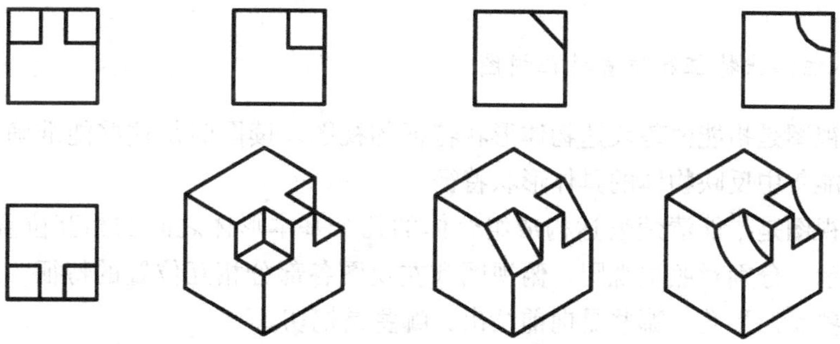

图5-14　几个视图联系起来看才能确定物体形状

2. 应弄清视图中线和线框的含义

(1) 视图上每一条封闭线框，一般代表物体上的一个面（平面或曲面）或者是一个通孔的投影。

(2) 视图上每一条图线可以是物体的两个相交线的投影、垂直面的投影或曲面的转向轮廓线的投影。

(3) 视图上任何相邻的封闭线框，一定是物体上相交的或前后两个面的投影。

讨论：

视图中的封闭线框通常都是物体上一个面（三种位置平面或曲面）的投影，具体是哪种情况，必须将几个视图联系起来对应分析后才能确定。具体分析见表 5－10 线框的含义。

表 5－10　线框的含义

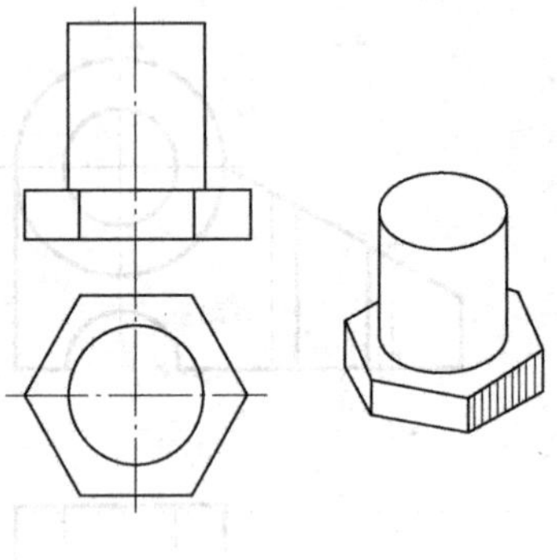	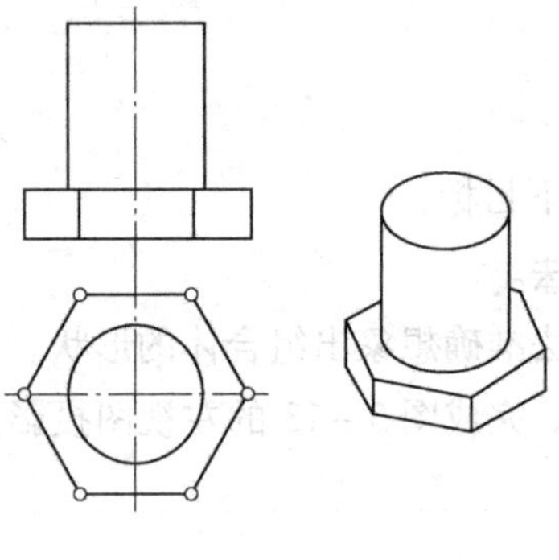	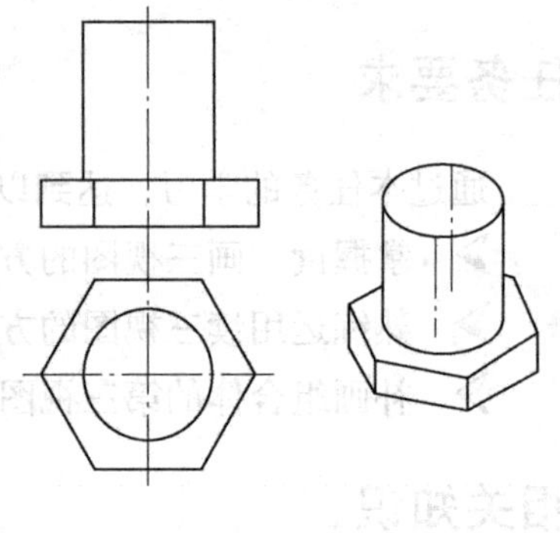
面的积聚线	两个面的交线	曲面的转向轮廓线
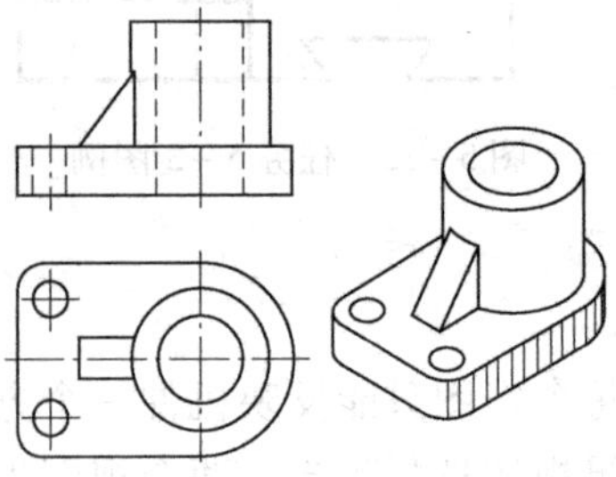	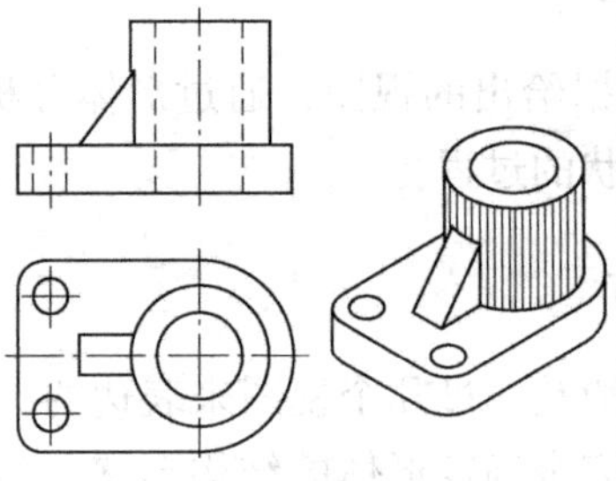	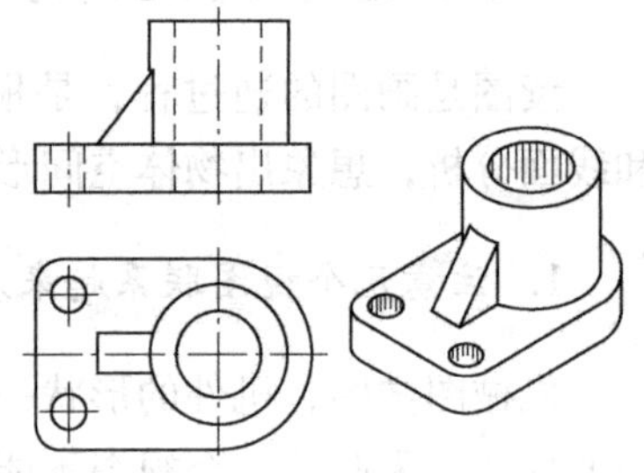
曲面与平面相切的组合面	外圆柱面	内挖圆柱面

3. 善于抓住形状特征和位置特征视图

形状特征视图是指能清楚表达物体形状特征的视图。读图时从这些能准确表达物体形状的视图下手，能集中反映物体的具体形状特征。

位置特征视图是指能清楚表达构成组合体的几个基本形体之间的相互位置关系的视图。如图 5－15 所示，分别对照主视图、俯视图和左视图各部分相互位置的特征，从而确定哪些是圆柱孔，哪些是矩形孔，哪些是向前凸出，哪些是挖切。

二、读组合体零件视图的方法和步骤

读图的基本方法与画图一样，主要是运用形体分析法。对形体分析弄不清楚的要素，还常使用线面分析法来辅助。一般是根据所给视图联系起来，确定组合体的形成方式。

如果是叠加形成的，首先分析该组合体有哪些构成体，然后确定各构成体的形状以及它们之间的相对位置和组合时形体表面的连接方式，最后想象组合体的结构形状。

如果是切割形成的，首先确定基础体，然后分析切掉了哪些简单形体，最后想象组合体的结构形状。

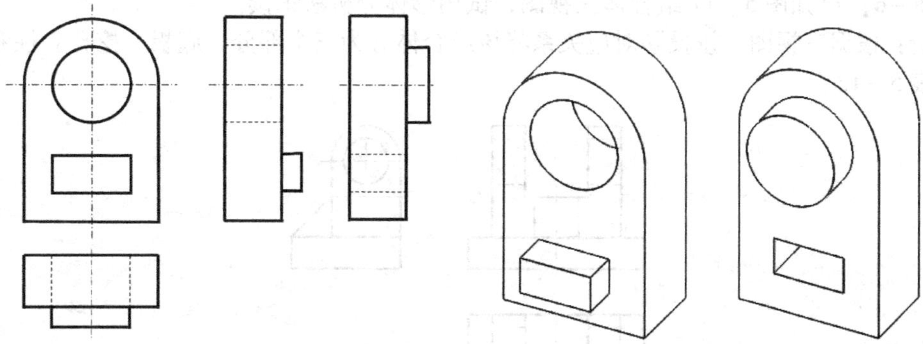

图 5－15　分析反映特征位置的视图

如果既有叠加又有切割，则综合起来分析。

1．形体分析法

形体分析法是读图的基本方法，主要用于识读叠加类组合体视图。按投影规律将组合体分解为若干小块，再分析各小块的形状以及各小块之间的相对位置、表面连接关系，最后想出组合体的形状。

运用形体分析法读图的要点在于从形体的主视图入手，正确地分解形体并能迅速抓住特征视图。

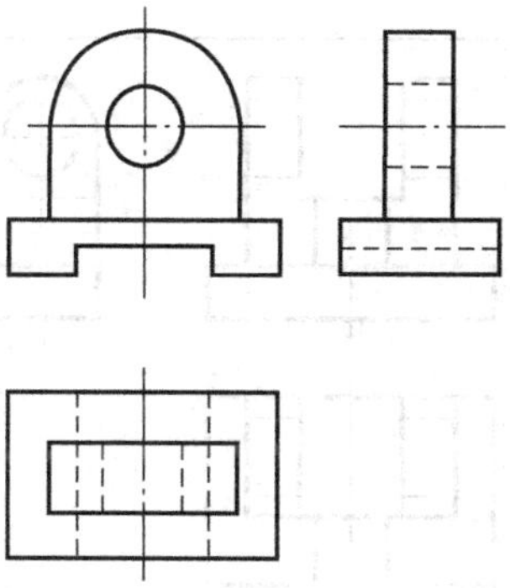

图 5－16　组合体三视图（一）

【例 5－5】已知组合体三视图如图 5－16 所示，试用形体分析法识读。

分析：根据三视图，按投影对应关系将该组合体分为两部分，再分析各小块的形状及各小块之间的相对位置、表面连接关系，最后想出组合体的形状，如表 5－11 所示。

表 5－11　组合体三视图（一）识读

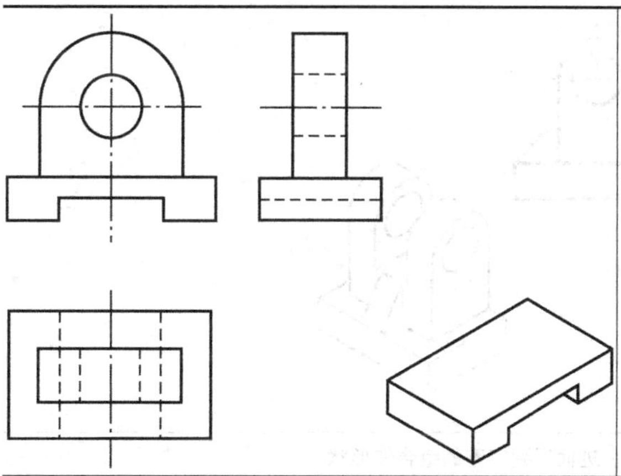	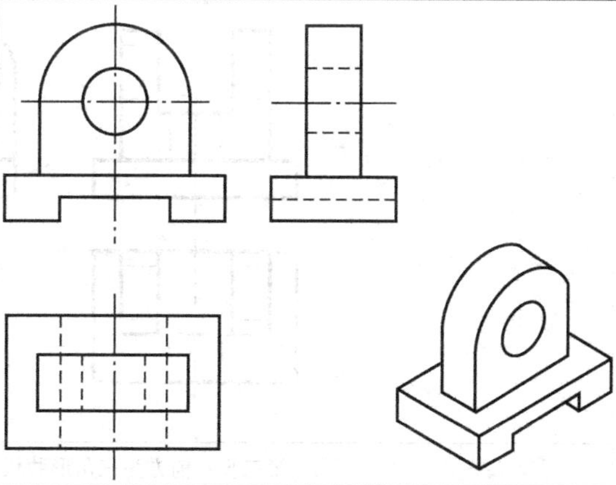
第一步：底板为长方体，开方形前后通槽	第二步：由俯视图可知，半圆柱体位于底板的中间，前后表面不平齐，从而得到该组合体

【例 5 - 6】已知图 5 - 17 组合体三视图，试用形体分析法识读。

分析：根据三视图，按投影对应关系将该组合体分为三个部分，底板、挖孔立柱和肋板。具体见表 5 - 12。

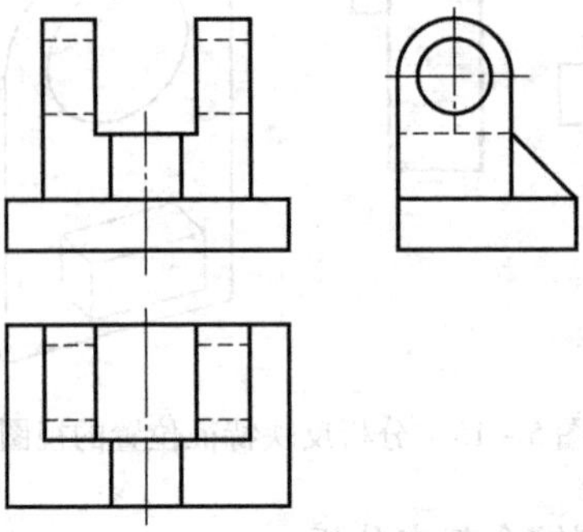

图 5 - 17　组合体三视图（二）

表 5 - 12　组合体三视图（二）识读

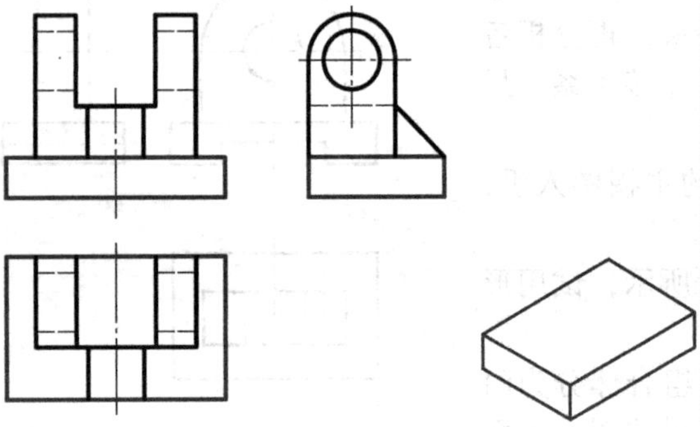	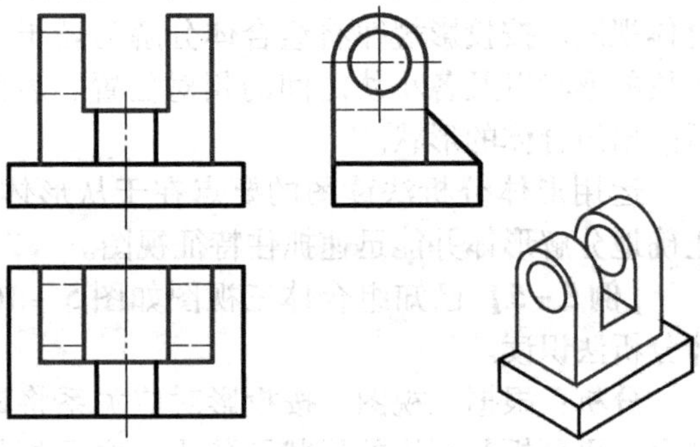
第一步：分线框、对投影、确定底板为长方体	第二步：底板上部叠加半圆立板。由俯视、左视可知立板后表面与底板平齐
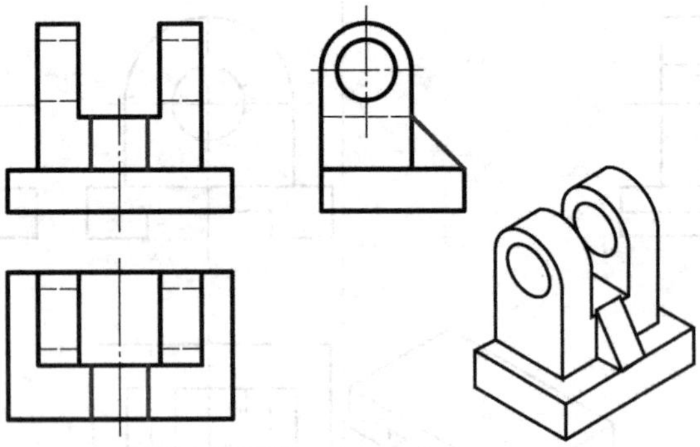	
第三步：前方为三角形肋板。进而得到完整的组合体形状	

2. 线面分析法

在分析视图时，由于切割类组合体不能像叠加类那样较为方便地将形体分解为若干小块，所以形体分析法对切割类组合体就不太适用了。这时需要运用线、面的投影理论来分析物体各表面的形状和相对位置，并在此基础上想象出物体的形状，即采用线面分析法。

【例 5 –7】已知图 5 – 18 组合体三视图，试用线面分析法识读。

分析：根据三视图进行分析，该物体为切割型组合体，由大矩形块经多次挖切而成。具体见表 5 – 13。

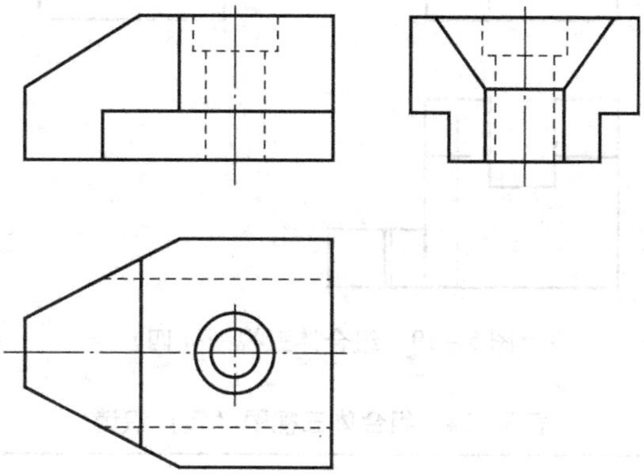

图 5 – 18　组合体三视图（三）

表 5 – 13 组合体三视图（三）识读

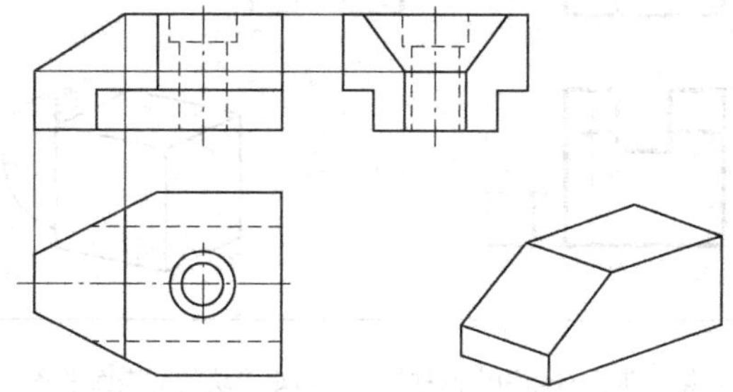	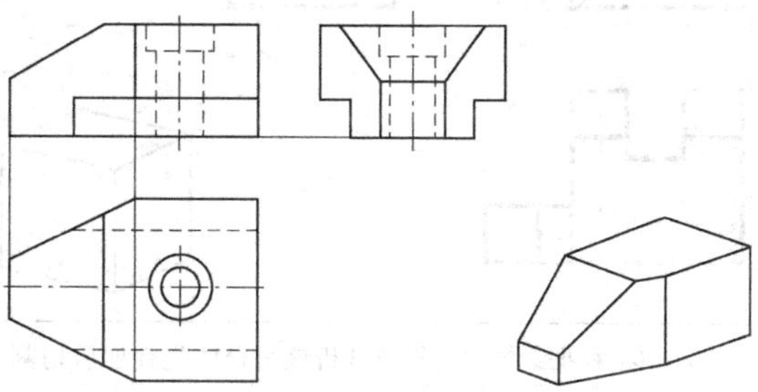
第一步：长方体用正垂面第一次截切	第二步：铅垂面前后截切
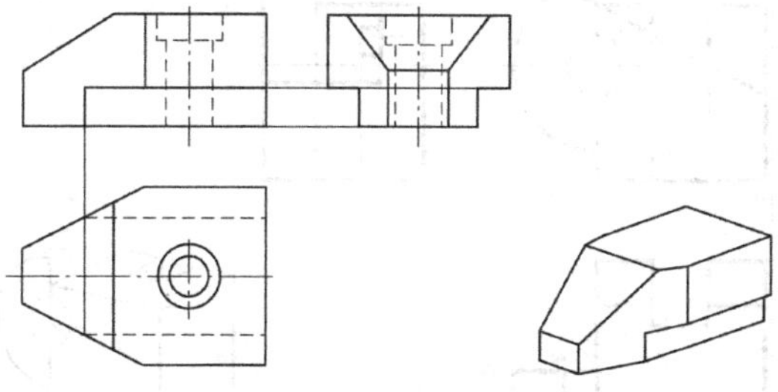	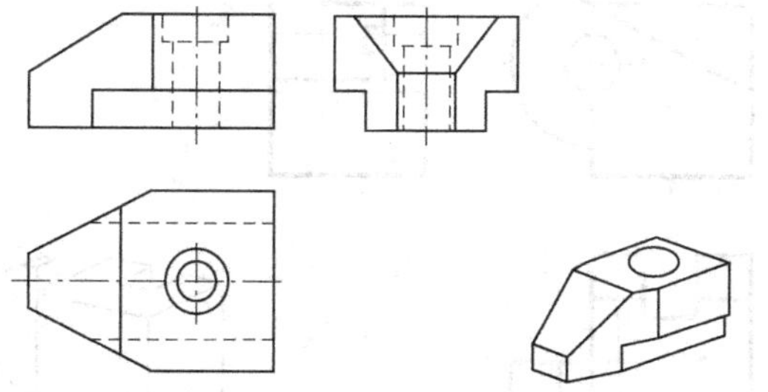
第三步：两个相交平面，即水平面和侧平面同时截切	第四步：根据俯视图圆形线框及主视图和左视图，该几何形体上部开沉孔，且贯穿底部

【例 5 –8】已知图 5 – 19 三视图所示，分析三视图并想象该组合体的形体。

分析：由三视图进行分析可判断该组合体为综合型。对准投影想象形状，由线框可知，该组合体先由矩形块和半圆柱叠加后经过多次挖切而成。综合起来想整体，运用形体分析法，分线框、对投影，以线面分析法为辅助，依据线、面投影特性及原理想象形体。具体见表 5 – 14。

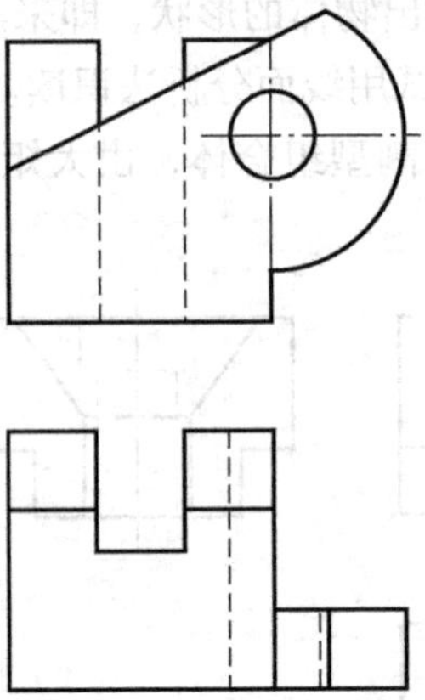

图 5－19　组合体三视图（四）

表 5－14　组合体三视图（四）识读

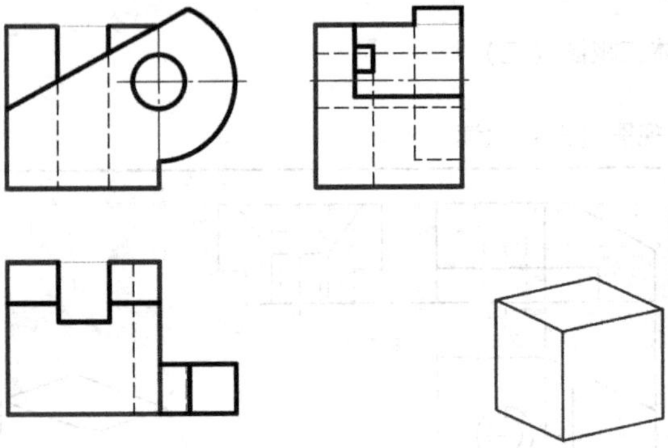	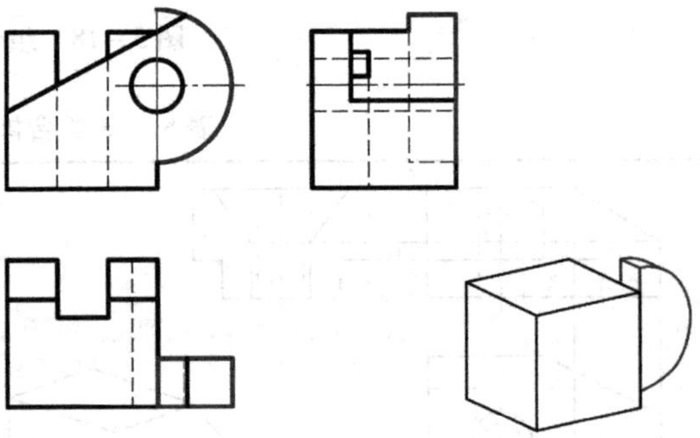
第一步：根据线框、对投影分析该组合体先叠加后切割。左右叠加，左侧为矩形块	第二步：右侧为半圆柱体，且与矩形块的前表面平齐
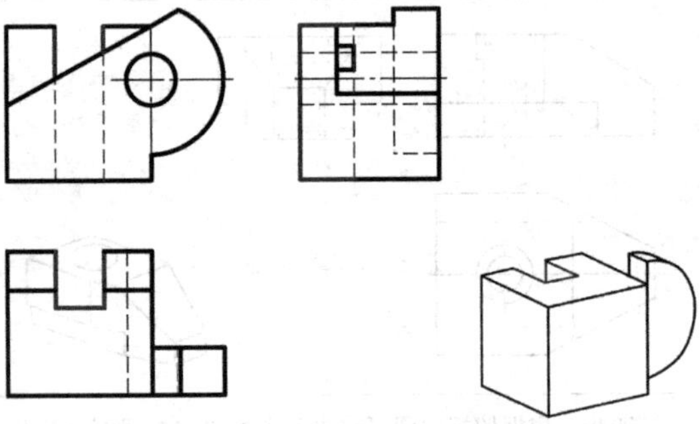	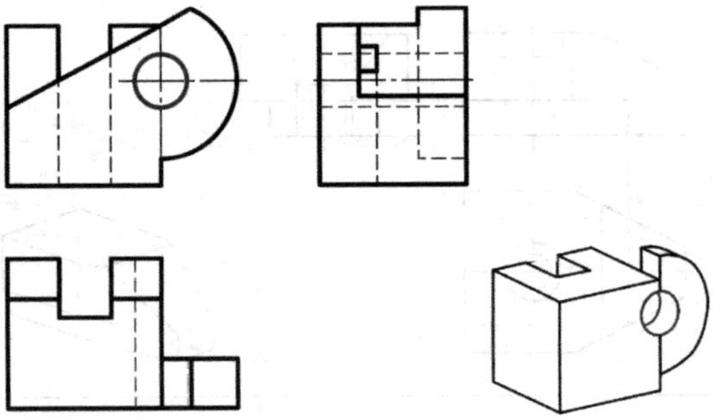
第三步：利用线面分析法，分析面的投影原理，根据投影面的平行面积聚性原则，该组合体后侧挖切上下贯通通槽	第四步：依据三视图投影关系，主视图反映为圆，该物体前后挖切圆柱，且贯通

续表

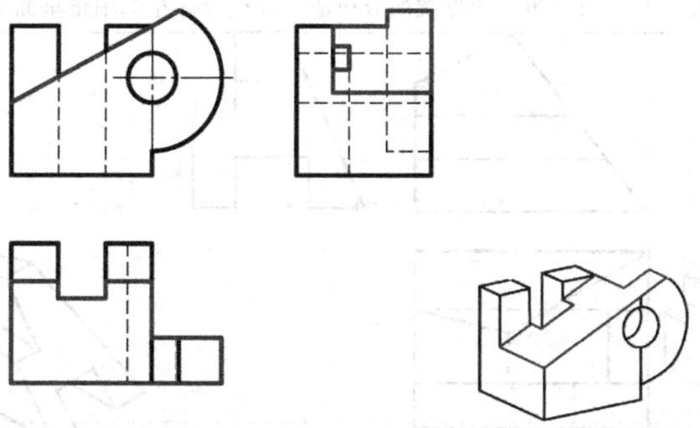	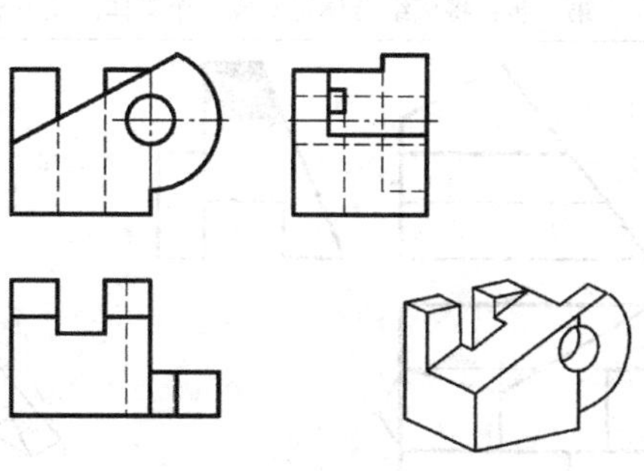
第五步：主视图积聚为直线，其余两视图类似型，该切割平面为正垂面，由此想象出立体	第六步：综合起来想整体

三、已知两个视图补画第三视图

已知物体的两个视图求作第三视图，是一种读图和画图相结合的有效训练方法。首先根据物体的已知视图想象物体形状，然后在读懂两视图的基础上，利用投影对应关系逐步补画出第三视图。在读图的过程中，还可以边想象、边徒手画轴测草图，及时记录构思的过程，帮助读懂视图。

【例 5－9】根据图 5－20 组合体所示主视图及左视图，补画俯视图。

分析：从图 5－20 主视图和左视图可知，该形体为切割型组合体。利用线面分析法，依据线面投影的原理，进行分析。具体作图步骤见表 5－15。

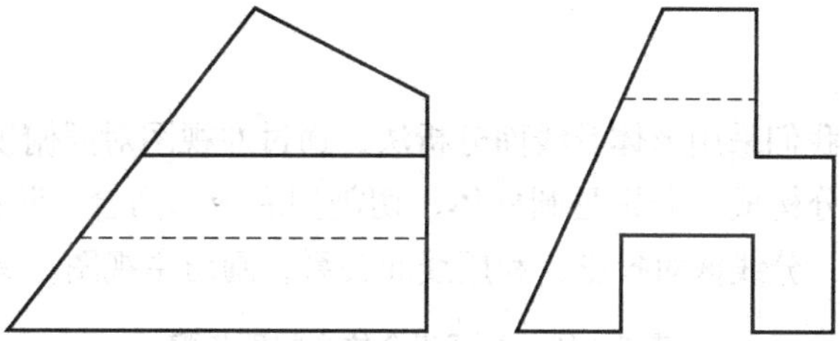

图 5－20　补画俯视图

表 5－15　补画组合形体俯视图步骤

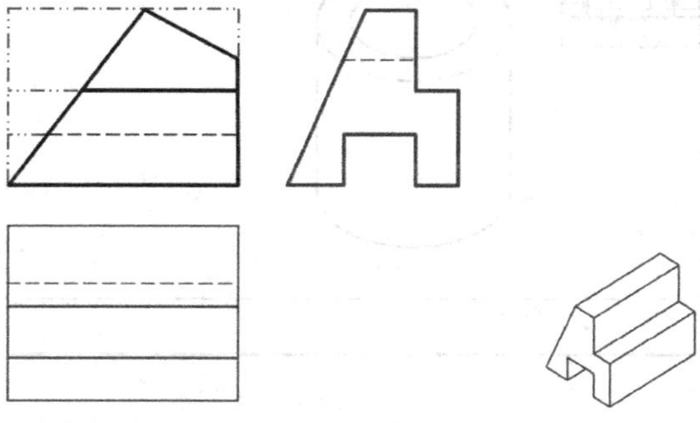	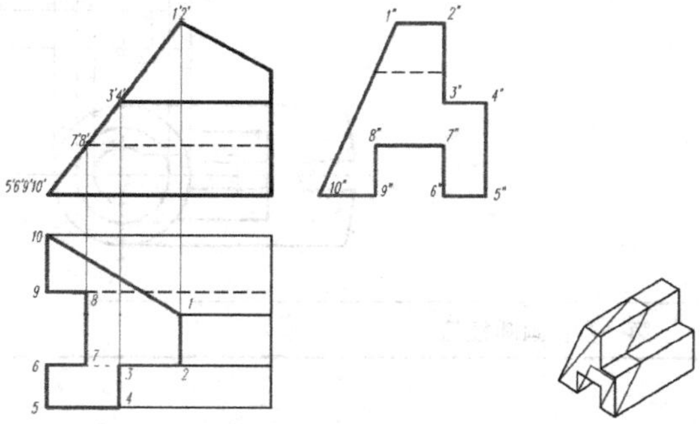

续表

第一步：将该组合体想象成一个整体画出其整体形状	第二步：依据线面分析法，该组合体左侧用正垂面截切
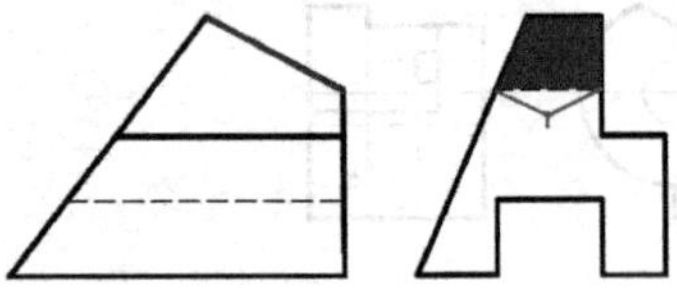	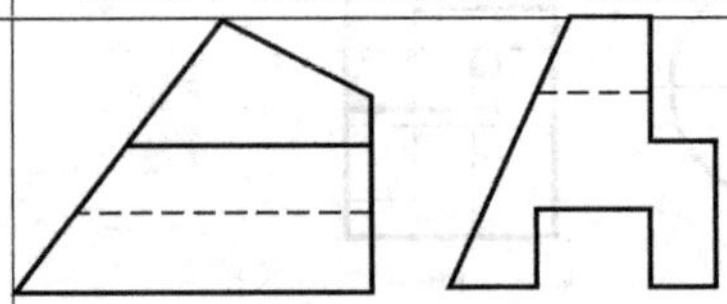
	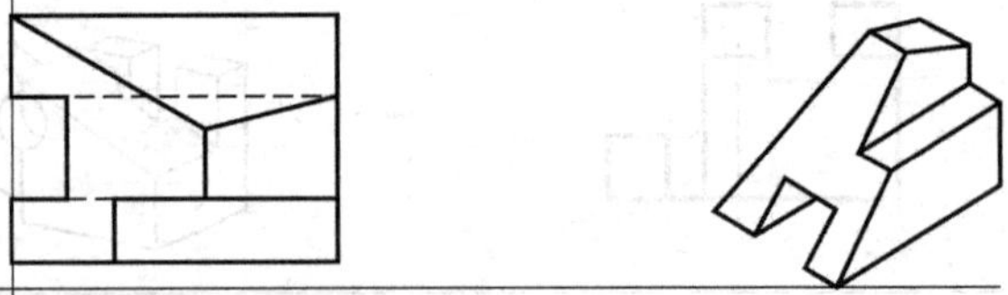
第三步：左侧同样用正垂面截切	第四步：检查加深

【例 5－10】 根据如图 5－21 组合体所示俯视图及左视图，补画主视图。

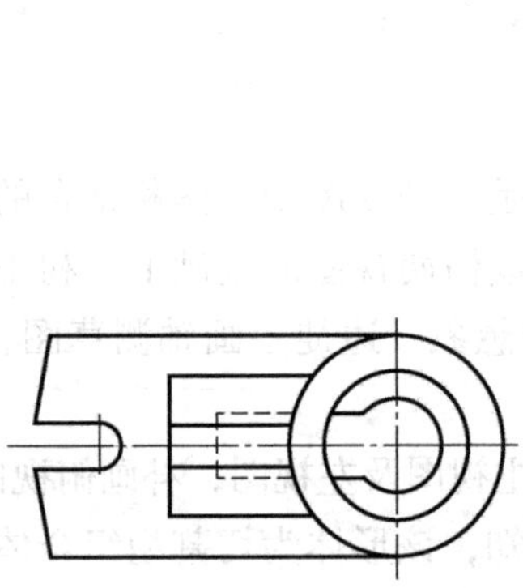

图 5－21 补画组合体主视图

分析：从图 5－21 我们采用形体及线面分析法，通过左视图对照俯视图找出其对应的投影，得出该组合体由 4 个部分构成。分别是圆柱体、切割型底板、凸台、肋板，叠加后再进行整体挖槽构成。在此基础上，分线框对投影，利用线面关系，画出主视图。具体分析见表 5－16。

表 5－16 补画组合体主视图步骤

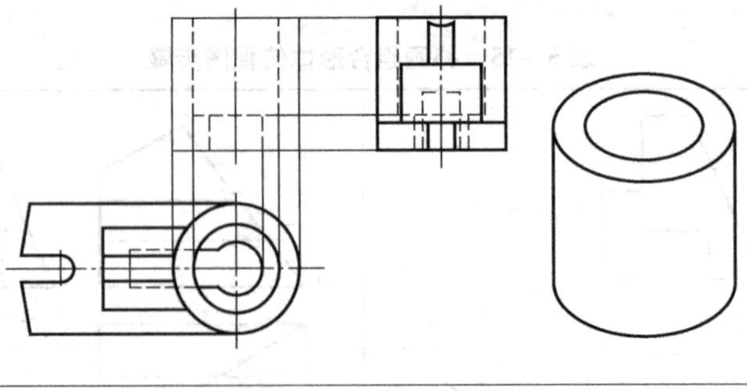
第一步：画圆柱筒

续表

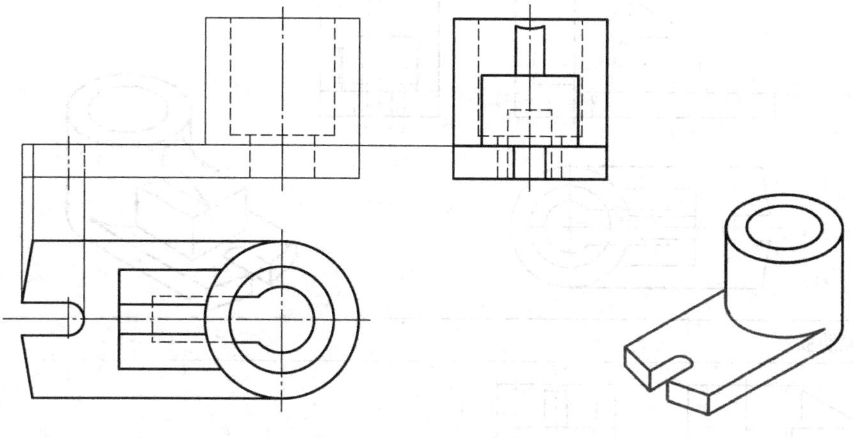

第二步：底板

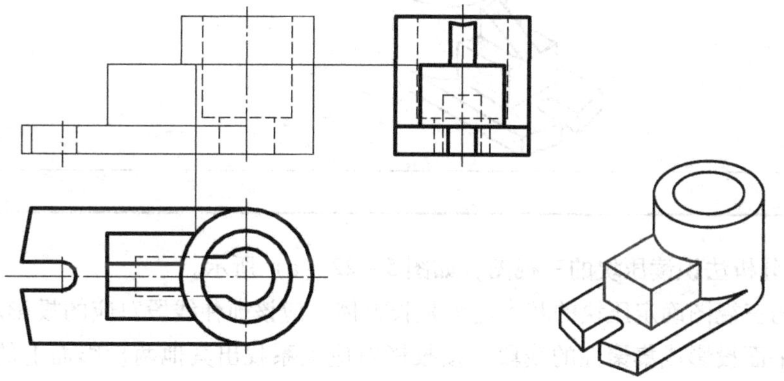

第三步：画凸台

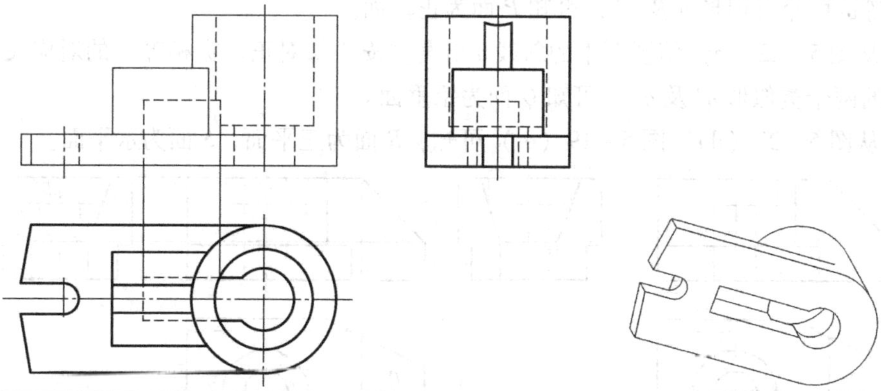

第四步：画空槽。凸台、底板、圆柱整体挖槽

续表

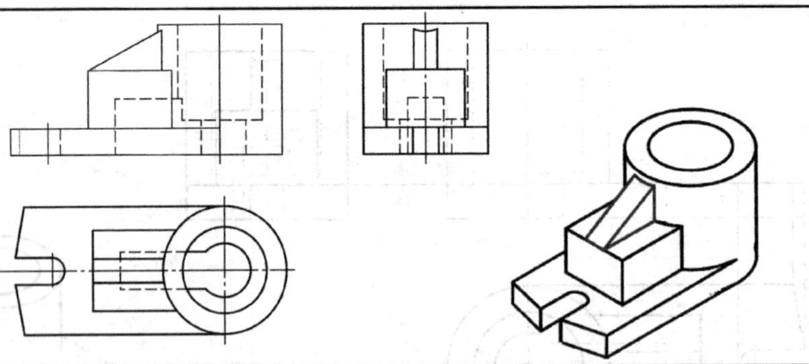

第五步：画肋板

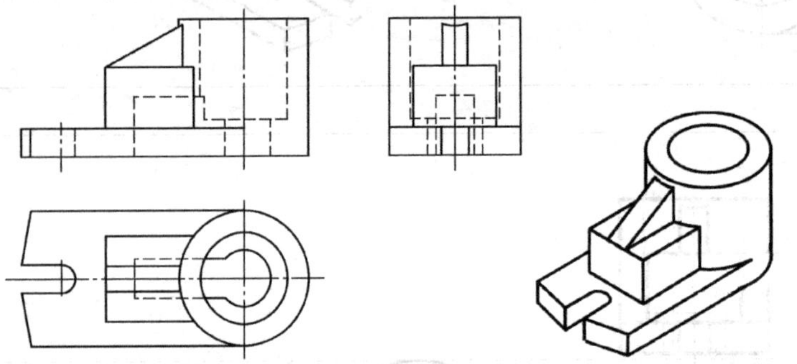

第六步：检查加深

【例 5－11】 运用线面分析法识读压块的三视图，如图 5－22（a）所示。

识读时，首先由压块的三视图确定压块的基本轮廓是长方体。应该抓住线段对应的投影。所谓抓住线段，是指抓住平面投影成集聚性的线段，按投影对应关系找出其他两投影面上的投影，从而判断出该截切面的形状和位置。

（1）从图 5－22（b）主视图中的斜线 p' 出发，按“长对正、高平齐”的对应关系对应出边数相等的两个类似形 p 及 p''，可知 P 面为正垂面。

（2）从图 5－22（c）俯视图中的斜线 q 出发，按“长对正、宽相等”的对应关系对应出边数相等的两个类似形 q'' 及 q'，可知 Q 面为铅垂面。

（3）从图 5－22（d）、图 5－19（e）可知，R 面为正平面，S 面为水平面。

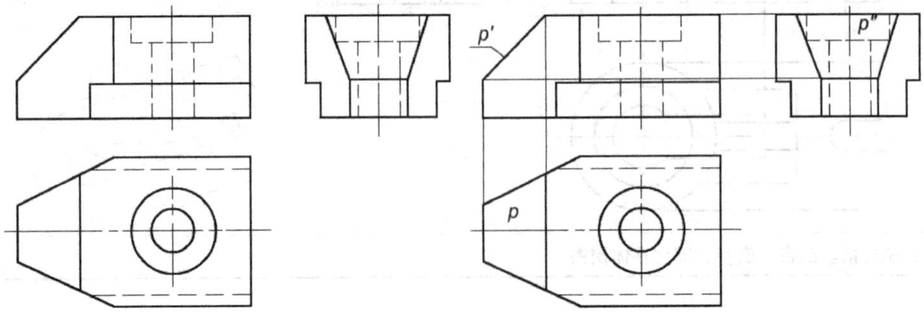

（a）　　　（b）

图 5－22　压块三视图及读图方法

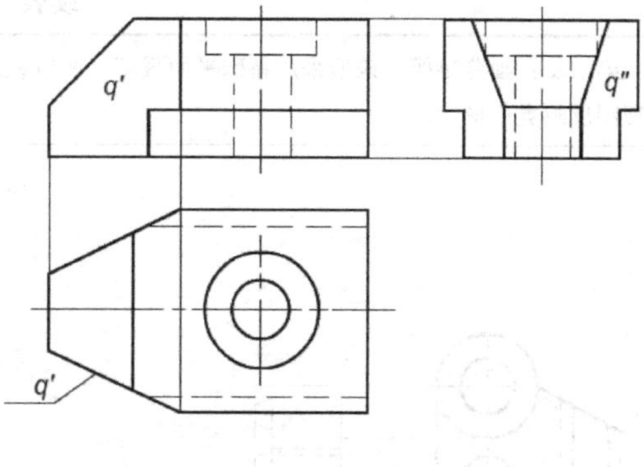

（c）

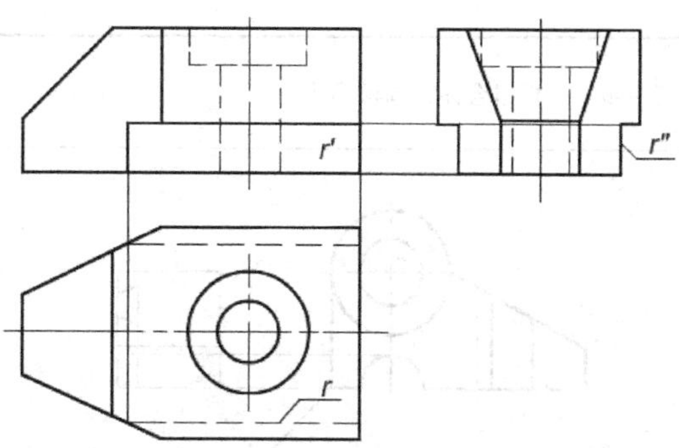

（d）

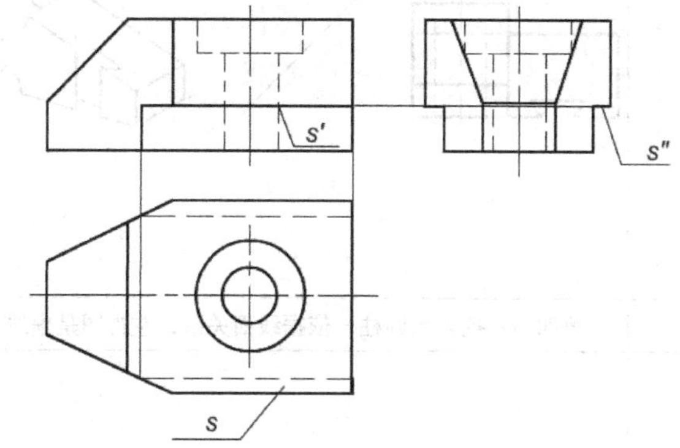

（e）

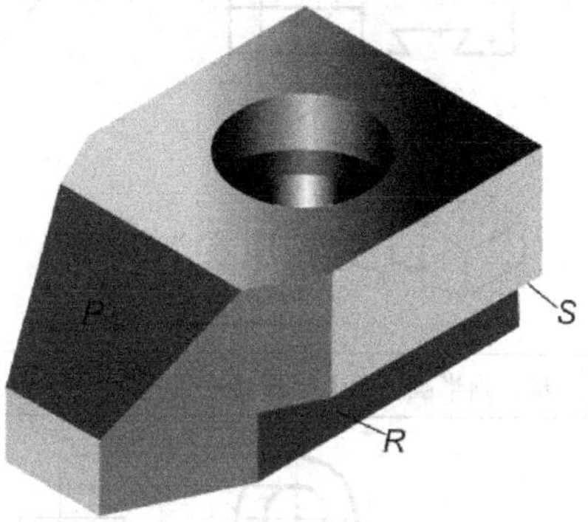

（f）

图 5－22　压块三视图及读图方法（续）

任务实施

完成图 5－13 左视图。

分析： 已知图 5－13 任务中主视图和左视图，按投影对应关系将该组合体分为两部分，即柱筒和梯形块。先将梯形块多次切割，然后和柱筒叠加，形成综合型组合体。依据投影关系，分析线框及线面关系画图。详细步骤见表 5－17。

表 5－17　补画组合体左视图步骤

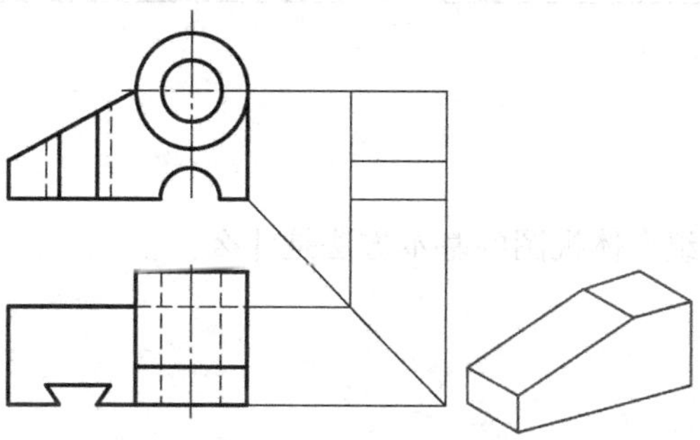	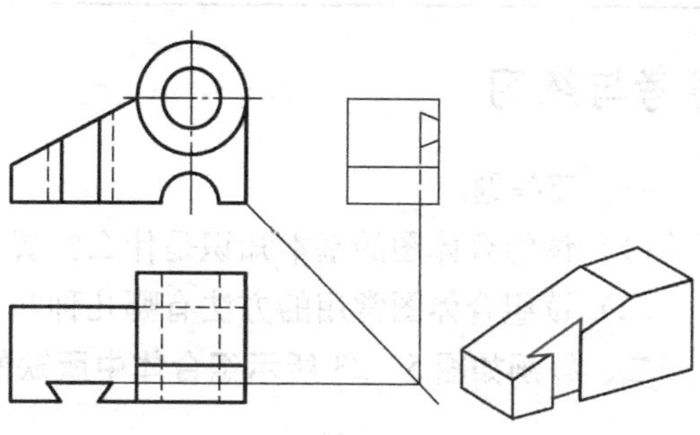

续表

第一步：分析组合体，画梯形块	第二步：画燕尾槽。该槽采用特殊平面截切，所以在左视图反映类似形
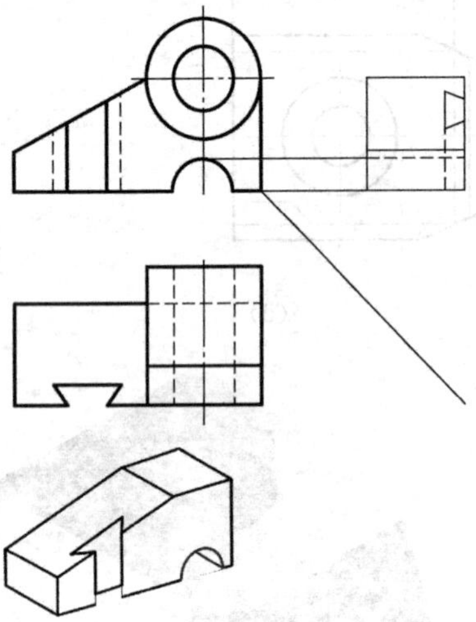	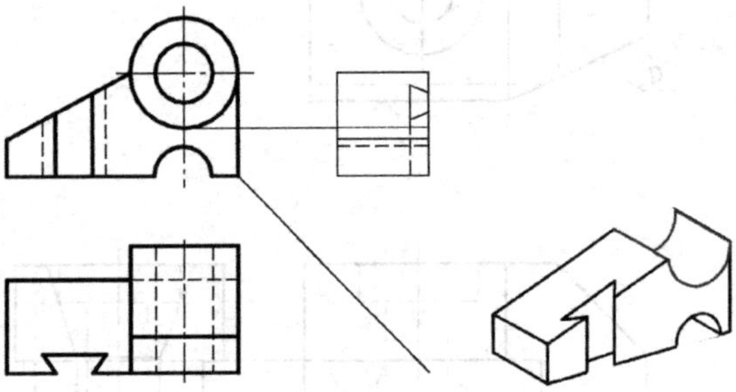
第三步：画半圆通孔。梯形块底部挖切半圆柱通孔	第四步：挖切大圆柱，依据线面关系，左视图是虚线
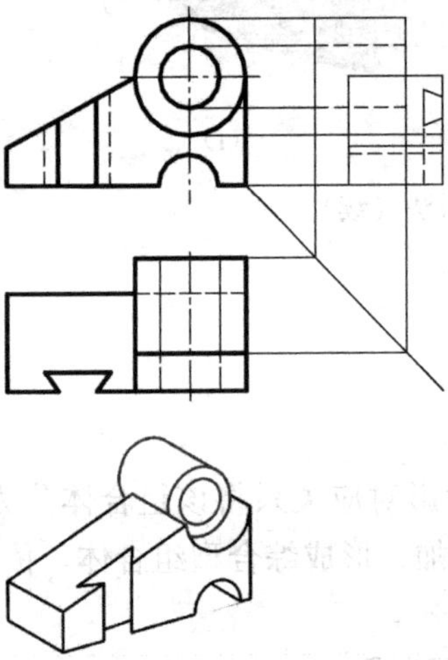	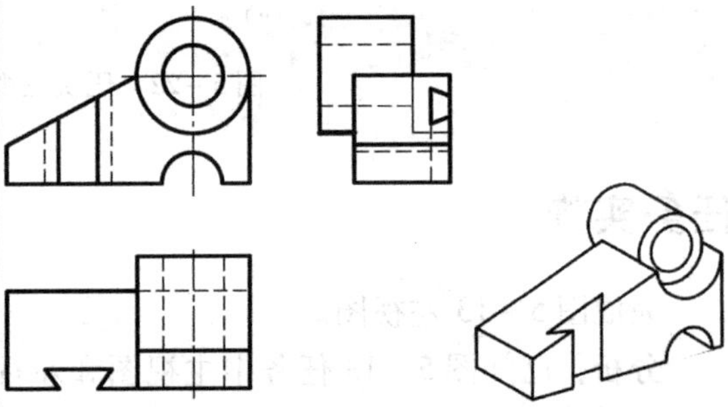
第五步：叠加大圆柱筒	第六步：检查各部分，调整后加深

思考与练习

一、简答题。

（1）读组合体图的基本知识是什么？看、画组合体视图的基本方法是什么？

（2）读组合体图常用的方法有哪几种？

二、补画如图 5－23 所示组合体中所缺的线。

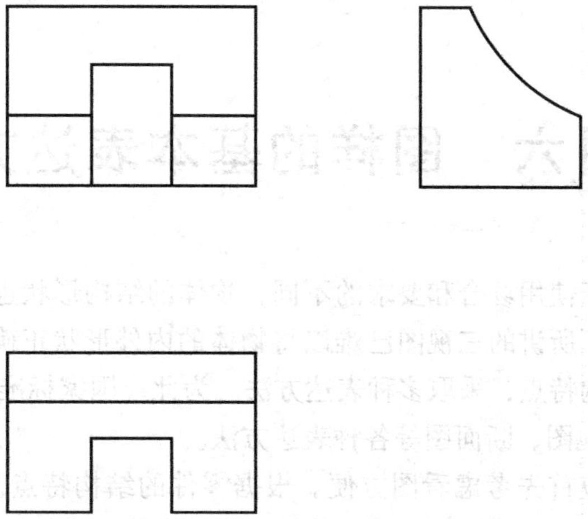

图 5-23　补画组合体中所缺的线

项目六　图样的基本表达方法

在生产实际中，由于使用场合和要求的不同，物体的结构形状也是各不相同的。当其形状比较复杂时，仅用前面所讲的三视图已难以将物体的内外形状正确、完整、清晰地表示出来，必须根据物体的结构特点，采取多种表达方法。为此，国家标准《技术制图》和《机械制图》规定了视图、剖视图、断面图等各种表达方法。

绘制工程图样时，应首先考虑看图方便。根据零件的结构特点，选择适当的表达方法，在完整、清晰地表达零件各部分结构形状的前提下，力求绘图方便。

任务6-1　外部形状的表达及应用

视图是用正投影法将物体向投影面投射所得的图形，主要用来表达物体的外部结构形状。它一般用来表示物体的可见部分，必要时才用虚线画出其不可见部分。视图分为基本视图、向视图、局部视图和斜视图。

任务要求

通过本任务的学习，达到以下目标：

➢ 学习国家标准关于各种视图的画法及其标注的有关规定，视图的种类及其应用，理解各种视图的表达重点。

➢ 能够根据机件的特点，明确各视图的表达目的，恰当地选择视图，正确、完整、清晰、简洁地表达机件。

➢ 画出如图6-1所示机件的 A、B 向视图。

相关知识

一、基本视图

物体向基本投影面投射所得的视图，称为基本视图。

在原有水平面、正面和侧面三个投影面的基础上，再增设三个投影面构成一个正六面体，正六面体的六个侧面称为基本投影面，如图6-2所示。将物体放在正六面体中间，分别向六个基本投影面投射，即得到六个基本视图，如图6-3所示。六个视图除了前面介绍的三个基本视图——主视图、俯视图和左视图外，新增加的基本视图是：

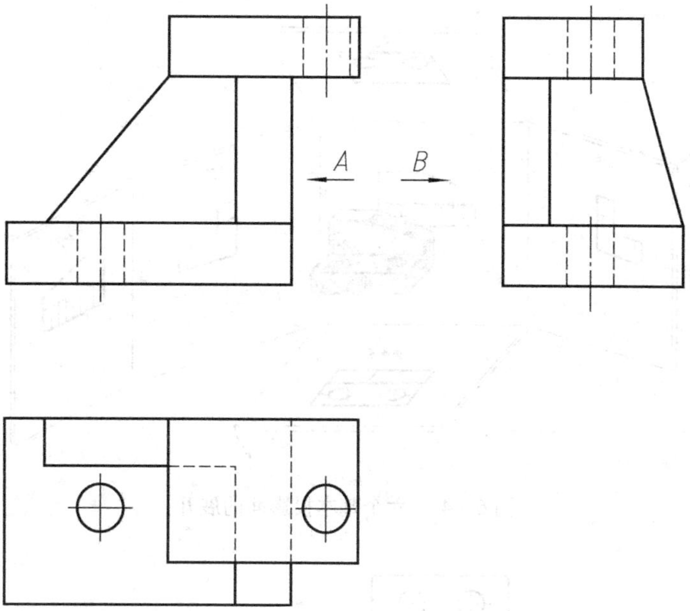

图 6－1　机件的 A、B 投影方向

右视图——由右向左投射所得的视图。
仰视图——由下向上投射所得的视图。
后视图——由后向前投射所得的视图。

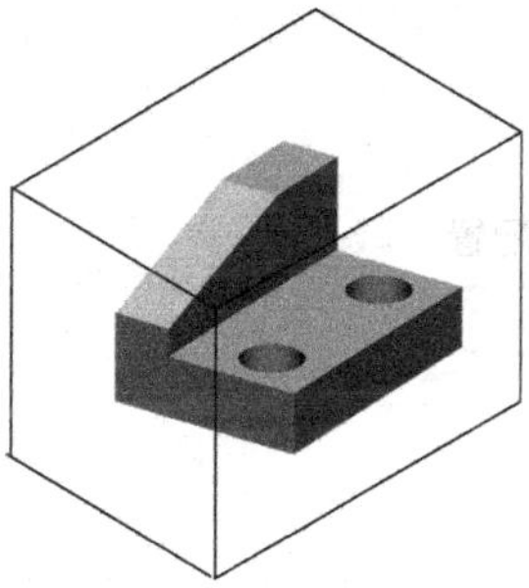

图 6－2　六个基本投影面

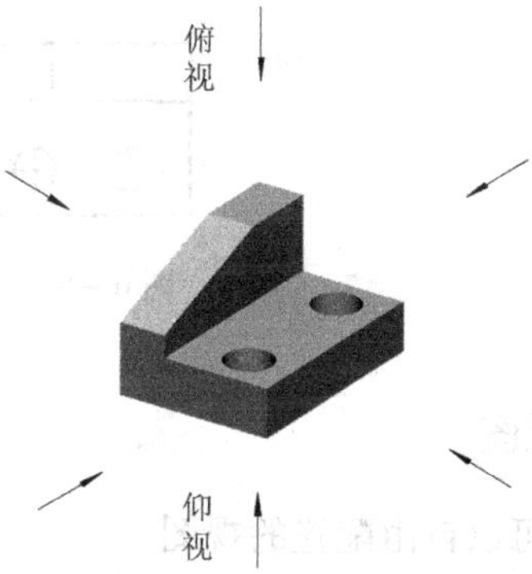

图 6－3　基本视图的投射方向

各基本投影面的展开方式如图 6－4 所示，即保持正投影面不动，其余各面按箭头所指方向展开，使之与正投影面共面，即得六个基本视图。展开后各视图的配置如图 6－5 所示。六个基本视图之间仍保持着与三视图相同的“长对正、高平齐、宽相等”的投影规律，即主视图、俯视图和仰视图长对正（后视图同样反映零件的长度尺寸），主视图、左、右视图和后视图高平齐，左、右视图与俯、仰视图宽相等。

在实际绘图时，应根据物体的结构特点，按实际需要选择基本视图的数量。总的要求是表达完整、清晰，又不重复，使视图的数量最少。

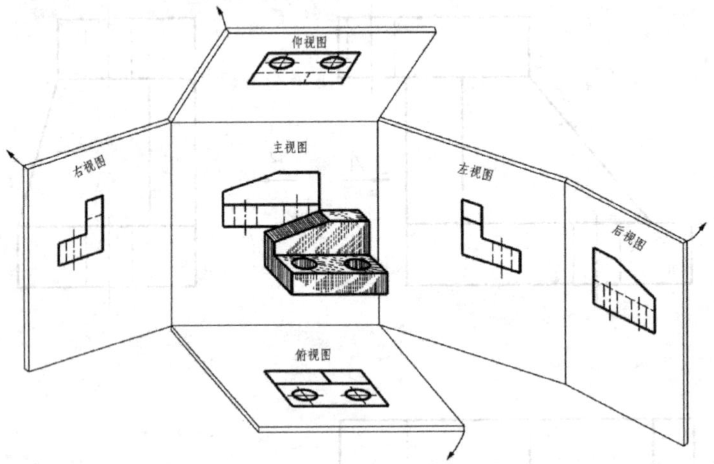

图 6-4　六个基本投影面的展开

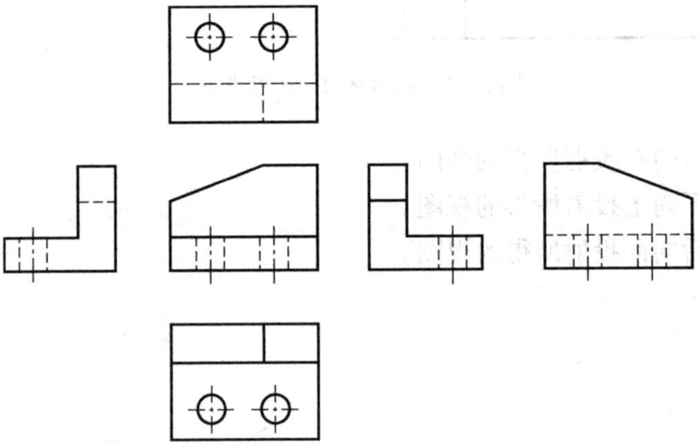

图 6-5　六个基本视图的配置

二、向视图

向视图是可以自由配置的视图。

基本视图按图 6-5 所示的位置配置时，可不标注视图的名称。但在实际绘图过程中，为了合理利用图纸，可以自由配置视图，这样的视图，称为向视图。

画向视图时，一般应在向视图上方用大写拉丁字母标出视图的名称“×”，并在相应视图附近用箭头标明投射方向，注上同样的字母，如图 6-6 所示。

三、局部视图

将机件的某一部分向基本投影面投射所得的视图称为局部视图。当机件只有局部形状没有表达清楚时，则没有必要画出完整的基本视图或向视图，而应采用局部视图，表达更为简练，如图 6-7 所示。

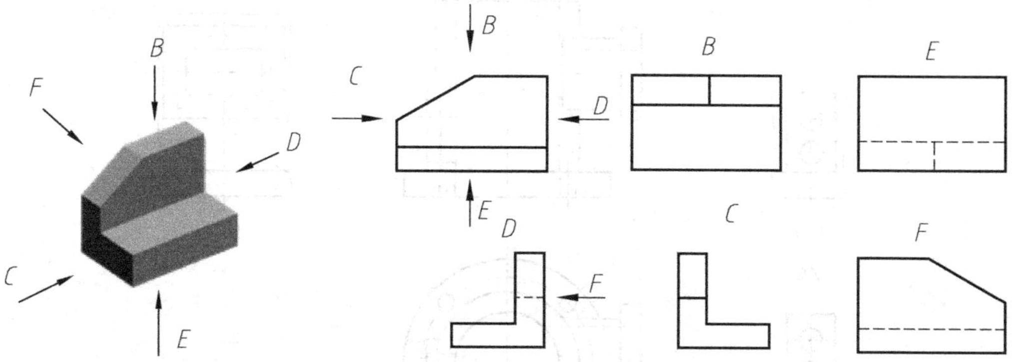

图6-6　向视图

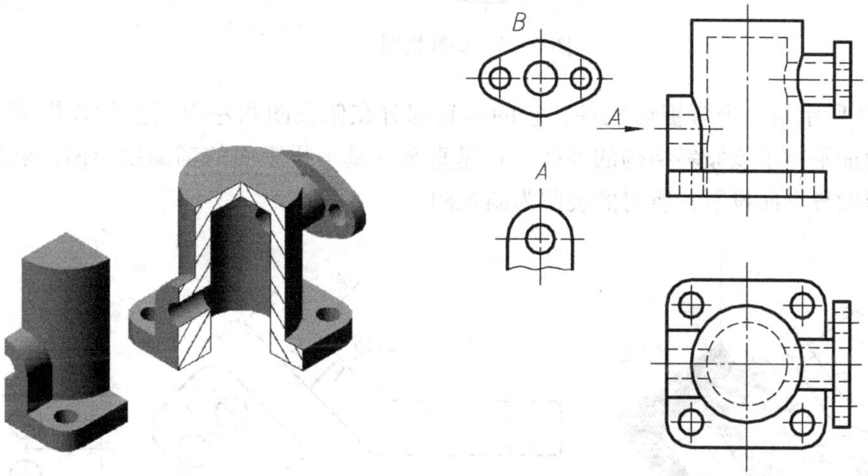

图6-7　局部视图

当机件的主要形状已经表达清楚，只有局部结构未表达清楚，为了简便，不必再画一个完整的视图，而只画出未表达清楚的局部结构。

画局部视图时，一般应标注，其方法与向视图相同。当局部视图按投影关系配置，中间又没有其他视图隔开时，可省略标注。

局部视图的范围（断裂）边界用波浪线表示，如图6-8中向（一）。当所表达的局部结构是完整的，且外轮廓线又成封闭时，波浪线可省略不画，如图6-8中*A*向（二）。

图6-8采用了主视图和俯视图，其主要结构已经表达清楚，还有左、右两侧的凸缘结构尚未表达清楚，若再画两个完整的基本视图（左视图和右视图），大部分投影重复，此时便可像图中*A*、*B*两个局部视图，只画出所需要表达的部分，这样重点突出、简单明了，有利于看图和画图。

四、斜视图

机件向不平行于任何基本投影面的平面投射所得视图称为斜视图。

斜视图主要用于表达机件上倾斜表面的实形，为此可选用一个平行于该倾斜表面且垂直于某一基本投影面的平面作为新投影面，使倾斜部分在新投影面上反映真实形状。

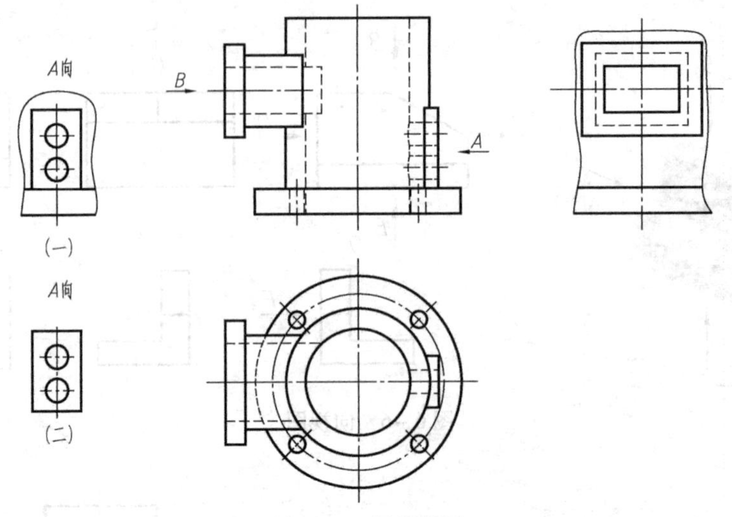

图 6－8　局部视图

如图 6－9 所示是一个弯板形机件，它的倾斜部分在俯视图和左视图上的投影都不是实形，此时可增加平行于该倾斜结构的表面，且垂直某一基本投影面的辅助投影面，然后将倾斜结构向该辅助投影面投射，所得的视图为斜视图。

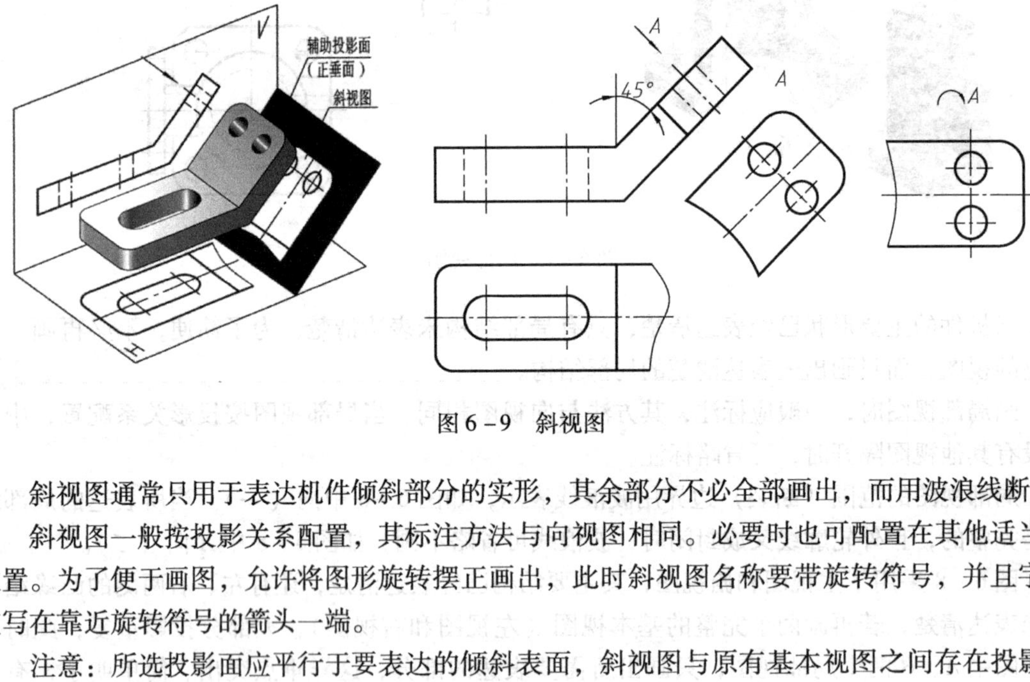

图 6－9　斜视图

斜视图通常只用于表达机件倾斜部分的实形，其余部分不必全部画出，而用波浪线断开。

斜视图一般按投影关系配置，其标注方法与向视图相同。必要时也可配置在其他适当的位置。为了便于画图，允许将图形旋转摆正画出，此时斜视图名称要带旋转符号，并且字母应写在靠近旋转符号的箭头一端。

注意：所选投影面应平行于要表达的倾斜表面，斜视图与原有基本视图之间存在投影关系，表示斜视图的投影方向的箭头一定要垂直于要表达的倾斜表面。

斜视图的画法和标注规定如下：

(1) 斜视图一般只需表达机件上倾斜结构的形状，常画成局部的斜视图，其断裂边界用波浪线表示。但当所表达的倾斜结构是完整的，且外轮廓线又成封闭时，波浪线可省略不画。

(2) 画斜视图必须标注。在相应视图的投射部位附近用垂直于倾斜表面的箭头指明投射方向，并注上字母，并在斜视图的上方标注相同的字母（字母一律水平书写）。

（3）斜视图一般按投影关系配置，如图 6－10 所示，必要时也可配置在其他适当位置。在不引起误解时，允许将图形旋转，但必须加旋转符号，其箭头方向为旋转方向，字母应靠近旋转符号的箭头端。

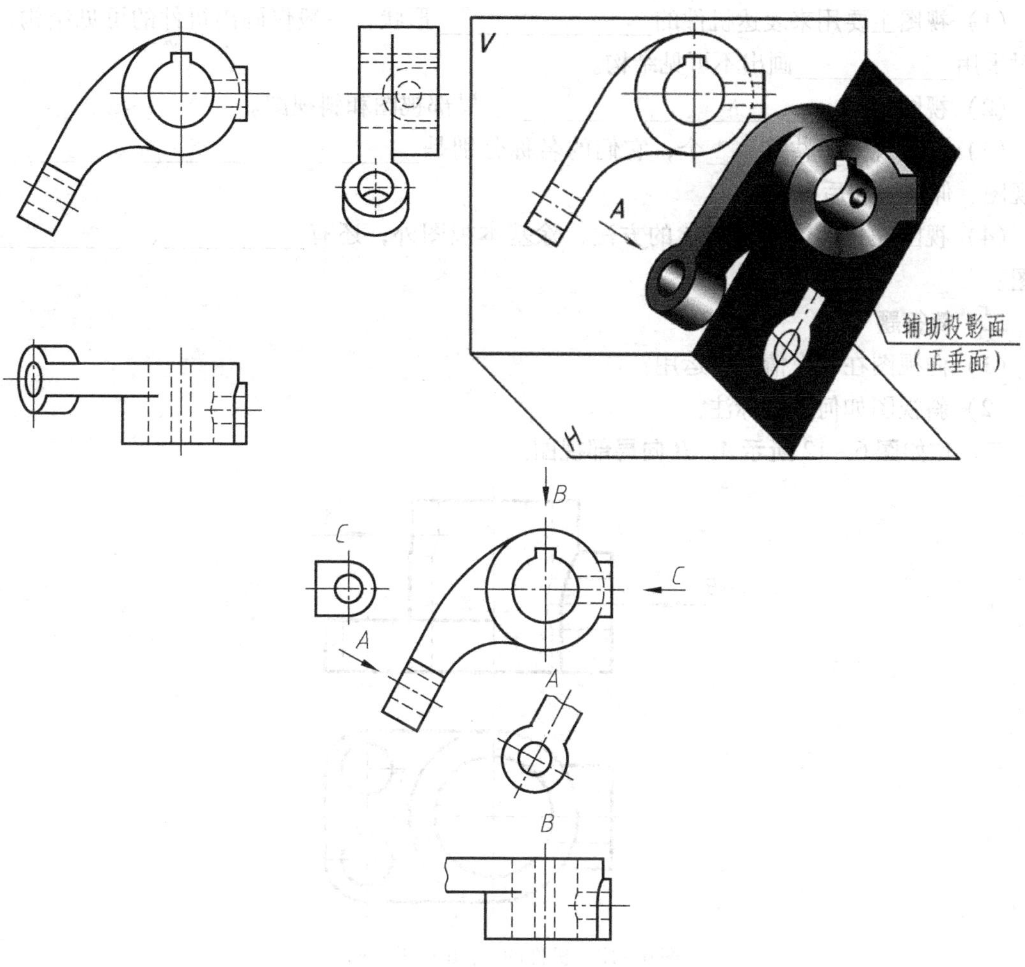

图 6－10　斜视图的形成及配置

任务实施

完成如图 6－1 所示的作图任务，具体结果如图 6－11 所示。

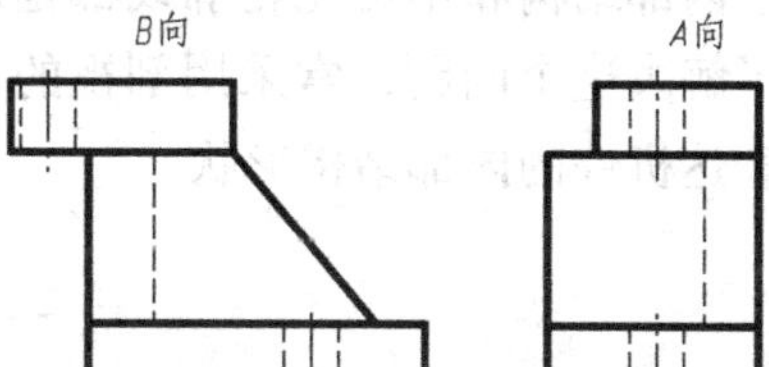

图 6－11　画出的 *A*、*B* 向视图

思考与练习

一、填空题

（1）视图主要用来表达机件的________________形状，一般仅画出机件的可见结构，必要时采用____________画出不可见结构。

（2）视图分为__________、____________、局部视图和斜视图。

（3）基本视图一共有____个，它们的名称分别是__________、__________、__________、右视图、仰视图和后视图。

（4）视图表达形体外部形状的方法，除基本视图外，还有___________、____________视图。

二、简答题

（1）向视图在什么情况下运用？

（2）斜视图如何进行标注？

三、作如图 6－12 所示 *A*、*B* 向局部视图。

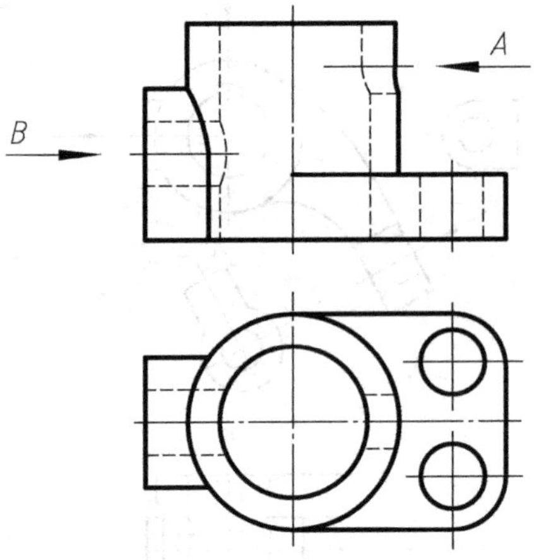

图 6－12　机件的 *A*、*B* 投影方向

任务 6－2　机件内部形状的表达及应用

在用视图表达机件时，由于内部结构和不可见轮廓线都是用虚线来表示，虚线过多会引起看图和标注尺寸的不便。为了解决这个问题，常采用剖视的方法表达机件。因剖视图将虚线变为粗实线，可以更清晰地表达机件的内部结构形状。

任务要求

通过本任务的学习，达到以下目标：

➢ 能够正确选择机件的具体结构选择合理表达内部形状的方法，并进行绘图。

➢ 理解并掌握剖视图的画法和标注规定。
➢ 画出如图 6－13 所示机件的全剖视图。

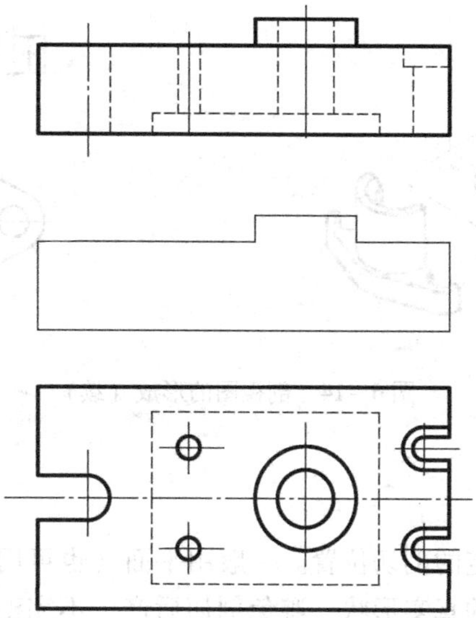

图 6－13　全剖视图机件

相关知识

一、剖视图的形成

1. 剖视图的形成

假想用剖切面剖开机件，将处在观察者与剖切面之间的部分移去，将其余部分向投影面投射所得的图形称为剖视图，简称剖视。图 6－14（a）为外部结构视图，图 6－14（b）为剖视图的形成过程，图 6－14（c）中的主视图即为机件的剖视图。

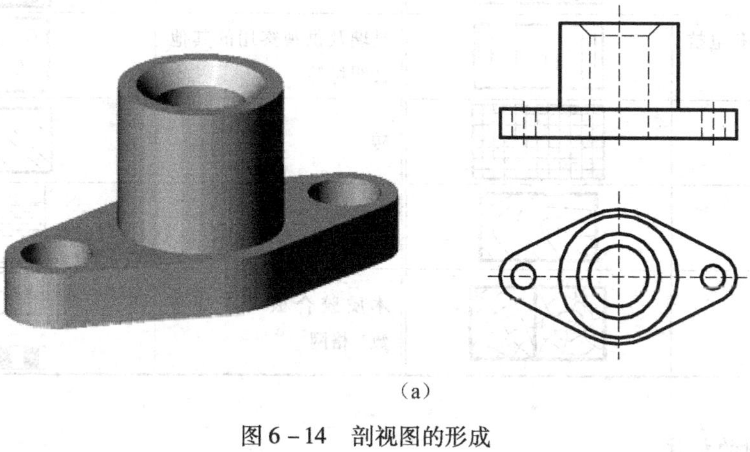

（a）

图 6－14　剖视图的形成

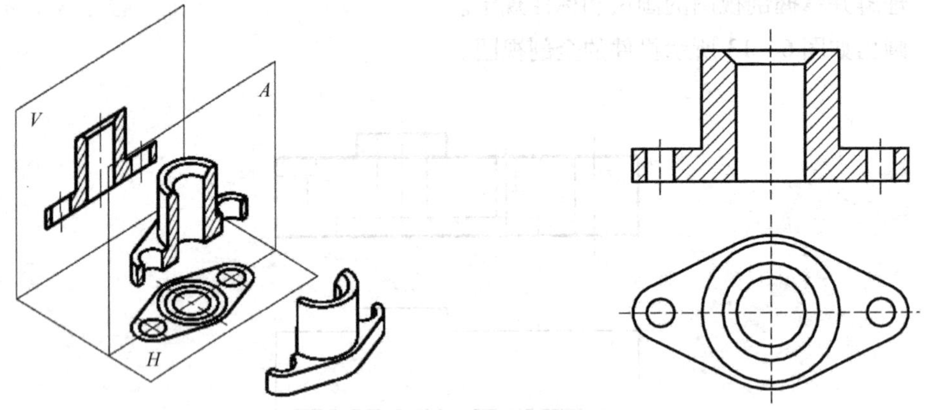

（b）　　　　　　　　　　　　（c）

图 6－14　剖视图的形成（续）

2. 剖视图的画法

画剖视图时，首先要确定的剖切位置。一般用平面（也可用柱面）作剖切面。为了在主视图上表达出机件内部结构的真实形状，避免剖切后产生不完整的结构要素，在选择剖切平面时，应使其平行于投影面，并尽量通过机件的对称面或内部孔、槽等结构的轴线。

其次要画剖视图的轮廓线。机件剖开后，处在剖切平面之后的所有可见轮廓线都应画齐。最后画上剖面符号。在剖视图中，凡与剖切面接触到的实体部分称为剖面区域。不同的材料用不同的剖面符号，国家标准规定了各种材料类别的剖面符号，详见表 6－1。

表 6－1　材料的剖面符号

材　　料	割面导符号	材　　料	割面符号
金属材料（已有规定剖面符号者除外）	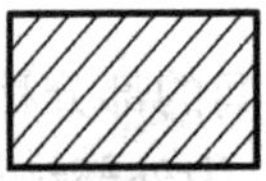	型砂、填砂、粉末冶金、砂轮、陶瓷刀片、硬质合金刀片等	
非金属材料（已有规定剖面符号者除外）		钢筋混凝土	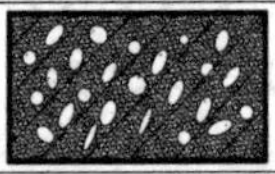
转子电枢变压器和电抗器的叠钢片	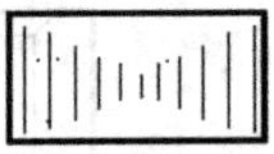	玻璃及供观察用的其他透明材料	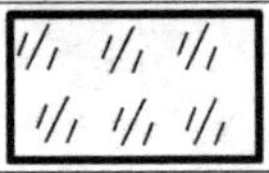
线圈绕组元件	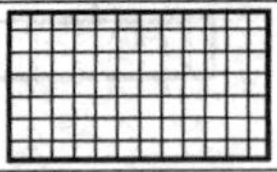	砖	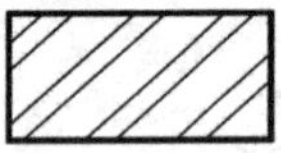
木材纵剖面		液体	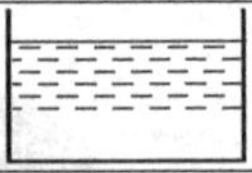
木材横剖面		木质胶合板（不分层数）格网	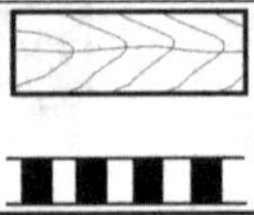

3. 剖视图的标注

剖视图的标注包括三个部分：剖切平面位置、投射方向和剖视图的名称。

在剖视图中用剖切符号（粗短画线）标明剖切平面的位置，并注写剖视图的名称（大写字母），最后用箭头指明投影方向，在下列情况下，剖视图可简化或省略标注。

（1）当剖视图按投影关系配置，中间又无其他图形隔开时，可省略箭头。

（2）当单一的剖切平面通过机件的对称（或基本对称）平面剖切，且剖视图按投影关系配置。

二、剖视图的种类

剖视图按图形特点和剖切范围的大小，可分为全剖视图、半剖视图和局部剖视图三类。

1. 全剖视图

用剖切平面，将机件全部剖开后进行投影所得到的剖视图，称为全剖视图，如图 6－15 所示。

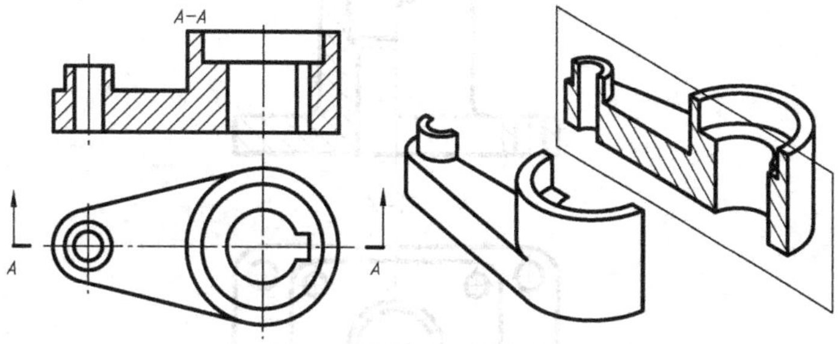

图 6－15　全剖视图

全剖视图一般用于表达外部形状比较简单、内部结构比较复杂的机件。

2. 半剖视图

如图 6－16 所示，该机件如果主视图采用全剖，就不能表达此机件的外形，而且前面的耳板也没有表达清楚。此时这种类型的机件须采用半剖视图。

当机件有对称平面时，以对称中心线为界，在垂直于对称平面的投影面上进行投影，一半画成剖视图，另一半画成视图，称为半剖视图。

半剖视图既表达了机件的内部形状，又保留了外部形状，所以常用于表达内、外形状都比较复杂的对称机件。

3. 局部剖视图

用剖切平面局部地剖开机件所得的剖视图称为局部剖视图。

局部剖视是一种较灵活的表达方法，剖切范围根据实际需要决定。但在一个视图中，局部剖视的数量不宜过多。在不影响外形表达的情况下，可在较大范围画成局部剖视图，以减少局部剖视图的数量，如图 6－17 所示。

在局部剖视图中，剖视图部分与视图部分一般以波浪线为界，波浪线可以看作是机件断裂面的投影。

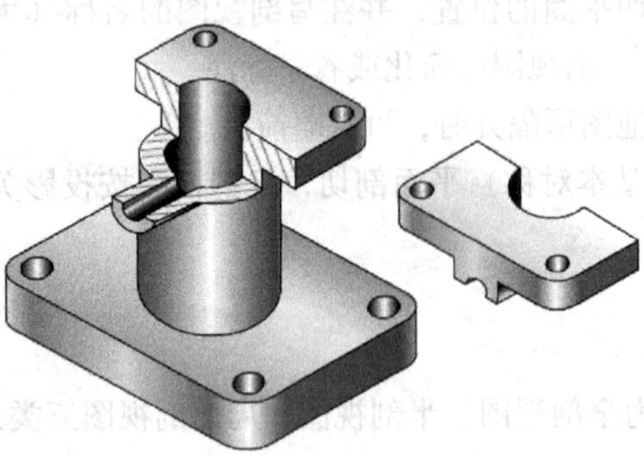

（a）

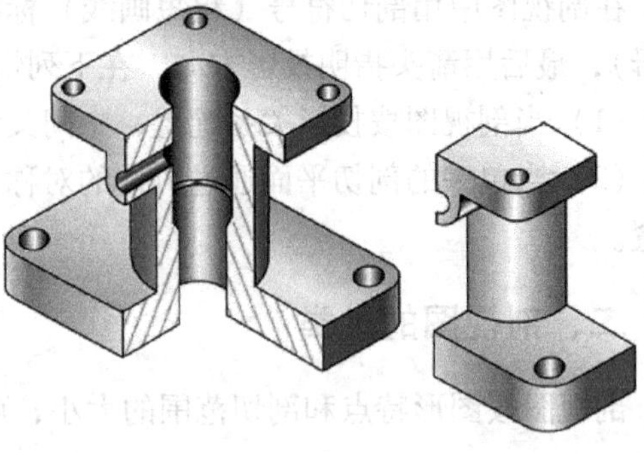

（b）

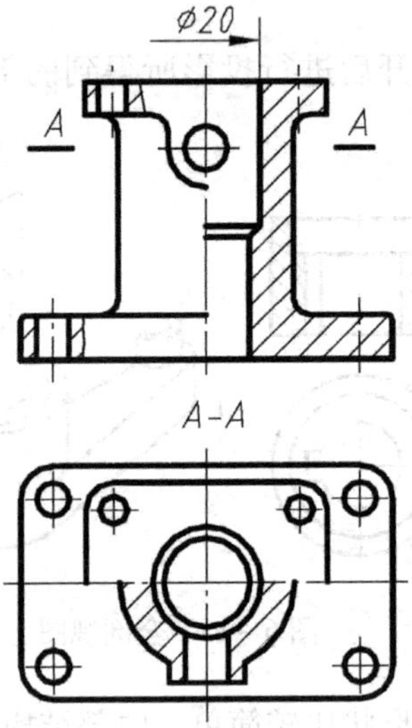

（c）

图 6－16　半剖视图

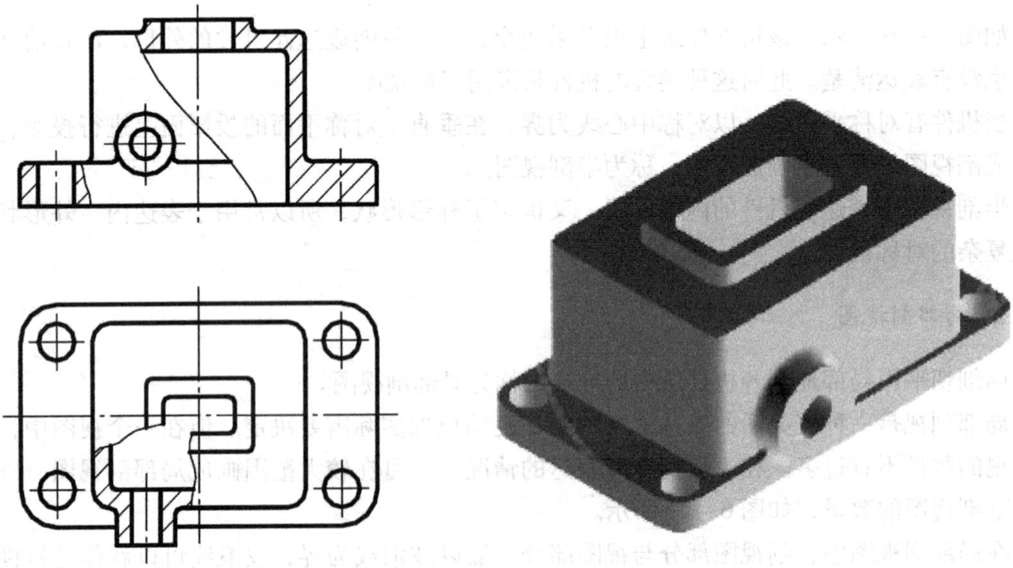

图 6－17　局部剖视图

4. 画波浪线应注意的问题

区分视图与剖视范围的波浪线，可看作机件破裂痕迹的投影，波浪线的画法应注意以下几点：

（1）当被剖切部位的局部结构为回转体时，允许将该结构的中心线作为局部剖视与视图的分界线，如图 6－18（a）所示。

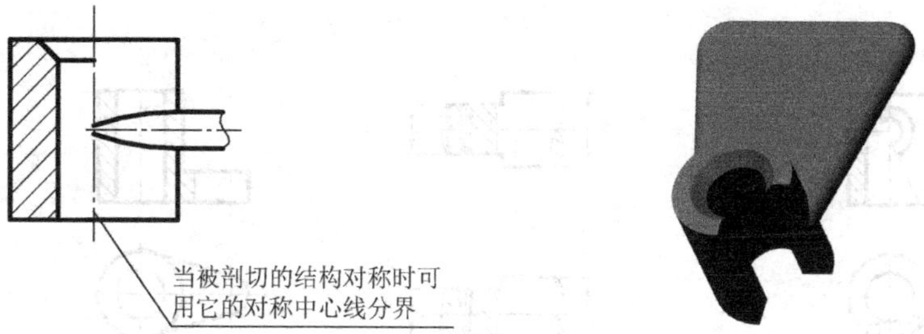

（a）

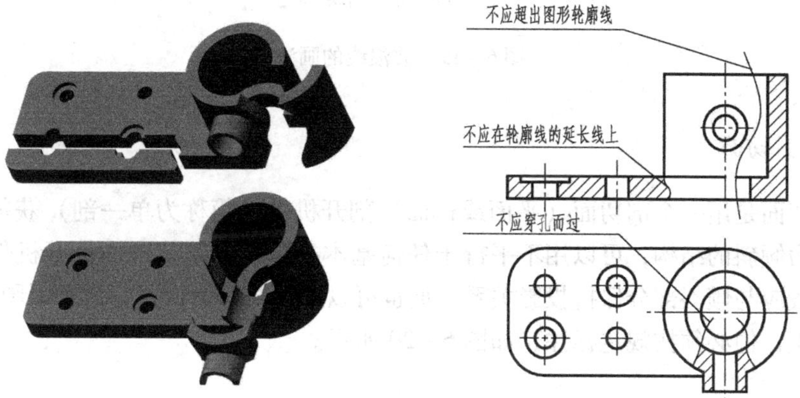

（b）

图 6－18 画局部剖时应注意事项

（2）波浪线不能与图形中图线重合，也不要画在其他线的延长线上。

（3）波浪线不能超出图形轮廓线。如图 6－18（b）所示。

（4）波浪线不能穿孔而过，如遇到孔、槽等结构时，波浪线必须断开，如图 6－18（b）所示。

常见波浪线画法的正误举例如图 6－19 所示。

三、剖切面种类及其应用

生产中的机件，由于内部结构形状各不相同，剖切时常采用不同位置和不同数量的剖切面。

国家标准规定，根据机件的结构特点，可选择以下剖切面：单一剖切面、几个平行的剖切面、几个相交的剖切面（交线垂直于某一投影面）。

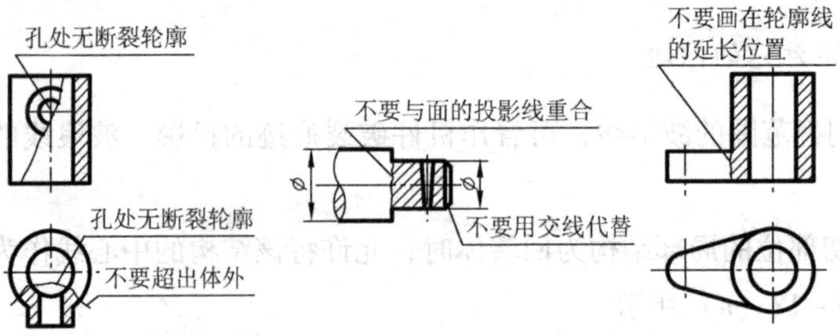

（a）错误画法

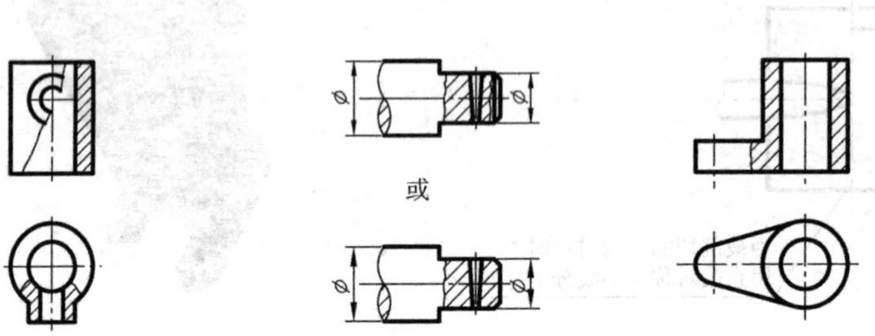

（b）正确画法

图 6－19　波浪线的画法

1．单一剖切面

单一剖切面是用一个剖切面（平面或柱面）剖开机件（简称为单一剖）获得的视图。如果机件内部为倾斜的结构，可以用不平行于任何基本投影面的剖切平面剖开机件来表达。这种剖视图一般应与倾斜部分保持投影关系，但也可以配置在其他位置。为了画图和读图方便，可把视图转正，但必须按规定标注，如图 6－20 所示。

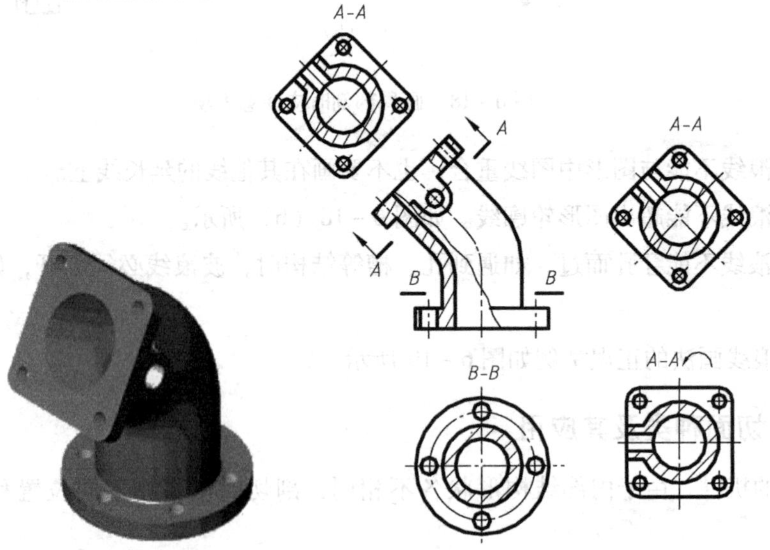

图 6－20　单一剖切面

2. 几个平行的剖切平面

用几个平行的剖切平面剖开机件（简称为阶梯剖）获得的视图，各剖切平面的转折必须是直角的剖切方法。它适用于外形简单，内形较难以用单一剖切平面剖切表达的机件，主要表达机件不同层次几个平行平面上的内形。

如图6-21所示，机件内部结构（小孔和大孔）的中心位于两个平行的平面内，不能用单一剖切平面剖开，而是采用两个互相平行的剖切平面将其剖开，主视图即为采用几个平行剖切方法得到的视图。

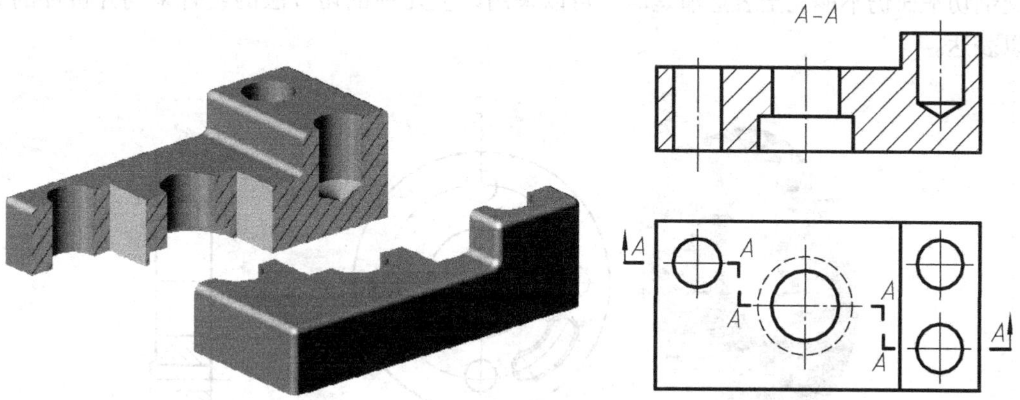

图6-21 几个平行的剖切平面1

如图6-22所示，采用两个互相平行的剖切平面将机件内部的阶梯孔与圆柱孔剖开，可以观察其内部结构。

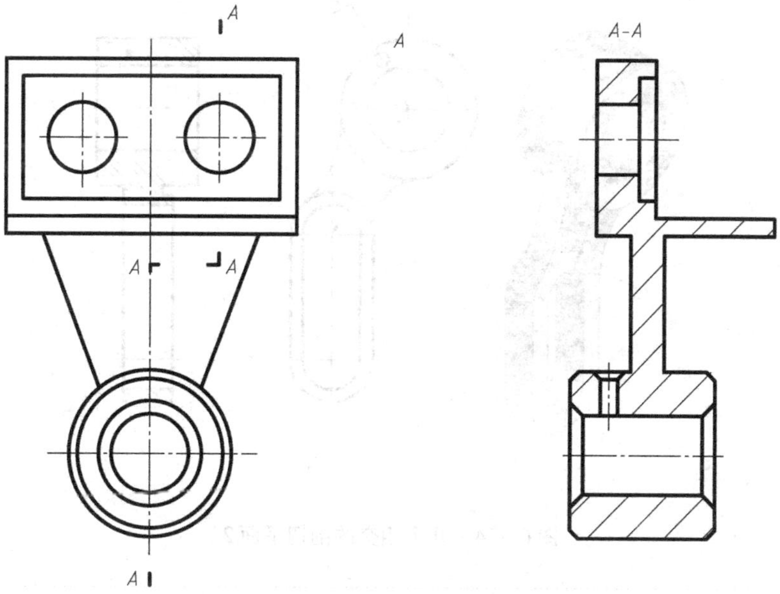

图6-22 几个平行的剖切平面2

3. 几个相交的剖切平面

用两个相交的剖切面（交线垂直于某一基本投影面）剖开机件（原称为旋转剖）获得的视图，它适用于机件内部的结构形状仅用一个剖切面剖切不能完全表达，且这个机件在整体上又具有回转轴线的机件。

采用这种方法画剖视图时，先假想在剖切位置剖开机件，然后将被剖切平面剖开的倾斜部分结构及其有关部分绕回转中心（旋转轴）旋转到与选定的基本投影面平行后再投影，如图 6－23 和图 6－24 所示。当机件的内部结构比较复杂，用单纯的几个平行剖切平面或几个相交剖切平面仍不能完全表达清楚时，可以采用以上几种剖切方法的组合来剖开机件的方式加以表达。

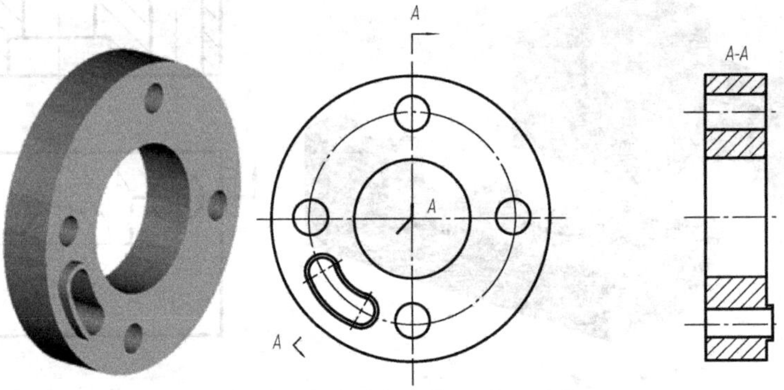

图 6－23　几个相交的剖切平面 1

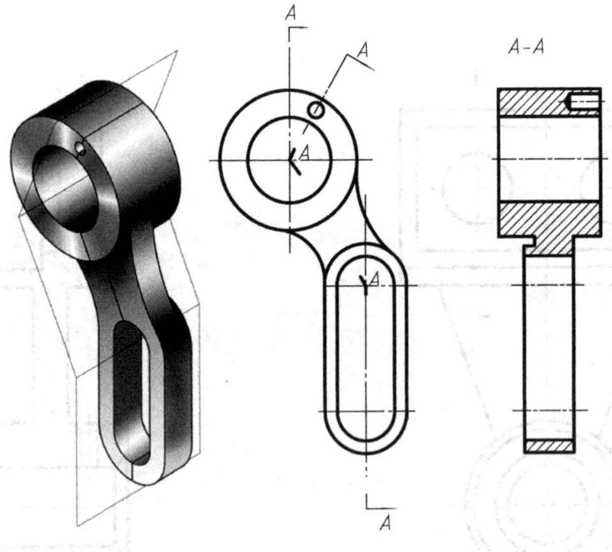

图 6－24　几个相交的剖切平面 2

任务实施

完成如图 6－13 所示的作图任务，具体结果如图 6－25 所示。

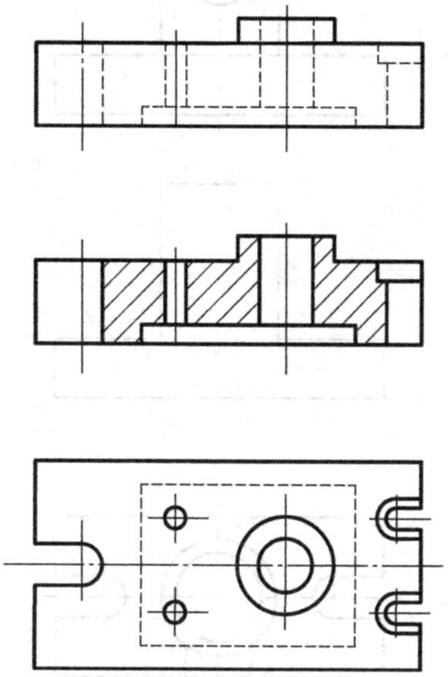

图 6－25　绘制全剖视图

思考与练习

一、填空题

（1）剖视图的种类可分为________视图、__________视图和局部剖视图。

（2）金属材料的剖面线应以适当角度绘制，最好画成与主要轮廓或剖面区域的对称线成________角，互相平行，间隔均匀的____________线。

（3）剖切面的种类可分为______________剖切面、____________的剖切面、几个相交的剖切面。

（4）机件具有对称平面时，在垂直于对称平面上投影所得的图形，可以以__________为界，一半画成剖视图，一半画成____________。

（5）机件的某一部分向基本投影面投影而得的视图称为__________视图，其断裂边界应以________________线表示。

二、简答题

（1）局部剖视图运用的场合有哪些？有哪些限制条件？

（2）金属零件和非金属零件剖面线有什么样的规定画法？

三、将如图 6－26 所示零件的主视图改画成半剖视图。

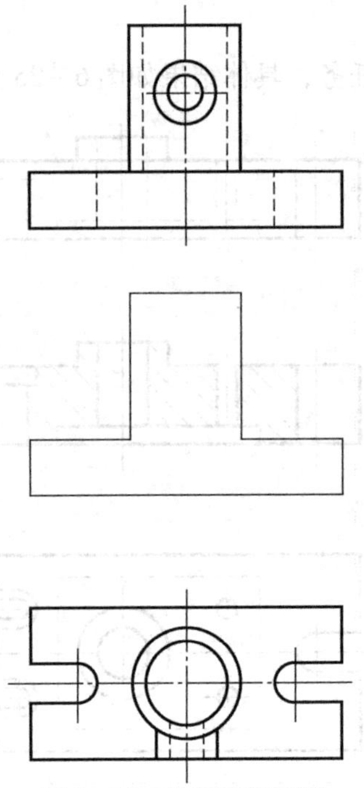

图 6－26　绘制半剖视图

任务 6－3　断　面　图

在实际生产中，我们会经常遇到轴类的零件和型材件，如何表达轴类零件表面上存在孔和槽的结构以及型材件的外形，国家标准里规定可通过断面图来表达。

断面图主要用于表达机件某一部分的断面形状，如机件上的肋板、轮辐、键槽及型材的断面等需单独表达断面形状的情况。

任务要求

通过本任务的学习，达到以下目标：

➢ 学习国家标准关于各种断面图的画法及其标注的有关规定，断面图的种类及其应用，理解各种断面图的表达意图。

➢ 明确断面图的概念和表达目的，能够根据机件的特点，恰当地选择剖切位置和断面图的数量，有效地完成机件的表达。

➢ 画出如图 6－27 所示指定位置的断面图（键槽深 4mm）。

相关知识

一、断面图的概念

假想用剖切平面将物体的某处切断，仅画出该剖切平面与物体接触部分的图形，称为断面

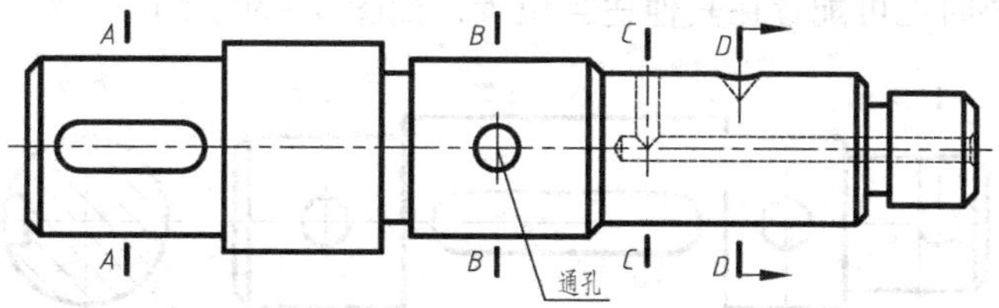

图 6－27　断面图的指定位置

图，简称断面。如图 6－28 所示吊钩只画了一个主视图，并在几处画出了断面形状，就把整个吊钩的结构形状表达清楚了，比用多个视图或剖视图显得更为简单、明了。

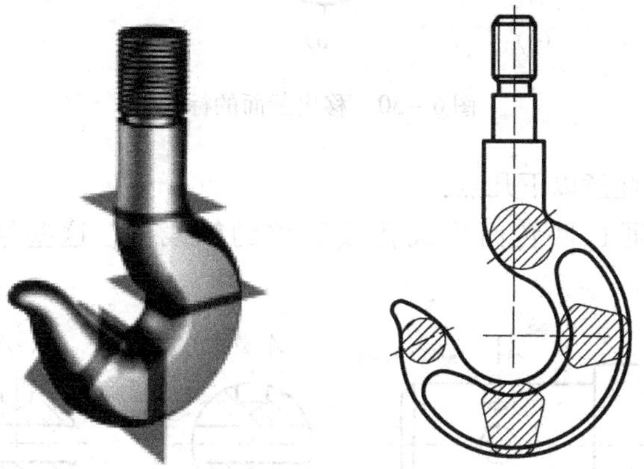

图 6－28　吊钩

断面图与剖视图不同之处：断面图只画出剖切平面和物体相交部分的断面形状，而剖视图则要求除了画出物体被剖切的断面图形外，还要画出剖切面后可见的轮廓线，如图 6－29 所示。

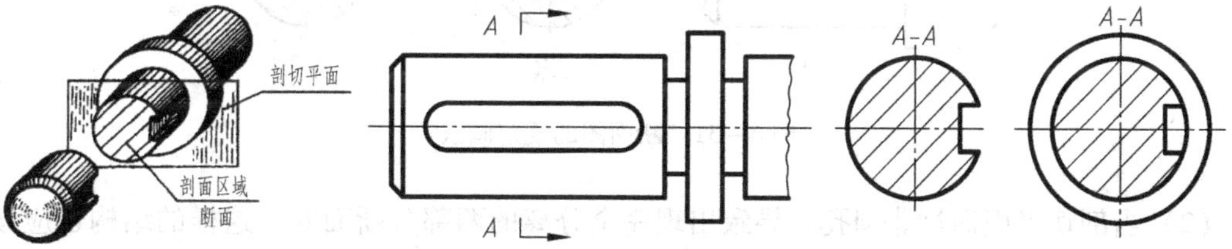

图 6－29　断面图与剖视图的比较

二、移出断面图

断面图按其在图纸上配置的位置不同，分为移出断面和重合断面两种。

1. 移出断面图

在视图轮廓之外的断面图，称为移出断面图。

移出断面图的画法如下所述。

移出断面的轮廓线用粗实线绘制，在断面上画出剖面符号。移出断面应尽量配置在剖切线的延长线上，必要时也可配置在其他适当位置，如图 6－30 所示。

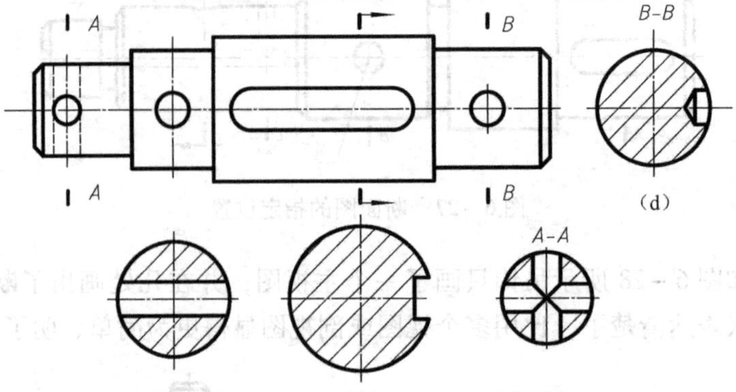

图 6－30　移出断面的标注

画移出断面图时应注意以下几点：

（1）当剖切平面通过回转面形成孔或凹坑的轴线时，这些结构应按剖视绘制，如图 6－31所示。

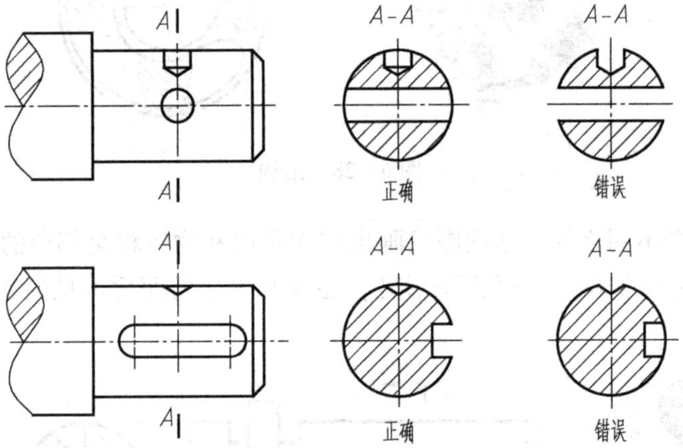

图 6－31　断面图的规定画法

（2）当剖切平面通过非圆孔，导致出现完全分离的两部分断面时，这样的结构也应按剖视绘制，如图 6－32 所示。

（3）由两个或多个相交的剖切平面剖切得出的移出断面，中间一般应断开绘制，如图 6－33 所示。

（4）当断面图形对称时，也可将断面画在视图的中断处，如图 6－34 所示。

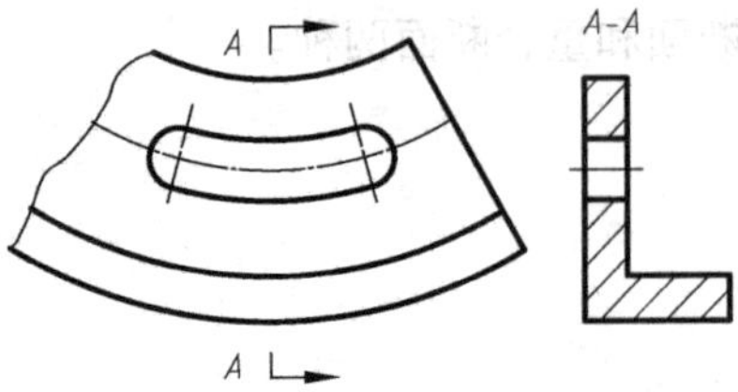

图 6－32　断面图的规定画法图

图 6－33　剖切平面相交时断面图的画法

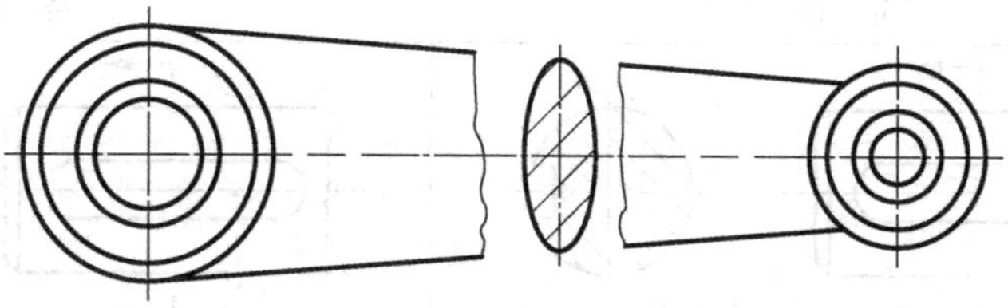

图 6－34　移出断面配置在视图中断处

（5）移出断面图的标注

移出断面一般应在断面图上方用大写拉丁字母标出断面图的名称“×—×”，用剖切符号表示剖切位置，用箭头表示投射方向，并注上同样的字母，如图 6－30 所示。

① 配置在剖切符号延长线上的不对称移出断面可省略字母，如图 6－30（b）所示。

② 按基本视图位置配置的不对称移出断面和不配置在剖切延长线上的对称移出断面均省略箭头，如图 6－30（c）、（d）所示。

③ 配置在剖切符号延长线上的对称移出断面，可省略标注，如图 6－30（a）所示。

重合断面。

三、重合断面图的画法、标注及应用

在视图轮廓之内的断面图称为重合断面图，如图 6－35 示。为了使图形清晰，避免与视图中的线条混淆，重合断面的轮廓线用细实线画出。当重合断面的轮廓线与视图的轮廓线重合时，仍按视图的轮廓线画出，不应中断。

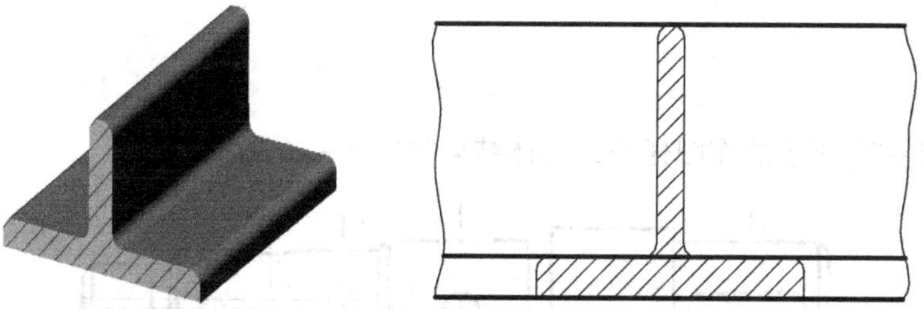

图 6－35　重合断面图

重合断面图的标注规定不同于移出断面。对称的重合断面不必标注，不对称的重合断面在不致引起误解时可省略标注。

常见断面正误对照表如表 6－2 所示。

表 6-2　常见断面正误对照表

序号	正　确	错　误
1	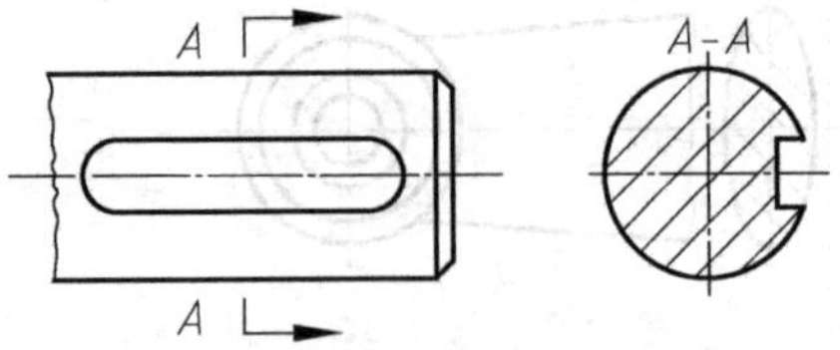	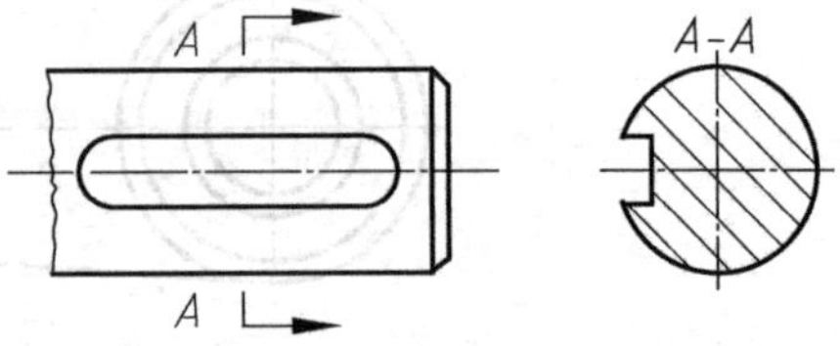
2	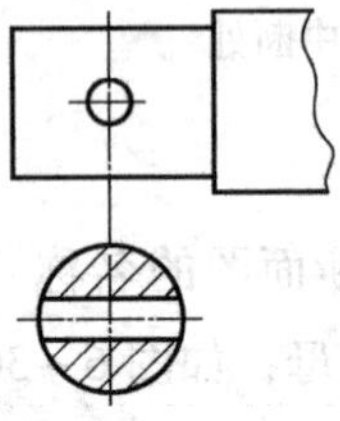	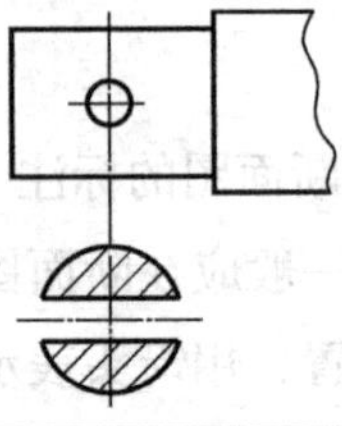
3	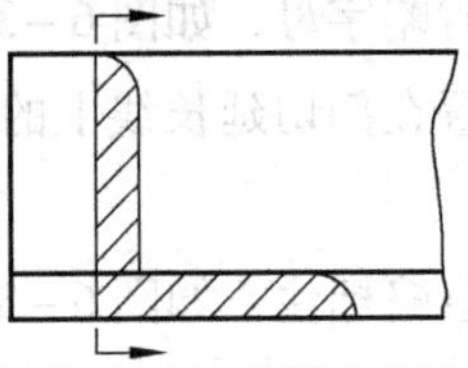	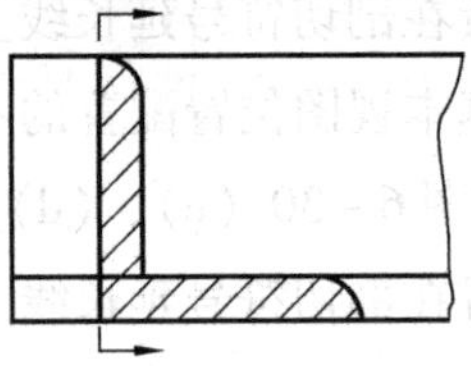
4		

任务实施

完成如图 6-27 所示的作图任务，具体结果如图 6-36 所示。

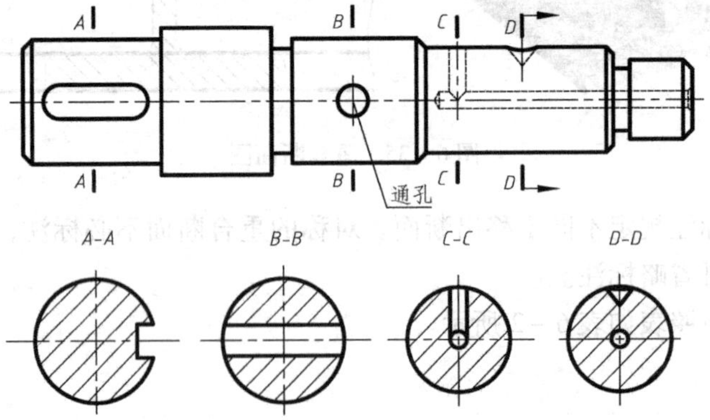

图 6-36　断面结果图

思考与练习

一、填空题

（1）断面图用来表达零件的______ 形状，剖面可分为________ 和 _________ 两种。

（2）移出断面和重合断面的主要区别是：移出断面图画在__________ ，轮廓线用______线绘制；重合断面图画在________ ，轮廓线用________ 线绘制。

二、画出如图 6－37 所示 *A*－*A* 断面图。

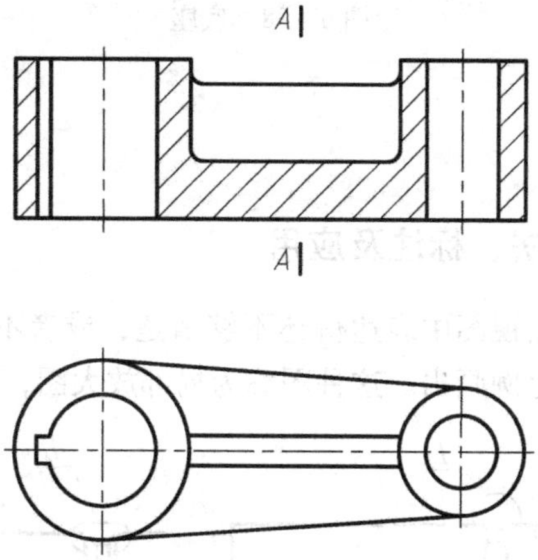

图 6－37　*A*－*A* 断面图

任务 6－4　机件其他表达方法的应用

在绘图过程中，有些机件按正常比例绘制视图后，其中一些细小结构表达不够清楚，或不便于标注尺寸，此时应采用局部放大图来表达。机件上有相同结构数量较多时可以采用简化画法。

任务要求

通过本任务的学习，达到以下目标：

➢ 了解局部放大图和简化画法的特点，并正确运用到绘制图样中从而清晰合理的表达机件的结构形状。

➢ 能正确识读和绘制含有局部放大图、简化画法和规定画法的图样，能够根据机件的需要，合理安排局部放大图，利用规定画法、简化画法等简捷、有效地图示机件。

➢ 按规定画法将图 6－38 所示底座主视图画成全剖视图。

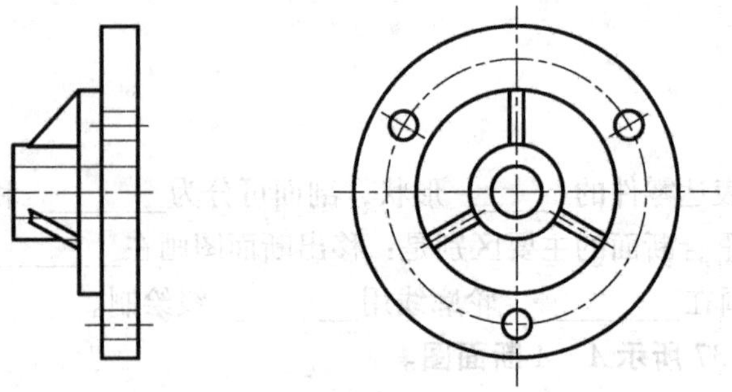

图 6－38　底座

相关知识

一、局部放大图的画法、标注及应用

当机件上某些细小结构在视图中表达得还不够清楚，或者不便于标注尺寸时，可将这些部分用大于原图形所采用的比例画出。这种图称为局部放大图，如图 6－39 所示。

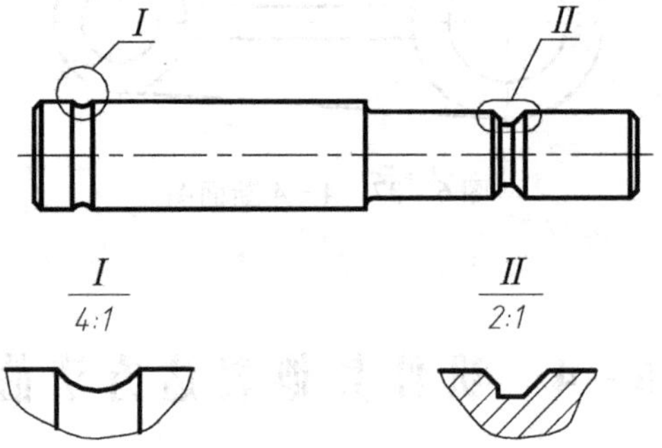

图 6－39　局部放大图

绘制局部放大图时，一般应用细实线圈出被放大的部位，在放大图的上方注明所用的比例，并尽量配置在被放大部位的附近。当同一机件有多处被放大时，必须用罗马数字依次标明被放大的部位，如图 6－39 所示。

局部放大图可以画成视图、剖视图和断面图，与放大结构的表达方式无关。局部放大图的比例，指该图形与实物的比例，与原图采用的比例无关。

二、常用简化画法

1．相同结构的简化画法

当机件上具有若干相同结构（齿、槽、孔等），并按一定规律分布时，只要画出几个完整结构，其余用细实线相连或标明中心位置，并注明总数，如图 6－40 所示。

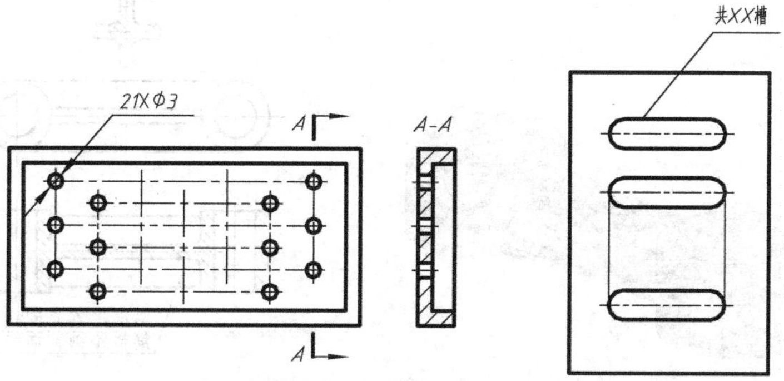

图 6－40　相同结构的简化画法

2. 滚花的简化画法

滚花一般采用在轮廓附近用粗实线局部画出的方法表示，也可省略不画，但要标注，如图 6－41 所示。

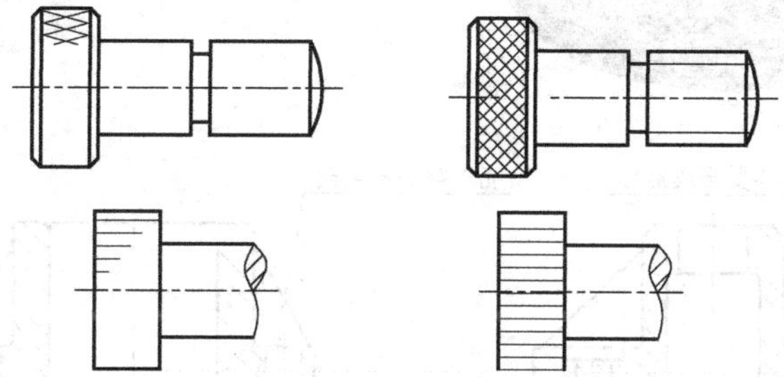

图 6－41　示意画法

3. 折断画法

对于较长的机件（轴、杆、型材、连杆等）沿长度方向的形状一致或按一定的规律变化时，可断开缩短画出，但标注尺寸时仍要标注实际长度，如图 6－42 所示。

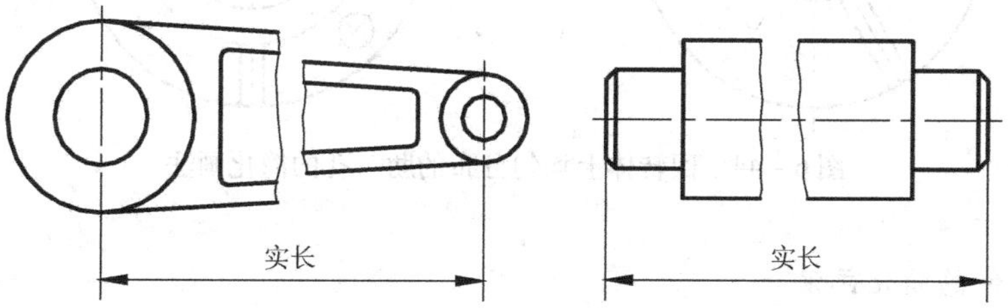

图 6－42　折断画法

4. 肋板、轮辐等结构的画法

（1）对于机件上的肋、轮辐及薄壁等结构，当剖切平面沿纵向剖切时，这些结构都不画剖面符号，如图 6－43 所示。当剖切面沿横向剖切时，画剖面符号。

（2）当机件回转体上均匀分布的肋、轮辐、孔等结构不处于剖切平面上时，可将这些结构旋转到剖切平面上画出，且不需加任何标注，如图 6－44 所示。

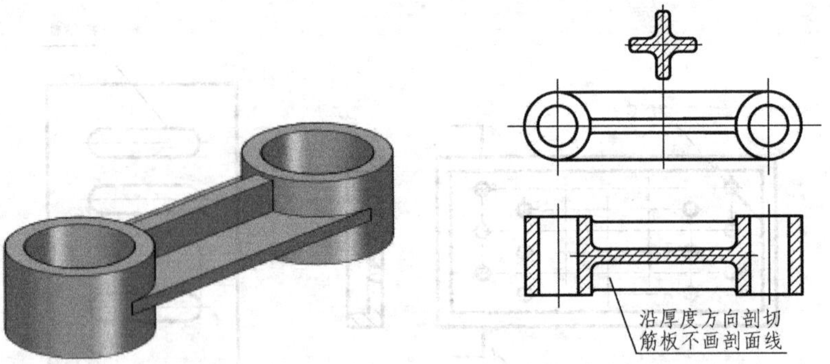

图 6-43　筋辐的规定画法

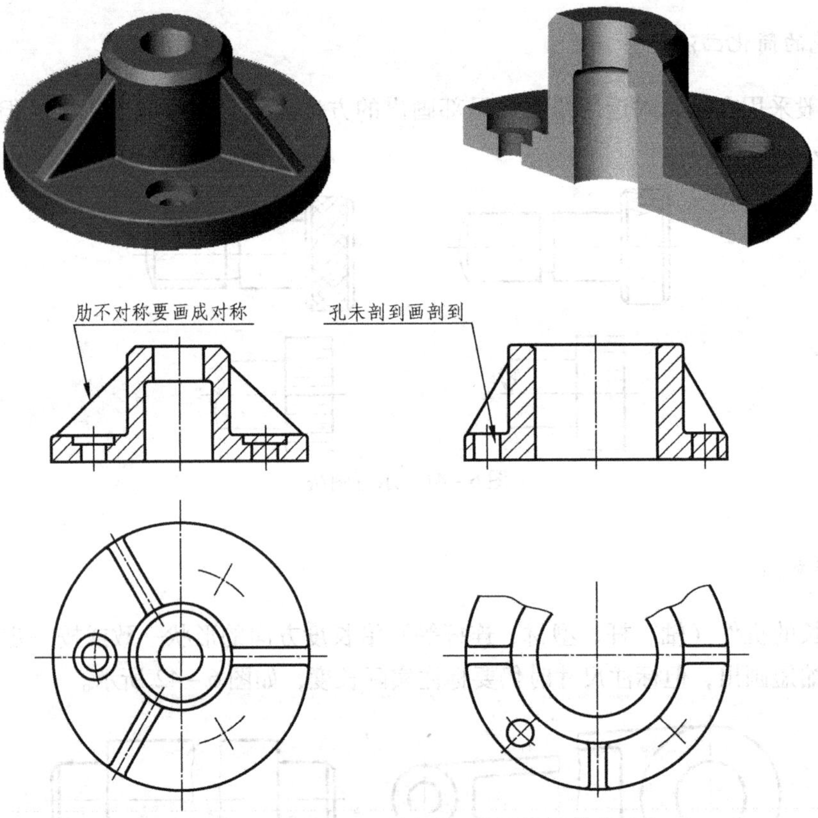

图 6-44　回转体上均匀分布的肋、孔的简化画法

5. 对称机件的简化画法

在不致引起误解时，对称机件的视图可只画 1/2 或 1/4，并在对称中心线的两端画出两条与其垂直的平行细实线，如图 6-45 所示。

6. 局部视图简化画法

零件上对称结构的局部视图，可按图 6-46 所示的方法简化。

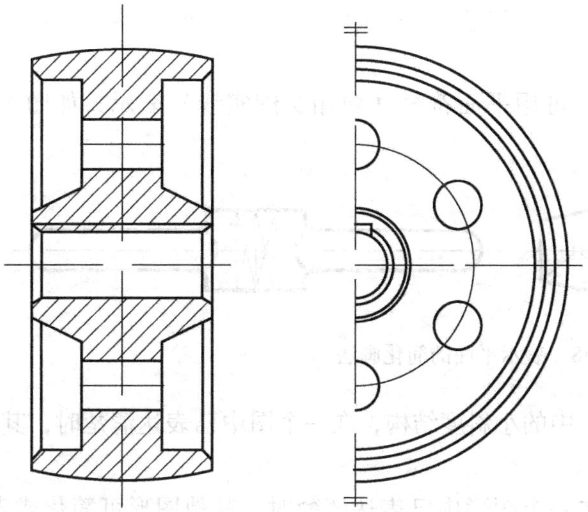

图 6－45　对称机件的简化画法

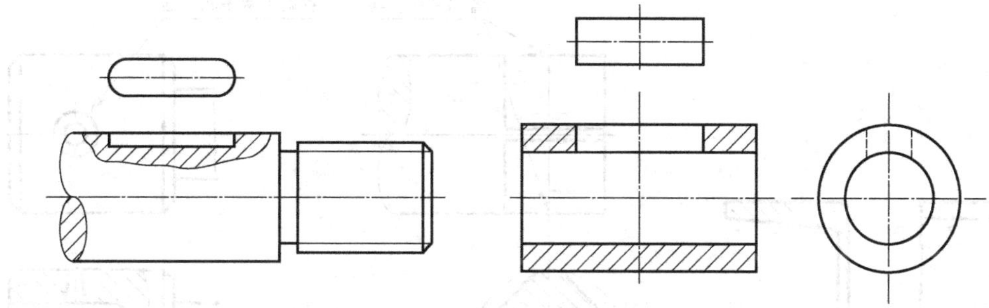

图 6－46　局部视图简化画法

7. 倾斜圆与圆弧的简化画法

与投影面倾斜角度小于或等于 30°的圆或圆弧，其投影可用圆或圆弧代替，如图 6－47 所示。

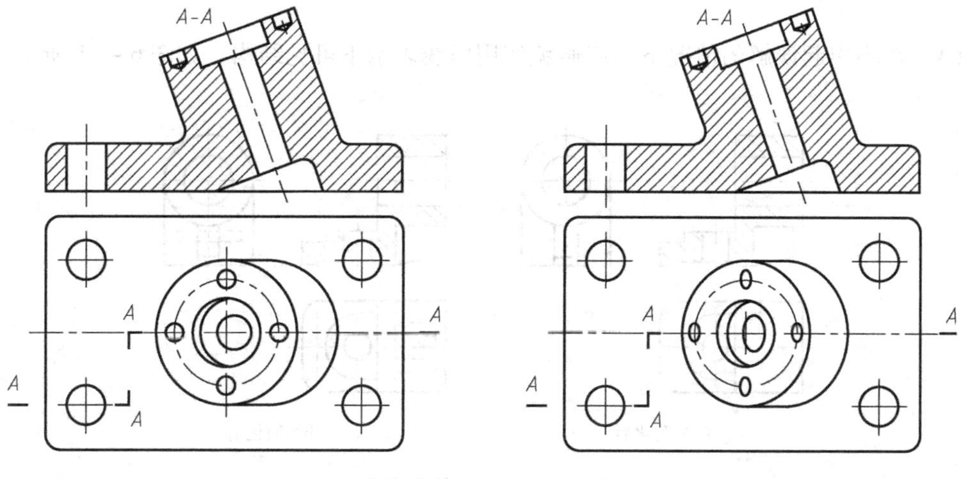

（a）简化后　　（b）简化前

图 6－47　倾斜圆与圆弧的简化画法

8. 其他简化画法

（1）当图形不能充分表达平面时，可用平面符号（两相交细实线）表示，如图 6－48 所示。

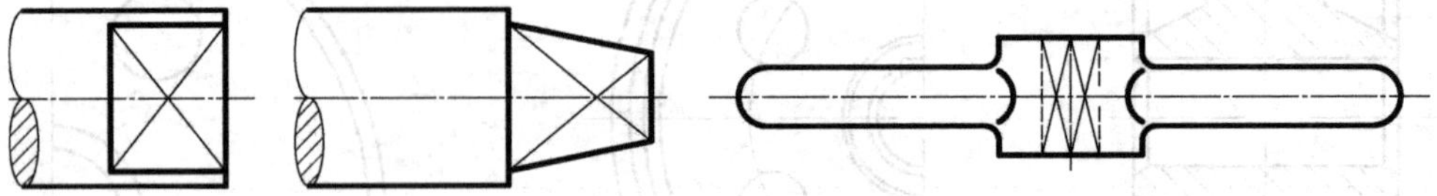

图 6－48　表示平面的简化画法

（2）型材（角钢、工字钢、槽钢）中的小斜度结构，在一个图中已表达清楚时，其他图形按小端画出，如图 6－49 所示。

（3）物体上的一些较小结构，如在一个图形中已表达清楚时，其他图形可简化或省略，见图 6－50。

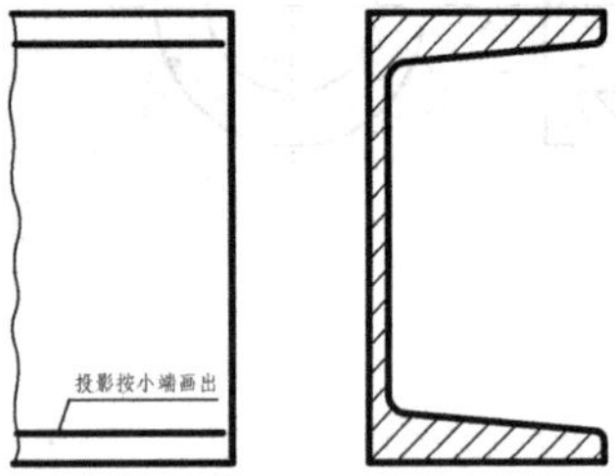

图 6－49　型材的小斜度结构

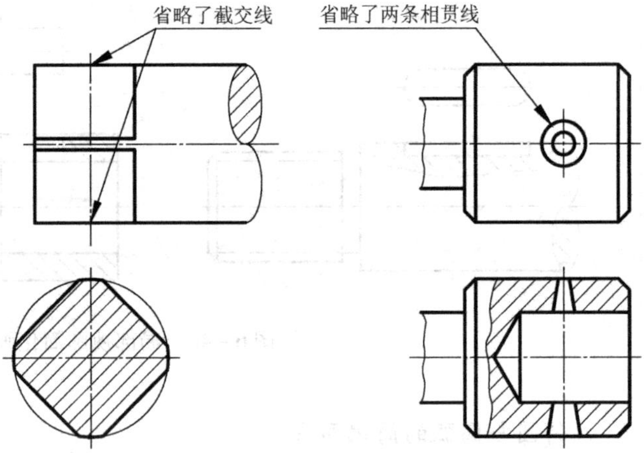

图 6－50　物体上的一些较小结构

（4）在不引起误解的情况下，应避免使用虚线表示不可见结构，如图 6－51 所示。

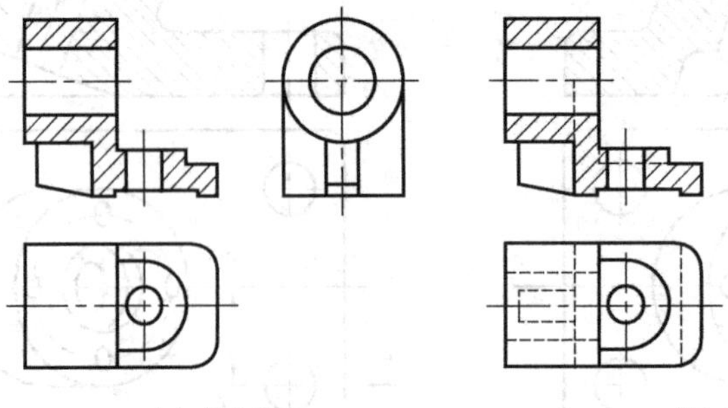

（a）简化后　（b）简化前

图 6－51　避免使用虚线

任务实施

按规定画法将图 6 – 38 所示底座主视图画成全剖视图，结果如图 6 – 52 所示。

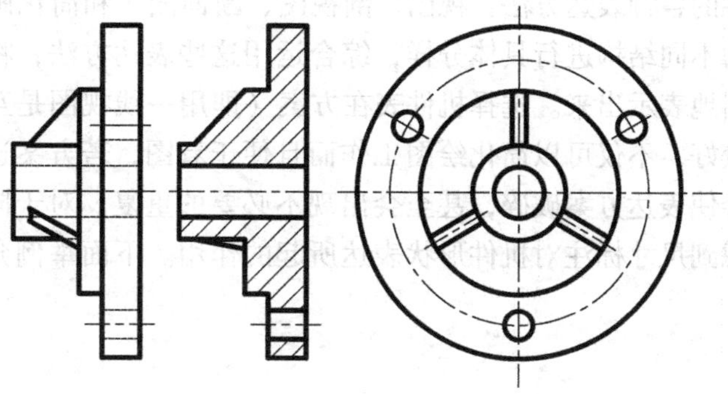

图 6 – 52　底座的正确画法

思考与练习

一、填空

（1）将机件的部分结构，用大于原图形所采用的比例画出的图形称为____________图；放大部位用____________线圈出。

（2）肋板、轮辐及薄壁结构，____________剖切时，一律不画剖面线，并用__________线将它们与相邻结构分开。

（3）较长机件采用折断画法后，其长度应按__________标注尺寸，断裂边缘常用____________线画出。

（4）按一定规律分布的相同结构，只需画出几个完整的结构，其余用________________线相连或标明中心位置并注明________________。

（5）局部放大图上标注的比例是指________________的线性尺寸与________________相应要素的线性尺寸之比。

二、利用简化画法，重新绘制图 6 – 53。

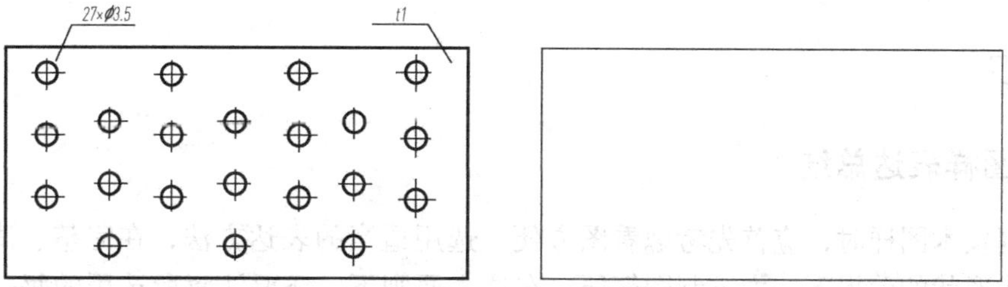

图 6 – 53　简化画法

任务6-5　图样表达方法的综合应用和第三角画法

前面介绍了机件的各种表达方法：视图、剖视图、断面图、和简化画法等，在绘制机件图样时，应根据它的不同结构进行具体分样，综合运用这些表达方法，将机件的内外结构形状完整、清晰、简明地表示出来。选择机件表在方案（即用一线视图是互相关联和互相补充的，若方案选择得较好，不仅可以简化绘图工作而且便于看图，若方案选择不好，不仅不利于顺利读图，而且会使表达方案破碎，甚至会出现不必要的重复。对于同一机件，在确定表达方案时，还应考虑到尺寸标注对机件形状表达所起的作用。下面举例介绍机件表达方法的综合应用。

任务要求

通过本任务的学习，达到以下目标：

➢ 表达方法的综合运用，初步具备“由物画图、由图想物”的基本能力。

➢ 能根据实物或直观图绘制机件的图样，并能熟练识读含各种表达方法的图样。能合理设计和优化表达方案。

➢ 分析如图6-54所示的轴承支架，建立该图的表达方案。

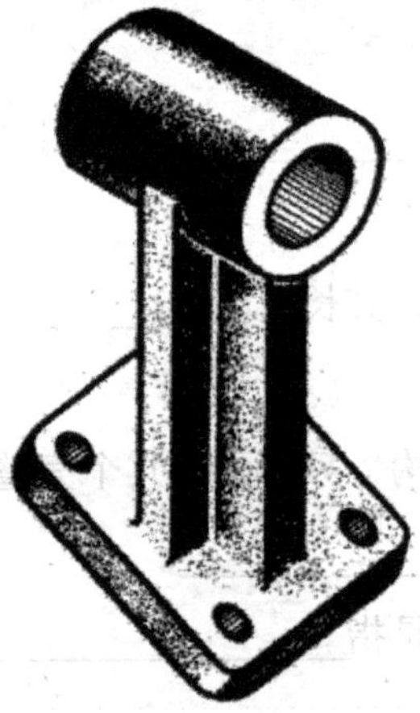

图6-54　轴承支架

相关知识

一、图样表达总结

在绘制技术图样时，应首先考虑看图方便，选用适当的表达方法，在完整、清晰地表达机件的结构形状的前提下，力求制图简便。在这一原则下，还要注意所选用的每一个图形既要有其各自明确的表达内容，同时注意它们之间的相互联系。各图形之间互为补充，既要避免不必要的重复表达，又要防止某些结构形状的遗漏。

1. 图样表达方法

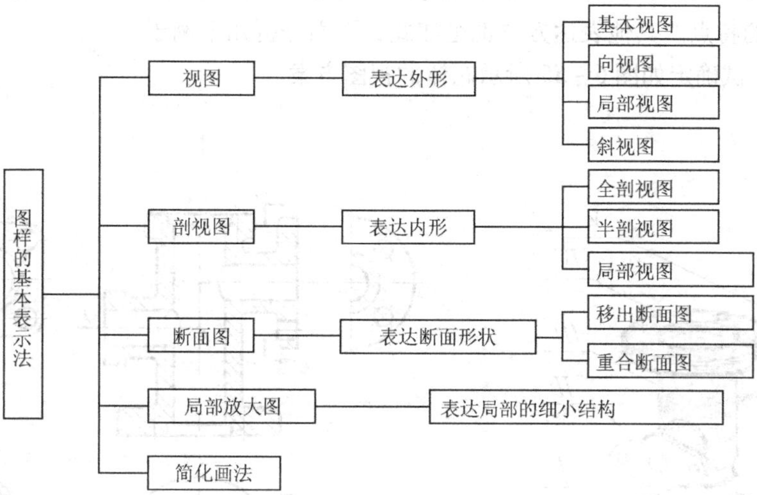

2. 确定图样表达方法时注意事项

（1）首先选择并确定主视图。

（2）选择必要的其他视图。

（3）视图表达方案的选择要与表达方法的选择同时考虑，并优先在基本视图上作剖视。

（4）机件的视图表达方案是一个体系，应统筹安排、风格统一、通盘考虑。

（5）在选择表达方案时，可多选几种方案进行比较，分析每种方案的表达特点，最后选择最佳的表达方案。

二、图样表达方法的综合应用

1. 机件形体分析

搞清机件的内部结构形状是确定表达方案的前提。

2. 主视图的选择

通常应选择最能反映机件形状特征的视图作为主视图。

3. 其他视图选择

机件的结构形状多种多样，表达方法也各不相同，在实际的应用中，应当根据机件的不同结构特点，在完整、清晰地表达机件各部分结构形状的前提下，力求制图简便。在确定一个机件的表达方案时，要恰当地选用各种表达方法，对于同一个机件来说可能有几种表达方法，经比较之后，确定较好的方案。

应用各种表达方法时要把握住以下两点：

（1）选用各种表达方法的出发点是，用较少的视图，把机件的结构形状完整、清晰的表达出来。由于每种表达方法只适用于一定的场合，而机件的结构是多种多样的，需要根据不同的结构特点，选用适当的表达方法。

（2）各种剖视是在全剖视的基础上发展变化而来的。例如，半剖视和局部剖视是视图和剖视的组合，阶梯剖视和旋转剖视是剖视与剖视的组合。我们既要了解它们之间的内在联系，也要注意各自的特点。其他表达方法也是如此，下面分析几个例子。

【例 6－1】试确定如图 6－55 所示阀体的视图方案。

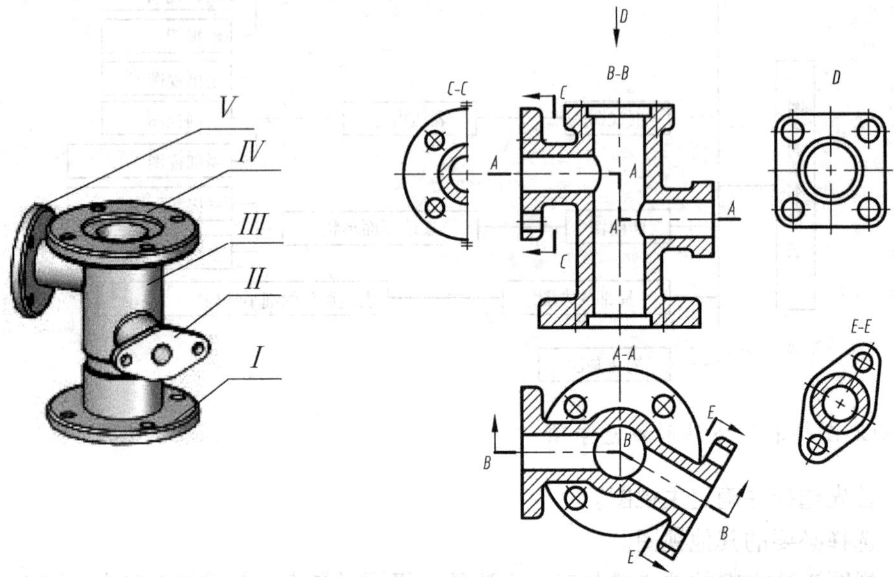

图 6－55　表达方法图例

阀体的形体大致可分为Ⅰ、Ⅱ、Ⅲ、Ⅳ、Ⅴ这五个部分，阀体的内、外结构形状多为回转体，其大小结构比较复杂，图 6－55 是阀体的一种表达方案，如图 6－55 中箭头方向作为主视图的观察方向，为了清楚地表明阀体内通道的结构，主视图采用了 $B-B$ 旋转剖的全剖视图，俯视图选用 $A-A$ 阶梯剖的全剖视图，$C-C$ 剖视图表示阀体左上部凸缘的形状和孔的分布情况，D 向反映了阀体顶端凸缘上孔的分布情况，$E-E$ 的剖视图可以表明右下部棱形凸缘的真实形状，而左视图不画出。

【例 6－2】图 6－56 是支架的一组视图，它由圆筒、底板和连接板组成，主视图为全剖视，它清楚地表达了支架内部的主要结构，是通过支架轴孔的前后对称面剖切而得到的。左端凸缘上的螺孔，本来剖不到，但图上采用规定画法按剖了一个的情形画出，而其位置和数目则在左视图表达。主视图的外形简单，配合俯视图和左视图可以看得更清楚，不需特别表达。

俯视图是外形图，主要反映地板的形状和安装孔、销孔的位置。

左视图利用支架前后对称的特点，采用半剖视图。从“$A-A$”的位置剖切，既反映了圆筒、连接板和底板之间的连接情况，又表现了底板上销孔的穿通情况。左边的外形主要表达圆筒端面上螺孔的数量和分布位置。局部剖视表达底板上的安装孔。

图 6－56 的三个视图表达方法搭配适当，每个视图都有表达的重点，目的明确，既起到了相互配合和补充的作用，又达到了视图数量适当的要求。

三、将外形视图改为剖视图

通过将外形视图改画为剖视图，巩固和训练我们的空间想象和空间构思能力，同时又能练习视图和剖视等表达方法。下面举例说明将外形视图改画为剖视图的方法。

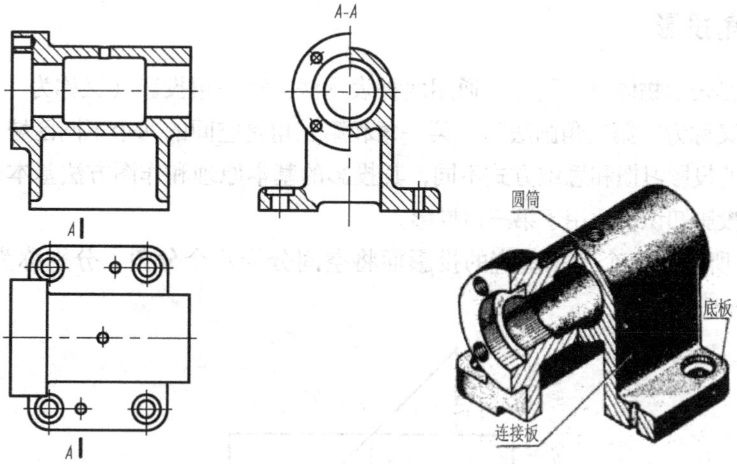

图 6－56　综合示例

【例 6－3】如图 6－57 所示，将主视图改画成合适的剖视图，并补画左视图。

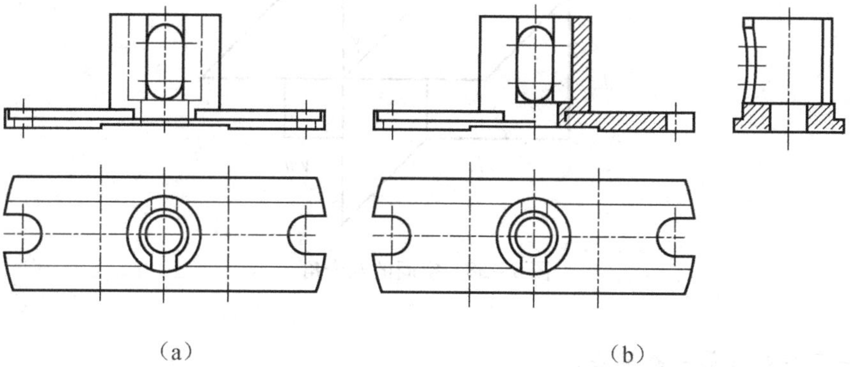

图 6－57　四通表达方案

读图分析：

(1) 形体分析。由已知视图看出，该机件由底板和空心圆筒两部分组成，上部为空心圆筒，下部为底板。底板为圆形，前后经两次不同程度削扁，中部突起，左右开 U 形槽。空心圆筒骑坐在底板上，空心圆筒的外侧面与底板突起部分前后均相交，形成截交线。

(2) 主视图。由于机件在左右方向上完全对称，因此主视图宜采用半剖视图，将右侧剖开，将圆通后壁上的长圆孔、U 形槽和机件壁厚情况表达清楚；左侧则保留外形视图，主要表达底板前后削扁形成截交线以及底板与圆筒外表面相交等连接情况，这样使得内外形同时表达。

(3) 左视图。机件前后方向上，圆筒前壁开有方形槽，后壁在同一高度上有一长圆形孔，前后方向上为基本对称，所以左视图应采用全剖把圆筒前后壁上方形槽和后壁上的长圆孔以及长圆孔与圆通的相贯情况同时表达清楚。根据上述分析作出主、左视图，如图 6－57（b）所示。

四、第三角投影

用多面正投影表示物体时，国际上通用两种表示法：第一角投影（又称为“第一角画法“）和第三角投影（又称为“第三角画法”）。第一角和第三角是空间的两个不同区域，两种画法只是反映了不同国家的投影习惯和思维方式不同，其投影的基本原理和作图方法基本是一样的，我们前面所学习的正投影知识仍适用于第三角投影。

如图 6－58 所示，三个互相垂直的投影面将空间分为八个分角，分别称为第*I* 角、第*II* 角、第*III* 角……

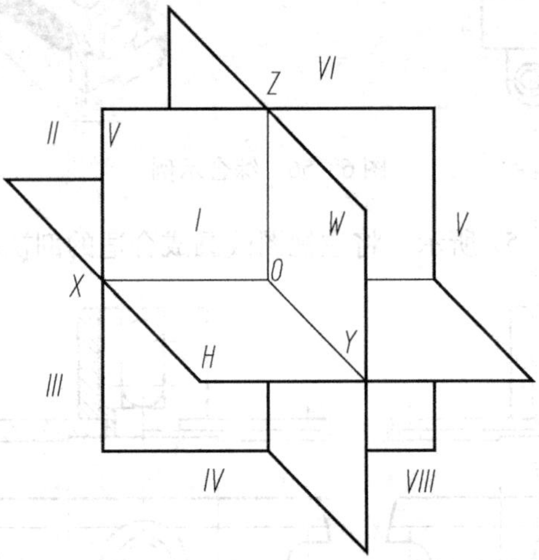

图 6－58　空间的八个角

1. 第一角投影（第一象限法）

是将机件置于第*I* 角内，使机件处于观察者与投影面之间（即保持人→物→面的位置关系）而得到正投影的方法。前面讨论的投影画法都是第一角画法。这种方法中可认为投影面是不透明的，如图 6－59 所示。

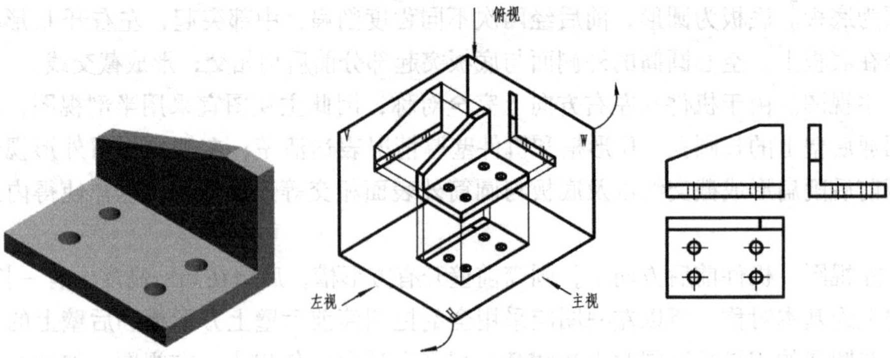

图 6－59　第一角投影

2. 第三角投影（第三象限法）

是将机件置于第Ⅲ角内，使投影面处于观察者与机件之间（即保持人→面→物的位置关系）而得到正投影的方法，如图6－60所示。

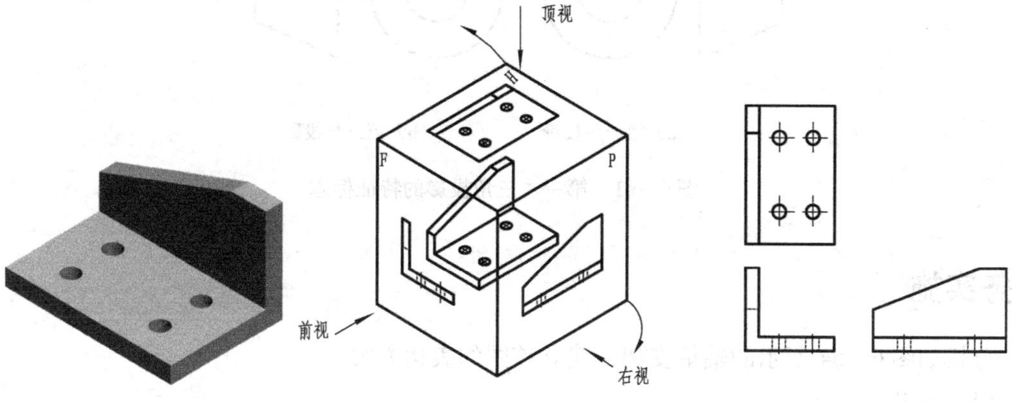

图6－60　第三角投影

五、第一角投影与第三角投影的区别

1. 第一角投影

第一角投影是将物体放在观察者与投影面之间进行投影，这时，保持人→物→面的相对关系，由物体向投影面投影时所作的投影线与人的视线方向相同；第三角投影是将投影面放在观察者与物体之间进行投影，这时，保持人→面→物的相对关系，由物体向投影面投影时所作的投影线，与人的视线方向相反，而且，假定投影面为透明的平面。

2. 第一角投影的三个投影面

第一角投影的三个投影面以 *VHW* 为标志，与各投影面上投影图形成对应的视图名称：正面投影为主视图，水平投影为俯视图，侧面投影为左视图。第三角投影的三个投影面以 *FPH* 为标志，与各投影面上投影图形成对应的视图名称：正面投影为前视图，水平投影为顶视图，侧面投影为右视图。

3. 第一角投影各投影面展开的方法

H 面向下旋转，*W* 面向由后方旋转。第三角投影投影面展开的方法：*H* 面上向旋转，*P* 面向右前方旋转。因而，与三角投影的三视图配置也不相同。以三角投影的三面视图都遵守“长对正，高平，宽相等”的作图规律。第一角投影俯视图的下方和左视图的右方都表示物体的前面，俯视图的上方和左方都表示物体的后面；第三角投影顶视图的下方和右视图的左方都表示物体的前面，顶视图的上方和右视图的右方都表示物体的后面，这一对应关系与第三角投影恰恰相反。

另外，ISO 国际标准中规定，应在标题栏附近画出所采用画法的识别符号。第一角画法的识别符号如图6－61（a）所示，第三角画法的识别符号如图6－61（b）所示。我国国家标准规定，由于我国采用第一角画法，因此，当采用第一角画法时无须标出画法的识别符号。当采用第三角画法时，必须在图样的标题栏附近画出第三角画法的识别符号，如图 6－61（b）所示。

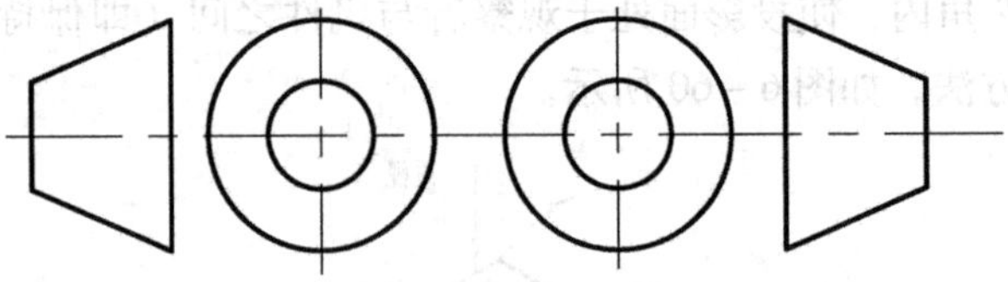

（a）第一角投影　　（b）第三角投影

图 6－61　第一、三角投影的特征标志

任务实施

分析如图 6－54 所示的轴承支架，建立该图的表达方案。

（1）分析及说明。

①主视图——反映出支架在机器中的安装位置，采用了局部剖视，以表示轴承孔和加油孔；倾斜底板采用局部剖视，表示其通孔。

②左视图——采用了局部视图，表示轴承圆柱与十字形肋板的连接关系和相对位置。

③移出断面图——表示十字形肋板的断面实形。

④*A* 向斜视图——表示倾斜底板的实形以及其上孔和销孔的分布位置及数量。

这样，轴承支架仅用了四个视图，达到视图清晰完整、作图简便的要求。

（2）绘制底稿。

（3）校对、加深、书写。

结果如图 6－62 所示。

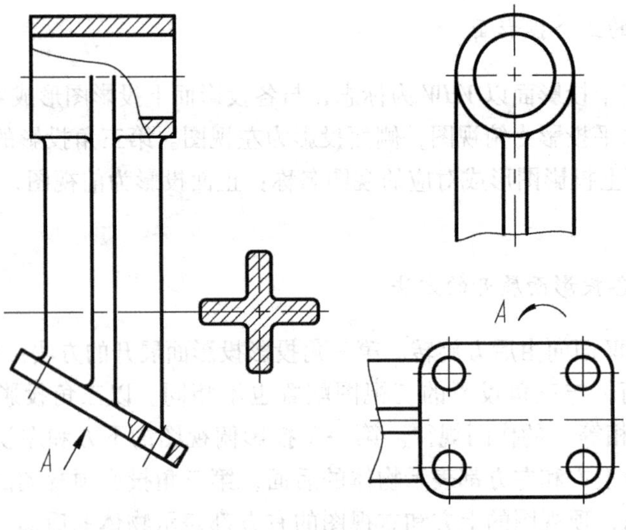

图 6－62　轴承支架

思考与练习

试对如图 6－63 所示的机座进行形体分析，建立该图的表达方案。

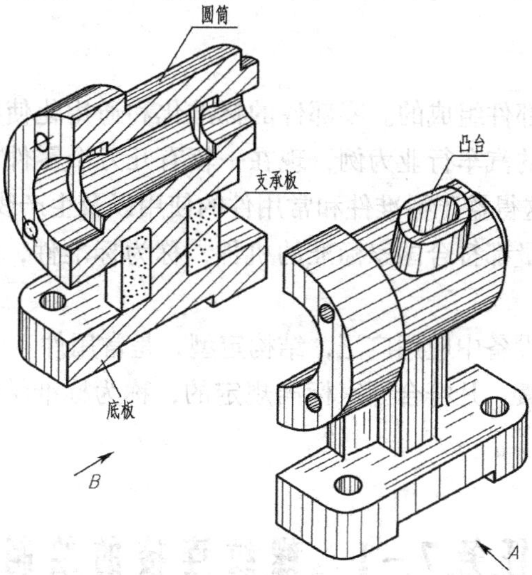

图 6－63　读图分析

项目七　标准件与常用件的绘制

机器是由若干零件和部件组成的。零部件的标准化和通用化使得现代化的大批量生产得以实现。以当今蓬勃发展的汽车行业为例，现在一辆有几万个零件的家庭型轿车已经可以在1－2h之内完成组装了，这得益于标准件和常用件的使用以及生产线的设计。

结构、尺寸和成品质量都符合国家标准的机件，称为标准件，如螺栓、螺钉、螺母、垫圈、销、键、滚动轴承等。

齿轮、弹簧在机器和设备中应用广泛，结构定型，是常用件。

轮齿、螺纹等结构要素，凡符合国家标准规定的，称为标准结构要素，不符合的为非标准结构要素。

任务7－1　螺纹连接的绘制

螺栓、螺钉、螺母是最常见的标准件，它们母体表面上都制出螺旋线形的、具有特定截面的连续凸起部分。作为标准件，了解国家标准对它的规定是十分重要的，其中包括螺纹的类型，标注方法及比例画法。

任务要求

通过本任务的学习，达到以下目标：

➢ 掌握螺纹的基本要素。

➢ 熟练掌握内外螺纹的规定画法，掌握螺纹的标注方法，掌握内外螺纹连接的画法。

➢ 识别图7－1所示所列螺纹的错误画法，并画出正确的图形。

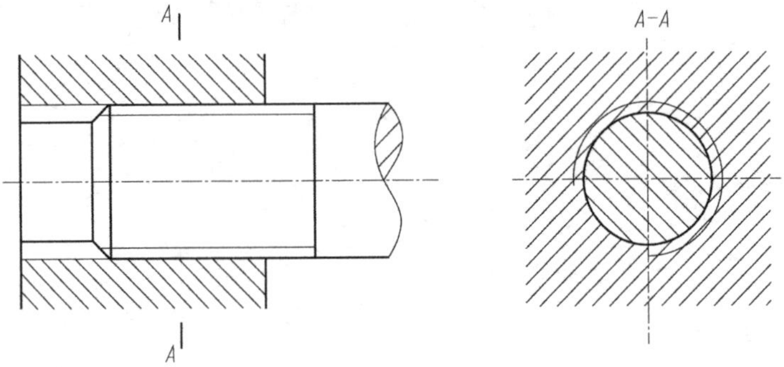

图7－1　螺纹画法

相关知识

一、螺纹的形成

螺纹是指在圆柱或圆锥表面上，沿螺旋线所形成的，具有相同剖面的连续凸起和沟槽。在圆柱外表面加工的螺纹，称为外螺纹；在圆柱内表面加工的螺纹，称为内螺纹。内外螺纹成对使用，可用于各种机械连接，传递运动和动力。

各种螺纹都是根据螺旋线原理加工而成，螺纹加工大部分采用机械化批量生产。小批量、单件产品，内外螺纹均可采用车床加工。

图7－2为用车床加工外螺纹的示意，图7－3为用车床加工内螺纹的示意，工件作等速旋转运动，刀具沿工件轴向作等速直线移动，其合成运动使切入工件的刀尖在工件表面切制出螺纹。

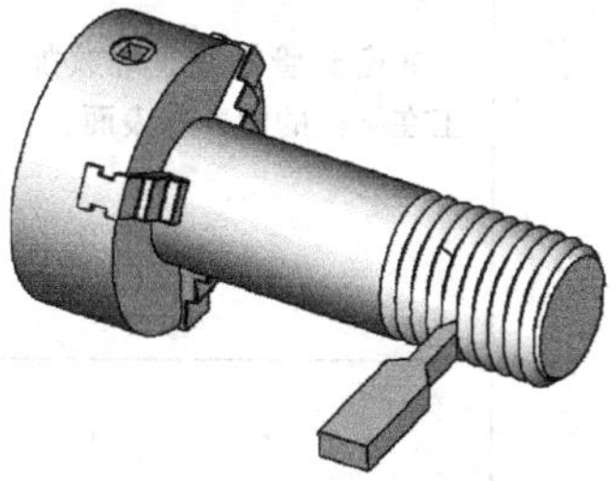

图7－2　外螺纹加工

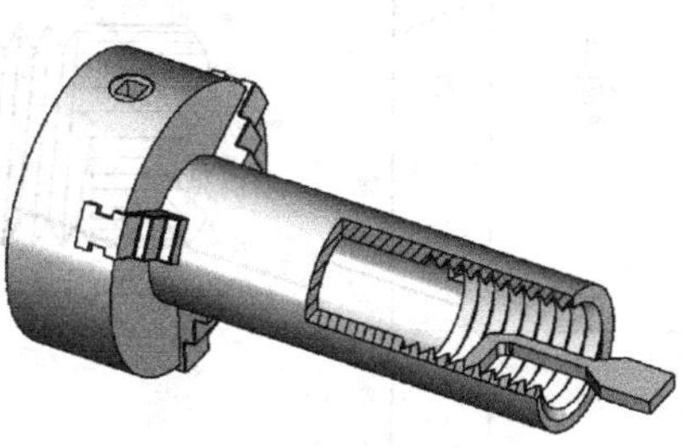

图7－3　内螺纹加工

对直径较小的外螺纹，可用板牙加工，如图7－4所示；对直径较小的内螺纹可先钻孔再攻丝，如图7－5所示。

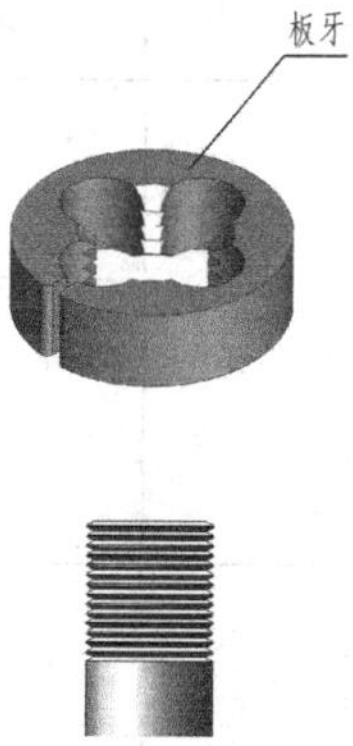

图7－4　外螺纹加工

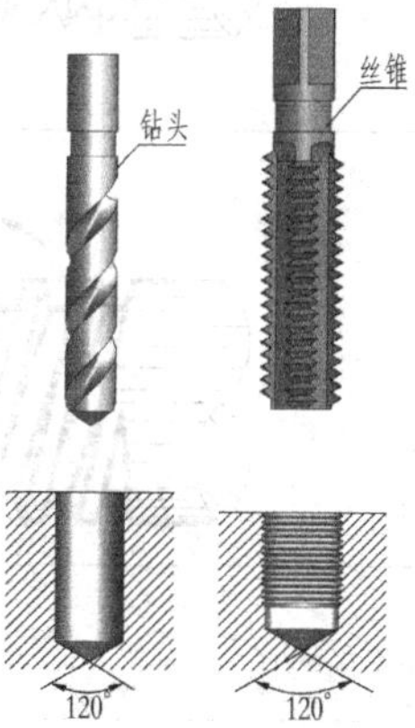

图7－5　内螺纹加工

二、螺纹的基本要素

螺纹的基本结构要素包括牙型、直径（大径、小径、中径）、螺距和导程、线数和旋向等，其中牙型、直径和螺距是最基本的结构要素，称为螺纹三要素。

1. 牙型

在通过螺纹轴线的剖面上，螺纹的轮廓形状称为螺纹牙型。常见的螺纹牙型有三角形（60°、55°）、梯形、锯齿形、矩形等。常见标准螺纹的牙型及符号如表7－1所示。

表 7－1　常见标准螺纹的牙型及符号

螺纹类型			符号	牙　型	说　明	
连接螺纹	普通螺纹	粗牙、细牙	M	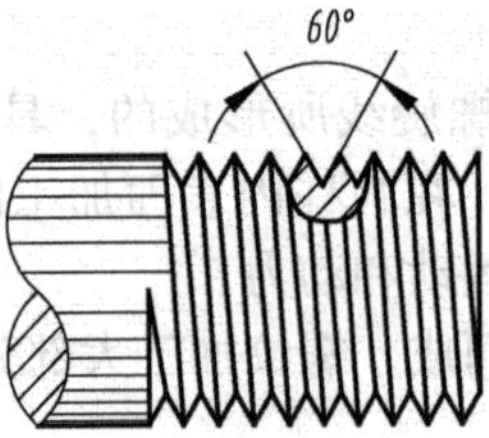	是最常用的连接螺纹，分粗牙和细牙两种，优先选择粗牙。细牙螺纹牙型小，切深浅，用于薄壁或紧密连接	
连接螺纹	管螺纹	非密封	G	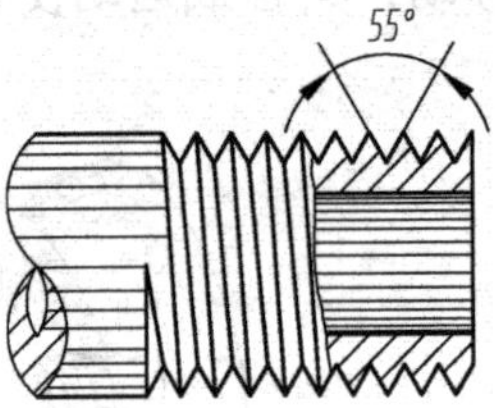	非密封管螺纹，螺纹加工在圆柱的内、外表面	管螺纹应标注管子的尺寸代号
连接螺纹	管螺纹	密封	Rc R Rp	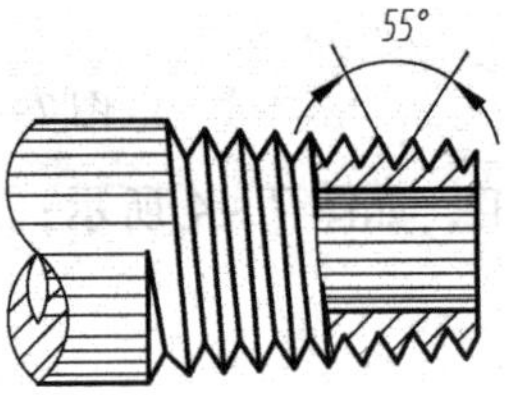	Rc——圆锥内螺纹 R——圆锥外螺纹 Rp——圆柱内螺纹	管螺纹应标注管子的尺寸代号
传动螺纹	梯形螺纹		Tr	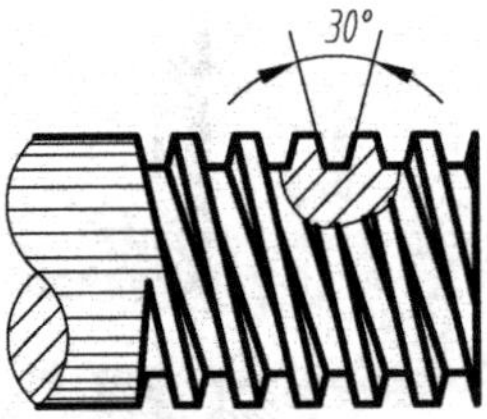	用于传递运动和动力，如机床的丝杠等	
传动螺纹	锯齿形螺纹		B	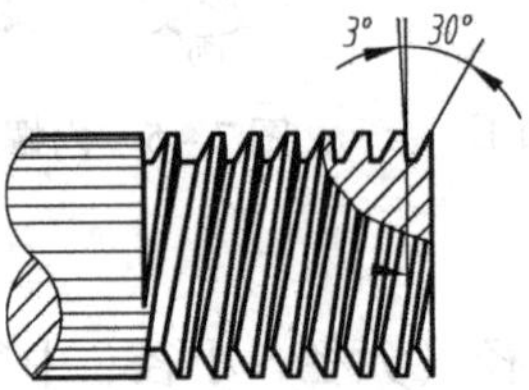	用于传递单方向压力，如千斤顶的螺杆	

2. 螺纹的直径

如图 7－6 所示，螺纹的直径如下。

（1）大径。是指与外螺纹的牙顶或内螺纹的牙底相切的假想圆柱或圆锥的直径。内螺纹的大径用大写字母 D 表示，外螺纹的大径用小写字母 d 表示。

（2）小径。是指与外螺纹的牙底或内螺纹的牙顶相切的假想圆柱或圆锥的直径。内螺纹的小径用大写字母 D_1 表示，外螺纹的小径用小写字母 d_1 表示。

（3）中径。是指一个假想的圆柱或圆锥直径，该圆柱或圆锥的母线通过牙型上沟槽和凸起宽度相等的地方。内螺纹的中径用大写字母 D_2 表示，外螺纹的中径用小写字母 d_2 表示。

（4）公称直径。代表螺纹尺寸的直径，是指螺纹大径的基本尺寸。

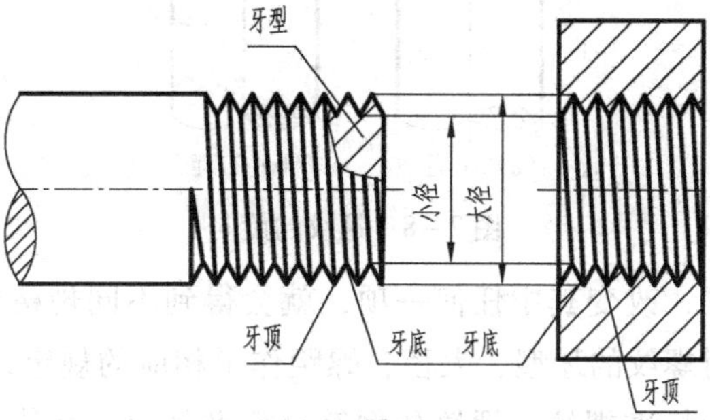

（a）外螺纹　　（b）内螺纹

图 7－6　螺纹的直径

3. 线数

形成螺纹的螺旋线条数称为线数，线数用字母 n 表示。沿一条螺旋线形成的螺纹称为单线螺纹，沿两条以上螺旋线形成的螺纹称为多线螺纹。

4. 螺距和导程

相邻两牙在中径线上对应两点间的轴向距离称为螺距，螺距用字母 P 表示；同一螺旋线上的相邻两牙在中径线上对应两点间的轴向距离称为导程，导程用字母 P_h 表示，线数 n、螺距 P 和导程 P_h 之间的关系为 $P_h = Pn$，如图 7－7 所示。

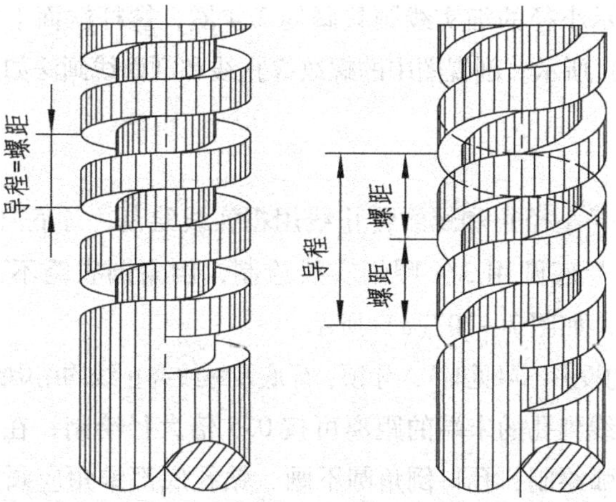

（a）单线　　（b）双线

图 7－7　单线螺纹和双线螺纹的螺距和导程

5. 旋向

螺纹分为左旋螺纹和右旋螺纹两种。顺时针旋转时旋入的螺纹是右旋螺纹；逆时针旋转时旋入的螺纹是左旋螺纹，如图 7 – 8 所示。工程上常用右旋螺纹。

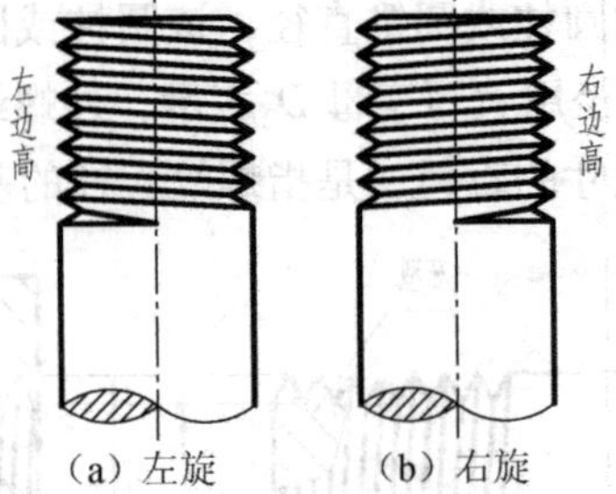

图 7 – 8　螺纹的旋向

螺纹的五项基本要素，改变其中任何一项，就会得到不同规格的螺纹。为了便于设计、制造和选用，国家标准对螺纹的牙型、大径、螺距作了相应的规定，牙型、直径和螺距均符合国家标准的螺纹，称为标准螺纹。螺纹牙型符合标准规定，其他不符合标准规定的螺纹，称为特殊螺纹。三项都不符合标准规定的称为非标准螺纹。

三、螺纹的规定画法

由于螺纹的表面是螺旋线的突起或凹槽，形状比较复杂，所以螺纹一般不按真实投影作图，而是采用机械制图国家标准规定的画法以简化作图过程。

1. 外螺纹的画法

外螺纹的大径用粗实线表示，小径用细实线表示。螺纹小径按大径的 0.85 倍绘制。在不反映圆的视图中，小径的细实线应画入倒角内，螺纹终止线用粗实线表示，如图 7 – 9 (a) 所示。当需要表示螺纹收尾时，螺纹尾部的小径用与轴线成 30°的细实线绘制，如图 7 – 9 (b) 所示。在反映圆的视图中，表示小径的细实线圆只画约 3/4 圈，螺杆端面上的倒角圆省略不画，如图 7 – 9 (a)、(b)、(c) 所示。剖视图中的螺纹终止线和剖面线画法如图 7 – 9 (c) 所示。

2. 内螺纹的画法

在剖视图中，牙顶（小径）和螺纹终止线用粗实线绘制，牙底（大径）用细实线绘制。牙顶圆用粗实线绘制；牙底圆用 3/4 圈细实线绘制，倒角圆省略不画，大径与小径之间按 $D_1 = 0.85D$ 的关系画出，如图 7 – 10 (a) 所示。

不剖视时（当螺纹的投影不可见时），牙顶、牙底及螺纹终止线均用虚线表示，如图 7 – 10 (b)。

若是不通孔，终止线到孔的末端的距离可按 0.5 倍大径绘制；在反映圆的视图中，大径用约 3/4 圈的细实线圆弧绘制，孔口倒角圆不画，钻孔底部锥角应画成 120°，如 7 – 10 (c) 所示。

当螺孔相交时，其相贯线的画法如图 7 – 10 (d)。

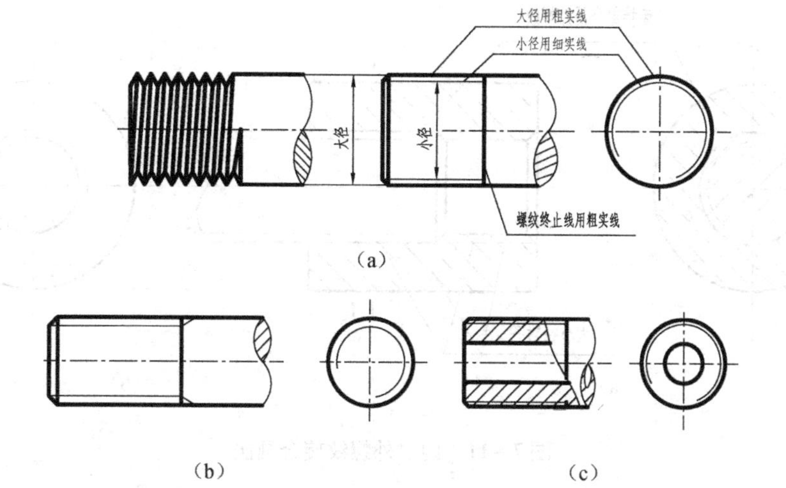

图 7－9　外螺纹画法

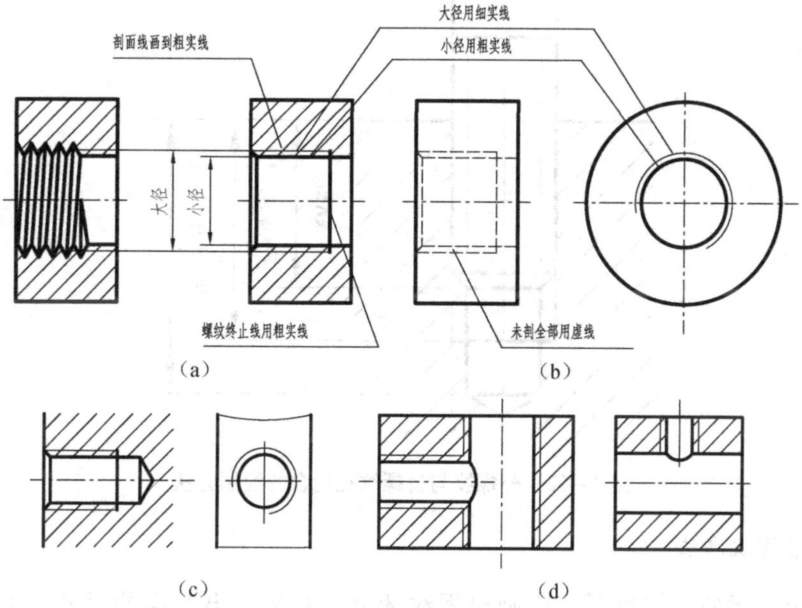

图 7－10　内螺纹的画法

3. 内、外螺纹旋合的画法

只有当内、外螺纹的五项基本要素相同时，内、外螺纹才能进行连接。用剖视图表示螺纹连接时，旋合部分按外螺纹的画法绘制，未旋合部分按各自原有的画法绘制。如图 7－11（a）和图 7－11（b）所示的是螺纹与通螺纹孔的配合画法。

画图时必须注意：

表示内、外螺纹大径的细实线和粗实线，以及表示内、外螺纹小径的粗实线和细实线应分别对齐；在剖切平面通过螺纹轴线的剖视图中，实心螺杆按不剖绘制。

还有一种螺纹配合是螺纹与不通螺纹孔的配合，如图 7－12 所示。对于螺纹与不通螺纹孔的配合的画法，可以从螺纹孔的加工过程更好地理解它。其加工过程是先用钻床钻孔，然后采用丝锥进行攻丝，要注意的是，螺纹孔的深度比光孔的深度要小。

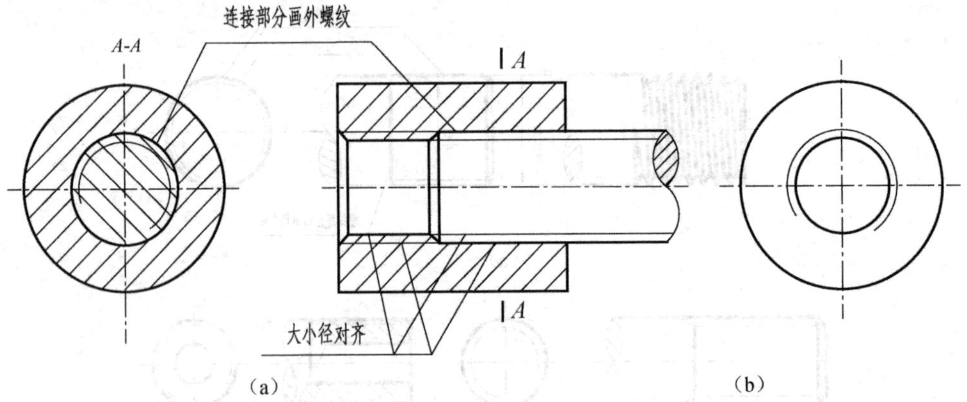

图 7－11　内、外螺纹旋合画法

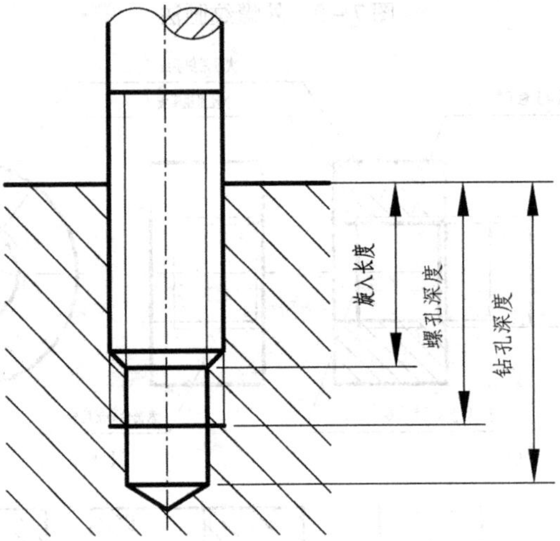

图 7－12　外螺纹与盲螺纹孔配合的绘制方法

4. 非标准螺纹画法

在画非标准牙型的螺纹时，应画出螺纹牙型，并标注出所需的尺寸及有关要求，如图 7－13所示。

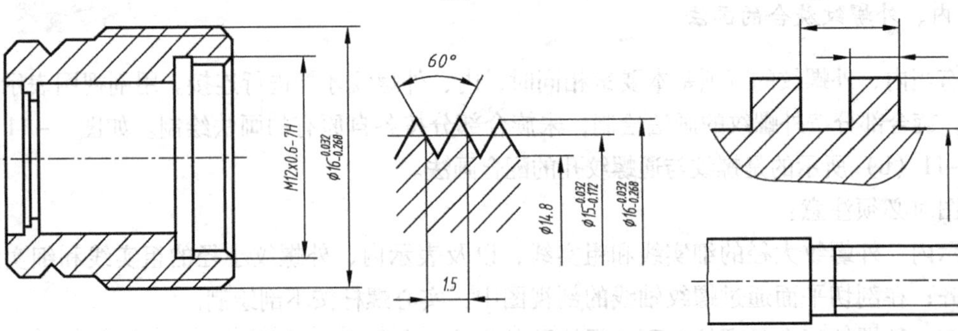

图 7－13　非标准牙型的螺纹画法

四、常用螺纹种类和标注

1. 螺纹的种类

常用的标准螺纹按用途不同，可分为两类：

（1）连接螺纹。起连接作用的螺纹。常用的有四种标准螺纹，即粗牙普通螺纹、细牙普通螺纹、管螺纹和锥螺纹。管螺纹又分为非螺纹密封的管螺纹和用螺纹密封的管螺纹。

连接螺纹的共同特点是牙型都是三角形，其中普通螺纹的牙型角是60°，管螺纹的牙型角是55°，同一种大径的普通螺纹，一般有几种螺距，螺距最大的一种称粗牙普通螺纹，其余称细牙普通螺纹。

细牙普通螺纹多用于细小的精密零件或薄壁件，或者是承受冲击、振动载荷的零件上；而管螺纹多用于水管、油管、煤气管等上。

（2）传动螺纹。用于传递动力和运动的螺纹。常用的是梯形螺纹，有些特定情况也用锯齿形螺纹。

2. 螺纹的标注

由于各种螺纹的画法都是相同的，螺纹规定画法不能表示出螺纹种类及要素，因此，在图样上要按规定格式表示各要素。

国家标准规定标准螺纹用规定的标记标注，并标注在螺纹的公称直径上，以区别不同种类的螺纹。

1）普通螺纹的标注

普通螺纹的完整标记，由螺纹代号、螺纹公差带代号和螺纹旋合长度代号三部分组成。具体的标记格式如下：

螺纹特征代号 公称直径 × 螺距 – 中径公差带代号 顶径公差带代号 – 旋合长度代号 – 旋向

M 30 × 2 – 5g 6g – S – LH

↑普通螺纹的牙型代号
↑公称直径
↑螺距（粗牙螺纹不标注）
↑中径公差带代号
↑顶径公差带代号
↑旋合长度代号
↑左旋（右旋不标注）

普通螺纹代号如框图所示，注写代号时应注意：

（1）普通螺纹的牙型符号为“M”，单线螺纹和右旋螺纹在标注时不必注明线数和旋向，如为左旋，应注代号“LH”。

（2）粗牙普通螺纹与大径相对应的螺距只有一种，标注时不必注出螺距；细牙普通螺纹与大径相对应的螺距有好几种，标注时必须注明螺距。例如，M24 表示大径为 24mm 的粗牙普通螺纹，单线，右旋。

（3）螺纹公差带代号由数字及字母组成，阿拉伯数字表示公差等级，字母表示公差带位置，内螺纹用大写拉丁字母表示，外螺纹用小写拉丁字母表示，例如 6H，6g 等。螺纹公差带代号包括中径公差带代号和顶径公差带代号，如果中径公差带和顶径公差带相同，则只注一个代号。

(4) 旋合长度代号用字母 L（长）、N（中）、S（短）表示，一般采用中等旋合长度，其代号 N 可以省略。

2）梯形螺纹的标注

梯形螺纹的完整标记，由螺纹代号、公差带代号及旋合长度代号三部分组成。具体的标记格式，分下列两种情况。

单线梯形螺纹代号：

螺纹特征代号 公称直径 × 螺距 - 中径公差带代号 - 旋合长度代号 - 旋向代号

多线梯形螺纹代号：

螺纹特征代号 公称直径 × 导程（P 螺距） - 中径公差带代号 - 旋合长度代号 - 旋向代号

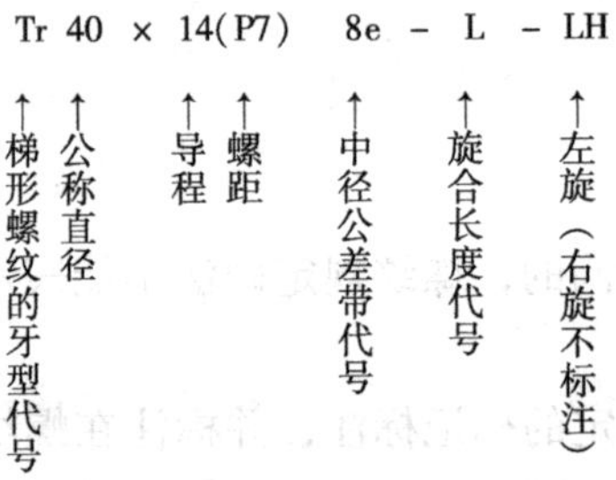

梯形螺纹代号如框图所示，注写代号时应注意：

(1) 梯形螺纹的牙型符号为“Tr”。左旋螺纹的旋向代号为“LH”，需标注；右旋螺纹不标旋向，例如，Tr32 ×6LH，Tr32 ×6。

(2) 梯形螺纹内、外螺纹旋合时，其旋合长度分为中（N）和长（L）两组。当旋合长度为中（N）时，不标注代号“N”，例如，Tr40 ×7 -7H/7e。

各种螺纹的标注内容与标注方法如表 7 -2 所示。

表 7 -2 各种螺纹的标注内容与标注方法

螺纹种类		标记及其标注示例	标记的识别	标注要点说明
连接螺纹	普通螺纹（M）	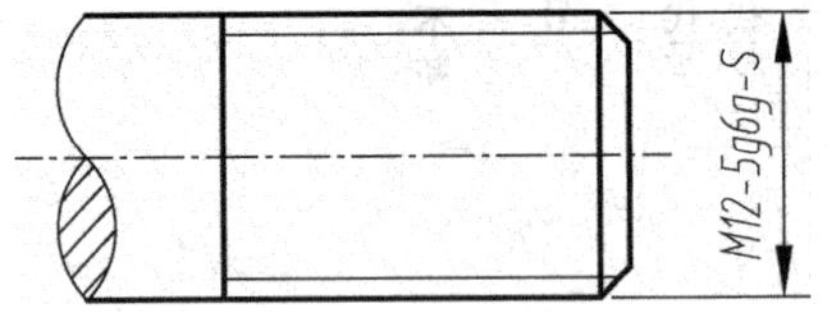	公称直径为 12 的粗牙普通螺纹，右旋，中径顶径公差带为 5g、6g，短旋合长度	(1) 粗牙螺纹不注螺距，细牙螺纹标注螺距。 (2) 右旋省略不注，左旋以“LH”表示。 (3) 中径、顶径公差带相同时，只注一个公差带代号。中等公差精度（如 6H、6g）不注公差带代号
		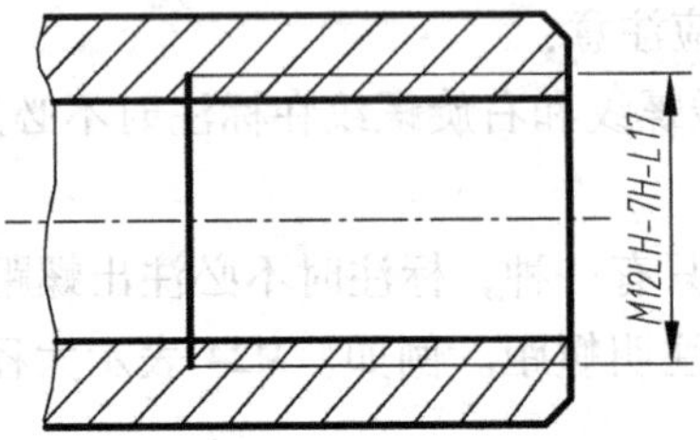	公称直径为 12 的粗牙普通螺纹，左旋，中径顶径公差带为 7H，中等旋合长度	

续表

螺纹种类		标记及其标注示例	标记的识别	标注要点说明
连接螺纹	普通螺纹（M）	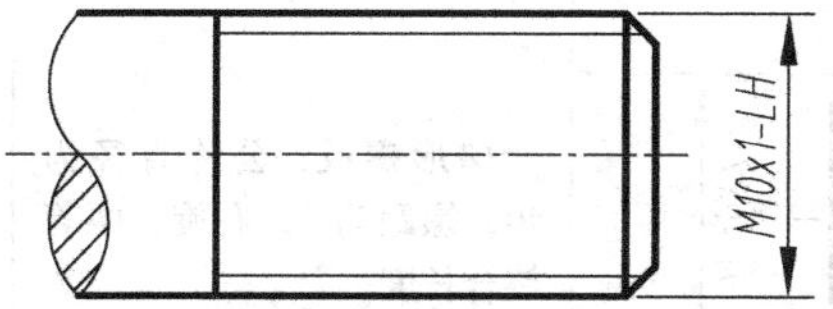	公称直径为10的细牙普通螺纹，左旋，中径顶径公差带为6g，中等旋合长度	（4）螺纹标记应直接注在大径的尺寸线或延长线上
	55°非螺纹密封管螺纹（G）	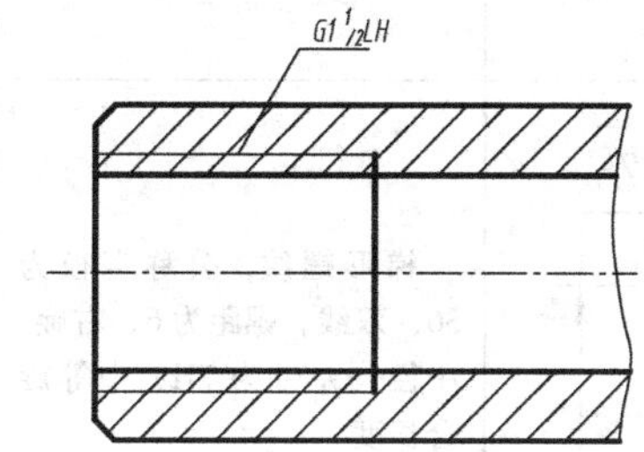	非螺纹密封的管螺纹，尺寸代号为11/2，左旋	（1）管螺纹的尺寸代号不表示螺纹大径，是指管子的通孔直径"英寸"的数值。（2）非螺纹密封的管螺纹，内外螺纹都是圆柱管螺纹。（3）外螺纹的公差等级代号分为A、B两级，内螺纹公差等级只有一种，不标记
		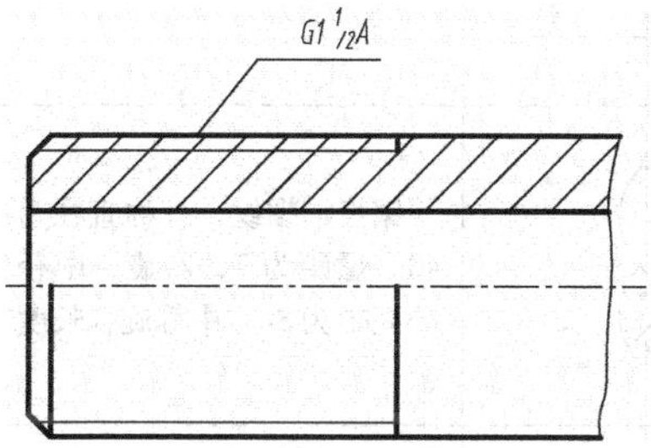	非螺纹密封的管螺纹，尺寸代号为11/2，公差为A级，右旋	
	55°螺纹密封管螺纹（R_1）（R_2）（Rc）（Rp）	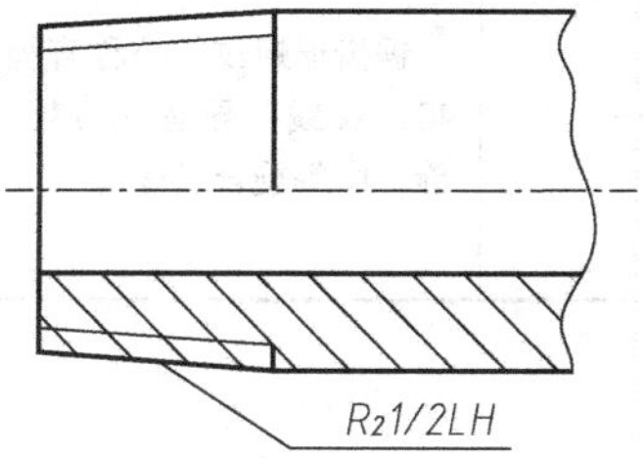	R2表示与圆锥内螺纹相配合的圆锥外螺纹，1/2为尺寸代号，左旋	（1）55°密封管螺纹，只标注螺纹特征代号、尺寸代号和旋向。（2）密封管螺纹的特征代号：R_1表示与圆柱内螺纹相配合的圆锥外螺纹。R_2表示与圆锥内螺纹相配合的圆锥外螺纹。Rp圆柱内螺纹。Rc圆锥内螺纹
		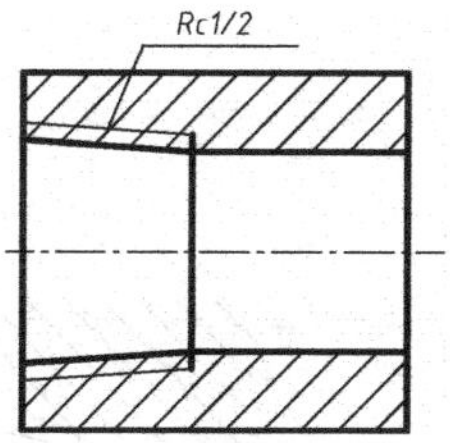	圆锥内管螺纹，1/2为尺寸代号，右旋	
		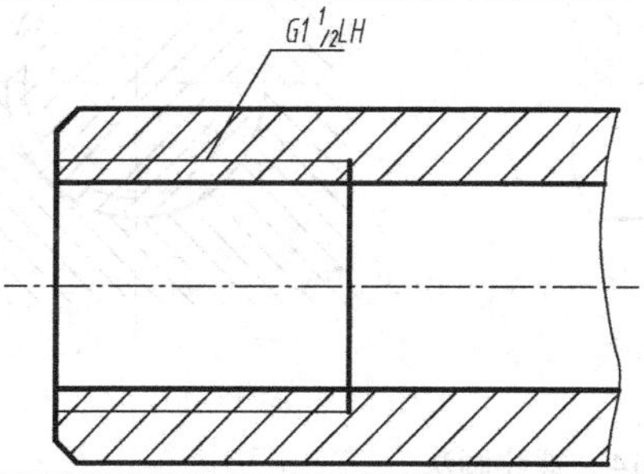	圆柱内管螺纹，1/2为尺寸代号，左旋	

续表

螺纹种类		标记及其标注示例	标记的识别	标注要点说明
传动螺纹	梯形螺纹（Tr）	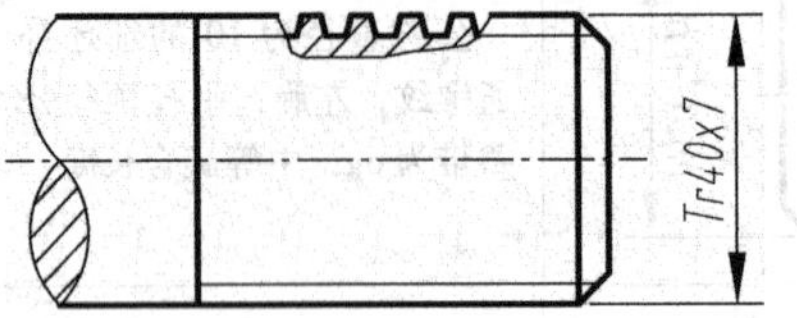	梯形螺纹，公称直径为40，螺距为7，右旋，中等旋合长度	
	锯齿形螺纹（B）	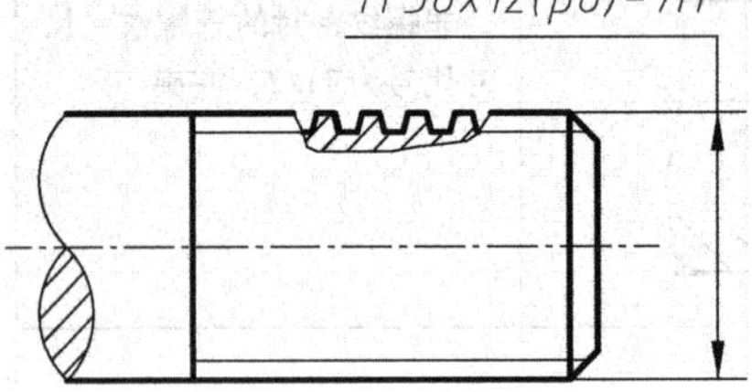	梯形螺纹，公称直径为36，双线，螺距为6，右旋，中径公差带为7H，中等旋合长度	（1）单线螺纹标注螺距，多线螺纹标注导程。（2）两种螺纹只标注中径公差带代号
		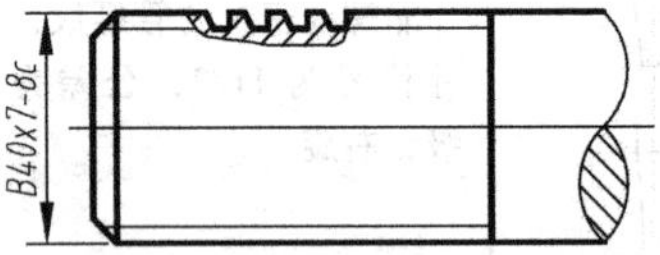	锯齿形螺纹，公称直径为40，螺距为7，右旋，中径公差带为8c，中等旋合长度	
		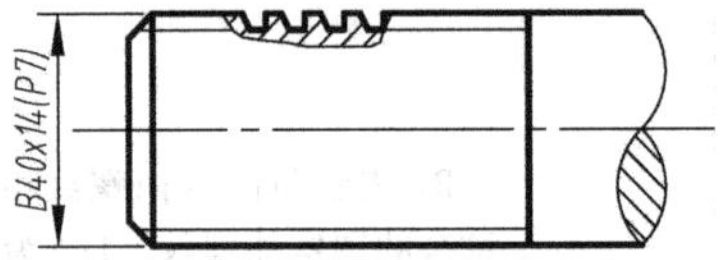	锯齿形螺纹，公称直径为40，双线，导程为14，右旋，中等旋合长度	

任务实施

螺纹的正确画法如图 7－14 所示。

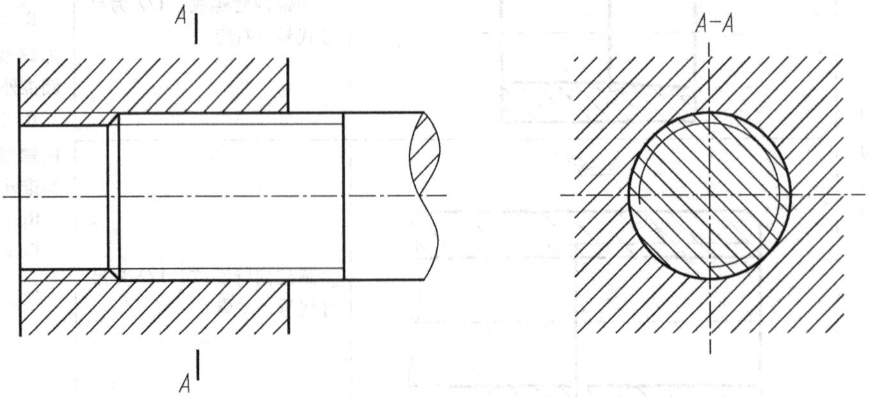

图 7－14　螺纹画法

思考与练习

一、填空题

（1）国家标准规定，外螺纹大径用________线绘制，小径用______线绘制，内螺纹大径用________线绘制，小径用_______线绘制。

（2）螺纹的三要素是______________、____________和____________。

（3）螺纹有三个直径尺寸，分别是________、________和________。M18 螺母的中的 M 是指__，18 是指螺纹的________径（大径、中径、小径）尺寸为 18mm。

二、选择题

（1）机械制图标准规定，螺栓的顶径用粗实线绘制，底径用（　　）绘制。

A. 细点画线　　　　B. 不画线

C. 细实线　　　　D. 虚线

（2）机械制图国家标准规定，图样中 M16 – 6h 的标注是表达（　　）。

A. 细牙内螺纹　　　　B. 粗牙外螺纹

C. 非标准螺纹　　　　D. 细牙外螺纹

任务 7 – 2　螺纹紧固件的绘制

螺纹紧固件是最常见的标准件，随着机械产品功能和结构的不断变化与进步，螺纹紧固件也随之不断发展。作为标准件，了解国家标准对它的规定是十分重要的，应该根据用途的不同来了解和掌握各种螺纹紧固件。

任务要求

通过本任务的学习，达到以下目标：

- 了解螺纹紧固件的类型和用途，熟练掌握常用螺纹紧固件的画法。
- 掌握螺纹紧固件的规定标记及螺栓、双头螺柱和螺钉的连接画法。
- 通过查表，用 M10 的螺栓（GB/T 5782）、螺母（GB/T 6170）和垫圈（GB/T 97.1）连接两个厚度分别为 $\delta_1 = 10$mm、$\delta_2 = 17$mm 的板，试确定螺栓的标准长度 L，并绘制螺柱连接图。

相关知识

一、常用的螺纹紧固件及其标记

常用的螺纹紧固件有螺栓、螺钉、螺柱、螺母和垫圈等，如图 7－15 所示。由于这类零件都是标准件，通常只需用简化画法画出它们的装配图，同时给出它们的规定标记。

图 7－15　常用的螺纹紧固件

使用或绘图时，可以从相应标准中查到所需的结构尺寸，常见螺纹紧固件的标记示例如表 7－3 所示。

表 7－3　常见螺纹紧固件的标记示例

名　称	简　图	规定标记及说明
六角头螺栓	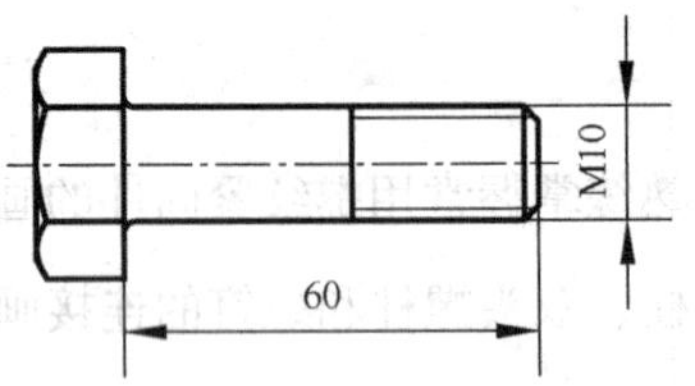	螺栓　GB/T 5780　M10×60 国标代号　螺纹规格　螺栓长度
螺柱	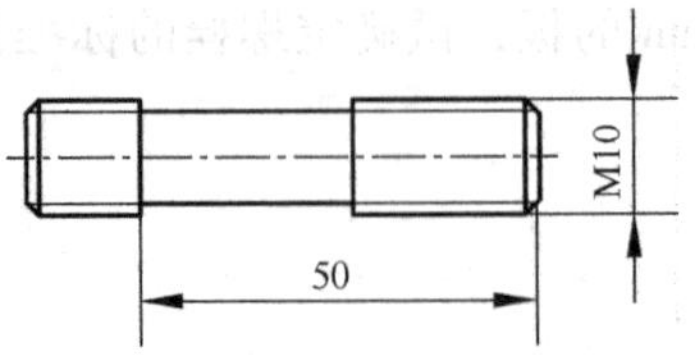	两端均为粗牙普通螺纹、d = 10mm、l = 50mm、性能等级为 4.8 级、B 型、$b_m = 1d$ 的双头螺柱的标记： 螺柱　GB/T 897　M10×50

续表

名　称	简　图	规定标记及说明
开槽圆柱头螺钉	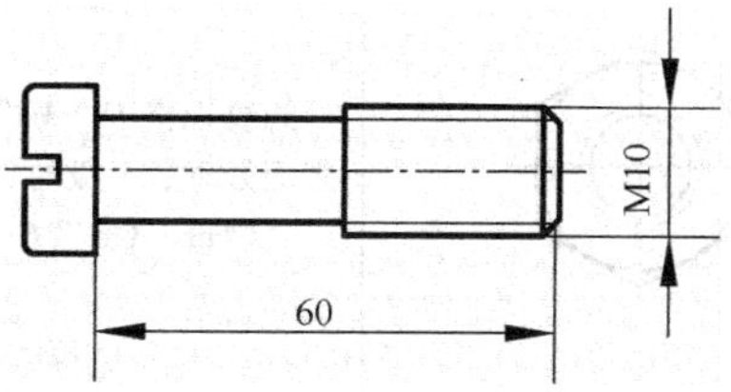	螺纹规格 d = M10、公称长度 l = 60mm、性能等级为 4.8 级、不经表面处理的开槽圆柱头螺钉的标记： 螺钉　GB/T 65　M10 × 60
开槽盘头螺钉	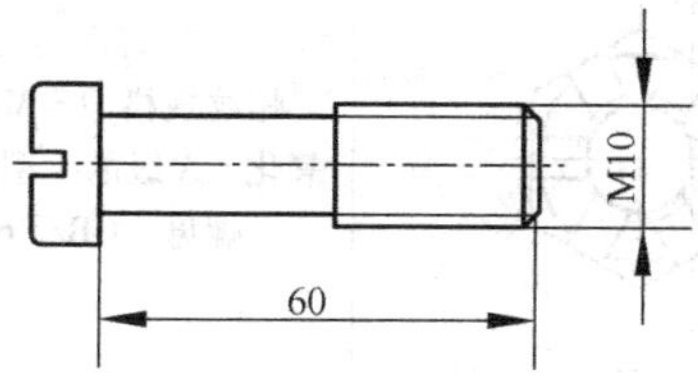	螺纹规格 d = M10、公称长度 l = 60mm、性能等级为 4.8 级、不经表面处理的开槽盘头螺钉的标记： 螺钉　GB/T 67　M10 × 60 螺钉头部的厚度相对于直径小得多，成盘状，故称为盘头螺钉
开槽沉头螺钉	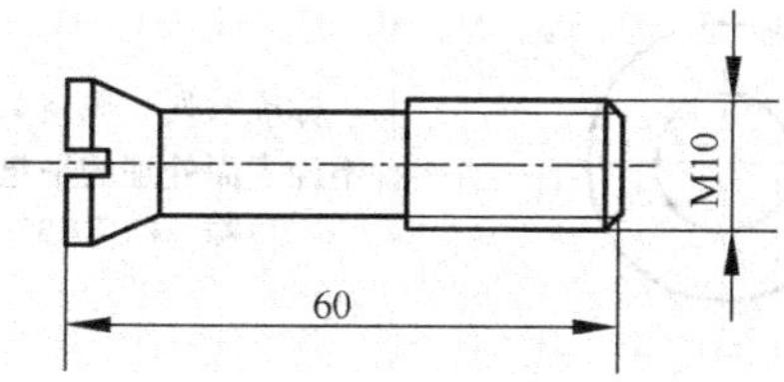	螺纹规格 d = M10、公称长度 l = 60mm、性能等级为 4.8 级、不经表面处理的开槽沉头螺钉的标记： 螺钉　GB/T 68　M10 × 60
十字槽沉头螺钉	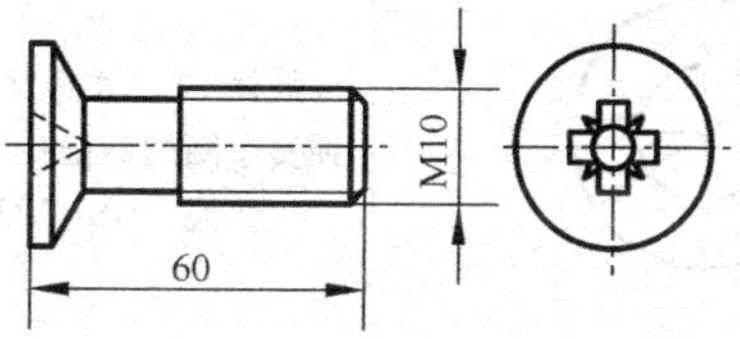	螺纹规格 d = M10、公称长度 l = 60mm、性能等级为 4.8 级、不经表面处理的 H 型十字槽沉头螺钉的标记： 螺钉　GB/T 819.1　M10 × 60
开槽锥端紧定螺钉	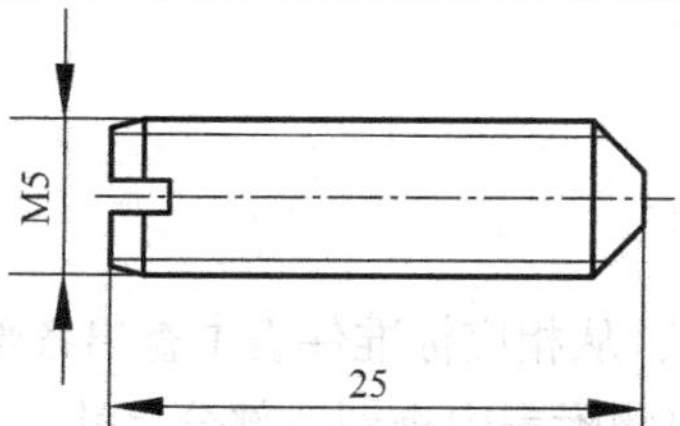	螺纹规格 d = M5、公称长度 l = 25mm、性能等级为 14H 级、表面氧化的开槽锥端紧定螺钉的标记： 螺钉　GB/T 71　M5 × 25
开槽长圆柱端紧定螺钉	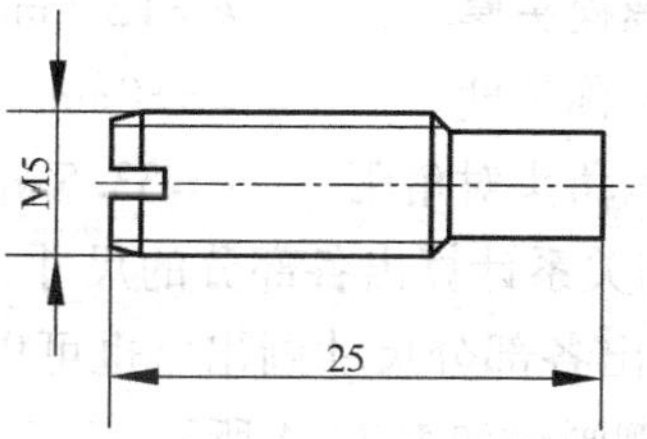	螺纹规格 d = M5、公称长度 l = 25mm、性能等级为 14H 级、表面氧化的开槽长圆柱端紧定螺钉的标记： 螺钉　GB/T 75　M5 × 25

续表

名　称	简　图	规定标记及说明
1 型六角螺母 A 级和 B 级	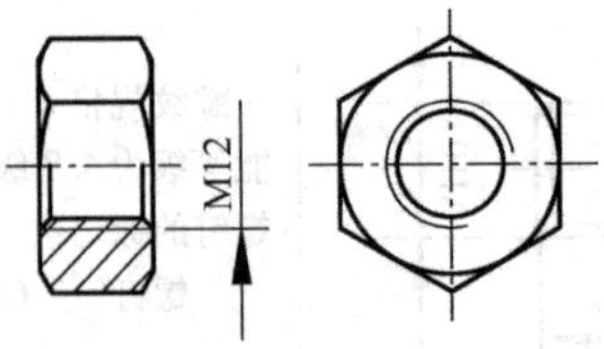	螺纹规格 D = M12、性能等级为 8 级、不经表面处理、A 级的 1 型六角螺母的标记： 螺母　GB/T 6170　M12
1 型六角开槽 螺母- A 级和 B 级	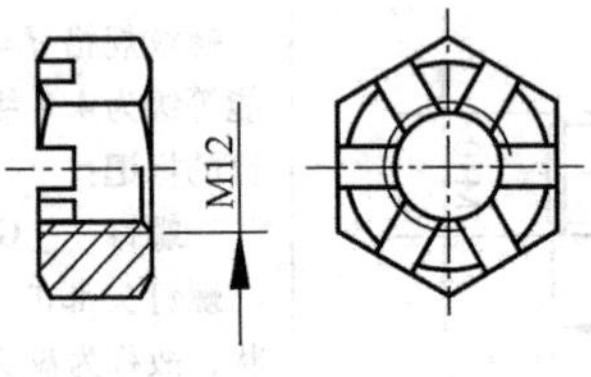	螺纹规格 D = M12、性能等级为 8 级、表面氧化、A 级的 1 型六角开槽螺母的标记： 螺母　GB/T 6178　M12
平垫圈- A 级	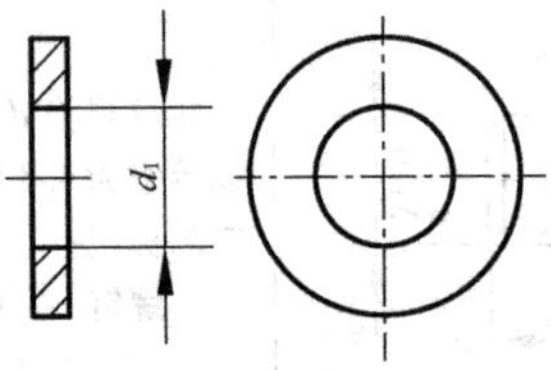	标准系列、规格 12、性能等级为 140HV 级、不经表面处理的平垫圈的标记： 垫圈　GB/T 97.1　12
标准型弹簧垫圈	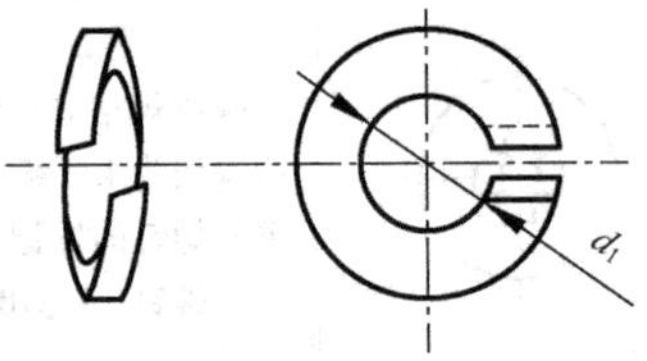	规格 12、材料为 65Mn、表面氧化的标准型弹簧垫圈的标记： 垫圈　GB/T 93　12

二、螺纹紧固件的画法

绘制螺纹紧固件，一般有两种方法。

（1）根据已知螺纹连接件的规格尺寸，从相应标准件表中查出各部分的具体尺寸。

如螺栓 GB 5782　M20 × 80，可从相应的附表中查到各部分尺寸：

螺栓直径	d = 20mm	螺栓头厚	k = 12.5mm
螺纹长度	b = 46mm	公称长度	l = 80mm
六角头对边距	s = 30mm	六角头对角距	e = 33.53mm

（2）根据螺纹公称直径 d、D，按比例关系计算出各部分的尺寸，近似画出螺纹紧固件。绘制螺纹连接，既可以从相应的标准中查出各部分尺寸画出。也可以根据螺纹的公称直径，按比例近似地画出，各种螺纹连接件的比例画法如表 7 – 4 所示。

表 7－4 各种螺纹紧固件的比例画法

名称	画　法
螺栓 螺母	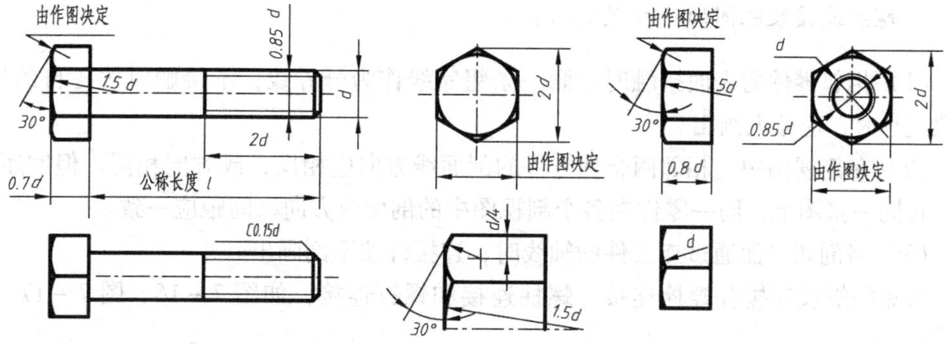
螺柱 螺钉	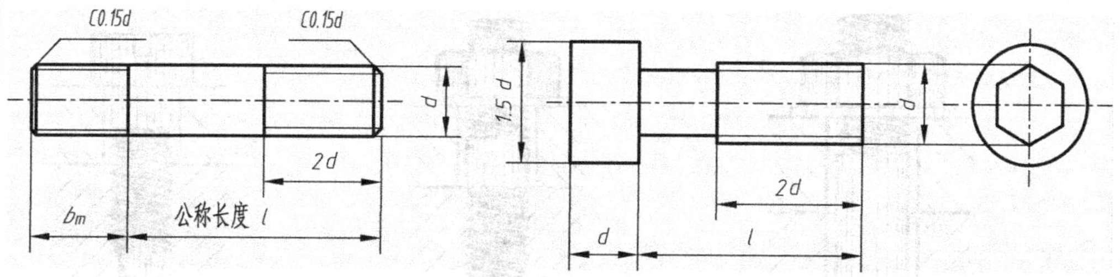
螺钉	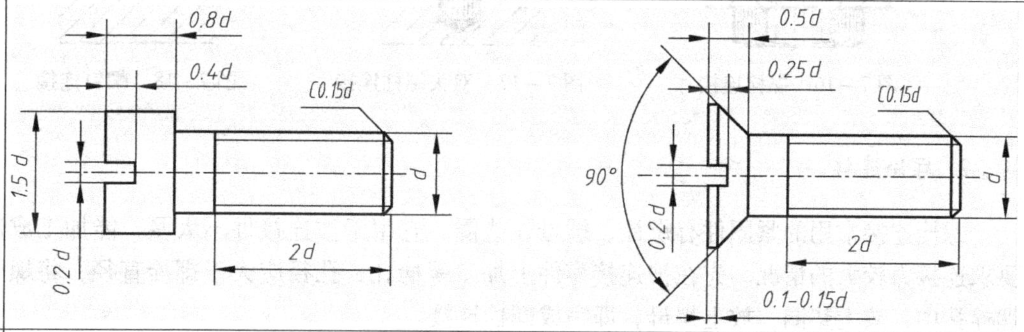
垫圈	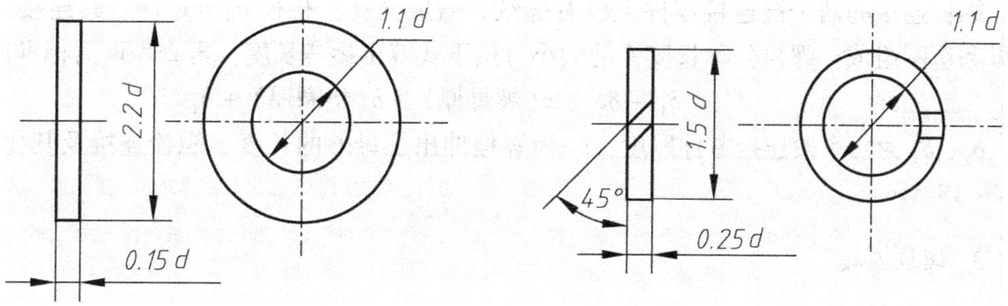
钻孔 螺孔	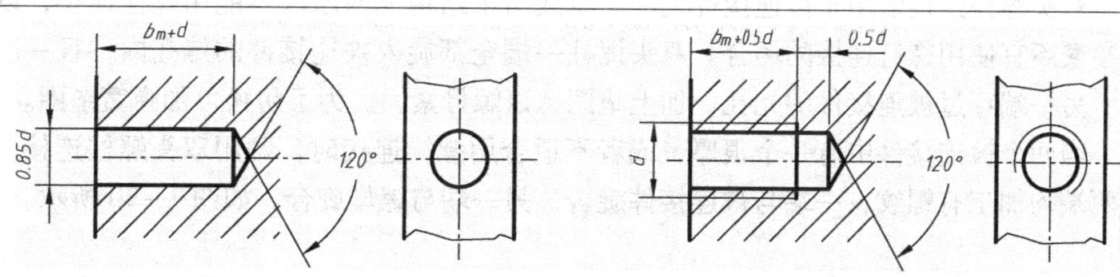

三、螺纹紧固件的连接画法

1. 螺纹连接装配图的一般规定画法

(1) 相邻零件的表面接触时，画一条粗实线作为分界线；不接触时按各自的尺寸画出，间隙过小时，应夸大画出。

(2) 在剖视图中，相邻两金属零件的剖面线方向应相反，或方向相同，但间距不同或错开。在同一张图上，同一零件在各个剖视图中的剖面线方向、间距应一致。

(3) 当剖切平面通过连接件的轴线时，连接件按不剖画出。

常见的螺纹连接有螺栓连接、螺柱连接和螺钉连接，如图 7－16、图 7－17、图 7－18 所示。

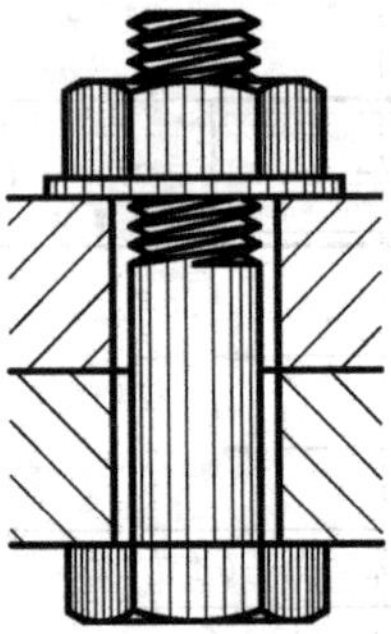

图 7－16　螺栓连接

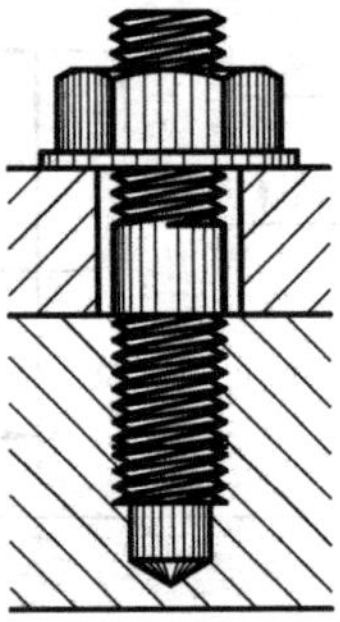

图 7－17　双头螺柱连接

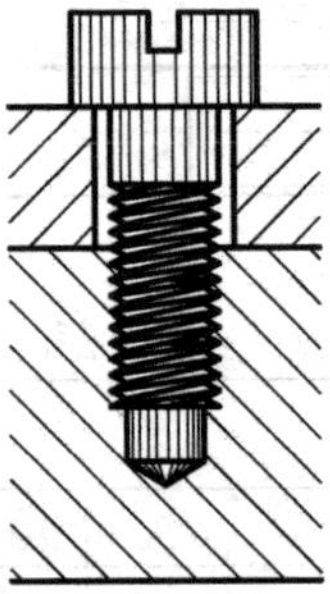

图 7－18　螺钉连接

2. 螺栓连接

螺栓连接常用的紧固件有螺栓、螺母、垫圈。它用于被连接件不太厚，能加工成通孔且要求连接力较大的情况。先在被连接零件上加工螺栓孔，孔径应大于螺栓直径，将螺栓插入螺栓孔中，放上垫圈，放上螺母，即完成螺栓连接。

螺栓连接的两个被连接零件上没有螺纹，做成光孔，孔径 $d_0 = 1.1d$。其连接是由螺栓、螺母和垫圈组成。螺栓公称长度 L 的大小可按下式算出参考长度，再查表取为标准值。

$$L' = \delta_1 + \delta_2 + m(\text{螺母厚}) + h(\text{垫圈厚}) + b_1$$

δ_1、δ_2 为两个被连接零件厚度，b_1 为螺栓伸出螺母外的长度，螺栓连接及其比例画法见图 7－19所示。

3. 螺柱连接

双头螺柱连接多用于被连接件之一太厚或由于结构上的原因不能用螺栓连接，以及因拆卸频繁不宜使用螺钉连接的场合。双头螺柱一端全部旋入被连接件的螺孔内，且一般不再旋出。另一端穿过被连接件的光孔，加上垫圈，以螺母紧固。为了防松可加弹簧垫圈。

当两个被连接件中有一个很厚，或者不适合用螺栓连接时，常用双头螺柱连接。双头螺柱两端均加工有螺纹，一端与被连接件旋合，另一端与螺母旋合，如图 7－20 所示。

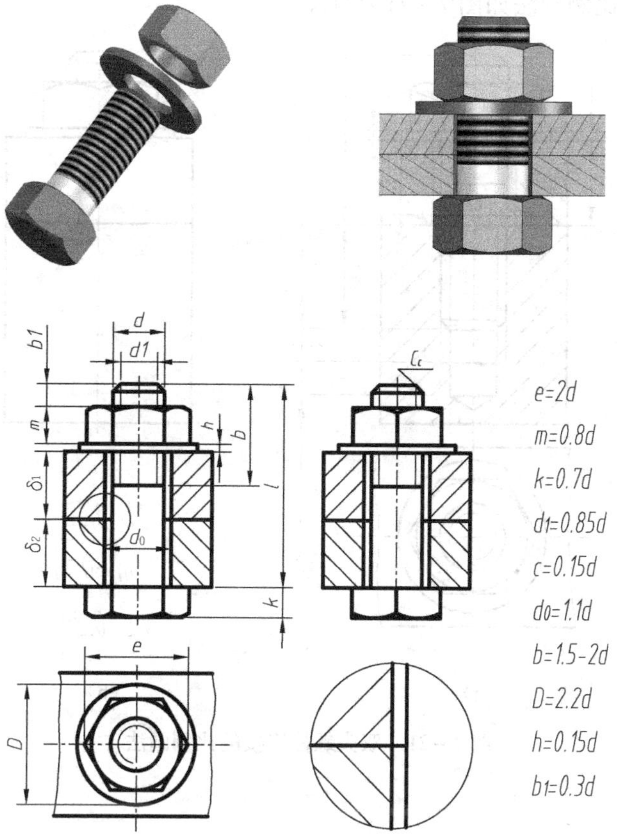

图 7－19 螺栓连接及其比例画法

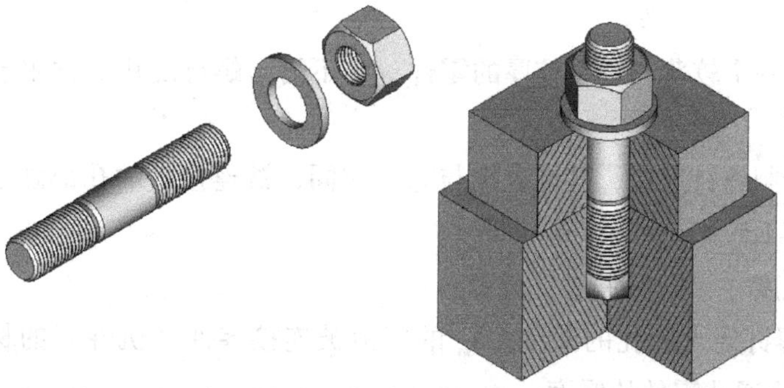

图 7－20 螺柱连接

用比例画法绘制双头螺柱的装配图时应注意以下几点：

（1）旋入端的螺纹终止线应与结合面平齐，表示旋入端已经拧紧。

（2）旋入端的长度 b_m 要根据被旋入件的材料而定，被旋入端的材料为钢时，$b_m=1d$；被旋入端的材料为铸铁或铜时，$b_m=1.25d\sim1.5d$；被旋入端的材料为铝合金等轻金属时，取 $b_m=2d$。

（3）旋入端的螺孔深度取 $b_m+0.5d$，钻孔深度取 b_m+d。

（4）螺柱的公称长度 $L\geqslant\delta$＋垫圈厚度＋螺母厚度＋（0.2～0.3）d，然后选取与估算值相近的标准长度值作为 L 值。

双头螺柱连接的比例画法如图 7－21 所示。

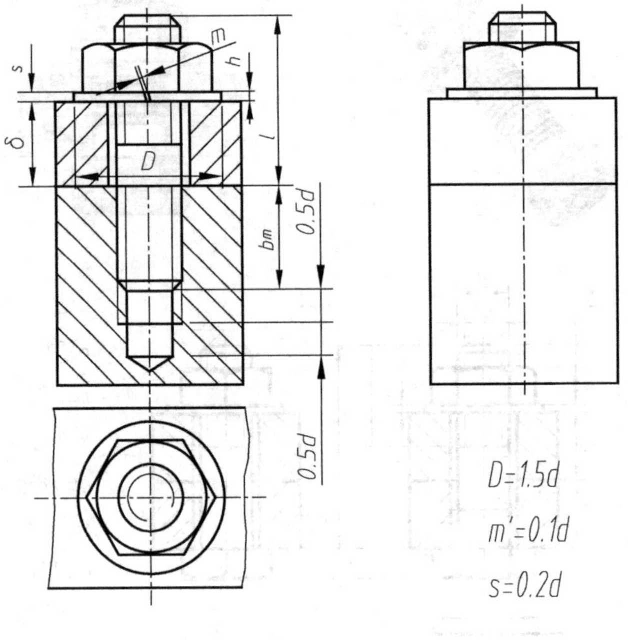

（a）　　（b）

图 7－21　双头螺柱连接的比例画法

4. 螺钉连接

螺钉的种类很多，按其用途可分为连接螺钉和紧定螺钉。

1）连接螺钉

主要用于连接一个较薄和一个较厚的零件，它不需与螺母配用。常用于受力不大而又不经常拆卸的场合。

用比例画法绘制螺钉连接，其旋入端与螺柱相同，被连接板的孔部画法与螺栓相同，被连接板的孔径取 1.1d。

螺钉的有效长度　　$L=\delta+b_m$

式中，b_m 为螺钉旋入螺孔的深度。b_m 的值由被连接零件（机件）的材料决定，与双头螺柱连接相同，t 为通孔零件的厚度。

画图时注意以下两点：

（1）螺钉的螺纹终止线不能与结合面平齐，而应画在盖板的范围内。

（2）具有沟槽的螺钉头部，在主视图中应被放正，在俯视图中规定画成 45°倾斜。

螺钉连接的比例画法如图 7－22 所示。

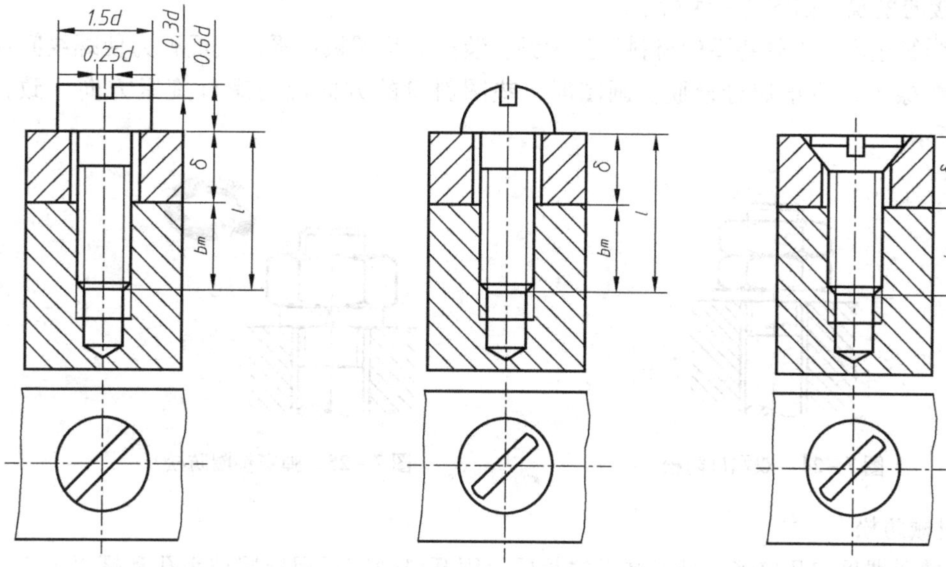

（a）圆柱头螺钉连接　　（b）圆头螺钉连接　　（c）开槽沉头螺钉

图 7－22　螺钉连接的比例画法

2）紧定螺钉

紧定螺钉常用来防止两个相互配合零件发生相对运动，专供固定机件相对位置用的一种螺钉。使用时，把紧定螺钉旋入待固定的机件的螺孔中，以螺钉的末端紧压在另一机件的表面上，即使前一机件固定在后一机件上。

锥端紧定螺钉靠端部锥面顶入机件上的小锥坑起定位、固定作用，如图 7－23（a）所示。

柱端紧定螺钉利用端部小圆柱插入机件上的小孔或环槽起定位、固定作用，如图 7－23（b）所示。

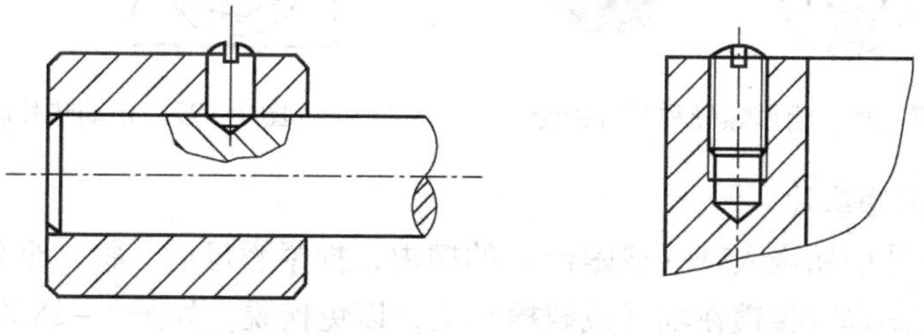

（a）　　（b）

图 7－23　紧定螺钉连接画法

5. 螺纹连接的防松

连接螺纹本身有自锁性，在静载荷和温度变化不大时不会自动松脱，但在冲击、振动和变载荷作用下，连接有可能松脱，因而设计时必须考虑防松。

防松的方法一般分为摩擦力防松和机械防松两类。

1）摩擦力防松

（1）双螺母。拧紧两螺母后，利用两螺母的对顶作用，使螺母始终受到摩擦力，从而防止螺栓连接的松脱，如图 7 - 24 所示。

(2) 弹簧垫圈。弹簧垫圈的材料为弹簧钢，装配后垫圈被压平，其反弹力使螺纹间保持压紧力和摩擦力，防止螺母松脱。画图时，垫圈斜口的方向应与螺母旋紧方向一致，如图 7 - 25所示。

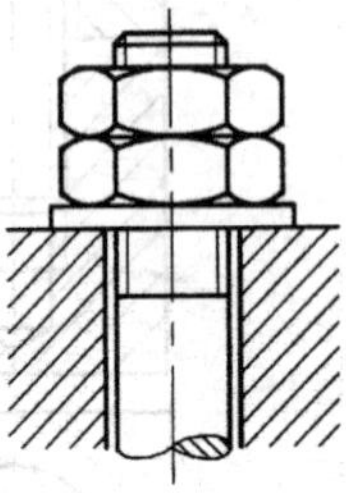

图 7 - 24　双螺母防松

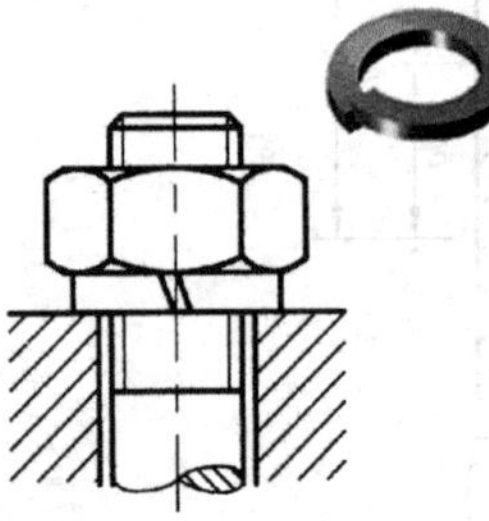

图 7 - 25　弹簧垫圈防松

2) 机械防松

(1) 槽形螺母和开口销。槽形螺母拧紧后，用开口销穿过螺栓尾部小孔和螺母的槽，然后将销的尾部分开，则螺母被紧锁在螺栓上不能松动，如图 7 - 26 所示。

(2) 止动垫片。螺母拧紧后，将垫片的一边向上敲弯紧贴螺母，而另一边向下敲弯插入被连接件的孔内，这样，螺母就锁紧在被连接件上，如图 7 - 27 所示。

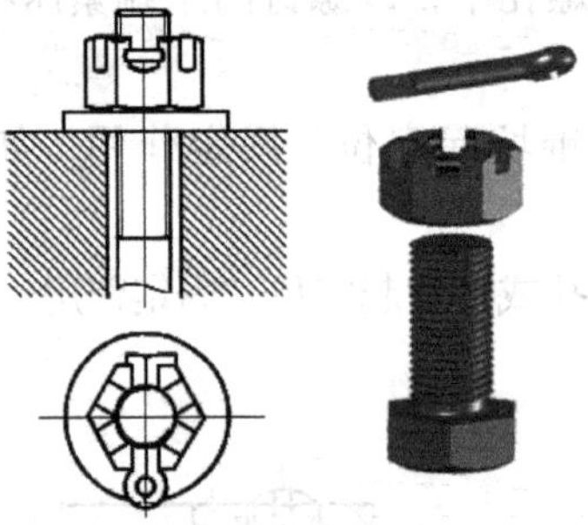

图 7 - 26　槽形螺母和开口销防松

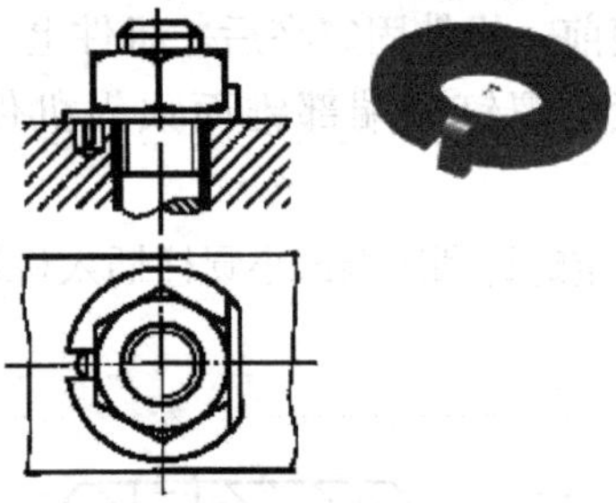

图 7 - 27　止动垫片防松

3) 圆螺母和带翅垫片

使用时，将垫片的翅嵌入轴（或螺栓）的槽内，拧紧螺母后，将一个外翅敲弯，嵌于螺母的一个槽内，将螺母直接锁在轴（或螺栓）上，以免松脱，如图 7 - 28 所示。

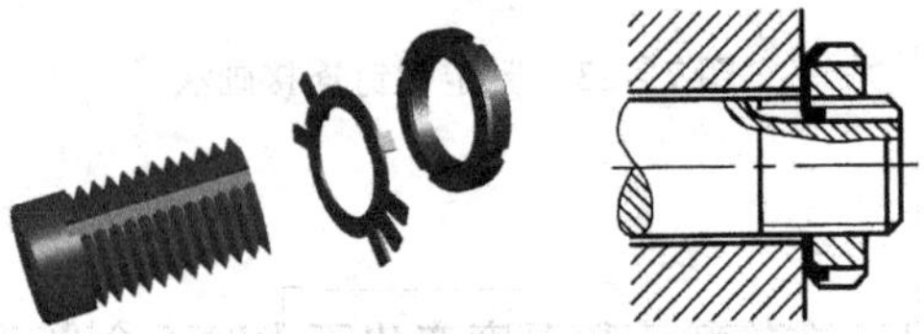

图 7 - 28　圆螺母和带翅垫片

任务实施

1. 分析

从螺纹正确配合的条件知道，相配合的螺栓、螺母、垫圈的公称直径应相等，螺母、垫圈的标记为：

螺母 GB/T 6170　M10　　　　　　垫圈 GB/T 97.1　10—140HV

查表得螺母的厚度 $m=8.4$mm，垫圈的厚度 $h=2$mm。

由 $L'=\delta_1+\delta_2+m$（螺母厚）$+h$（垫圈厚）$+b_1$

得 $L'=10+17+8.4+2+(5\sim6)=42.4\sim43.4$mm

查表取螺栓的标准长度 $L=45$mm，则螺栓的标记为：螺栓 GB/T 5782　M10×45

2. 绘制螺柱连接图

螺柱连接图如图 7－29 所示。

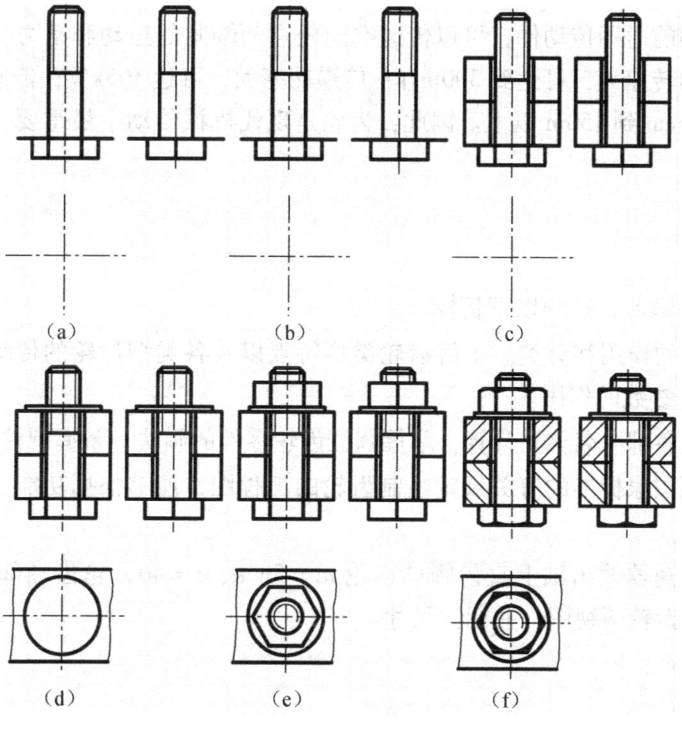

图 7－29　螺柱连接图

思考与练习

一、填空题

（1）螺纹紧固件主要包括________、________和________等。

（2）由于螺纹的________、________和________已经被固定下来，所以螺纹连接件都属于________件，便于拆装和更换。

二、选择题

(1) 双头螺柱连接表达正确的是（　　）。

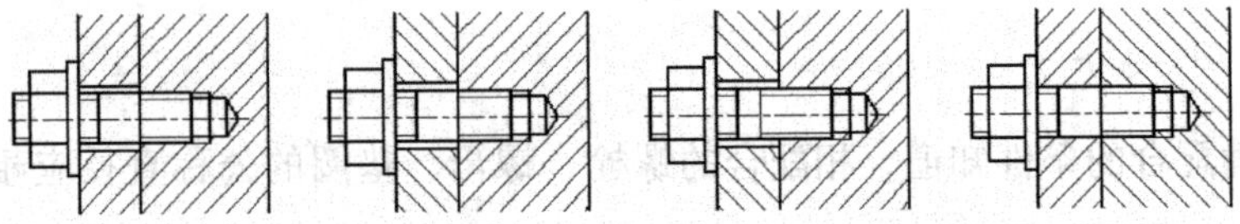

(2) 机械制图标准规定，螺栓的顶径用粗实线绘制，底径用（　）绘制。

A. 细点画线　　B. 不画线　　C. 细实线　　D. 虚线

三、讨论题

(1) 生活中见过哪些螺纹连接件，它们都用在什么地方？

(2) 螺栓、螺钉和螺柱连接分别适用于什么情况下？说说它们结构上的异同。

任务 7-3　齿轮的绘制

齿轮是最常用的通用传动件，可以传递空间任意两轴间的运动和动力。它传动平稳瞬时传动比恒定；圆周转速大，可达到 300m/s；传递功率大，可达 105kW；传递运动距离远，齿轮直径可从不到 1mm 到 150m 以上。因此，齿轮是现代机械传动中最重要、应用最广泛的一种机械传动形式。

任务要求

通过本任务的学习，达到以下目标：

➢ 了解齿轮的作用和分类。了解齿轮类型特点以及各类型齿轮的传动特点，能够掌握齿轮的参数以及各参数的作用。

➢ 掌握齿轮各部分名称及计算。掌握圆柱齿轮零件的画法；掌握圆柱齿轮啮合的画法。

➢ 能够按照国家标准的有关规定绘制齿轮的工程图，能够根据功能要求选择适当的齿轮传动类型。

➢ 已知某减速器输出轴上直齿圆柱齿轮 $m=5$mm、$z=40$，轮齿端部倒角 C2，试完成图 7-30 直齿圆柱齿轮两视图，并标注尺寸。

相关知识

齿轮作为最重要的通用传动零件，国家标准对其参数有严格的规定，模数、齿数、压力角等，正是这些参数决定了齿轮的结构，从而得到固定的传动比。

齿轮是机器设备中应用十分广泛的传动零件，成对使用，用来传递运动和动力，改变轴的旋向和转速。常见的传动齿轮有三种，如图 7-31 所示。

圆柱齿轮传动——用于两平行轴间的传动；

圆锥齿轮传动——用于两相交轴间的传动；

蜗杆蜗轮传动——用于两交错轴间的传动。

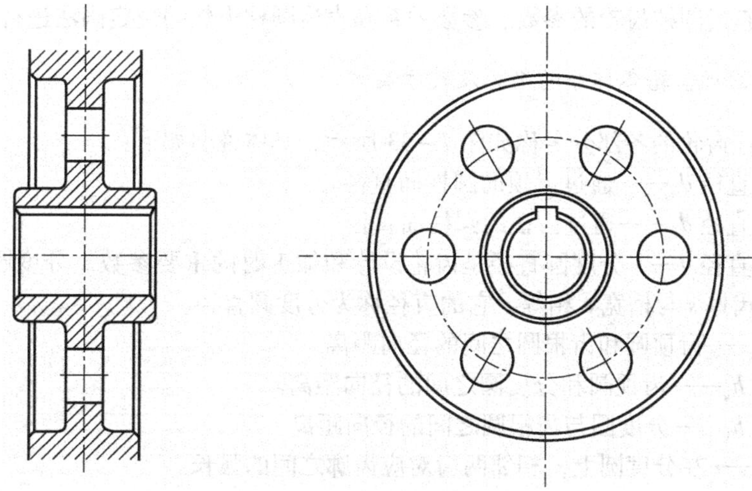

图 7－30　直齿圆柱齿轮

（a）圆柱齿轮传动　（b）圆锥齿轮传动　（c）蜗杆蜗轮传动

图 7－31　齿轮种类

一、圆柱齿轮

圆柱齿轮可分为直齿、斜齿和人字齿三大类，如图 7－32 所示。直齿圆柱齿轮是指轮齿加工在圆柱体的外表面或内表面，并且轮齿与母线平行的齿轮。斜齿圆柱齿轮的轮齿与母线成一定角度称为螺旋角 β。人字齿轮，又叫双斜齿轮，齿形为人字形，是一半齿宽上为右旋齿，另一半齿宽上为左旋齿的圆柱齿轮。

（a）直齿圆柱齿轮　（b）斜齿圆锥齿轮　（c）直齿人字齿轮

图 7－32　齿轮与齿轮传动

以下主要对直齿圆柱齿轮的参数、参数关系和直齿圆柱齿轮的规定画法进行介绍。

1. 标准直齿圆柱齿轮各部分的名称及尺寸关系

标准直齿圆柱齿轮的各部分名称如图 7－33 所示，具体说明如下：

（1）齿顶圆直径 d_a——通过齿顶的圆柱面直径。

（2）齿根圆直径 d_f——通过齿根的圆柱面直径。

（3）分度圆直径 d——分度圆直径是齿轮设计和加工时的重要参数。分度圆是一个假想的圆，在该圆上齿厚 s 与槽宽 e 相等，它的直径称为分度圆直径。

（4）齿高 h——齿顶圆和齿根圆之间的径向距离。

（5）齿顶高 h_a——齿顶圆和分度圆之间的径向距离。

（6）齿根高 h_f——分度圆与齿根圆之间的径向距离。

（7）齿距 p——在分度圆上，相邻两齿对应齿廓之间的弧长。

（8）齿厚 s——在分度圆上，一个齿的两侧对应齿廓之间的弧长。

（9）槽宽 e——在分度圆上，一个齿槽的两侧相应齿廓之间的弧长。

（10）中心距 a——两啮合齿轮轴线之间的距离。

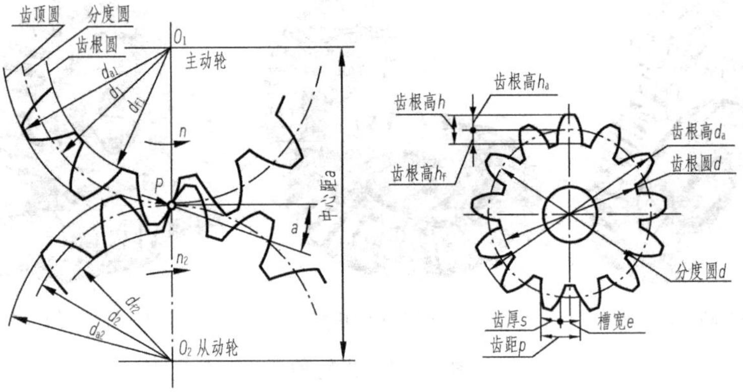

（a）啮齿的圆柱齿轮　　　　（b）单个的圆柱齿轮

图 7－33　直齿圆柱齿轮各部分名称和代号

2. 直齿圆柱齿轮的基本参数

（1）齿数 z——齿轮上轮齿的个数。

（2）模数——由于分度圆的周长 $\pi d = pz$，所以 $d = \dfrac{P}{\pi} \cdot z$，$\dfrac{P}{\pi}$就称为齿轮的模数 m。模数以 mm 为单位，它是齿轮设计和制造的重要参数。为便于齿轮的设计和制造，减少齿轮成形刀具的规格及数量，国家标准对模数规定了标准值。渐开线齿轮的模数见表 7－5。

（3）压力角 α——相互啮合的一对齿轮，其受力方向（齿廓曲线的公法线方向）与运动方向之间所夹的锐角，称为压力角。同一齿廓的不同点上的压力角是不同的，分度圆上的压力角，称为标准压力角。国家标准规定，标准压力角为 20°。

表 7－5　标准直齿圆柱齿轮模数

第一系列	1	1.25	1.5	2	2.5	3	4	5	6	8	10	12	16	20	25	32	40	50
第二系列	1.75	2.25	2.75	(3.25)	3.5	(3.75)	4.5	5.5	(6.5)	7	9	(11)	14	18	22	28	36	45

3. 直齿圆柱齿轮的尺寸计算

在已知模数 m 和齿数 z 时，齿轮轮齿的其他参数均可按表 7－6 中的公式计算出来。因此在工程图纸中常常将齿轮的参数填写在图纸右上角的参数表中。

表 7－6　标准直齿圆柱齿轮各基本尺寸计算公式

基本参数：模数 m、齿数 z、压力角 α

序号	名　称	代号	计算公式	说　明
1	齿距	p	$p=\pi m$	z、m 是齿轮的基本参数，设计计算时，先确定 m、z，然后得出其他各部分尺寸
2	齿顶高	h_a	$h_a=m$	
3	齿根高	h_f	$h_f=1.25m$	
4	齿高	h	$h=2.25\text{m}$	齿高 $h=h_a+h_f$
5	分度圆直径	d	$d=mz$	
6	齿顶圆直径	d_a	$d_a=m\ (z+2)$	齿顶高 $h_a=m$
7	齿根圆直径	d_f	$d_f=m\ (z-2.5)$	齿根高 $h_f=1.25m$
8	齿宽	b	$b=2p\sim 3p$	齿距 $p=\pi m$
9	中心距	a	$a=m\ (z_1+z_2)\ /2$	

4. 直齿圆柱齿轮的规定画法

1）单个齿轮的画法

单个齿轮一般用两个视图表示。国家标准规定齿顶圆和齿顶线用粗实线绘制，分度圆和分度线用细点画线表示，齿根圆和齿根线用细实线绘制（也可以省略不画）。在剖视图中，齿根线用粗实线绘制，并不能省略。当剖切平面通过齿轮轴线时，轮齿一律按不剖绘制。单个齿轮的画法如图 7－34 所示。

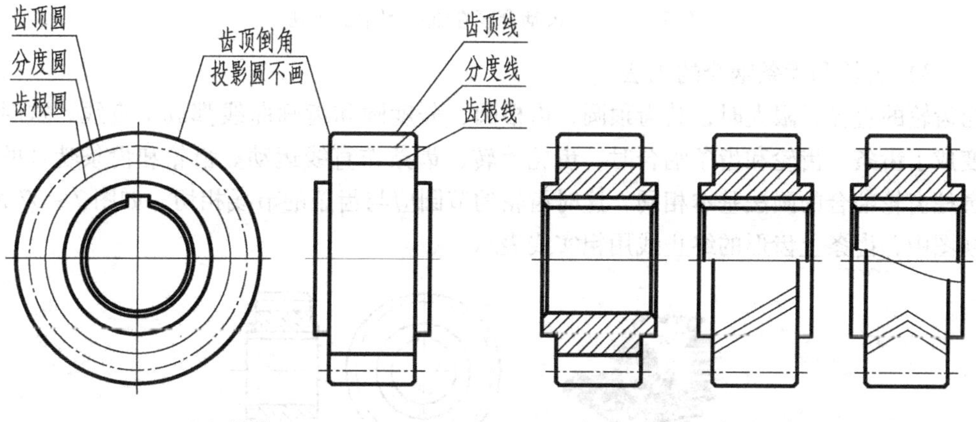

（a）视图　（b）剖视图　（c）斜齿轮　（d）人字齿轮

图 7－34　单个直齿圆柱齿轮的画法

2）一对齿轮啮合的画法

在反映为圆的视图上，啮合区内两齿轮顶圆均画粗实线，也可省略；两节圆相切，用点画线画出，两齿根圆省略，如图 7－35（a）、（b）所示。

在平行于齿轮轴的投影面的视图内，其啮合区的齿顶线省略，节线用粗实线绘制，其他处的节线仍画点画线，如图 7－35（c）、（d）所示。

在通过轴线的剖视图中，啮合区内将一个齿轮的轮齿用粗实线绘制，另一个齿轮的轮齿被遮挡的部分画成虚线（也可省略不画），并且一个齿轮的齿顶线与另一个齿轮的齿根线之间应有 0.25mm 的间隔，如图 7－36 所示。

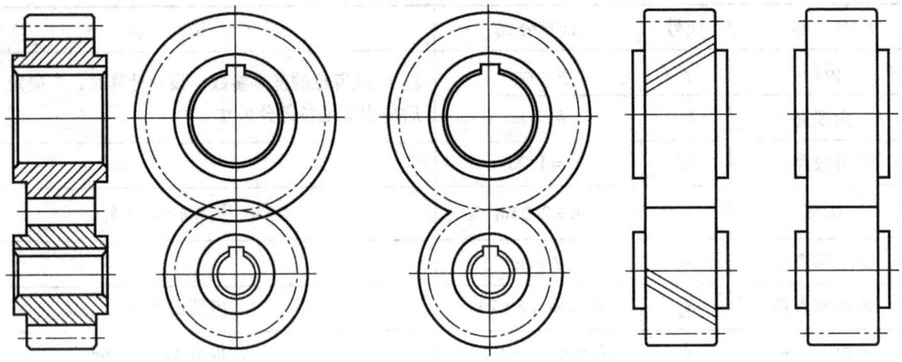

（a）（b）（c）（d）

图 7－35 直齿圆柱齿轮的啮合画法

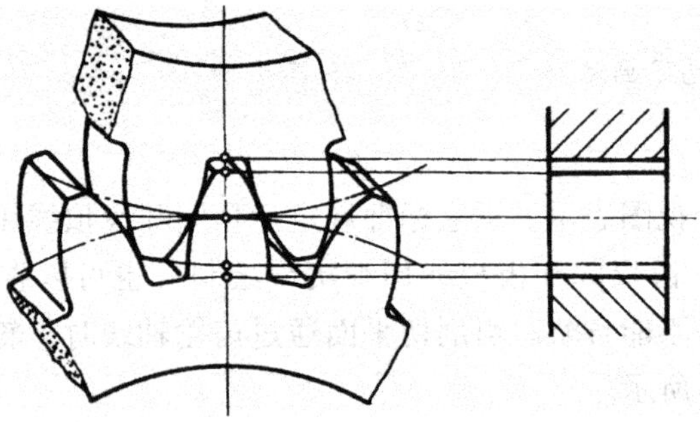

图 7－36 轮齿啮合区在剖视图中的画法

3）齿轮和齿条啮合的画法

当齿轮的直径无限大时，其齿顶圆、齿根圆、分度圆和齿廓曲线都成了直线。这时，齿轮就变成了齿条。齿轮和齿条啮合时，齿轮旋转，齿条作直线运动。齿轮和齿条啮合的画法与两圆柱齿轮啮合的画法基本相同，这时齿轮的节圆应与齿条的节线相切，如图 7－37 所示。在俯视图中，齿条上齿形的终止线用粗实线表示。

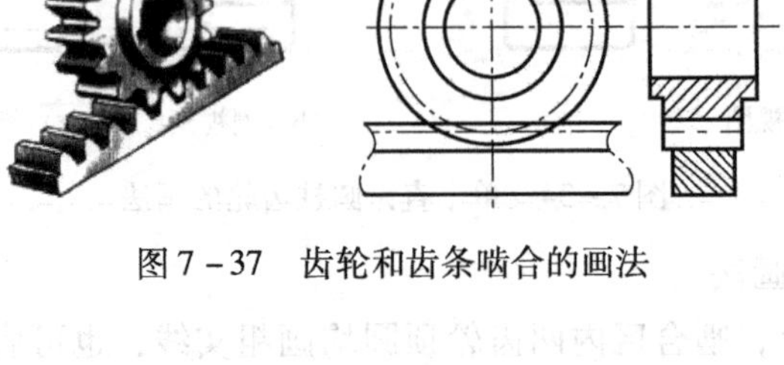

图 7－37 齿轮和齿条啮合的画法

二、直齿圆锥齿轮

1. 直齿圆锥齿轮各部分的名称

由于圆锥齿轮的轮齿加工在圆锥面上，所以圆锥齿轮在齿宽范围内有大、小端之分，如图 7－38 所示。为了计算和制造方便，国家标准规定以大端为准。在圆锥齿轮上，有关的名称和术语有齿顶圆锥面（顶锥）、齿根圆锥面（根锥）、分度圆锥面（分锥）、背锥面（背锥）、前锥面（前锥）、分度圆锥角 δ、齿高 h、齿顶高 h_a及齿根高 h_f等，如图 7－39 所示。

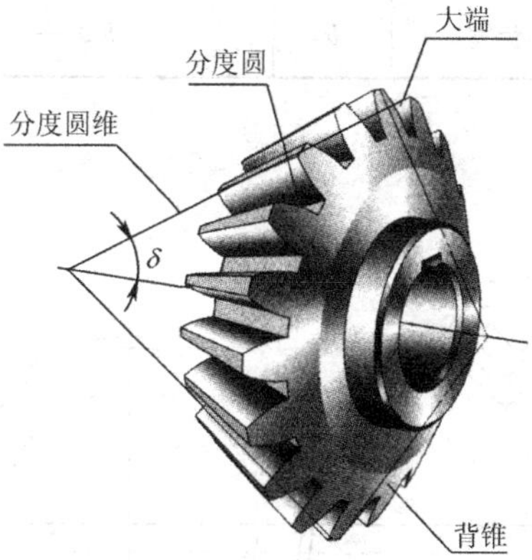

图 7－38　直齿圆锥齿轮

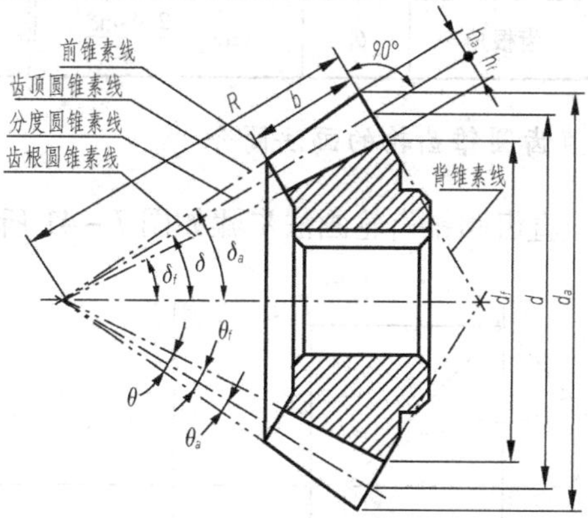

图 7－39　圆锥齿轮的名称

为了设计和制造方便，规定以大端模数为标准模数来计算轮齿各部分的尺寸。在平行于齿轮轴线的视图上作剖视时，轮齿应按不剖绘制在垂直于齿轮轴线的视图上，规定用粗实线画出大端和小端的齿顶圆，用点画线画出大端的分度圆，大、小端的齿根圆和小端的分度圆不画，如图 7－40 所示。

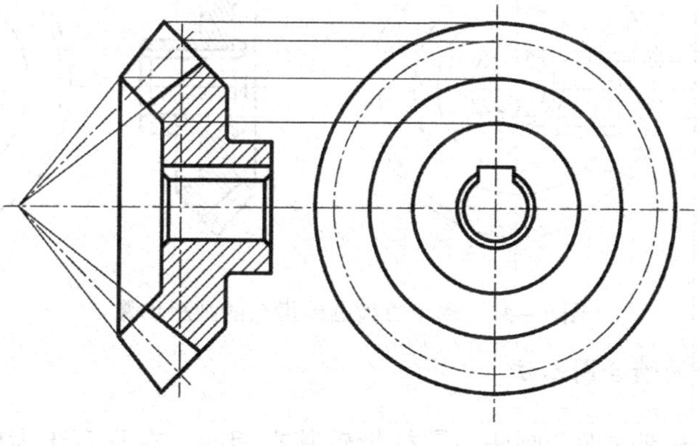

图 7－40　圆锥齿轮画法

标准直齿圆锥齿轮各基本尺寸计算公式如表 7－7 所示。

表 7－7　标准直齿圆锥齿轮各基本尺寸计算公式

序　号	名　称	符　号	计算公式	序　号	名　称	符号	计算公式
1	齿顶高	h_a	$h_a = m$	3	齿高	h	$h = h_a + h_f = 2.2m$
2	齿根高	h_f	$h_f = 1.2m$	4	分度圆直径	d	$d = mz$

续表

序号	名称	符号	计算公式	序号	名称	符号	计算公式
5	齿顶圆直径	d_a	$d_a = m\ (z+2\cos\delta)$	10	分度圆锥角	δ	当 $\delta_1+\delta_2=90°$时，$\tan\theta_1=\frac{z_1}{z_2}$，$\delta_2=90°-\delta_1$
6	齿根圆直径	d_f	$d_f = m\ (z-2\cos\delta)$	11	顶锥角	δ_a	$\delta_a=\delta+\theta_a$
7	锥距	R	$R=\frac{mz}{2\sin\delta}$	12	根锥角	δ_f	$\delta_f=\delta-\theta_f$
8	齿顶角	θ_a	$\tan\theta_a=\frac{2\sin\delta}{z}$	13	背锥角	δ_v	$\delta_v=90°-\delta$
9	齿根角	θ_f	$\tan\theta_f=\frac{2.4\sin\delta}{z}$	14	齿宽	b	$b\leqslant\frac{R}{3}$

2. 直齿圆锥齿轮的画法简介

单个直齿圆锥齿轮画法步骤如图 7 -41 所示。

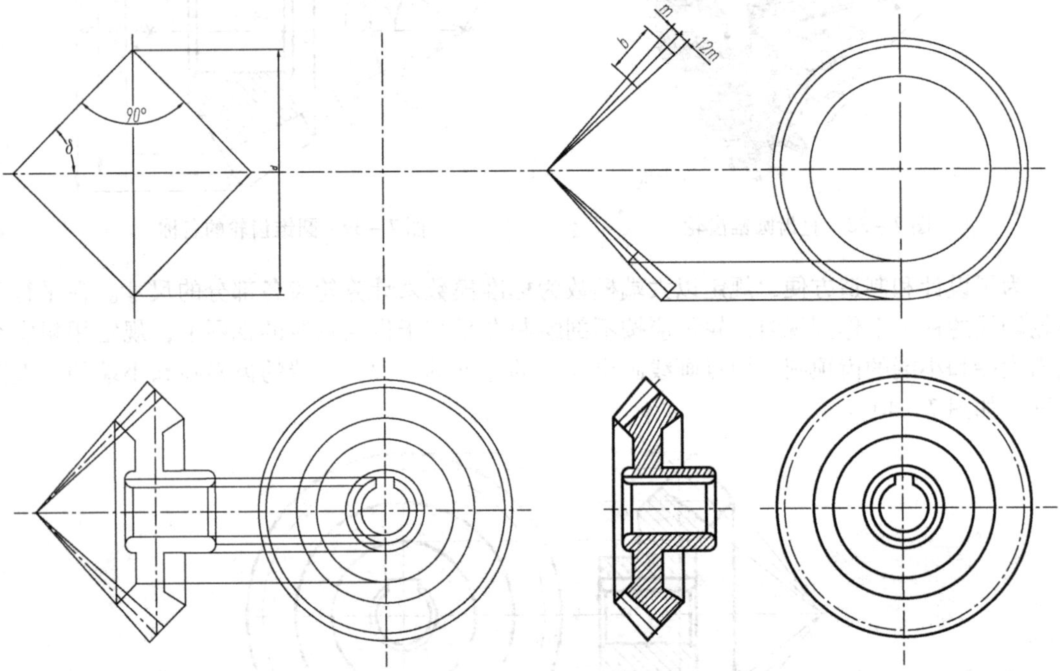

图 7 -41　单个直齿圆锥齿轮的画图步骤

3. 直齿圆锥齿轮的啮合图画法

轴线正交的锥齿轮副的啮合画法与圆柱齿轮基本相同，在垂直于齿轮轴线的视图上，一个齿轮大端的分度线与另一个齿轮大端的分度圆相切，如图 7 -42 所示。

三、蜗杆蜗轮

蜗轮蜗杆用于交错轴间的传动，它的传动比大，蜗杆是主动件，蜗轮是从动件。蜗杆的形状与螺纹相似，其齿数也称为头数，相当于螺纹的头数，常用的头数有单头和双头。

蜗杆、蜗轮传动，一般用于轴线垂直交叉的场合。蜗杆为主动，用于减速，可以得到很大的传动比，其结构紧凑、传动平稳，但传动效率较低。

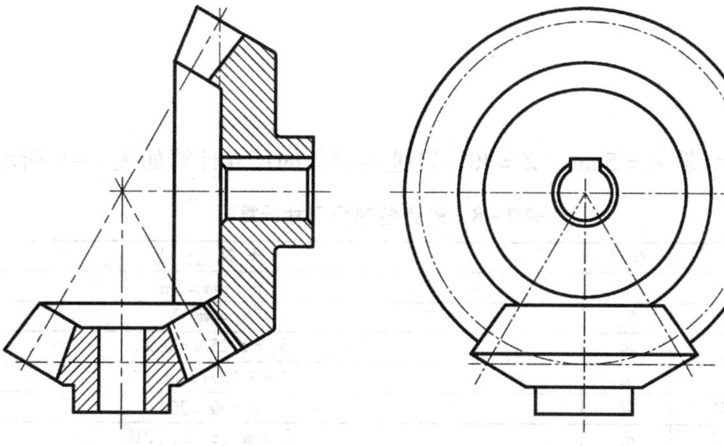

图 7-42　圆锥齿轮副啮合画法

蜗杆、蜗轮的模数及蜗杆直径，可从 GB/T 10088—1988 中查得。齿顶高 $h_a=1m$（m 为模数），工作齿高 $h'=2m$；采用短齿时，$h_a=0.8m$，工作齿高 $h'=1.6m$。顶隙一般为 $c=0.2m$，齿根圆角半径一般为 $\rho_f=0.3m$。蜗杆的齿根用细实线画出，也可省略不画，如图 7-43所示。

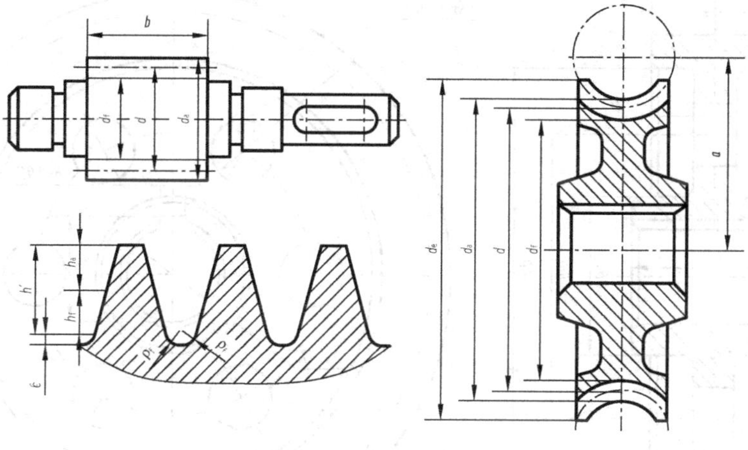

图 7-43　蜗轮与蜗杆画法

蜗杆、蜗轮的啮合画法，如图 7-44 所示，图（a）为两视图不作剖视的画法；图（b）为两视图作剖视的画法。在主视图中，蜗轮被蜗杆遮住的部分不必画出。在左视图中蜗轮的分度圆与蜗杆的分度线应相切。

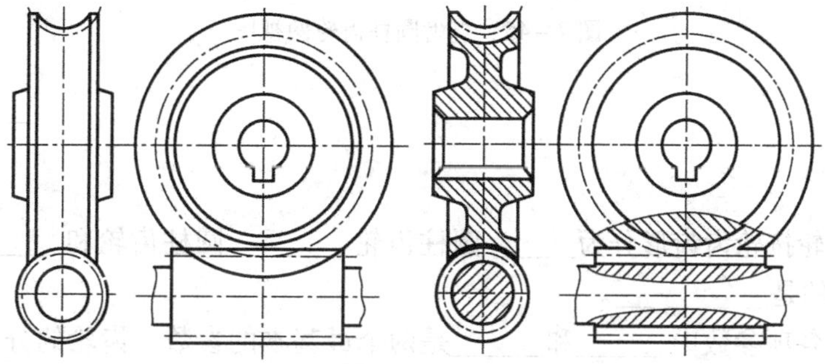

（a）　　　　　　（b）

图 7-44　蜗轮与蜗杆副啮合画法

任务实施

任务分析

已知直齿圆柱齿轮 $m=5\text{mm}$、$Z=40$，其他各部分的尺寸计算如表 7-8 所示。

表 7-8　轮齿各部分尺寸计算

序号	名　称	代号	计 算 公 式
1	齿距	p	$p=\pi m=5\pi$
2	齿顶高	h_a	$h_a=m=5$
3	齿根高	h_f	$h_f=1.25m=6.25$
4	齿高	h	$h=2.25m=11.25$
5	分度圆直径	d	$d=mz=200$
6	齿顶圆直径	d_a	$d_a=m\ (z+2)=210$
7	齿根圆直径	d_f	$d_f=m\ (z-2.5)=192.5$
8	齿宽	b	$b=2p\sim 3p=10\pi\sim 15\pi$

绘制直齿圆柱齿轮两视图，并标注尺寸，结果如图 7-45 所示。

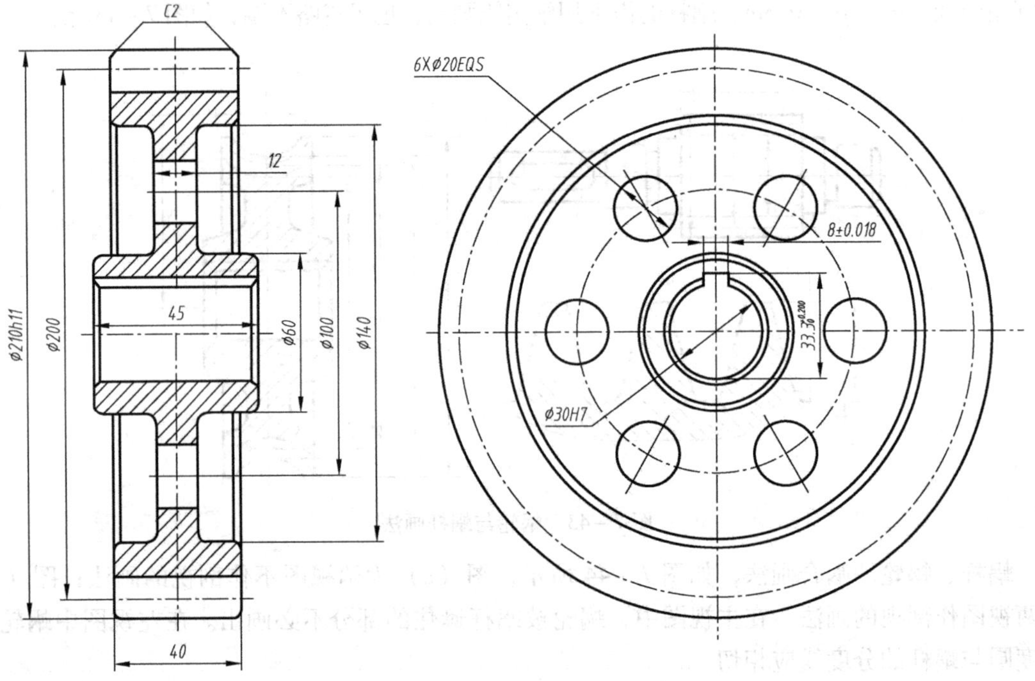

图 7-45　直齿圆柱齿轮两视图

思考与练习

一、填空题

（1）圆柱齿轮按轮齿齿形分为______圆柱齿轮、______圆柱齿轮和______圆柱齿轮，其中承载能力最低的是__________。

（2）齿轮的各项参数中______和______是两个最基本的参数。齿轮的分度圆直径可由这两个参数计算获得，其计算公式为______。

（3）齿轮是最常见的机械零件之一，齿轮传动主要用来传递______和______。齿轮传动有三种：两平行轴之间的传动，用________齿轮传动；两垂直相交轴之间的传动，用________齿轮传动；两交叉轴之间需要传动时，要用______和______传动。

（4）在画齿轮的外形视图时，齿轮的齿顶圆（线）用________线绘制；分度圆或节线用__________线绘制；齿根线可以不画，若要画出，则应使用________线绘制。

（5）表达齿轮时，一般选择非圆视图作为齿轮的________视图投射方向，且为了表达轮齿，一般采用________剖方法进行表达。齿轮的表达一般至少需要绘制________个视图。

二、问答题

齿轮是标准件么？为什么？画齿轮啮合时，两齿轮的啮合区应怎么画？

三、计算题

已知某齿轮的分度圆直径 $d=84\text{mm}$，当模数分别取 3 和 6 时，求：

（1）齿轮的齿数各为多少？

（2）根据计算结果分析，选择哪一个模数可使该齿轮承载能力提高？

任务 7－4　键、销、花键连接的绘制

键主要用于轴和轴上零件（如齿轮、带轮）之间的周向连接，以传递扭矩和运动，而花键还可用作轴上移动的导向装置。销主要用于零件之间的定位。

任务要求

通过本任务的学习，达到以下目标：

➢ 掌握常见键、销、花键的类型、用途以及国家标准中规定的画法；能够根据功能要求适当选择以上的标准件。

➢ 已知键及键连接中轴、孔直径 25mm，键长 25mm，用 A 型普通平键连接。

（1）按 1∶1 比例完成图 7－46 轴和齿轮的图形，并标注轴、孔及键槽（查标准）尺寸。

（2）完成图 7－47 轴和齿轮用键连接的图形。

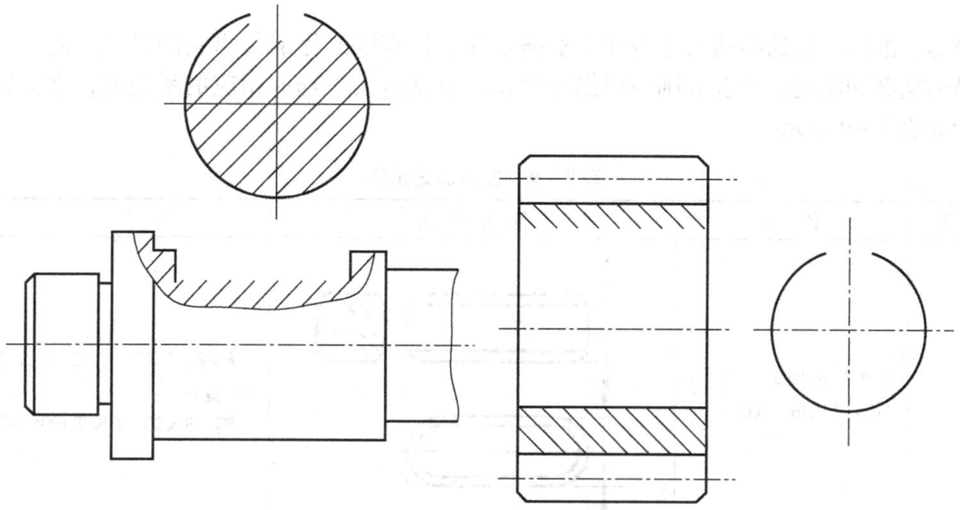

图 7－46　标注前的轴、孔及键槽

相关知识

一、键及其标记

1. 键的结构及分类

键常用于连接轴和轴上零件，实现周向固定以传递运动和转矩的作用，如图 7-48 所示。根据结构，键连接可分为普通键连接和花键连接两类。

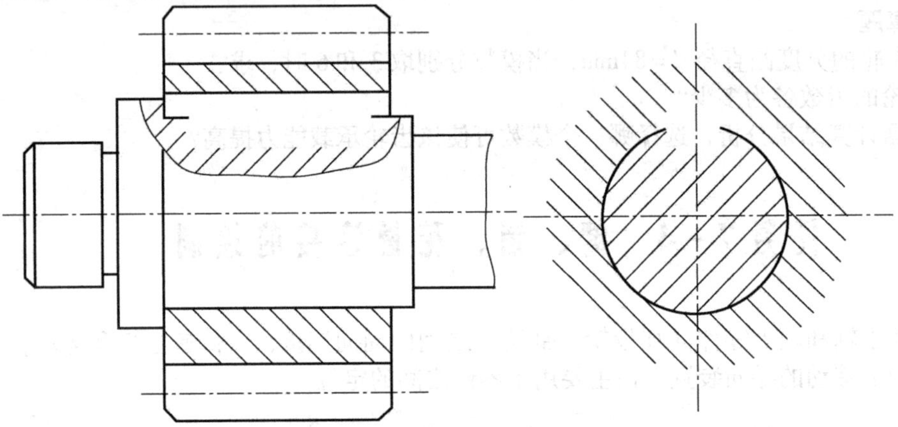

图 7-47　轴和齿轮用键连接的图形

常用的普通键有平键、半圆键、钩头楔键等，其结构如图 7-49 所示。

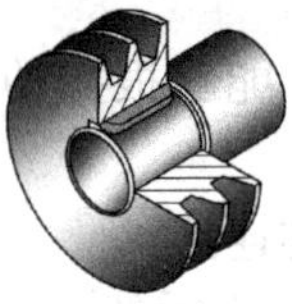

图 7-48　键连接

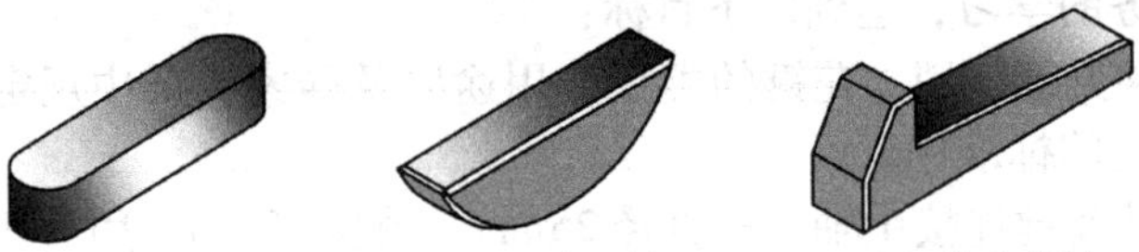

（a）普通平键　（b）半圆键　（c）钩头楔键

图 7-49　普通键

2. 键的标记

键是标准件，键的结构尺寸设计可根据轴的直径查键的标准得出它的尺寸，同时也可查得键槽的宽度和深度，长度 L 则应根据轮毂长度及受力大小选取相应的系列值，常见键的标记示例如表 7-9 所示。

表 7-9　键的标记示例

序　号	名　称	键 的 形 式	
1	圆头普通平键 （GB/T 1096—2003）	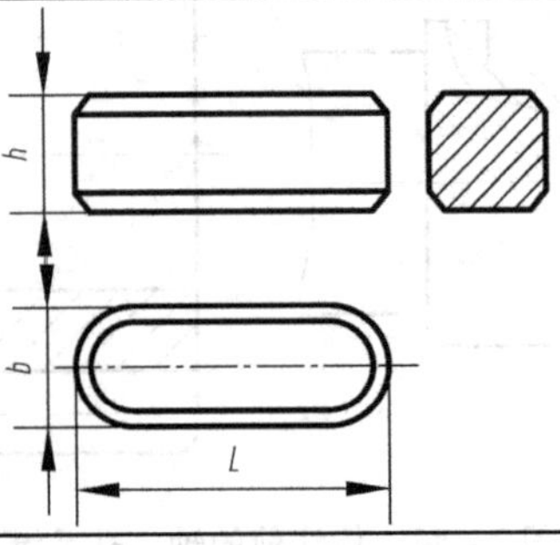	$b=8$、$h=7$、$L=25$ 的普通平键（A 型）： 键　8×25　GB/T 1096—2003

续表

序　号	名　称	键 的 形 式	规定标记示例
1	平头普通平键 （GB/T 1096—2003）	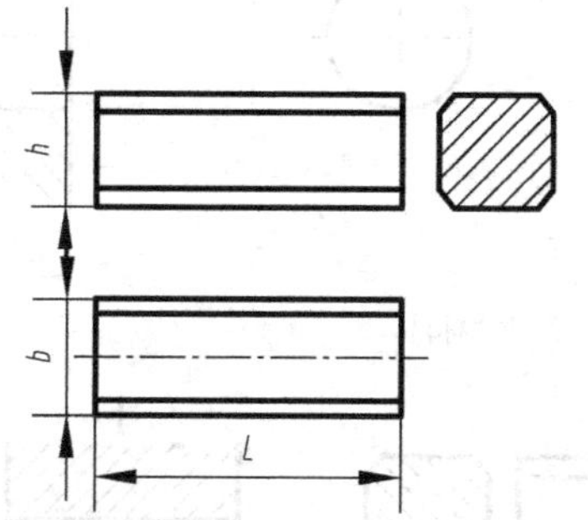	$b=8$、$h=7$、$L=25$ 的普通平键（B 型）： 键　B8×25　GB/T 1096—2003
	单圆头普通平键 （GB/T 1096—2003）	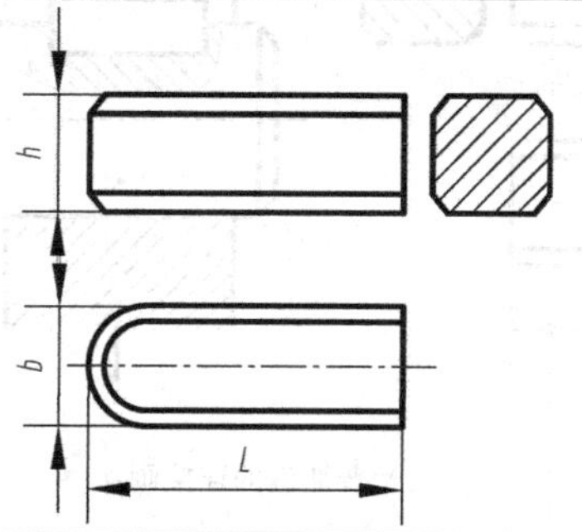	$b=8$、$h=7$、$L=25$ 的普通平键（C 型）： 键　C8×25　GB/T 1096—2003
2	半圆键 （GB/T 1099—2003）	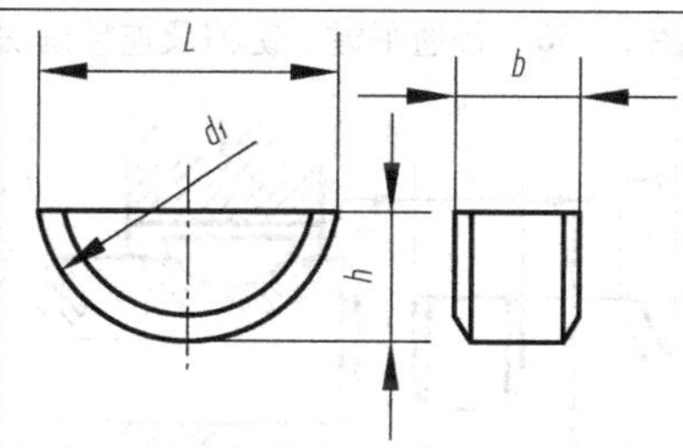	$b=6$、$h=10$、$d_1=25$、$L=24.5$ 的半圆键： 键　6×25　GB/T 1099—2003
3	钩头楔键 （GB/T 1565—2003）	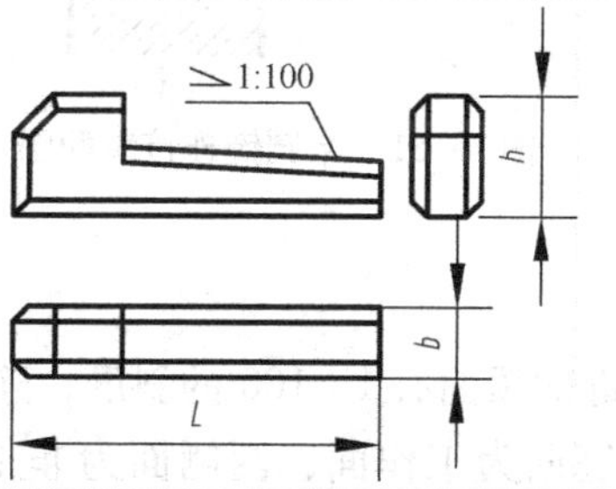	$b=18$、$h=11$、$L=100$ 的钩头楔键： 键 18×100　GB/T 1565—2003

二、平键和半圆键的画法

普通平键有 A、B、C 三种形式。标记时 A 类平键省略 A 字，B、C 类应写出 B、C 字母。键、键槽、轮毂的画法及尺寸标注如图 7－50 所示。

半圆键的连接形式与平键类似，如图 7－51 所示。

普通平键和半圆键的两个侧面是工作面，在装配图中，键与键槽侧面之间应不留间隙；而键的顶面是非工作面，它与轮毂的键槽顶面之间应留有间隙。

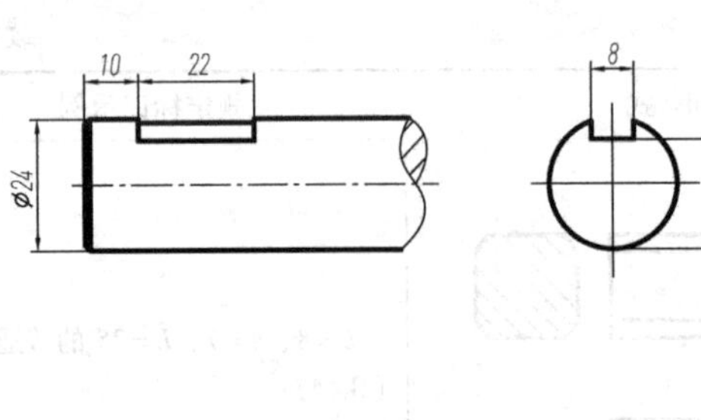

（a）轴键槽画法及尺寸标注

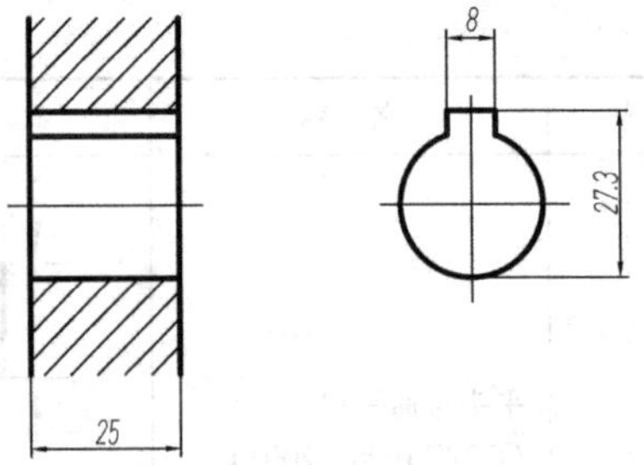

（b）轮毂键槽画法及尺寸标注

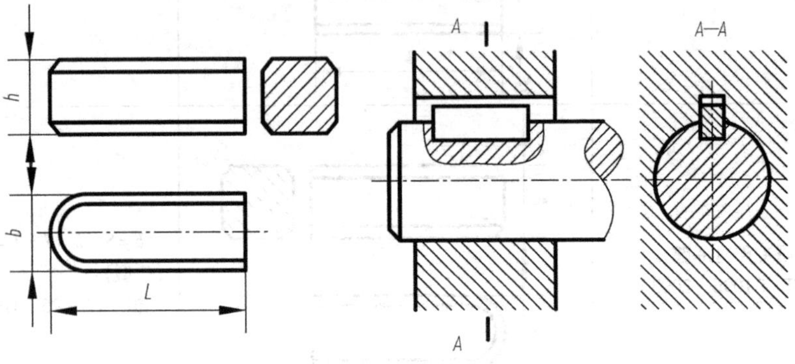

（c）普通键的连接画法

图 7－50　普通平键、键槽及连接画法

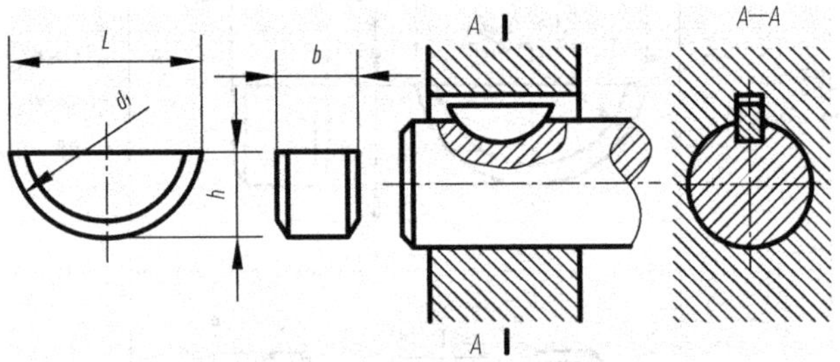

图 7－51　半圆键连接装配图

三、钩头楔键的画法

如图 7－52 所示，钩头楔键的顶面有 1∶100 的斜度，连接时将键打入键槽，使键与键槽的顶面、底面接触。键的顶、底面为工作面，两侧面为非工作面，故连接画法为键与槽顶、底接触面画一条线，与键槽两侧有间隙分别画两条线。钩头楔键一般安装在轴端，拆装方便。

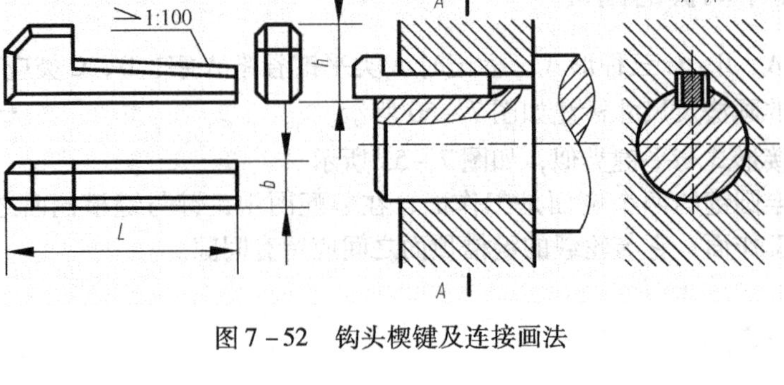

图 7－52　钩头楔键及连接画法

四、花键连接

花键常与轴制成一体，能传递较大的扭矩。常用的花键有矩形花键、渐开线花键和三角形花键等。花键及其连接画法如图 7－53 所示。

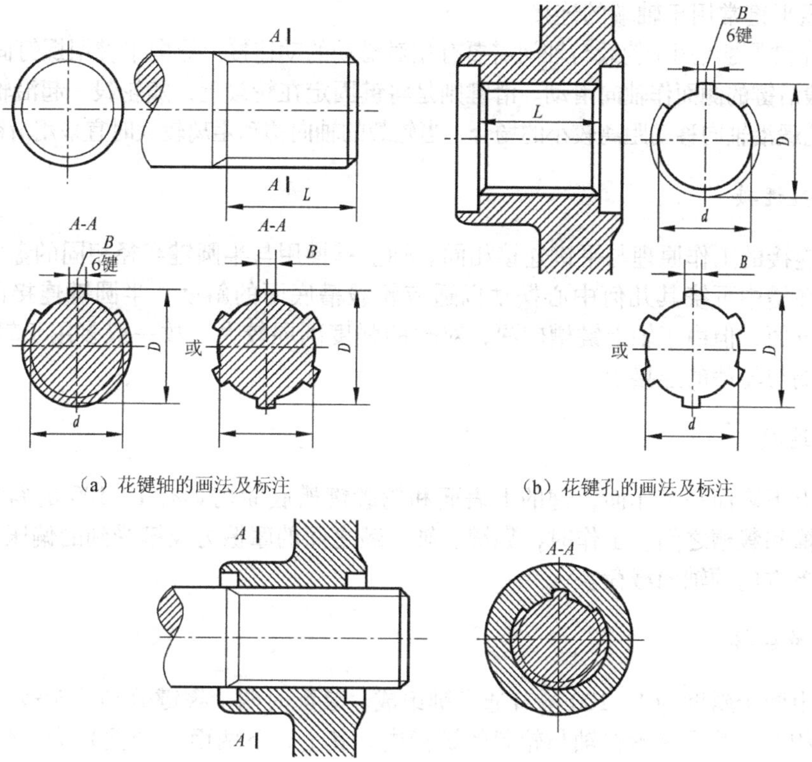

（a）花键轴的画法及标注　　（b）花键孔的画法及标注

（c）花键连接的画法

图 7－53　矩形花键及其连接的画法

（1）花键轴的外径（大径）用粗实线绘制，内径（小径）用细实线绘制，并通过倒角直至轴端，倒角圆不画。在剖面图中可只画一个齿形，亦可全部画出。花键尾部用细实线画成与轴线成30°的夹角，其工作长度的终止端与尾部长度末端用细实线绘制，但与轴线垂直。

（2）在反映花键轴线的剖视图中，花键孔的大径和小径均用粗实线绘制，并用局部视图画出。

（3）当用剖切来表达花键的连接时，其连接部分按花键轴的画法绘制。

五、键连接的类型及其结构形式

1. 平键连接

平键按用途分有三种：普通平键、导向平键和滑键。平键的两侧面为工作面，平键连接是靠键和键槽侧面挤压传递转矩，键的下表面和轮毂槽底之间留有间隙。平键连接具有结构简单、装拆方便、对中性好等优点，因而应用广泛。

普通平键用于轮毂与轴间无相对滑动的静连接。按键的端部形状不同分为 A 型（圆头）、B 型（方头）、C 型（单圆头）三种。

A 型普通平键的轴上键槽用指状铣刀在立式铣床上铣出，槽的形状与键相同，键在槽中固定良好，工作时不松动，但轴上键槽端部应力集中较大。

B 型普通平键轴槽是用盘状铣刀在卧式铣床上加工，轴的应力集中较小，但键在轴槽中易松动，故对尺寸较大的键，宜用紧定螺钉将键压在轴槽底部。

C 型普通平键常用于轴端的连接。

导向平键和滑键均用于轮毂与轴间需要有相对滑动的动连接。导向平键用螺钉固定在轴上的键槽中，轮毂沿键的侧面作轴向滑动。滑键则是将键固定在轮毂上，随轮毂一起沿轴槽移动。导向平键用于轮毂沿轴向移动距离较小的场合，当轮毂的轴向移动距离较大时宜采用滑键连接。

2. 半圆键连接

半圆键连接的工作原理与平键连接相同。轴上键槽用与半圆键半径相同的盘状铣刀铣出，因此半圆键在槽中可绕其几何中心摆动以适应轮毂槽底面的斜度。半圆键连接的结构简单，制造和装拆方便，但由于轴上键槽较深，对轴的强度削弱较大，故一般多用于轻载连接，尤其是锥形轴端与轮毂的连接中。

3. 楔键连接

楔键的上下表面是工作面，键的上表面和轮毂键槽底面均具有 1∶100 的斜度。装配后，键楔紧于轴槽和毂槽之间。工作时，靠键、轴、毂之间的摩擦力及键受到的偏压来传递转矩，同时能承受单方向的轴向载荷。

4. 切向键连接

切向键由两个斜度为 1∶100 的普通楔键组成。装配时两个楔键分别从轮毂一端打入，使其两个斜面相对，共同楔紧在轴与轮毂的键槽内。其上、下两面（窄面）为工作面，其中一个工作面在通过轴心线的平面内，工作时工作面上的挤压力沿轴的切线作用。因此，切向键连接的工作原理是靠工作面的挤压来传递转矩。一个切向键只能传递单向转矩，若要传递双向转矩，必须用两个切向键，并错开 120°～135°反向安装。切向键连接主要用于轴径大于 100mm、对中性要求不高且载荷较大的重型机械中。

六、销及其标记

销也是常用的标准件，在机器中用来连接和固定零件，或在装配时作定位用。常用的销有圆柱销、圆锥销和开口销等，如图 7－54 所示。

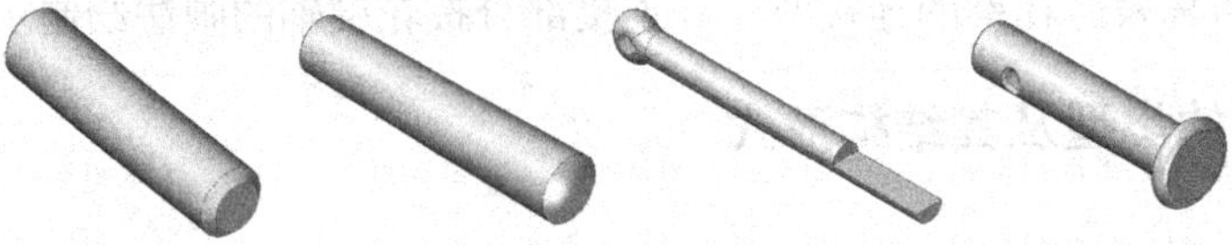

（a）圆柱销　（b）圆锥销　（c）开口销　（d）销轴

图 7－54　销

销是标准件，对其结构形式、大小和标记，国家标准都做了相应的规定，圆锥销的公称直径指小端直径。销各部分的尺寸可根据其公称直径和国家标准号，从有关标准中查出。销的标记可参阅表 7－10。

表 7-10　销的形式及其规定标记

名称	形式	规定标记示例	说明
圆柱销	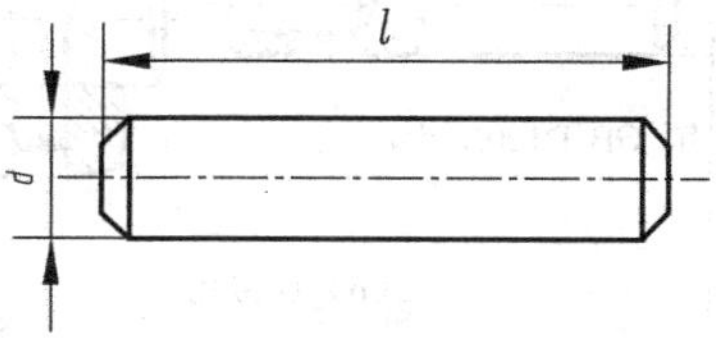	销 GB/T 119—2000　A8×30（A 型，公称直径 $d=8$mm，长度 $l=30$mm）	共有四种形式具有不同的直径公差，可与销孔形成不同的配合，可根据工作条件来选用
圆锥销	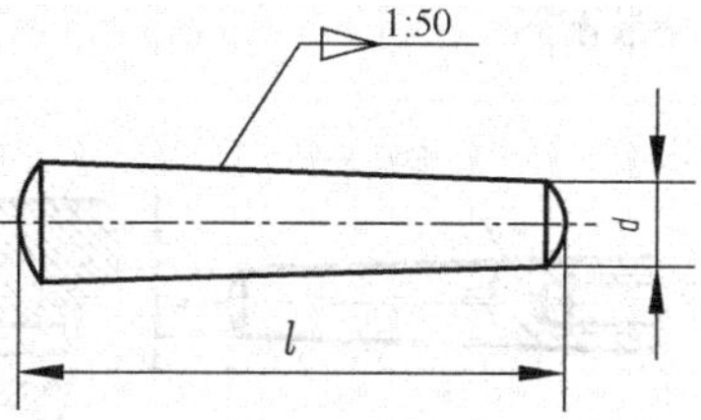	销 GB/T 117—2000　A10×60（A 型，公称直径 $d=10$mm，长度 $l=60$mm）	（1）A 型为磨削加工 B 型为车削加工 （2）锥度 1∶50 有自锁作用，打入后不会自动松脱
开口销	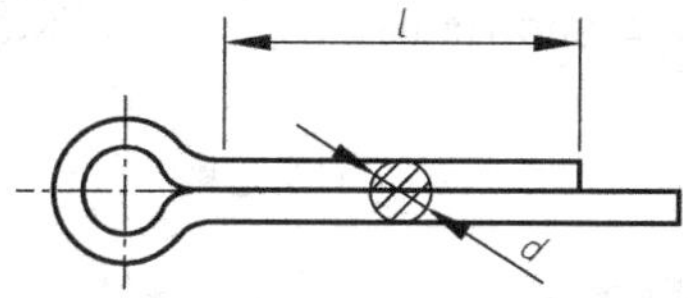	销 GB/T 91—2000　5×40（公称直径 $d=5$mm，长度 $l=40$mm）	公称直径指与之相配的销孔直径，故开口销公称直径都大于其实际直径

七、销的画法

圆柱销、圆锥销、开口销的画法参阅表 7-10。

圆柱销与销孔有四种配合精度，由于配合的不同，圆柱销也分为四种类型，可查有关标准。

圆锥销的锥度为 1∶50，按实际锥度画图，图样上不够明显，因而可以采用夸大画法作图。圆锥销的公称直径是指小端直径。

开口销常与带销孔的螺栓和槽型螺母一起使用。开口销是由剖面为半圆形的金属弯曲而成，其公称直径是指销孔的直径，它的实际尺寸是小于公称直径的。销孔直径可在螺栓标准中查得。

八、销连接的画法

销可以分为圆柱销、圆锥销和异形销等。

圆柱销依靠少量过盈固定在孔中，对销孔的尺寸、形状、表面粗糙度等要求较高，销孔在装配前须铰削。通常被连接件的两孔应同时钻铰，孔壁的粗糙度不大于 Ra 0.6μm。装配时，在销上涂上润滑油，用铜棒将销打入孔中。

圆锥销装配时，被连接件的两孔也应同时钻铰，但必须控制径、钻孔时按圆锥销小头直径选用钻头，用 1∶50 锥度的铰刀铰孔。铰孔时用试装法控制孔径，以圆锥销自由插入全长的 80%～85% 为宜。然后用软锤敲入。敲入后销的大头可与被连接件表面平齐，或露出不超过倒棱值。

拆卸带内螺纹的圆柱销和圆锥时，可用拔销器拔出，有螺尾的圆锥销可用螺母旋出，通孔中的圆锥可以从小头向外敲出。

图 7-55 和图 7-56 表示圆柱销和圆锥销的连接画法。

销轴开口销连接如图 7-57 所示。

任务实施

（1）标注后的轴、孔及键槽如图 7-58 所示。

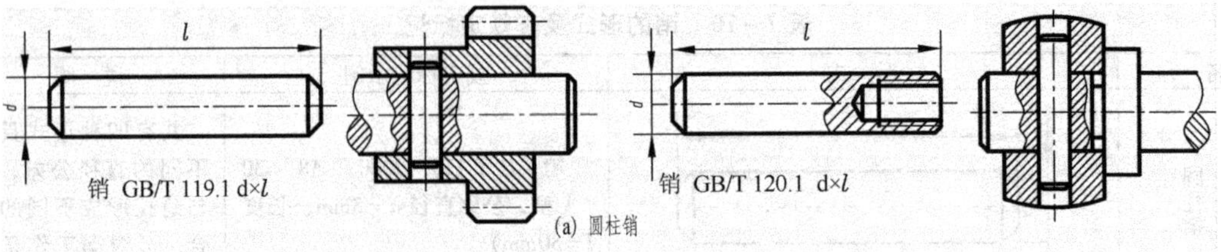

（a）定位用　　　　（b）连接用

图 7－55　圆柱销装配图

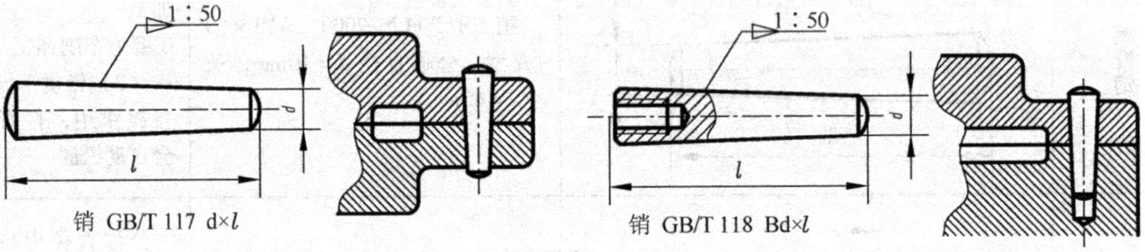

（a）定位用　　　　（b）连接用

图 7－56　圆锥销装配图

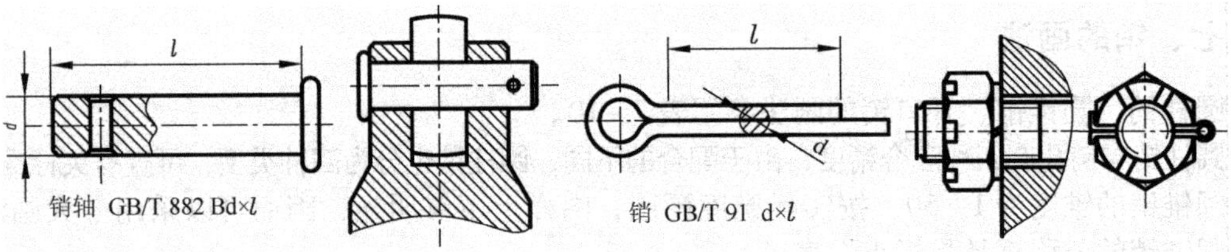

（a）销轴　　　　（b）开口销

图 7－57　销轴与开口销连接

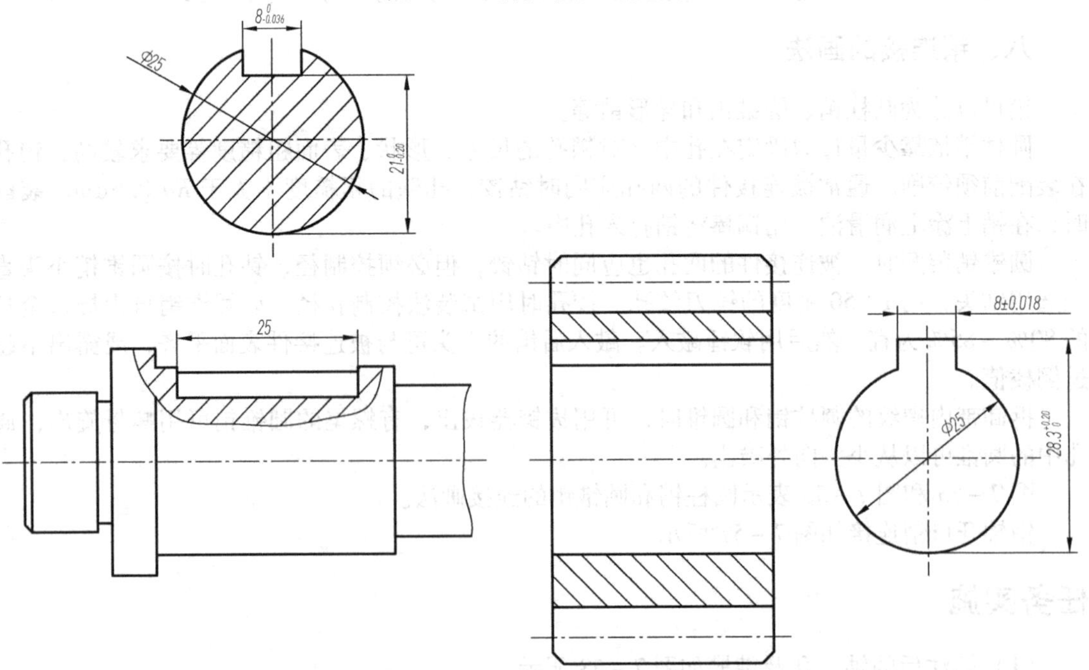

图 7－58　标注后的轴、孔及键槽

（2）轴和齿轮用键连接的图形如图 7－59 所示。

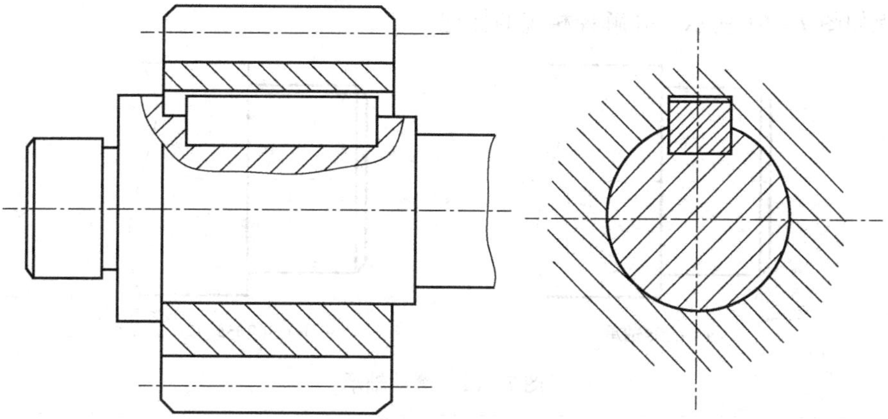

图 7－59　轴和齿轮用键连接

思考与练习

一、选择题

（1）键主要是用来连接________和________的，用于传递扭矩。

（2）普通平键有三种，即________型、________型和________型。普通平键的工作表面是键的两个______面。

（3）平键标记：键 B16 × 70 GB 1096—79，B 表示(　　)平键，16 × 70 表示（　　）。

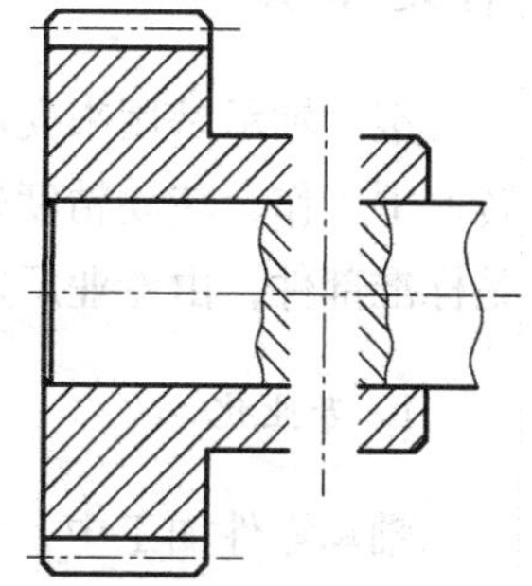

图 7－60　圆柱销连接

二、齿轮与轴用直径为 10mm 的圆柱销连接，画出如图 7－60所示销连接的剖视图，比例 1 : 1，并写出圆柱销的规定标记。

任务 7－5　滚动轴承的绘制

滚动轴承是将运转的轴与轴座之间的滑动摩擦变为滚动摩擦，从而减少摩擦损失的一种精密机械元件。

它的作用是支承转动的轴及轴上零件，并保持轴的正常工作位置和旋转精度，滚动轴承使用维护方便，工作可靠，起动性能好，在中等速度下承载能力较高。与滑动轴承比较，滚动轴承的径向尺寸较大，减振能力较差，高速时寿命低，声响较大。

任务要求

通过本任务的学习，达到以下目标：

➢ 了解滚动轴承的作用、分类、结构；熟悉滚动轴承的代号；掌握滚动轴承的规定画法和特征画法。

➢ 能够根据功能要求适当选择滚动轴承。

➢ 用规定画法分别画出 6205 轴承（右端面紧靠轴肩）、30205 轴承（右端面紧靠轴肩），轴承如图 7－61 所示，并解释相应的标记。

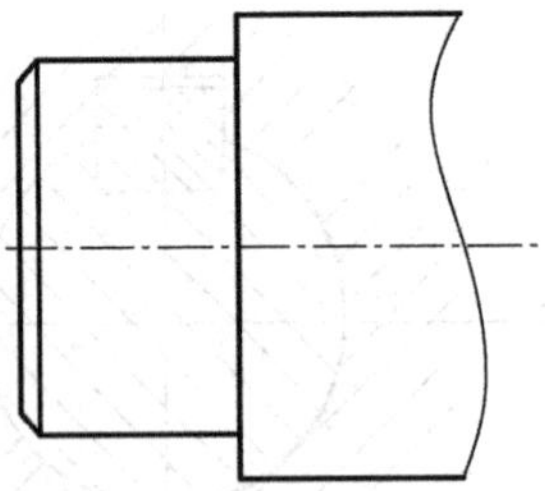

（a）6205轴承

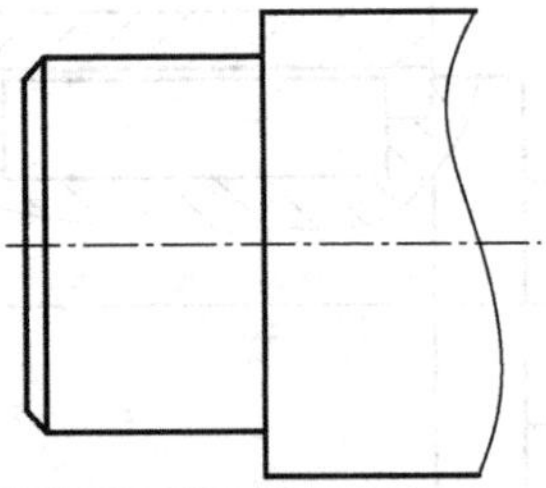

（b）30205轴承

图 7－61　滚动轴承

相关知识

滚动轴承是用来支承旋转轴的部件，结构紧凑，摩擦阻力小，能在较大的载荷、较高的转速下工作，转动精度较高，在工业中应用十分广泛。滚动轴承的结构及尺寸已经标准化，是标准部件，由专业厂家生产，选用时可查阅有关标准。滚动轴承特征如下：

1. 专业化

轴承零件加工中，大量采用轴承专用设备。如钢球加工采用磨球机、研磨机等设备。专业化的特点还体现在轴承零件的生产上，如专业生产钢球的钢球公司、专业生产微型轴承的微型轴承厂等。

2. 先进性

由于轴承生产的大批量规模要求，使得其使用先进的机床、工装和工艺成为可能，如数控机床、三爪浮动卡盘及保护气氛热处理等。

3. 自动化

轴承生产的专业化为其生产自动化提供了条件。在生产中大量采用全自动、半自动化专用和非专用机床，且生产自动线逐步推广应用。如热处理自动线及装配自动线等。

常见滚动轴承的结构有深沟球轴承、推力球轴承、圆锥滚子轴承三种，如图 7－62 所示。

（a）深沟球轴承

（b）圆锥滚子轴承

（c）推力球轴承

图 7－62　滚动轴承的结构

一、滚动轴承的结构及类型

1. 结构

滚动轴承由四部分组成，如图 7－63 所示。

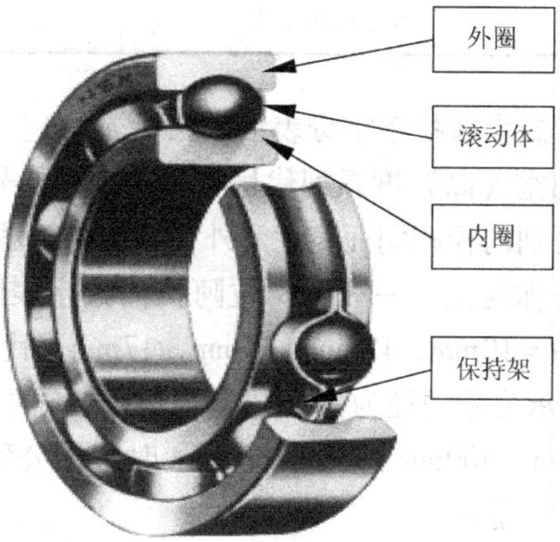

图 7－63　滚动轴承结构及分类

（1）外圈：装在机体或轴承座内，一般固定不动。

（2）内圈：装在轴上，与轴紧密配合且随轴转动。

（3）滚动体：装在内外圈之间的滚道中，有滚珠、滚柱、滚锥等类型。

（4）保持架：保持架能使滚动体均匀分布，防止滚动体脱落，引导滚动体旋转起润滑作用。

2. 类型

滚动轴承按其受力方向可分为径向轴承、轴向止推轴承及径向止推轴承三类，如图 7－64 所示。

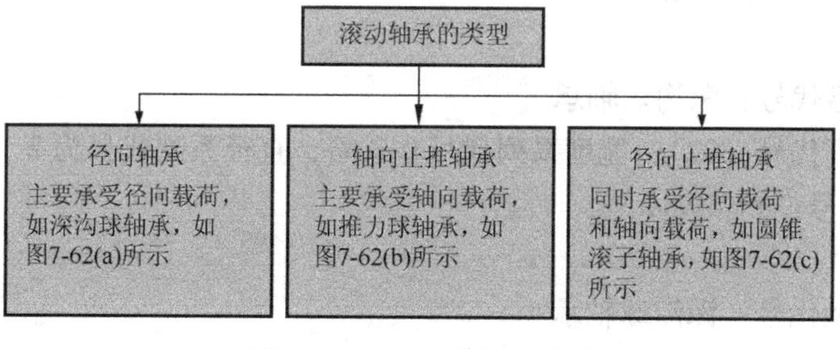

图 7－64　滚动轴承的类型

二、滚动轴承的代号

滚动轴承代号是由字母加数字来表示滚动轴承的结构、尺寸、公差等级、技术性能等特征的产品符号，它由基本代号、前置代号和后置代号构成，其排列方式如下：

前置代号	……	基本代号	……	后置代号

1. 基本代号

基本代号表示轴承的基本类型、结构和尺寸，是轴承代号的基础。

基本代号由轴承类型代号、尺寸系列代号、内径代号构成，其排列方式如下：

轴承类型代号	尺寸系列代号	内径代号

类型代号用阿拉伯数学或大写拉丁字母表示，见表7-11。

尺寸系列代号由轴承的宽（高）度系列代号和直径系列代号组合而成，用两位阿拉伯数字来表示。其主要作用是区别内径相同而宽度和外径不同的轴承。具体代号需查阅相关标准。

内径代号表示轴承的公称内径，一般用两位阿拉伯数字表示。代号数字为00，01，02，03时，分别表示轴承内径 $d=10$mm，12mm，15mm，17mm；代号数字为04~96时，代号数字乘5，即为轴承内径；轴承公称内径为1~9mm时，用公称内径毫米数直接表示；轴承公称内径为22mm，28mm，32mm，500mm或大于500mm时，用公称内径毫米数直接表示，但应与尺寸系列代号之间用“/”隔开。

表7-11 轴承类型代号（摘自GB/T 272—1993）

代 号	轴 承 类 型	代 号	轴 承 类 型
0	双列角接触球轴承	6	深沟球轴承
1	调心球轴承	7	角接触球轴承
2	调心滚子轴承和推力调心滚子轴承	8	推力圆柱滚子轴承
3	圆锥滚子轴承	N	圆柱滚子轴承轴承
4	双列深沟球轴承	U	球面球轴承轴承
5	推力球轴承	QJ	四点接触球轴承轴承

下面是轴承基本代号举例。

6 2 08

6——轴承类型代号：深沟球轴承

2——尺寸系列代号（02）：宽度系列代号0省略，直径系列代号为2

08——内径代号：$d=40$mm

6 2/22

6——轴承类型代号：深沟球轴承

2——尺寸系列代号（02）：宽度系列代号0省略，直径系列代号为2

22——内径代号：$d=22$mm

3 03 12

3——轴承类型代号：圆锥滚子轴承

03——尺寸系列代号：宽度系列代号为0，直径系列代号为3

12——内径代号：$d=60$mm

2. 前置代号与后置代号

前置代号用字母表示。后置代号用字母（或加数字）表示。前置、后置代号是轴承在结构形状、尺寸、公差、技术要求等有改变时，在其基本代号前后添加的代号。

下面是前置代号与后置代号应用举例。

轴承代号标记示例：

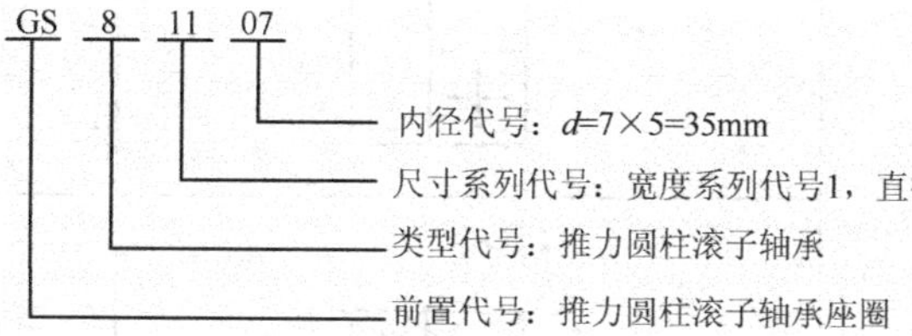

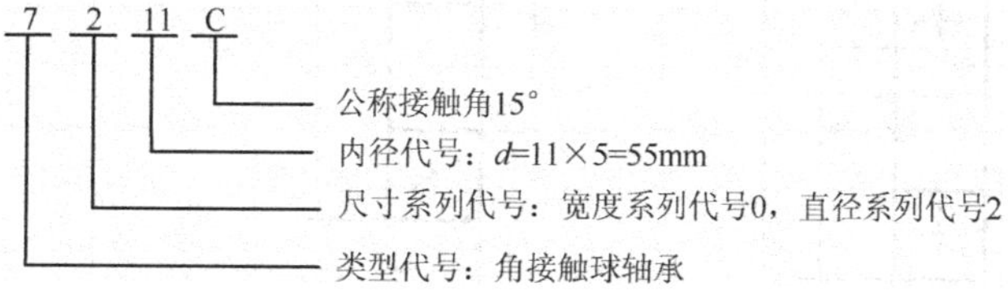

内径代号由右起第一、二位数字表示。对于内径为 20 ~ 495mm 的轴承，其内径是代号的五倍，其余轴承的内径尺寸需查标准，表示方法见表 7 – 12。

表 7 – 12　常用轴承的内径代号

内径代号	00	01	02	03	04 ~ 99
轴承内径/mm	10	12	15	17	数字 ×5

三、滚动轴承的画法

国家标准 GB/T 4459. 7—1998 对滚动轴承的画法作了统一规定，有简化画法和规定画法，简化画法又分为通用画法和特征画法两种，参见表 7 – 13。

1） 简化画法

用简化画法绘制滚动轴承时，应采用通用画法和特征画法。但在同一图样中，一般只采用其中的一种画法。

（1） 通用画法：当不需要确切地表示滚动轴承的外形轮廓、载荷特性、结构特征时，可用矩形线框以及位于线框中央正立的十字形符号来表示。矩形线框和十字形符号均用粗实线绘制，十字形符号不应与矩形线框接触。

（2） 特征画法：如果需要比较形象地表示滚动轴承的结构特征时，可采用在矩形线框内画出其结构要素符号的方法表示。特征画法的矩形线框、结构要素符号均用粗实线绘制。

2） 规定画法

必要时，滚动轴承需采用规定画法绘制。采用规定画法绘制滚动轴承的剖视图时，轴承的滚动体不画剖面线，其各套圈等可画成方向和间隔相同的剖面线，滚动轴承的保持架及倒角等可省略不画。规定画法一般绘制在轴的一侧，另一侧按通用画法绘制。规定画法中各种符号、矩形线框和轮廓线均用粗实线绘制。各种绘制方法如表 7 – 13 所示。

表 7-13　滚动轴承的各种画法

轴承类型	通用画法	特征画法	规定画法
深沟球轴承 GB/T 277—1994 60000 型		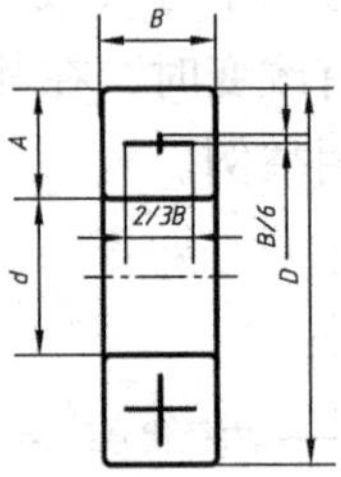	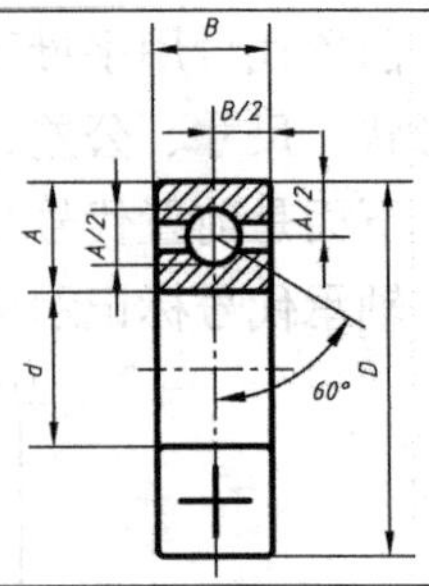
圆锥滚子轴承 GB/T 297—1994 30000 型	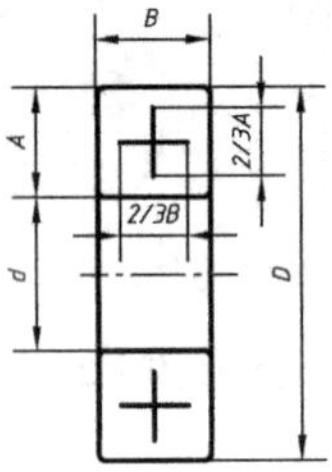	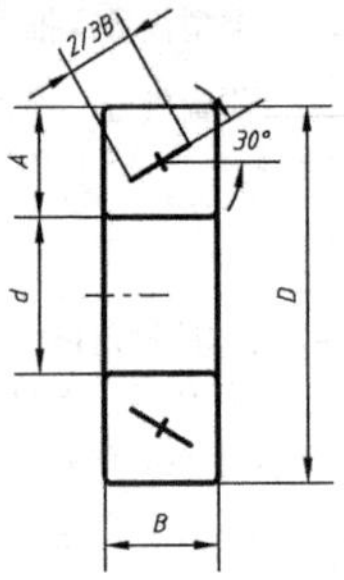	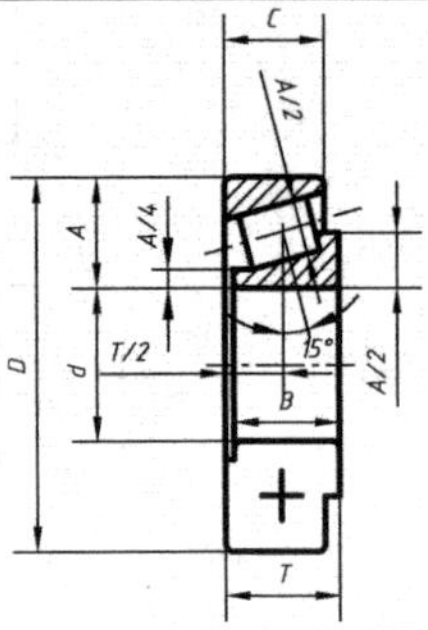
推力球轴承 GB/T 301—1995 51000 型		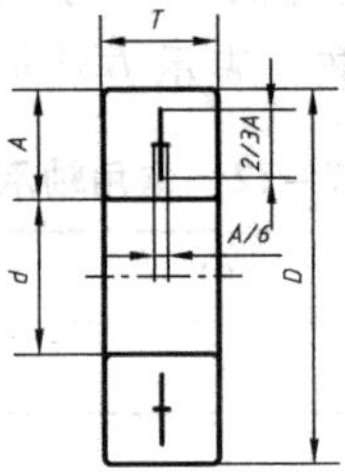	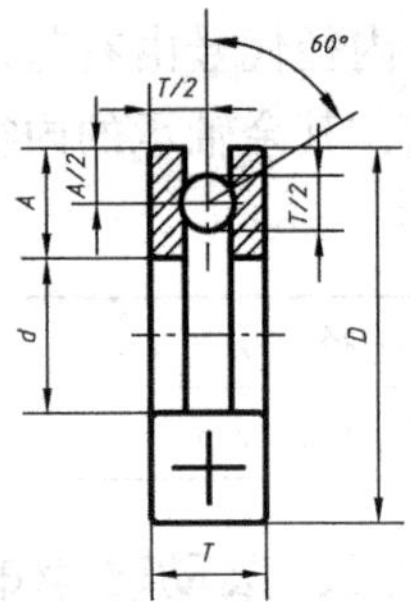
画法的选用场合	当不需要确切地表示滚动轴承的外形轮廓、载荷特征和结构特征时，采用	如需要较形象地表示滚动轴承的特征时，可采用特征画法。必要时，用规定画法绘制	滚动轴承的产品图样、产品样本、产品标准和产品使用说明书中采用

四、滚动轴承的选择

滚动轴承类型多种多样，选用时可考虑以下方面因素，从而进行选择。

1. 载荷的大小、方向和性质

球轴承适于承受轻载荷，滚子轴承适于承受重载荷及冲击载荷。当滚动轴承受纯轴向载荷时，一般选用推力轴承；当滚动轴承受纯径向载荷时，一般选用深沟球轴承或短圆柱滚子轴承；当滚动轴承受纯径向载荷的同时，还有不大的轴向载荷时，可选用深沟球轴承、角接触球轴承、圆锥滚子轴承及调心球轴承或调心滚子轴承；当轴向载荷较大时，可选用接触角较大的角接触球轴承及圆锥滚子轴承，或者选用向心轴承和推力轴承组合在一起，这在极高轴向载荷或特别要求有较大轴向刚性时尤为适合。

2. 允许转速

因轴承的类型不同有很大的差异。一般情况下，摩擦小、发热量少的轴承，适于高转速。设计时应力求滚动轴承在低于其极限转速的条件下工作。

3. 刚性

轴承承受载荷时，轴承套圈和滚动体接触处就会产生弹性变形，变形量与载荷成比例，其比值决定轴承刚性的大小。一般可通过轴承的预紧来提高轴承的刚性；此外，在轴承支承设计中，考虑轴承的组合和排列方式也可改善轴承的支承刚度。

4. 调心性能和安装误差

轴承装入工作位置后，往往由于制造误差造成安装和定位不良。此时常因轴产生挠度和热膨胀，使轴承承受过大的载荷，引起早期的损坏。自动调心轴承可自行克服由安装误差引起的缺陷，因而适合此类用途的轴承。

5. 安装和拆卸

圆锥滚子轴承、滚针轴承等，属于内外圈可分离的轴承类型（即所谓分离型轴承），安装拆卸方便。

任务实施

（1）标记解释。

6　2　05

6——轴承类型代号：深沟球轴承

2——尺寸系列代号（02）：宽度系列代号 0 省略，直径系列代号为 2

05——内径代号：$d=25$mm

3　02　05

3——轴承类型代号：圆锥滚子轴承

02——尺寸系列代号：宽度系列代号为 0，直径系列代号为 2

05——内径代号：$d=25$mm

（2）轴承画法如图 7－65 所示。

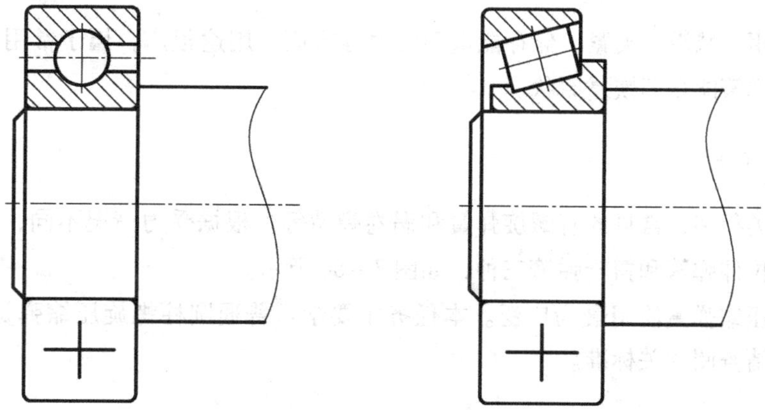

图 7－65　轴承画法

思考与练习

一、填空

（1）滚动轴承主要由______、______、______和______构成。

（2）按受力方向分类，滚动轴承主要分为______、______、______三类。

二、说明以下三种轴承基本代号的含义。

（1）滚动轴承　　30208　　GB/T 297

（2）滚动轴承　　6203　　GB/T 276

（3）滚动轴承　　51207　　GB/T 301

任务 7-6　弹簧的绘制

弹簧是机械、电器设备中一种常用的零件，主要用于减震、夹紧、储存能量和测力等。弹簧的种类很多，使用较多的是圆柱螺旋弹簧，其特点是去掉外力后，弹簧能立即恢复原状。

任务要求

通过本任务的学习，达到以下目标：

- 掌握常见弹簧的类型、用途以及国家标准中规定的画法；
- 能够按照国家标准的有关规定绘制弹簧的工程图，能够根据功能要求适当选择弹簧。
- 已知圆柱螺旋压缩弹簧簧丝直径为5mm，弹簧中径为40mm，节距为10mm，弹簧自由高度为76mm，支承圈数 $n_0=2.5$。试画出弹簧的全剖视图，比例1∶1。

相关知识

一、弹簧的用途、特点和分类

弹簧主要用于减震、夹紧、储存能量和测力等方面，用途很广，属于常用件，其特点是去掉外力后，弹簧能立即恢复原状。

1. 弹簧的种类

弹簧的种类很多，常见的有螺旋弹簧和涡卷弹簧等。根据受力情况不同，螺旋弹簧又分为压缩弹簧、拉伸弹簧和扭转弹簧三种，如图 7-66 所示。

圆柱螺旋压缩弹簧使用最为广泛。本任务主要学习普通圆柱螺旋压缩弹簧的绘制方法，其他弹簧画法请查阅相关标准。

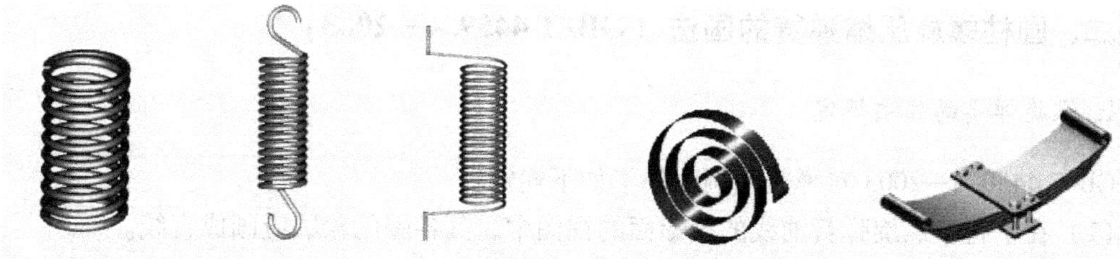

（a）压缩弹簧　（b）拉簧　（c）扭转弹簧　（d）涡卷弹簧　（e）板簧

图 7－66　弹簧类型

2. 圆柱螺旋压缩弹簧各部分的名称及尺寸计算

圆柱螺旋压缩弹簧各部分的名称如图 7－67 所示。

（1）簧丝直径 d：制造弹簧所用金属丝的直径。

（2）弹簧外径 D_2：弹簧的最大直径。

（3）弹簧内径 D_1：弹簧的内孔直径，即弹簧的最小直径。$D_1 = D_2 - 2d$。

（4）弹簧中径 D：弹簧轴剖面内簧丝中心所在柱面的直径，既弹簧的平均直径，$D_2 = (D + D_1)/2 = D_1 + d = D - d$。

（5）有效圈数 n：保持相等节距且参与工作的圈数。

（6）支承圈数 n_2：为了使弹簧工作平衡，端面受力均匀，制造时将弹簧两端的 3/4～5/4 圈压紧靠实，并磨出支承平面。这些圈主要起支承作用，所以称为支承圈。支承圈数 n_2 表示两端支承圈数的总和。一般有 1.5 圈、2 圈、2.5 圈三种。

（7）总圈数 n_1：有效圈数和支承圈数的总和，即 $n_1 = n + n_2$。

（8）节距 t：相邻两有效圈上对应点间的轴向距离。

（9）自由高度 H_0：未受载荷作用时的弹簧高度（长度），$H_0 = nt + (n_2 - 0.5)d$。

（10）弹簧的展开长度 L：制造弹簧时所需的金属丝长度，$L \approx n_1\sqrt{(\pi D_2)^2 + t^2}$。

（11）旋向：与螺旋线的旋向意义相同，分为左旋和右旋两种。

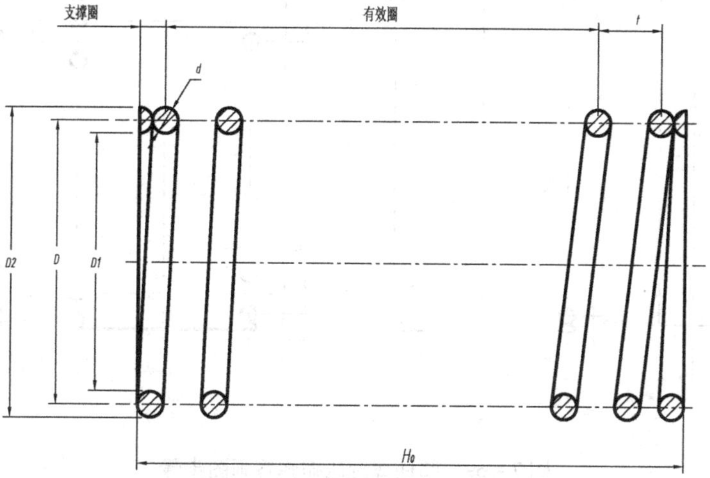

图 7－67　弹簧的名称

二、圆柱螺旋压缩弹簧的画法（GB/T 4459.4—2003）

1. 螺旋弹簧的画法规定

GB/T 4459.4—2003 对弹簧的画法作了如下规定：

（1）在平行于螺旋弹簧轴线的投影面的视图中，其各圈的轮廓应画成直线。

（2）有效圈数在四圈以上时，可每端只画出 1～2 圈（支承圈除外），其余省略。

（3）螺旋弹簧均可画成右旋，左旋弹簧不论画成左旋或右旋，均需注写旋向“左”字。

（4）螺旋压缩弹簧如要求两端并紧且磨平时，不论支承圈多少均按支承圈 2.5 圈绘制，必要时也可按支承圈的实际结构绘制。

具体画法如图 7－68 所示。

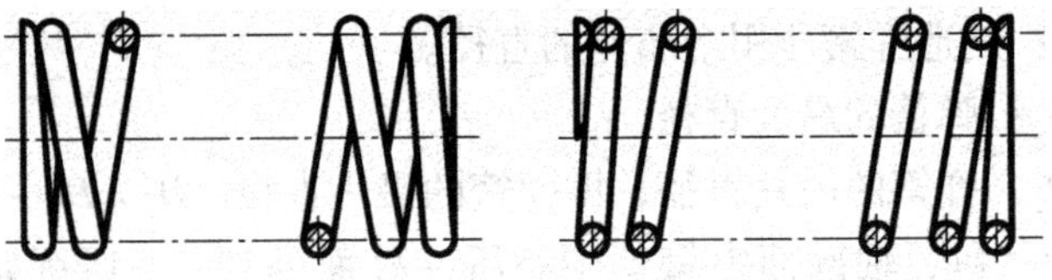

（a）视图　　（b）剖视图

图 7－68　弹簧画法

2. 螺旋弹簧的画图步骤

（1）算出弹簧中径 D_2 及自由高度 H_0，用 D_2 及 H_0 画出长方形 ABCD，如图 7－69（a）所示。

（2）画出支承圈部分直径与簧丝直径相等的圆和半圆，如图 7－69（b）所示。

（3）画出有效圈数部分直径与簧丝直径相等的圆，如图 7－69（c）所示。

（4）按右旋方向作相应圆的公切线及剖面线，即完成作图，如图 7－69（d）所示。

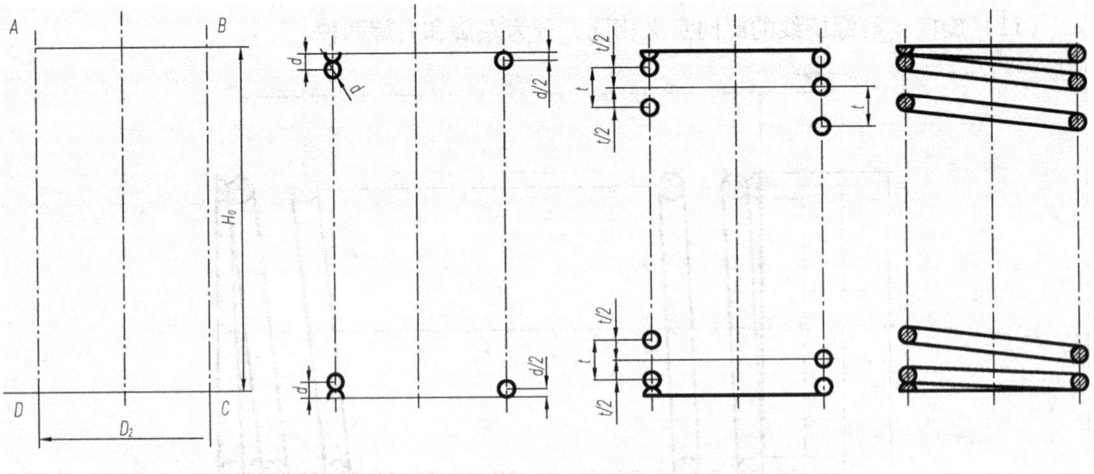

（a）　（b）　（c）　（d）

图 7－69　圆柱螺旋压缩弹簧画图步骤

3. 弹簧装配图中画法（GB/T 4459.4—2003）

（1）在装配图中，被弹簧挡住的结构一般不画，可见部分应从弹簧外轮廓线或弹簧钢丝剖面的中心线画起，如图 7－70（a）所示。

（2）在装配图中，螺旋弹簧被剖切时，或型材直径或厚度在图形上小于或等于 2mm 时，剖面可以涂黑表示，且各圈的轮廓线不画。

（3）在装配图中，型材直径或厚度在图形上等于或小于 1mm 的螺旋弹簧，允许用示意图绘制，如图 7－70（b）所示。

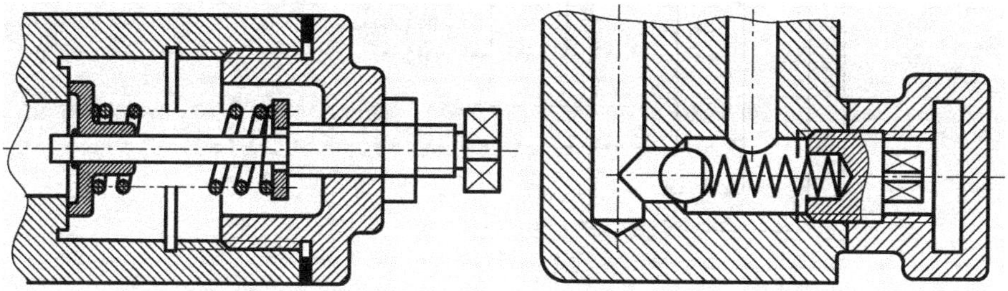

（a）不画挡住部分的零件　　（b）簧丝示意画法

图 7－70　弹簧装配图中的画法

4. 零件图注意问题

（1）弹簧的参数应直接标注在图形上，若直接标注有困难，可在技术要求中说明。

（2）当需要表明弹簧的负荷与高度之间的变化关系时，必须用图解表示。螺旋压缩弹簧的力学性能曲线均画成直线，其中，P_1 为弹簧的预加负荷，P_2 为弹簧的最大负荷，P_3 为弹簧的允许极限负荷。

如图 7－71 所示为弹簧零件图。

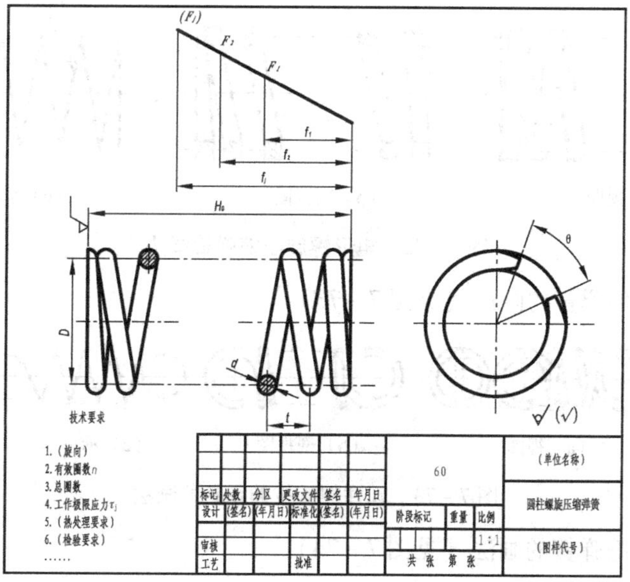

图 7－71　圆柱螺旋压缩弹簧零件图

三、圆柱螺旋压缩弹簧的标记（GB/T 4459.4—2003）

圆柱螺旋压缩弹簧的标记由名称、形式、尺寸、标准编号、材料牌号及表面处理组成，GB/T 2089—1994 规定格式如下所示。

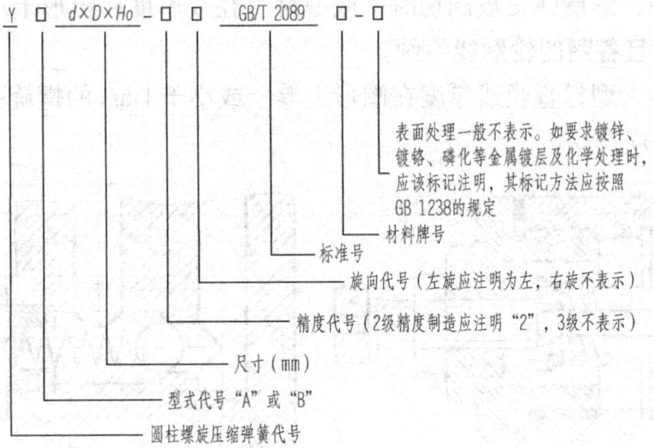

标记示例：

【例7－1】　YA型弹簧，材料直径1.2mm，弹簧中径8mm，自由高度40mm，刚度、外径、自由高度的精度为2级，材料为碳素弹簧钢钢丝B级，表面镀锌处理的左旋弹簧。

标记：YA1.2×8×40—2 左 GB/T 2089—1994　B级—D—Zn。

【例7－2】圆柱螺旋弹簧B型，型材直径为3mm，中径为20mm，自由高度为80mm，制造精度为3级，材料为碳素弹簧钢丝B级，表面涂漆处理，右旋。

标记：YB　3×20×80　GB/T 2089—1994　B级

四、其他弹簧的画法

1）矩形螺旋压缩弹簧画法（见图7－72）

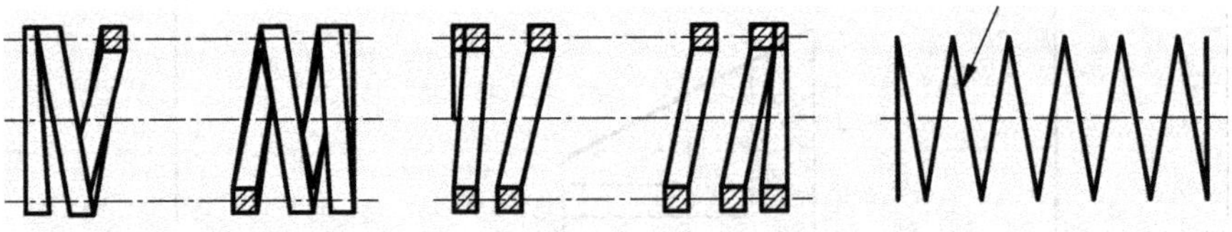

（a）视图　（b）剖视图　（c）示意图

图7－72　矩形螺旋压缩弹簧画法

2）圆柱螺旋拉伸弹簧的画法（见图7－73）

（a）视图　（b）剖视图　（c）示意图

图7－73　圆柱螺旋拉伸弹簧的画法

3）圆锥螺旋压缩弹簧的画法（见图7－74）

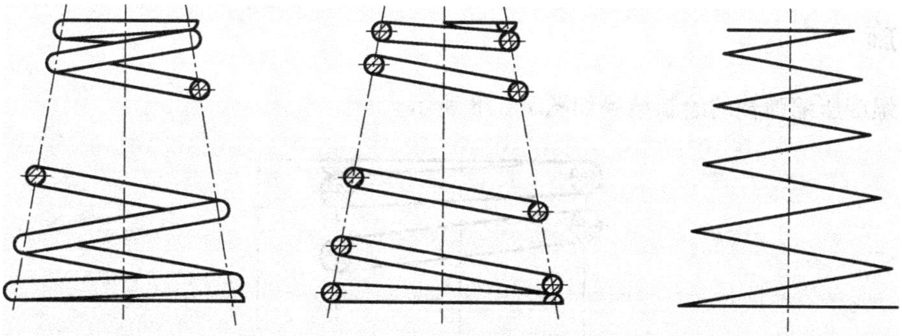

（a）视图　　（b）剖视图　　（c）示意图

图 7－74　圆锥螺旋压缩弹簧的画法

4）扭转弹簧的画法（见图 7－75）

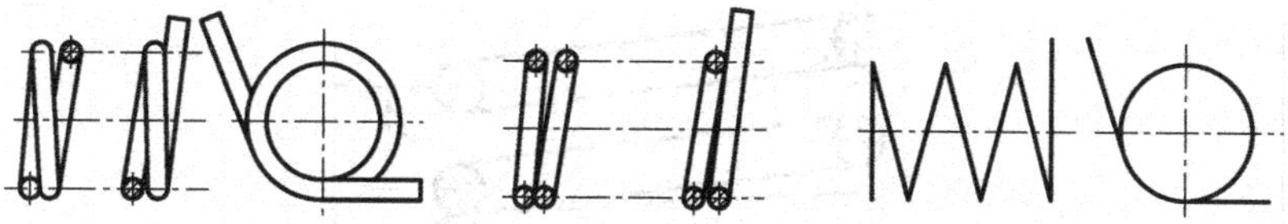

（a）视图　　（b）剖视图　　（c）示意图

图 7－75　扭转弹簧的画法

5）平面涡卷弹簧的画法（见图 7－76）

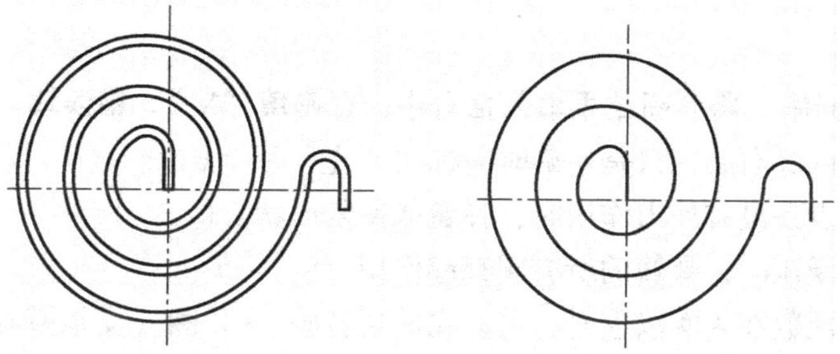

（a）视图　　（b）示意图

图 7－76　平面涡卷弹簧的画法

6）板弹簧的画法（见图 7－77）

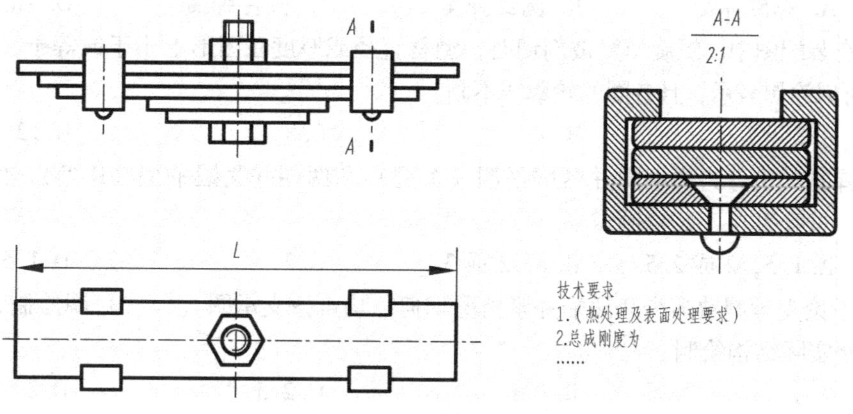

图 7－77　板弹簧的画法

任务实施

圆柱螺旋压缩弹簧的绘制结果如图 7－78 所示。

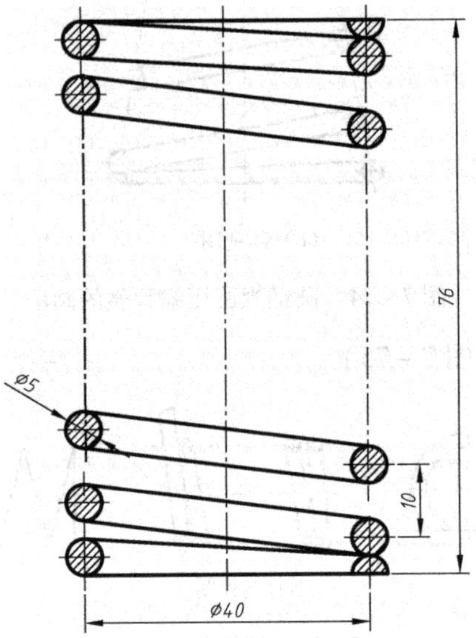

图 7－78　圆柱螺旋压缩弹簧

思考与练习

一、判断下列问题（将判断结果填入括号中，正确填“√”，错误填“×”）

（1）弹簧均可画成右旋，只是左旋时需标注“左”字。（　　）

（2）弹簧的特点是没有外力作用时，弹簧能恢复原状。（　　）

（3）压缩弹簧受压时，弹簧的所有圈都起作用。（　　）

（4）弹簧有效圈数在 4 圈以上时，可以在两端各画 1～2 圈（支承圈除外），中间各圈可省略不画，将两端用细点画线连接，且可适当缩短图形长度。（　　）

二、选择下列问题（将正确选项填在括号内）

（1）常用的弹簧有（　　）、拉伸弹簧、扭转弹簧和平面蜗卷弹簧。

A. 螺旋弹簧　　B. 圆锥弹簧　　C. 圆柱弹簧　　D. 压缩弹簧

（2）在装配图中，螺旋弹簧被剖切时，型材直径或厚度在图形上小于或等于（　　）mm 时，剖面可以涂黑表示，且各圈的轮廓线不画。

A. 2　　B. 3　　C. 8　　D. 12

（3）弹簧类型分为两端圈并紧磨平型（A 型）和两端并紧锻平型（B 型），两端并紧磨平的圈数，一般为（　　）圈。

A. 1.5，2 或 2.5　　B. 1，2 或 3　　C. 2　　D. 1.5

（4）不论支承圈数多少和两端并紧情况如何，均可按支承圈（　　）圈绘制，必要时也可按支承圈实际结构绘制。

A. 1　　B. 1.5　　C. 2.5　　D. 2

项目八　零件图的技术要求

技术要求用来说明零件制造完工后应达到的有关技术质量指标，主要包括尺寸公差、几何公差、表面结构等内容。这些项目凡是有规定代号的，可用代号直接标注在图上；无规定代号的则可用文字说明，书写在标题栏上方。

任务8-1　标注尺寸公差

任务要求

通过本任务的学习，达到以下目标：

➢ 熟悉零件图上技术要求的内容。

➢ 理解尺寸公差与配合的基本术语和定义，会标注和识读图样中的尺寸公差与配合代号。

➢ 根据图8-1所示，通过查书后附表写出 ϕ30H8/f7 的轴、孔的极限偏差数值，并说明其配合类别。

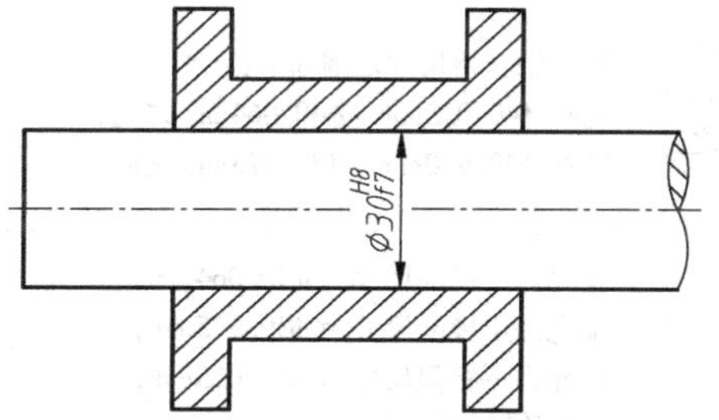

配合代号	极限偏差	配合种类
ϕ30H8		
ϕ30f7		

图8-1　轴孔配合

相关知识

一、公差与配合及其注法

1. 零件的互换性

从一批相同的零件中任取一件，不经修配就能立即装到机器上并能保证使用要求，这种性质称为互换性。显然，机械零件具有互换性，既能满足各生产部门广泛协作的要求，又能进行高效率的专业化生产。

2. 公差的基本术语和定义

要使零件具有互换性，首先要求零件间相配合的结构尺寸要具有一致性，但零件加工时，由于机床精度，刀具磨损等因素，不可能把零件的尺寸做得绝对准确，肯定会有误差。为了将零件尺寸的加工误差限制在一定的范围内，规定尺寸的允许变动量，因而形成了公差与配合的一系列概念。

图 8－2 是孔、轴公差有关名称及代号图解。

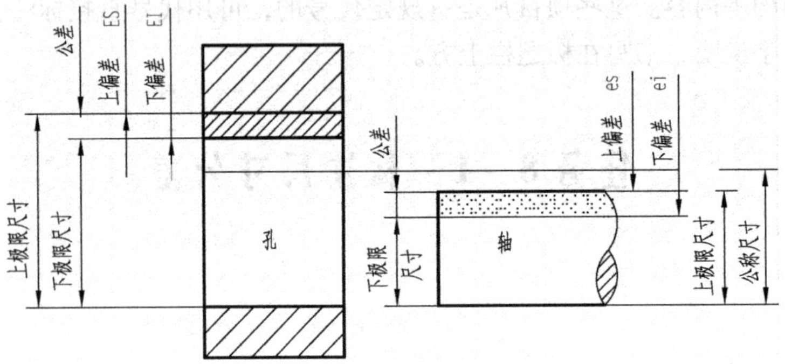

图 8－2　孔、轴公差有关名称及代号图解

表 8－1　公差的基本术语

术　语	含　义	举　例（以图 8－3 为例）
要素	指零件上的几何特征——点、线或面	
公称尺寸	由图样规范确定的理想形状要素尺寸。公称尺寸常常是设计时所给定的尺寸	孔、轴直径尺寸 $\phi40$mm
实际尺寸	通过加工零件后所得的尺寸，实际尺寸包含实际测量误差。实际尺寸必须在允许的尺寸变动范围内，即在上极限尺寸和下极限尺寸之间才算合格，反之为不合格	孔、轴合格尺寸范围如下： 孔在 $\phi40.025$mm ~ $\phi40.064$mm 之间； 轴在 $\phi39.950$mm ~ $\phi39.975$mm 之间
极限尺寸	允许零件尺寸变化的两个界限值。它以基本尺寸为基数来确定。 尺寸要素允许的最大尺寸，称为上极限尺寸； 尺寸要素允许的最小尺寸，称为下极限尺寸	孔允许上极限尺寸为 $\phi40.064$mm， 轴允许上极限尺寸为 $\phi39.975$mm； 孔允许下极限尺寸为 $\phi40.025$mm， 轴允许下极限尺寸为 $\phi39.950$mm
极限偏差	极限尺寸减去公称尺寸所得代数差称为极限偏差。极限偏差分为上极限偏差和下极限偏差。 上极限偏差为上极限尺寸减其公称尺寸所得的代数差； 下极限偏差为下极限尺寸减其公称尺寸所得的代数差。 国家标准规定： 孔的上、下极限偏差代号分别为 ES 和 EI；轴的上、下极限偏差代号分别为 es 和 ei	上极限偏差： 孔（ES）$=\phi40.064-\phi40=+0.064$； 轴（es）$=\phi39.975-\phi40=-0.025$ 下极限偏差： 孔（EI）$=\phi40.025-\phi40=+0.025$； 轴（ei）$=\phi39.950-\phi40=-0.050$
尺寸公差	允许尺寸的变动量，简称公差。 公差＝上极限尺寸－下极限尺寸； 公差＝上极限偏差－下极限偏差	孔公差 $=\phi40.064-\phi40.025=0.039$； 孔公差 $=(+0.064)-(0.025)=0.039$。 轴公差 $=\phi39.975-\phi39.950=0.025$； 轴公差 $=(-0.025)-(-0.050)=0.025$

续表

术　语	含　义	举　例（以图8－3为例）
零　线	在极限与配合图解中，表示公称尺寸的一条直线，以其为基准确定偏差和公差	通常，零线沿水平方向绘制，正偏差位于其上，负偏差位于其下
公差带	用零线表示公称尺寸，同时画出代表上极限尺寸和下极限尺寸（或上极限偏差和下极限偏差）的两条直线，这两条直线所限定的区域，称为公差带。常用按一定比例放大的矩形方框表示，其上边界代表上极限偏差，下边界代表下极限偏差；方框的左右长度无实际意义，可根据需要任意确定	公差带图不画出孔、轴具体尺寸，而是用放大的孔、轴公差带来分析问题。 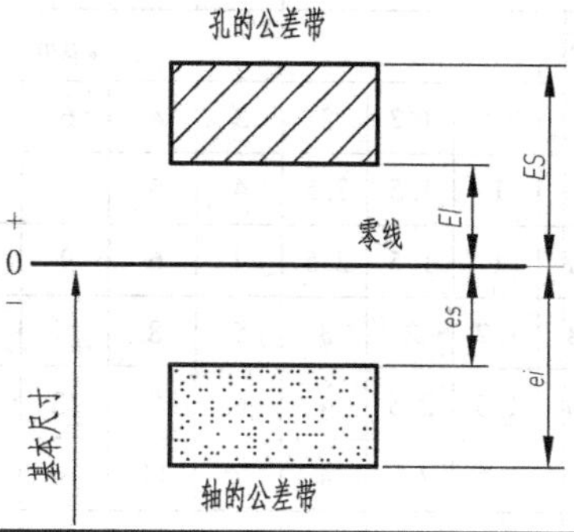
公差带图	简单而形象地显示了公称尺寸、极限偏差及公差之间关系：公差带的上下高度，反映公差的大小；上极限偏差（或下极限偏差）确定公差带相对零线的位置，即反映公差相对公称尺寸的位置	

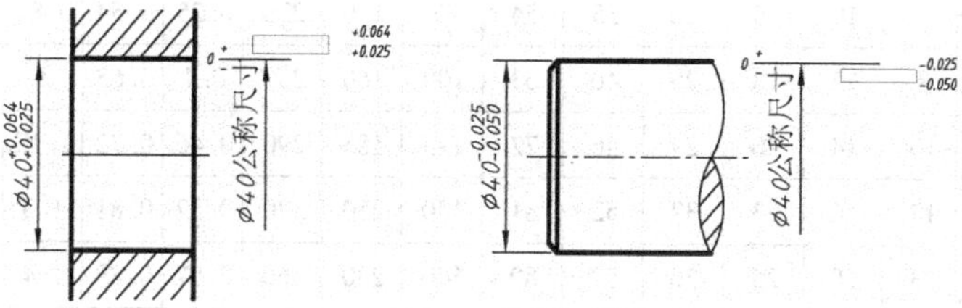

图8－3　孔、轴公差举例

二、标准公差与基本偏差

为了满足不同的配合要求，国家标准GB/T 1800．1—2009中规定，公差带是由标准公差和基本偏差（靠近零线的极限偏差）组成。标准公差确定公差带的大小，基本偏差确定公差带的位置，如图8－4所示。

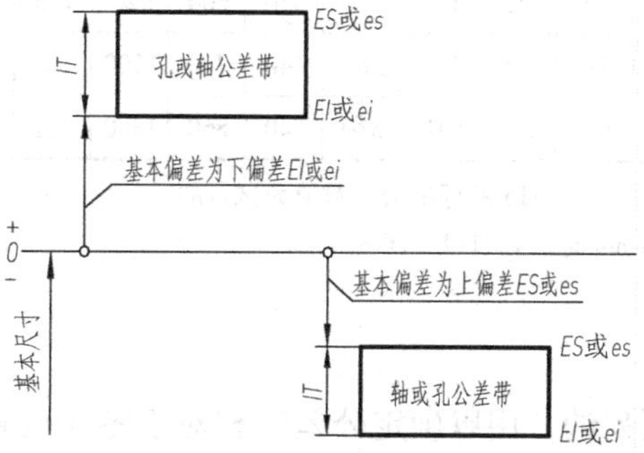

图8－4　标准公差与基本偏差

1. 标准公差

国家标准所列的，用以确定公差带大小的任一公差。它的数值由基本尺寸和公差等级所确定。标准公差分为20个等级，即IT01、IT0、IT1、IT2～IT18。IT表示标准公差，数字表示公差等级，IT01 公差值最小，精度最高；IT18 公差值最大，精度最低。标准公差值可由表 8-2中查出。标准公差决定单个尺寸在加工时所确定的精确程度。

表 8-2 公称尺寸至 3150mm 的标准公差数值（GB/T 1800.1—2009）

基本尺寸/mm		标准公差等级																	
		IT1	IT2	IT3	IT4	IT5	IT6	IT7	IT8	IT9	IT10	IT11	IT12	IT13	IT14	IT15	IT16	IT17	IT18
大于	至	/μm											/mm						
—	3	0.8	1.2	2	3	4	6	10	14	25	40	60	0.1	0.14	0.25	0.4	0.6	1	1.4
3	6	1	1.5	2.5	4	5	8	12	18	30	48	75	0.12	0.18	0.3	0.45	0.75	1.2	1.8
6	10	1	1.5	2.5	4	6	9	15	22	36	58	90	0.15	0.22	0.36	0.58	0.9	1.5	2.2
10	18	1.2	2	3	5	8	11	18	27	43	70	110	0.18	0.27	0.43	0.7	1.1	1.8	2.7
18	30	1.5	2.5	4	6	9	13	21	33	52	84	130	0.21	0.33	0.52	0.84	1.3	2.1	3.3
30	50	1.5	2.5	4	7	11	16	25	39	62	100	160	0.25	0.39	0.62	1	1.6	2.5	3.9
50	80	2	3	5	8	13	19	30	46	74	120	190	0.3	0.46	0.74	1.2	1.9	3	4.6
80	120	2.5	4	6	10	15	22	35	54	87	140	220	0.35	0.54	0.87	1.4	2.2	3.5	5.4
120	180	3.5	5	8	12	18	25	40	63	100	160	250	0.4	0.63	1	1.6	2.5	4	6.3
180	250	4.5	7	10	14	20	29	46	72	115	185	290	0.46	0.72	1.15	1.85	2.6	4.6	7.2
250	315	6	8	12	16	23	32	52	81	130	210	320	0.52	0.81	1.3	2.1	3.2	5.2	8.1
315	400	7	9	13	18	25	36	57	89	140	230	360	0.57	0.89	1.4	2.3	3.6	5.7	8.9
400	500	8	10	15	20	27	40	63	97	155	250	400	0.63	0.97	1.55	2.5	4	6.3	9.7
500	630	9	11	16	22	32	44	70	110	175	280	440	0.7	1.1	1.75	2.8	4.4	7	11
630	800	10	13	18	25	36	50	80	125	200	320	500	0.8	1.25	2	3.2	5	8	12.5
800	1000	11	15	21	28	40	56	90	140	230	360	560	0.9	1.4	2.3	3.6	5.6	9	14
1000	1250	13	18	24	33	47	66	105	165	260	420	660	1.05	1.65	2.6	4.2	6.6	10.5	16.5
1250	1600	15	21	29	39	55	78	125	195	310	500	780	1.25	1.95	3.1	5	7.8	12.5	19.5
1600	2000	18	25	35	46	65	92	150	230	370	600	920	1.5	2.3	3.7	6	9.2	15	23
2000	2500	22	30	41	55	78	110	175	280	440	700	1100	1.75	2.8	4.4	7	11	17.5	28
2500	3150	26	36	50	68	96	135	210	330	540	860	1350	2.1	3.3	5.4	8.6	13.5	21	33

注：（1）基本尺寸大于 500mm 的 IT1 ~ IT5 的标准公差数值为试行的。

（2）基本尺寸小于或等于 1mm 时，无 IT14 ~ IT18。

2. 基本偏差

基本偏差是国家标准所列的，用以确定公差带相对于零线位置的上偏差或下偏差，一般指靠近零线的那个偏差。位于零线以上的公差带，下极限偏差为基本偏差；位于零线以下的公差带，上极限偏差为基本偏差，如图 8-3 所示，图中 $\phi40^{+0.064}_{+0.025}$ 的基本偏差为下极限偏差 +0.025；$\phi18^{-0.025}_{-0.050}$ 的基本偏差为上极限偏差 -0.025。

如图 8-5 所示，孔和轴的基本偏差系列共有 28 种。它的代号分别用大、小写拉丁字母表示。大写表示孔、小写表示轴。当公差带在零线的上方时，基本偏差为下偏差，反之则为上偏差。

由图 8－5 可知：

（1）轴的基本偏差 a～h 为上极限偏差，j～zc 为下极限偏差。js 的上、下极限偏差对称分布在零线两侧，因此，其上极限偏差为＋IT/2 或下极限偏差为－IT/2。

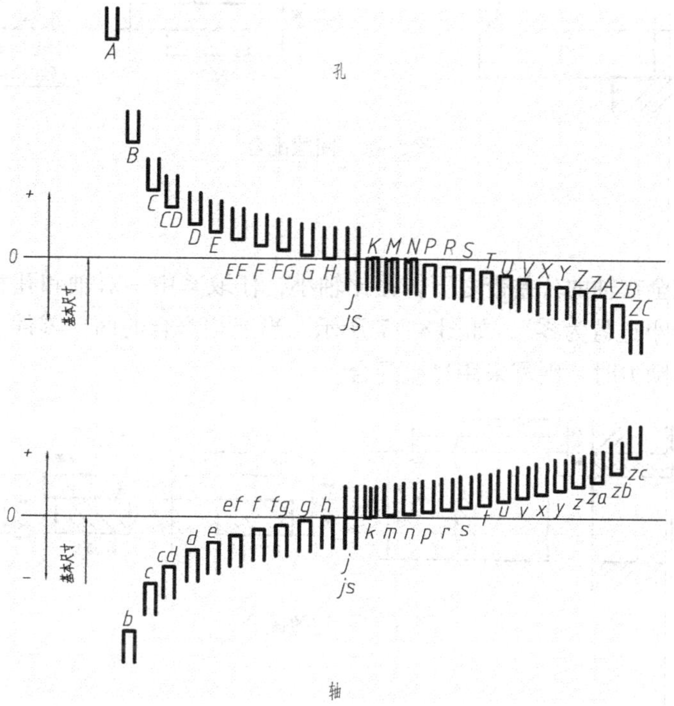

图 8－5　基本偏差系列

（2）孔的基本偏差 A～H 为下极限偏差，J～ZC 为上极限偏差。JS 的上、下极限偏差对称分布在零线两侧，因此，其上极限偏差为＋IT/2 或下极限偏差为－IT/2。

（3）轴和孔的基本偏差数值可查阅标准 GB/T 1800. 1—2009。

在图 8－5 中，公差带之所以不封口，是因为这里只是说明公差带相对于零线的位置，即用基本偏差表示公差带的位置，有靠近零线的偏差就可以了。若要计算轴和孔的另一偏差，可根据轴和孔的基本偏差和标准公差，按以下代数式计算：

轴的另一个偏差（上极限偏差或下极限偏差）　ei＝es－IT 或 es＝ei＋IT；

孔的另一个偏差（上极限偏差或下极限偏差）　ES＝EI＋IT 或 EI＝ES－IT。

三、配合

基本尺寸相同的，相互结合的孔和轴公差带之间的关系，称为配合。根据相互结合的孔与轴公差带之间的不同，国家标准规定配合分为三类：即间隙配合、过盈配合和过渡配合。

间隙或过盈 δ＝孔的实际尺寸－轴的实际尺寸（$\delta \geqslant 0$ 间隙；$\delta \leqslant 0$ 过盈）。

1. 间隙配合

孔的公差带完全在轴的公差带之上，孔比轴大，任取其中一对轴和孔相配都成为具有间隙的配合（最小间隙为零），如图 8－6 所示。当互相配合的两个零件需相对运动或要求拆卸很方便时，则需采用间隙配合。

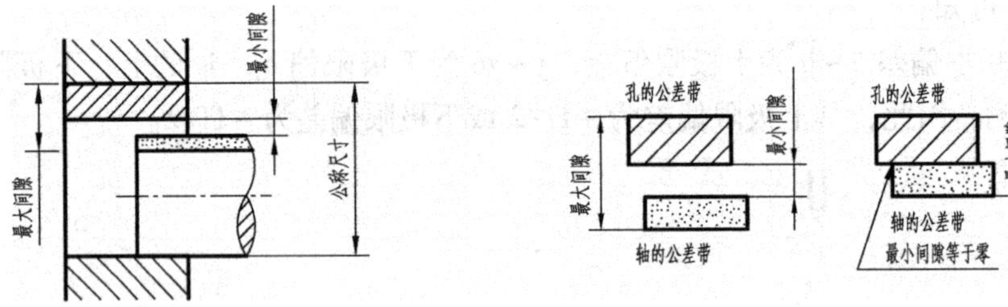

图 8－6　间隙配合

2. 过盈配合

孔的公差带完全在轴的公差带之下，孔比轴小，任取其中一对轴和孔相配都成为具有过盈的配合（包括最小过盈为零），如图 8－7 所示。当互相配合的两个零件需牢固连接、要保证相对静止或传递动力时，则需采用过盈配合。

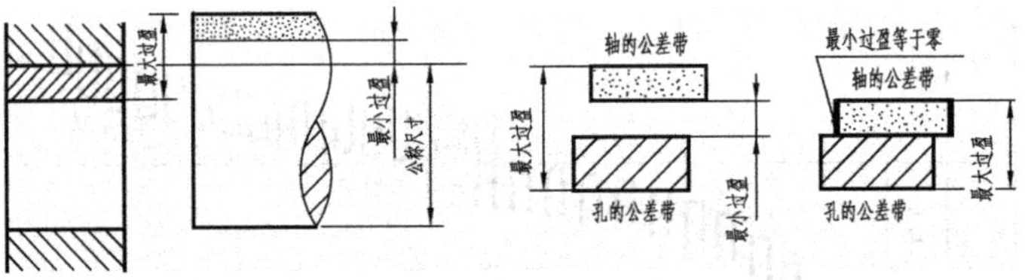

图 8－7　过盈配合

3. 过渡配合

孔和轴的公差带相互交叠，孔可能比轴大，也可能比轴小，任取其中一对孔和轴相配合，可能具有间隙，也可能具有过盈的配合，如图 8－8 所示。过渡配合常用于不允许有相对运动，轴孔对要求高，但又需拆卸的两个零件间的配合。

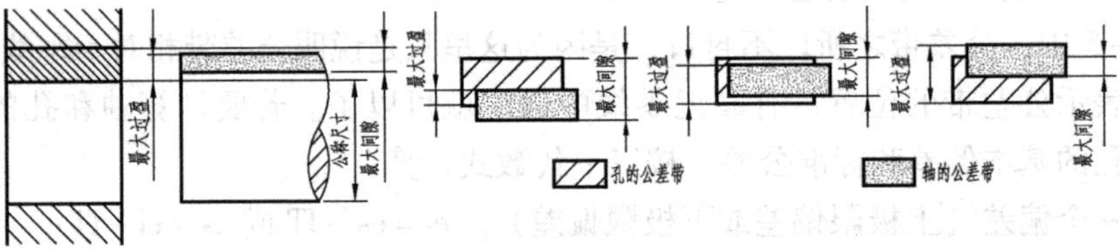

图 8－8　过渡配合

4. 配合制度

同一极限制的孔和轴组成配合的一种制度，称为配合制。国家标准规定两种配合制度，即为基孔制和基轴制。

1）基孔制

基本偏差为一定的孔的公差带与轴的不同基本偏差的公差带形成各种配合的一种制度。基孔制的孔为基准孔，基本偏差代号为 H。图 8－9 所示为采用基孔制所得到的各种配合。

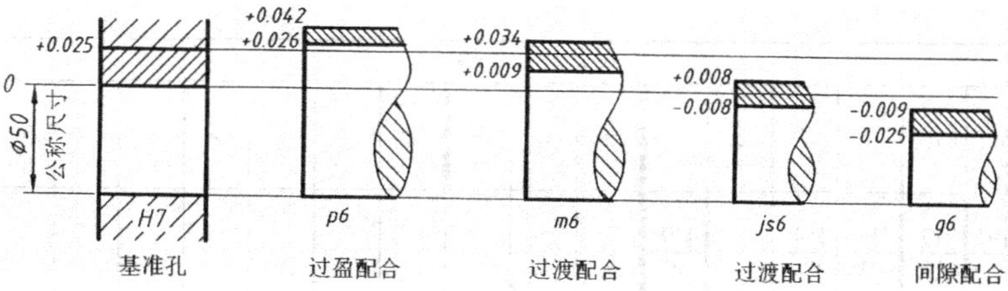

图 8－9　基孔制配合

2）基轴制

基本偏差为一定轴的公差带与不同基本偏差的孔的公差带形成各种配合的一种制度。基轴制的轴为基准轴，基本偏差代号为 h。图 8－10 所示为采用基轴制所得到的各种配合。

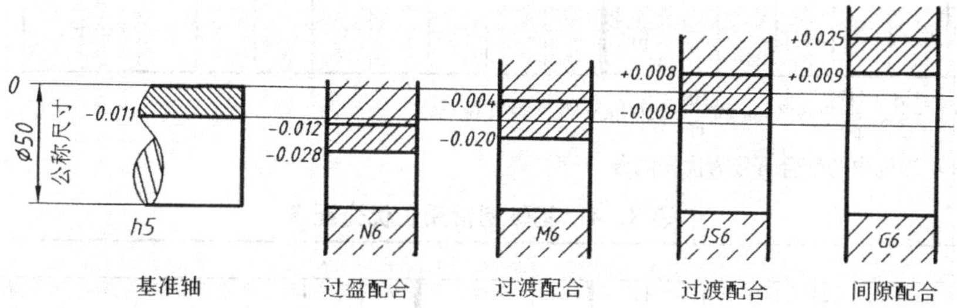

图 8－10　基轴制配合

3）优先配合和常用配合

国家标准根据机械工业产品生产使用的需要，考虑到定值刀具、量具的统一，规定了一般用途孔公差带 105 种，轴公差带 119 种以及优先选用的孔、轴公差带。国家标准还规定轴、孔公差带中组合成基孔制常用配合 59 种，优先配合 13 种；基轴制常用配合 47 种，优先配合 13 种。表 8－3 为基孔制常用、优先配合系列，表 8－4 为基轴制常用、优先配合系列。在设计中，应根据配合特性和使用功能，尽量选用优先和常用配合。

表 8－3　基孔制常用、优先配合

基准孔	轴																				
	a	b	c	d	e	f	g	h	js	k	m	n	p	r	s	t	u	v	x	y	z
	间隙配合							过渡配合							过盈配合						
H6						H6/f5	H6/g5	H6/h5	H6/js5	H6/k5	H6/m5	H6/n5	H6/p5	H6/r5	H6/s5	H6/t5					
H7						H7/f6	**H7/g6**	**H7/h6**	H7/js6	**H7/k6**	H7/m6	**H7/n6**	**H7/p6**	H7/r6	**H7/s6**	H7/t6	**H7/u6**	H7/v6	H7/x6	H7/y6	H7/z6
H8					H8/e7	**H8/f7**	H8/g7	**H8/h7**	H8/js7	H8/k7	H8/m7	H8/n7	H8/p7	H8/r7	H8/s7	H8/t7	H8/u7				
				H8/d8	H8/e8	H8/f8		H8/h8													

续表

基准孔	轴																				
	a	b	c	d	e	f	g	h	js	k	m	n	p	r	s	t	u	v	x	y	z
H9			$\frac{H9}{c9}$	$\frac{H9}{d9}$	$\frac{H9}{e9}$	$\frac{H9}{f9}$		$\frac{H9}{h9}$													
H10			$\frac{H10}{c10}$	$\frac{H10}{d10}$				$\frac{H10}{h10}$													
H11	$\frac{H11}{a11}$	$\frac{H11}{b11}$	$\frac{H11}{c11}$	$\frac{H11}{d11}$				$\frac{H11}{h11}$													
H12		$\frac{H6}{b12}$						$\frac{H12}{h12}$													

注：(1) $\frac{H6}{n5}$、$\frac{H7}{p6}$在≤3mm 和$\frac{H8}{r7}$≤100mm 时为过渡配合。

(2) 黑框中的配合符号为优先配合。

表 8－4　基轴制常用、优先配合

基准轴	孔																				
	A	B	C	D	E	F	G	H	JS	K	M	N	P	R	S	T	U	V	X	Y	Z
	间隙配合								过渡配合			过盈配合									
h5						$\frac{F6}{h5}$	$\frac{G6}{h5}$	$\frac{H6}{h5}$	$\frac{JS6}{h5}$	$\frac{K6}{h5}$	$\frac{M6}{h5}$	$\frac{N6}{h5}$	$\frac{P6}{h5}$	$\frac{R6}{h5}$	$\frac{S6}{h5}$	$\frac{T6}{h5}$					
h6						$\frac{F7}{h6}$	$\frac{G7}{h6}$	$\frac{H7}{h6}$	$\frac{JS7}{h6}$	$\frac{K7}{h6}$	$\frac{M7}{h6}$	$\frac{N7}{h6}$	$\frac{P7}{h6}$	$\frac{R7}{h6}$	$\frac{S7}{h6}$	$\frac{T7}{h6}$	$\frac{U7}{h6}$				
h7					$\frac{E8}{h7}$	$\frac{F8}{h7}$		$\frac{H8}{h7}$	$\frac{JS8}{h7}$	$\frac{K8}{h7}$	$\frac{M8}{h7}$	$\frac{N8}{h7}$									
h8				$\frac{D8}{h8}$	$\frac{E8}{h8}$	$\frac{F8}{h8}$		$\frac{H8}{h8}$													
h9				$\frac{D9}{h9}$	$\frac{E9}{h9}$	$\frac{F9}{h9}$		$\frac{H9}{h9}$													
h10				$\frac{D10}{h10}$				$\frac{H10}{h10}$													
h11	$\frac{A11}{h11}$	$\frac{B11}{h11}$	$\frac{C11}{h11}$	$\frac{D11}{h11}$				$\frac{H11}{h11}$													
h12		$\frac{H6}{b12}$						$\frac{H12}{h12}$													

注：黑框中的配合符号为优先配合。

4）极限与配合的选用

极限与配合的选用包括基准制、配合类别和公差等级三项内容。

（1）基准制的选择。国家标准中规定优先选用基孔制，因为通常加工孔比加工轴难，采用基孔制可以减少加工孔所需用的定制刀具、量具的规格数量，从而获得较好的经济效益。

基轴制通常仅用于结构设计要求不适宜采用基孔制，或者采用基轴制具有明显经济效益的场合。例如，同一轴与几个具有不同公差带的孔配合，或冷拉制成不再进行切削加工的轴在与孔配合时，采用基轴制。

在零件与标准件配合时，应按标准件所用的基准制来确定，如滚动轴承的内圈与轴的配合为基孔制；而滚动轴承的外圈与机体孔的配合则为基轴制。

（2）公差等级的选择。由于公差等级越高，加工加工成本就越高，所以在保证零件使用要求的条件下，应尽量选择比较低的公差等级，即标准公差等级数较大，公差值较大，以减少零件的制造成本。由于加工孔比较难，故当标准公差等级高于IT8时，在基本尺寸至500mm的配合中，应选择孔的标准公差等级比轴低一级（如孔为8级，轴为7级）来加工孔。在标准公差等级低时，轴、孔的配合可选相同的标准公差等级。

通常IT01～IT4用于块规和量规；IT5～IT12用于配合尺寸；IT12～IT18用于非配合尺寸。表8－5列举了IT5～IT12公差等级的应用说明，可供选择时参考。

表8－5　公差等级的应用

公差等级	应用举例
IT5	用于发动机、仪器仪表、机床中特别重要的配合，如发动机中活塞与活塞销外径的配合；精密仪器中轴和轴承的配合；精密高速机械的轴颈和机床主轴与高精度滚动轴承的配合
IT6、IT7	广泛用于机械制造中的重要配合，如机床和减速器中齿轮和轴，皮带轮、凸轮和轴，与滚动轴承相配合的轴及座孔，通常轴颈选用IT6，与之相配的孔选用IT7
IT8、IT9	用于农业机械、矿山、冶金机械、运输机械的重要配合，精密机械中的次要配合。如机床中的操纵件和轴，轴套外径与孔，拖拉机中的齿轮和轴
IT10	重型机械、农业机械的次要配合，如轴承端盖和座孔的配合
IT11	用于要求粗糙，间隙较大的配合，如农业机械，机车车厢部件及冲压加工的配合零件
IT12	用于要求很粗糙，间隙很大，基本上无配合要求的部位，如机床制造中扳手孔与扳手座的连接

（3）配合的选择。选择配合的方法有类比法、计算法和实验法等。在实际生产中，应用最广泛的是类比法。所谓类比法就是参考现有手册和资料，参照经过验证的类似产品已有的配合，进行修正的方法。当零件之间具有相对转动或移动时，必须选择间隙配合；当零件之间无键、销等紧固件，只依靠结合面之间的过盈来实现传动时，必须选择过盈配合；当零件之间不要求有相对运动，同轴度要求较高，且不是依靠该配合传递动力时，通常选择过渡配合。表8－6列举了基孔制中轴的基本偏差应用说明，表8－7列举了优先配合的特性及应用说明，可供选择时参考。

表 8-6　轴的基本偏差应用说明

配合	基本偏差	配合特性及应用
间隙配合	a、b	可得到特别大的间隙，应用很少
	c	可得到很大的间隙，一般应用于缓慢、松弛的动配合。用于工作条件较差（如农业机械），受力变形，或为了便于装配，而必须保证有较大的间隙时，推荐配合为 H11/c11，其较高等级的配合如 H8/c7，适用于轴在高温工作的紧密动配合，例如，内燃机排气阀和导管
	d	配合一般用于 IT7～IT11，适用于松的转动配合，如密封盖、滑轮、空转带轮等与轴的配合。也适用于大直径滑动轴承配合，如透平机、球磨机、扎滚成型和重型弯曲机，以及其他重型机械中的一些滑动支承
	e	多用于 IT7、IT8 和 IT9 级，通常适用于要求有明显间隙，易于转动的支成配合，如大跨距支承、多支点支承等配合。高等级的 e 轴适用于大的、高速、重载支承，如透平发电机组、大电动机的支承、凸轮轴支承、摇臂支承等配合
	f	多用于 IT7、IT8 和 IT9 级的一般转动配合。当温度影响不大时，被广泛应用于普通润滑油（或润滑脂）润滑的支承，如齿轮箱、小电动机、泵等的转轴与滑动支承的配合
	g	配合间隙很小，制造成本高，除很轻负荷的精密装置外，不推荐用于转动配合。多用 IT5、IT6 和 IT7 级，最适合于不回转的精密滑动配合，也用于插销等定为配合，如精密连杆轴承、活塞及滑阀、连杆销等
	h	多用于 IT4～IT11。广泛用于无相对转动的零件，作为一般的定位配合。若没有温度、变形影响，也用于精密滑动配合
过渡配合	js	完全对称偏差（±IT/2），平均起来为稍有间隙的配合，多用于 IT4～IT7，要求间隙比 h 轴小，并允许略有过盈的定位配合，如联轴器，可用手或木槌装配
	k	平均没有间隙的配合，适用于 IT4～IT7。推荐用于稍有过盈的定位配合，例如，为消除振动用的定位配合，一般用木槌装配
	m	平均起来具有不大过盈的过渡配合，适用 IT4～IT7。一般可用木槌装配，但在最大过盈时，要求相当的压入力
	n	平均过盈比 m 轴稍大，很少得到间隙，适用 IT4～IT7。用锤或压力机装配，通常推荐用于紧密的组件配合。H6/n5 配合时为过盈配合
过盈配合	p	与 H6 或 H7 孔配合时为过盈配合，与 H8 孔配合时则为过渡配合。对非铁类零件，为较轻的压入力配合，当需要时易于拆卸。对钢、铸铁或铜、钢组件装配是标准压入配合
	r	对铁类零件为中等打入配合。对非铁类零件，为轻打入配合，当需要时可以拆卸。与 H8 孔配合，直径在 100mm 以上时为过盈配合，直径较小时为过渡配合
	s	用于钢和铁制零件的永久性和半永久装配，可产生相当大的结合力。当用弹性材料（如轻合金）时，配合性质与铁类零件的 p 轴相当，例如，套环压装在轴上、阀座等配合。尺寸较大时，为了避免损伤配合表面，需用热胀或冷缩法装配
	t、u、v、x、y、z	过盈量依次增大，一般不推荐

表 8-7　优先配合的特性及应用

基孔制	基轴制	配合特性及应用
$\frac{H11}{c11}$	$\frac{C11}{h11}$	间隙非常大，用于很松的、转动很慢的间隙配合；要求大公差与大间隙的外露组件；要求装配方便的、很松的配合
$\frac{H9}{d9}$	$\frac{D9}{h9}$	间隙很大的自由转动配合，用于精度为非主要要求时。适用于有大的温度变动、高转速或大的轴颈压力时的配合
$\frac{H8}{f7}$	$\frac{F8}{h7}$	间隙不大的转动配合。用于中等转速与中等轴颈压力的精确转动；也用于装配较易的中等精度定位配合
$\frac{H7}{g6}$	$\frac{G7}{h6}$	间隙很小的滑动配合。用于不希望的自由旋转，但可自由移动和转动并精确定位时，也可用于要求明确的定位配合
$\frac{H7}{h6}$　$\frac{H8}{h7}$　$\frac{H9}{h9}$	$\frac{H7}{h6}$　$\frac{H8}{h7}$　$\frac{H9}{h9}$	均为间隙定位配合，零件可自由装卸，而工作时一般相对静止不动。最小间隙为零
$\frac{H7}{k6}$	$\frac{K7}{h6}$	过渡配合，用于精密定位
$\frac{H7}{n6}$	$\frac{N7}{h6}$	过渡配合，要求有较大过盈的更精确的定位配合之用
$\frac{H7}{p6}$	$\frac{P7}{h6}$	过盈定位配合，属于小过盈配合。用于定位精度特别重要时，能以最好的定位精度达到部件的刚性及对中性要求，而对内孔承受压力无特殊要求，不依靠配合的紧固性来传递摩擦负荷
$\frac{H7}{s6}$	$\frac{S7}{h6}$	中等压入配合，适用于一般钢件或用于薄壁件的冷缩配合；用于铸铁件可获得最紧的配合
$\frac{H7}{u6}$	$\frac{U7}{h6}$	压入配合，适用于承受大压入力的零件或不宜承受大压入力的冷缩配合

根据轴（孔）基本偏差代号可确定配合种类：在基孔制（基轴制）配合中，基本偏差 a ~ h（A ~ H）用于间隙配合，基本偏差 j ~ n（J ~ N）一般用于过渡配合，p ~ c（P ~ ZC）用于过盈配合。

四、公差与配合的标注

1. 公差在零件图中的标注

在零件图中标注线性尺寸的公差有三种形式，如图 8-11 所示。

（1）在孔和轴的基本尺寸后面标注公差带代号，这种注法常用于大批量生产中，由于需采用专用量具检验的零件，因此不需要标注出偏差值，如图 8-11（a）所示。

（2）在孔和轴的基本尺寸后面只注写上、下偏差数值，上、下偏差数字的高度为尺寸数字高度的2/3，这种注法常用于小批量或单件生产，以便于加工检验时对照，如图 8-11（b）所示。在零件图中多采用此种标注方法，标注偏差数值时应注意：

① 上、下偏差数值不相同时，上偏差注在基本尺寸的右上方，下偏差注在右下方并与基本尺寸注在同一底线上。偏差数字应比基本尺寸数字小一号，小数点前的整数位对齐，后边的小数位数应相同，如图 8-11 中的 $\phi18^{+0.029}_{+0.018}$。

② 如果上偏差或下偏差为零时，应简写为“0”，前面不注“+”、“-”号，后面不注小数点；另一偏差按原来的位置注写，其个位“0”对齐，如 $\phi14^{0}_{-0.018}$。

③ 如果上、下偏差数值绝对值相同，则在基本尺寸后加注“±”号，只填写一个偏差数

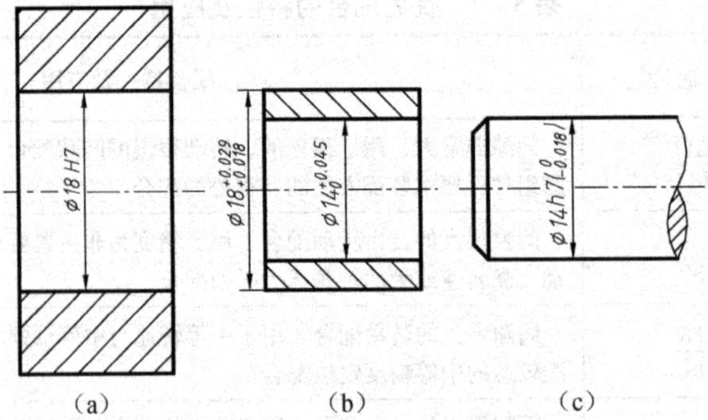

图 8－11　公差在零件图中的标注

值，其数字大小与基本尺寸数字大小相同，如 φ80 ±0. 017。

（3）在孔和轴的基本尺寸后面既标注公差带代号又标注上、下偏差数值，但偏差数值要加注括号。这种注法主要用于非标准配合，如图 8－11（c）所示。

国家标准规定，同一张零件图中其公差只能选用一种标注形式。

当尺寸仅需要限制单方向的极限时，应在该极限尺寸的右边加注符号“max”或“min”；同一基本尺寸的表面，若有不同的公差时，应用细实线分开，并按规定的形式分别标注其公差。

2. 配合在装配图中的标注

在装配图上标注配合，是在基本尺寸的后面，用分式注出，分子为孔的公差带代号，分母为轴的公差带代号，有以下三种形式：

（1）采用组合标注法标注孔、轴的配合代号，在公称尺寸后面用分式表示，分子为孔的公差代号；分母为轴的公差代号，如图 8－12（a）、（b）、（c）所示。这种注法应用最多。

（2）标注孔、轴的极限偏差，如图 8－12（d）所示，这种注法主要用于非标准配合。

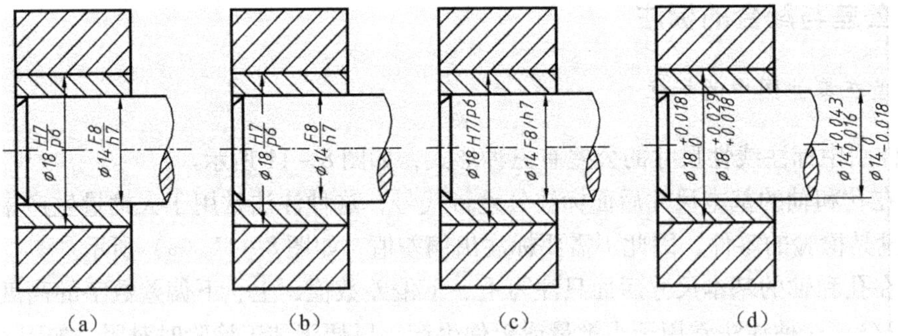

图 8－12　配合的标注

（3）零件与标准件或外购件配合时，装配图中可仅标注该零件的公差带代号。如图 8－13中轴颈与滚动轴承内圈的配合，只注出轴颈 φ30K6；机座孔与滚动轴承外圈的配合，只注出机座孔 φ62J7。

3. 未注公差尺寸

未注公差尺寸指图样上未标注极限偏差或公差带代号的尺寸。

为了简化制图，使图面清晰，并突出那些必须标注公差的尺寸，故其他尺寸在图纸上不标注公差。未注公差尺寸的公差等级规定为IT12～IT18。

未注公差通常用于以下两种情况。

（1）非配合尺寸：一般情况下，对它们仅在装配方便、减轻重量、节约材料、外形统一美观等方面有一些限制性要求，但这些公差要求较低，用一般加工方法便能经济地达到。

（2）用工艺方法保证要求的一些尺寸：如冲压件的尺寸由冲模决定，铸件的尺寸与木模有关，只要冲模、木模的尺寸正确，则工件尺寸的变动量即可受限制于某一范围。

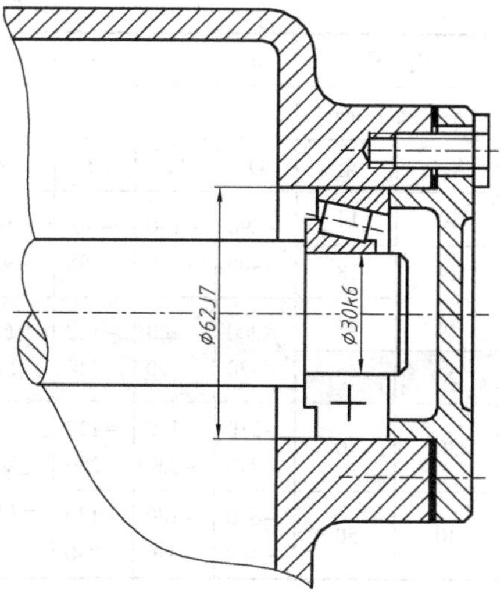

图8－13　与标准件配合的标注

任务实施

查表写出$\phi30H8/f7$的轴、孔的极限偏差数值具体步骤如下。

从该配合代号中可以看出，孔、轴基本尺寸为$\phi30$，孔为基准孔，公差等级8级；相配轴的基本偏差代号为f，公差等级7级，属基孔制间隙配合。

（1）查孔$\phi30H8$的偏差数值。在8－8表中由基本尺寸“大于24至30”的横行与H8的纵列相交处，查得上偏差为＋33μm（即＋0.033mm），下偏差为“0”，所以$\phi30H8$可写成$\phi30_{0}^{+0.033}$。

表8－8　查孔$\phi30H8$的偏差数值

代　号		A	B	C	D	E	F	G	H					
基本尺寸/mm		公　差　等　级												
大于	至	11	11	*11	*9	8	*8	*7	6	*7	*8	*9	10	*11
10	14	+400 +290	+260 +150	+205 +95	+93 +50	+59 +32	+43 +16	+24 +6	+11 0	+18 0	+27 0	+43 0	+70 0	+110 0
14	18													
18	24	+430 +300	+290 +160	+240 +110	+117 +65	+73 +40	+53 +20	+28 +7	+13 0	+21 0	+33 0	+52 0	+84 0	+130 0
24	30													
30	40	+470 +310	+330 +170	+280 +120	+142 +80	+89 +50	+64 +25	+34 +9	+16 0	+25 0	+39 0	+62 0	+100 0	+160 0
40	50	+480 +320	+340 +180	+290 +130										

注：加＊号为优先公差带。

（2）查轴$\phi30f7$的偏差数值。在表8－9中，由基本尺寸“大于24至30”的横行与f7的纵列相交处，查得上偏差为－20μm（即－0.020mm），下偏差为－41μm（即－0.041mm），所以$\phi30f7$可写成$\phi30_{-0.041}^{-0.020}$。

表 8-9　查轴 ϕ30f7 的偏差数值

<table>
<tr><td colspan="2">代　号</td><td>a</td><td>b</td><td>c</td><td>d</td><td>e</td><td>f</td><td>g</td><td colspan="7">h</td></tr>
<tr><td colspan="2">基本尺寸/mm</td><td colspan="14">公　差　等　级</td></tr>
<tr><td>大于</td><td>至</td><td>11</td><td>11</td><td>*11</td><td>*9</td><td>8</td><td>*7</td><td>*6</td><td>5</td><td>*6</td><td>*7</td><td>8</td><td>*9</td><td>10</td></tr>
<tr><td>10</td><td>14</td><td rowspan="2">-290
-400</td><td rowspan="2">-150
-260</td><td rowspan="2">-90
-205</td><td rowspan="2">-50
-93</td><td rowspan="2">-32
-59</td><td rowspan="2">-16
-34</td><td rowspan="2">-6
-17</td><td rowspan="2">0
-8</td><td rowspan="2">0
-11</td><td rowspan="2">0
-18</td><td rowspan="2">0
-27</td><td rowspan="2">0
-43</td><td rowspan="2">0
-70</td></tr>
<tr><td>14</td><td>18</td></tr>
<tr><td>18</td><td>24</td><td rowspan="2">-300
-430</td><td rowspan="2">-160
-290</td><td rowspan="2">-110
-240</td><td rowspan="2">-65
-117</td><td rowspan="2">-40
-73</td><td rowspan="2">-20
-41</td><td rowspan="2">-7
-20</td><td rowspan="2">0
-9</td><td rowspan="2">0
-13</td><td rowspan="2">0
-21</td><td rowspan="2">0
-33</td><td rowspan="2">0
-52</td><td rowspan="2">0
-84</td></tr>
<tr><td>24</td><td>30</td></tr>
<tr><td>30</td><td>40</td><td>-310
-470</td><td>-170
-330</td><td>-120
-280</td><td rowspan="2">-80
-142</td><td rowspan="2">-50
-89</td><td rowspan="2">-25
-50</td><td rowspan="2">-9
-25</td><td rowspan="2">0
-11</td><td rowspan="2">0
-16</td><td rowspan="2">0
-25</td><td rowspan="2">0
-39</td><td rowspan="2">0
-62</td><td rowspan="2">0
-100</td></tr>
<tr><td>40</td><td>50</td><td>-320
-480</td><td>-180
-340</td><td>-130
-290</td></tr>
</table>

注：加 * 号为优先公差带。

经过上述计算，结果见表 8-10。

表 8-10　计算结果

配 合 代 号	极 限 偏 差	配 合 种 类
ϕ30H8	$\phi30^{+0.033}_{0}$	间隙配合
ϕ30f7	$\phi30^{-0.020}_{-0.041}$	

思考与练习

（1）根据装配图 8-14 中的尺寸标注填写表格，并在零件图上注出相应的公称尺寸、公差带代号及其极限偏差数值（查表）。

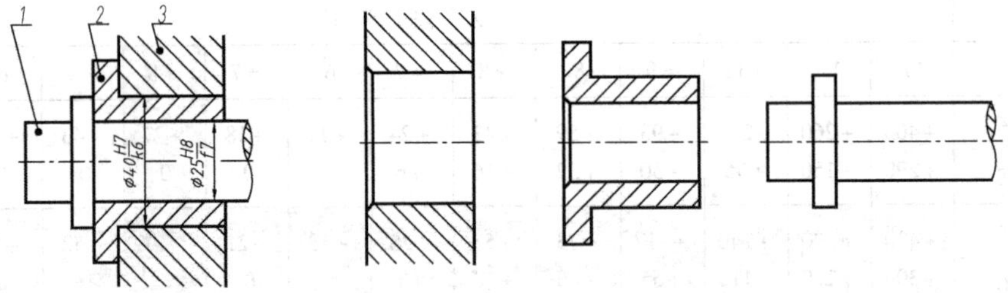

图 8-14　习题图 1

配合代号	配合的零件号	配合制度	配合种类	最大间隙	最小间隙	最大过盈	基准孔的基本偏差代号
$\phi40\frac{H7}{k6}$							
$\phi25\frac{H8}{f7}$							

（2）根据图 8-15 中的标注，填写表 8-11。

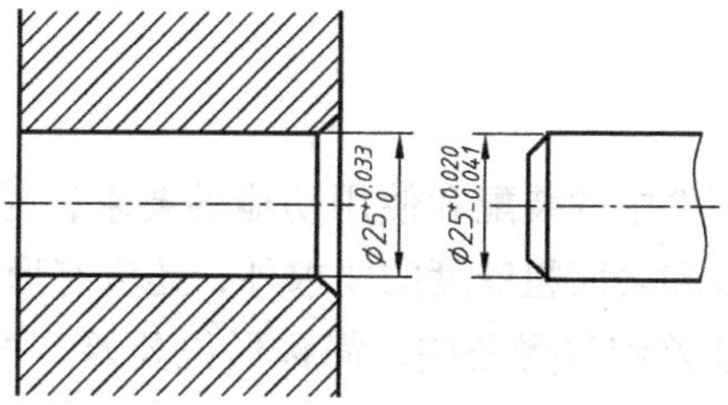

图 8－15 习题图 2

表 8－11 标注数值

名　称	孔	轴
公称尺寸		
上极限尺寸		
下极限尺寸		
上极限偏差		
下极限偏差		
尺寸公差		

任务 8－2 标注几何公差

在加工过程中，由于工件、刀具、夹具及工艺操作等因素的影响，不但会产生尺寸误差，还会使被加工零件的各几何要素产生一定的几何误差，包括形状、方向、位置和跳动四个方面，常称为形位误差。如果零件存在严重的形状和位置误差，将使其装配困难，影响机器的质量，因此，为了满足使用要求，对于精度要求较高的零件，除给出尺寸公差外，还应根据设计要求，合理地确定形位误差的最大允许值（几何公差）。

任务要求

通过本任务的学习，达到以下目标：

- ➢ 熟悉各几何公差项目符号，掌握几何公差等的标注规则。
- ➢ 根据图 8－16 所示尺寸绘制阶梯轴的零件图，并标注几何公差，具体要求如下所述。

（1）$\phi40$ 圆柱面轴线的直线度公差值是 0.02；

（2）$\phi40$ 圆柱面对于 $\phi26$ 两圆柱面的圆跳动公差值是 0.03；

（3）键槽 8 上下两平面对于 $\phi40$ 圆柱面轴线的对称度公差值是 0.015。

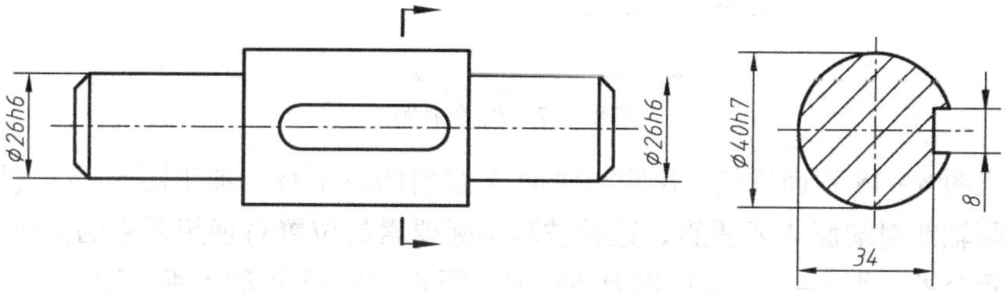

图 8－16 标注几何公差

相关知识

为了实现零件在机器或部件中的装配和使用功能的要求，对零件上精度要求较高的某些组成部分，除了应有尺寸公差和表面粗糙度的要求外，还应有形状和相对位置精确性的要求，因此，国家标准规定了形状公差和位置公差，简称形位公差。国家标准 GB 1182—2008 规定用代号来标注几何公差。

一、基本术语

要素：要素是指零件上的特征部分——点、线或面。要素可以是实际存在的零件轮廓上的点、线或面，也可以是由实际要素取得的轴线或中心平面等。

被测要素：给出了形位公差要求的要素。

基准要素：用来确定被测要素方向、位置的要素。

公差带：限制实际要素变动的区域，公差带有形状、方向、位置、大小等属性。

公差带的主要形状有两等距直线之间的区域、两等距平面之间的区域、圆内的区域、两同心圆之间的区域、圆柱面内的区域、两同轴圆柱面之间的区域、球内的区域、两等距曲线之间的区域和两等距曲面之间的区域等。

二、公差特征项目及符号

形位公差是指零件的实际形状和位置相对理想形状和位置的允许变动量。

零件加工后，不仅存在尺寸误差，而且还会产生几何形状和相互位置误差。如果零件在加工时所产生的形状和位置误差过大，将会影响机器的质量。因此，对加工的零件要根据实际需要，在图样上注出相应的形状公差和位置公差。

如加工图 8－17（a）圆锥体可能会出现实际圆截面不圆；加工图 8－17（b）圆柱面时，出现实际圆柱面不完全圆柱面的形状误差。这种被测实际要素形状和相对于理想形状所允许的变动量为形状公差。图 8－17（a）称圆度，图 8－17（b）称圆柱度。

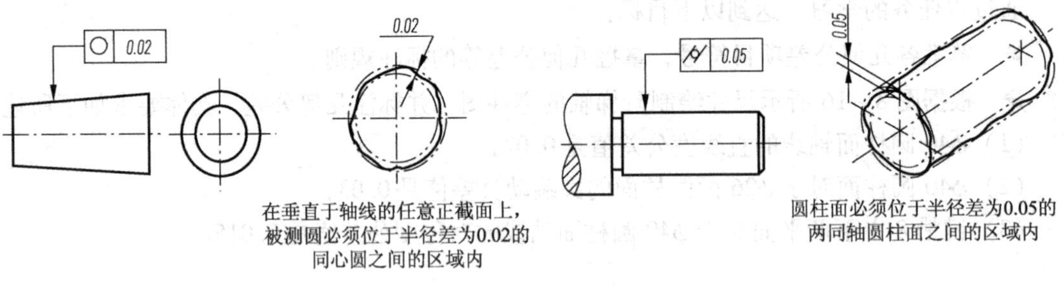

（a）　　（b）

图 8－17　误差举例 1

又如加工图 8－18 顶面可能会出现与底面 A 歪斜的不平行，加工图 8－18（b）ϕd 圆柱时，出现实际轴线对端面 A 不垂直，这种被测实际要素的位置对理想要素的位置所允许的变动量称为位置公差。图 8－18（a）称为平行度，图 8－18（b）称为垂直度。

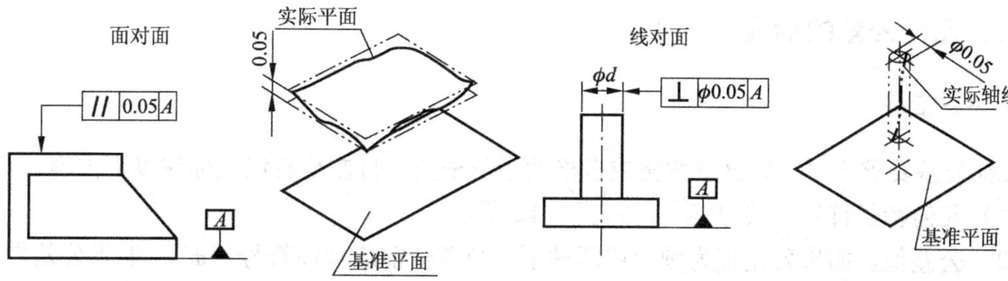

（a）上表面必须位于距离为公差值0.05，且平行于基准平面的两平行平面之间

（b）φd轴线必须位于直径为公差值φ0.05，且垂直于基准平面的圆柱面内

图 8－18　误差举例 2

1. 几何公差的分类和符号

几何公差特征项目共 19 项，分属形状公差、方向公差、位置公差和跳动公差，见表 8－12。

表 8－12　几何公差各项目的符号（摘自 GB/T 1182—2008）

分　类	名　称	符　号	有无基准
形状公差	直线度	—	无
	平面度	▱	无
	圆度	○	无
	圆柱度	⌭	无
	线轮廓度	⌒	无
	面轮廓度	⌓	无
方向公差	平行度	//	有
	垂直度	⊥	有
	倾斜度	∠	有
	线轮廓度	⌒	有
	面轮廓度	⌓	有
位置公差	位置度	⌖	有或无
	同心度（用于中心度）	◎	有
	同轴度（用于轴线）	◎	有
	对称度	⌯	有
	线轮廓度	⌒	有
	面轮廓度	⌓	有
跳动公差	圆跳动	↗	有
	全跳动	⌰	有

三、几何公差的标注

1. 公差框格

几何公差要求注写在划分成两格或多格的矩形框内，自左至右依次标注以下内容。

（1）几何特征符号。共19项，如表8－12所示。

（2）公差值。如果公差带为圆形或圆柱形，公差值前应加注符号“ϕ”；如果公差带为圆球形，公差值前应加注“Sϕ”。

（3）基准的字母及有关符号。用一个字母表示单个基准或用几个字母表示基准体系或公共基准，如图8－19所示。

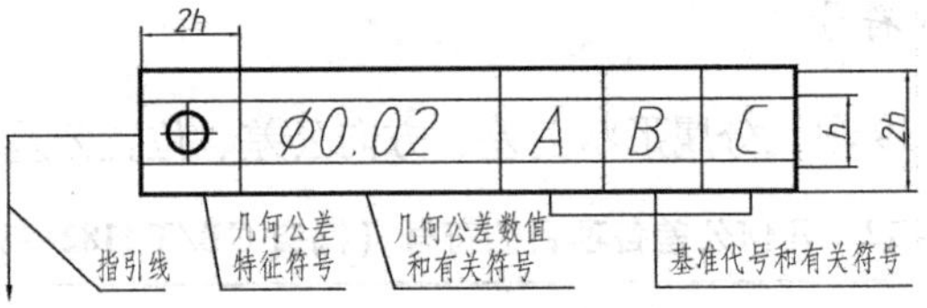

图8－19　基准的字母及有关符号

当某项公差应用于多个相同要素时，应在公差框格的上方被测要素的尺寸之前注明要素的个数，并在两者之间加上符号“×”，如图8－20所示。

如果需要限制被测要素在公差带内的形状，应在公差框格的下方注明，如图8－21所示。

如果需要就某个被测要素给出几种几何特征的公差，可将一个公差框格放在另一个下面，如图8－22所示。

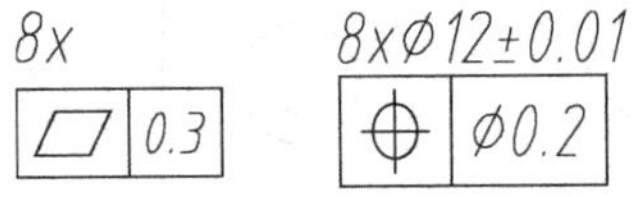

图8－20　多个相同要素时的注法

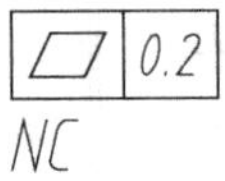

图8－21　限制被测要素的注法

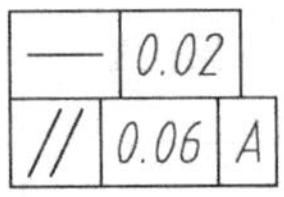

图8－22　多几何特征注法

2. 被测要素

在图样中标注几何公差时，用指引线连接被测要素和公差框格。指引线引自于框格的任意一侧，终端带一箭头。框格通常用细实线绘制，高度是两个字体高度，在图样上水平放置。

（1）被测要素为轮廓线或轮廓面，箭头指向该要素的轮廓线或其延长线且应与尺寸线明显错开，如图8－23所示。

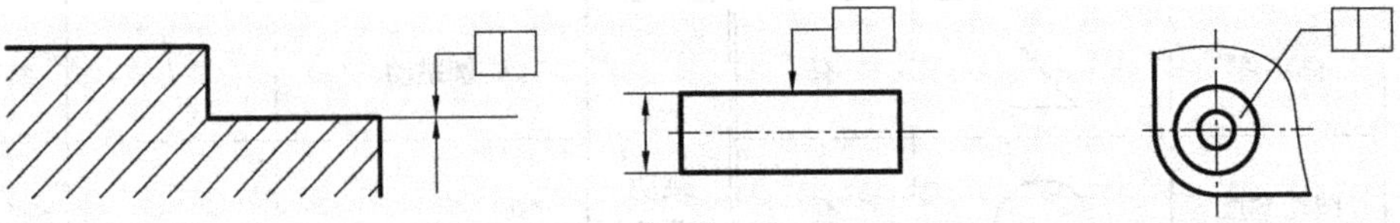

（a）指向被测要素的轮廓线或延长线　（b）指向被测要素的轮廓线　（c）指向引出线的水平线

图8－23　被测要素为轮廓线或轮廓面的标注

（2）被测要素为中心线、中心面和中心点，箭头位于相应尺寸线的延长线上，如图8－24所示。

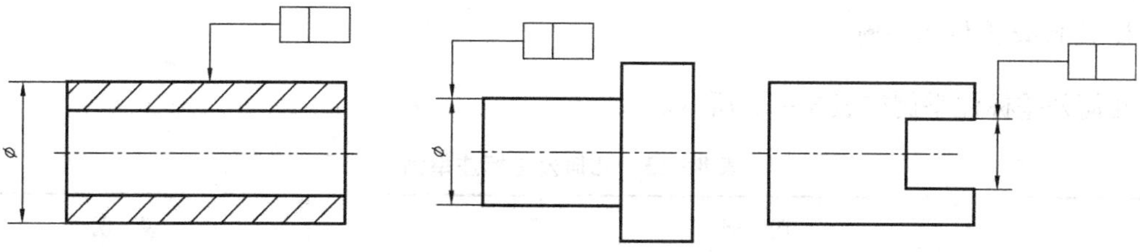

（a）被测要素是中心线　（b）被测要素是轴线　（c）被测要素是对称中心平面

图 8－24　被测要素为中心线、中心面和中心点的标注

3. 基准

与被测要素相关的基准用一个大写字母表示。字母标注在基准方格内，与一个涂黑的或空白的三角形相连以表示基准。标准中没有规定基准中三角形的具体形状，一般使用等腰直角三角形或者是等边三角形。无论在何种情况下，基准符号小方框内的字母都要水平书写，如图 8－25 所示。

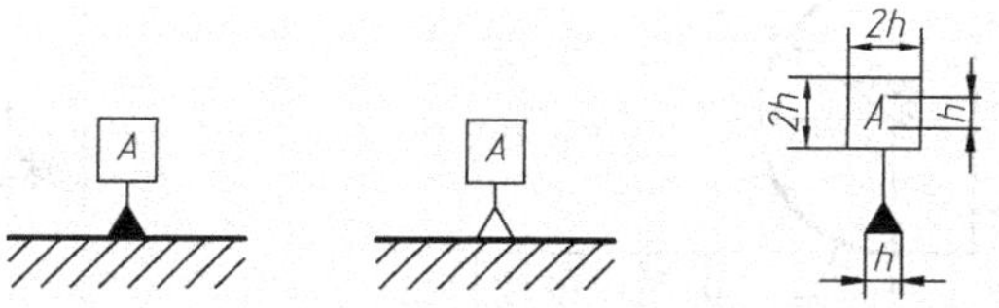

（a）基准符号　（b）基准符号的画法

图 8－25　基准代（符）号

（1）基准要素为轮廓线或轮廓面，箭头指向该要素的轮廓线或其延长线，且应与尺寸线明显错开，如图 8－26 所示。

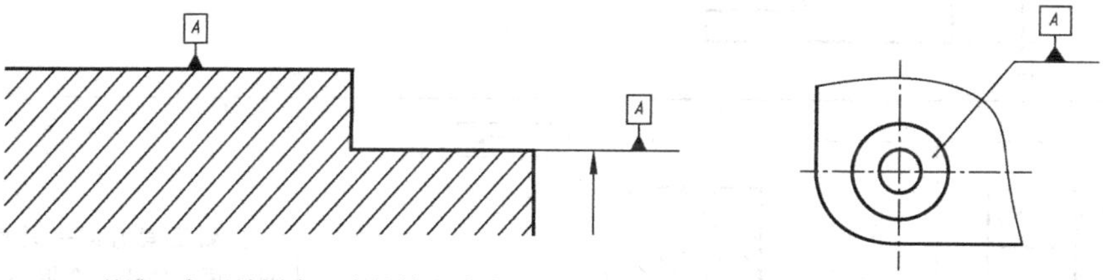

（a）基准三角形放置在要素的轮廓线或延长线上　（b）基准三角形放置在引出线的水平线上

图 8－26　基准要素为轮廓线或轮廓面的基准标注

（2）基准要素为中心线、中心面和中心点，箭头位于相应尺寸线的延长线上。如图 8－27所示。

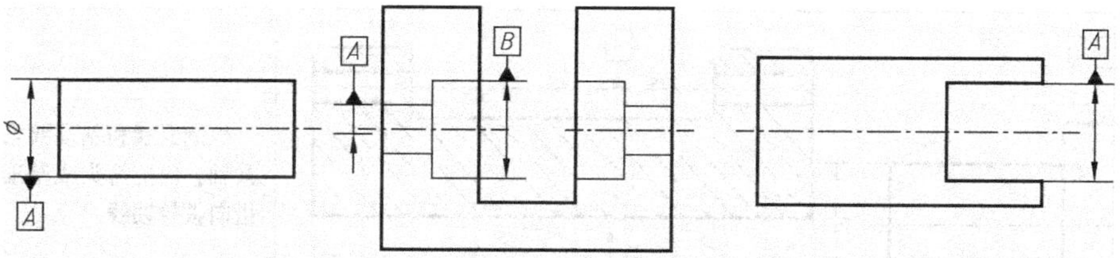

（a）基准要素是轴线　（b）基准要素是中心线　（c）基准要素是对称中心平面

图 8－27　基准要素为中心线、中心面和中心点的基准标注

4. 几何公差标注举例

几何公差标注举例如表 8 – 13 所示。

表 8 – 13　几何公差标注举例

图　例	说　明
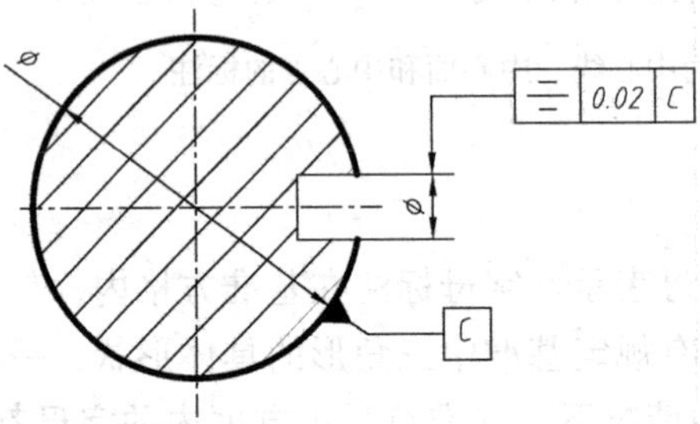	被测要素为对称平面，基准要素是中心面，是键槽位置度公差对称度的标注
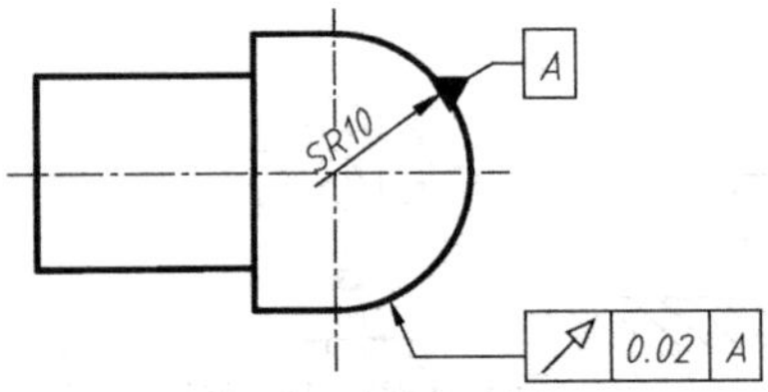	被测要素为球面，基准要素是球心，是球心圆跳动公差的标注
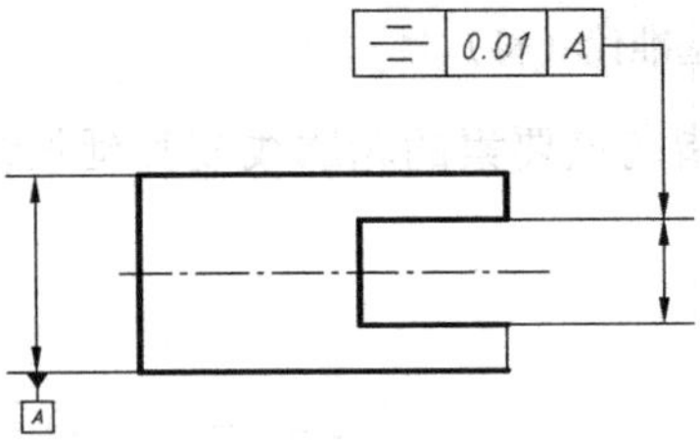	被测要素是对称平面，基准要素是轴线，是平面位置度公差对称度的标注
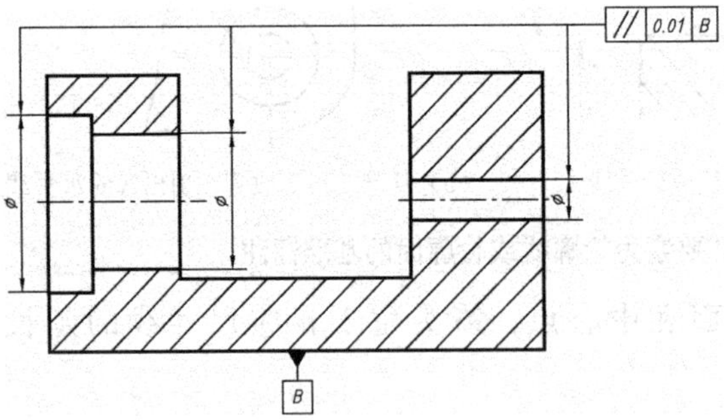	被测要素有同一几何公差要求，可以使用一个框格，并从指引线上引出多个箭头指向被测要素，是三轴线方向公差平行度的标注
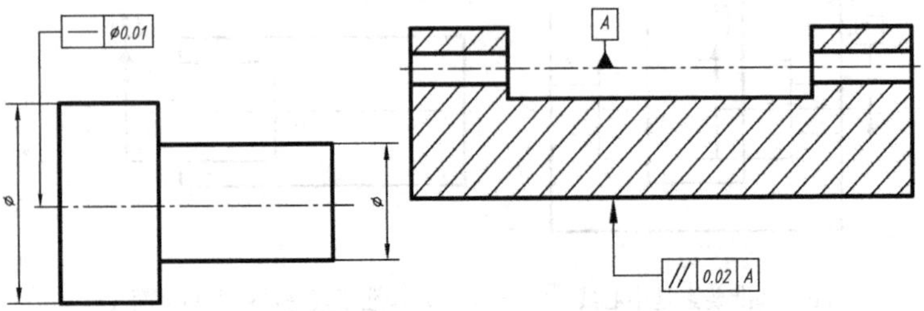	被测要素和基准要素为回转体共轴，应把箭头或基准符号直接指向整体轴线

续表

图 例	说 明
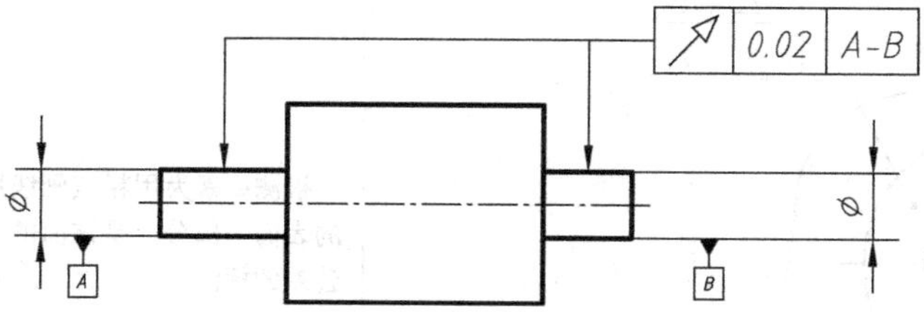	几个同被测要素具有相同结构的要素，在同一公差框格内，引出指引线分别指向被测要素，是两端轴的圆跳动公差
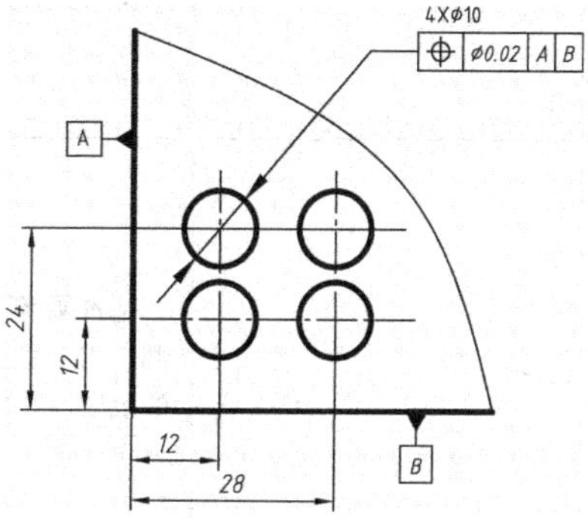	注明被测要素的尺寸和要素的个数，是4个圆的位置公差位置度的标注
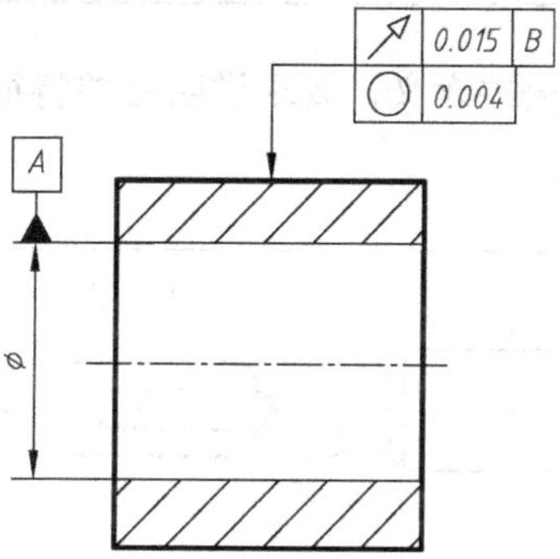	多项几何公差框格绘制在一起并使用一条指引线，是圆度和圆跳动公差的标注
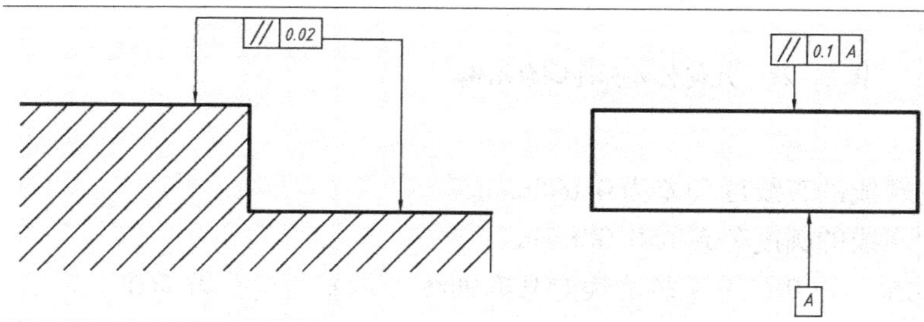	位置公差的被测要素和基准要素任选基准，用两个箭头表示
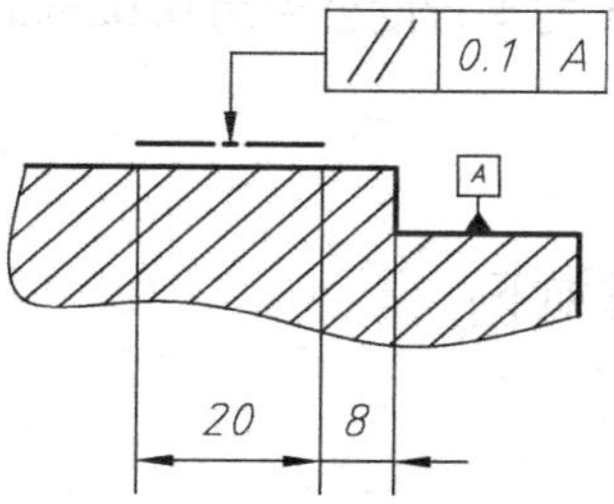	被测要素为用粗点画线所标出的轮廓线一部分，是两轮廓线方向公差平行度的标注

续表

<table>
<tr><th>图例</th><th>说明</th></tr>
<tr><td>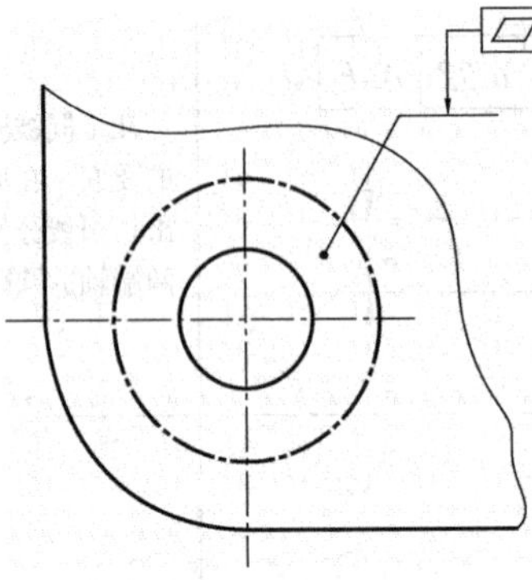
</td><td>被测要素为用粗点画线所标出的表面一部分，是该面的平面度公差的标注</td></tr>
<tr><td>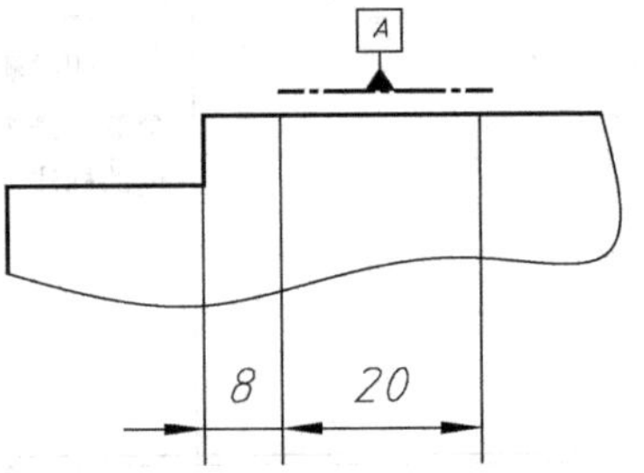
</td><td>基准要素仅为要素的某一局部，用采用粗点画线标出该局部的范围，并加注尺寸</td></tr>
</table>

【例 8－1】 以图 8－28 为例，识读几何公差含义，要求说明公差特征项目、被测要素、基准要素及所允许的公差值。

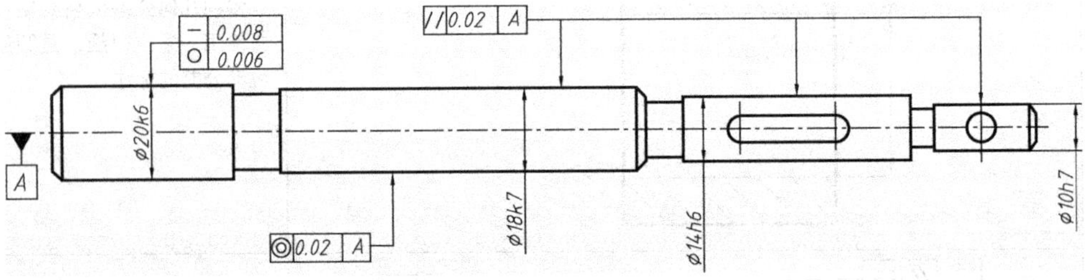

图 8－28 几何公差标注综合示例

说明：

|— 0.008| 表示 ϕ20k6 的轮廓线的直线度公差为 0.008mm。

|○ 0.006| 表示 ϕ20k6 的轮廓线的圆度公差为 0.008mm。

|// 0.02 A| 表示 ϕ18k7、ϕ14h6、ϕ10h7 三个轮廓线对基准轴线 A 的平行度公差为 0.02mm。

|◎ 0.02 A| 表示 ϕ18k76 的中心线对基准轴线 A 的平行度公差为 0.02mm。

任务实施

完成如图 8－16 所示的抄图任务，具体步骤如下：

1. 分析

（1）ϕ40 圆柱面轴线的直线度公差是 0.02mm，即被测要素是 ϕ40 圆柱面轴线，几何公

差项目是直线度，公差值是0.02，公差框型格是|−|0.02|。

（2）ϕ40 圆柱面对于 ϕ26 两圆柱面的圆跳动公差值是0.03，即被测要素是 ϕ40 圆柱面，几何公差项目是圆跳动，基准要素是 ϕ26 两圆柱面，公差值是0.03，公差框型格是|↗|0.03|A−B|。

（3）键槽8上下两平面对于 ϕ40 圆柱面轴线的对称度公差值是0.015，即被测要素是键槽8上下两平面，几何公差项目是对称度，基准要素是 ϕ40 圆柱面轴线，公差值是0.015，公差框型格是|⌯|0.015|C|。

2. 标注

标注结果如图8－29所示。

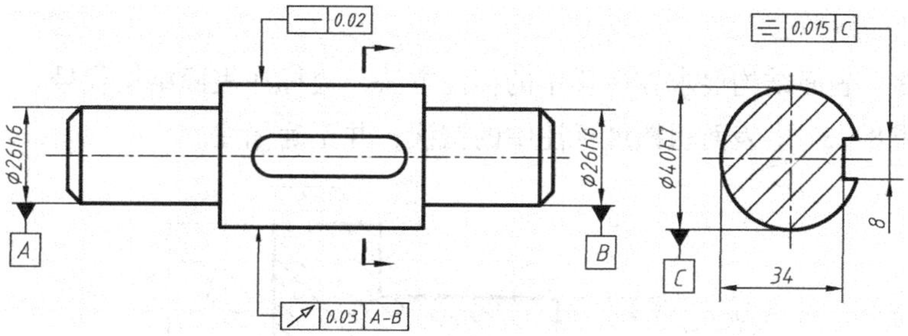

图8－29 标注结果

思考与练习

读如图8－30所示气门阀杆图的几何公差，解释公差框格的含义。

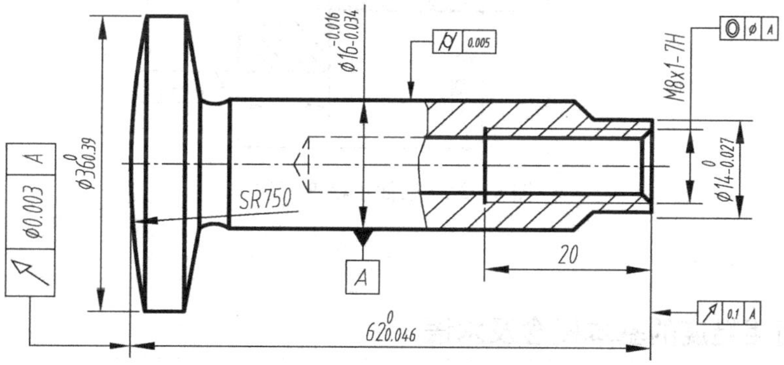

图8－30 气门阀杆

任务8－3 标注零件表面结构要求

零件的表面特征状况直接关系零件的质量，它对零件的耐磨性、耐腐蚀性、配合精度、疲劳强度及接触刚度和密封性等都有较大影响。表面结构是指零件表面的几何形貌，它是表面粗糙度、表面波纹度、表面纹理、表面缺陷和表面几何形状的总称。

国家标准（GB/T 131—2006）《产品几何技术规范（GPS）技术产品文件中表面结构的

表示法》规定了技术产品文件中表面结构的表示法，技术产品文件包括图样、说明书、合同、报告等。同时给出了表面结构标注的图形符号和标注方法。表面粗糙度与加工方法、所用刀具和工件材料等各种因素都有密切关系。表面粗糙度是评定零件表面质量的一项重要技术指标，是零件图中必不可少的一项技术要求。

任务要求

通过本任务的学习，达到以下目标：

➢ 了解表面结构要求、取样长度的概念，掌握轮廓算术平均偏差和轮廓最大高度的概念。

➢ 掌握表面结构符号和表面结构代号的含义，能看懂图样上的表面结构符号和表面结构代号。

➢ 掌握常见表面结构要求在图样中的标注方法，会标注表面结构代号。

➢ 指出图 8－31 中表面粗糙度标注中的错误，并正确标注。

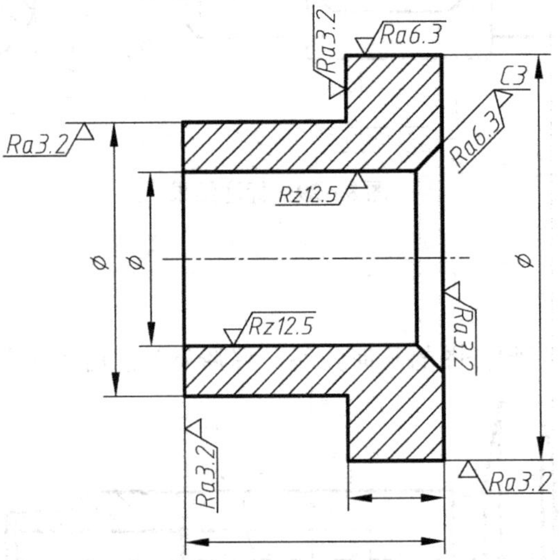

图 8－31　表面粗糙度标注

相关知识

一、表面粗糙度的基本概念及术语

1. 表面粗糙度的概念

零件的表面，无论采用哪种方法加工，都不可能绝对光滑、平整，将其置于显微镜下观察，都将呈现出不规则的高低不平的状况，高起的部分称为峰，低凹的部分称为谷，这种表面上具有较小间距的峰谷所组成的微观几何形状特性，称为表面粗糙度，如图 8－32 所示。这是由于加工零件时，刀具在零件表面上留下刀痕和切削时金属的塑性变形等影响，使零件表面存在间距较小的轮廓峰谷。

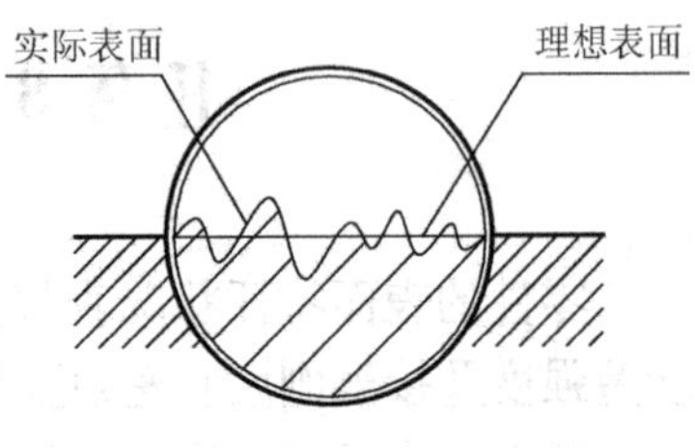

图 8－32　表面粗糙度的放大状况

国家标准规定了零件表面粗糙度的评定参数，应在满足零件表面功能要求的前提下，合理地选择表面粗糙度的参数值。一般来说，凡零件上有配合要求或有相对运动的表面，零件表面质量要求较高。

2. 有关检验规范的基本术语

（1）取样长度和评定长度。在轮廓表面选取的适当测量长度称为取样长度。用于评定轮廓的、包含一个或几个取样长度的测量段称为评定长度。

（2）轮廓滤波器和传送带。因为评定表面结构状况的三类轮廓参数各有不同的波长范围，而又同时叠加在同一表面轮廓上，所以在测量评定三类轮廓上的参数时，必须先将表面轮廓在特定仪器上进行滤波，以便分离获得所需波长范围的轮廓，这种可将轮廓分成长波和短波成分的仪器称为轮廓滤波器。由两个不同截止波长的滤波器分离获得的轮廓波长范围则称为传输带，未标传输带的为默认传输带。

（3）极限值判断规则。极限值判断规则分为两种：

① 16%规则。当被检表面测得的全部参数值中超过极限值的个数不多于总个数的16%时，该表面是合格的。

② 最大规则。被检表面测得的参数值一个也不应超过极限值。

16%规则是默认规则，应用最大规则时须在数值前加注“max”或“min”，如 *Ra* max0.8 表示应用最大规则，*Ra* 0.8 表示应用16%规则。

3. 表面粗糙度的高度评定参数

国家标准规定，表面粗糙度以参数值的大小评定。在生产实际中，轮廓参数是我国机械图样中目前最常用的评定参数。本节仅介绍评定粗糙度轮廓（R 参数）中的两个高度参数 *Ra* 和 *Rz*（参数代号为大小写斜体），其他内容可参阅国家标准。

1）轮廓的算术平均偏差 *Ra*。

它指在一个取样长度内沿测量方向（z 方向）的轮廓线上的点与基准线之间距离绝对值的算术平均值，用 *Ra* 表示。*Ra* 是指在取样长度 l 内，轮廓偏距 y 绝对值的算术平均值，如图 8-33 所示。用公式可表示为：

$$Ra = \frac{1}{l}\int_0^l |y(x)|\,dx \quad 或 \quad Ra \approx \frac{1}{n}\sum_{i=l}^{n} |y_i|$$

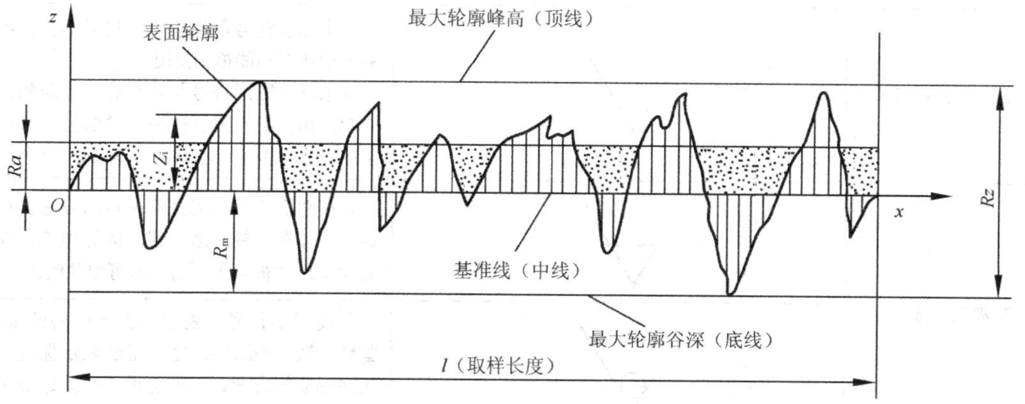

图 8-33　轮廓的算术平均偏差 *Ra* 及轮廓的最大高度 *Rz*

2）轮廓的最大高度 Rz。

它指在同一取样长度内，轮廓峰顶线和轮廓谷底线之间距离，用 Rz 表示。

表面粗糙度的高度评定参数 Ra 的数值见表 8－14。

表 8－14　表面粗糙度 Ra 数值　　单位：μm

第 1 系列	第 2 系列	第 1 系列	第 2 系列	第 1 系列	第 2 系列	第 1 系列	第 2 系列
	0.008						
	0.010						
0.12			0.125		1.258	12.5	
	0.016		0.160	1.60			16.0
	0.020	0.20			2.0		20
0.025			0.25		2.5	25	
	0.032		0.32	3.2			32
	0.40	0.40			4.0	40	
0.50			0.50		5.0	50	
	0.063		0.63	6.3			63
	0.080	0.80			8.0		80
0.100			1.00		10.0	100	

零件的表面粗糙度高度评定参数轮廓算术平均偏差 Ra 的数值越大，表面越粗糙，零件表面质量越低，加工成本就越低；轮廓算术平均偏差 Ra 的数值越小，表面越光滑，零件表面质量越高，加工成本就越高。因此，在满足零件使用要求的前提下，应合理选用表面粗糙度参数。

二、表面粗糙度的符号及其画法

1. 表面粗糙度的符号

GB/T 131—2006 规定，表面粗糙度代号是由规定的符号和有关参数值组成。在零件的每个表面，都应按设计要求，标注表面粗糙度代号。表面粗糙度符号有三种，图样上表示零件表面粗糙度符号如表 8－15 所示。

表 8－15　表面粗糙度的图形符号

	符　号	意义及其说明
基本图形符号		基本图形符号仅用于简化代号标注，没有补充说明时不能单独使用。 如果基本图形符号与补充的或辅助的说明一起使用，则不需要进一步说明为了获得指定的表面是否应去除材料或不去除材料
扩展图形符号		扩展图形符号，用去除材料的方法获得的表面，如车、铣、刨、磨、钻等加工；仅当其含义是“被加工表面”时可单独使用
		扩展图形符号，表示不去除材料的表面，如铸、锻、冲压等；也可用于表示保持上道工序形成的表面，不管这种状况是通过去除材料或不去除材料形成的

续表

	符 号	意义及其说明
完整图形符号	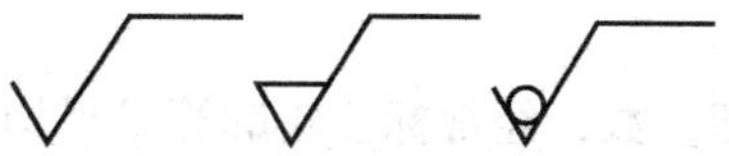	当要求标注表面结构特征的补充信息时，在上述三个符号的长边上均可加一横线
工件轮廓各表面的图形符号	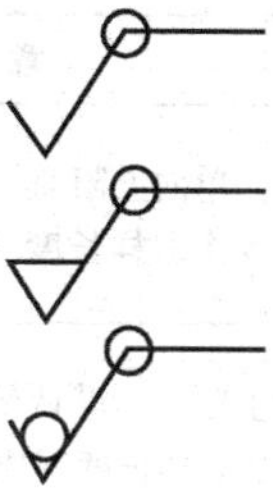	在上述三个符号上均可加一小圈，表示投影图中封闭的轮廓所表示的所有表面具有相同的表面结构要求。 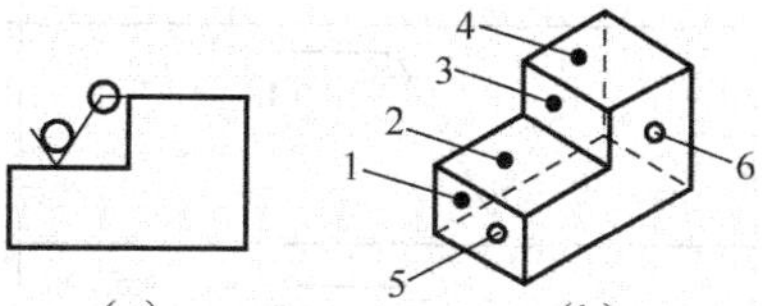 (a) (b) 注：图（a）中的表面结构符号是指对图（b）中封闭轮廓的6个面的共同要求（不包括前、后表面）

2. 表面粗糙度要求在图形符号中注写位置

为了明确表面粗糙度要求，除了标准表面粗糙度参数和数值外，必要时应标注补充要求，包括传输带、取样长度、加工工艺，表面纹理及方向、加工余量等。规定的标准位置如图 8－34所示。

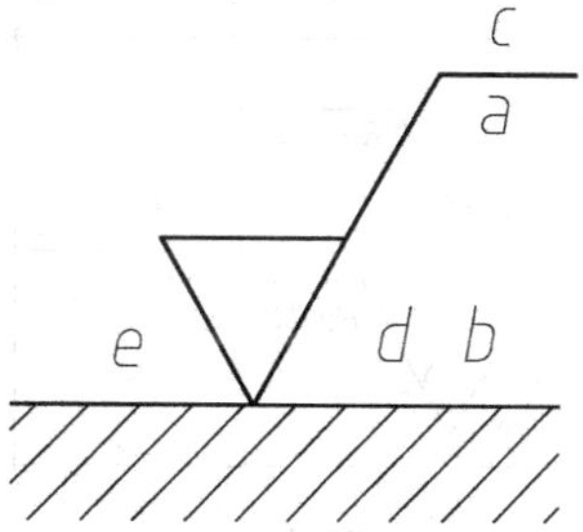

图 8－34 表面粗糙度参数的标注位置

a——注写单一表面结构要求：表面结构参数代号、极限值和传输带或取样长度。为了避免误解，在参数代号和极限值间应插入空格，如 *Rz* 6.3。

b——注写第二个表面结构要求。还可以注写第三个或更多个表面结构要求，此时，图形符号应在垂直方向扩大，以空出足够的空间。扩大图形符号时，*a* 和 *b* 的位置随之上移。

c——注写加工方法、表面处理、涂层或其他加工工艺要求等，如车、磨、镀等加工方法。

d——注写表面纹理及方向。

e——注写加工余量（mm）。

3. 表面粗糙度符号的画法

表面粗糙度符号的画法如图 8－35 所示。

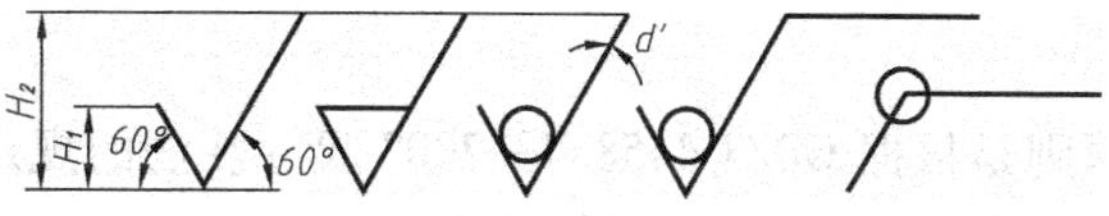

图 8－35 表面粗糙度符号的画法

d'（符号线宽）$=0.35$mm

$H_1=1.4h$ $H_2=2.1h$

$h=$字体高度

三、表面粗糙度的标注

1. 表面粗糙度参数识读

在零件图中，表面粗糙度代号的高度参数，经常标注轮廓算术平均偏差 *Ra* 值，因此可省略 *Ra* 符号。表面粗糙度的高度参数示例，如表 8－16 所示。

表 8－16　表面粗糙度代号（*Ra*）的读解

符　号	意　义
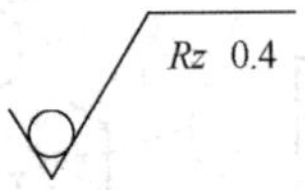	表示不允许去除材料，单向上限值，默认传输带，*R* 轮廓，粗糙度的最大高度 0.4μm，评定长度为 5 个取样长度（默认），“16% 规则”（默认）
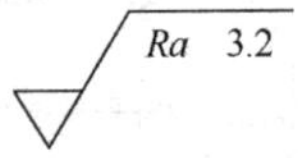	表示去除材料，单向上限值，默认传输带，*R* 轮廓，粗糙度的算术平均偏差 3.2μm，评定长度为 5 个取样长度（默认），“16% 规则”（默认）
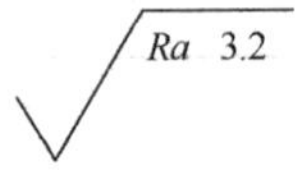	表示任意加工方法，单向上限值，默认传输带，*R* 轮廓，粗糙度的算术平均偏差 3.2μm，评定长度为 5 个取样长度（默认），“16% 规则”（默认）
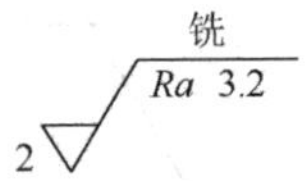	表示铣削加工，加工余量为 2mm，单向上限值，默认传输带，*R* 轮廓，粗糙度的算术平均偏差 3.2μm，评定长度为 5 个取样长度（默认），“16% 规则”（默认）
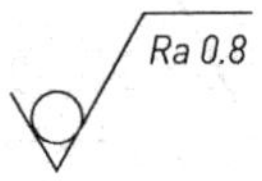	表示不允许去除材料，单向上限值，默认传输带，*R* 轮廓，算术平均偏差为 0.8μm，评定长度为 5 个取样长度（默认），“16% 规则”（默认）
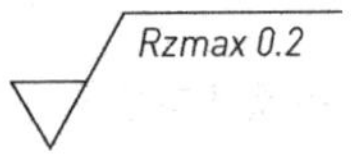	表示去除材料，单向上限值，默认传输带，*R* 轮廓，轮廓最大高度的最大值为 0.2μm，评定长度为 5 个取样长度（默认），“最大规则”
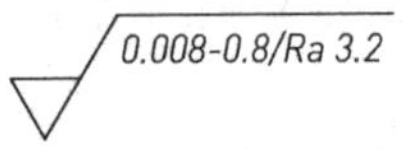	表示去除材料，单向上限值，传输带 0.008～0.8mm，*R* 轮廓，算术平均偏差为 3.2μm，评定长度为 5 个取样长度（默认），“16% 规则”（默认）
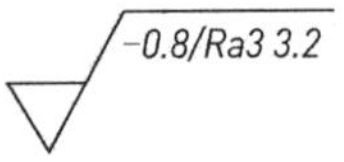	表示去除材料，单向上限值，传输带 0.0025～0.8mm，*R* 轮廓，算术平均偏差为 3.2μm，评定长度为 3 个取样长度（默认），“16% 规则”（默认）
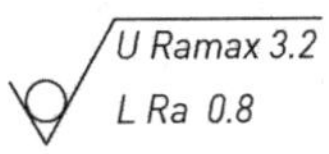	表示不允许去除材料，双向上限值，两极限值均使用默认的传输带，*R* 轮廓，上极限值：算术平均偏差为 3.2μm，评定长度为 5 个取样长度（默认），“最大规则”。下极限值：算术平均偏差为 0.8μm，评定长度为 5 个取样长度（默认），“16% 规则”（默认）

2. 表面粗糙度代号在图样上的标注

在零件图中，表面粗糙度标注总的原则是根据 GB/T 4458.4—2003 尺寸注法的规定，使表面结构的注写和读取方向与尺寸的注写和读取方向一致，具体如表 8－17 所示。

表 8－17　表面粗糙度代（符）号在图样上的注写示例

<table>
<tr><th>注 写 示 例</th><th>说　明</th></tr>
<tr><td>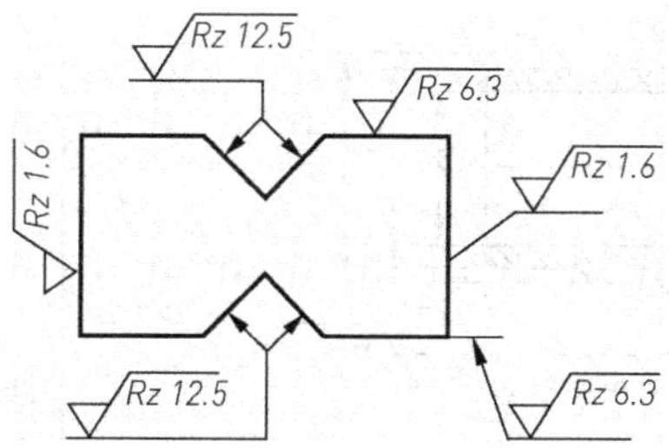
</td><td>表面结构代号应注在可见轮廓线，符号的尖端必须从材料外指向表面。
表面结构要求可以直接标注在延长线上，或用带箭头的指引线引出标注在同一图样上，每一表面一般只标注一次代（符）号，并尽可能靠近有关的尺寸线</td></tr>
<tr><td>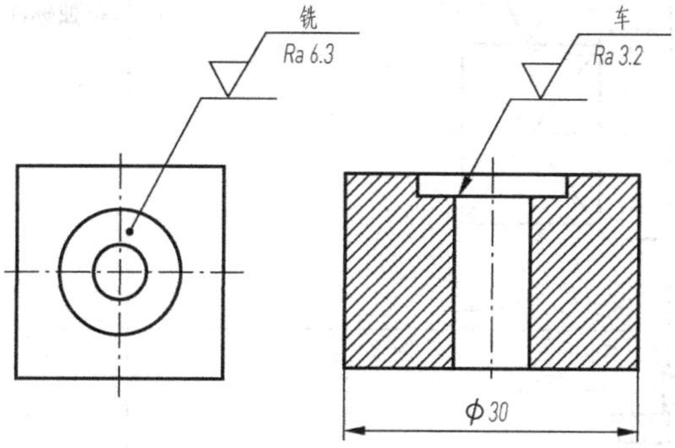
</td><td>必要时，也可用带箭头或黑点的指引线引出标注。除非另有说明，所注的表面粗糙度代号是对完工零件表面的要求</td></tr>
<tr><td>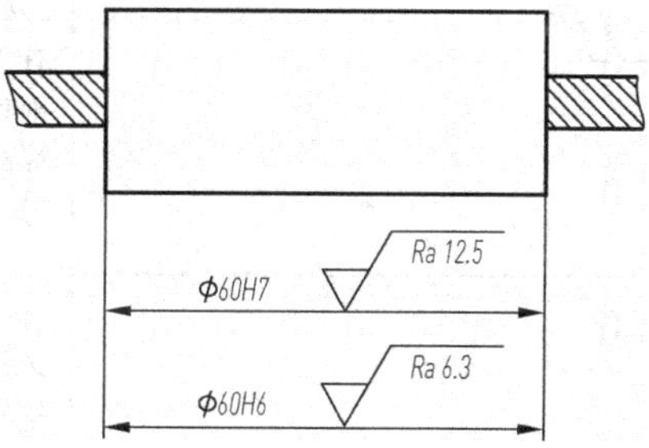
</td><td>在引起误解时，表面结构要求可以标注在给定的尺寸上</td></tr>
<tr><td>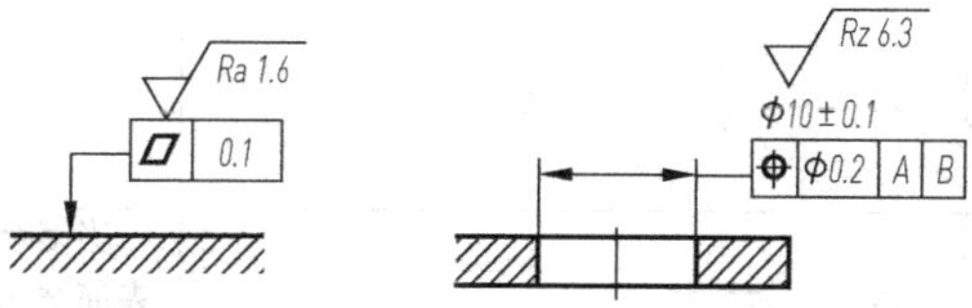
</td><td>表面结构要求可标注在形位公差框格的上方</td></tr>
</table>

续表

<table>
<tr><th>注写示例</th><th>说 明</th></tr>
<tr><td>

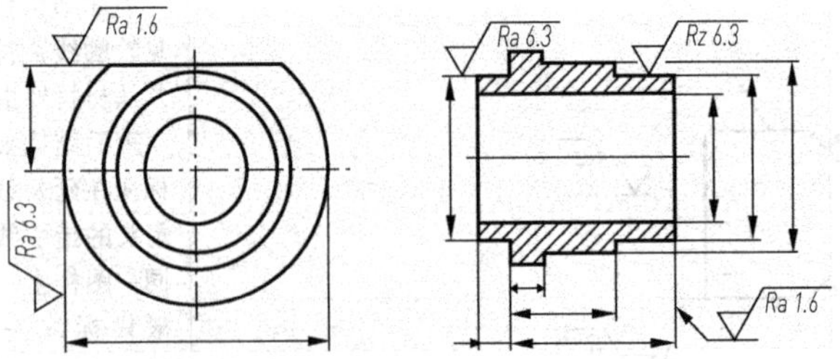

</td><td rowspan="2">圆柱或棱柱表面的表面结构要求只标注一次。如果每个棱柱表面有不同的表面结构要求，则应分别单独标注</td></tr>
<tr><td>

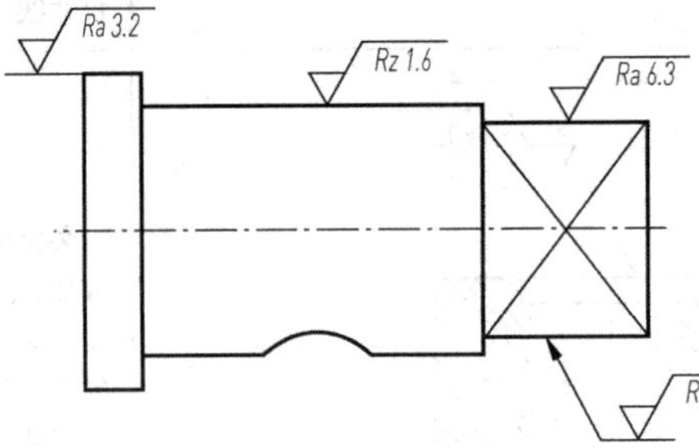

</td></tr>
<tr><td>

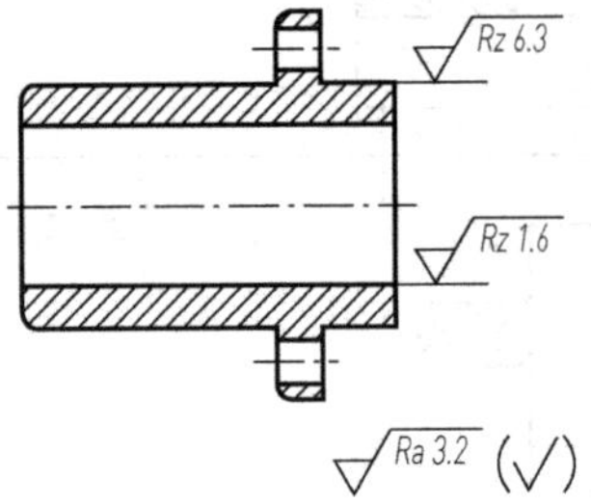

</td><td rowspan="2">如果在工件的多数表面有相同的表面结构要求，则其表面结构要求可统一标注在图样的标题栏附近。此时，表面结构要求的符号后面应用：
（1）在圆括号内给出无任何其他标注的基本符号；
（2）在圆括号内给出不同的表面结构要求</td></tr>
<tr><td>

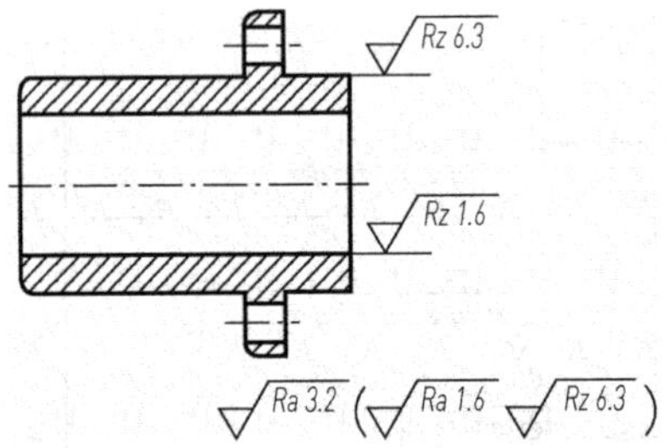

</td></tr>
<tr><td>

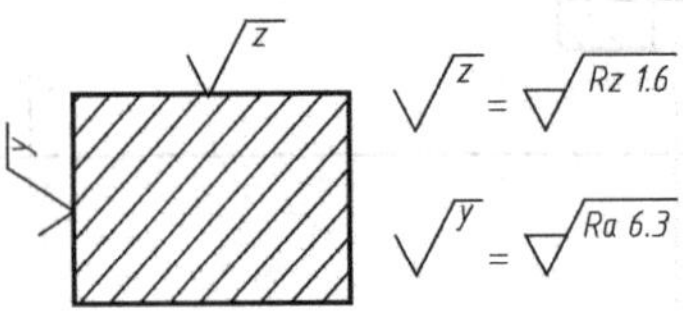

</td><td rowspan="2">当多个表面具有相同的表面结构要求或图纸空间有限时，可以采用简化标注。
（1）可用带字母的完整符号，以等式的形式，在图形或标题栏附近，对有相同表面结构要求的表面进行简化标注。
（2）可用等式的形式给出对多个表面共同的表面结构要求</td></tr>
<tr><td>

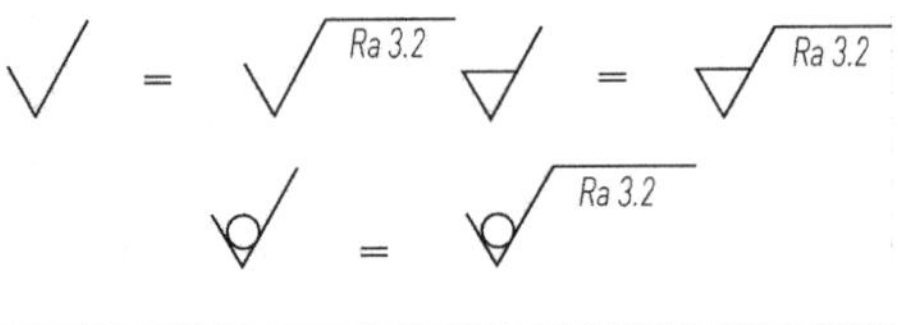

</td></tr>
</table>

续表

注写示例	说明
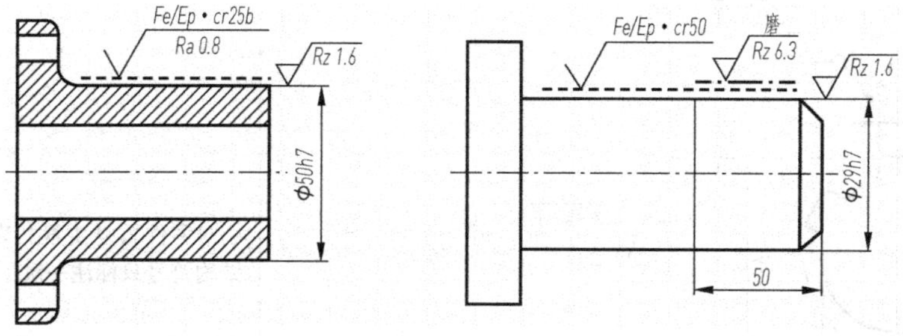	两种或多种工艺获得的同一表面的注法
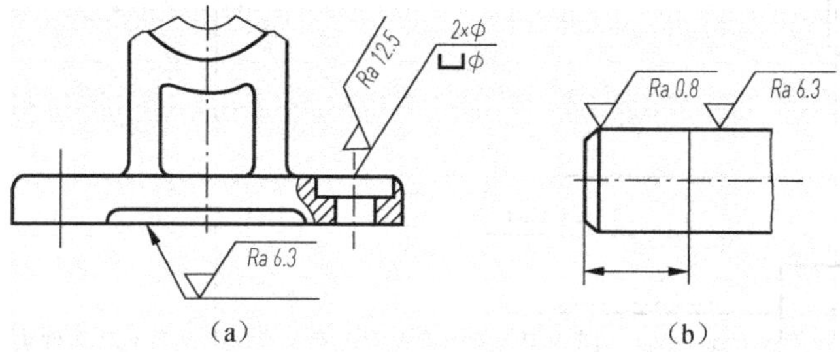	对零件上不连续的同一表面，用细实线连接起来，其表面结构符号只注一次。同一表面有不同表面结构要求，用细实线作为分界线，分别标出不同结构表面符号
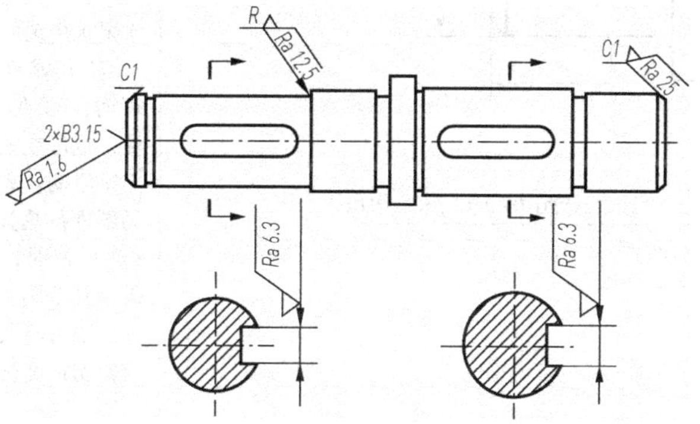	键槽工作面、倒角、圆角的表面结构要求，可简化标注
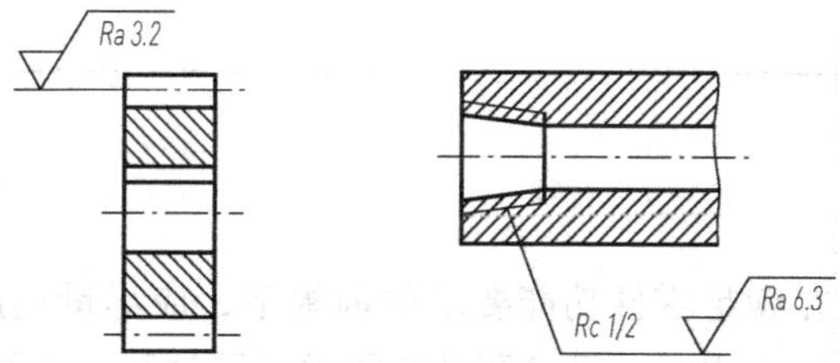	齿轮、螺纹等工作表面没有画出齿（牙）型时，其工作表面的表面结构要求可按下面要求标注：齿轮注在分度线上，螺纹注在尺寸线上
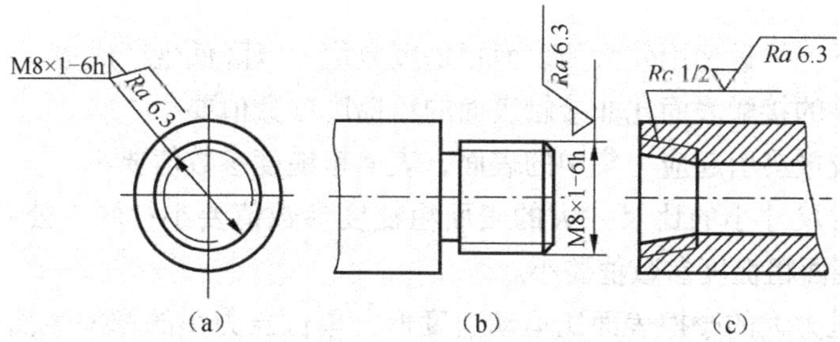	对零件连续表面其表面结构符号只标注一次

续表

<table>
<tr><th>注写示例</th><th>说　明</th></tr>
<tr><td>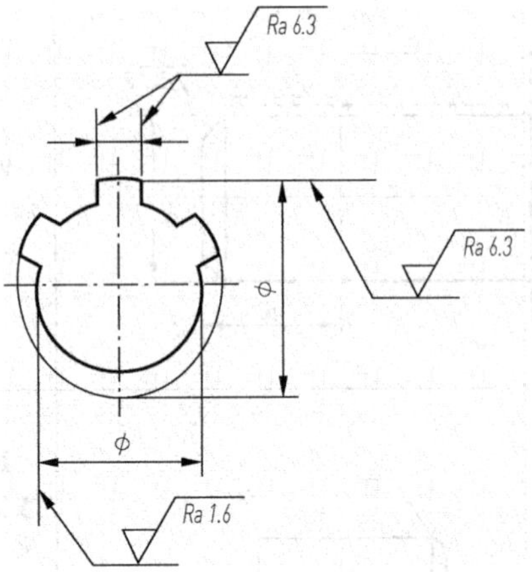
</td><td>对零件重复要素其表面结构符号只标注一次</td></tr>
<tr><td>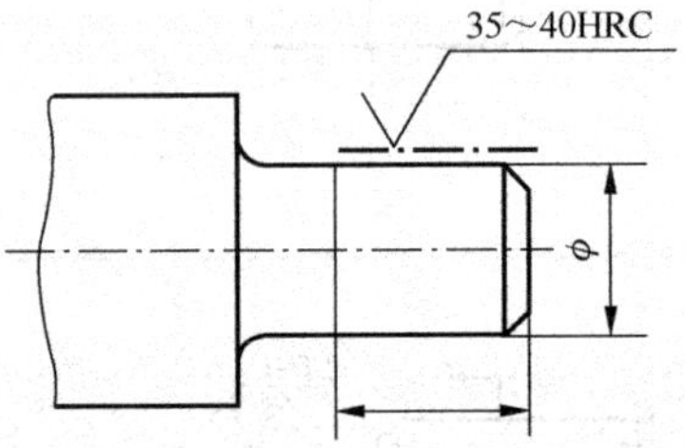

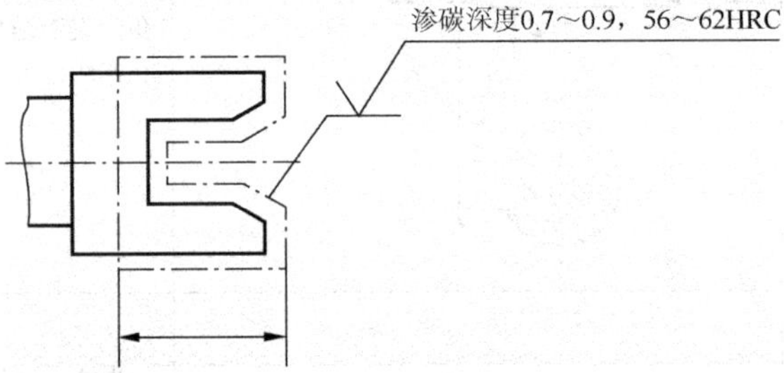
</td><td>（1）零件表面全部进行某种热处理时，可在技术要求中统一加以说明。
（2）零件表面局部处理时，可在零件图上标注，也可在技术要求中用文字说明。若需要在零件局部进行热处理或局部镀（涂）覆时，用粗点画线表示其范围并注上相应尺寸，也可将其要求注写在表面粗糙度长边横线上</td></tr>
</table>

四、表面粗糙度的选用

零件表面粗糙度参数值的选用，在满足零件功能要求的前提下，应尽量选用较大的表面粗糙度参数值，以降低加工成本。具体选用时，可参照已有的类似零件图，用类比法确定。

选用时要注意以下问题：

（1）在满足功用的前提下，尽量选用较大的表面粗糙度数值，以降低生产成本。

（2）在一般情况下，零件的接触表面比非接触表面的粗糙度参数值要小。

（3）受循环载荷的表面或极易引起应力集中的表面，表面粗糙度参数值要小。

（4）配合性质相同，零件尺寸小的比尺寸大的表面粗糙度参数值要小；同一公差等级，小尺寸比大尺寸、轴比孔的表面粗糙度参数值要小。

（5）运动速度高、单位压力大的摩擦表面比运动速度低，单位压力小的摩擦表面的粗糙度参数值小。

（6）要求密封性、耐腐蚀的表面其粗糙度参数值要小。

表 8－18 给出了表面粗糙度 *Ra* 值与加工方法的关系及应用举例，可供参考。

表 8－18　表面粗糙度参数 *Ra* 值及应用举例

Ra/μm	表面特征	表面形状	获得表面粗糙度的方法	应用举例
100	粗糙	明显可见的刀痕	锯断、粗车、粗铣、粗刨、钻孔及用粗纹锉刀、粗砂轮等	管的端部断面和其他半成品的表面、带轮法兰盘的结合面、轴的非接触端面、倒角等
50		可见的刀痕		
25		微见的刀痕		
12.5	半光	可见加工痕迹	拉制（钢丝）、精车、精铣、粗铰、粗铰埋头孔、粗剥刀加工、刮研等	支架、箱体、离合器、带轮螺纹孔、轴火控的退刀槽、量板、套筒等非工作表面、齿轮非工作表面、主轴的非接触外表面、IT8－IT11 级公差的结合面
6.3		微见加工痕迹		
3.2		看不见加工痕迹		
1.6	光	可辨加工痕迹的方向	精磨、金刚石车刀精车、精铰、拉制、剥刀加工等	轴承的重要表面、齿轮轮齿的表面、机床导轨、滚动轴承配合表面、发动机曲轴、凸轮轴的工作面等 IT6－IT8 级公差的结合面
0.8		微辨加工痕迹的方向		
0.4		不可辨加工痕迹的方向		
0.2	最光	暗光泽面	研磨加工	活塞销、份气凸轮、曲柄轴轴颈、发动机气缸内表面、仪器导轨表面、液压传动件工作面、滚动轴承的辊道、量块的测量面等
0.1		亮光泽面		
0.05		镜状光泽面		
0.025		雾状镜面		
0.012		镜面		

任务实施

完成如图 8－31 所示的改错，具体步骤如下：

（1）表面结构的注写和读取方向与尺寸的注写和读取方向一致，因此图中共有 6 处错误。

（2）正确注法如图 8－36 所示。

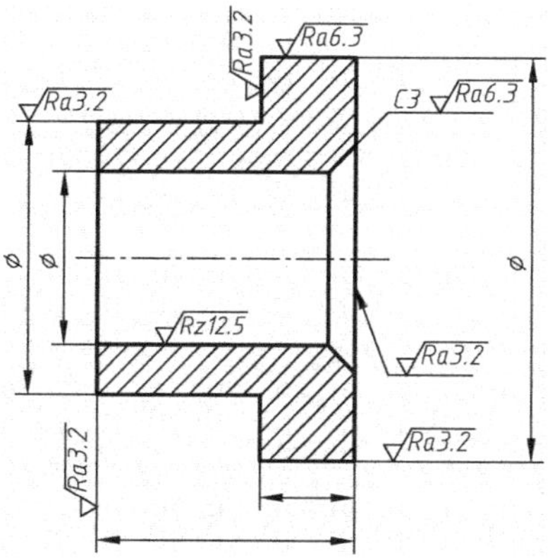

图 8－36　正解注法

思考与练习

（1）按文字说明，在图 8－37 上标注出表面粗糙度（单位：μm），左、右侧面要求 *Ra* 上限值为 3.2，上、下侧面要求 *Ra* 值为 6.3，孔表面要求 *Ra* 上限值为 1.6。

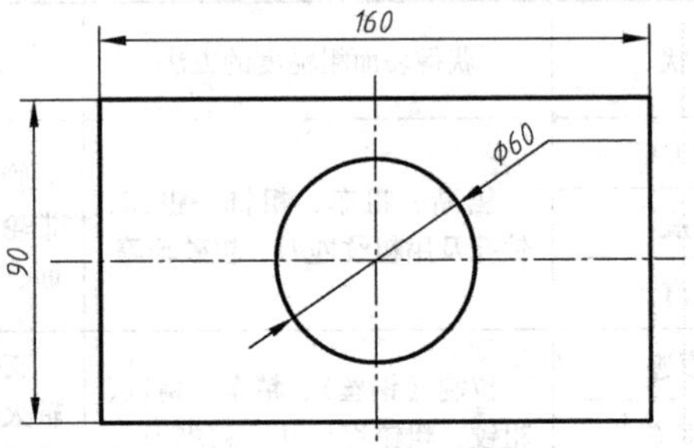

图 8－37　标注表面粗糙度

（2）解释图 8－38 中表面粗糙度的含义。

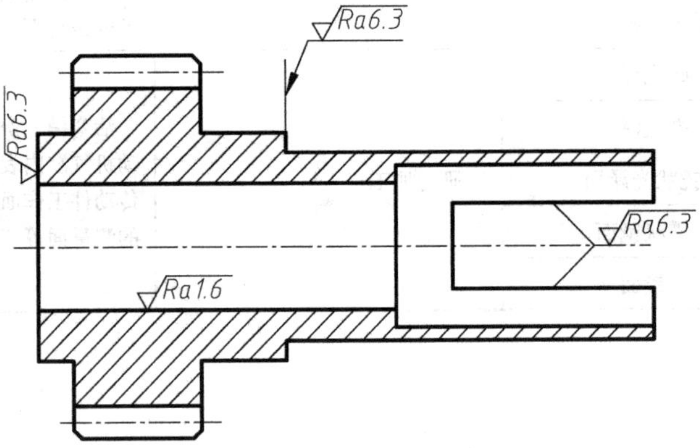

图 8－38　解释图中表面粗糙度的含义

（1）√Ra6.3 表示用__________方法获得的表面粗糙度符号。

（2）*Ra* 的最大允许值为____________，单位是____________。

项目九　零件图

在设计、制造和检验时，每一个零件都要有零件图，每张零件图上都应有完备的内容。无论看、画零件图都应遵循正确的方法和步骤，这样才能准确迅速地了解或表达图形信息。不同类型的机件有各自的表达方式和规律，学习并掌握这些规律和技巧，对迅速理解和绘制零件图十分重要。

任务9-1　绘制轴类零件图

组成机器(或工具)的不可分拆的最小单元称为零件。任何机器或部件都是由若干个零件按一定的装配关系和技术要求组装起来的，零件图是表达设计信息的主要载体，是生产、检验、安装时的重要依据，因此熟练地阅读和绘制零件图是每个工程技术人员必备的技能。

任务要求

通过本任务的学习，达到以下目标：

➢ 了解零件图的作用与内容，认识零件图在工程应用中的重要地位。

➢ 能够熟练阅读和绘制零件图，能根据不同类型零件的特点，正确、完整、清晰、合理地标注零件图的尺寸。

➢ 从结构、尺寸、技术要求三个方面来分析图9-1所示的零件图。

相关知识

一、零件图的作用

用来表达零件结构形状、尺寸大小和技术要求的图样称为零件图。零件结构是指零件的各组成部分及其相互关系，技术要求是指为保证零件功能在制造过程中应达到的质量要求。零件图是设计部门提交给生产部门，用来直接指导生产和检验零件的重要技术文件，它反映了设计者的意图，表达了机器或部件对零件的要求，是制造和检验零件的重要依据。

二、零件图的内容

如图9-2所示，一张完整的零件图应具备以下内容。

(1) 一组视图：完整、清晰地表达零件的结构和形状。

(2) 全部尺寸：表达零件各部分的大小和各部分之间的相对位置关系。

(3) 技术要求：表示或说明零件在加工、检验过程中所需的要求。

(4) 标题栏：填写零件名称、材料、比例、图号、单位名称及设计、审核、批准等有关人员的签字。每张图纸都应有标题栏，标题栏的方向一般为看图的方向。

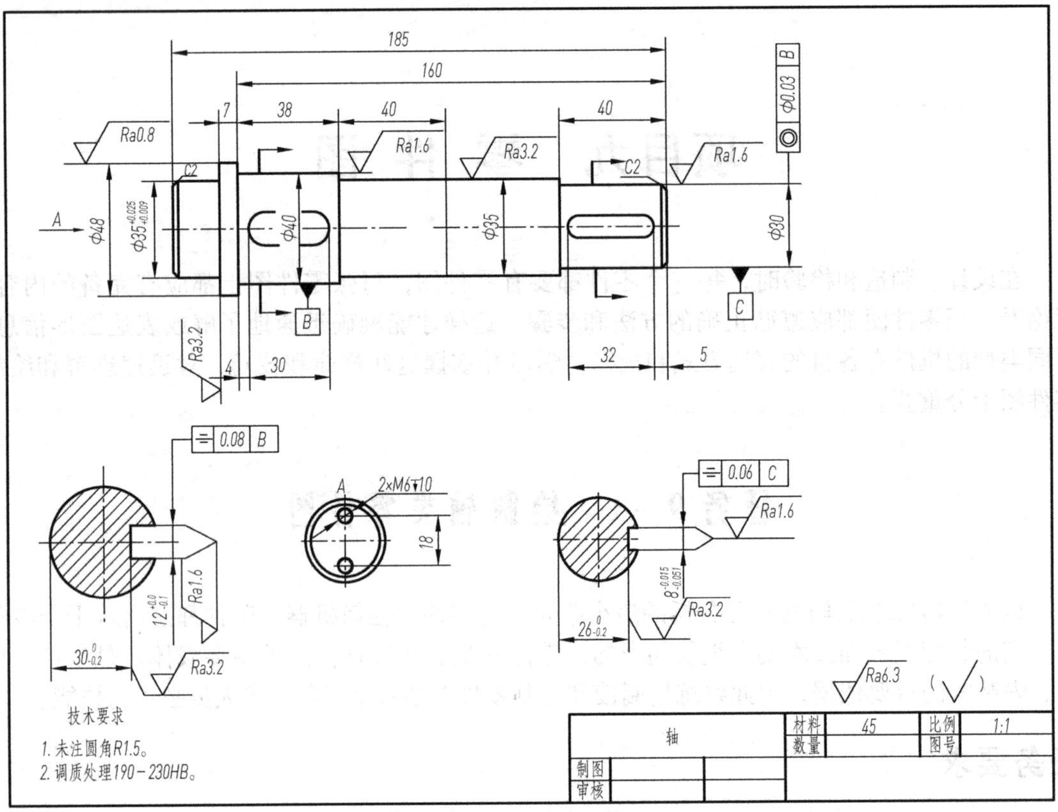

图 9－1　轴的零件图

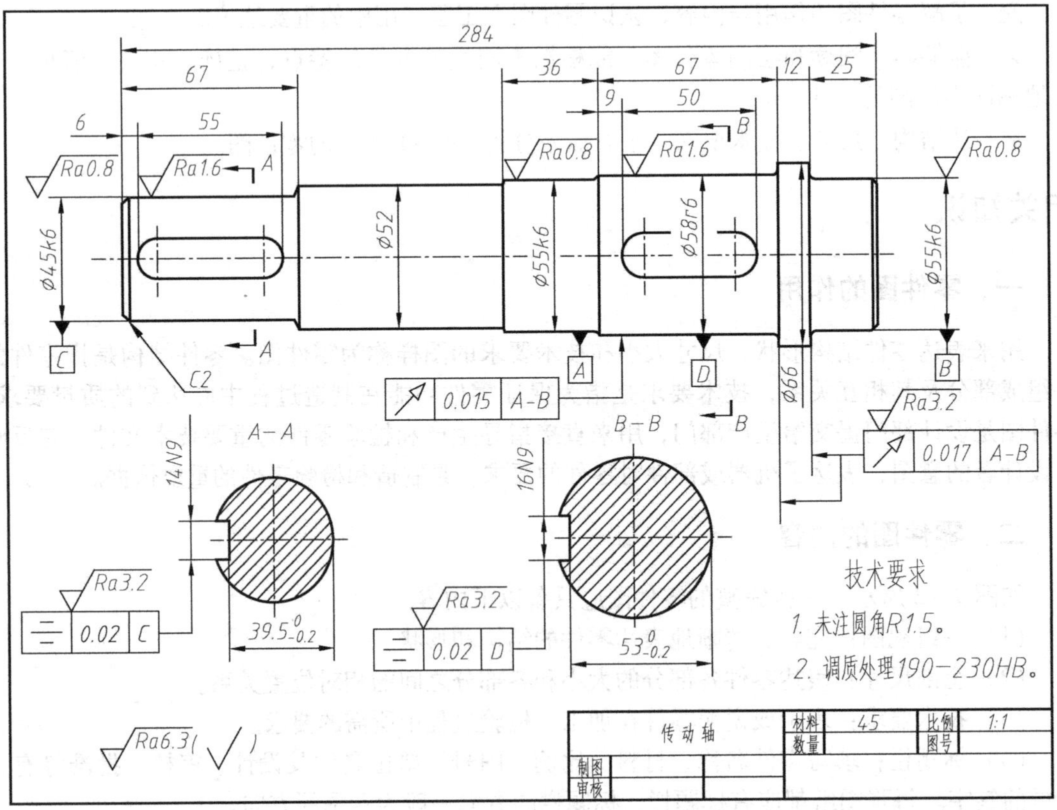

图 9－2　零件图的内容

三、零件的视图选择

1. 视图选择的步骤和原则

1）零件的结构形状分析

零件的结构形状是由它在机器中的作用，装配关系和制造方法等因素决定的。零件的结构形状及其加工位置或工作位置不同，视图选择也往往不同。因此，在零件的视图选择之前，应对零件进行形体分析和结构分析，并了解零件的工作和加工情况，以便确切地表达零件的结构形状，反映零件的设计和工艺要求。

2）主视图的选择

（1）加工位置原则。指零件在机床上加工时的装夹位置。主视图与零件主要加工工序中的加工位置相一致，便于看图加工和检测尺寸。对于主要是在车床上完成机械加工的轴套类、轮盘类等零件，一般要按加工位置将其轴线水平放置来选取主视图。如图 9-3（a）所示的轴是按其在车床上的加工位置选择主视图的，图 9-3（b）为正在车床上加工的轴。

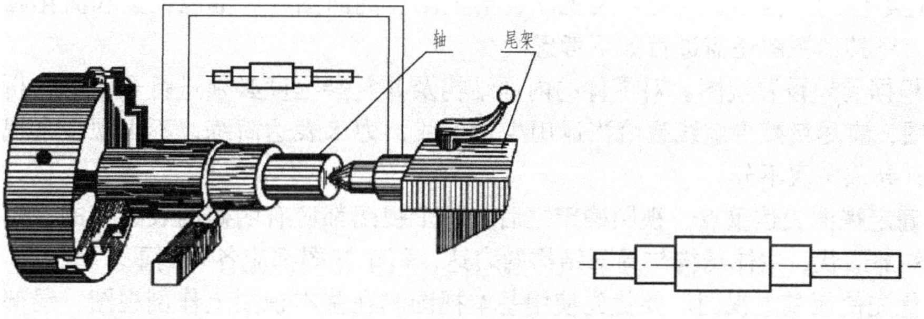

（a） （b）

图 9-3 按零件加工位置选择主视图

（2）工作位置原则。指零件在机器或部件中工作时的位置。主视图与零件的工作位置相一致，有利于把零件图和装配图对照起来看图，也便于想象零件在部件中的位置和作用。对于叉架类、箱体类零件，因为常需经过多种工序加工，而各工序的加工位置往往不同，且难以分清主次，故一般要按工作位置选择主视图。如图 9-4 所示的吊钩是按工作位置选择主视图的。

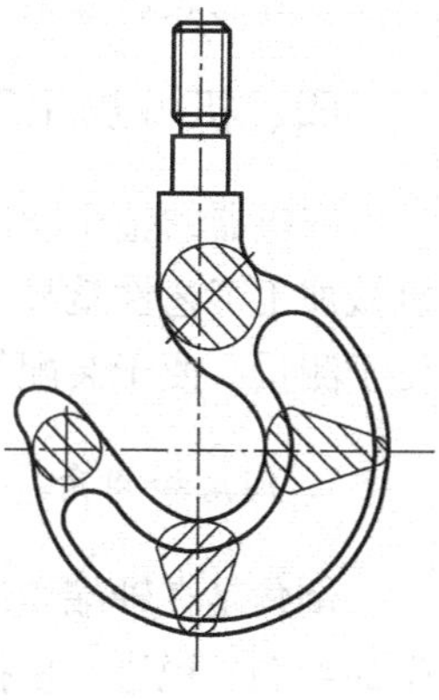

图 9-4 吊钩

对于一些运动零件，它们的工作位置不固定，有的零件处于倾斜位置，若按其倾斜位置画图，则必然给画图、看图带来麻烦。故习惯上将这些零件摆正画，使零件上尽量多的表面处于与某一基本投影面平行或垂直的位置，此外，还要考虑其他视图的合理布局，充分利用图纸。

（3）形状特征原则。选择最能明显地表达该零件的主要结构形状和各结构形状之间的相对位置关系的投影方向作为主视图的投影方向。这样能较快判断零件的形状，分析形体间的相互关系。如图 9-5 所示的尾架体，按箭头 A 的方向投影所得到的视图与按箭头 B 的方向及其他方向投影所得到的视图相比较，A 方向反映形状特征明显，因此，应以 A 方向作为主视图的投影方向。

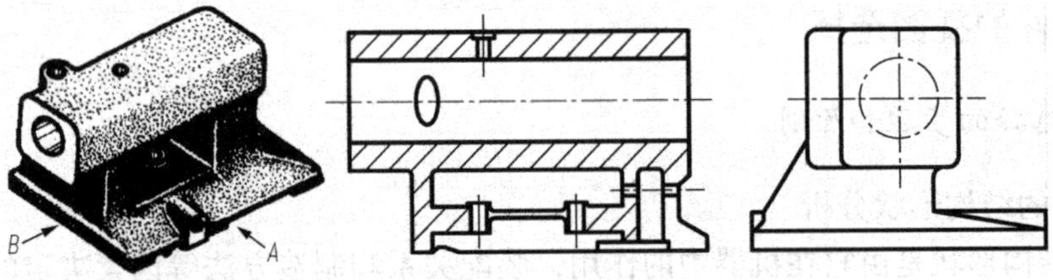

图 9－5　按形状特征原则选择零件主视图

注意：

主视图投射方向的选择如同观察人一样（如公安人员追查逃犯），识别人一般主要是看人的正面，尤其是面部五官等特征，其次是身材、外形、着装等，而背影和侧面只能作为辅助补充参考。在表达零件时同样会有最能反映零件的“面部特征”和零件各部分相对位置关系的方向，这个方向就是零件主视图的投射方向。

3）其他视图的选择

对于结构形状较复杂的零件，主视图还不能完全反映其结构形状，必须选择其他视图，以补充表达零件的结构形状，可采用视图、剖视图、剖面图、局部放大图和简化画法等各种表达方法。对其他视图还需进行如下考虑。

（1）根据需要设置视图。对零件的内部结构及其复杂程度必须进行全面的分析，以便合理设置视图，应尽量减少虚线或恰当运用少量虚线，力求表达简练，不出现多余视图，避免表达重复，导致主次不分。

（2）确定视图表达重点。视图确定之后，每个视图都应有明确的表达目的，对零件的内部形状与外部形状，主体结构与局部结构的表达，每个视图都应各有侧重。

（3）优先使用基本视图。要优先使用基本视图和在基本视图上作剖视图，局部视图或局部剖视图应尽可能按投影关系配置在有关视图附近。

（4）多种方案进行比较。对于表达同一个内容，应拟出几种表达方法进行比较，以确定一种较好的表达方案。

四、机械加工工艺对零件结构的要求

在机器的整个制造过程中，零件的切削加工所耗费的工时和费用最多，因此零件结构的机械加工工艺性就显得非常重要。零件的机械加工工艺性主要是要求便于装夹、便于加工、便于测量、便于装配等。机械加工件上常见的结构如下所述。

1. 倒角和圆角

倒角是在轴端做出的小圆锥台和在孔口做出的小圆锥台孔，其作用是去掉切削零件时产生的毛刺、锐边，使操作安全、保护装配面便于装配。倒角多为 30°、45°或 60°，如图 9－6 所示，倒角宽度 C 的数值可根据轴径或孔径查表确定。为避免在台肩等转折处由于应力集中而产生裂纹，常加工出圆角，圆角半径数值可根据轴径或孔径查表确定。

2. 退刀槽和越程槽

退刀槽和砂轮越程槽是在轴的根部和孔的底部做出的环形沟槽。沟槽的作用是为了在切削时不致使刀具损坏，并容易退出刀具，保证加工质量及装配时与相关零件易于靠紧。常见的有螺纹退刀槽、插齿空刀槽、砂轮越程槽、刨削越程槽等，其画法及尺寸注法如图 9－7 所示，其中 a、b、h 等数值可由标准查取。

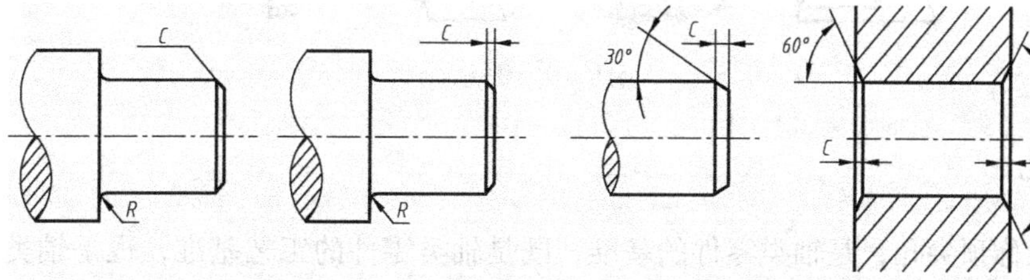

（a）45°倒角　　　　（b）30°、60°倒角

图 9－6　倒角的画法

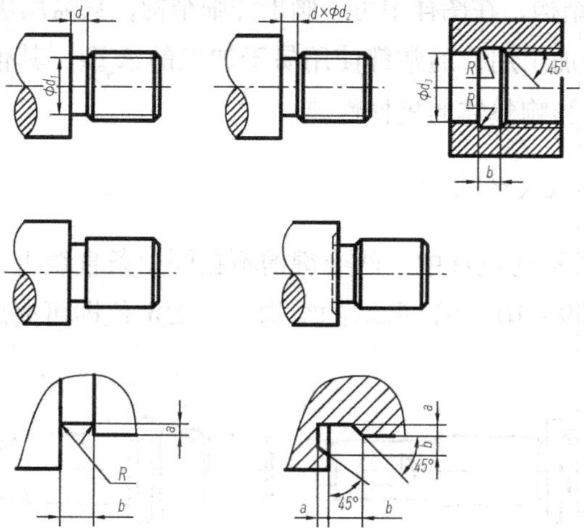

图 9－7　退刀槽与越程槽

3. 滚花

为了防止操作时在零件表面打滑，在某些用手转动的手柄捏手、圆柱头调整螺钉头部等表面常做出滚花。滚花可在车床上加工，有两种标准形式：直纹和网纹，其画法及尺寸注法如图 9－8 所示。

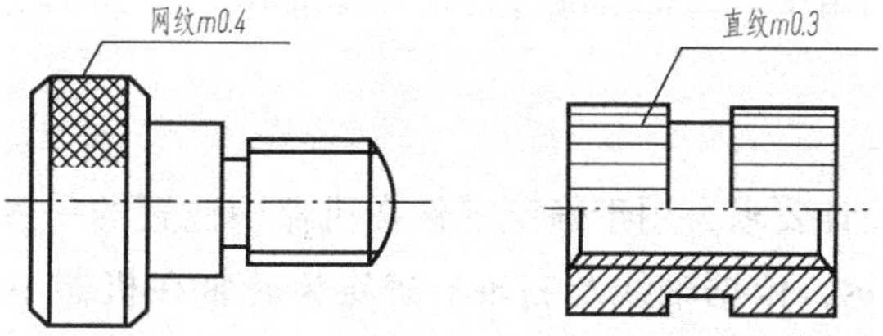

螺钉　　　　嵌装螺母

图 9－8　滚花

4. 铣方

在某些圆轴或轴头上需要加工成方形平面时，为了区分曲面和平面，在需要加工平面处常用方框加个叉来表示，如图 9－9 所示。

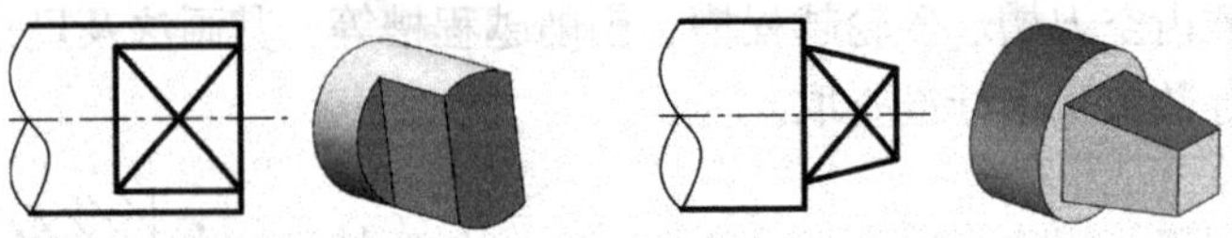

图 9－9　铣方

5. 中心孔

中心孔又称顶尖孔，是轴类零件的基准，既是轴类零件的工艺基准，也是轴类零件的测量基准，所以中心孔对轴类零件的作用是非常重要的。中心孔有 60°、75°、90°，其基准是 60°、75°、90°的圆锥面。加工较长的轴类零件时，为便于定位和装夹，常在轴的一端或两端加工出中心孔。中心孔属于标准结构，在图样中可不画出详细结构，只需用规定符号标注其代号。

中心孔一般用来辅助加工用，通常都使用易于加工的 A 型，其他两个类型可能是用于结构比较特殊的地方，以不影响整体的机械性能。

6. 减少加工时定位和装夹的次数

在如图 9－10（a）所示的设计中，两个键槽不在同一条直线上，加工时需两次定位。若无特殊要求，应该为如图 9－10（b）所示的结构，一次定位即可完成两个键槽的加工，以提高效率。

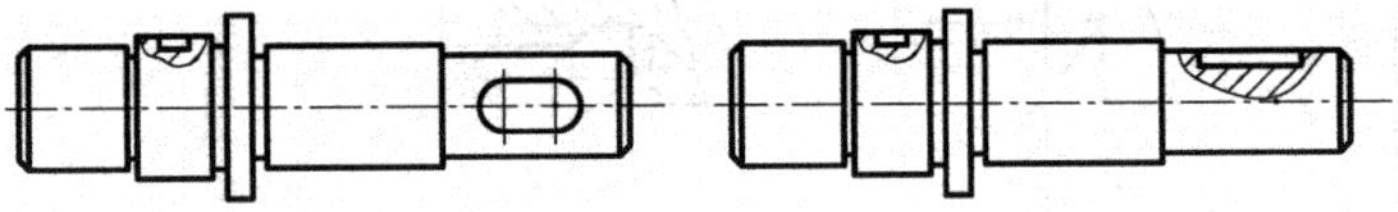

（a）不好　　（b）好

图 9－10　减少加工时的定位次数

五、尺寸基准的选择

度量尺寸的起点称为尺寸基准。要把尺寸标注合理，就是要选择恰当的尺寸基准。必须考虑零件在机器中的作用、装配关系及零件的加工、测量等情况。

从设计和工艺的不同角度，可把基准分为设计基准和工艺基准两类。

1. 设计基准

根据机器的结构和设计要求，用于确定零件在机器中位置的一些点、线、面称为设计基准，如图 9－11（a）所示，依据轴线及右轴肩确定齿轮轴在机器中的位置（标注尺寸 A），因此该轴线和右轴肩端平面分别为齿轮轴的径向和轴向的设计基准。

2. 工艺基准

根据零件加工制造、测量和检测等工艺要求所选定的一些点、线、面称为工艺基准。

如图 9－11（b）所示，齿轮轴加工、测量时是以轴线和左右端面分别作为径向和轴向的基准，因此该零件的轴线和左右端面为工艺基准。

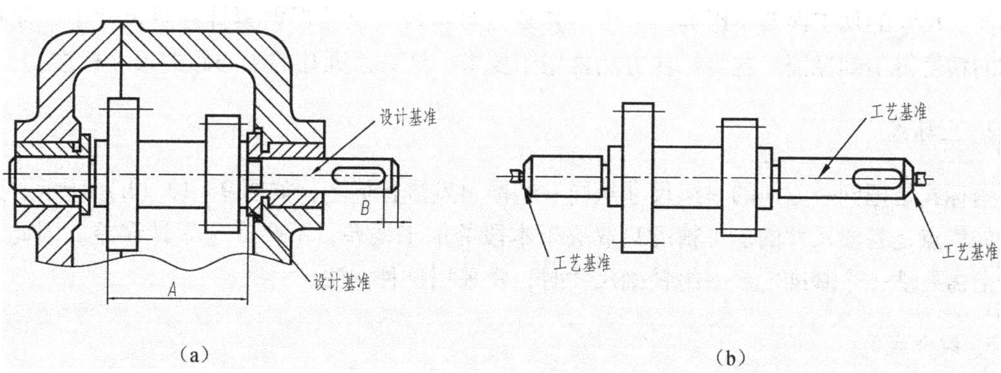

图9-11 设计基准与工艺基准

3. 基准的选择

选择基准就是在标注尺寸时，是从设计基准出发，还是从工艺基准出发。从设计基准出发标注尺寸，其优点是能反映设计要求，保证零件在机器中的工作性能；从工艺基准出发标注尺寸，其优点是能把尺寸标注与零件加工制造联系起来，保证工艺要求，方便加工和测量。

因此，选择和确定基准要遵循“基准重合原则”，即尽可能选用设计基准作为工艺基准，如上例齿轮轴的轴线既是径向设计基准，也是径向工艺基准，即工艺基准与设计基准是重合的。这样既能满足设计要求，又能满足工艺要求。在一般情况下，工艺基准与设计基准是可以做到统一的，当两者不能统一时，要按设计要求标注尺寸，在满足设计要求的前提下，力求满足工艺要求。

可作为设计基准或工艺基准的面、线、点主要有对称平面、主要加工面、结合面、底平面、端面、轴肩平面，回转面母线、轴线、对称中心线、球心等。应根据零件的设计要求和工艺要求，结合零件实际情况，恰当选择尺寸基准。

注意：

(1) 同一方向上有多个基准时，其中必定有一个基准是主要的，称为主要基准，其余的基准则为辅助基准。主要基准与辅助基准之间应有直接的尺寸联系。

(2) 标注尺寸时应尽可能将设计基准和工艺基准统一起来，既能满足设计要求，又能满足工艺要求。

4. 套类零件尺寸基准

套类零件有轴向尺寸（沿轴线方向）和径向尺寸（沿直径方向）。轴向尺寸的尺寸基准通常选择在重要的端面、接触面上，径向尺寸的尺寸基准则采用轴套类零件的轴线。

六、零件的尺寸标注形式

零件图上的尺寸因基准选择不同，其标注形式有以下三种。

1. 链式

零件同一方向的几个尺寸依次首尾相接，如图9-12（a）所示，后一尺寸以与它邻接的前一尺寸的终点为起点（基准），称为链式。此种标注的优点是能保证每一段尺寸的精度要求，前一尺寸的加工误差不影响后一段。其缺点是各段的尺寸误差累计在总尺寸上，使总体尺寸的精度得不到保证。这种标注方法常用于要求保证一系列孔的中心距的尺寸标注。

2. 坐标式

坐标式是把同一方向的一组尺寸从同一基准出发进行标注，如图 9－12（b）所示。此种标注的优点是各段尺寸的加工精度只取决于本段的加工误差，不会产生累计误差。因此，当零件上需要从一个基准定出一组精确尺寸时，常采用这种注法。

3. 综合式

综合式是零件上同一方向的尺寸标注既有链式又有坐标式，是这两种形式的综合，如图 9－12（c）所示。综合式具有链式和坐标式的优点，能适应零件的设计要求和工艺要求，是最常用的一种标注形式。

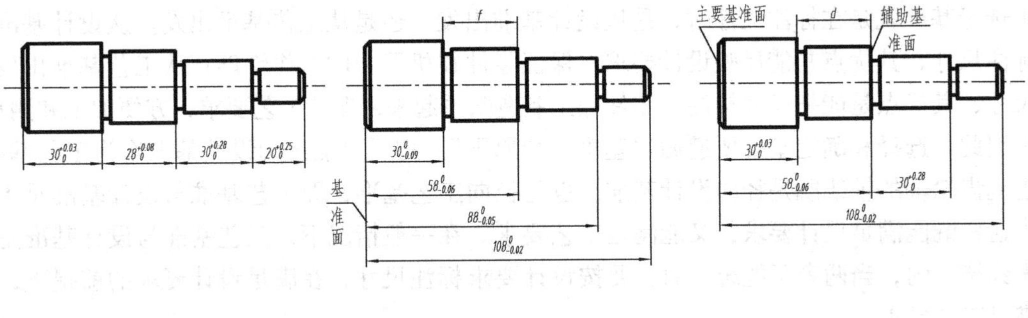

（a）链式　　（b）坐标式　　（c）综合式

图 9－12　尺寸标注形式

零件图上的尺寸要考虑零件加工、测量和制造工艺。

（1）非功能尺寸按加工顺序标注，便于工人看图和加工，如图 9－13 所示。

（2）零件上尺寸标注时要考虑测量方便，如图 9－14 所示。

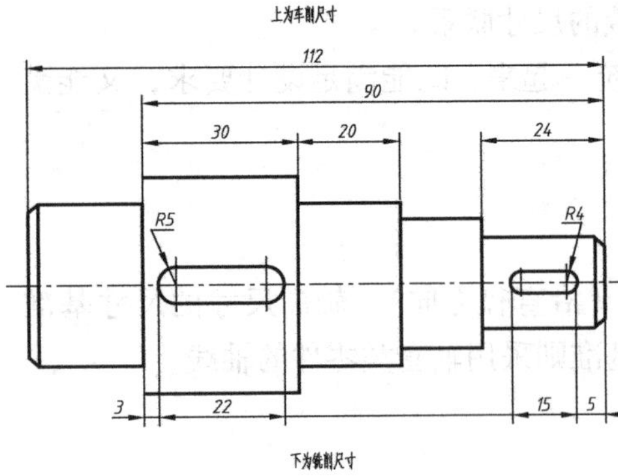

图 9－13　非功能尺寸，按加工顺序标注

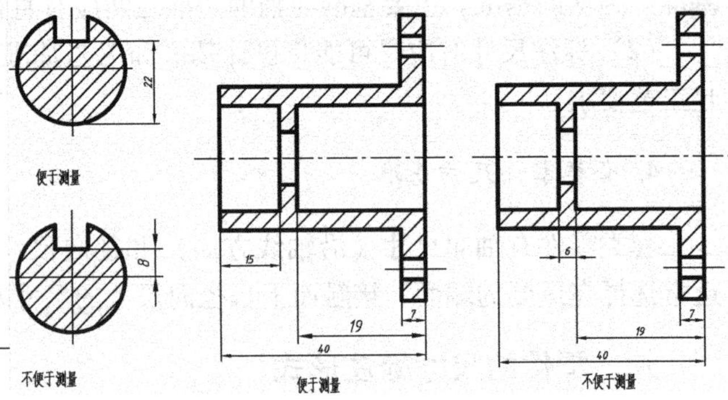

图 9－14　标注要考虑测量方便

七、轴套类零件结构形状的表达

轴套类零件一般是在车床和磨床上加工获得的，其主视图的轴线要水平放直，一般只用一个主视图，但轴套类零件内部结构较复杂，其主视图常用全剖视图。

若主视图中尚未表达清楚的部分，可用局部视图、局部剖视图、断面图、局部放大图等补充表达，如图 9－15 所示，主视图采用了局部剖视图，断面图表达销孔，断面图表达键槽，局部放大图表达退刀槽等局部结构。

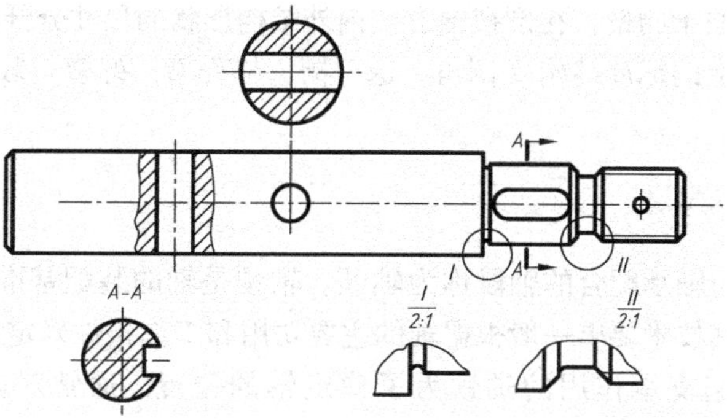

图 9－15　轴套类零件视图表达

回转体类零件特点如下。

1. 用途

轴套类零件包括各种用途的轴和套。轴一般是用来支承传动零件和传递动力的。套一般是装在轴上或机体孔中，起轴向定位、连接或保护传动零件等作用。

2. 结构特点

轴套类零件结构形状比较简单，一般由大小不同的同轴回转体组成，具有轴向尺寸大于径向尺寸的特点。轴有直轴和曲轴，光轴和阶梯轴，实心轴和空心轴之分。阶梯轴上直径不等所形成的台阶称为轴肩，可供安装在轴上的零件轴向定位用。轴上加工有键槽、螺纹、挡圈槽、倒角、退刀槽、中心孔等结构。

为了传递动力，轴上装有齿轮、带轮等，利用键来连接，因此在轴上有键槽；为了防止齿轮轴向蹿动，装有弹簧挡圈，故加工有挡圈槽；为了便于轴上各零件的安装，在轴端车有倒角；轴的中心孔是供加工时装夹和定位用的。

这些局部结构主要是为了满足设计要求和工艺要求。

3. 视图选择

（1）主视图的选择。轴套类零件主要在车床上加工，一般按加工位置将轴线水平放置来画出主视图。通常将轴的大头朝左，小头朝右；轴上的键槽、孔可朝前或朝上，表示其形状和位置明显。形状简单且较长的零件可采用折断画法；实心轴上个别部分的内部结构形状可用局部视图表达。空心套可用剖视图表达。轴端中心孔不剖视，用规定代号表示。

（2）其他视图的选择。由于轴套类零件的主要结构形状是回转体，在主视图上注出相应的直径符号即可表示清楚形体特征，一般不必再选其他基本视图（结构复杂的轴例外）。基本视图尚未表达完整清楚的局部结构形状（如键槽、退刀槽、孔等），可另用剖面图、局部视图和局部放大图等补充表达。

4. 尺寸标注

（1）它们的宽度方向和高度方向的主要基准是回转轴线，长度方向的主要基准是轴肩端面。

(2) 其主要形体是同轴组成的，因而省略了定位尺寸。

(3) 功能尺寸必须直接标注出来，其余尺寸多按加工顺序标注。

(4) 为了清晰和便于测量，在剖视图上，内外结构形状的尺寸分开标注。

(5) 轴套类零件上的标准结构（倒角，退刀槽，越程槽，键槽）较多，应按该结构标准的尺寸标注。

5. 轴类零件的技术要求

轴用轴承支承，与轴承配合的轴段称为轴颈。轴颈是轴的装配基准，它们的精度和表面质量一般要求较高，其技术要求一般根据轴的主要功用和工作条件确定，通常有以下几项：

(1) 尺寸精度。起支承作用的轴颈为了确定轴的位置，通常对其尺寸精度要求较高（IT5 ~ IT7），装配传动件的轴颈尺寸精度一般要求较低（IT6 ~ IT9）。

没有注偏差的尺寸称为自由尺寸，没有配合要求，但不是说这些尺寸加工时可以不进行控制。对自由尺寸，一般都按 8 ~ 10 级精度制造（根据需要而定）。

(2) 几何形状精度。轴类零件的几何形状精度主要是指轴颈、外锥面、莫氏锥孔等的圆度、圆柱度等，一般应将其公差限制在尺寸公差范围内。对精度要求较高的内外圆表面，应在图纸上标注其允许偏差。

(3) 相互位置精度。轴类零件的位置精度要求主要是由轴在机械中的位置和功用决定的。通常应保证装配传动件的轴颈对支承轴颈的同轴度要求，否则会影响传动件（齿轮等）的传动精度，并产生噪声。普通精度的轴，其配合轴段对支承轴颈的径向跳动一般为 0.01 ~ 0.03mm，高精度轴（如主轴）通常为 0.001 ~ 0.005mm。

(4) 表面粗糙度。一般与传动件相配合的轴径表面粗糙度为 Ra2.5 ~ 0.63μm，与轴承相配合的支承轴径的表面粗糙度为 Ra0.63 ~ 0.16μm。

(5) 文字注写的技术要求。以上几个方面以外的要求，如热处理要求、加工要求等，以文字注写在零件图上的适当位置。

任务实施

读如图 9 - 1 所示的轴零件图，特别注意加下画线部分。

(1) 读标题栏。

零件名称为<u>轴</u>，分析材料为<u>45 钢</u>，绘图比例为<u>1 : 1</u>。

(2) 结构分析。

该零件用一个<u>主</u>视图和两个<u>断面</u>图及一个<u>局部视图</u>图表达。主视图按<u>工作</u>位置水平放置。

(3) 尺寸分析。

以水平轴线为径向尺寸基准，也是高度和宽度方向尺寸基准，由此注出尺寸<u>φ48</u>、<u>φ35</u>、<u>φ40</u>、<u>φ35</u>、<u>φ35</u>和<u>φ30</u>等。凡是尺寸数字有公差的，说明零件有配合关系，所以表面粗糙度要求较严，要求最光洁的部分 Ra 的值为<u>0.8</u>，共有<u>1</u>处。

轴上两个键槽的宽度分别为<u>12</u>和<u>8</u>，表示深度的尺寸分别为<u>30</u>和<u>26</u>，长度方向的定位尺寸为<u>4</u>和<u>5</u>。

（4）技术要求分析。

图中有 3 处几何公差符号，解释框格 ≡ 0.08 B 的含义：被测要素是 键槽 12 的上下两端面 ，基准要素是 ϕ40 圆柱的径向对称面 ，公差项目是 对称度 ，公差值是 0.08 。

思考与练习

试从结构、尺寸、技术要求三个方面来分析图 9－16 所示的零件。

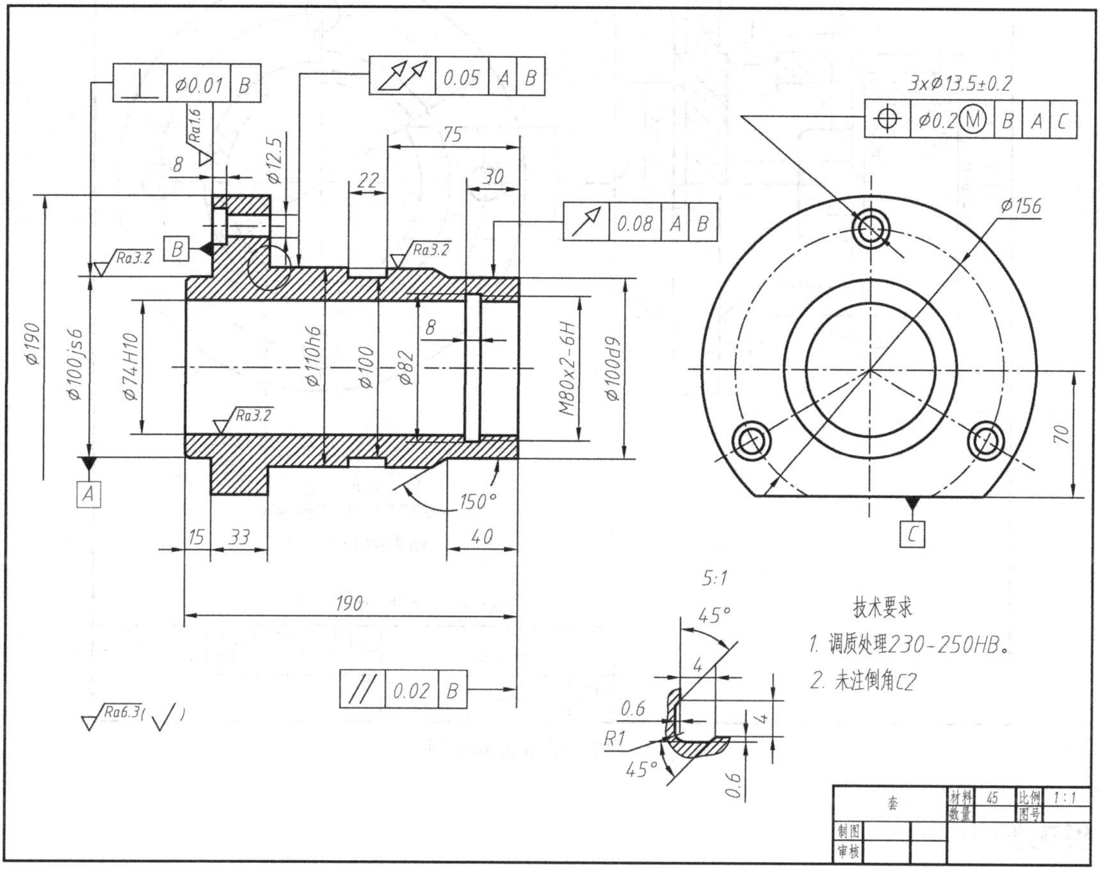

图 9－16　套的零件

任务 9－2　绘制端盖零件图

端盖类零件主体一般是回转体结构或平板型，轴向尺寸小而径向尺寸大，一般有一个端面是与其他零件连接的重要接触面，为了与其他零件连接，常设有光孔、键槽、螺纹孔、凸台等结构。

任务要求

通过本任务的学习，达到以下目标：

➢ 掌握铸造加工工艺对零件结构的要求，能标注零件上标准结构要素的尺寸值。

➢ 能够熟练阅读和绘制端盖类零件图。能根据不同类型零件的特点，正确、完整、清晰、合理地标注零件图的尺寸。

➢ 读如图 9－17 所示轴承盖零件图，在指定位置画出 *B*－*B* 剖视图（采用对称画法，画出下一半），从结构、尺寸、技术要求三个方面分析该图。

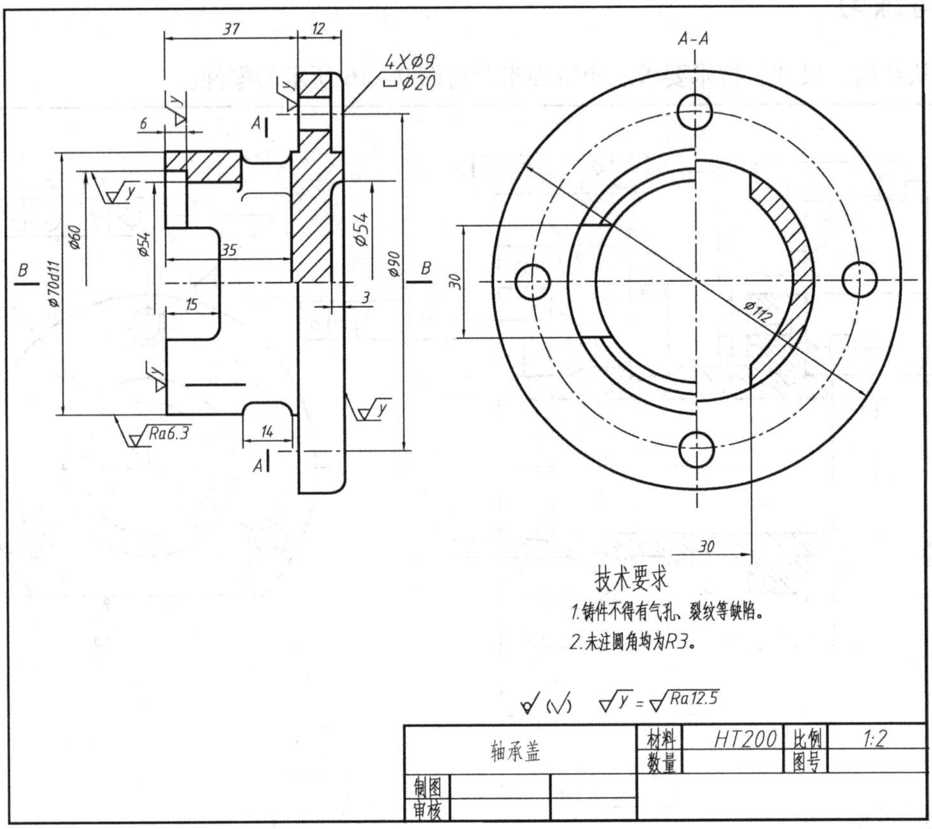

图 9－17　轴承盖零件图

相关知识

一、轮盘类零件的用途

轮盘类零件包括各种用途的轮和盘盖零件（如图 9－18 所示），其毛坯多为铸件或锻件。轮盘类零件可包括手轮、胶带轮、端盖、盘座等。轮一般用键、销与轴连接，以传递动力和扭矩，盘盖主要起支承、轴向定位及密封等作用。

（a）端盖　　（b）法兰盘

图 9－18　铣刀头端盖零件图

二、轮盘类零件的结构特点

轮常见有手轮、带轮、链轮、齿轮、蜗轮、飞轮等，盘盖有圆、方各种形状的法兰盘、端盖等。轮盘类零件主体部分多系回转体，一般径向尺寸大于轴向尺寸，其上常有均匀分布的孔、肋槽和耳板、齿等结构，透盖上常有密封圈。轮一般由轮毂、轮辐和轮缘三部分组成。较小的轮也可制成实体式，如图 9-19 所示。

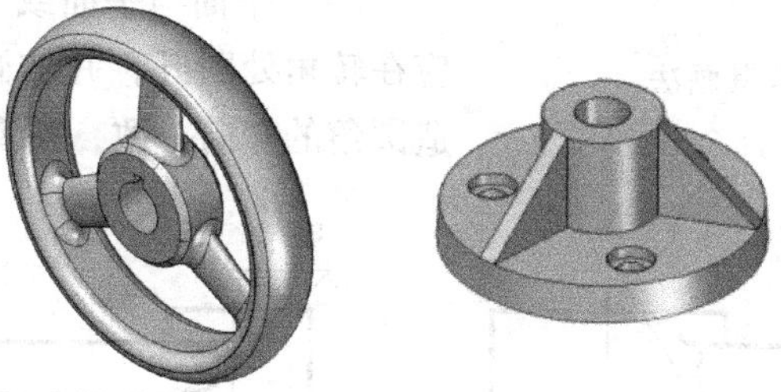

图 9-19 常见的轮盘类零件

三、铸造加工工艺对零件结构的要求

铸件的结构是指铸件的外形、内腔、壁厚及壁与壁之间的连接形式、加强肋板和凸台等。铸件的结构必须考虑铸造工艺和合金铸造性能要求，这对于提高铸件质量、降低生产成本、提高生产效率都会产生很大的影响。

1. 拔模斜度

造型时，为了将木模从砂型中顺利取出，在铸件的内外壁上沿拔模方向常设计一定的斜度，如图 9-20（a）所示。

拔模斜度的大小通常为 1：10～1：20，用角度表示时，木模常为 1°～3°；金属模用手工造型时为 1°～2°，用机械造型时为 0.5°～1°。

2. 铸造圆角

为了避免从砂型中起模时砂型尖角处落砂，防止铸件尖角处产生裂纹、组织疏松及缩孔等铸造缺陷（如图 9-21 所示），在铸件各表面相交处都制作成圆角，圆角半径一般取壁厚的 0.2～0.4 倍，在同一铸件上圆角半径的大小应尽量相同或接近。铸造圆角在图中一般应画出，各圆角半径相同或接近时，可在技术要求中统一注写，如图 9-21 所示。

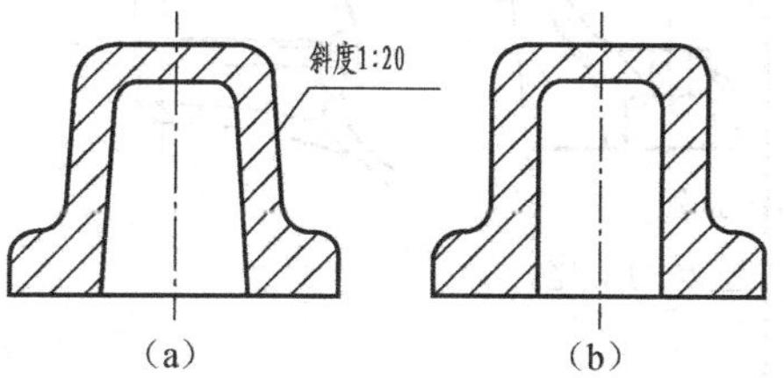

图 9-20 铸件的拔模斜度

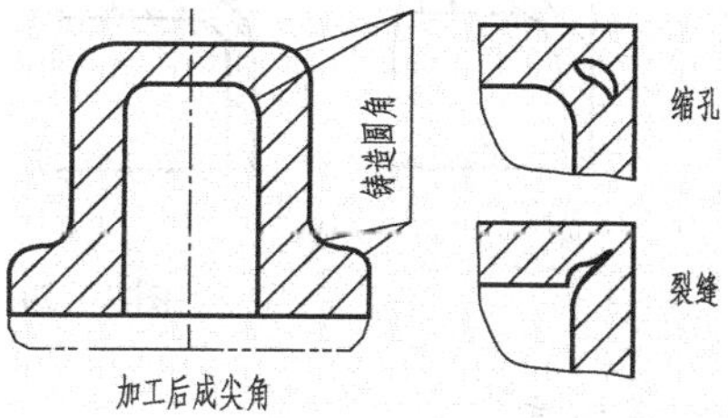

图 9-21 铸件的铸造圆角

由于铸件表面相交处有铸造圆角存在，使表面的交线变得不太明显，为使看图时能区分不同表面，图中交线仍要画出，这种交线通常称为过渡线（用细实线绘制）。过渡线的画法

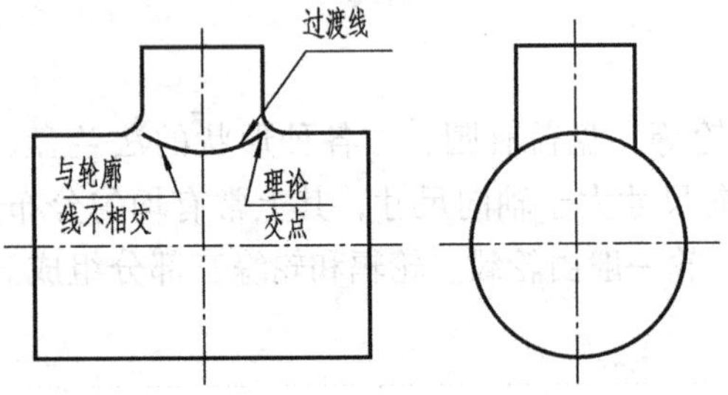

图 9－22　过渡线及其画法

与没有圆角情况下的相贯线画法基本相同。画各种形式的过渡线时应注意：

（1）曲面与曲面相交的过渡线不应与圆角轮廓线接触，要画到理论交点处为止，如图 9－22所示。

（2）当两曲面的轮廓线相切时，过渡线在切点附近应该断开，如图 9－23 所示。

（3）平面与平面或平面与曲面相交的过渡线应在转角处断开，并加画小圆弧，其弯向应与铸造圆角的弯向一致，如图 9－23 所示。

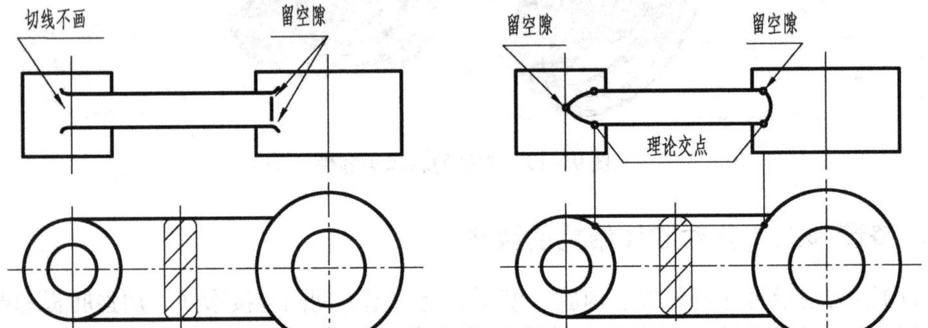

图 9－23　常见的几种过渡线

3. 合理选择壁厚

为保证铸件的铸造质量，防止因壁厚不均而造成冷却结晶速度不同，在壁厚处产生组织疏松，以致出现缩孔、裂纹等，所以应使铸件壁厚均匀或逐渐变化，不宜相差过大。铸件厚度过厚易产生裂纹、缩孔等铸造缺陷，但铸件过薄又使铸件强度不够，为避免由于厚度减薄对强度的影响，可用加强肋来补偿，如图 9－24 所示。

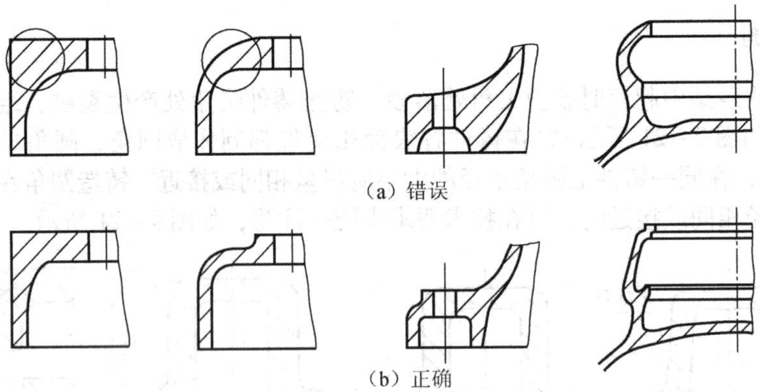

（a）错误

（b）正确

图 9－24　铸件壁厚的变化

4. 凸台或凹坑

为了保证装配时零件间接触良好，减少零件上机械加工的面积，降低加工费用，设计铸件结构时常设置凸台或凹坑。在零件上常有的凸台或凹坑结构如图 9－25 所示，凸台或凹坑应在同一平面上，以保证加工方便。

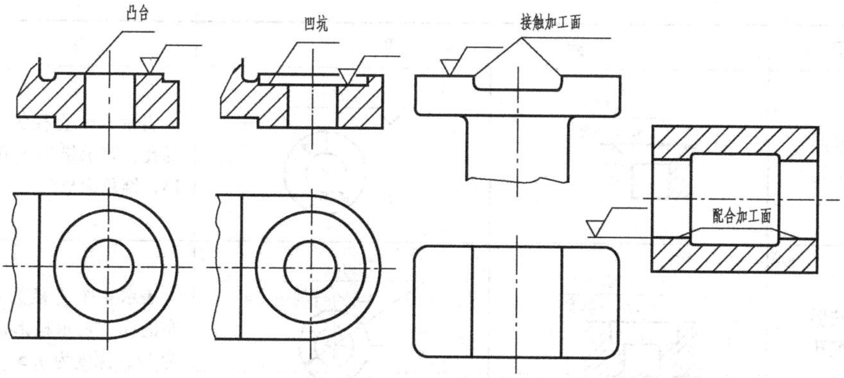

图 9－25 凸台、凹坑（或凹槽、凹腔）

四、常见尺寸标注

零件上标准结构要素的尺寸应取标准数值，并按规定形式标注，如表 9－1 所示。

表 9－1 零件上常见孔的尺寸注法

类型		标注示例		说明
螺孔	通孔	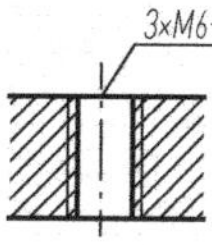		表示 3 个直径为 ϕ6，螺纹中径、顶径公差带为 7*H*，均匀分布的螺纹通孔
螺孔	不通孔	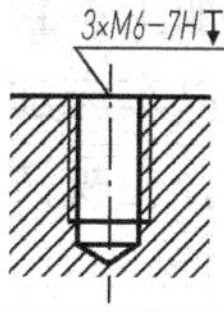		表示 3 个直径为 ϕ6，螺纹中径、顶径公差带为 7*H*，均匀分布的不通孔，↧10 表示螺纹部分的深度
	不通孔	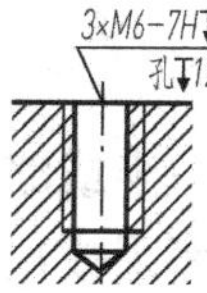		表示 3 个直径为 ϕ6，螺纹中径、顶径公差带为 7*H*，均匀分布的不通孔，螺纹部分的深度为 10，钻孔深度为 14
光孔	一般孔	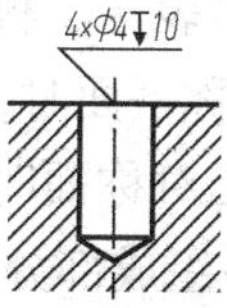	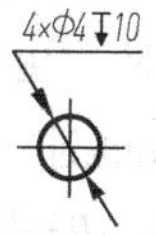	表示 4 个直径为 ϕ4，深度为 10 均匀分布的光孔
	精加工孔	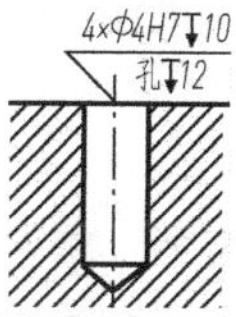		表示 4 个直径为 ϕ4，深度为 12 均匀分布的光孔，钻孔后需精加工至 ϕ4－7*H*，深度为 10
	锥销孔	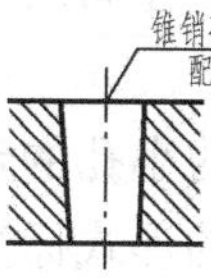	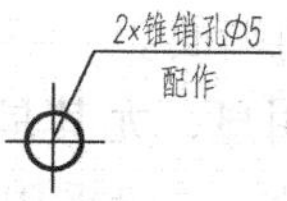	ϕ4 和 ϕ5 是指与锥销孔相配的圆锥销的公称直径，而不一定是锥销孔的小径或大径。锥销孔通常是将相邻两零件装在一起进行加工

续表

类型		标注示例		说明
沉孔	锥形沉孔	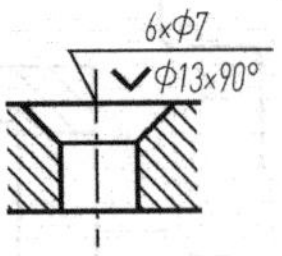		表示 6 个直径为 $\phi7$ 均匀分布的孔，表示锥形沉孔，⌵直径为 13，锥角为 90°
	柱形沉孔	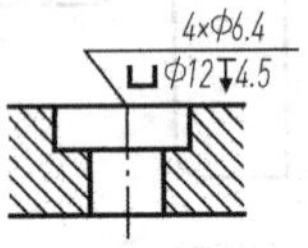	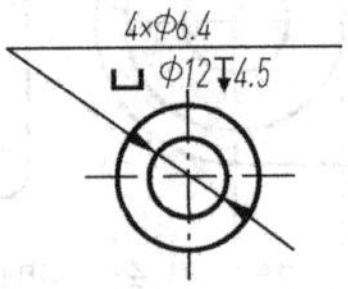	表示 4 个直径为 $\phi6.4$ 均匀分布的孔，表示柱形沉孔，⊔直径为 12，深度为 4.5
	锪平面	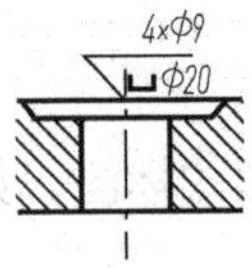	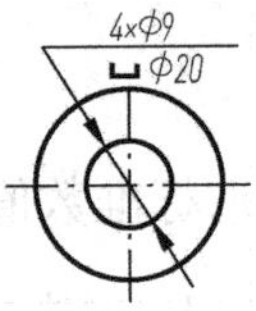	表示 4 个直径为 $\phi9$ 均匀分布的孔，锪平面至直径为 $\phi20$ 的深度不需标注，一般锪到不出毛面为止

五、轮盘类零件视图的选择

1. 主视图的选择

轮盘类零件的主要回转面和端面都在车床上加工，故按加工位置将其轴线水平放置画出主视图。主视图的投影方向应反映结构形状特征，对有些不以车床加工为主的零件可按形状特征和工作位置确定，通常选择投影非圆的视图作为主视图，主视图侧重反映内部形状，故多用各种剖视图，如图 9 – 26 所示。

2. 其他视图的选择

一般需两个基本视图，当基本视图图形对称时，可只画一半或略大于一半；有时也可用局部视图表达。基本视图未能表达的其他结构形状，可用剖面图或局部视图表达，如轮辐可用移出剖面或重合剖面表示。如有较小结构可用局部放大图表达。根据轮盘类零件的结构特点（空心的），各视图具有对称平面时，可作半剖视；无对称平面时，可作全剖视。

根据结构特点，主视图具有对称面时，可作半剖视；无对称面时，可作全剖或局部剖视图，以表示孔、槽等结构。另一视图一般表示外形轮廓和各组成部分的相对位置。

六、盘类零件的标注

1. 尺寸标注

（1）盘类零件的尺寸一般分为两大类：轴向及径向尺寸，径向尺寸的主要基准是回转轴线，轴向尺寸的主要基准是重要的端面。

（2）盘类零件的定形尺寸较明显，尤其是在圆周上分布的小孔的定位圆直径是该类零件的典型定位尺寸，多个小孔均布时，一般采用如“4 × $\phi20$”的形式标注。

（3）内外结构尺寸应尽可能分开标注。

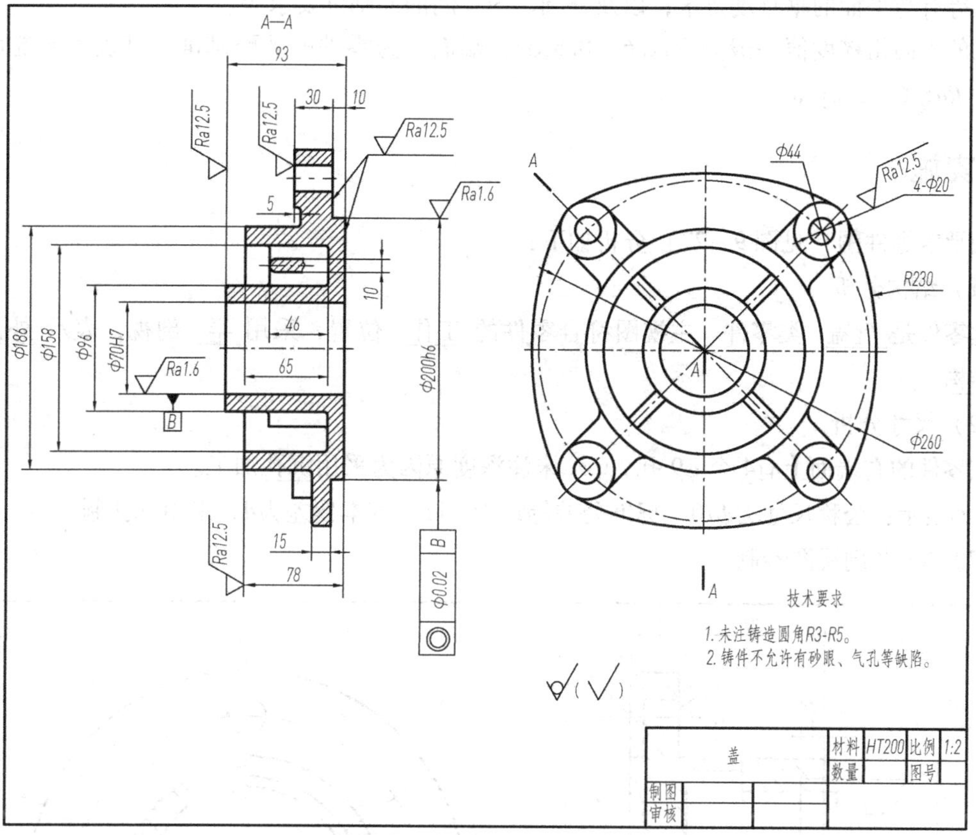

图9－26　盖

2. 盘类零件的定位基准

盘类零件选择定位基准时常常采用：

一是以端面为主作为加工中的主要定位基准面；

二是以内孔为主，辅以端面的配合；

三是以外圆为主，辅以端面的配合。

3. 盘类零件各表面间相互位置精度检测方法

外圆对内孔的跳动可用心轴方法进行测量：在轴承套内孔中装入无间隙心轴，用心轴的轴线来模拟内孔轴线，把心轴用两顶尖或V形块支承，然后用指示表测量外径相对旋转轴线的跳动。

端面对内孔轴线的垂直度测量方法：一般方法为在平板上轴承套装入导向块内，用百分表打端面。

七、盘类零件的常用技术要求

盘类零件的内孔和一个端面是该类零件安装于轴上的装配基准，设计时大多以内孔和端面为设计基准来标注尺寸和各项技术要求。

盘类零件往往对支承用端面有较高平面度要求，对两端面有平行度要求；对转接作用中的内孔等有与平面的垂直度要求，以及外圆、内孔间的同轴度要求等。

孔的表面粗糙度值一般为 $Ra1.6 \sim 0.8\mu m$，端面作为零件的装配基准，其表面粗糙度值一般为 $Ra1.6 \sim 3.2\mu m$。

任务实施

轴承盖零件图（见图 9－27）分析如下：

（1）结构分析

此零件是盘盖类零件。主视图符合零件的工作位置，采用半剖视，表示外部和内部结构。

（2）尺寸分析

该零件的右端面上有4个 $\phi9$ 孔，⌴φ20未注深度原因为采用沉孔加工。

φ70d11表示：公称尺寸为φ70，标准公差等级为IT11，基本偏差为d，采用基孔制。

（3）$B-B$ 剖视图绘制

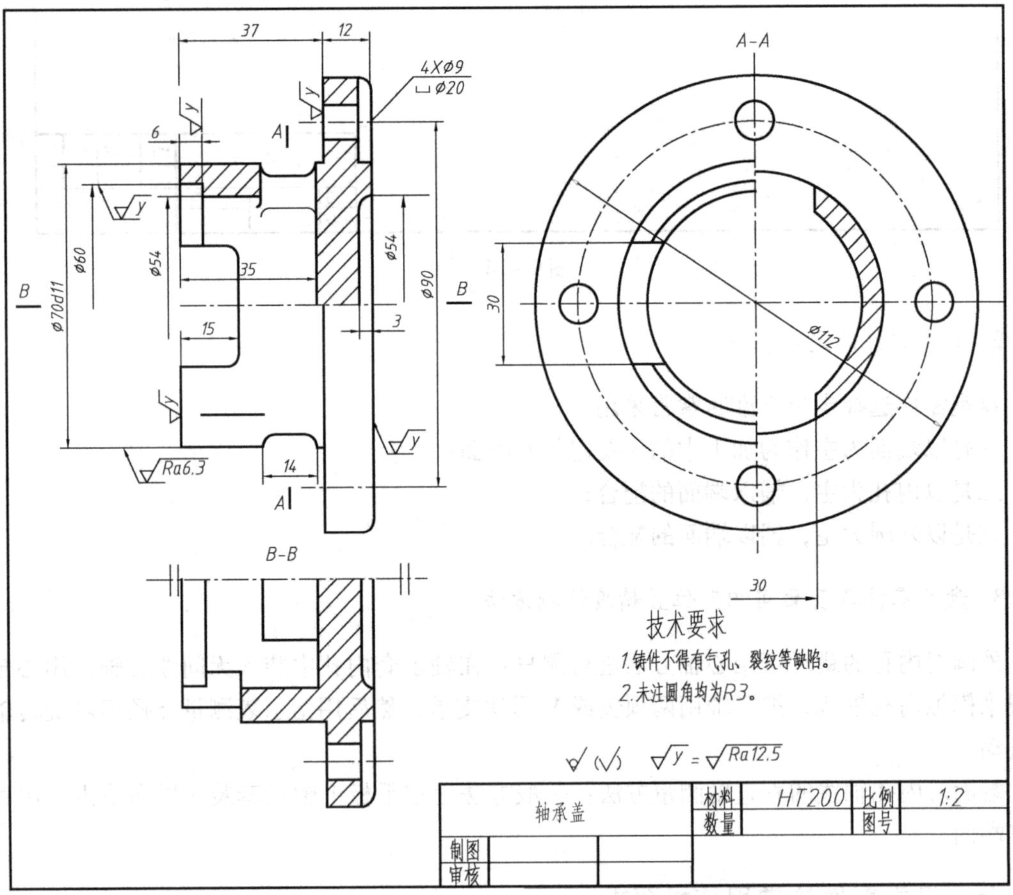

图 9－27　结果图

思考与练习

读釜盖零件图（见图 9－28），并回答下列问题。

（1）此零件名称是________，主视图采用____剖视。

（2）用指引线标出此零件长、宽、高三个方向的尺寸基准，并指明是哪个方向的尺寸基准。

（3）用铅笔圈出此零件图上的定位尺寸。

（4）釜盖上有____个 M12 的螺孔，深是______，是______分布的。

（5）釜盖上有____个____形状的槽（可用图形说明），槽宽是____，槽上方直径是______的沉孔。

（6）此零件表面质量要求最高的粗糙度代号是______。

（7）标题栏中 Q235A 表示__________。

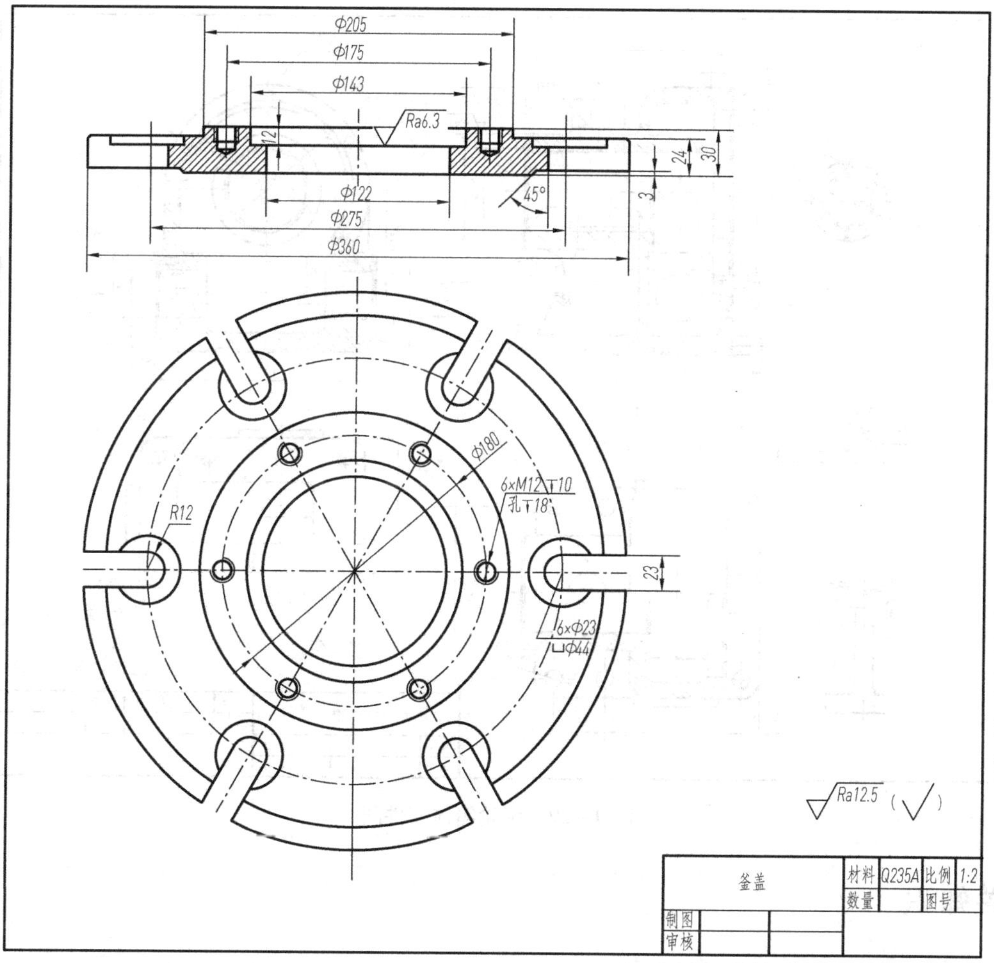

图 9－28 釜盖

任务9-3　绘制箱体类零件图

箱体类零件通常作为箱体部件装配时的基准零件。它将一些轴、套、轴承和齿轮等零件装配起来，使其保持正确的相互位置关系，以传递转矩或改变转速来完成规定的运动。因此，箱体类零件的加工质量对机器的工作精度、使用性能和寿命都有直接的影响。

任务要求

- 了解箱体类零件的结构特征。
- 掌握箱体类零件的三视图表达、其他辅助视图的画法。
- 掌握箱体类零件常用尺寸基准及常见尺寸标注的形式。
- 阅读如图9-29所示的蜗轮箱体零件图。

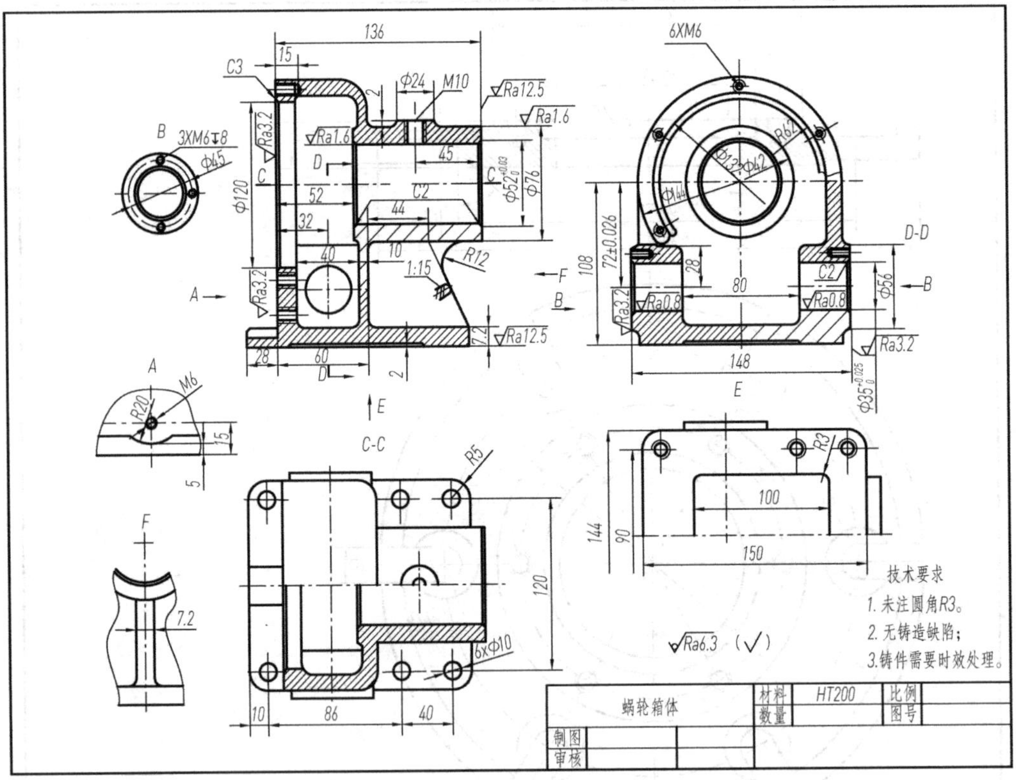

图9-29　蜗轮箱体零件图

相关知识

一、箱体类零件的结构特征

箱体类零件的内外形状均较复杂，主要结构是由均匀的薄壁围成不同形状的空腔，空腔壁上还有起容纳或支撑作用的多方向孔，如图 9－30 所示。一般还具有加强筋、凸台、凹坑、铸造圆角、拔模斜度等结构，如图 9－31 所示。

图 9－30　箱体类零件 1

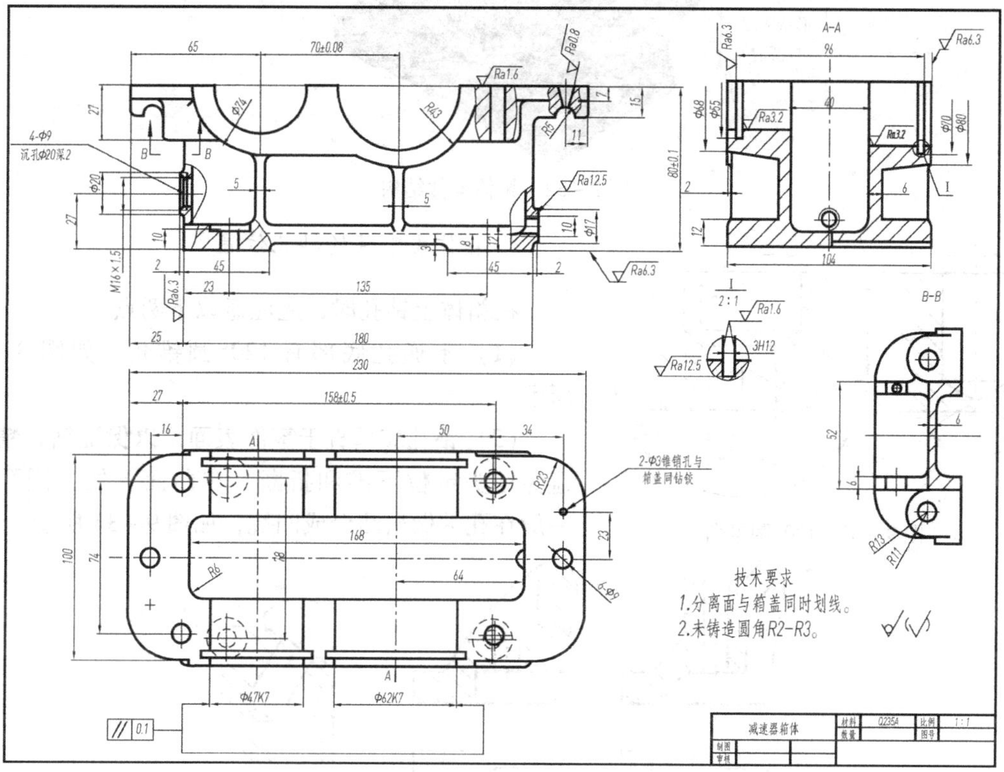

图 9－31　箱体类零件 2

二、箱体类零件分析

1. 用途

箱体类零件多为铸件，一般是机器的主体，可起支承、容纳、定位和密封等作用。

2. 结构特点

箱体类零件结构特点：多为铸造件，结构复杂，壁薄且不均匀，加工部位多，加工难度大。箱体类零件的主要技术要求：轴颈支承孔孔径精度及相互之间的位置精度，定位销孔的精度与孔距精度，主要平面的精度，表面粗糙度等。

箱体类零件材料及毛坯：箱体类零件常选用灰铸铁，汽车、摩托车的曲轴箱选用铝合金作为主体材料，其毛坯一般采用铸件，因曲轴箱是大批大量生产，且毛坯的形状复杂，故采用压铸毛坯，镶套与箱体在压铸时铸成一体。压铸的毛坯精度高，加工余量小，有利于机械加工。为减少毛坯铸造时产生的残余应力，箱体铸造后应安排人工时效，如图 9－32 所示。

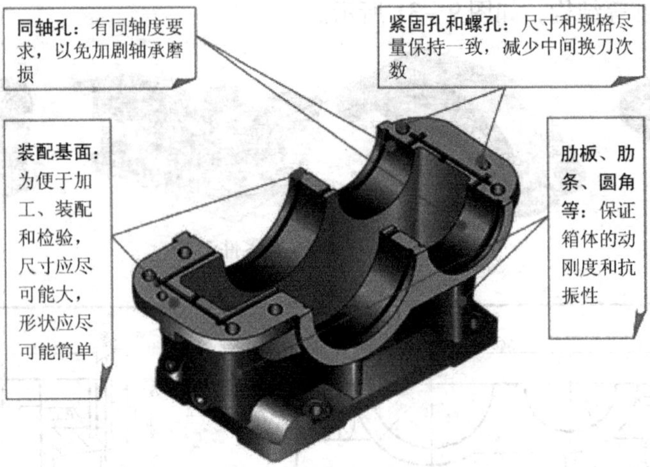

图 9－32　箱体零件结构

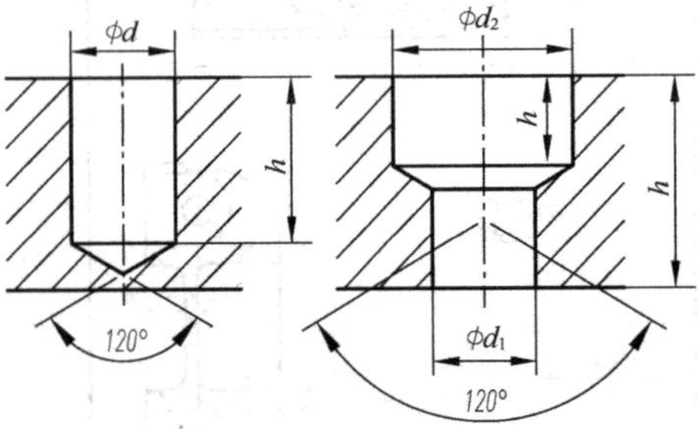

图 9－33　120°圆锥角

3. 箱体类零件的钻孔位置

在箱体上钻孔时，应注意以下两点：

（1）不通孔底部有 120°圆锥角，如图 9－33 所示。

（2）钻孔应垂直于零件表面，以保证钻孔精度，避免钻头定位不准和折断。在曲面上加工圆孔时，一般在孔端做出凸台或凹坑，如图 9－34 所示。

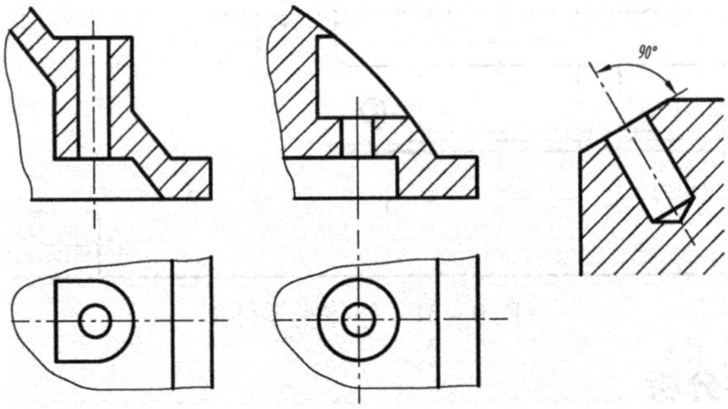

图 9－34　钻孔

三、零件表达方案的选择原则及确定方法

1. 零件表达方案的选择原则

根据零件的结构特点，选用恰当的表达方法，在正确、完整、清晰地表达零件各部分的内外结构形状，便于读图的前提下，力求使绘图简便。

2. 零件表达方案的确定方法

确定零件表达方案时，应按照“主视图→其他视图”的先后顺序逐一确定，最终正确、完整、清晰地表达零件，如图 9－35 所示。

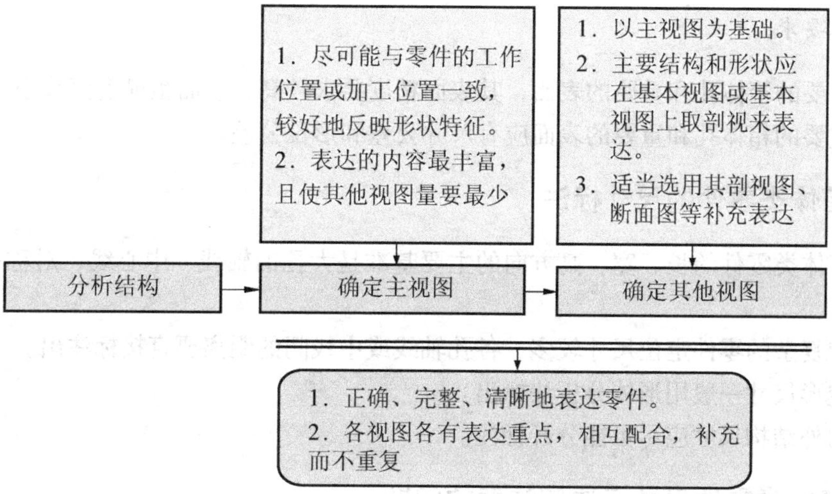

图 9－35　零件视图表达方案的确定

1）主视图选择

箱体类零件加工部位较多，加工工序也较多，各工序加工位置不同，较难区分主次工序，因而主视图主要按形状特征和工作位置确定。主视图采用各种剖视及其不同剖切方法来表达主要结构。如果外部结构形状简单，内部结构形状复杂，且具有对称平面时，可采用半剖视；如果外部结构形状复杂，内部结构形状简单，且具有对称平面时，可采用局部剖视或用虚线表示；如果外部、内部结构形状都较复杂，且投影并不重叠时，也可采用局部剖视；重叠时，外部结构形状和内部结构形状应分别表达；对局部的外部、内部结构形状可采用局部视图、局部剖视和剖面来表示。

2）其他视图选择

零件外形和内腔都很复杂，常需三个或三个以上的基本视图，并适当剖视来表达主体结构。基本视图尚未表达清楚的局部结构可用局部视图、剖面等表达。对加工面的截交线、相贯线和非加工表面的过渡线应认真分析，如图 9－36 所示。

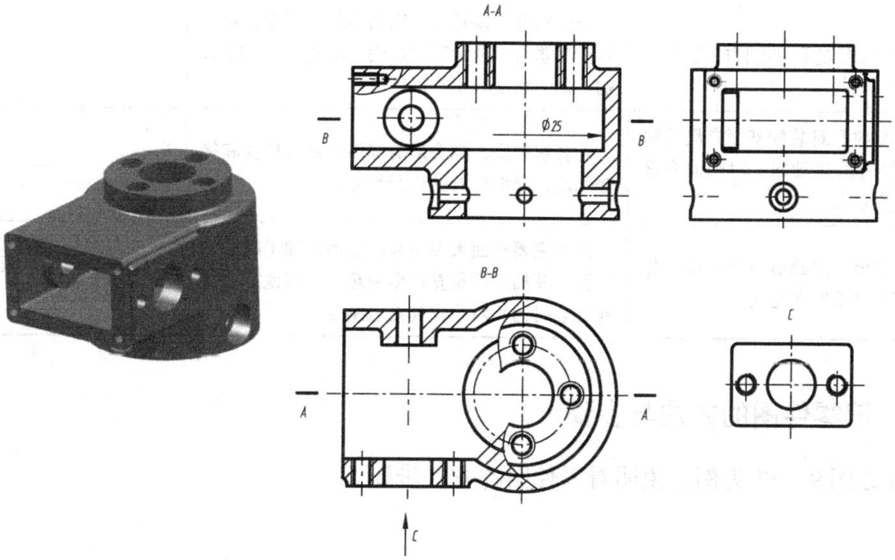

图 9－36　某设备箱体零件图

3. 技术要求

（1）重要的箱体孔和重要的表面，其表面精度要求较高，表面粗糙度值较小。

（2）重要的箱体孔和重要的表面应有尺寸公差和形位公差。

四、箱体类零件的尺寸标注

（1）箱体类零件的长、宽、高方向的主要基准是大孔的轴线、中心线、对称平面或较大的加工面。

（2）较复杂的零件定位尺寸较多，各孔轴线或中线间的距离要直接标注出。

（3）定形尺寸一般用形体分析法标出。

（4）内外结构尺寸应尽可能分开标注。

五、箱体类零件尺寸标注应注意的问题

箱体是机器的基础零件，它将机器中的一些零部件组成一个整体。为保证机器的各零部件保持正确的相对位置，完成必要的运动，箱体壁上的平面、轴承支撑孔及紧固孔在精度、表面质量上有较高的要求，见表9－2。

表9－2　箱体零件上孔与主要平面要素的技术要求

技术要求		影响分析	说明
孔	轴承孔对尺寸精度、形状精度及表面粗糙度都有严格要求	若要求较低，则会使轴承和箱体上的孔配合不好，工作时引起振动和噪声，影响转动精度	支撑孔加工等级一般为IT6～7级，粗糙度为1.6～0.8，几何形状精度不超过孔公差的1/2～1/3
孔	有齿轮啮合关系的孔之间应有一定的孔距尺寸精度及平行度要求	若要求较低，则会影响齿轮的啮合精度，工作时会产生噪声和振动，影响齿轮寿命	该精度主要取决于传动齿轮副的中心距允差和齿轮啮合精度
孔	同轴线的孔应有同轴度要求	若同轴度误差超差，则箱体装配困难，轴运转情况恶劣，轴承磨损加剧，温度升高，将影响机器的精度和正常运转	—
孔	支撑孔对装配基面有尺寸精度与平行度要求，对端面有垂直度要求	若要求较低，则会影响零件的定位精度和接触刚度，降低机器的运行平稳性	—
平面	主要平面都有形状精度，相互位置精度和粗糙度要求	由于主要平面大多是装配基面或加工时的定位面，其加工质量直接影响箱体与其他零部件在总装时的相对位置和接触刚度	箱体主要平面有较高的平面度和较低的粗糙度

六、读零件图的方法与步骤

下面以图9－37为例，说明看零件图的方法步骤。

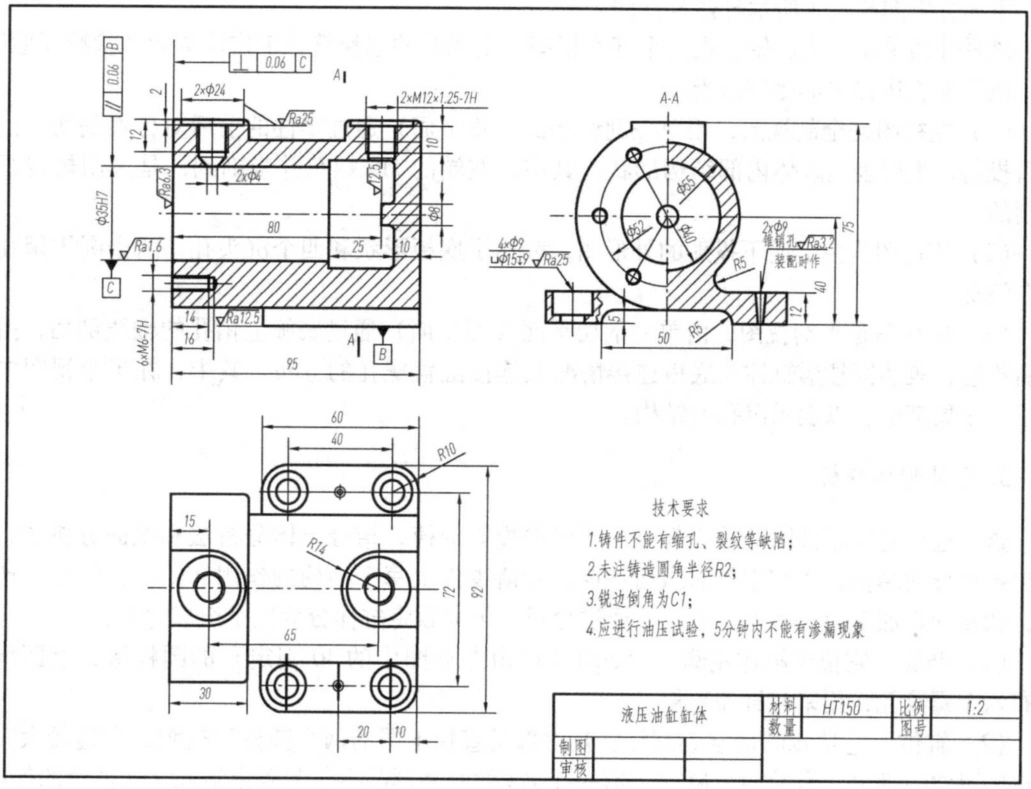

图 9－37 缸体零件图

1. *看标题栏*

看零件图首先应看标题栏，从标题栏中了解零件的名称、材料、比例、重量等，然后联系生产实际，结合装配图或其他设计资料了解零件在机器或部件中的作用，以及该零件与其他零件的装配关系，粗略了解零件。

图 9－37 所示零件的名称为液压油缸的缸体，它用来安装活塞、缸盖和活塞杆等零件，是内部为空腔的箱体类零件。材料为铸铁 HT150，说明零件毛坯的制造方法是铸造；绘图比例为 1∶2，零件轮廓大小为 95×92×75，可见该缸体属于小型零件。

2. *表达方案分析*

要看懂零件图，想出零件形状，必须先分析表达方案，弄清各个视图之间的关系。可按下列顺序进行分析：

（1）找出主视图。

（2）了解共有多少视图、剖视、断面等，找出它们的名称、相互位置和投影关系。

（3）凡有剖视、断面处要找到剖切位置。

（4）有局部视图和斜视图的地方必须找到表示投影部位的字母和表示投射方向的箭头。

（5）了解有无局部放大图及简化画法。

然后研究各视图的表达重点。从基本视图看零件的大体内外形状，结合局部视图、斜视图以及断面图等表达方法，看清零件的局部或斜面的结构。

下面分析图 9－37 所示缸体零件图：

该零件图采用了主、俯、左三个基本视图。主视图的选择符合工作位置和形状特征原则，视图数量和表达方法都比较恰当。

（1）主视图是全剖视图，用单一剖切平面（正平面）通过零件的前后对称面剖切，由前向后投射，主要表达缸体内部结构形状。其中，左端的 M6 螺孔并未剖到，是采用规定画法绘制的。

（2）俯视图为由上向下投射的外形图，表达了底板形状和四个沉头孔、两个圆锥销孔的分布情况。

（3）左视图是半剖视图，由单一剖切平面（侧平面）通过底板上销孔的轴线剖切，由左向右投射，表达圆柱形缸体与底板连接情况及连接缸盖螺孔的分布。其中，在半个视图中又取了一个局部剖，以表示沉孔的结构。

3. 零件形体分析

这一过程是读零件图的核心部分，要根据投影规律，结合形体分析法和线面分析法，构思出各部分的结构，研究零件的结构特点，弄清零件上每个结构的作用和要求，结合生产实际，初步确定加工刀具和加工方法。通过分析，可大致将缸体分为四个组成部分：

（1）凸缘。它位于缸体左侧，为 $\phi70$（可由左视图中的 40 判定）的圆柱形，上面均匀分布六个螺纹孔，用来与缸盖连接。

（2）缸体。它是 $\phi55$ 的空心圆柱，其内部是直径不同的两个圆柱形空腔，右边较大直径的空腔是空刀部分，右端的“缸底”有一个 $\phi8$ 的圆柱形凸台，起限定活塞工作位置的作用。

（3）凸台。在圆柱形缸体上部左、右两端各有一个，经锪平又加工出了螺孔，是用来连接进、出油管的。

（4）底座。带有凹坑以减少接触面积。在其上加工出四个供穿入内六角圆柱头螺钉固定缸体用的沉孔和两个安装定位用的圆锥销孔。

整个缸体的形状如图 9－38 所示。

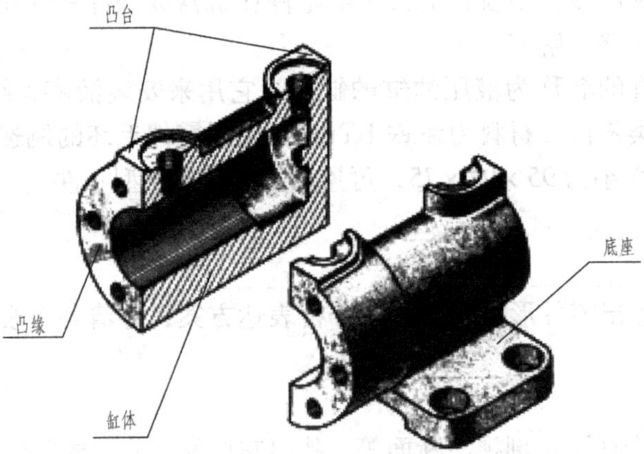

图 9－38　缸体轴测图

4. 零件尺寸分析

尺寸分析按以下步骤进行：

（1）根据形体分析和线面分析，了解定形尺寸和定位尺寸。

（2）根据零件结构特点，了解基准和尺寸标注形式。

（3）了解功能尺寸和非功能尺寸。

（4）了解零件总体尺寸。

零件上的尺寸是制造、检验零件的重要依据，要注意研究。在分析视图的基础上，分析每个尺寸的作用及公差要求，找出零件长，宽、高三个方向的尺寸基准，再从基准出发，了解零件的定位、定形及总体尺寸。

从图 9－37 中可以看出，其长度方向以左端面为基准，从此基准标注了定位尺寸 80、15，定形尺寸 95、30 等，并以辅助基准右端面标注了缸体和底板的定位尺寸 10、20、40，定形尺寸 60、*R*10。宽度方向以缸体的前后对称面为基准，标注了底板的定位尺寸 72 和定形尺寸 92、50。高度方向以底板的底面为基准，并注出定位尺寸 40，定形尺寸 5、12、75；以 ϕ35H7 的轴线为辅助基准标注径向尺寸 ϕ55、ϕ52、ϕ40 等。

缸体的中心高 40、两个锥销孔轴线间的距离为 72（含长向距离 20），以及主视图中的尺寸 80 都是影响其工作性能的定位尺寸，为了保证其尺寸的准确度，它们都是从尺寸基准出发直接标注的，孔径 ϕ35H7 是配合尺寸。以上这些都是缸体的重要尺寸。

5. 技术要求分析

对零件图上标注的各项技术要求，如表面粗糙度、尺寸公差、形位公差、热处理等要逐项识读，尤其要分析清楚其含义，把握住对技术指标要求较高的部位和要素，明确制造和检验的要求，以便保证零件的加工质量。

从所注表面粗糙度的情况看，活塞孔 ϕ35H7 表面是工作面并要求防止泄漏，*Ra* 的最大允许值为 1.6μm，在加工表面中要求是最高的；其次圆锥销孔为定位面，*Ra* 的最大允许值为 3.2μm；再次是安装缸盖的左端面，为密封平面，*Ra* 的最大允许值为 6.3μm。其他表面的粗糙度请读者自行分析。

活塞孔的尺寸 ϕ35H7 表明该孔与其他零件有配合关系。经查表，其上下偏差分别为 +0.025 和 0（即公差为 0.025），限定该孔的实际尺寸必须在 35.025～35 之间。图中两处形位公差表明，ϕ35H7 孔的轴线对底板底面的平行度公差为 0.06；左端面与 ϕ35H7 孔轴线的垂直度公差为 0.06。油缸的工作介质为压力油，所以缸体不应有缩孔，加工后还要进行压力试验，应在技术要求中补充说明。

在以上分析的基础上，应将零件各部分结构形状、大小及其相对位置和加工要求进行综合归纳，形成一个清晰的认识。有条件时还应参考有关资料和图样，如产品说明书、装配图和相关零件图等对零件的作用、工作情况及加工工艺进一步了解。

任务实施

看图 9－29 所示的蜗轮箱体零件图，具体步骤如下：

1. 看标题栏，概括了解

由图 9－29 可知，该零件名称为蜗轮箱体，是蜗轮减速器中的主要零件，因而即可知蜗轮箱体主要起支承、包容蜗轮、蜗杆等的作用。该零件为铸件，因此，应具有铸造工艺结构的特点。

2. 视图分析

首先找出主视图及其他基本视图、局部视图等，了解各视图的作用及它们之间的关系、表达方法和内容。图 9－29 所示的蜗轮箱体零件图采用了主视、俯视和左视 3 个基本视图、4 个局部视图和一个重合剖面。其中，主视图采取全剖视，主要表达箱体的内形；左视图为 $D-D$ 局部剖视图，表达左端面外形和 $\phi 35_0^{+0.025}$ 轴承孔结构等；俯视图为 $C-C$ 半剖视图，与 E 向视图相配合，以表达底板形状等，其余 A 向、B 向、E 向和 F 向局部视图均可在相应部位找到其投影方向。

3. 根据投影关系，进行形体分析，想象出零件整体结构形状

以结构分析为线索，利用形体分析方法逐个看懂各组成部分的形状和相对位置。一般先看主要部分，后看次要部分，先外形，后内形。由蜗轮箱体的主视图分析，大致可分成如下 4 个组成部分。

（1）箱壳

从主、俯和左视图可以看出箱壳外形上部为外径 $\phi 144$、内径 $R62$ 的半圆形壳体，下部大体是外形尺寸为 60、144、108，厚度为 10 的长方形壳体；箱壳左端是圆形凸缘，其上有 6 个均布的 M6 螺孔，箱壳内部下方前后各有一个方形凸台，并加工出装蜗杆用的滚动轴承孔。

（2）套筒

由主视、俯视和左视图可知，套筒外径为 $\phi 76$，内孔为 $\phi 52_0^{+0.03}$，用来安装蜗轮轴，套筒上部有一个 $\phi 24$ 的凸台，其中有一个 M10 的螺孔。

（3）底板

根据俯视、主视和 E 向有关部分分析，底板大体是 $150\times 144\times 12$ 的矩形板，底板中部有一矩形凹坑，底板上加工出 6 个 $\phi 10$ 的通孔；左部的放油孔 M6 的下方有一个 $R20$ 的圆弧凹槽。

（4）肋板

从主视图和 F 向视图及重合剖面可知，肋板大致为一梯形薄板，处于箱体前后对称位置，其三边分别与套筒、箱壳和底板连接，以加强它们之间的结构强度。

综合上述分析，便可想象出蜗轮箱体的整体结构形状，如图 9－29 所示。

4. 分析尺寸和技术要求

看图分析尺寸时，一是要找出尺寸基准，二是分清主要尺寸和非主要尺寸。由图 9－29 可以看出，左端凸缘的端面为长度方向的尺寸基准，以此分别标注套筒和蜗杆轴承孔轴心线的定位尺寸 52 和 32。宽度方向的尺寸基准为对称平面；高度方向的尺寸基准为箱体底面。

蜗轮轴孔与蜗杆轴孔的中心距 72 ±0.026 为主要尺寸，加工时必须保证，然后再进一步分析其他尺寸。

在技术要求方面，应对表面粗糙度、尺寸公差与配合、形位公差以及其他要求进行详细分析。如本例中轴孔 $\phi 35_{0}^{+0.025}$ 和 $\phi 52_{0}^{+0.03}$ 等加工精度要求较高，粗糙度 *Ra* 为 0.8μm，两轴孔轴线的垂直度公差为 0.02。

思考与练习

读如图 9 – 39 所示底座零件图：在本图右侧画出左视的外形图，并标注出尺寸和表面粗糙度（只标注√‾ 和 ∀‾，不注出数值）。用“△”符号标出长、宽、高三个方向的主要尺寸基准。

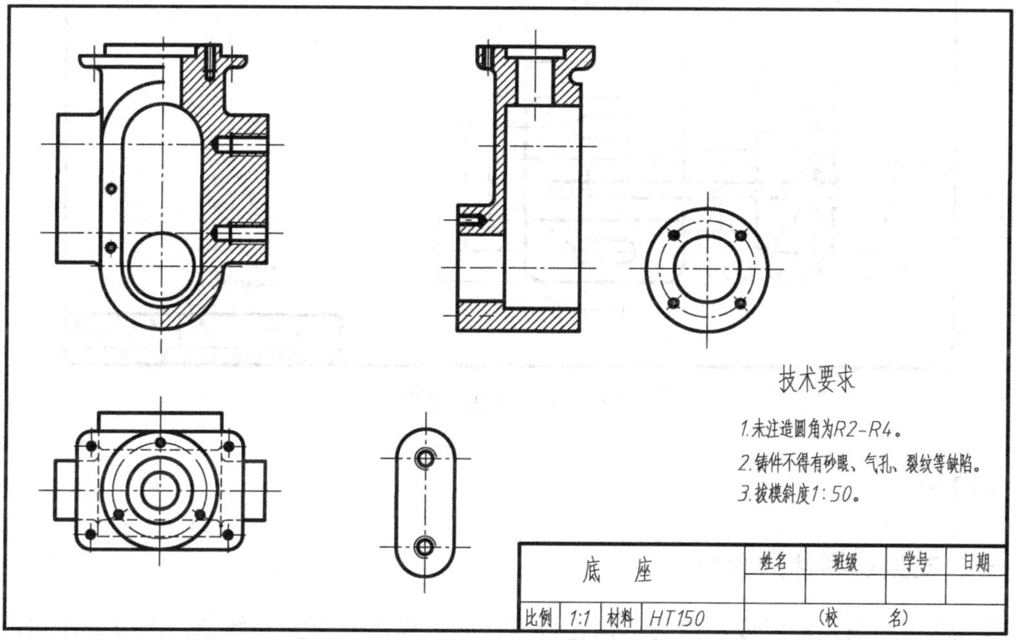

图 9 – 39　底座

任务 9 – 4　绘制支架类零件图

支架类零件包括各种用途的拨叉和支架。拨叉主要用在机床、内燃机等各种机器的操纵机构上，用于操纵机器、调节速度等。支架主要起支承和连接作用，其结构形状虽然有很大区别，但按其功能一般可分为工作、安装固定和连接三部分。

任务要求

通过本任务的学习，达到以下目标：

➢ 掌握支架类零件的结构特征，能够正确识读支架类零件图，熟悉支架类零件的视图表达方案。

➢ 掌握支架类零件的尺寸基准选择及标注方法，熟悉支架类零件的技术要求，能够正确绘制支架类零件图。

➢ 读懂如图 9－40 所示支架零件图，画出 $A-A$ 全剖视图和 $B-B$ 移出断面图。

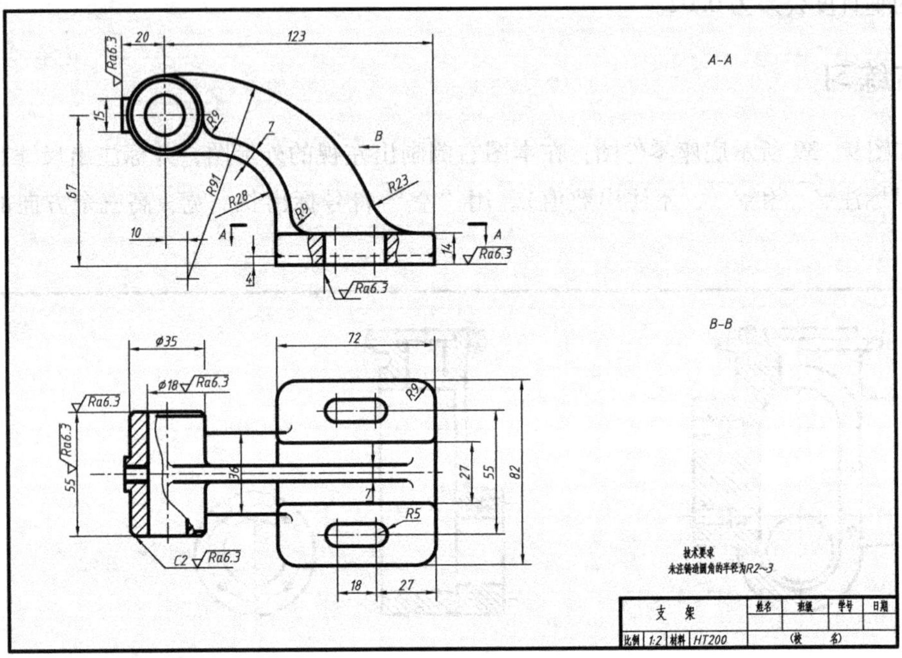

图 9－40　支架零件图

相关知识

一、支架类零件的介绍

支架类零件常用倾斜或弯曲的结构连接零件的工作部分与安装部分，常为锻件和铸件，以刨、铣、拉、磨等平面加工方法为主，其中刨削和铣削常用于平面的粗加工和半精加工，而磨削作为精加工，如图 9－41 所示。

图 9－41　支架类零件

二、支架类零件的视图选择

支架类零件的视图通常有局部剖视图、向视图及两相交剖切平面的剖视图。

1. 局部剖视图

如图 9－42 所示是摇杆臂的左右轴孔都需剖开表达，但又不宜全剖，而采用局部剖视来表达内部结构。

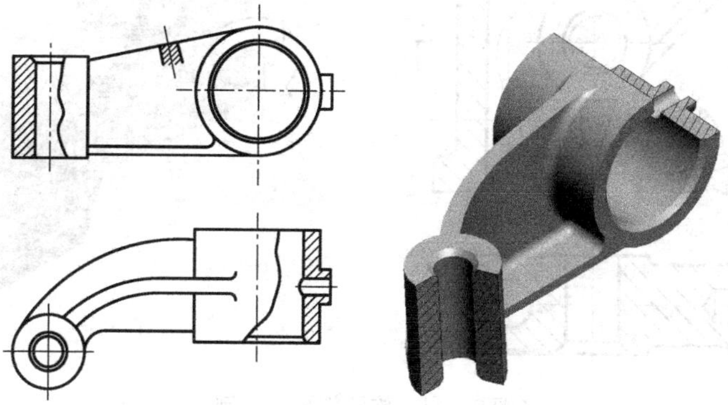

图 9－42 局部剖视图应用举例

2. 向视图

向视图适合表达机件的倾斜部分具有回转轴线的情况。例如，图 9－43 所示摇杆的右臂与 *H* 面倾斜，且其回转轴线为正垂线，因此，可假设右臂绕回转轴旋转到平行于 *H* 面，使水平投影表达实形。

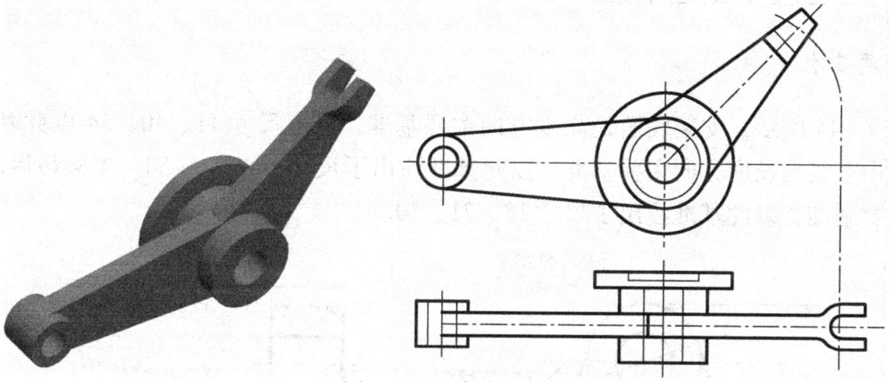

图 9－43 旋转视图

（1）向视图的投影关系比较明显，无须标注。

（2）向视图一方面可避免多种视图产生，还可更清晰表达机件可见部分的轮廓，避免使用虚线，减少重叠的层次，增加图形的清晰度。

3. 采用两相交剖切平面的剖视图

支架类零件常采用两相交剖切平面的剖视图，如图 9－44 所示。

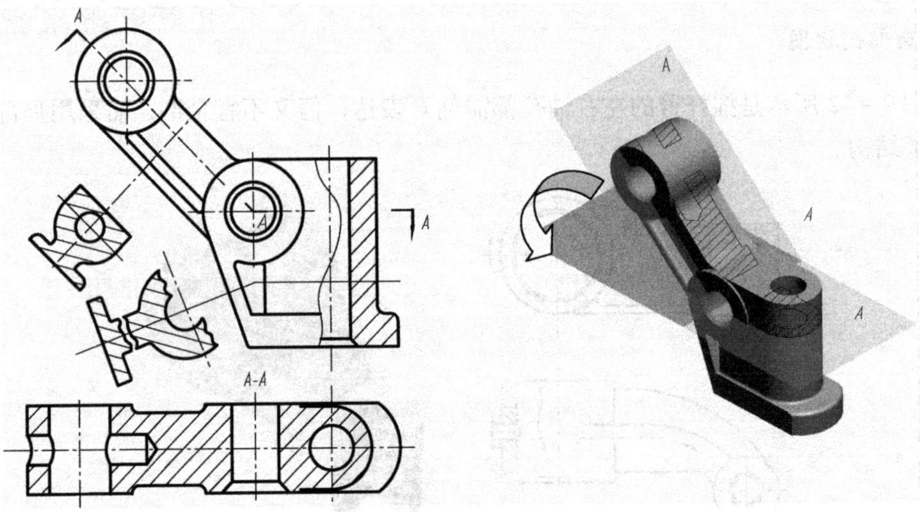

图 9－44　旋转剖视图示例

画两相交剖切平面的剖视图时应注意以下两点：

(1) 倾斜的平面必须旋转到与选定的基本投影面平行，使投影表达实形，但剖面后面的结构一般应按原来的位置画它的投影。

(2) 采用两相交剖切平面的剖视图必须标注。

三、支架类零件的基准选择

1. 主要基准

如图 9－45 所示，支架底面是高度方向主要基准，高度尺寸 11、40、54 以此基准注出，零件对称中心线是长度方向主要基准，以此基准注出了尺寸 14、32、50。支架最后的面是宽度方向主要基准，以此基准注出了尺寸 18、21、30。

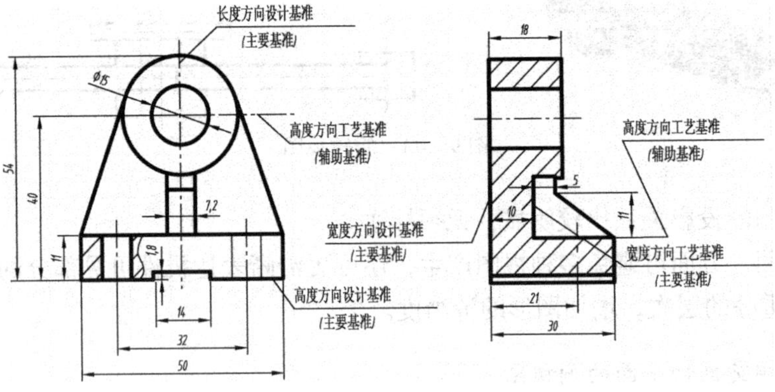

图 9－45　支架的基准

2. 辅助基准

例如，ϕ15 的圆柱孔是以孔中心线为辅助基准标出的，便于加工和测量。

四、支架类零件的尺寸标注

1. 功能性的尺寸应从设计基准出发直接注出

功能性的尺寸标注如图 9－46 所示。

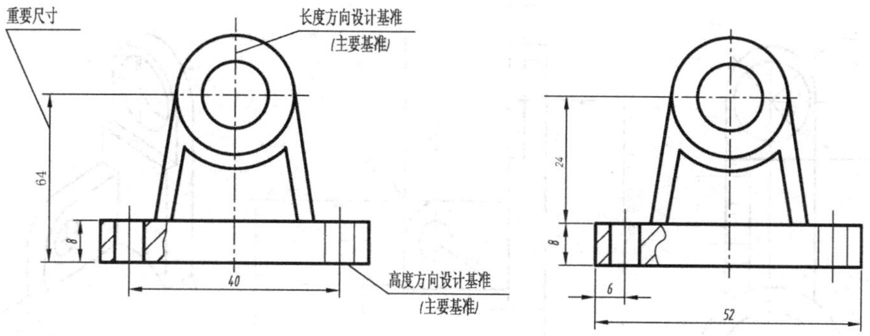

（a）合理 （b）不合理

图 9－46 功能性的尺寸标注

2. 功能尺寸（主要尺寸）必须直接注出

影响产品工作性能和装配技术要求的尺寸，称为功能尺寸。由于零件在加工制造时总会产生尺寸误差，为了保证零件质量，而又避免不必要地增加产品成本，在加工时，图样中所标注的尺寸都必须保证其精确度要求，没有注出的尺寸则不检测。因此，功能尺寸必须直接注出。

如图 9－47（a）中所示的 32 ±0. 2、60 ±0. 03、50 ±0. 1 等，从设计基准出发标注轴承架的功能尺寸，图 9－47（b）所示的注法是错误的。从这里可以看出，如果不考虑零件的设计和工艺要求，仅按组合体视图的尺寸注法来标注零件图的尺寸，往往不能达到合理的要求。

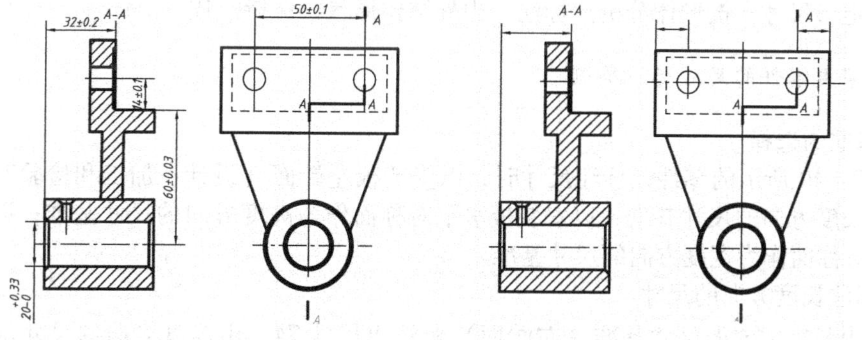

（a）正确注法 （b）错误注法

图 9－47 轴承架的功能尺寸

五、支架类零件的尺寸标注举例

1. 支架类零件的尺寸标注举例一

支架类零件的尺寸标注举例如图 9－48 所示。

(1) 支架类零件在长、宽、高方向的主要基准一般为加工的大底面、对称平面或大孔的轴线，如图 9－48 所示。

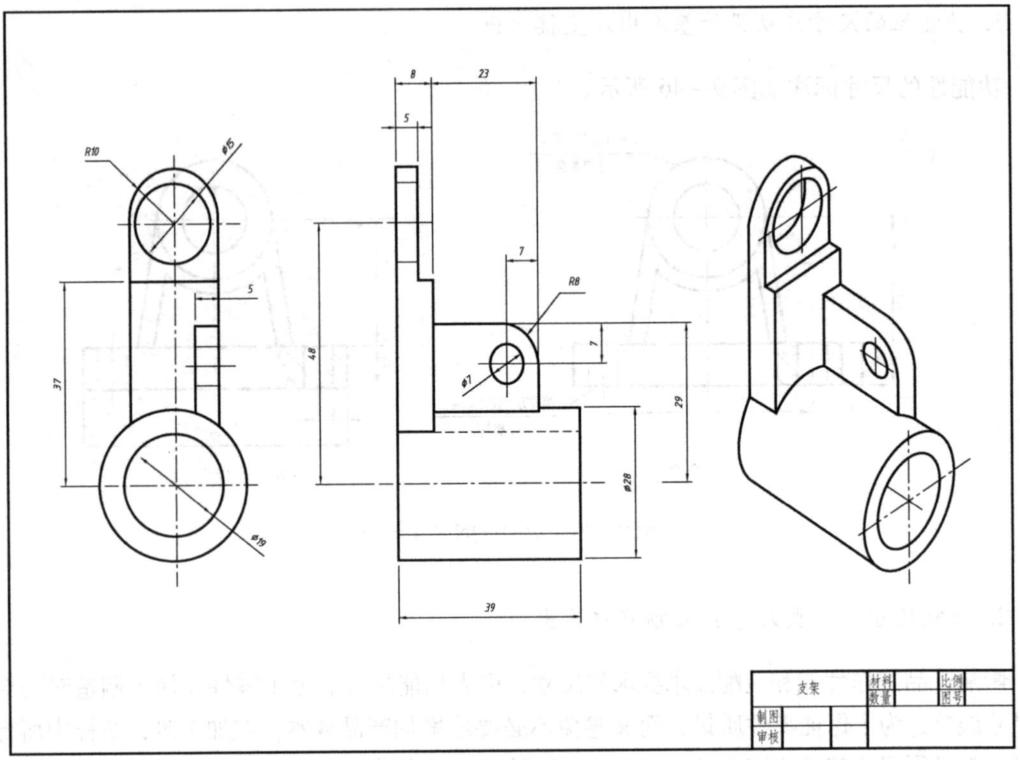

图 9－48　支架类零件标注 1

(2) 支架类零件的定位尺寸较多，一般是标注出孔的轴线间的距离，或孔轴线到平面的距离，或平面到平面的距离。

(3) 定形尺寸多按形体分析法标注，内外结构形状要保持一致。

2. 支架类零件的尺寸标注举例二

1）基准的选择

如图 9－49 所示的零件，标注尺寸时，以安装板左端面（设计、加工和检验时的共同基准）作为长度方向的尺寸基准；以安装板水平对称面作为高度方向的尺寸基准；以踏脚座前后方向的对称面作为宽度方向的尺寸基准。

2）标注长度方向的尺寸

(1) 由长度方向的尺寸基准（左端面）标注出尺寸 74，由高度方向的尺寸基准（安装板的水平对称面）标注出尺寸 95，从而确定上部轴承的轴线位置。

(2) 由长度方向的定位尺寸 74 和高度方向的定位尺寸 95 确定轴承的轴线作为径向辅助基准，标注出 $\phi20$ 和 $\phi38$。由轴承的轴线出发，按高度方向分别标注出 22 和 11，确定轴承顶面和踏脚座连接板 $R100$ 的圆心位置。

3）标注宽度方向的尺寸

由宽度方向的尺寸基准（踏脚座的前后对称面），在俯视图中标注出尺寸 40、60，以及在 A 向局部视图中标注出尺寸 60、90。

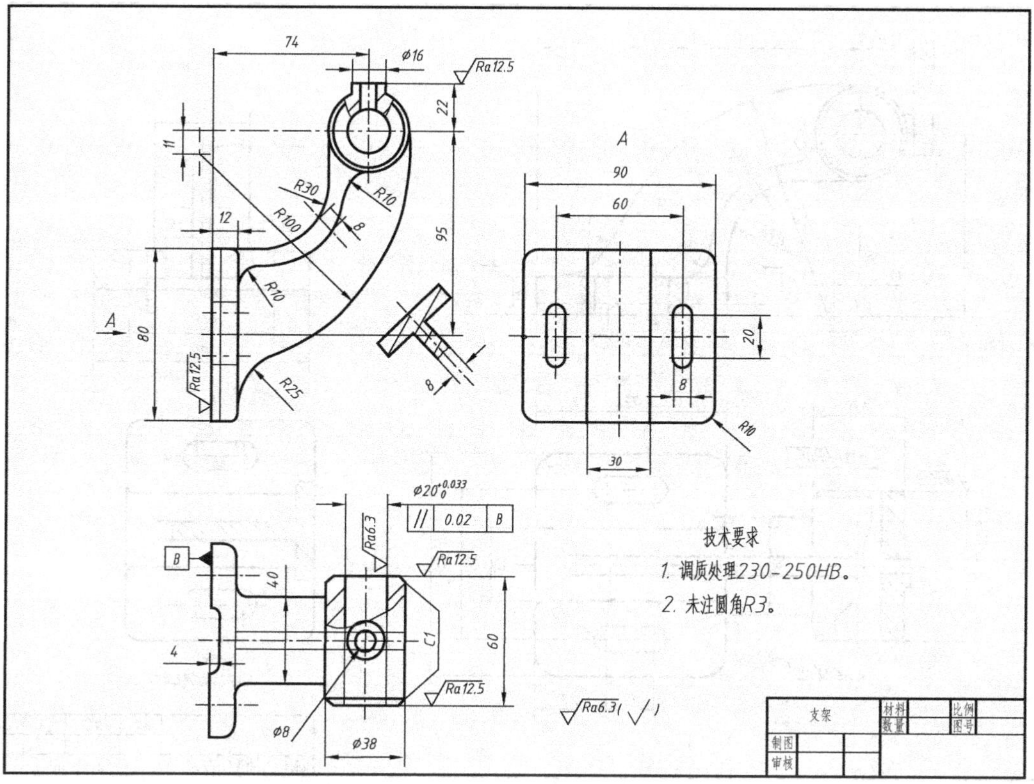

图 9－49　支架类零件标注 2

六、支架类零件的常用技术要求

支架类零件按用途不同，其技术要求也有所不同，常用技术要求有：

（1）基准孔的尺寸精度　IT7－9 级，形状精度一般控制在孔径公差之内，表面粗糙度值 *Ra* 3.2～0.8μm。

（2）工作表面对基准孔的相对位置精度（如垂直度等）为 0.05～0.15mm/100mm，工作表面的尺寸精度为 IT8—10 级，表面粗糙度值 *Ra* 6.3～1.6μm。

任务实施

读懂如图 9－50 所示支架零件图，画出 *A*－*A* 全剖视图和 *B*－*B* 移出断面图，如图 9－50 所示。

思考与练习

阅读如图 9－51 所示拨叉零件图，回答以下问题：

（1）分析图 9－51 采用了哪些视图表达零件结构，各视图主要表达了零件哪些结构。

（2）依据投影规律、线面分析法等，分析想象该零件结构。

（3）分析零件图的尺寸，分析出零件图的尺寸基准、各尺寸的类型、尺寸标注是否齐全。

（4）ϕ9 孔的定位尺寸是______________，其定位基准是______________。

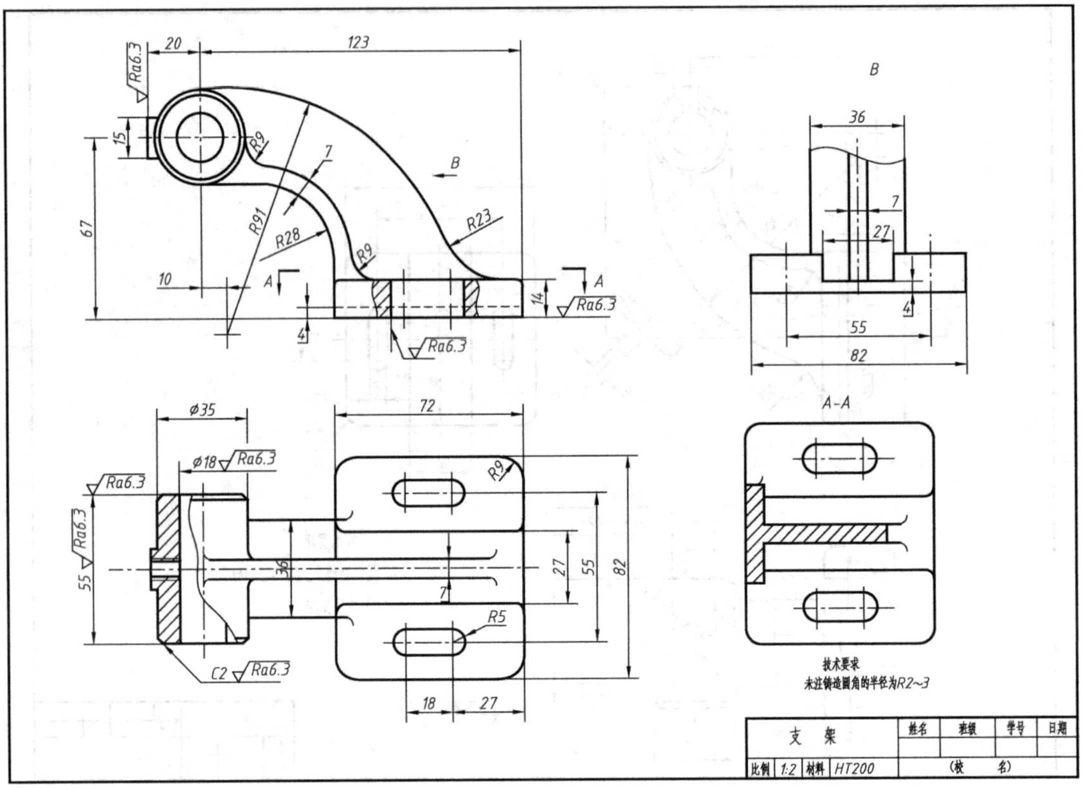

图 9-50 支架零件图

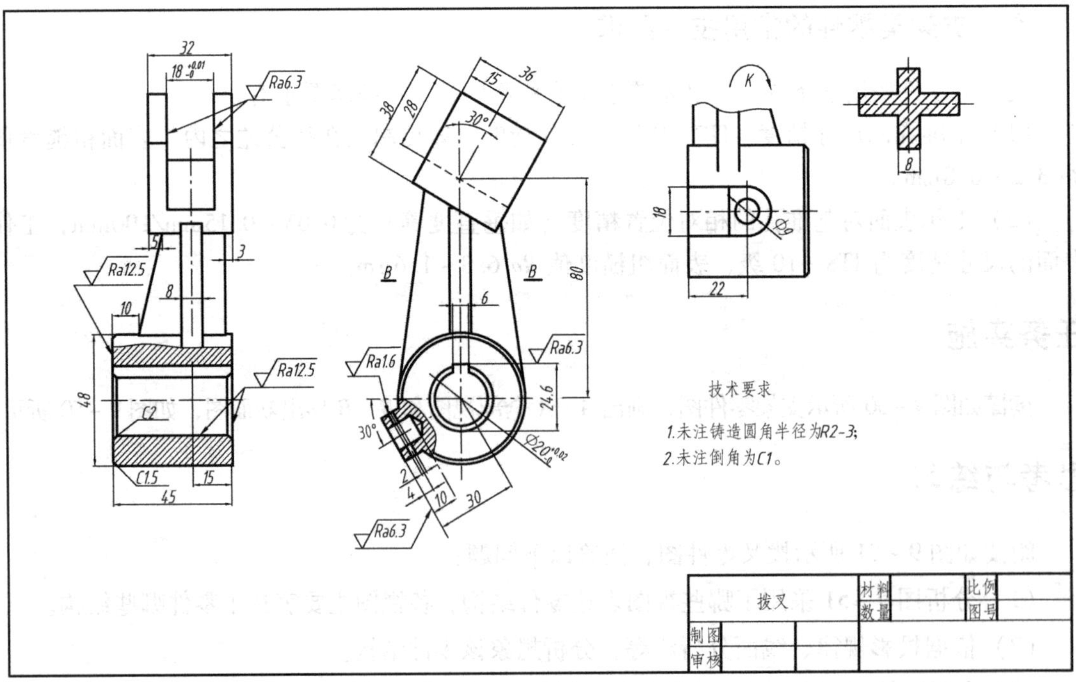

图 9-51 拨叉零件图

项目十　装　配　图

装配图是表示产品及其组成部分连接、装配关系的图样，它应表明机器或部件的结构形状、装配关系、工作原理、技术要求等内容。

装配图分为两种：总装配图是用来表示一台完整机器的装配图；部件装配图是用来表示一个部件的装配图。装配图与零件图一样，是机械设计和生产过程中的重要技术文件之一。

任务10-1　读装配图

在产品设计中，一般先根据产品的工作原理图画出装配图，然后再根据装配图进行零件设计，并拆画出零件图。根据零件图制造出零件，根据装配图将零件装配成机器或部件。在产品制造中，装配图是制订装配工艺规程、进行装配和检验的技术依据。

在使用机器时，装配图是了解机器的工作原理和构造，进行调试、维修的主要依据。此外，装配图也是进行科学研究和技术交流的工具。因此，装配图是生产中的主要技术文件。

任务要求

通过本任务的学习，达到以下目标：

➢ 了解部件的用途、性能、规格、工作原理；

➢ 弄清各零件之间的相对位置、装配关系和连接固定方式；

➢ 弄懂各零件的作用和主要结构形状，了解部件的尺寸和技术要求；

➢ 能识别装配图，并能说明装配图的作用与内容，认识装配图并了解装配图的有关知识；

➢ 能理解装配图与零件图各自的特点与作用，掌握装配图与零件图的区别与联系；

➢ 根据如图10-1所示机用虎钳装配图，分析装配体的工作原理和零件间的装配关系，确定主要零件的结构形状。

相关知识

一、装配图的作用

在设计过程中，一般先根据设计要求画出装配图，用于表达机器（或部件）的工作原理、结构形状、装配关系、传动路线和技术要求等，然后再根据装配图绘制零件图。

在生产过程中，根据零件图加工制造零件，再把合格的零件按照装配图的要求组装成机器（或部件）。装配图是指导装配、检验、安装、调试的技术依据。

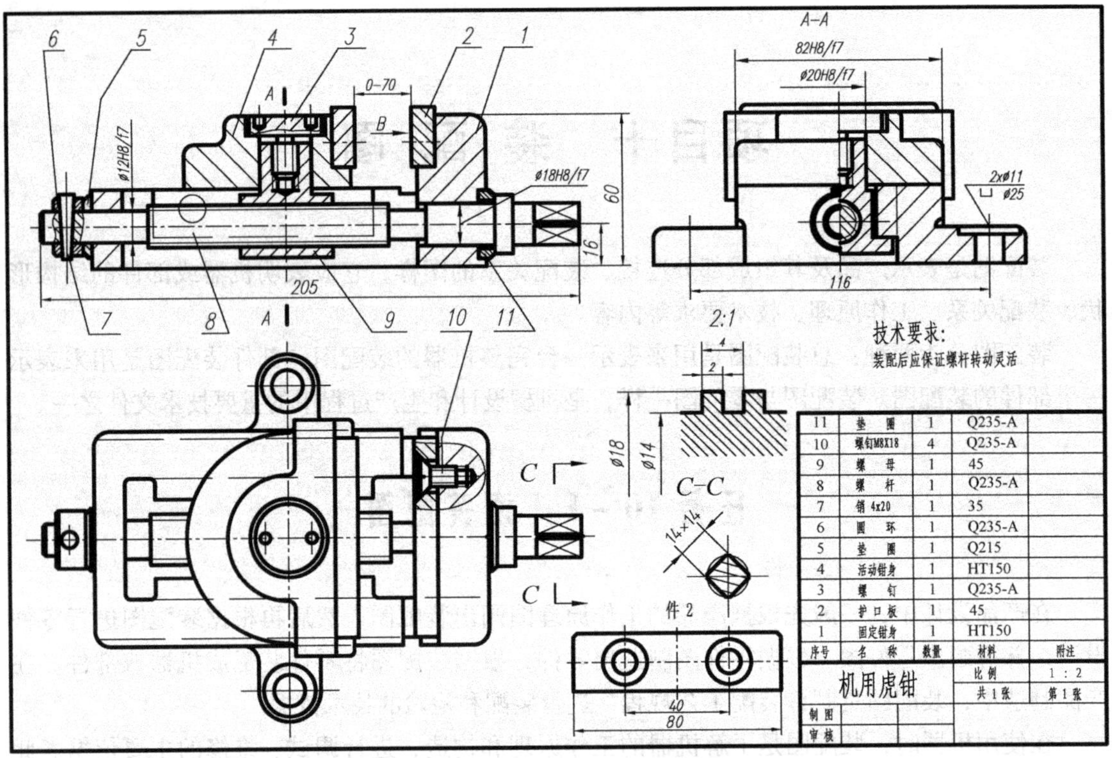

图 10－1　机用虎钳装配图

在使用和维修过程中，通过装配图了解机器（或部件）的使用性能，传动路线和操作方法，以保证其正常运转，及时对其维修保养。

装配图和零件图一样，也是按正投影的原理、方法和《机械制图》国家标准的有关规定绘制的。零件图的表达方法（视图、剖视、断面等）及视图选用原则一般都适用于装配图，但由于装配图与零件图各自表达对象的重点及在生产中所使用的范围有所不同，因而国家标准对装配图在表达方法上还有一些专门规定。

综上所述，装配图是反映设计思想、指导生产、交流技术的重要工具，是生产中的重要技术文件。

二、装配图的内容

现以图 10－2 所示的滑动轴承为例，说明一张完整的装配图应包含的基本内容。

滑动轴承是支撑传动轴的一个部件，轴在轴衬内旋转。轴衬由上、下两块（上轴衬、下轴衬）组成，分别嵌在轴承座和轴承盖上，轴承座和轴承盖用一对螺栓和螺母连接在一起。轴承座和轴承盖之间留有一定的间隙，是为了用加垫片的方法来调整轴衬和轴配合的松紧。

从图中可看出，装配图的内容一般包括以下 5 方面：

（1）一组视图。用一组图形正确、完整、清晰、简便地表达装配体的工作原理、零件间的装配与连接关系及主要零件的结构形状。

图 10－2 是滑动轴承的装配图，图中采用了三个基本视图，由于结构基本对称，所以均采用了半剖视，这就比较清楚地表示了轴承盖、轴承座和上下轴衬的装配关系。

（2）必要的尺寸。装配图上应标注反映机器或部件性能、规格、外形、装配、检验及安装时所必需的尺寸和其他一些重要尺寸。

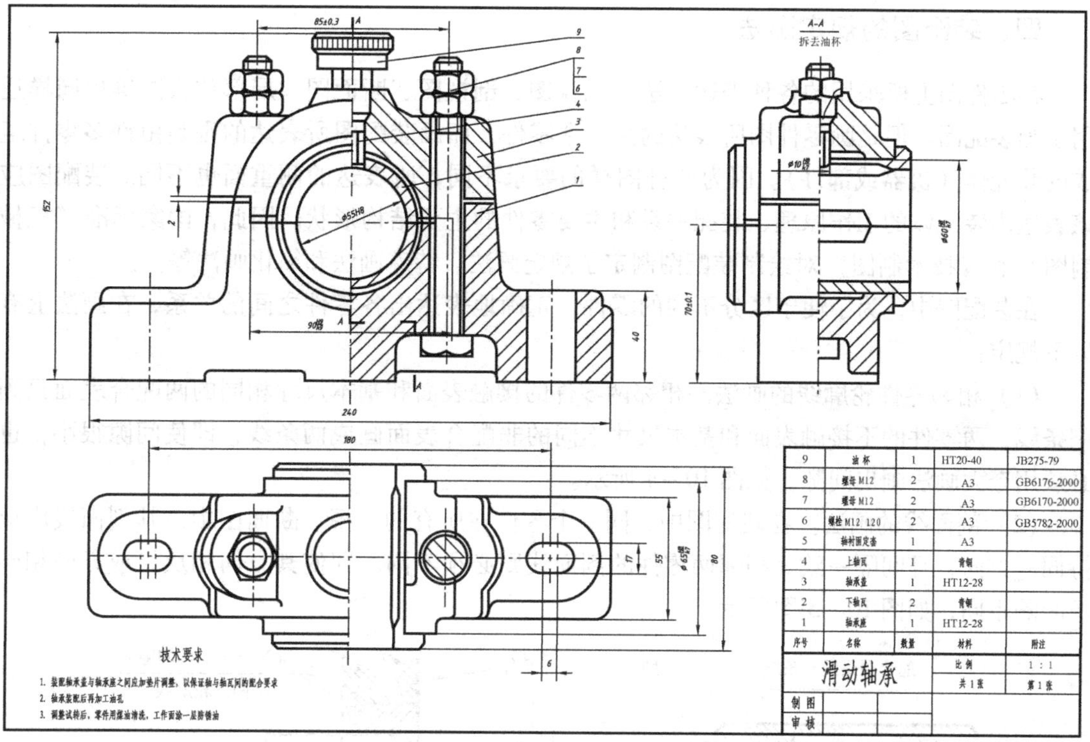

图 10－2　滑动轴承装配图

在图 10－2 所示滑动轴承的装配图中，轴孔直径 ϕ55H8 为规格尺寸，180 和 2×17 为安装尺寸，ϕ60H8/k7、90H9/f9、65H9/f9 等为配合尺寸，240、152、80 为总体尺寸。

（3）技术要求。在装配图的空白处（一般在标题栏、明细栏的上方或左面），用文字、符号等说明装配体的工作性能、装配要求、试验或使用等方面的有关条件或要求。

（4）零件序号和明细栏。在装配图上，应对每个不同的零件（或组件）编写序号，在零件明细栏中依次填写零件的序号、名称、件数、材料等内容。

（5）标题栏。标题栏的内容有机器或部件的名称、比例、图号及设计、制图、校核人员的签名等。

应当指出，由于装配图的复杂程度和使用要求不同，以上各项内容并不是在所有的装配图中都要表现出来，而是要根据实际情况决定。图 10－3 为滑动轴承的立体图。

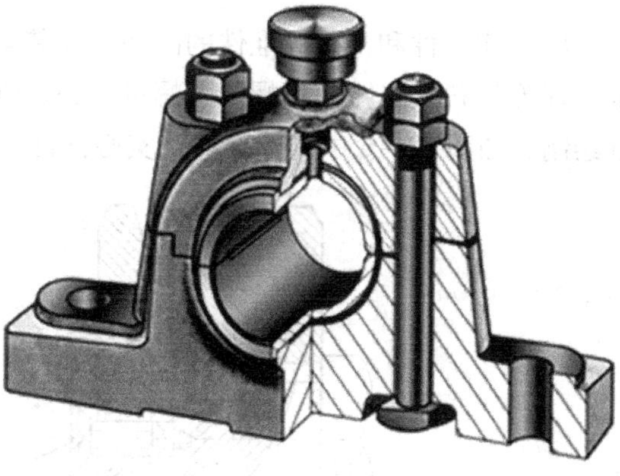

图 10－3　滑动轴承的立体图

三、装配图与零件图的关系

一般来说，先有装配图，再有零件图。装配图表达零件间的相互位置和装配关系，而零件的具体形状、尺寸和技术要求等则要看零件图。

四、装配图的规定画法

在零件图上所采用的各种表达方法，如视图、剖视图、断面图、局部放大图等也同样适用于画装配图。但是画零件图所表达的是一个零件，而画装配图所表达的则是由许多零件组成的装配体（机器或部件）。因为两种图样的要求不同，所表达的侧重面也不同。装配图应该表达出装配体的工作原理、装配关系和主要零件的主要结构形状。因此，国家标准《机械制图》和《技术制图》对绘制装配图制定了规定画法、特殊画法和简化画法等。

在装配图中，为了便于区分不同的零件，正确地表达出各零件之间的关系，在画法上有以下规定：

（1）相邻零件轮廓线的画法。相邻两零件的接触表面和基本尺寸相同的两配合表面只画一条线；两零件的不接触表面和基本尺寸不同的非配合表面画成两条线，即使间隙很小，也必须用夸大画法画出间隙，如图 10－4 所示。

（2）剖面线的画法。在装配图中，同一个零件在所有的剖视、断面图中，其剖面线应保持同一方向，且间隔一致。相邻两零件的剖面线则必须不同。即使其方向相反，或方向相同但间隔不同，如图 10－5 图所示。

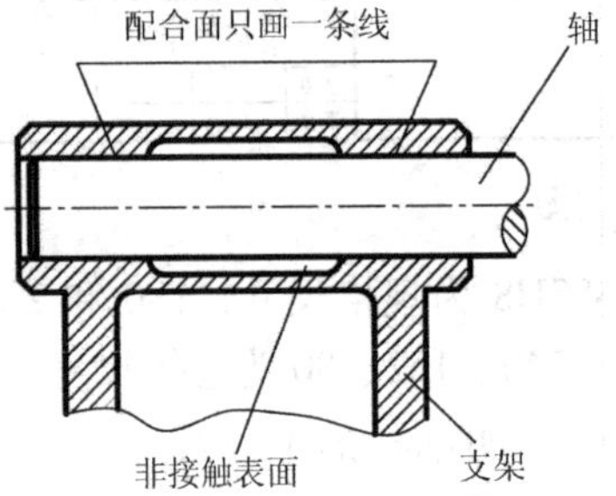

图 10－4　相邻零件轮廓线的画法

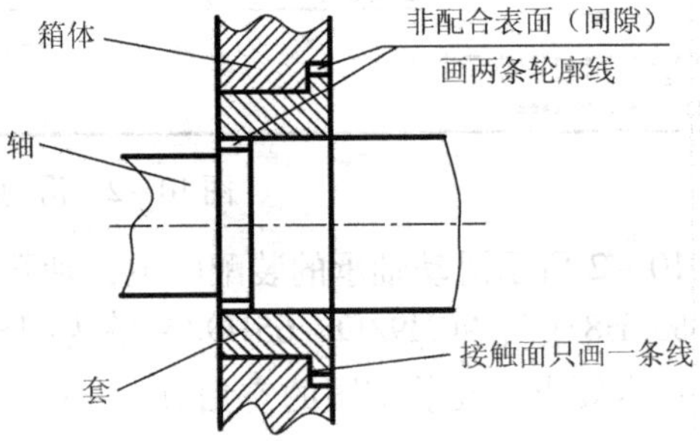

图 10－5　剖面线的画法

（3）实心件和某些标准件的画法。在装配图的剖视图中，若剖切平面通过实心零件（如轴、杆等）和标准件（如螺栓、螺母、销、键等）的对称平面或基本轴线时，这些零件按不剖绘制，如图 10－6 中的标准件及实心杆件的画法。

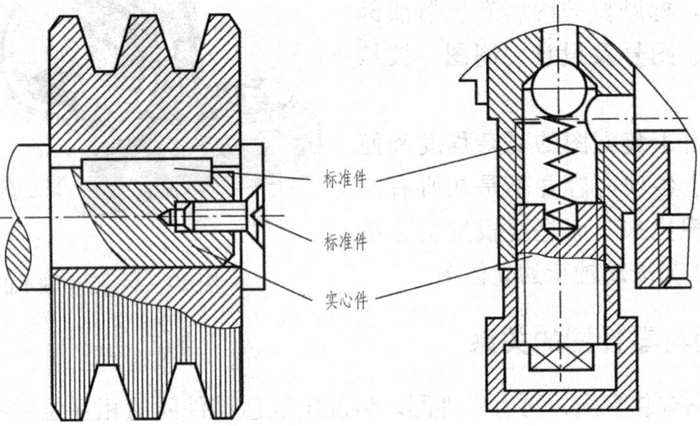

图 10－6　装配图中标准件及实心杆件的画法

如果装配图上的孔、槽等结构需要表达时，可采用局部剖视，如图 10－9（b）转子油泵中的销。当剖切平面垂直于其轴线剖切时，则需画出剖面线，如图 10－2 所示俯视图中的螺栓。

五、装配图的特殊画法

1. 拆卸画法和沿结合面剖切画法

（1）在装配图的某个视图上，如果有些零件在其他视图上已经表示清楚，而又遮住了需要表达的零件时，则可将其拆卸掉不画，而画剩下部分的视图，这种画法称为拆卸画法。为了避免读图时产生误解，可对拆卸画法加以说明，在图上加注“拆去零件 × ×”等。如图 10－2中的左视图即拆去了油杯等。

（2）在装配图中，为了表示内部结构，可假想沿着某些零件的结合面剖开。对沿结合面剖开的零件，则不画剖面线，但被剖切部分（如螺杆、螺钉）必须画出剖面线。如图 10－2 中的俯视图，为了表示轴瓦与轴承座的装配情况，图中右半部分就是没轴承盖与轴承座的结合面剖开画出的。

2. 假想画法

（1）对于运动零件，当需要表明其运动极限位置时，可以在一个极限位置上画出该零件，而在另一个极限位置用双点画线来表示。如图 10－7 表示运动零件的极限位置，按其运动的一个极限位置绘制图形，再用双点画线画出另一个极限位置的图形。

（2）为了表明本部件与其他相邻部件或零件的装配关系，不属于本装配体的零件或部件可用双点画线画出其轮廓线，如图 10－8 所示用双点画线来表示相邻部件或零件。

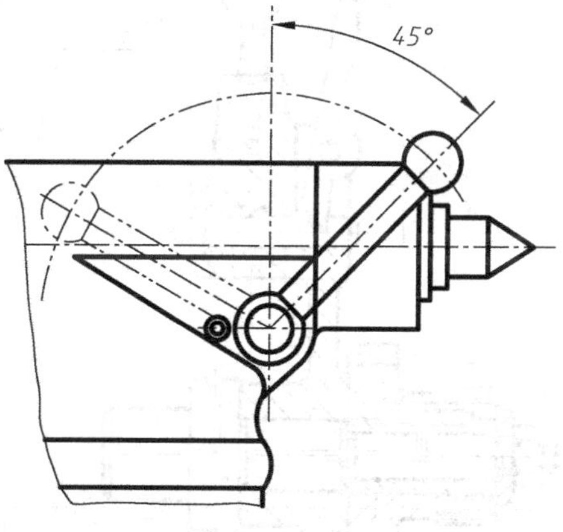

图 10－7　运动零件的极限位置

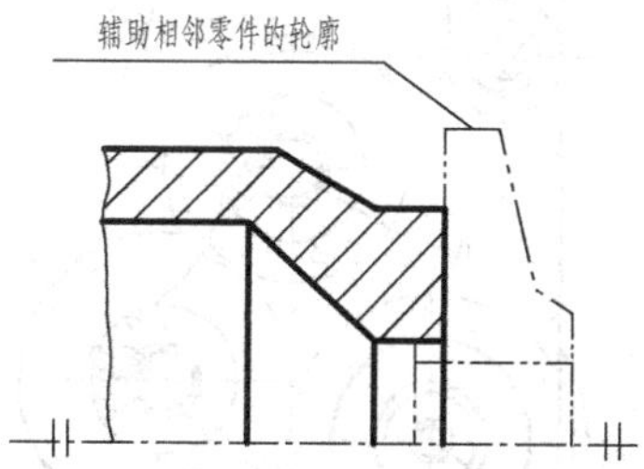

10－8　相邻部件或零件的画法

3. 夸大画法

在装配图中，对于一些薄片零件、细小结构、微小间隙等，若按其实际尺寸很难画出，或难以明确表示时，可不按其实际尺寸作图，而适当地夸大画出，如图 10－7 中的垫片。

4. 单独表示某个零件

在装配图中，当某个零件的形状未表达清楚，或对理解装配关系有影响时，可另外单独画出该零件的某一视图，如图 10－9 所示的转子油泵中的泵盖 *B* 向视图。

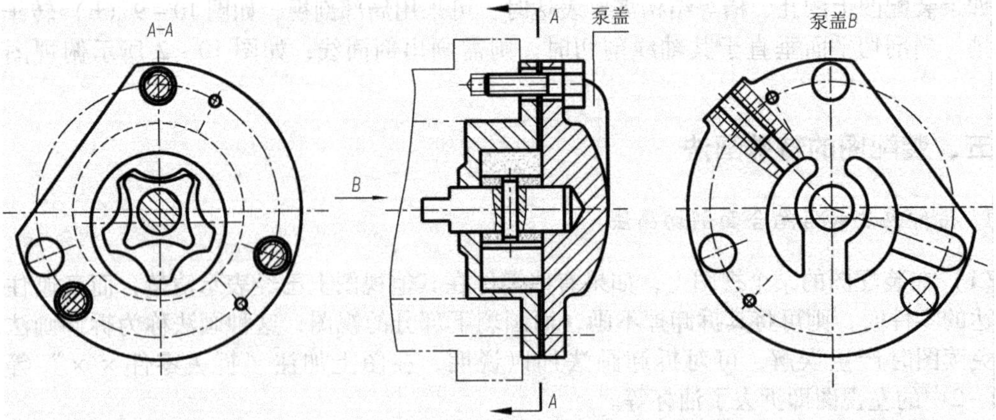

（a）拆卸剖视画法　（b）假想画法　（c）零件单独表示法

图 10－9　转子油泵

5. 展开画法

为了表达传动机构的传动路线和装配关系，可假想按传动顺序沿轴线剖切，然后依次将各剖切平面展开在一个平面上，画出其剖视图，此时应在展开图的上方注明“×－×展开”字样，如图 10－10 所示。

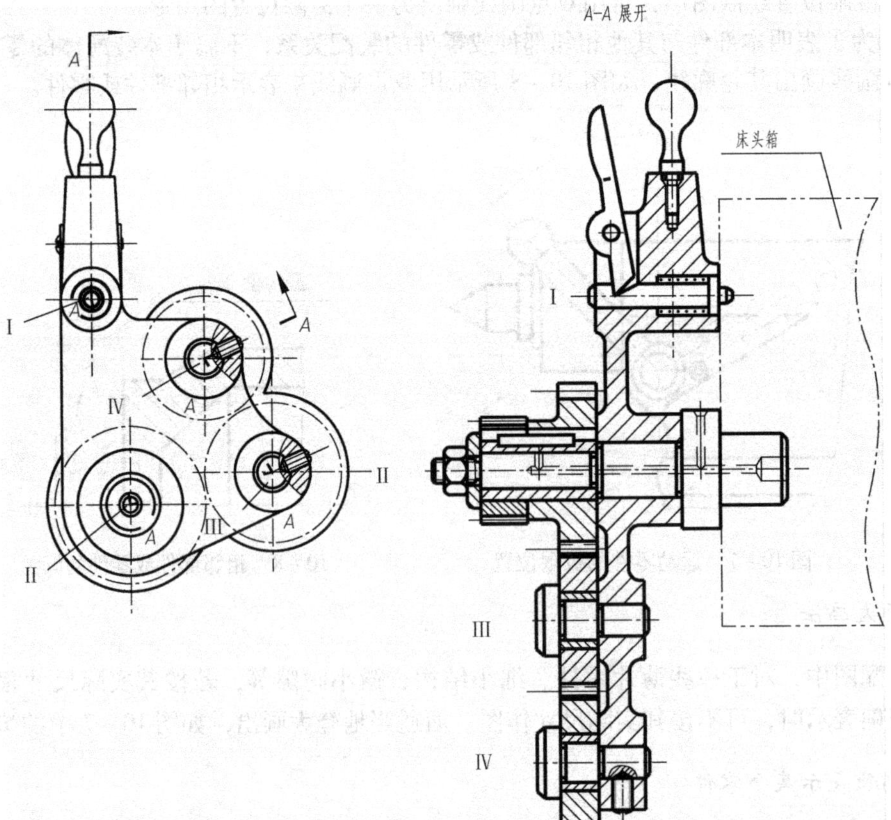

图 10－10　展开画法

六、装配图的简化画法

（1）在装配图中，对若干相同的零件组（如螺栓、螺钉连接等），可以仅详细地画出一处或几处，其余只需用点画线表示其位置，如图 10－11 所示的螺钉。

（2）在装配图中，对于零件上的一些工艺结构，如小圆角、倒角、退刀槽和砂轮越程槽等可以省略不画，如图 10－12 所示。

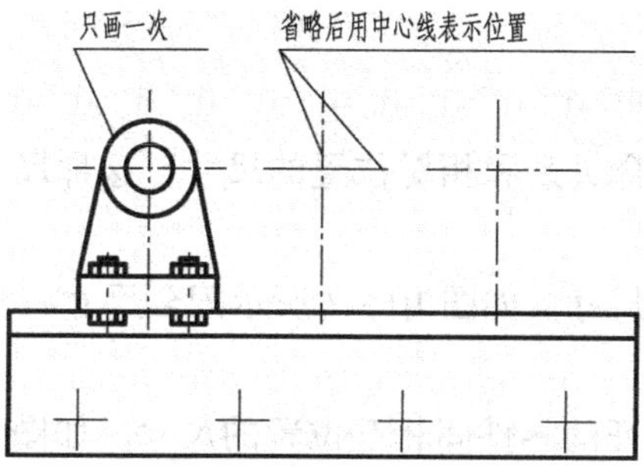

图 10－11　相同零件组的画法

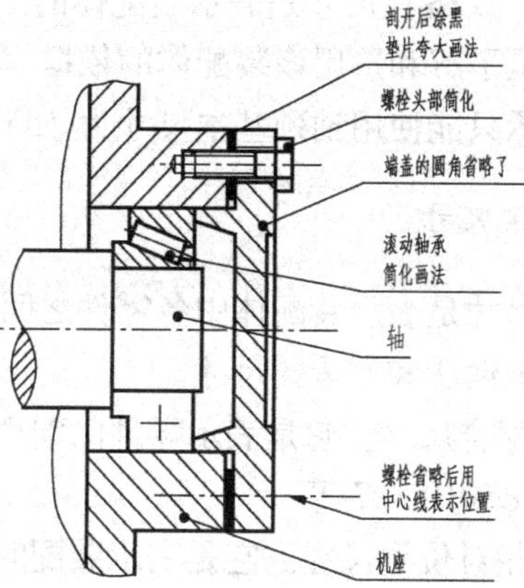

图 10－12　装配图中的简化画法

（3）装配图中，螺栓、螺母等可按简化画法画出。

（4）装配图中的滚动轴承可只画出一半，另一半按规定示意画法画出。

（5）在装配图中，当剖切平面通过的某些组件为标准产品，或该组件已由其他图形表达清楚时，则该组件可按不剖绘制。

（6）在装配图中，在不引起误解，不影响看图的情况下，剖切平面后不需表达的部分可省略不画。

（7）在装配图中，可用粗实线表示带传动中的带，用细点画线表示传动中的带，如图 10－13所示。

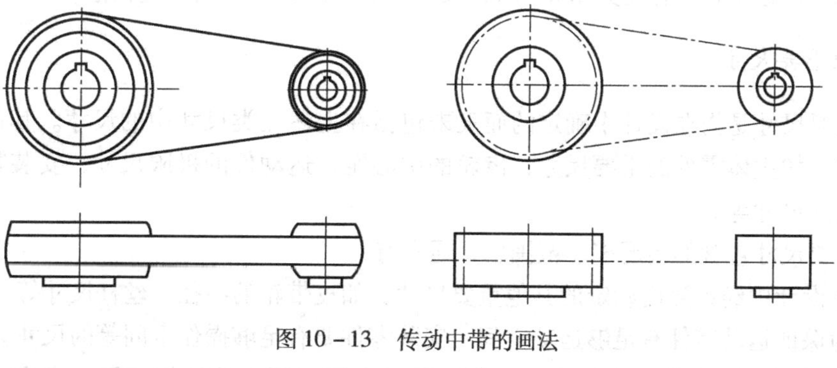

图 10－13　传动中带的画法

七、装配图的尺寸标注

装配图的作用与零件图不同，因此，在图上标注尺寸的要求也不同。零件图中必须标注出零件的全部尺寸，以确定零件的形状和大小；在装配图上应该按照装配体设计、制造的要求来标注某些必要的尺寸，以说明装配体性能规格、装配体“成员”的装配关系、装配体整体大小等。即装配图没有必要标注出零件的所有尺寸，只需标出性能尺寸、装配尺寸、安装尺寸和外形尺寸等。

1. 性能（规格）尺寸

性能（规格）尺寸是表示装配体的工作性能或规格大小的尺寸，这些尺寸是设计时确定的，它也是了解和选用该装配体的依据。如图 10－2 所示滑动轴承孔的直径尺寸 ϕ55H8，表明了该轴承只能使用轴颈基本尺寸为 ϕ55 的轴。

2. 装配尺寸

装配尺寸是表示装配体中各零件之间相互配合关系和相对位置的尺寸，这种尺寸是保证装配体装配性能和质量的尺寸。

（1）配合尺寸。它是表示零件间配合性质的尺寸。如图 10－2 所示配合尺寸有 90H9/f9，65H9/f9，ϕ60H8/k7 等。

（2）相对位置尺寸。它是表示装配时需要保证的零件间相互位置的尺寸。如图 10－2 所示轴承中心轴线到基面的距离 70，两螺栓连接的位置尺寸 85 ±0. 3，轴承盖和轴承座的相对位置尺寸 2 等。

3. 安装尺寸

将装配体安装到其他装配体上或地基上所需的尺寸。如图 10－2 所示的安装螺栓通孔所标注的尺寸 17 和孔距 180 等。

4. 外形尺寸

表示装配体外形大小的总体尺寸，即装配体的总长、总宽、总高，它反映了装配体的大小，提供了装配体在包装、运输和安装过程中所占的空间尺寸。如图 10－2 所示的滑动轴承，总长为 240，总宽为 80，总高为 152。若某尺寸可变化时，应注明其变化范围。

5. 其他重要尺寸

其他重要尺寸是指在设计中确定的而又未包括在上述几类尺寸中的尺寸。其他重要尺寸视需要而定，如主体零件的重要尺寸，齿轮的中心距，运动件的极限尺寸，安装零件要有足够操作空间的尺寸等。

其他重要尺寸包含的情况多、范围广，通常有：

（1）在设计中经计算而确定的其他重要尺寸，如皮带轮的中径、丝杠尺寸等。

（2）为保证运动零件有足够运动空间，安装零件要有足够操作空间等的尺寸。

（3）为了拆画零件图时校核尺寸，有时需要在装配图上连续标注同一方向上的各段尺寸，一般为轴向定位尺寸。

上述五类尺寸之间并不是互相孤立无关的，实际上有的尺寸往往同时具有多种作用。此外，在一张装配图中，也并不一定需要全部注出上述五类尺寸，而是要根据具体情况和要求来确定。

八、装配图的技术要求

在装配图中，还应在图的右下方空白处写出部件在装配、安装、检验及使用过程中的技术要求。主要包括零件装配过程中的质量要求，以及在检验、调试过程中的特殊要求等。

技术要求一般可从以下几个方面来考虑：

1. 装配要求

装配体在装配过程中的注意事项，装配后应达到的要求，如装配间隙、润滑要求等。

2. 检验要求

装配体在检验、调试过程中的特殊要求等。

3. 使用要求

对装配体的维护、保养、使用时的注意事项及要求。

这些技术要求，应根据装配体的结构特点和使用性能的具体需要注写。必要时，可参照类似产品确定。

九、装配图的零件序号

为了便于装配时读图查找零件，便于进行生产准备和图样管理，必须对装配图中所有不同的零件编写序号，并列出零件的明细栏。

1. 零件序号一般规定

（1）装配图中所有的零、部件均应编写序号。

（2）装配图中一个部件（如油杯、滚动轴承、电机等）可以只编写一个序号；同一装配图中相同的零、部件用一个序号，一般只标注一次；多次出现的相同零、部件，必要时可以重复标注。

（3）装配图中零、部件的序号，应与明细栏（表）中的序号一致。

2. 零、部件序号的标注方法

装配图的零、部件序号的要点如下：

从所要标注的零、部件的可见轮廓内涂一圆点，从圆点画指引线，在指引线的另一端用细实线画一水平线或圆圈；在水平线上或圆圈内注写该零、部件的序号，序号的字号要比装配图中所注尺寸数字的字号大一号或两号，如图 10－14（a）所示。

也允许采用不画水平线或圆圈的形式，序号注写在指引线附近，序号字高要比装配图中所注尺寸数字大一号或两号，如图 10－14（b）所示。

对于很薄的零件或涂黑的断面不便画圆点时，可用箭头指向该零件的轮廓线，如图 10－14（c)所示。

指引线相互不能相交，不能与轮廓线或剖面线平行，必要时可画成折线，但只可转折一次，如图 10－14（d）所示。

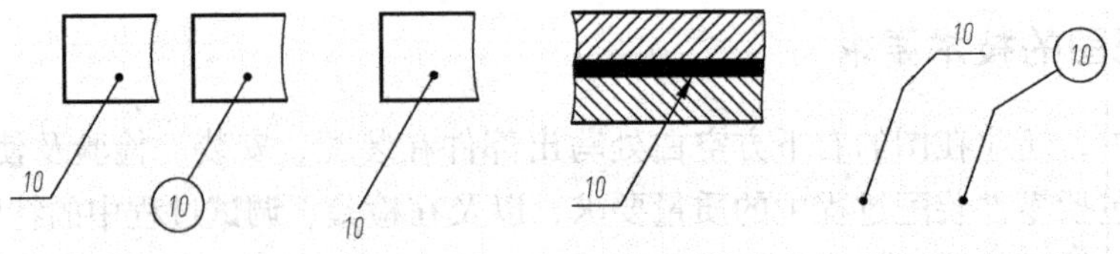

图 10－14　装配图的序号

一组紧固件或装配关系清楚的零件组可采用公共指引线，如图 10－15 所示。

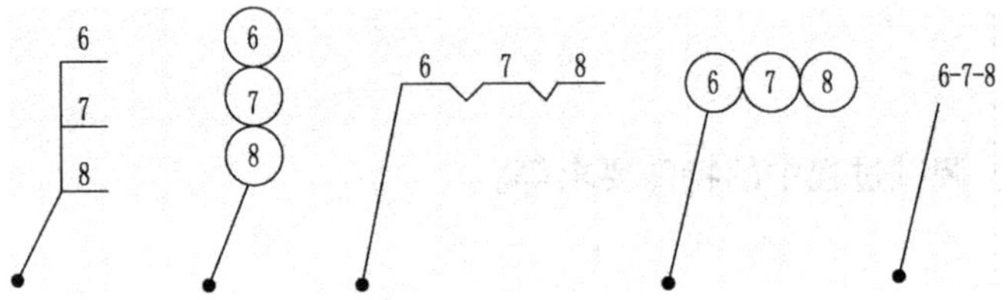

图 10－15　序号的编排方式

3. 零、部件序号标注时的注意事项：

（1）零、部件的序号应注在图形轮廓线的外边。

（2）一组紧固件及装配关系清楚的零件组，可以采用公共指引线。

（3）装配图中相同的零件在各视图中只有一个序号，不能重复。

（4）零件序号应按水平或竖直方向排列整齐，按顺时针或逆时针顺次排列。如果在整张图上无法连续时，可只在每个水平或竖直方向顺次排列。实际标注时，一般是先按一定的位置画好水平线或圆圈，然后依相邻零件顺序，画出指引线与其相连，如图 10－16 所示。

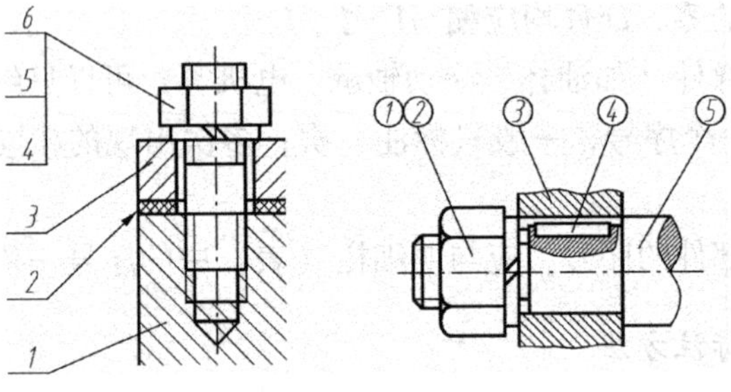

图 10－16　序号排列

十、明细栏

在装配图的右下角必须设置标题栏和明细栏。明细栏位于标题栏的上方，并和标题栏紧连在一起。图 10－17 所示的内容和格式为国家标准规定的明细栏。图 10－18 所示的内容和格式可供制图作业时参考使用，也可以采用其他格式，这里不统一要求。

明细栏是装配体全部零件的目录，由序号、（代号）名称、数量、材料、备注等内容组成，其序号填写的顺序要由下而上。如位置不够时，可移至标题栏的左边继续编写。

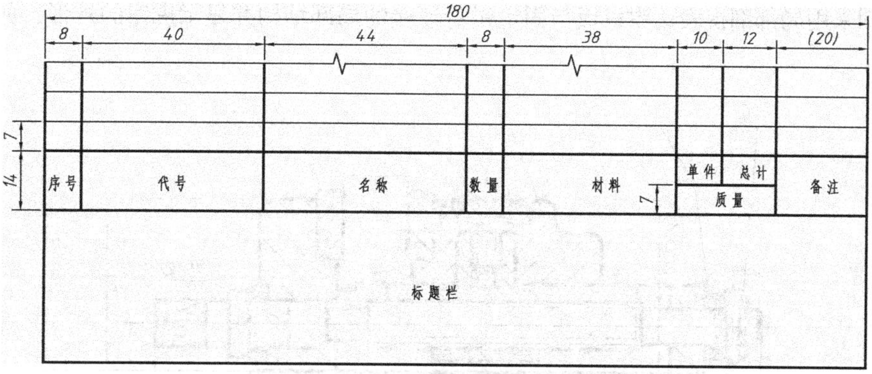

图 10－17　国家标准规定的明细栏

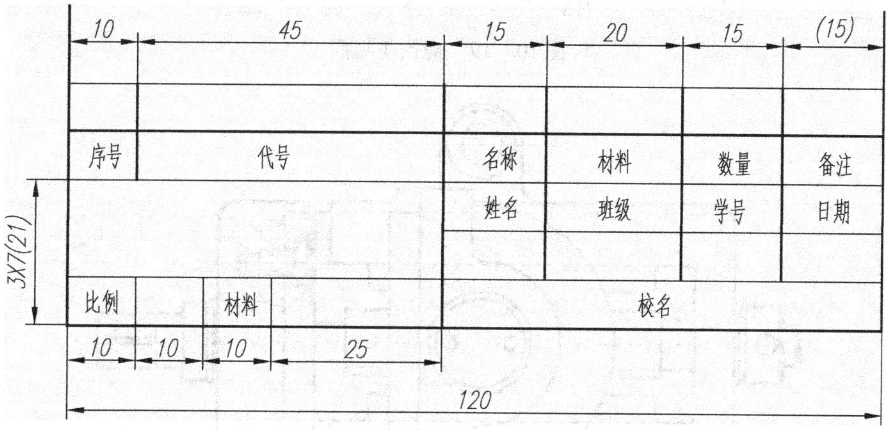

图 10－18　制图作业中使用的明细栏

任务实施

读图 10－1 所示的虎钳装配图的方法与步骤。

1. 概括了解

首先看标题栏，了解装配体名称。然后看零件明细栏，了解零件名称、数量、材料及在装配体中的大概位置。阅读装配图中的有关技术要求，并参考有关说明书，分析零、部件的用途、性能及工作原理。

读图可知：装配体名称为“机用虎钳”，主要由固定钳身、活动钳身、螺杆、滑动螺母等 11 种零件组成，其中标准件 2 种（件 7、件 10），数量、材料见图 10－1 明细栏。机用虎钳主要是用来夹持固定工件的，两钳口板相互平行，使工作面在各种机床（如钻床、铣床、刨床、磨床等）上广泛使用。

2. 深入分析

阅读装配图时，应分析全图采用了哪些表达方法，为什么采用它们，并找出各视图间的投影关系，进而明确各视图所表达的内容。

1）视图分析

主视图采用全剖视、局部剖视图，反映虎钳的工作原理和零件间的装配关系，如图 10－19 所示。

俯视图采用局部剖视表达钳口板与固定钳身连接的局部结构并显示虎钳的外形，如图 10－20 所示。

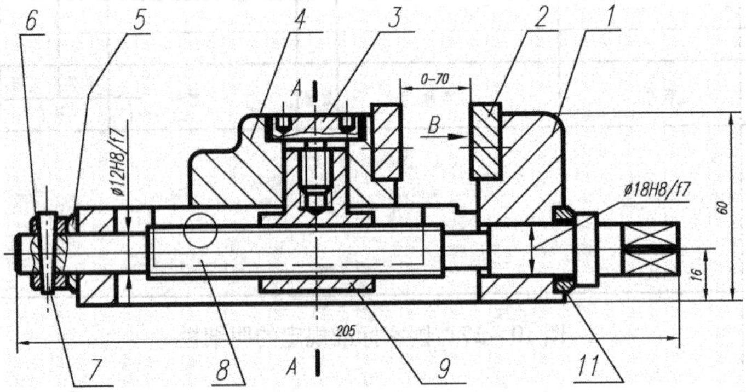

图 10－19　虎钳主视图

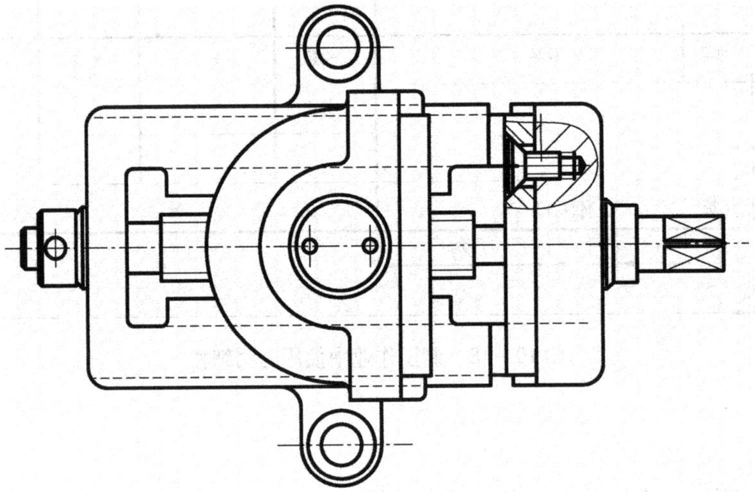

图 10－20　虎钳俯视图

左视图采用半剖视，表达固定钳身、活动钳身与螺母三个零件间的装配关系，如图 10－21 所示。

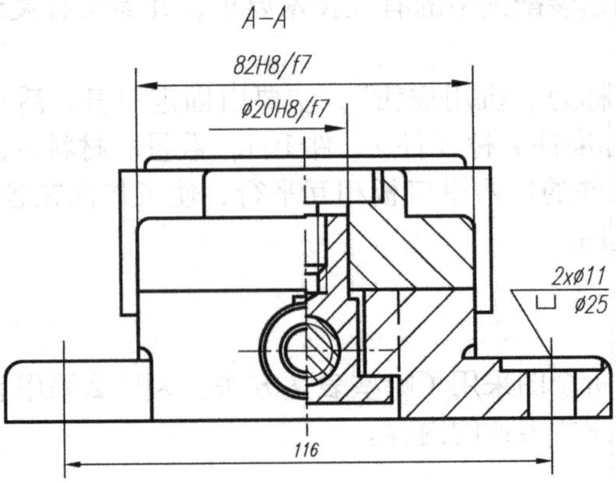

图 10－21　虎钳左视图

$C-C$ 为断面图，用于表达螺杆右端的截面形状，如图 10－22 所示。

标有件 2 的视图是采用局部视图，为单独画法，表达钳口板的形状，如图 10－23 所示。

标有比例的图为局部放大图，是为了表达螺杆上的特殊螺纹（矩形螺纹）的牙形，如图 10－24所示。

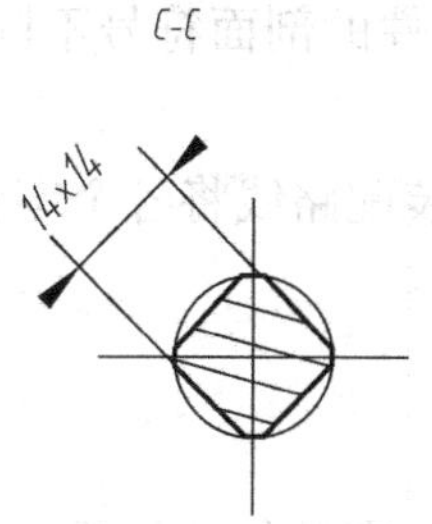

图 10－22 断面图

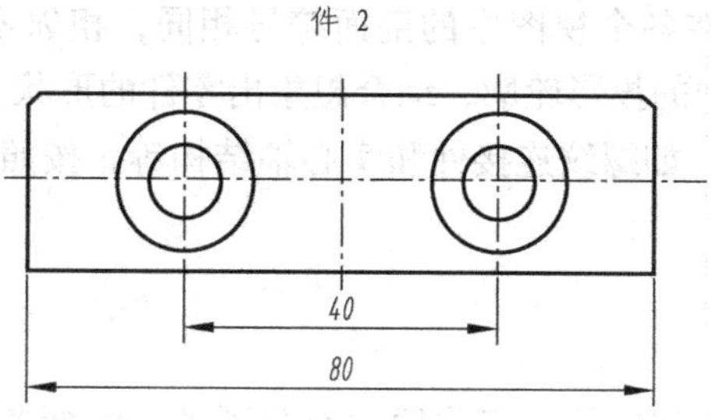

图 10－23 局部视图

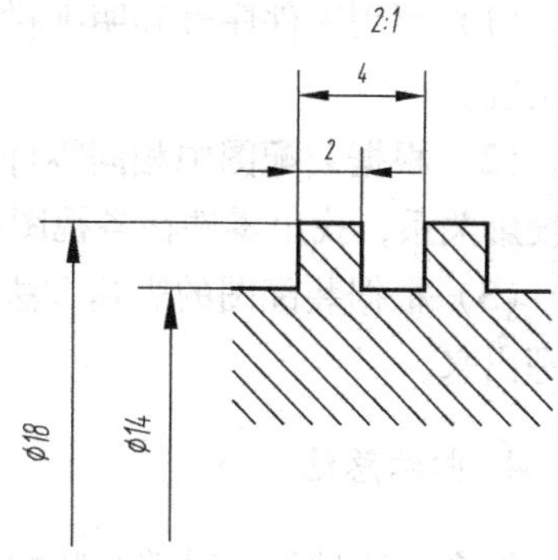

图 10－24 局部放大图

2）装配关系和工作原理分析

活动钳身通过螺钉与滑动螺母连接在一起，转动螺杆（起传动作用），使活动钳身沿螺杆轴线方向移动，两块钳口板分别用螺钉固定在固定钳座和活动钳身上，活动钳身与滑动螺母通过螺钉连接固定在一起。机用虎钳的装拆顺序如下：

拆圆柱销 7→环 6→拔出螺杆 8（旋动将活动钳身 4 连同滑动螺母 9 退出）→旋出螺钉 3（拆解滑动螺母 9 和活动钳身 4）→旋出螺钉 10（将护口板 2 分别与两钳身分离）。

弄清零件之间用什么方式连接，零件是如何固定、定位的。

（1）螺杆的轴向定位与固定：右下方通过左端垫圈 5、圆环 6、销 7 和右端的垫圈 11 固定钳身的台阶面。

（2）活动钳身与螺母连接：通过螺钉 3。

（3）钳口板与固定钳身、活动钳身的连接：通过螺钉 10。

3）分析尺寸和技术要求

图中标注的尺寸共有 13 个。其中：

（1）规格尺寸。主视图中的尺寸 0～70 是钳口的张合距离，体现能装夹物体的极限范围（装夹能力）。

（2）装配尺寸。螺杆左右两端与固定钳身的配合尺寸 ϕ12H8/f7、ϕ18H8/f7、滑动螺母与活动钳身之间的配合尺寸 ϕ20H8/h7 均为装配尺寸。

（3）安装尺寸。钳身安装孔孔径尺寸 2×ϕ11，安装孔孔心距 116。

（4）总体尺寸。虎钳总体长、高尺寸：205、60，总宽尺寸由 116＋底板两侧圆弧直径。

（5）其他重要尺寸。螺杆轴线到钳身底面的距离尺寸 15，钳口板大小尺寸 80、22 及与钳身安装时的两螺钉孔距 22。

3. 拆分零件

1）零件分类

（1）标准件。一般不需画图，可直接外购。如图 10－2 中的件 7、件 10。按规定的标记代号，列出标准件明细栏表即可。

（2）一般零件。它是拆画零件图的主要对象，图 10 -2 中除件 7、件 10 外，其余均为一般零件，都应拆画零件图。

2）分离零件

（1）利用零件序号和明细栏确定零件的名称、数量、材料、规格等，并找出在装配图中的位置。

（2）根据装配图中相同零件在各个视图中的剖面符号相同，相邻零件的剖面符号不同，按投影关系，找出零件在各视图中的投影轮廓，综合想象出零件的形状。

（3）根据装配图的表达方法，如螺纹连接件和实心轴结构等，按照装配路线将各个零件梳理出来。

4. 归纳总结

综合上述过程，对整个装配体的结构、工作原理充分了解，掌握各个零部件的位置、装配关系、作用，想象立体形状等。

思考与练习

一、填空题

1. 装配图中的五类必要尺寸分别是（1）________________、（2）________________、（3）__________、（4）_________、（5）_________。

2. 国家标准规定装配图中每一种零、部件都必须编写________序号。序号应标注在图形轮廓线的__________（外、里）边。图中零、部件序号应与明细栏中该件的序号________。

3. 形状、尺寸完全相同的零件只编一个序号，但需把数量填写在________内。标准化组件（如滚动轴承、油杯、电动机等）看作一个________，只编写一个序号。

4. 零、部件序号的标注位置应以______图周围的区域为主，序号要沿______或______方向按顺时针或逆时针次序排列整齐，同一张图中的序号形式应当______。

5. 指引线应从所指零件的可见轮廓内引出，在末端画一______或________（也可不画）。指引线不能彼此相交。尽量不穿过或少穿过________，当穿过有剖面线的区域时，不应与剖面线______。必要时，指引线可画成________，但只允许弯折一次。

6. 同一组紧固件及装配关系清楚的零件组，允许采用________指引线。

二、问答题

装配图中的技术要求通常书写什么内容？

任务 10 -2　拆画装配图

在设计、装配、安装、调试及进行技术交流时，都要读装配图，能看懂装配图是每个工程技术人员必须具备的基本能力，也是完成实际工作任务的根本保障。要真正看懂装配图，除了掌握必要的制图知识外，还应有一定的生产实践知识，包括一般的结构设计和制造工艺知识，以及与零件有关的专业知识。工程技术人员都必须重视看装配图的实践，并注意不断总结经验，逐步提高看图能力。

任务要求

通过本任务的学习，达到以下目标：

➢ 掌握识读装配图的方法、步骤。识读装配图的全部内容，了解装配体的用途、功能及工作原理。

➢ 找出主要零件，弄清各零件的相互位置、装配关系、连接方式及装拆顺序，想象零件和装配体的立体形状，弄清各零件的结构形状和作用。

➢ 以图 10－1 所示机用虎钳装配图为例，拆画图中的固定钳身。

相关知识

一、装配体的工艺结构

除了应根据设计要求确定零件的结构外，还要考虑其加工和装配的合理性，否则就会给装配工作带来困难，甚至不能满足设计要求。下面介绍几种最常见的装配工艺结构。

1. 接触面转角处的结构

两配合零件在转角处不应设计成相同的圆角，否则既影响接触面之间的良好接触，又不易加工，轴肩面和孔端面相接触时，应在孔边倒角，或在轴的根部切槽，以保证轴肩与孔的端面接触良好，如图 10－25 所示。

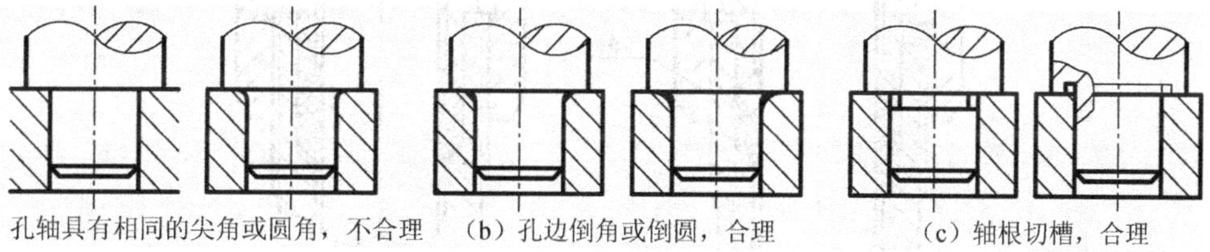

图 10－25　接触面转角处的结构

2. 两个零件接触面的数量

两个零件接触时，在同一方向上只能有一对配合面和接触面，这样既可保证两个零件配合性质和接触良好，又可降低加工要求，如图 10－26 所示。

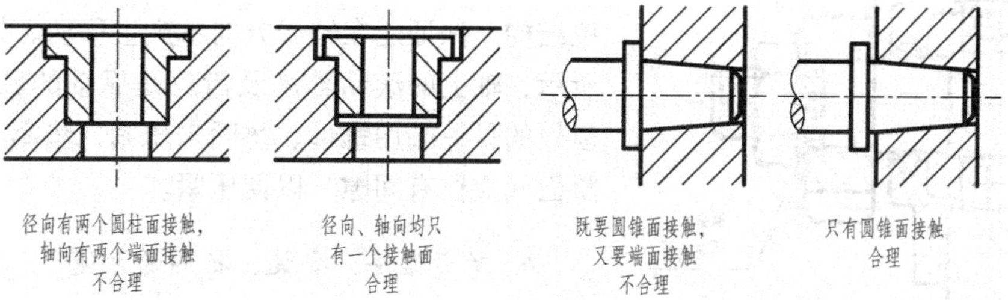

图 10－26　同一方向上只能有一个接触面

3. 减少加工面积

为了使螺栓、螺钉、垫圈等紧固件与被连接表面接触良好，减少加工面积，应把被连接表面加工成凸台或凹坑，如图 10－27 所示。

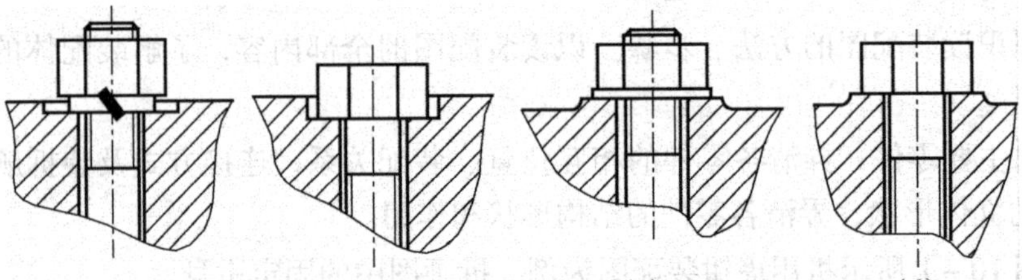

图 10－27　凸台或凹坑

4. 密封装置的结构

在一些部件或机器中，常需要有密封装置，以防止液体外流或灰尘进入。如图 10－28 所示的密封装置是用在泵和阀上的常见结构。通常用浸油的石棉绳或橡胶作为填料，拧紧压盖螺母，通过填料压盖即可将填料压紧，起到密封作用。但填料压盖与阀体端面之间必须留有一定间隙，才能保证将填料压紧；而轴与填料压盖之间应有一定的间隙，以免转动时产生摩擦，如图 10－28（a）所示，留有一定间隙，是正确的；如图 10－28（b）所示，没有留间隙，是错误的。

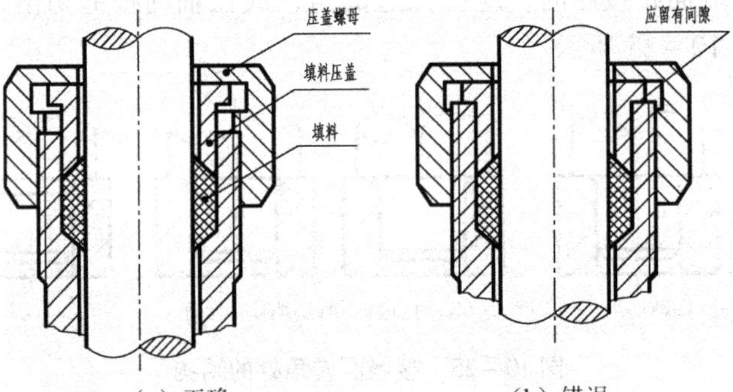

图 10－28　填料与密封装置

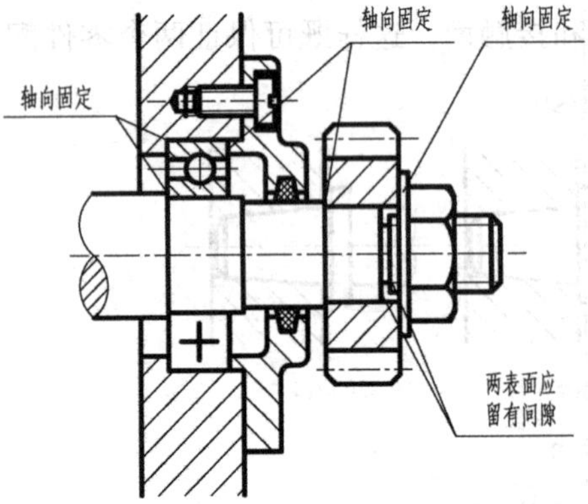

图 10－29　轴向定位结构

5. 零件在轴向的定位结构

装在轴上的滚动轴承及齿轮等一般都要有轴向定位结构，保证能在轴线方向不产生移动。如图 10－29 所示，轴上的滚动轴承及齿轮是靠轴的轴肩来定位，齿轮的另一端用螺母、垫圈来压紧，垫圈与轴肩的台阶面间应留有间隙，以便压紧。

6. 考虑维修、安装、拆卸的方便

（1）滚动轴承若以轴肩或孔肩定位，则轴肩或孔肩的高度应小于轴承内圈或外圈的厚度，使维修时便于从孔中拆卸出滚动轴承，如图 10－30 所示。

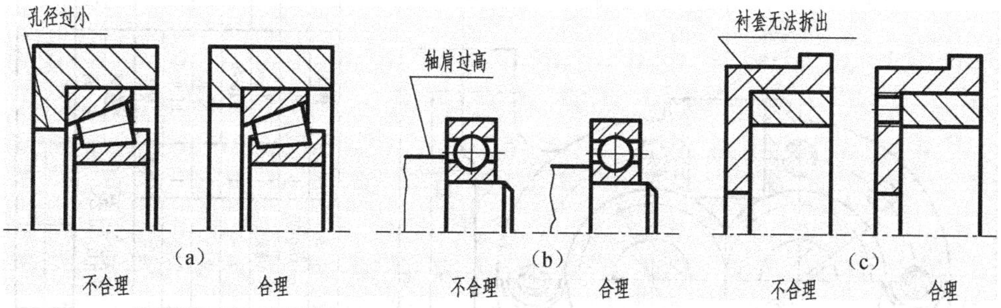

图 10－30　滚动轴承和衬套的定位结构

（2）在安排螺钉位置时，应考虑扳手的空间活动范围，如图 10－31 所示。图 10－31（a）中所留空间太小，扳手无法使用，图 10－31（b）是正确的结构形式。

应考虑螺钉放入时所需要的装卸空间，如图 10－32 所示。图 10－32（a）中所留空间太小，螺钉无法放入，图 10－32（b）是正确的结构形式。

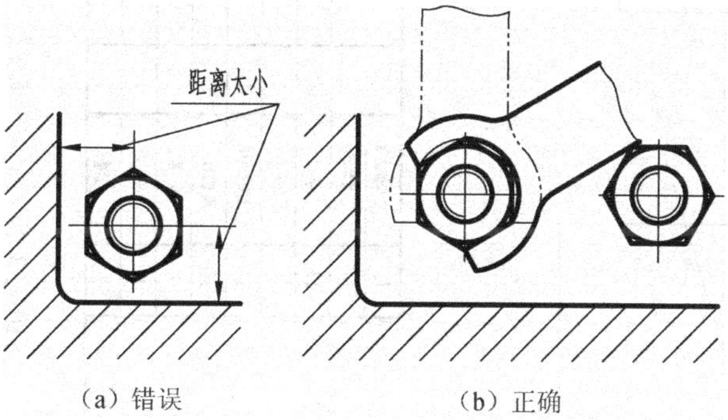

图 10－31　留出扳手活动空间

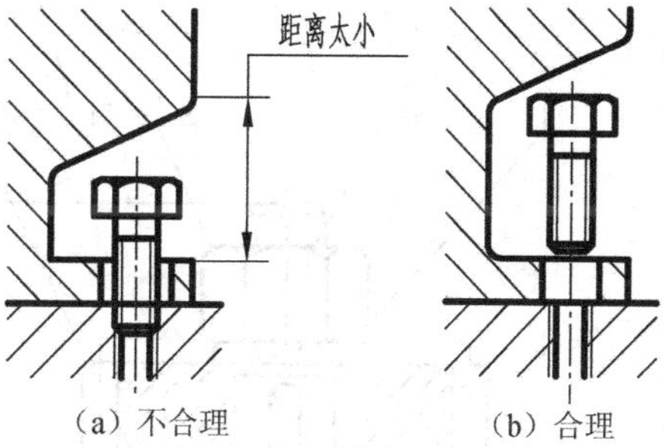

图 10－32　留出螺钉装卸空间

二、读装配图的基本方法

在装配机器、维护和保养设备、从事技术改造的过程中，都需要读装配图，其目的是了解装配体的规格、性能、工作原理，以及各个零件之间的相互位置、装配关系、传动路线及各零件的主要结构形状等。例如，在设计中，需要依据装配图来设计零件并画出零件图；在装配机器时，需根据装配图将零件组装成部件或机器；在设备维修时，需要参照装配图进行拆卸和重新装配；在技术交流时，则要参阅有关装配图才能了解、研究一些工程、技术等问题。因此，工程技术人员必须具备读装配图的能力。

读装配图的一般要求：

（1）了解装配体的功用、性能和工作原理，以及装配体的使用、调整方法等。

（2）弄清楚各零件间的装配关系，各零件如何定位、固定和装拆次序。

（3）弄清楚各零件的主要结构形状和作用等。

（4）了解技术要求中的各项内容。

现以图 10－33 所示齿轮油泵为例，介绍读装配图的方法和步骤。

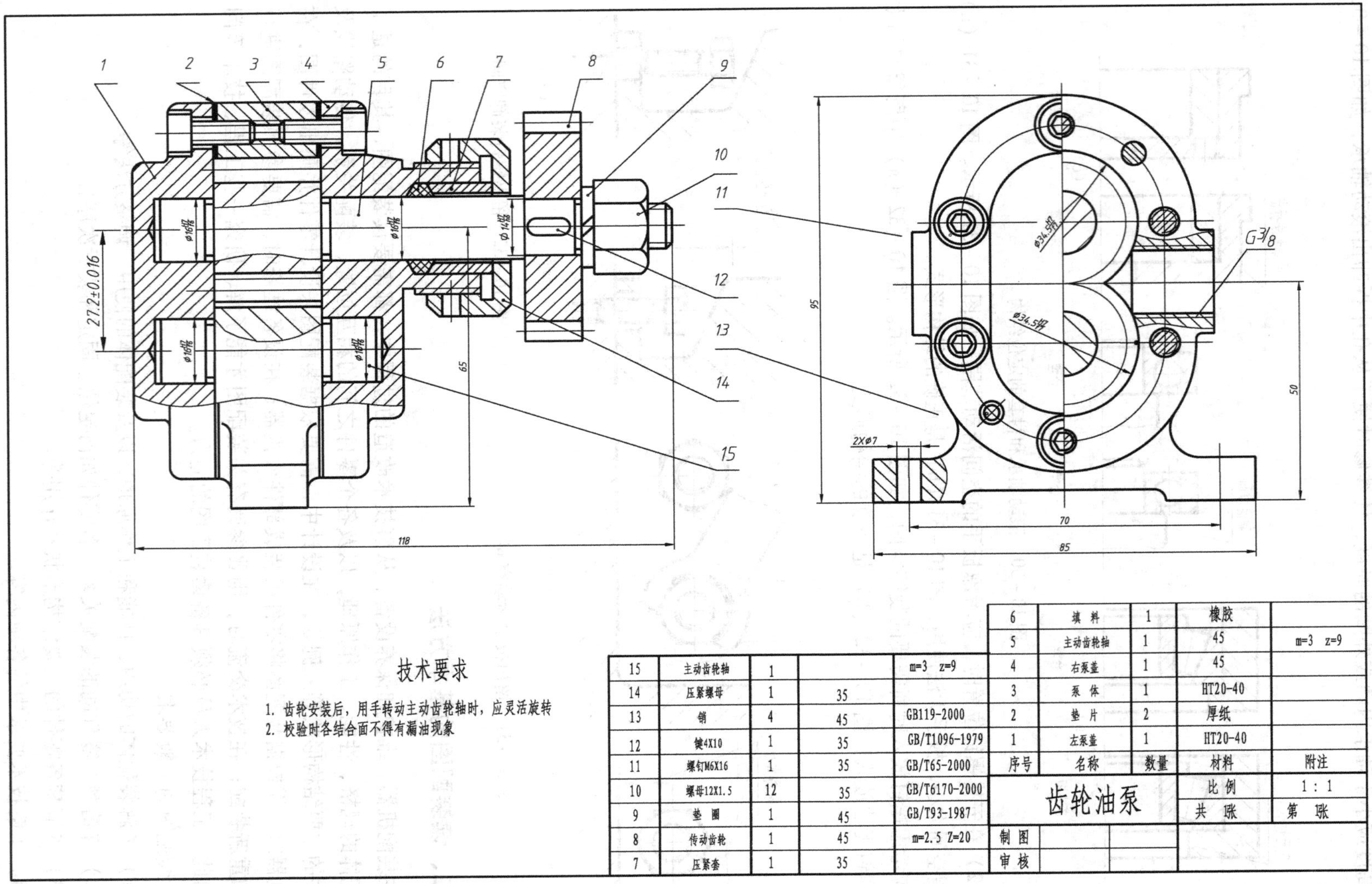

图10－33 齿轮轴泵装配图

1. 概括了解

(1) 从标题栏了解装配体名称，大致用途及绘图的比例等。根据绘图比例，查外形尺寸，可明确装配体大小。

齿轮油泵是机器润滑、供油系统中的一个部件，用来为机器输送润滑油，是液压系统中的动力元件。从绘图的比例 1∶1，齿轮油泵外形尺寸 118×85×95，可以对该装配体体形的大小有一个印象。

(2) 从零件编号及明细栏中，可以了解零件的名称、数量及在装配体中的位置。从明细栏了解装配体由哪些零件组成，标准件和非标准件各为多少，以判断装配体的复杂程度。

齿轮油泵是由泵体、传动齿轮、齿轮轴、泵盖等零件组成。齿轮油泵由 15 种 28 个零件组成，4 种标准件，属简单装配体。

(3) 分析视图，了解各视图、剖视、断面等相互间的投影关系及表达意图。了解视图数量、视图的配置，找出主视图，确定其他视图的投射方向，明确各视图的画法。

齿轮油泵共有两个基本视图，主视图采用全剖视图，表达了齿轮泵的装配关系。左视图沿左泵盖与泵体结合面剖开，由于油泵在此方向内外结构形状对称，故此视图采用了一半拆卸剖视和一半外形视图的表达方法——半剖，表达了一对齿轮的啮合情况；此外还采用了局部剖视，表达了进出口油路。

2. 分析视图，了解工作原理

根据视图配置，找出它们的投影关系。对于剖视图，要找到剖切位置。分析所采用的表达方法及表达的主要内容。

如图 10－33 所示的齿轮油泵共用了两个视图，主视图是用两相交剖切平面剖切的全剖视图，它将该部件的结构特点和零件间的装配、连接关系大部分表达出来。由于油泵内外结构形状对称，左视图为半剖视图，采用沿左端面剖切的拆卸画法，表达泵室内齿轮啮合情况，以及泵体的形状和螺钉的分布情况。主视图中的局部剖视图表达了一对齿轮的啮合情况，左视图中的局部剖视图则是用来表达进油口和出油口。

一般情况下，直接从图样上分析装配体的传动路线及工作原理。当装配体比较复杂时，需参考产品说明书。

如图 10－33 所示的齿轮油泵，当外部动力经齿轮传至传动齿轮 8 时，即产生旋转运动。当它逆时针方向（在左视图上观察）转动时，通过键 12 带动传动齿轮轴 5，再经过齿轮啮合带动从动齿轮，从而使齿轮轴 15 顺时针方向转动。当主动齿轮逆时针方向转动时，从动齿轮顺时针方向转动，齿轮啮合区右边的轮齿逐渐分开时，齿轮油泵的右腔空腔体积逐渐扩大，油压降低，形成负压，油箱内的油在大气压的作用下经吸油口吸入齿轮油泵的右腔，齿槽中的油随着齿轮的继续旋转被带到左腔；而左边的各对轮齿又重新啮合，空腔体积缩小，使齿槽中不断挤出的油成为高压油，并由压油口压出，这样，泵室右面齿间的油被高速旋转的齿轮源源不断地带往泵室左腔，然后经管道被输送到机器中需要供油的部位，如图 10－34 所示。

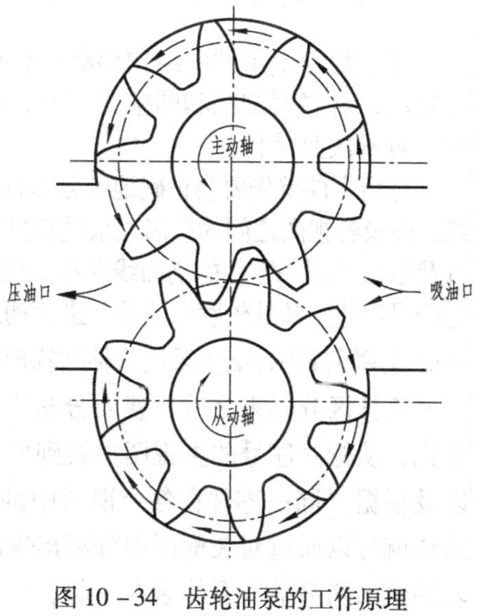

图 10－34 齿轮油泵的工作原理

3. 分析零件间的装配关系及装配体的结构

分析零件间的装配关系及装配体的结构是读装配图进一步深入的阶段，需要把零件间的装配关系和装配体结构搞清楚。细致分析视图，弄清各零件之间的装配关系，以及各零件主要结构形状，各零件如何定位、固定，零件间的配合情况，各零件的运动情况，零件的作用和零件的拆装顺序等。

如图 10－33 所示，齿轮油泵主要有两条装配线：一条是主动齿轮轴系统，它是由主动齿轮轴 5 装在泵体 3 和左泵盖 1 及右泵盖 4 的轴孔内，在主动齿轮轴上装有填料 6、压紧套 7 及压紧螺母 14，在主动齿轮轴右边伸出端装有齿轮 8、垫圈 9 及螺母 10。另一条是从动齿轮轴系统。从动齿轮轴 15 也是装在泵体 3 和左泵盖 1 及右泵盖 4 的轴孔内，与主动齿轮啮合。

对于齿轮泵的结构可分析如下：

(1) 连接和固定方式。在齿轮油泵中，左泵盖 1 和右泵盖 4 都是靠内六角螺钉 11 与泵体 3 连接，并用销 13 来定位。填料 6 是由压紧套 7 及压紧螺母 14 将其挤压在右泵盖相应的孔槽内。齿轮 8 靠主动齿轮轴 5 端面定位，用螺母 10 及垫圈 9 固定。两齿轮轴向定位，是靠两泵盖端面及泵体两侧面分别与齿轮两端面接触。从图 10－33 中可以看出，采用 4 个圆柱销定位、12 个螺钉紧固的方法将两个泵盖与泵体连接在一起。

(2) 配合关系。凡是配合的零件都要弄清基准制、配合种类、公差等级等。这可由图上所标注的极限与配合代号来判别。如两齿轮轴与两泵盖轴孔的配合均为 ϕ16H7/f6。两齿轮与两齿轮腔的配合均为 ϕ34. 5H8/f7。它们都是基孔制、间隙配合，都可以在相应的孔中转动。

(3) 密封装置。泵、阀之类部件，为了防止液体或气体泄漏以及灰尘进入内部，一般都有密封装置。在齿轮油泵中，主动齿轮轴 5 伸出端用压紧套和压紧螺母 14 压紧填料 6 加以密封；两泵盖与泵体接触面间放有垫片 2 的作用也是密封防漏。

(4) 装拆顺序。装配体在结构设计上都应有利于各零件能按一定的顺序进行装拆。齿轮油泵的拆卸顺序是：先拧出螺母 10，取出垫圈 9、齿轮 8 和键 12，旋出压紧螺母 14，取出压紧套 7；再拧出左右泵盖上各 6 个螺钉 11，两泵盖、泵体和垫片即可分开，然后从泵体中抽出两齿轮轴。对于销和填料可不必从泵盖上取下。如果需要重新装配，可按拆卸的相反次序进行。

4. 分析零件，看懂零件的结构形状

弄清楚每个零件的结构形状和作用是读懂装配图的重要标志。在分析清楚各视图表达的内容后，对照明细栏和图中的序号，逐一分析各零件的结构形状。分析时一般从主要零件开始，再看次要零件。

分析零件首先要会正确地区分零件。区分零件的方法主要是依靠不同方向和不同间隔的剖面线，以及各视图之间的投影关系进行判别。从标注该零件序号的视图入手，用对线条找投影关系，以及根据“同一零件的剖面线在各个视图上方向相同、间隔相等”的规定等，将零件在各个视图上的投影范围及其轮廓搞清楚，进而构思出该零件的结构形状。此外，分析零件主要结构形状时，还应考虑零件为什么要采用这种结构形状，以进一步分析该零件的作用。

零件区分出来之后，就要分析零件的结构形状和功用。例如，齿轮油泵件的结构形状。首先，从标注序号的主视图中找到件 4，并确定该件的视图范围；然后用对线条找投影关系，以及根据“同一零件在各个视图中剖面线应相同”这一原则来确定该件在左视图中的投影。这样就可以通过对装配图中分离出来的属于该件的投影进行分析，想象出它的结构形状。齿轮油泵的两泵盖与泵体装在一起，将两齿轮密封在泵腔内，同时对两齿轮轴起支承作用，所以需要用圆柱销来定位，以便保证左泵盖上的轴孔与右泵盖上的轴孔能够很好地对中。

分析清楚零件之间的配合关系、连接方式和接触情况，能够进一步了解装配体。

5. 归纳总结

在详细分析各个零件之后，可综合想象出装配体的结构和装配关系，弄懂装配体的工作原理，拆卸顺序。还需对装配图所注尺寸及技术要求（符号、文字）进行分析研究，进一步了解装配体的设计意图和装配工艺。主动齿轮轴 5 与传动齿轮 8 的配合为 ϕ14H7/k6，为基孔制过渡配合。ϕ16H7/h6 为基孔制间隙配合。ϕ34. 5H8/f7 为基孔制间隙配合。尺寸 27. 2 ± 0. 016 为重要尺寸，反映出对啮合齿轮中心距的要求。118 为总长尺寸，85 为总宽尺寸，95 为总高尺寸。2 × ϕ7、70 为安装尺寸。这样，对装配体的全貌就有了进一步的了解，从而读懂装配图，为进一步拆画零件图打好了基础。齿轮油泵的立体图如图 10 – 35 所示。

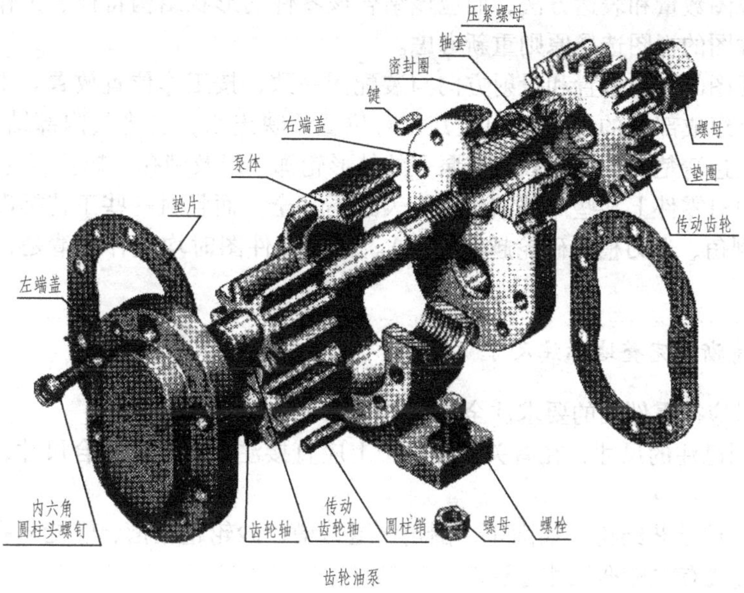

图 10 – 35　齿轮油泵的立体图

以上所述是读装配图的一般方法和步骤，事实上有些步骤不能截然分开，而要交替进行。再者，读图总有一个具体的重点目的，在读图过程中应该围绕这个重点目的去分析、研究。只要能够达到这个重点目的，就可以不拘一格，灵活地解决问题。

三、由装配图拆画零件图

在设计新机器时，通常根据使用要求，先画出装配图，确定实现其工作性能的主要结构，然后依据装配图来设计零件并画出零件图。由装配图拆画零件图不仅是机械设计中的一个重要环节，也是考核检查能否读懂装配图的重要手段。

根据装配图拆画零件图，不仅需要较强的读图、画图能力，而且需要有一定的设计和工艺知识。现以图 10 – 35 所示的齿轮油泵 4 号零件右泵盖为例，简要说明拆画零件图的方法和步骤。

1. 认真读懂装配图，掌握所拆画零件的轮廓和结构形状

拆图前必须认真读懂装配图。在一般情况下，主要零件的结构形状在装配图上已表达清楚，而且主要零件的形状和尺寸还会影响其他零件。因此，可以从拆画主要零件开始。对于

一些标准零件，只需要确定其规定标记，可以不拆画零件图。

拆画零件时，先从各个视图上区分出零件。应当注意，在装配图中，由于零件间的相互遮掩或采用了简化画法、夸大画法等，零件的具体形状或某些形状不能完全表达清楚，这时，零件的某些不清楚部位应根据其作用和与相邻零件之间的装配关系进行分析，补充完善零件图。

在装配图的主视图中，分离出右泵盖的投影，左视图不能直接反映其端面形状。从主视图上看，左右端盖的销孔、螺孔均与泵体贯通，与泵体接触部分的结构和它们所起的作用完全相同。据此，可确定右泵盖的端面形状与左泵盖的端面形状完全一致。

装配图的视图选择方案主要是从表达装配体的装配关系和整个工作原理来考虑的，而零件图的视图选择则主要是从表达零件的结构形状这一特点来考虑。由于表达的出发点和主要要求不同，所以在选择视图方案时就不应强求与装配图一致，即零件图不能简单地照抄装配图上该零件的视图数量和表达方法，而应该结合该零件的形状结构特征、工作位置或加工位置等，按照零件图的视图选择原则重新考虑。

右泵盖主视图的安放位置和投射方向与装配图一致，按工作位置放置。主视图采用全剖视图，可将三个组成部分的外部结构及其相对位置反映出来，也将其内部结构，如阶梯孔、销孔、螺孔等表达清楚。右视图表达右泵盖的外形轮廓，以及销孔、螺孔等的分布情况。

在装配图中对零件上某些局部结构可能表达不完全，而且对一些工艺标准结构还允许省略（如圆角、倒角、退刀槽、砂轮越程槽等）。在画零件图时均应补画清楚，对标准结构应查表确定。

2. 合理、清晰、完整地标注尺寸

拆画零件时应按零件图的要求注全尺寸。

（1）装配图已注的尺寸，在有关的零件图上应直接注出。对于配合尺寸，一般应注出尺寸的上下偏差。

（2）对于一些工艺结构，如圆角、倒角、退刀槽、砂轮越程槽、螺栓通孔等，应尽量选用标准结构，查阅有关标准尺寸标注。

（3）对于与标准件相连接的有关结构尺寸，如螺孔、销孔、键槽等尺寸，应查阅有关手册资料确定。

（4）有的零件的某些尺寸需要根据装配图所给的数据进行计算才能得到（如齿轮分度圆、齿顶圆直径等），需经计算确定。

（5）一般尺寸均按装配图的图形大小、图的比例，可从装配图中按比例直接量取，并将量得的尺寸数值圆整。

应该特别注意，各零件间有装配关系的尺寸必须协调一致，配合零件的相关尺寸不可互相矛盾。相邻零件接触面的有关尺寸和连接件有关的定位尺寸必须一致，拆图时应一并将它们注在相关的零件图上。

3. 零件图上的技术要求

要根据零件在装配体中的作用和与其他零件的装配关系及工艺结构等要求，参考有关资料和同类产品，标注出该零件的表面粗糙度等方面的技术要求。有配合要求或有相对运动的表面，零件表面质量要求较高。在标题栏中填写零件的材料时，应和明细栏中的内容一致。泵体的零件图如图 10－36 所示。

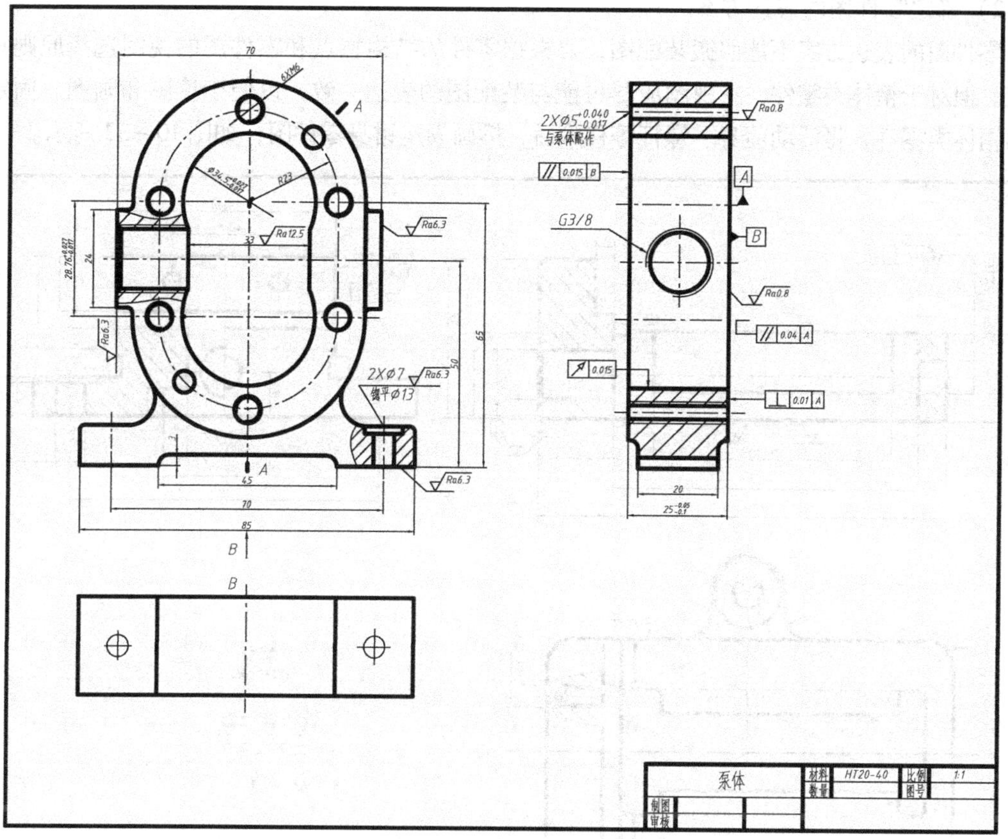

图 10－36　泵体零件图

任务实施

以图 10－1 所示机用虎钳装配图为例，拆画图中的固定钳身。具体拆图过程和方法如下所述。

1. 拆画零件

1）想象并确定零件的形状

机用虎钳大部分零件的结构可以在装配图中确定，少数复杂零件的某些局部结构，有时在装配图上无法表达清楚，需要进行构形设计。另外，装配图主要表示零件间的装配关系，至于每个零件某些部分的形状和详细结构并不一定都已表达完全，装配图的简化画法中允许不画出的结构，在零件图上必须补画。因此首先要根据零、部件的作用，并且结合它和有关零件的关系进行分析判断，构思出零件的结构形状，并将隐含、未知部分的形状确定下来，然后确定尺寸和技术要求，完成拆画零件图。具体方法如下：

（1）装配图的简化画法中允许不画出的细小结构，在拆画零件时，应查阅相关手册，把省略的结构补画出来，例如，机用虎钳中的螺纹紧固件等结构。

（2）在装配图中零件间相互遮挡的结构和线条，在零件图中要补画出来。

（3）有些结构在装配图中没必要表达得十分清楚，根据零件已知结构、作用、相邻零件间的连接、工艺性和零件结构常识等因素，进行全面综合的构形设计。

2）确定零件图的表达方案

零件图的表达方案不能照搬装配图，要根据零件的结构特点和零件图的视图选择原则重新确定。但对于箱体类零件，主视图应尽可能与装配图的表达一致，以便于读图和画图。固定钳身属箱体类零件，将活动前身、螺杆等移除后，拆画固定钳身零件图，如图 10－37 所示。

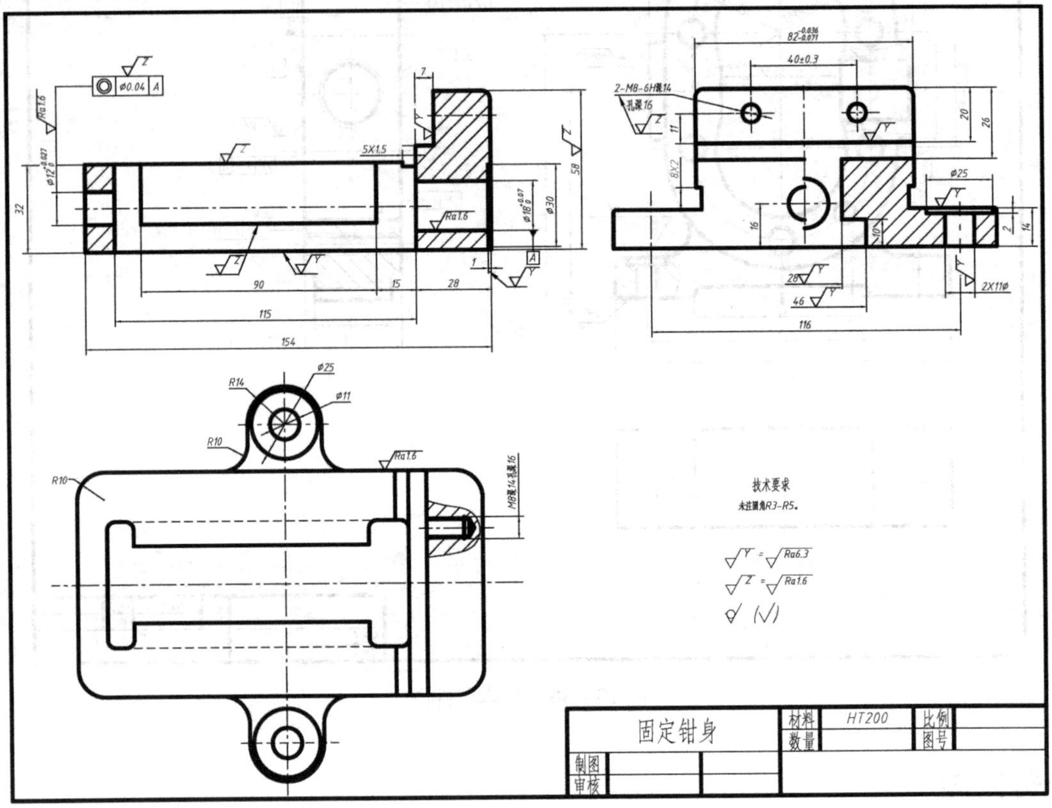

图 10－37 固定钳身零件图

2. 标注零件尺寸

零件尺寸的来源可归结为以下四个字。

（1）抄：在装配图中注出的与零件有关的装配尺寸，在零件图上直接抄注，如图 10－38 所示的 $\phi 18_{0}^{+0.07}$、$\phi 12_{0}^{+0.027}$ 和 $2\times\phi 11$、116 等。

（2）查：在装配图中，与标准件连接或配合的尺寸可以省略，但在拆画零件图时必须恢复这些小结构的尺寸，可查阅相关手册确定，例如，键槽、销钉、螺纹连接件等结构和尺寸，如 $\phi 25$ 刮平等，如图 10－38 所示。

（3）算：根据装配图中给出的尺寸参数，计算零件的有关尺寸，如齿轮的分度圆、齿顶圆可依据齿轮的模数和齿数等基本参数计算得出。

（4）量：装配图中未确定的尺寸，要从装配图中按比例量取。

总之，零件尺寸可从抄、查、算、量四种途径获得。

3. 注写零件技术要求

零件的技术要求是保证零件加工质量的重要内容，应根据零件作用、与相关零件的装配关系和工艺结构等方面的要求来确定。表面结构度、几何公差及热处理等技术要求，必须根据零件的作用、相对运动和配合要求等具体情况确定。技术要求的制订和注写是否妥当，直接关系到零件的加工质量和使用要求，而且涉及许多专业知识。零件技术要求的注写方法如下所述。

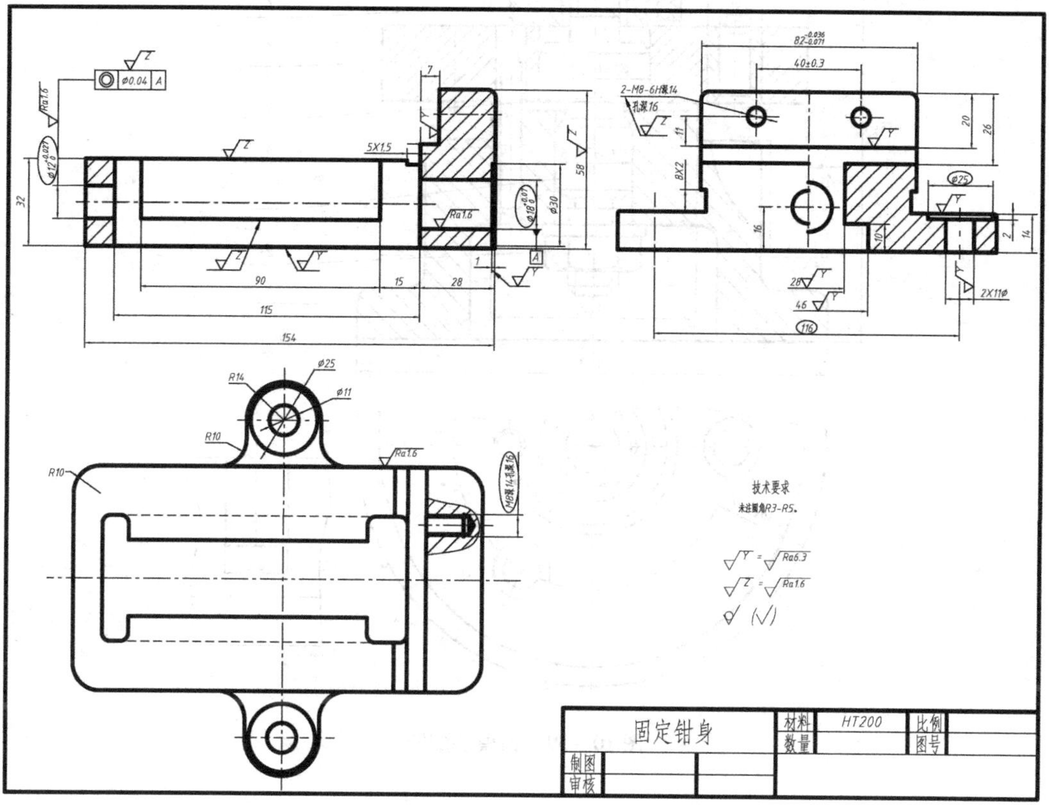

图 10－38 与标准件连接或配合等小结构尺寸必须恢复

（1）抄：根据装配图标注的配合尺寸和技术要求，在零件图中抄注。

（2）类比：将零件与其他类似零件进行比较，取其类似的技术要求，如表面结构度、几何公差等，固定钳身属于铸件，多处出现铸造圆角，因此可以参考铸件类零件的技术要求。

（3）设计确定：根据理论分析及设计经验确定。

思考与练习

读如图 10－39 所示钻模装配图，回答下面问题：

（1）钻模由______种零件组成，其中标准件有_________个。

（2）钻模装配图由________个图形组成，它们分别是____________________图形。

（3）工件在钻模中是怎样定位和夹紧的？

（4）销钉 4 的作用是___________________________________，底座 1 上三个小圆弧的作用是____________________。

（5）图中 ϕ8H7/k6 表示件____________________。在零件图上标注这一配合要求时，孔的标注方法是____________________，轴的标注方法是____________________。

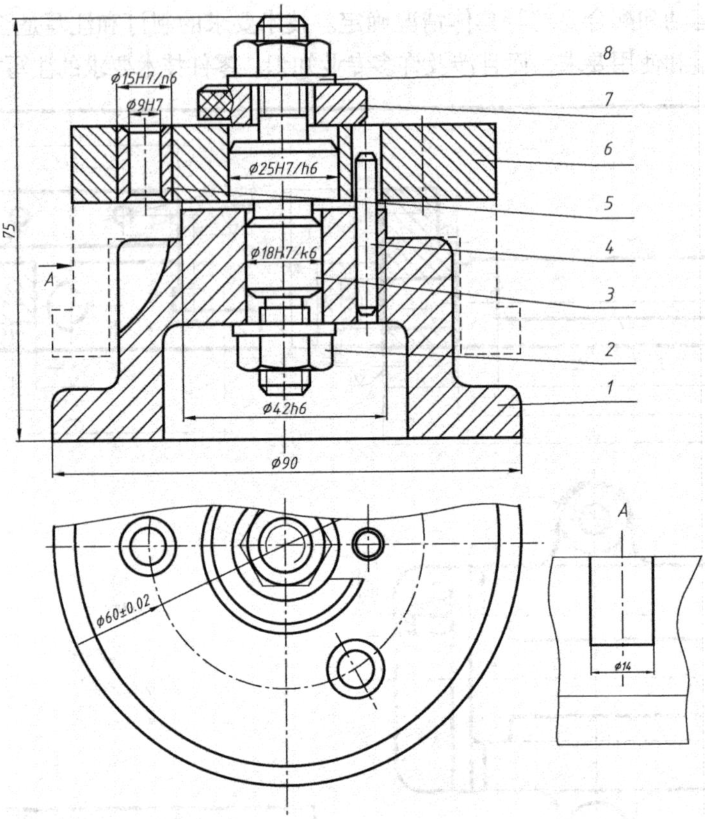

图 10 – 39　钻模装配图

任务 10 – 3　装配体测绘和装配图画法

无论是机器或部件的测绘仿制，还是进行新产品的设计研发，都需要绘制装配图，因此绘制装配图是工程技术人员必须掌握的一项基本技能。

绘制装配图的过程就是设计产品的过程。绘制装配图的方法很多，例如，根据装配示意图和零件图画装配图，由装配体的轴测图和零件图画装配图，根据现有的机器或部件进行测绘画装配图，等等。以上方法虽各不相同，但各方法之间相互也有共性规律，在学习中应注意体会。

任务要求

通过本任务的学习，达到以下目标：

- 能根据装配示意图和零件图拼画装配图。
- 能较好地选择装配体的主视图和视图表达方案、合理标注尺寸和注写技术要求。
- 能进行部件测绘，并绘制装配图。

➢ 绘制图 10－40 所示的滑动轴承装配图。

相关知识

一、铣刀头零件图及装配示意图

铣刀头是铣床上的专用部件，铣刀装在铣刀盘上，铣刀盘通过键与轴连接，当动力通过 V 带传给带轮，经键传到轴，即可带动铣刀盘转动，对零件进行铣削加工。

以图 10－41 所示铣刀头为例，根据装配示意图及零件图来绘制装配图。铣刀头装配示意图如图 10－42 所示，零件图见图 10－43～图 10－46。装配图中不需绘制铣刀头及右侧键、螺钉。

图 10－40 滑动轴承

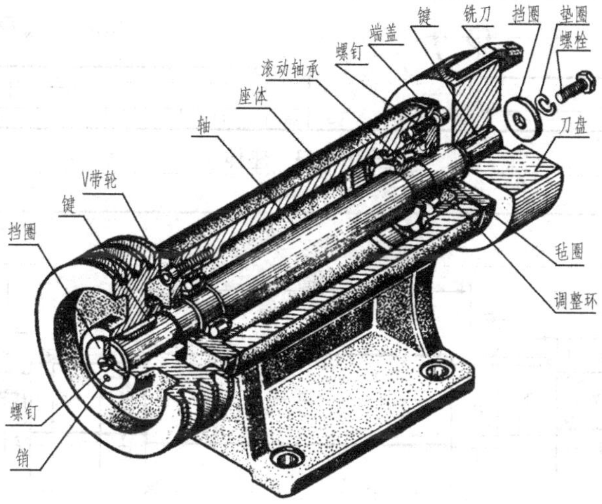

图 10－41 铣刀头直观图

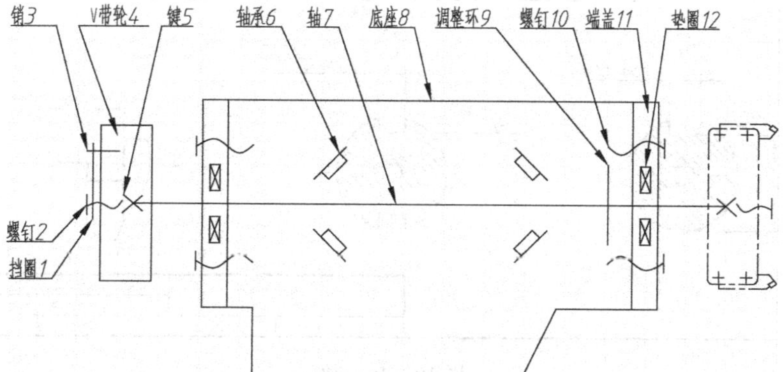

图 10－42 铣刀头装配示意图

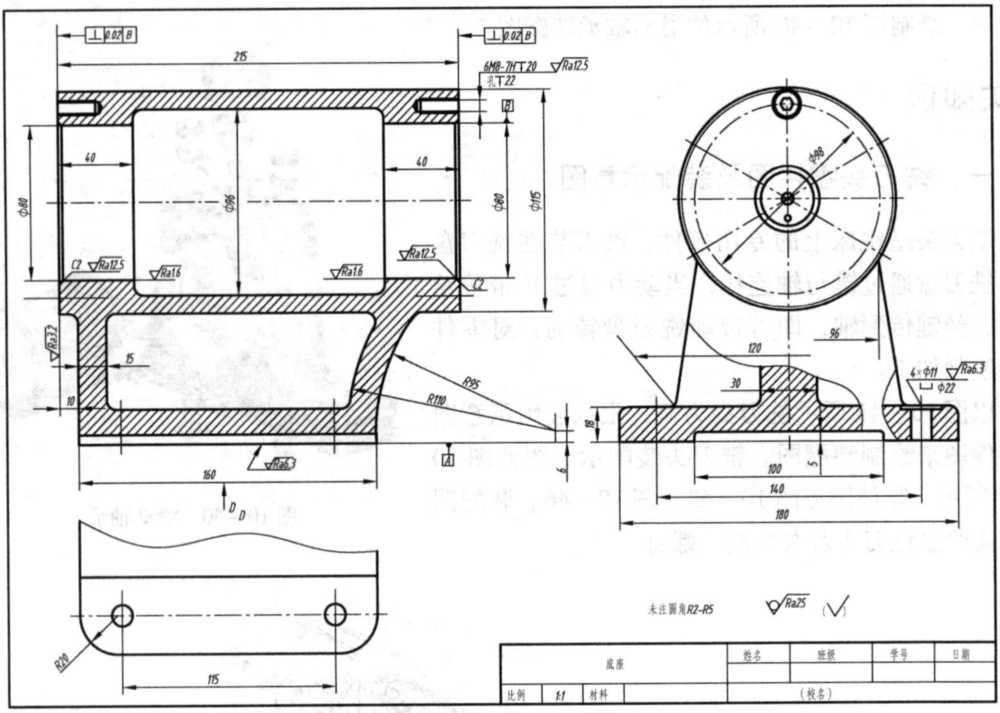

图 10－43　座体

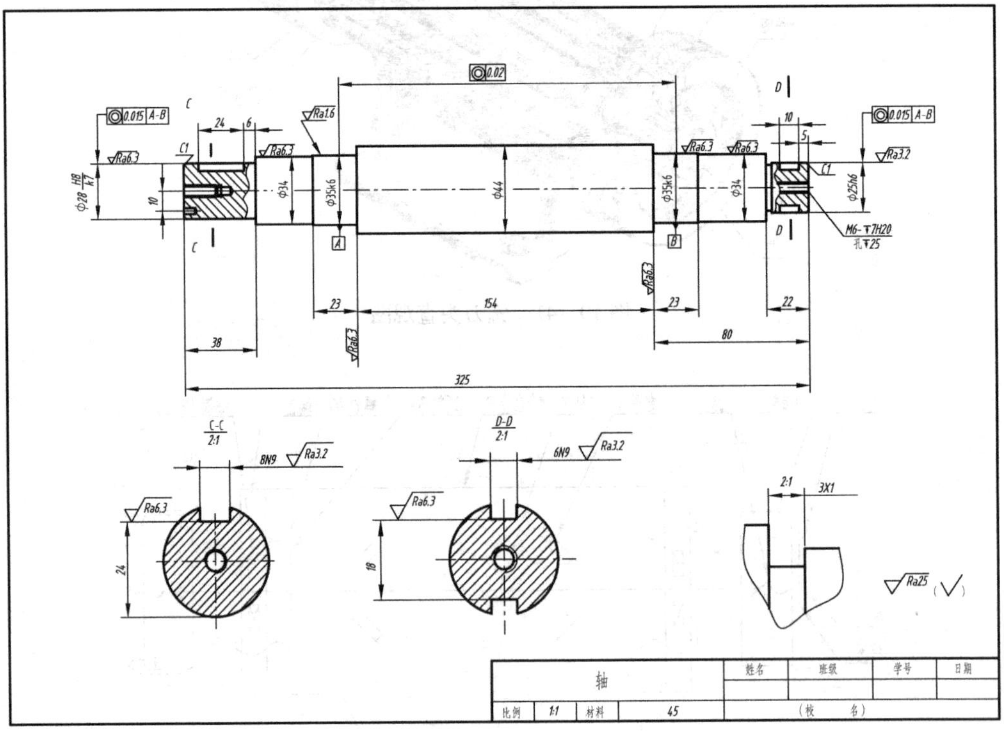

图 10－44　轴

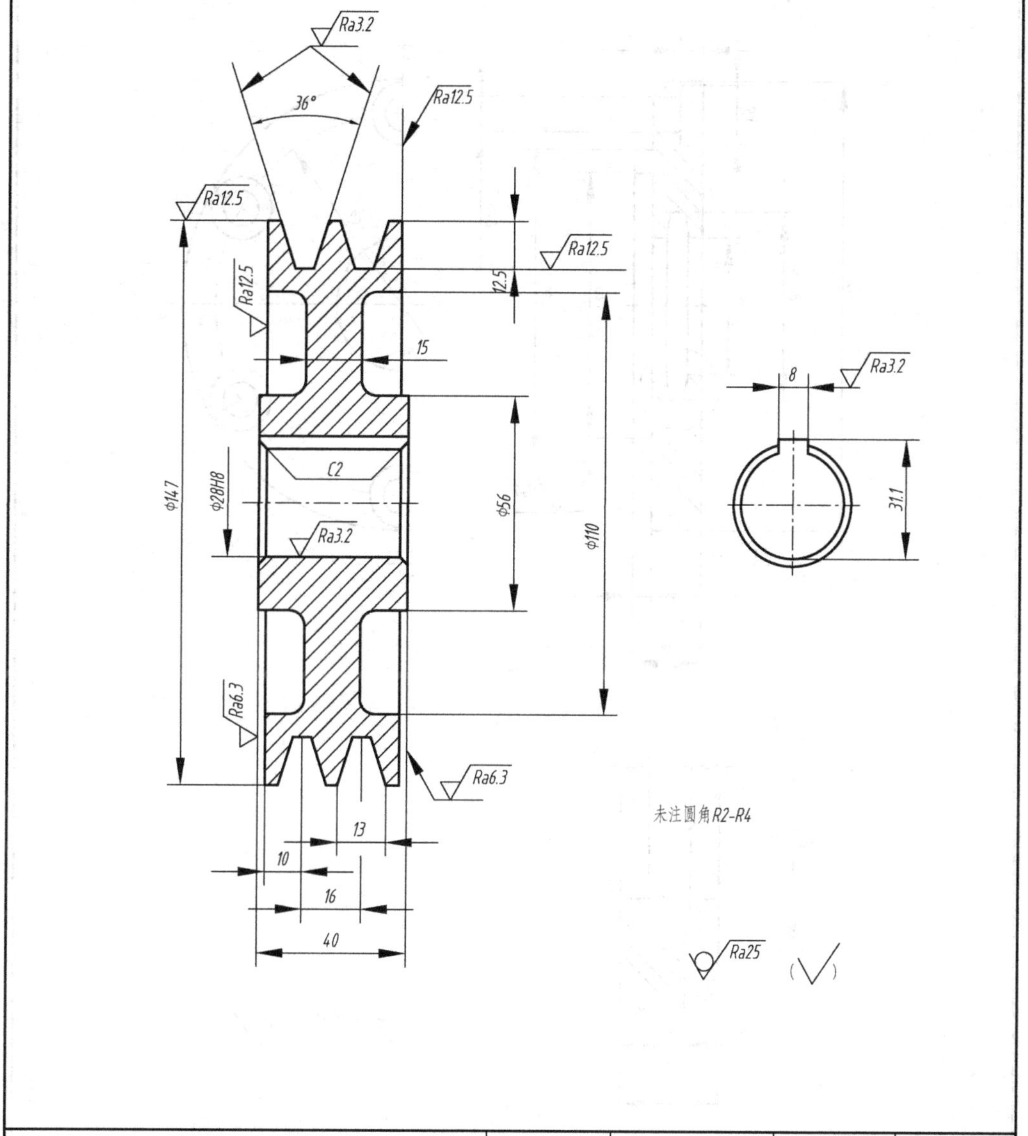

V带轮	姓名	班级	学号	日期

比例	1:1	材料	HT200	（校　　名）

图 10－45　带轮

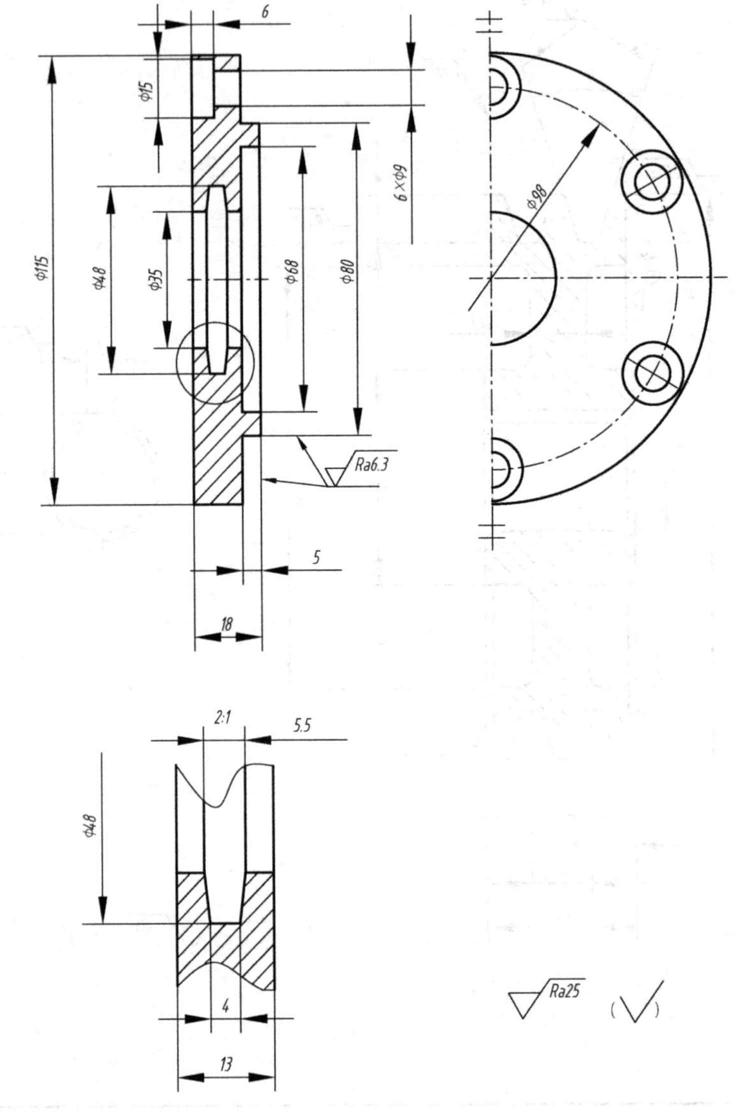

端盖				姓名	班级	学号	日期
比例	1:1	材料		（校　　名）			

图 10－46　端盖

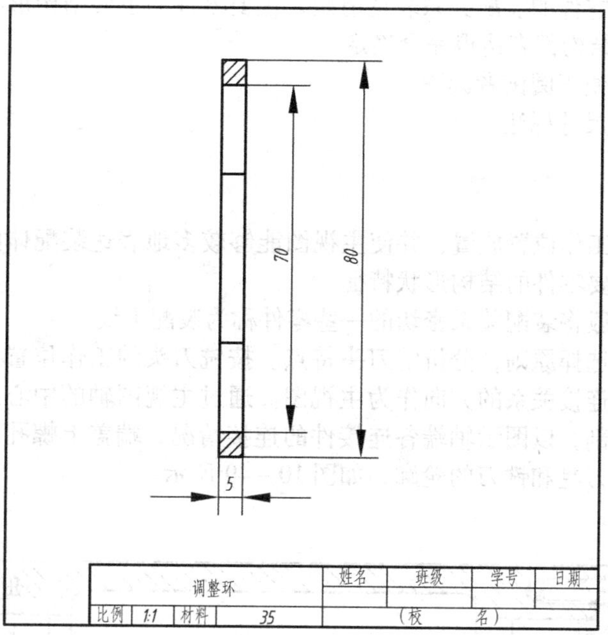

图 10－47 调整环

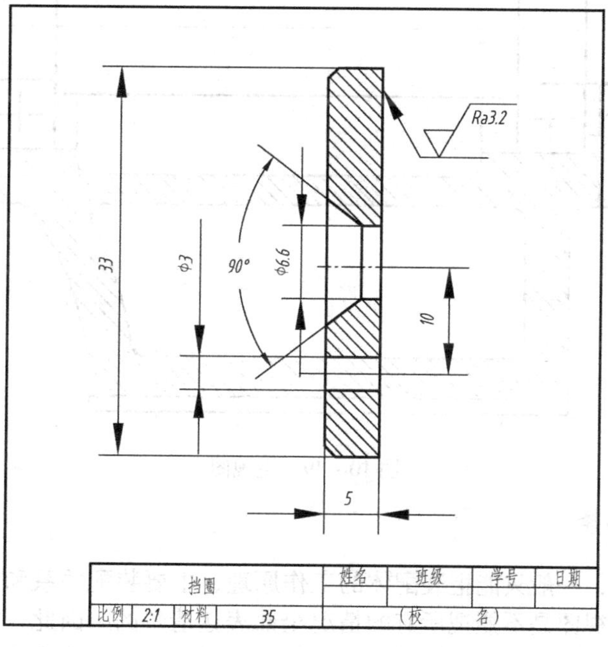

图 10－48 挡圈

二、拟订表达方案

表达方案包括选择主视图、确定其他视图。拟订表达方案能较好地反映装配体的装配关系、工作原理和主要零件的结构形状等。

对装配图视图的要求：

（1）投影关系正确，图样画法和标注方法符合国家标准规定。

（2）装配体中各零件的装配关系表达清楚，主要零件的主要结构形状表达清楚，但不要求把每个零件的形状结构都表达得完全确定。

（3）图形清晰，便于阅读者读图。

（4）便于绘制和尺寸标注。

1. 主视图的选择

一般按装配体的工作位置放置，并使主视图能够较多地表达装配体的工作原理、零件间的主要装配关系及主要零件的结构形状特征。

在装配体中，一般将装配关系密切的一些零件称为装配干线。

按装配图、视图选择原则，分析铣刀头特点。按铣刀头的工作位置，选定反映装配中心线和零件相互位置及连接关系的方向作为主视图。通过主视图轴的中心线作为全剖视图，并在轴的两端进行局部剖，以图示轴端各连接件的连接情况、端盖上螺孔的连接情况等；在右端用假想画法示出铣刀盘和铣刀的轮廓，如图 10－49 所示。

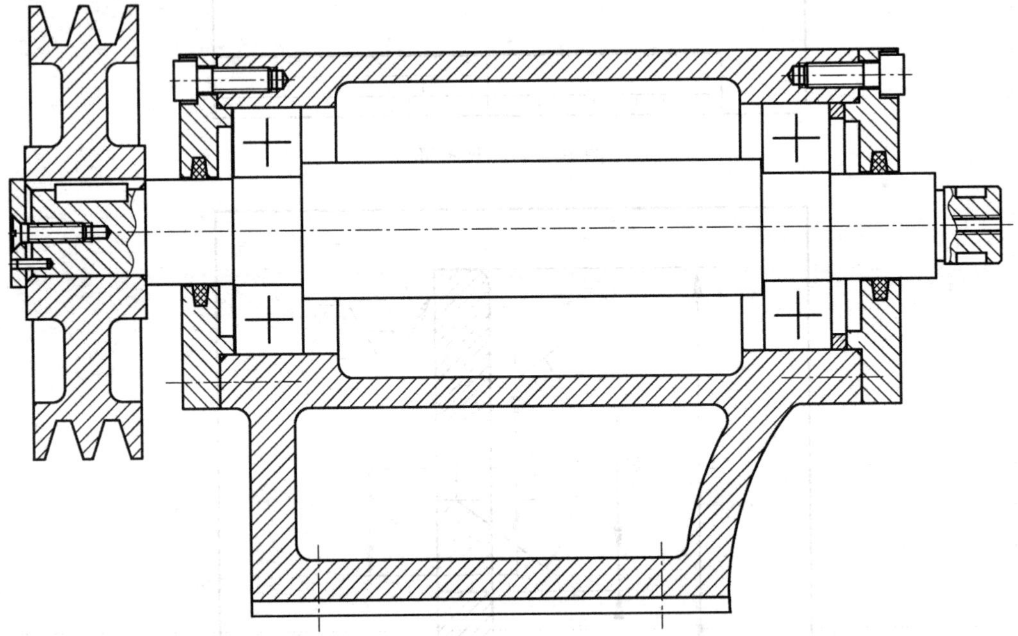

图 10－49　主视图

2. 其他视图的选择

主视图选定之后，一般只能把装配体的工作原理、主要装配关系和主要结构特征表示出来，但是，只靠一个视图是不能把所有的情况全部表达清楚的，因此，需要有其他视图作为补充，并应考虑以何种表达方法最能做到易读易画。对主视图未能表示清楚的内容，选用其他视图、剖视图等表示。所选视图要重点突出，相互配合，避免遗漏和不必要的重复。

左视图采用拆卸画法，并进行局部剖，以表示座体左右支板、中间肋板和底板的结构形状等。在主视图下方作 *A* 向局部视图，将底座表达清楚，如图 10－50 所示。

3. 检查、修改、调整、补充

检查是否表示完全，必要时进行调整、补充。

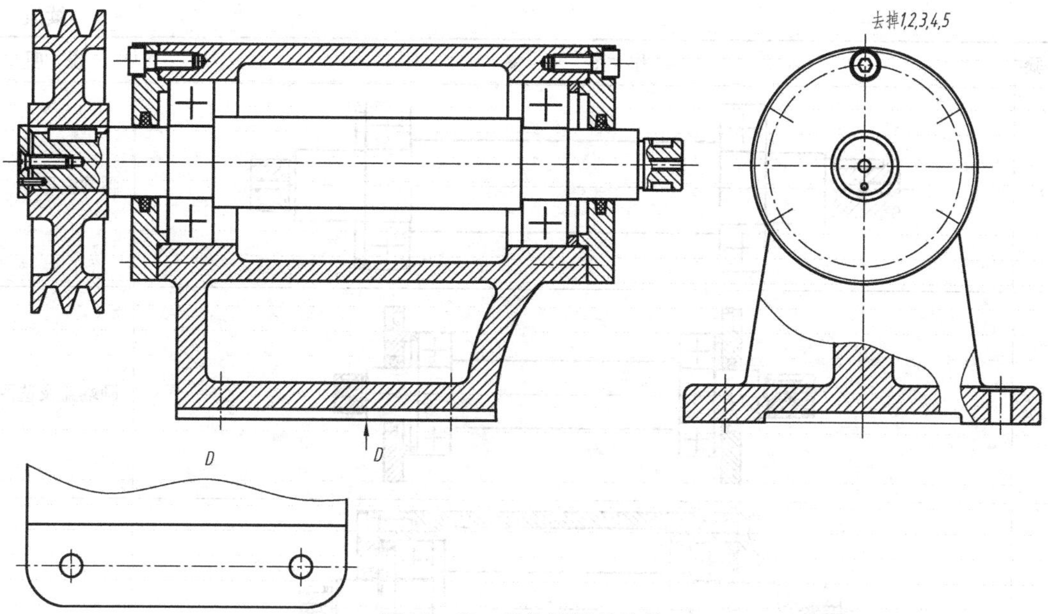

图 10－50 其他视图的选择

三、画装配图的方法和步骤

1）绘制底稿

（1）定图幅、布局。根据主要零件的外形尺寸和装配体的复杂程度大致算出装配图的外形尺寸，确定比例、图幅，进行图面布局。画出各基本视图的主要中心线及作图基准线。留出标题栏、明细栏的位置，视图间还应留出标注尺寸和零件编号的位置，如表 10－1 所示。

表 10－1 铣刀头装配图绘制过程

步骤	作 图 步 骤	说 明
1	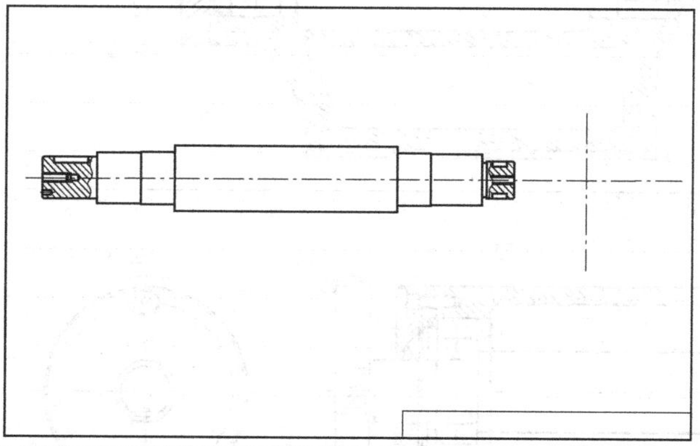	布图、画轴
2	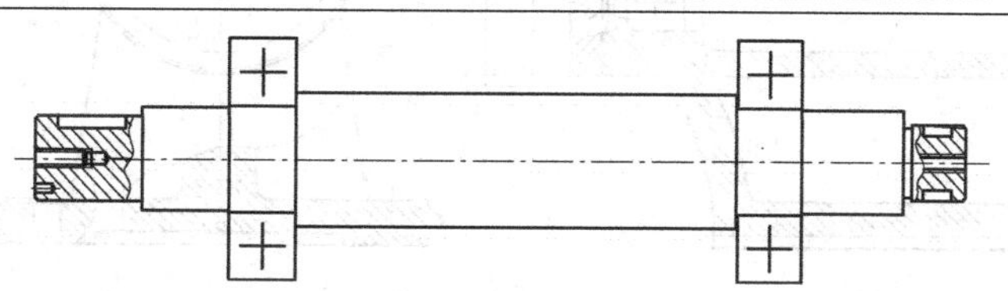	画轴承

续表

步骤	作图步骤	说明
3	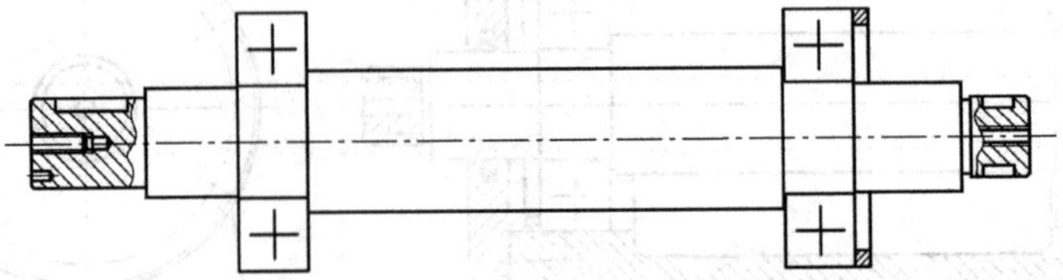	画调整环
4	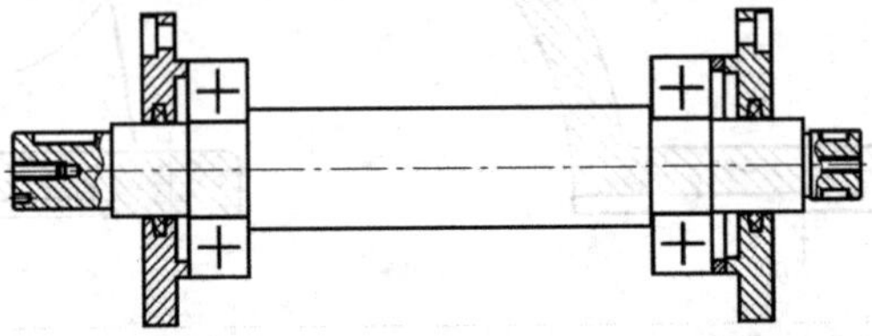	画端盖及毡圈
5	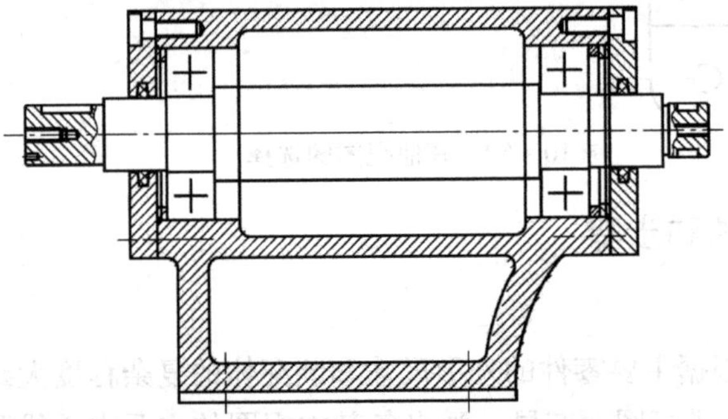	画端盖固定螺钉
6	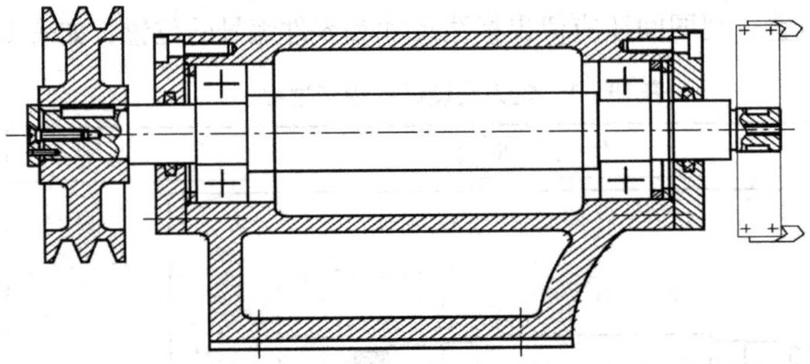	画V带轮、铣刀头及轴端固定件
7	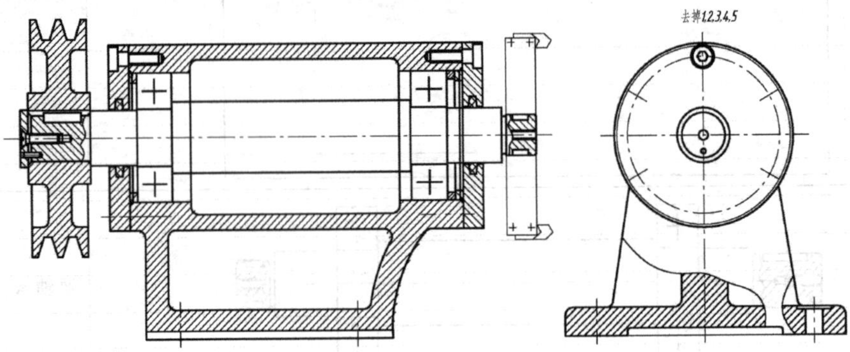	画左视图

续表

步骤	作 图 步 骤	说 明
8	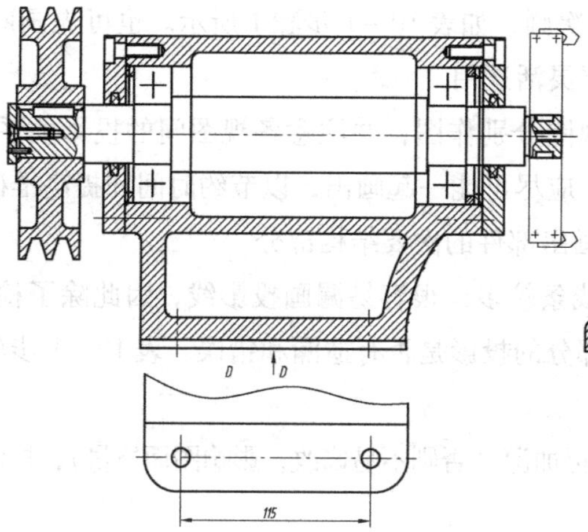	画 *D* 向局部视图
9	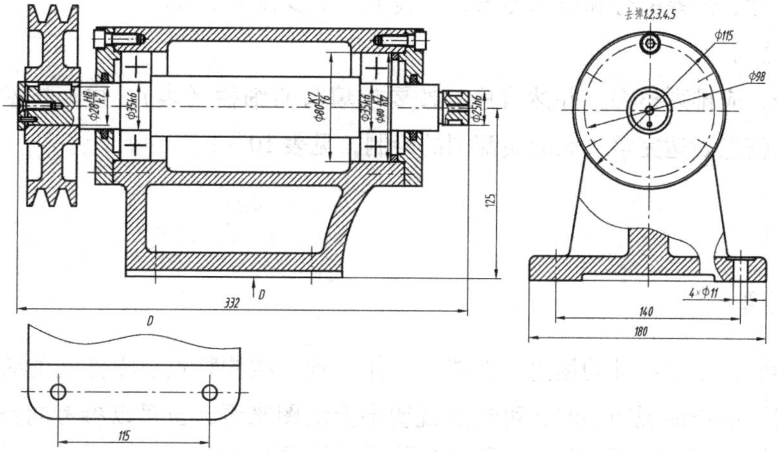	检查、加深，然后标注必要的尺寸
10	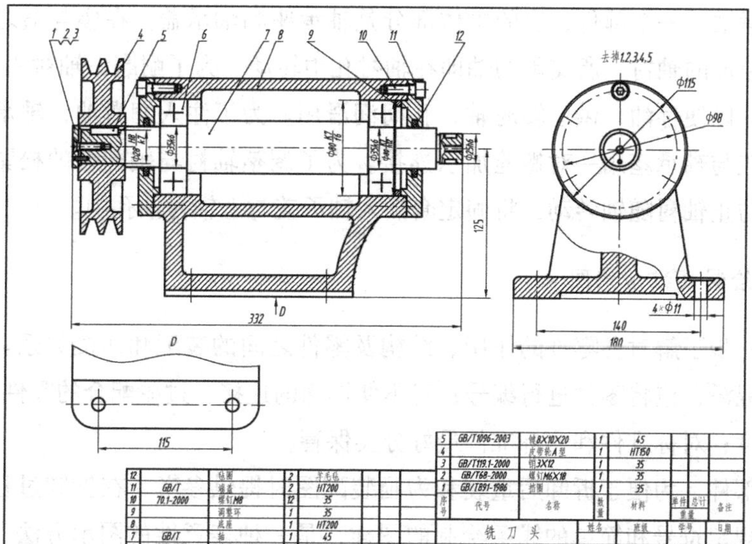	注写零件序号、技术要求、标题栏，完成装配图

（2）绘制主要件。顺主要装配干线依次画出部件的主要结构部分。注意先只画大致轮廓，细节不要画，留出其他件的位置。

本例先画轴 7，按由内向外的顺序依次画，如表 10－1 步骤 1 所示。也可先画座体 8，由外向内画。两种画图次序各有优缺点，要灵活选用。

在画部件的主要结构时一般是逐个视图分别作图，并注意各视图间的投影关系。如有条件使某些零件在各个视图上同时画出时，应尽可能一起画出，以节约时间和提高准确度。

（3）绘制其他件。依次沿装配干线画出部件的次要结构部分。

（4）检查校核。装配图图形复杂，线条较多，很容易漏画投影线，因此除了检查零件的主要结构外，还应特别注意视图上细节部分的投影是否有遗漏和错误。表 10－1 步骤 1～8 所示为铣刀头装配图底稿的画图步骤。

（5）完成全图。底稿一定经检查后，再加深（否则不易修改，影响图面质量），描深剖面线。

2）尺寸标注及各项文字注写

注写必要的尺寸、公差配合和技术要求，见表 10－1 步骤 9 所示。

3）各项文字注写

标注零件序号，应排列整齐、井然有序；按要求填写明细栏（表）、注写技术要求；填写标题栏，将有关信息表达完整，完成装配图的绘制，见表 10－1。

任务实施

1. 了解测绘对象

通过观察和拆卸，了解部件的用途、性能、工作原理、结构特点、零件间的装配、连接关系和相对位置等。有产品说明书时，可对照说明书上的图来看，也可以参考同类产品的有关资料。总之，只有充分了解测绘对象，才能使测绘工作顺利进行。

滑动轴承是支承轴的一个部件，它的主体部分是轴承座和轴承盖。在座与盖之间装有由上、下两个半圆筒组成的轴衬，所支承的轴即在轴衬孔中转动。为了耐磨，轴衬用青铜铸成。轴衬孔内设有油槽，以便存油，供运转时轴、孔间润滑用。为了注入润滑油，轴承盖顶部安装一个油杯。轴承盖与轴承座用一对螺栓加以连接。为了调整轴衬与轴配合的松紧，盖与座之间留有间隙。为防止轴衬随轴转动，将固定套插入轴承盖与上轴衬油孔中。

2. 拆卸零件、绘制装配示意图

通过拆卸，进一步了解对各零件的作用、结构及零件之间的装配和连接关系。拆卸时注意：为防止丢失和混淆，应将零件进行编号；对不便拆卸的连接、过盈配合的零件尽量不拆，以免损坏或影响精度；对标准件和非标准件最好分类保管。

对零件较多的部件，为便于拆卸后重装和为画装配图时提供参考，在拆卸过程中应画装配示意图。它是用规定符号和简单的线条绘制的图样，是一种表意性的图示方法，用于记录零件间的相对位置、连接关系和配合性质，注明零件的名称、数量和编号等。

装配示意图的画法：对一般零件可按其外形和结构特点形象地画出零件的大致轮廓；一般从主要零件和较大的零件入手，按照装配顺序和零件的位置逐个画出示意图，可将零件当作透明体，其表达可不受前后层次的限制，并尽量将所有零件都集中在一个视图上表达出来。实在无法表达时，才画出第二个图（应与第一个视图保持投影关系）。画机构传动部分的示意图时，应按国家标准《机械制图 机构运动简图符号》绘制，如图 10－51 所示。

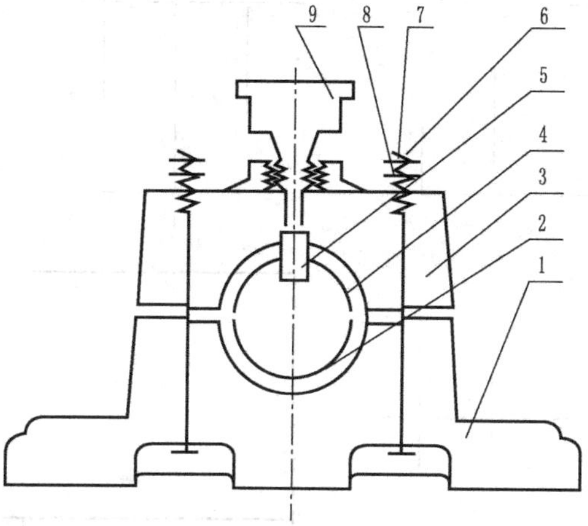

序号	名 称	数 量	材 料
1	轴承座	1	HT12-28
2	下轴瓦	1	青 铜
3	轴承盖	1	HT12-28
4	上轴瓦	1	青 铜
5	轴衬固定套	1	A3
6	螺栓M12X120 GB/T5782-2000	2	A3
7	螺母M12 GB/T6170-2000	2	A3
8	螺母M12 GB/T6170-2000	2	A3
9	油杯12 JB275-79	1	

图 10－51 轴承座的装配示意图

3. 画零件草图

拆卸工作结束后，要对零件进行测绘，画出零件草图。

画零件草图时，应注意以下两点：

标准件可不画草图，但要测出其规格尺寸，然后查阅标准手册，按规定标记登记在标准明细栏内。

注意零件间有配合、连接关系的尺寸的协调与一致性。

4. 画装配图

根据零件草图和装配示意图绘制装配图。

（1）主视图的选择。滑动轴承的装配图，它的主视图符合该部件的工作位置；以正面作为主视图的投射方向，能够较多地反映主体零件轴承座、轴承盖的形状结构特征；主视图采用了半剖视，则将所有零件之间的装配连接关系表达得比较清楚。

（2）其他视图的选择。所选择的俯视图能够表达多数大零件的外形。采用拆卸画法则重点表示轴衬的结构特点，以及轴衬与轴承座、轴承盖的装配关系。同时，俯视图也把轴承座上的两个安装孔表示出来了，步骤如图 10－52 所示。

最终滑动轴承的装配图如图 10－2 所示。

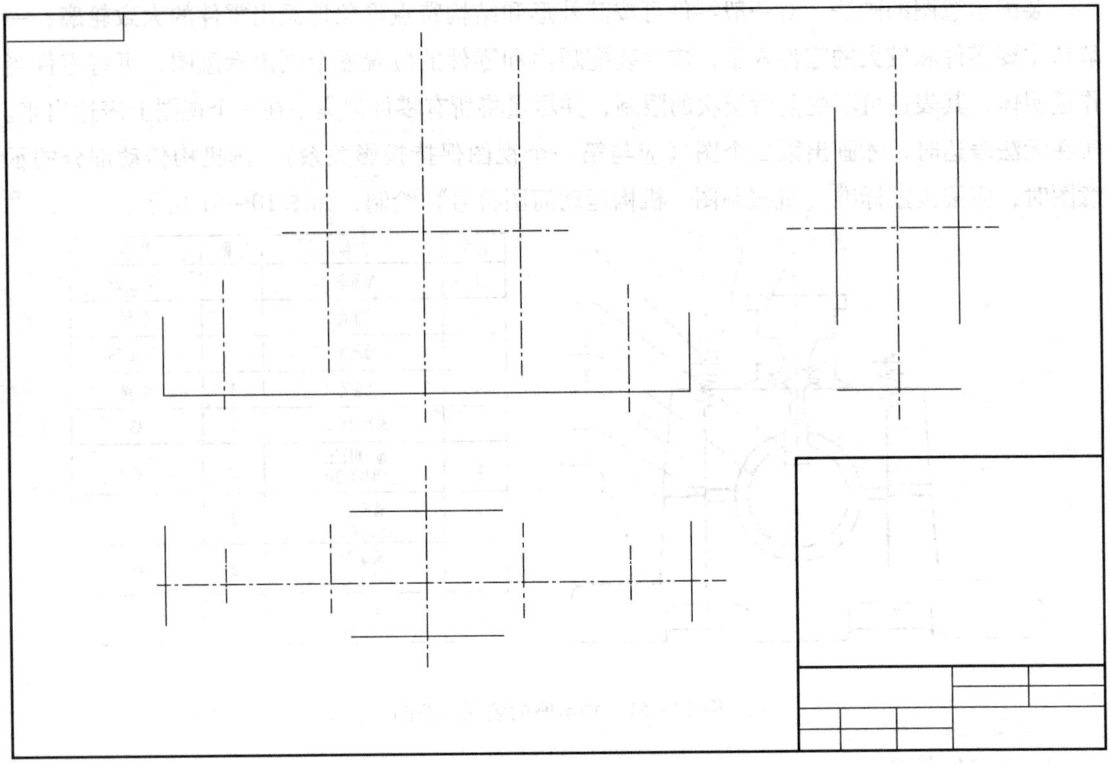

（a）画各视图的主要基准线

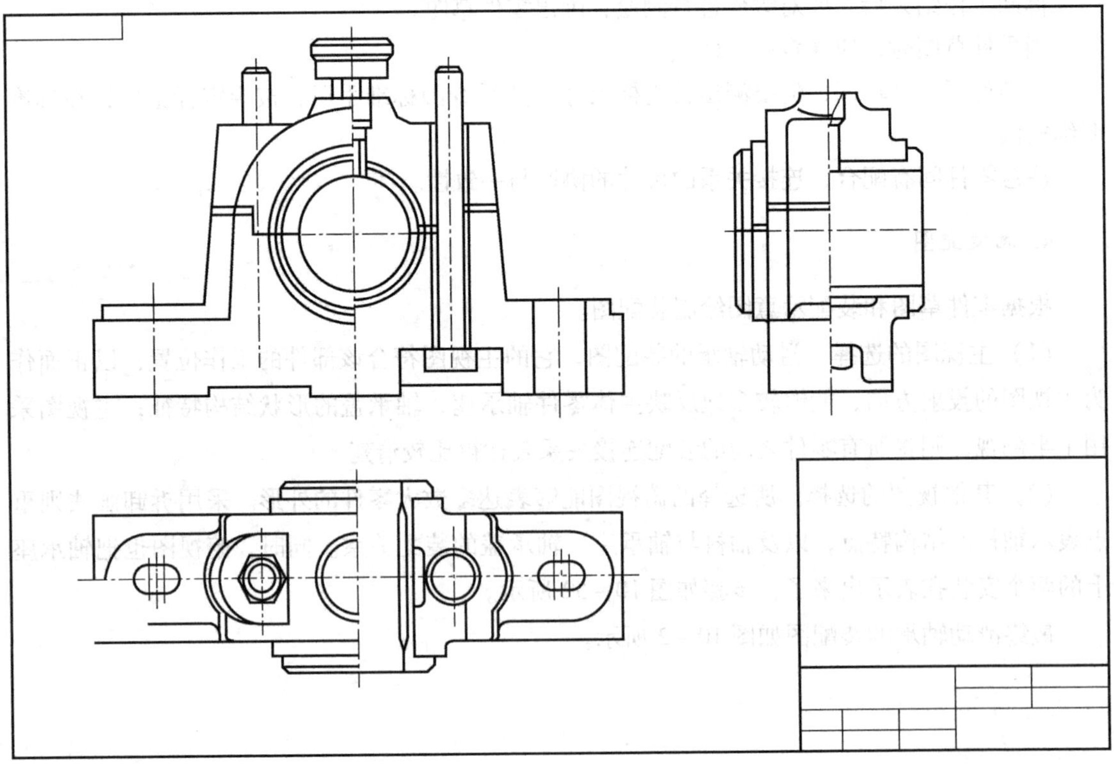

（b）画主要零件

图 10－52　滑动轴承绘制步骤

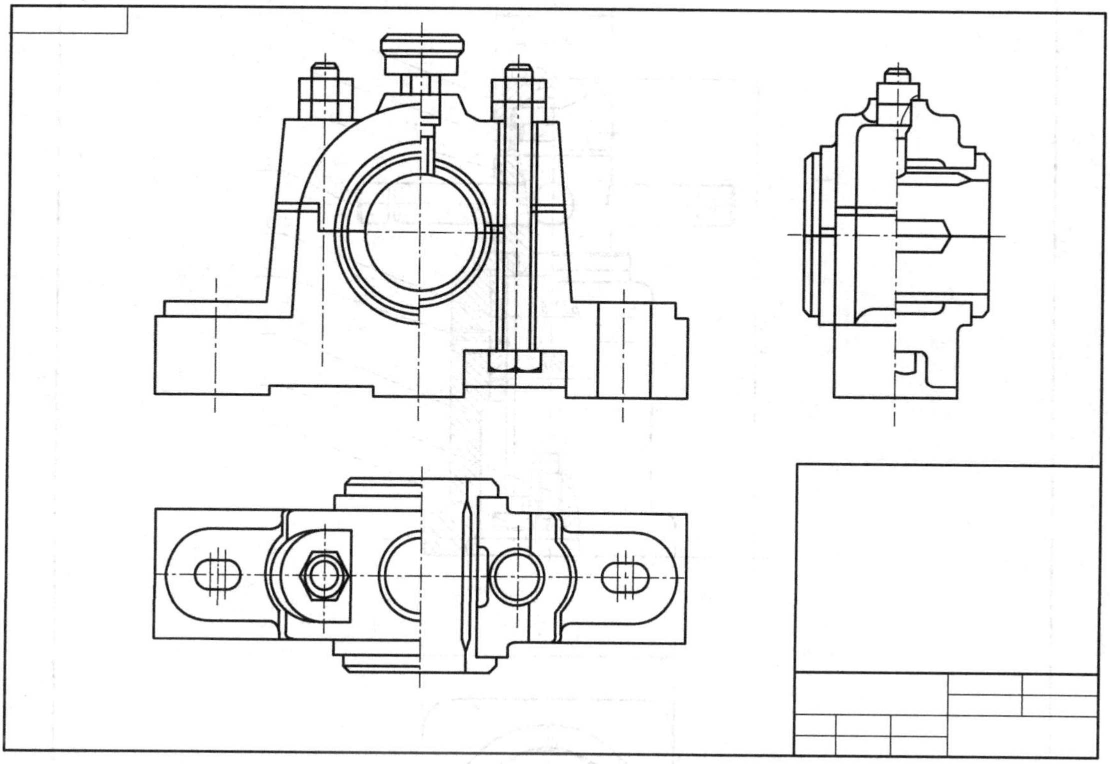

（c）画细小结构

图 10－52 滑动轴承绘制步骤（续）

思考与练习

（1）简要说明画装配图的步骤、功能。

（2）采用不同方法绘制装配图时，各应注意哪些问题？

（3）如图 10－53 所示是千斤顶的装配图，试说明其工作原理。

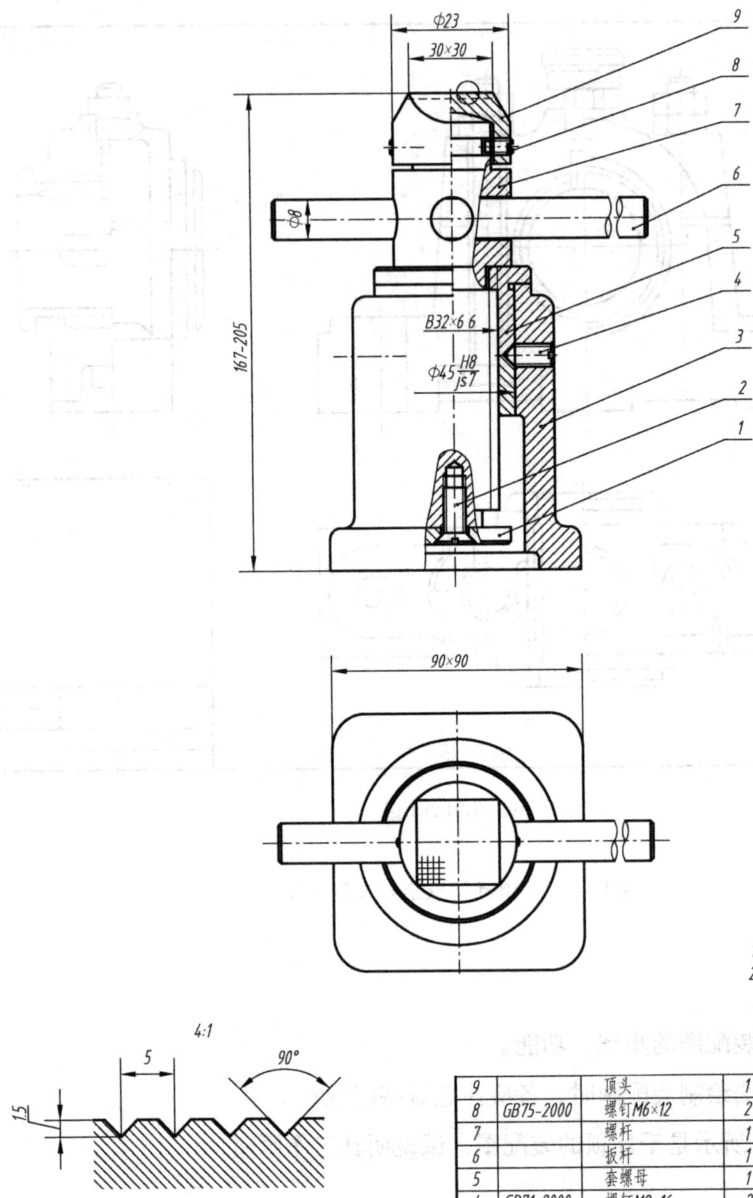

技术要求

1. 最大顶起重量1.5吨；
2. 整机表面涂防锈漆。

序号	代 号	名 称	数量	材 料	备 注
9		顶头	1	A5	
8	GB75-2000	螺钉M6×12	2		
7		螺杆	1	A5	
6		扳杆	1	A5	
5		套螺母	1	HT20-40	
4	GB71-2000	螺钉M8×16	2		
3		底座	1	HT20-40	
2	GB68-2000	螺钉M8×20	1		
1		垫圈	1	A3	

千斤顶装配图		比 例	1 : 1
		共 1 张	第 1 张
绘 图			
审 核			

图 10－53　千斤顶装配图

附录A 螺 纹

附表 A.1 普通螺纹直径与螺距系列（GB/T 193—2003）、基本尺寸（GB/T 196—2003）

单位：mm

公称直径 D、d		螺距 P		粗牙中径 D_2、d_2	粗牙小径 D_1、d_1
第一系列	第二系列	粗牙	细牙		
3		0.5	0.35	2.675	2.459
	3.5	(0.6)		3.110	2.850
4		0.7	0.5	3.545	3.242
	4.5	(0.75)		4.013	3.688
5		0.8		4.480	4.134
6		1	0.75，(0.5)	5.350	4.917
8		1.25	1，0.75，(0.5)	7.188	6.647
10		1.5	1.25，1，0.75，(0.5)	9.026	8.376
12		1.75	1.5，1.25，1，(0.75)，(0.5)	10.863	10.106
	14	2	1.5，(1.25) *，1，(0.75)，(0.5)	12.701	11.835
16		2	1.5，1，(0.75)，(0.5)	14.701	13.835
	18	2.5	2，1.5，1，(0.75)，(0.5)	16.376	15.294
20		2.5		18.376	17.294
	22	2.5	2，1.5，1，(0.75)，(0.5)	20.376	19.294
24		3	2，1.5，1，(0.75)	22.051	20.752
	27	3	2，1.5，1，(0.75)	25.051	23.752
30		3.5	(3)，2，1.5，1，(0.75)	27.727	26.211
	33	3.5	(3)，2，1.5，1，(0.75)	30.727	29.211
36		4	3，2，1.5，(1)	33.402	31.670
	39	4		36.402	34.670
42		4.5	(4)，3，2，1.5，(1)	39.077	37.129
	45	4.5		42.077	40.129
48		5		44.752	42.587
	52	5		48.752	46.587
56		5.5	4，3，2，1.5，(1)	52.428	50.046
	60	5.5		56.428	54.046
64		6		60.103	57.505
	68	6		64.103	61.505

注：1. 优先选用第一系列，括号内尺寸尽可能不用，第三系列未列入。

2. * M14×1.25 仅用于火花塞。

附表 A.2　梯形螺纹基本尺寸（摘自 GB/T 5796.3—2005）

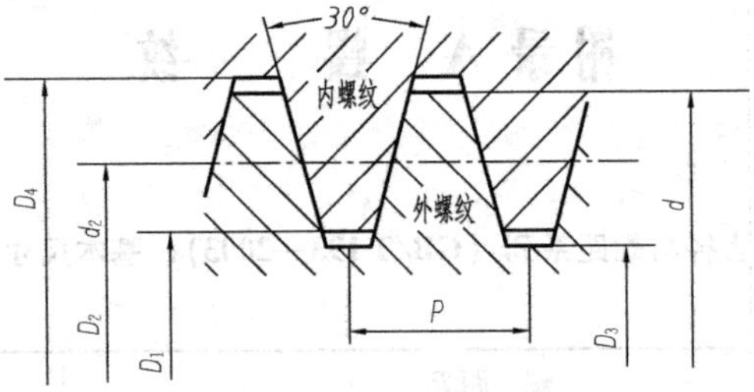

单位：mm

公称直径 d 第一系列	公称直径 d 第二系列	螺距 P	中径 $d_2=D_2$	大径 D_4	小径 d_3	小径 D_1
8		1.5	7.25	8.30	6.20	6.50
	9	1.5	8.25	9.30	7.20	7.50
		2	8.00	9.50	6.50	7.00
10		1.5	9.25	10.30	8.20	8.50
		2	9.00	10.50	7.50	8.00
25.00	11	2	10.00	11.50	8.50	9.00
		3	9.50	11.50	7.50	8.00
12		2	11.00	12.50	9.50	10.00
		3	10.50	12.50	8.50	9.00
	14	2	13.00	14.50	11.50	12.00
		3	12.50	14.50	10.50	11.00
16		2	15.00	16.50	13.50	14.00
		4	14.00	16.50	11.50	12.00
	18	2	17.00	18.50	15.50	16.00
		4	16.00	18.50	13.50	14.00
20		2	19.00	20.50	17.50	18.00
		4	18.00	20.50	15.50	16.00
	22	3	20.50	22.50	18.50	19.00
		5	19.50	22.50	16.50	17.00
		8	18.00	23.00	13.00	14.00
24		3	22.50	24.50	20.50	21.00
		5	21.50	24.50	18.50	19.00
		8	20.00	25.00	15.00	16.00

公称直径 d 第一系列	公称直径 d 第二系列	螺距 P	中径 $d_2=D_2$	大径 D_4	小径 d_3	小径 D_1
	26	3	24.50	26.50	22.50	23.00
		5	23.50	26.50	20.50	21.00
		8	22.00	27.00	17.00	18.00
28		3	26.50	28.50	24.50	25.00
		5	25.50	28.50	22.50	23.00
		8	24.00	29.00	19.00	20.00
	30	3	28.50	30.50	26.50	30.00
		6	27.00	31.00	23.00	24.00
		10	25.00	31.00	19.00	20.00
32		3	30.50	32.50	28.50	29.00
		6	29.00	33.00	25.00	26.00
		10	27.00	33.00	21.00	22.00
	34	3	32.50	34.50	30.50	31.00
		6	31.00	35.00	27.00	28.00
		10	29.00	35.00	23.00	24.00
36		3	34.50	36.50	32.50	31.00
		6	33.00	37.00	29.00	30.00
		10	31.00	37.00	25.00	26.00
	38	3	36.50	38.50	34.50	35.00
		7	34.50	39.00	30.00	31.00
		10	33.00	39.00	27.00	28.00
40		3	38.50	40.50	36.50	37.50
		7	36.50	41.00	32.00	33.00
		10	35.00	41.00	29.00	30.00

附录B 螺纹紧固件

附表 B.1 六角头螺栓（GB/T 5782—2000）

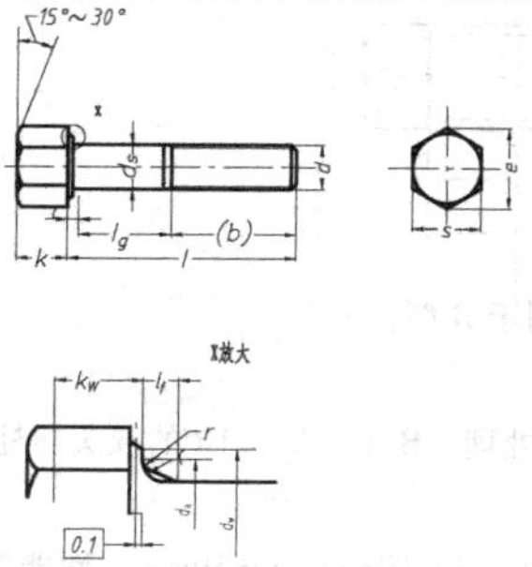

标记示例

螺纹规格 d = M12、公称长度 l = 80mm、性能等级为 8.8 级、表面氧化、产品等级为 A 级的六角头螺栓：

螺栓 GB/T 5782 M12 × 80

单位：mm

螺纹规格 d				M3	M4	M5	M6	M8	M10	M12	M16	M20	M24	30	36	M42	M48
螺距 P				0.5	0.7	0.8	1	1.25	1.5	1.75	2	2.5	3	3.5	4	4.5	5
$b_{参考}$	$l_{公称}\leqslant 125$			12	14	16	18	22	26	30	38	46	54	66	—	—	—
	$125 < l_{公称} \leqslant 200$			18	20	22	24	28	32	36	44	52	60	72	84	96	108
	$l_{公称} \geqslant 200$			31	33	35	37	41	45	49	57	65	73	85	97	109	121
c	max			0.4	0.4	0.5	0.5	0.6	0.6	0.60	0.8	0.8	0.8	0.8	0.8	1.0	1.0
	min			0.15	0.15	0.15	0.15	0.15	0.15	0.15	0.2	0.2	0.2	0.2	0.2	0.3	0.3
d_a	max			3.6	4.7	5.7	6.8	9.2	11.2	13.7	17.7	22.4	26.4	33.4	39.4	45.6	52.6
d_s	公称 = max			3.00	4.00	5.00	6.00	8.00	10.00	12.00	16.00	20.00	24.00	30.00	36.00	42.00	48.00
	min	产品等级	A	2.86	3.82	4.82	5.82	7.78	9.78	11.73	15.73	19.67	23.67	—	—	—	—
			B	2.75	3.70	4.70	5.70	7.64	9.64	11.57	15.57	19.48	23.48	29.48	35.48	41.48	47.38
d_w	min	产品等级	A	4.57	5.88	6.88	8.88	11.63	14.63	16.63	22.49	28.19	33.61	—	—	—	—
			B	4.45	5.74	6.74	8.74	11.47	14.47	16.47	22	27.7	33.25	42.75	51.11	59.95	69.45
e	min	产品等级	A	6.01	7.66	8.79	11.05	14.38	17.77	20.03	26.75	33.53	39.98	—	—	—	—
			B	5.88	7.50	8.63	10.89	14.20	17.59	19.85	26.17	32.95	39.55	50.85	60.79	71.3	82.6
l_f	max			1	1.2	1.2	1.4	2	2	3	3	4	4	6	6	8	10
k	公称			2	2.8	3.5	4	5.3	6.4	7.5	10	12.5	15	18.7	22.5	26	30
	产品等级	A	max	2.15	2.925	3.65	4.15	5.45	6.58	7.68	10.18	12.715	15.215	—	—	—	—
			min	1.875	2.675	3.35	3.85	5.15	6.22	7.32	9.82	12.285	14.785	—	—	—	—
		B	max	2.2	3.0	3.26	4.24	5.54	6.69	7.79	10.29	12.85	15.35	19.12	22.92	26.42	30.42
			min	1.8	2.6	2.35	3.76	5.06	6.11	7.21	9.71	12.15	14.65	18.28	22.08	25.58	29.58
K_w min		产品等级	A	1.31	1.87	2.35	2.70	3.61	4.35	5.12	6.87	8.6	10.35	—	—	—	—
			B	1.26	1.28	2.28	2.63	3.54	4.28	5.05	6.8	8.51	10.26	12.8	15.46	17.91	20.71
r	min			0.1	0.2	0.2	0.25	0.4	0.4	0.6	0.6	0.8	0.8	1	1	1.2	1.6
s	公称 = max			5.50	7.00	8.00	10.00	13.00	16.00	18.00	24.00	30.00	36.00	46	55.0	65.0	75.0
	min	产品等级	A	5.32	6.78	7.78	9.78	12.73	15.73	17.73	23.67	29.67	35.38	—	—	—	—
			B	5.20	6.64	7.64	9.64	12.57	15.57	17.57	23.16	29.16	35.00	45	53.8	63.1	73.1
l（商品规格范围）				20～30	25～40	25～40	30～60	40～80	45～100	50～120	65～160	80～200	90～240	110～300	140～360	160～440	180～480
l（系列）				20，25，30，35，40，45，50，60，65，70，80，90，100，110，120，130，140，150，160，180，200，220，240，260，280，300，320，340，360，380，400，420，440，460，480													

附表 B.2 双头螺栓

$b_m = 1d$ (GB/T 897—1988) $b_m = 1.25d$ (GB/T 898—1988)

$b_m = 1.5d$ (GB/T 898—1988) $b_m = 2d$ (GB/T 898—1988)

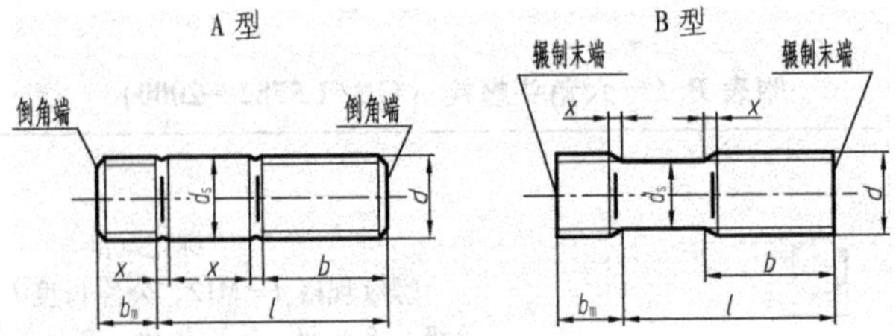

末端按 GB/T 2—1985 的规定；d_s≈螺纹中径（仅适用于 B 型）

标 记 示 例

两端均为粗牙普通螺纹，d=10mm、l=50mm、性能等级为 4.8 级、不经表面处理、B 型、$b_m = 1d$ 的双头螺柱：

螺柱 GB/T 897 M10×50

旋入机件一端为粗牙普通螺纹，旋螺母一端为螺距 P=1mm 的细牙普通螺纹，d=10mm、l=50mm，性能等级为 4.8 级、不经表面处理，A 型、$b_m = 1d$ 的双头螺柱：

螺柱 GB/T 897 AM10—M10×1×50

单位：mm

螺纹规格 d	b_m（公称）				l/b
	GB/T 897—1988	GB/T 898—1988	GB/T 899—1988	GB/T 900—1988	
M2			3	4	12~16/6、20~25/10
M2.5			3.5	5	16/8、20~30/11
M3			4.5	6	16~20/6、25~40/12
M4			6	8	16~20/8、25~40/14
M5	5	6	8	10	16~20/10、25~50/16
M6	6	8	10	12	20/10、25~30/14、35~70/18
M8	8	10	12	16	20/12、25~30/16、35~90/22
M10	10	12	15	20	25/14、30~35/16、40~120/30、130/32
M12	12	15	18	24	25~30/16、35~40/20、45~120/30、130~180/36
M16	16	20	24	32	30~35/20、40~50/30、60~120/38、130~200/44
M20	20	25	30	40	35~40/25、45~60/35、70~120/46、130~200/52
M24	24	30	36	48	45~50/30、60~70/45、80~120/54、130~200/60
M30	30	38	45	60	60/40、70~90/50、100~120/66、130~200/72、210~250/85
M36	36	45	54	72	70/45、80~110/60、120/78、130~200/84、210~300/109
M42	42	52	63	84	70~80/50、90~110/70、120/90、130~200/96、210~300/109
M48M	48	60	72	96	80~90/60、100~110/80、120/102、130200/108、210~300/121
l（系列）	12、16、20、25、30、35、40、45、50、60、70、80、90、100、110、120、130、140、150、160、170、180、190、200、210、220、230、240、250、260、280、300				

附表 B.3 1 型六角螺母（GB/T 6170—2000）

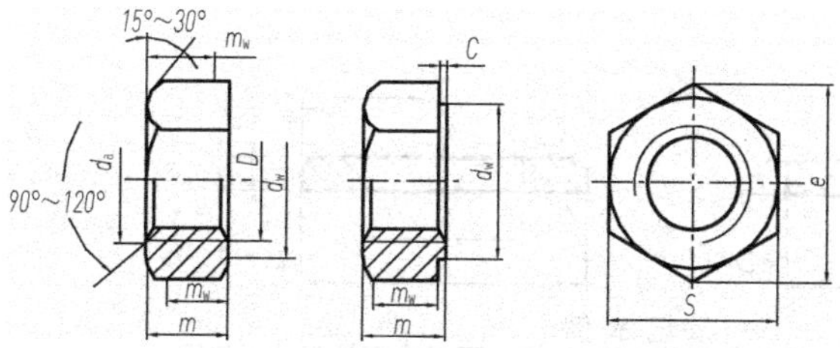

垫圈面型，应在订单中注明

标记示例

螺纹规格 D = M12、性能等级为 8 级、不经表面处理、产品等级为 A 级的 1 型六角螺母：

螺母 GB/T 6170 M12

单位：mm

螺纹规格 D		M1.6	M2	M2.5	M3	M4	M5	M6	M8	M10	M12
螺距 P		0.35	0.4	0.45	0.5	0.7	0.8	1	1.25	1.5	1.75
c	max	0.2	0.2	0.3	0.4	0.4	0.5	0.5	0.6	0.6	0.6
d_a	max	1.84	2.3	2.9	3.45	4.6	5.75	6.75	8.75	10.8	13
	min	1.60	2.0	2.5	3.00	4.0	5.00	6.00	8.00	10.0	12
d_w	min	2.4	3.1	4.1	4.6	5.9	6.9	8.9	11.6	14.6	16.6
e	min	3.41	4.32	5.45	6.01	7.66	8.79	11.05	14.38	17.77	20.03
m	max	1.30	1.60	2.00	2.40	3.2	4.7	5.2	6.80	8.40	10.80
	min	1.05	1.35	1.75	2.15	2.9	4.4	4.9	6.44	8.04	10.37
m_w	min	0.8	1.1	1.4	1.7	2.3	3.5	3.9	5.2	6.4	8.3
S	公称 = max	3.20	4.00	5.00	5.50	7.00	8.00	10.00	13.00	16.00	18.00
	min	3.02	3.82	4.82	5.32	6.78	7.78	9.78	12.73	15.73	17.73

螺纹规格 D		M16	M20	M24	M30	M36	M42	M48	M56	M64
螺距 P		2	2.5	3	3.5	4	4.5	5	5.5	6
c	max	0.8	0.8	0.8	0.8	0.8	1.0	1.0	1.0	1.0
d_a	max	17.3	21.6	25.9	32.4	38.9	45.4	51.8	60.5	69.1
	min	16.0	20.0	24.0	30.0	36.0	42.0	48.0	56.0	64.0
d_w	min	22.5	27.7	33.3	42.8	51.1	60	69.5	78.7	88.2
e	min	26.75	32.95	39.55	50.85	60.79	72.02	82.6	93.56	104.86
m	max	14.8	18.0	21.5	25.6	31.0	34.0	38.0	45.0	51.0
	min	14.1	16.9	20.2	224.3	29.4	32.4	36.4	43.4	49.1
m_w	min	11.3	13.5	16.2	19.4	23.5	25.9	29.1	34.7	39.3
s	公称 = max	24.00	30.00	36	46	55.0	65.0	75.0	85.0	95.0
	min	23.67	29.16	35	45	53.8	63.1	73.1	82.8	92.8

注：1. A 级用于 $D \leqslant 16$ 的螺母；B 级用于 $D > 16$ 的螺母。本表仅按优选的螺纹规格列出。

2. 螺纹规格为 M8 ~ M64、细牙、A 级和 B 级的 1 型六角螺母，请查阅 GB/T 6171—2000。

附表 B.4　平垫圈——A 级（GB/T 97.1—2002）　平垫圈　倒角型——A 级（GB/T 97.2—2002）

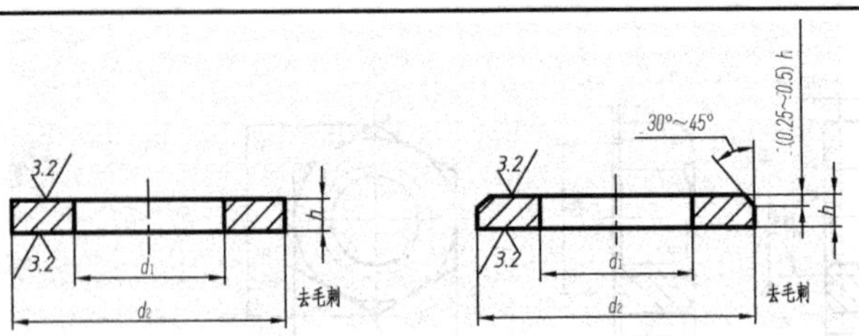

标 记 示 例

标准系列、规格 8mm、性能等级为 140HV 级、不经表面处理的平垫圈：

垫圈　GB/T 97.1　8

单位：mm

<table>
<tr><th colspan="3">规格（螺纹大径）</th><th>3</th><th>4</th><th>5</th><th>6</th><th>8</th><th>10</th><th>12</th><th>14</th><th>16</th><th>20</th><th>24</th><th>30</th><th>36</th></tr>
<tr><td rowspan="8">内径 d_1</td><td rowspan="4">公称（min）</td><td>GB/T 848—1985</td><td rowspan="2">3.2</td><td rowspan="2">4.3</td><td rowspan="4">5.3</td><td rowspan="4">6.4</td><td rowspan="4">8.4</td><td rowspan="4">10.5</td><td rowspan="4">13</td><td rowspan="4">15</td><td rowspan="4">17</td><td rowspan="3">21</td><td rowspan="3">25</td><td rowspan="3">31</td><td rowspan="3">37</td></tr>
<tr><td>GB/T 97.1—1985</td></tr>
<tr><td>GB/T 97.2—1985</td><td>—</td><td>—</td></tr>
<tr><td>GB/T 96—1985</td><td>3.2</td><td>4.3</td><td>22</td><td>26</td><td>33</td><td>39</td></tr>
<tr><td rowspan="4">max</td><td>GB/T 848—1985</td><td rowspan="2">3.38</td><td rowspan="2">4.48</td><td rowspan="4">5.48</td><td rowspan="4">6.62</td><td rowspan="4">8.62</td><td rowspan="4">10.77</td><td rowspan="4">13.27</td><td rowspan="4">15.27</td><td rowspan="4">17.27</td><td rowspan="3">21.33</td><td rowspan="3">25.33</td><td rowspan="3">31.39</td><td rowspan="3">37.62</td></tr>
<tr><td>GB/T 97.1—1985</td></tr>
<tr><td>GB/T 97.2—1985</td><td>—</td><td>—</td></tr>
<tr><td>GB/T 96—1985</td><td>3.38</td><td>4.48</td><td></td><td></td><td></td><td></td></tr>
<tr><td rowspan="8">内径 d_2</td><td rowspan="4">公称（max）</td><td>GB/T 848—1985</td><td>6</td><td>8</td><td>9</td><td>11</td><td>15</td><td>18</td><td>20</td><td>24</td><td>28</td><td>34</td><td>39</td><td>50</td><td>60</td></tr>
<tr><td>GB/T 97.1—1985</td><td>7</td><td>9</td><td rowspan="2">10</td><td rowspan="2">12</td><td rowspan="2">16</td><td rowspan="2">20</td><td rowspan="2">24</td><td rowspan="2">28</td><td rowspan="2">30</td><td rowspan="2">37</td><td rowspan="2">44</td><td rowspan="2">56</td><td rowspan="2">66</td></tr>
<tr><td>GB/T 97.2—1985</td><td>—</td><td>—</td></tr>
<tr><td>GB/T 96—1985</td><td>9</td><td>12</td><td>15</td><td>18</td><td>24</td><td>30</td><td>37</td><td>44</td><td>50</td><td>60</td><td>72</td><td>92</td><td>110</td></tr>
<tr><td rowspan="4">min</td><td>GB/T 848—1985</td><td>5.7</td><td>7.64</td><td>8.64</td><td>10.57</td><td>14.57</td><td>17.57</td><td>19.48</td><td>23.48</td><td>27.48</td><td>33.38</td><td>38.38</td><td>49.38</td><td>58.8</td></tr>
<tr><td>GB/T 97.1—1985</td><td>6.64</td><td>8.64</td><td rowspan="2">9.64</td><td rowspan="2">11.57</td><td rowspan="2">15.57</td><td rowspan="2">19.48</td><td rowspan="2">23.48</td><td rowspan="2">27.48</td><td rowspan="2">29.48</td><td rowspan="2">36.38</td><td rowspan="2">43.38</td><td rowspan="2">55.26</td><td rowspan="2">64.8</td></tr>
<tr><td>GB/T 97.2—1985</td><td>—</td><td>—</td></tr>
<tr><td>GB/T 96—1985</td><td>8.64</td><td>11.57</td><td>14.57</td><td>17.57</td><td>23.48</td><td>29.48</td><td>36.38</td><td>43.38</td><td>49.38</td><td>58.1</td><td>70.1</td><td>89.8</td><td>107.8</td></tr>
<tr><td rowspan="12">厚度 h</td><td rowspan="4">公称</td><td>GB/T 848—1985</td><td rowspan="2">0.5</td><td>0.5</td><td rowspan="3">1</td><td rowspan="3">1.6</td><td rowspan="3">1.6</td><td>1.6</td><td>2</td><td rowspan="3">2.5</td><td>2.5</td><td rowspan="3">3</td><td rowspan="3">4</td><td rowspan="3">4</td><td rowspan="3">5</td></tr>
<tr><td>GB/T 97.1—1985</td><td>0.8</td><td rowspan="2">2</td><td rowspan="2">2.5</td><td rowspan="2">3</td></tr>
<tr><td>GB/T 97.2—1985</td><td>—</td><td>—</td></tr>
<tr><td>GB/T 96—1985</td><td>0.8</td><td>1</td><td>1.2</td><td>1.6</td><td>2</td><td>2.5</td><td>3</td><td>3</td><td>3</td><td>4</td><td>5</td><td>6</td><td>8</td></tr>
<tr><td rowspan="4">max</td><td>GB/T 848—1985</td><td rowspan="2">0.55</td><td>0.55</td><td rowspan="3">1.1</td><td rowspan="3">1.8</td><td rowspan="3">1.8</td><td>1.8</td><td>2.2</td><td rowspan="3">2.7</td><td>2.7</td><td rowspan="3">3.3</td><td rowspan="3">4.3</td><td rowspan="3">4.3</td><td rowspan="3">5.6</td></tr>
<tr><td>GB/T 97.1—1985</td><td>0.9</td><td rowspan="2">2.2</td><td rowspan="2">2.7</td><td rowspan="2">3.3</td></tr>
<tr><td>GB/T 97.2—1985</td><td>—</td><td>—</td></tr>
<tr><td>GB/T 96—1985</td><td>0.9</td><td>1.1</td><td>1.4</td><td>1.8</td><td>2.2</td><td>2.7</td><td>3.3</td><td>3.3</td><td>3.3</td><td>4.6</td><td>6</td><td>7</td><td>9.2</td></tr>
<tr><td rowspan="4">min</td><td>GB/T 848—1985</td><td rowspan="2">0.45</td><td>0.45</td><td rowspan="3">0.9</td><td rowspan="3">1.4</td><td rowspan="3">1.4</td><td>1.4</td><td>1.8</td><td rowspan="3">2.3</td><td>2.3</td><td rowspan="3">2.7</td><td rowspan="3">3.7</td><td rowspan="3">3.7</td><td rowspan="3">4.4</td></tr>
<tr><td>GB/T 97.1—1985</td><td>0.7</td><td rowspan="2">1.8</td><td rowspan="2">2.3</td><td rowspan="2">2.7</td></tr>
<tr><td>GB/T 97.2—1985</td><td>—</td><td>—</td></tr>
<tr><td>GB/T 96—1985</td><td>0.7</td><td>0.9</td><td>1</td><td>1.4</td><td>1.8</td><td>2.3</td><td>2.7</td><td>2.7</td><td>2.7</td><td>3.4</td><td>4</td><td>5</td><td>6.8</td></tr>
</table>

附表 B.5 标准型弹簧垫圈（GB/T 93—1987）、轻型弹簧垫圈（GB/T 859—1987）

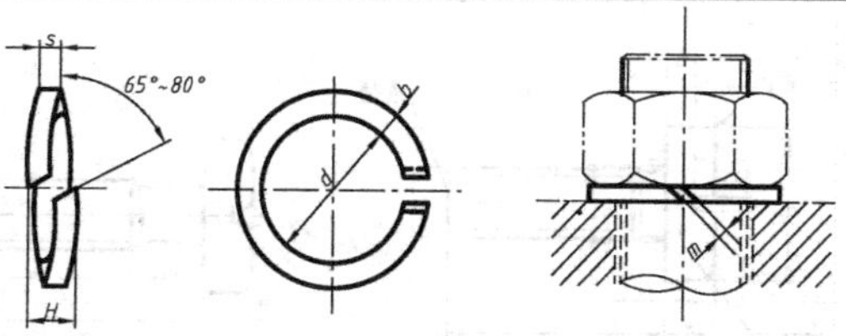

标记示例

规格 16mm、材料为 65Mn、表面氧化的标准型弹簧垫圈：

垫圈 GB/T 93 16

规格 16mm、材料为 65Mn、表面氧化的轻型弹簧垫圈：

垫圈 GB/T 859 16

单位：mm

规格螺纹（大径）			2	2.5	3	4	5	6	8	10	12	16	20	24	30	36	42	48
d	min		2.1	2.6	3.1	4.1	5.1	6.1	8.1	10.2	12.2	16.2	20.2	24.5	30.5	36.5	42.5	48.5
	max		2.35	2.85	3.4	4.4	5.4	6.68	8.68	10.9	12.9	16.9	21.04	25.5	31.5	37.7	43.7	49.7
s（*b*）公称	GB/T 93—1987		0.5	0.65	0.8	1.1	1.3	1.6	2.1	2.6	3.1	4.1	5	6	7.5	9	10.5	12
s 公称	GB/T 859—1987		—	—	0.6	0.8	1.1	1.3	1.6	2	2.5	3.2	4	5	6	—	—	—
b 公称			—	—	1	1.2	1.5	2	2.5	3	3.5	4.5	5.5	7	9	—	—	—
H	GB/T 93—1987	min	1	1.3	1.6	2.2	2.6	3.2	4.2	5.2	6.2	8.2	10	12	15	18	21	24
		max	1.25	1.63	2	2.75	3.25	4	5.25	6.5	7.75	10.25	12.5	15	18.75	22.5	26.25	30
	GB/T 859—1987	min	—	—	1.2	1.6	2.2	2.6	3.2	4	5	6.4	8	10	12	—	—	—
		max	—	—	1.5	2	2.75	3.25	4	5	6.25	8	10	12.5	15	—	—	—
m≤	GB/T 93—1987		0.25	0.33	0.4	0.55	0.65	0.8	1.05	1.3	1.55	2.05	2.5	3	3.75	4.5	5.25	6
	GB/T 859—1987		—	—	0.3	0.4	0.55	0.65	0.8	1	1.25	1.6	2	2.5	3	—	—	—

注：*m* 应大于零。

附表 B.6 开槽圆柱头螺钉（GB/T 65—2000）、开槽盘头螺钉（GB/T 67—2000）

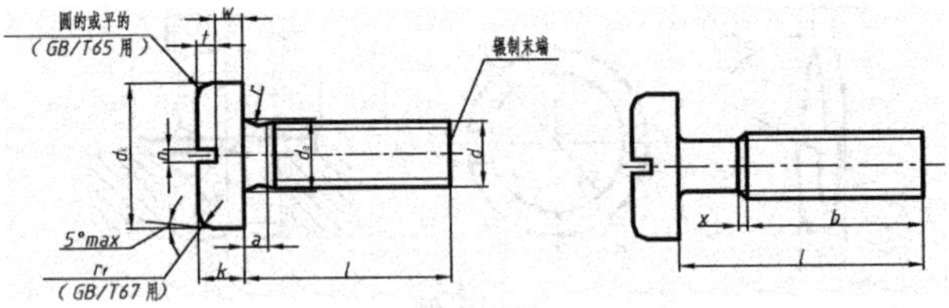

无螺纹部分杆径≈中径或＝螺纹大径

标记示例

螺纹规格 d＝M5、公称长度 l＝20mm、性能等级为 4.8 级、不经表面处理的 A 级开槽圆柱头螺钉：

螺钉 GB/T 65 M5×20

螺纹规格 d＝M5、公称长度 l＝20mm、性能等级为 4.8 级、不经表面处理的 A 级开槽盘头螺钉：

螺钉 GB/T 67 M5×20

单位：mm

螺纹规格 d		M1.6	M2	M2.5	M3	M4		M5		M6		M8		M10	
类别		GB/T 67—2000				GB/T 65—2000	GB/T 67—2000	GB/T 65—2000	GB/T 67—2000	GB/T 65—2000	GB/T 67—2000	GB/T 65—2000	GB/T 67—2000	GB/T 65—2000	GB/B 67—2000
螺距 p		0.35	0.4	0.45	0.5	0.7		0.8		1		1.25		1.5	
a max		0.7	0.8	0.9	1	1.4		1.6		2		2.5		3	
b min		25	25	25	25	38		38		38		38		38	
d_k	max	3.2	4.0	5.0	5.6	7.00	8.00	8.50	9.50	10.00	12.00	13.00	16.00	16.00	20.00
	min	2.9	3.7	4.7	5.3	6.78	7.64	8.28	9.14	9.78	11.57	12.73	15.57	15.73	19.48
d_a max		2	2.6	3.1	3.6	4.7		5.7		6.8		9.2		11.2	
K	max	1.00	1.30	1.50	1.80	2.60	2.40	3.30	3.00	3.9	3.6	5.0	4.8	6.0	
	min	0.86	1.16	1.36	1.66	2.46	2.26	3.12	2.86	3.6	3.3	4.7	4.5	5.7	
n	公称	0.4	0.5	0.6	0.8	1.2		1.2		1.6		2		2.5	
	min	0.46	0.56	0.66	0.86	1.26		1.26		1.66		2.06		2.56	
	max	0.60	0.70	0.80	1.00	1.51		1.51		1.91		2.31		2.81	
r min		0.1	0.1	0.1	0.1	0.2		0.2		0.25		0.4		0.4	
R_f参考		0.5	0.6	0.8	0.9		1.2		1.5		1.8		2.4	3	
T min		0.35	0.5	0.6	0.7	1.1	1	1.3	1.2	1.6	1.4	2	1.9	2.4	
W min		0.3	0.4	0.5	0.7	1.1	1	1.3	1.2	1.6	1.4	2	1.9	2.4	
x max		0.9	1	1.1	1.25	1.75		2		2.5		3.2		3.8	
l（商品规格范围公称长度）		2～16	2.5～20	3～25	4～30	5～40		6～50		8～60		10～80		12～80	
l（系列）		2，2.5，3，4，5，6，8，10，12，（14），16，20，25，30，40，45，50，（55），60，（65），70，（75），80													

注：1. 螺纹规格 d＝M1.6～M3、公称长度 l≤30mm 的螺纹，应制出全螺纹；螺纹规格 d＝M4～M10，公称长度 l≤40mm 的螺钉，应制出全螺纹（$b=l-a$）。

2. 尽可能不采用括号内的规格。

附表 B.7　开槽沉头螺钉（GB/T 68—2000）、开槽半沉头螺钉（GB/T 69—2000）

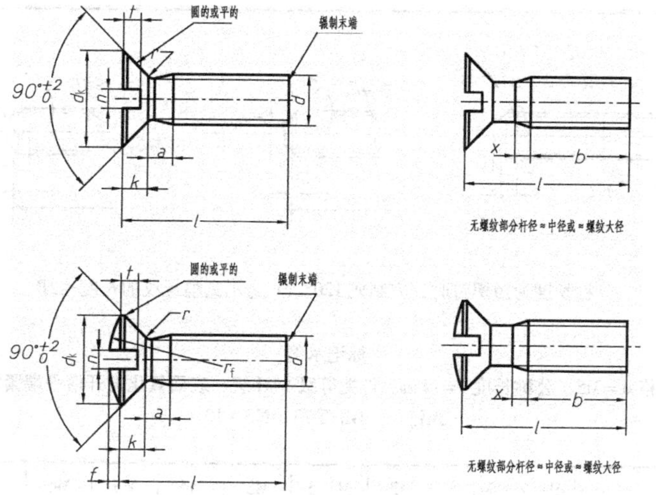

标记示例

螺纹规格 d = M5，公称直径 l = 20mm、性能等级为 4.8 级、不经表面处理的 A 级开槽沉头螺钉：

螺钉 GB/T 68　M5 × 20

单位：mm

螺纹规格 d			M1.6	M2	M2.5	M3	M4	M5	M6	M8	M10
螺距			0.35	0.4	0.45	0.5	0.7	0.8	1	1.25	1.5
a		max	0.7	0.8	0.9	1	1.4	1.6	2	2.5	3
b		min	25				38				
d_k	理论值	max	3.6	4.4	5.5	6.3	9.4	10.4	12.6	17.3	20
	实际值	公称 = max	3.0	3.8	4.7	5.5	8.40	9.30	11.30	15.80	18.30
		min	2.7	3.5	4.4	5.2	8.04	8.94	10.87	15.37	17.78
k		公称 = max	1	1.2	1.5	1.65	2.7	2.7	3.3	4.65	5
n		公称	0.4	0.5	0.6	0.8	1.2	1.2	1.6	2	2.5
		min	0.46	0.56	0.66	0.86	1.26	1.26	1.66	2.06	2.56
		max	0.60	0.40	0.80	1.00	1.51	1.51	1.91	2.31	1.81
r		max	0.4	0.5	0.6	0.8	1	1.3	1.5	2	2.5
x		max	0.9	1	1.1	1.25	1.75	2	2.5	3.2	3.8
f		≈	0.4	0.5	0.6	0.7	1	1.2	1.4	2	2.3
r_f		≈	3	4	5	6	9.5	9.5	12	16.5	19.5
T	max	GB/T 68—2000	0.50	0.6	0.75	0.85	1.3	1.4	1.6	2.3	2.6
		GB/T 69—2000	0.80	1.0	1.2	1.45	1.9	2.4	2.8	3.7	4.4
	max	GB/T 68—2000	0.32	0.4	0.50	0.60	1.0	1.1	1.2	1.8	2.0
		GB/T 69—2000	0.64	0.8	1.0	1.20	1.6	2.0	2.4	3.2	3.8
L（商品规格范围公称长度）			2.5 ~ 16	3 ~ 20	4 ~ 25	5 ~ 30	6 ~ 40	8 ~ 50	8 ~ 60	10 ~ 80	12 ~ 80
L（系列）			2.5，3，4，5，6，8，10，12，（14），16，20，25，30，35，40，45，50，（55），60，（65），70，（75），80								

注：1. 公称长度 l≤30mm，而螺纹规格 d 在 M1.6 ~ M3 的螺钉，应制出全螺纹；公称长度 l≤45mm，而螺纹规格 d 在 M4 ~ M10 的螺钉也应制出全螺纹［$b = l -（k + a）$］。

2. 尽可能不采用括号内的规格。

附表 B.8　开槽锥端紧定螺钉（GB/T 71—2000）、开槽平端紧定螺钉（GB/T 73—2000）、开槽长圆柱端紧定螺钉（GB/T 75—2000）

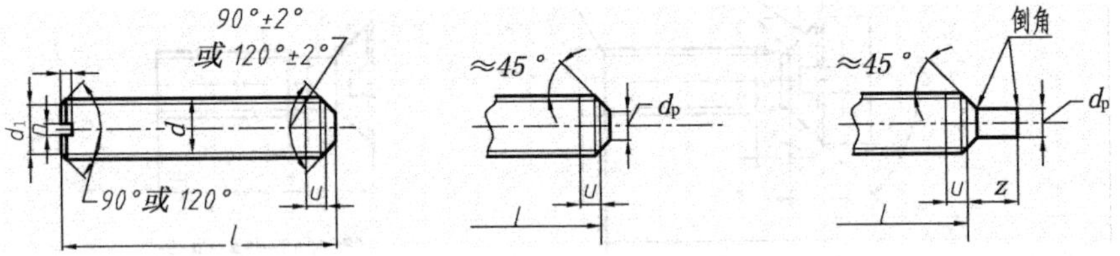

公称长度为短螺钉时，应制成 120°，u 为不完整螺纹的长度≤2P

标记示例

螺纹规格 d = M5、公称长度 l = 12mm、性能等级 14H 级、表面氧化的开槽平端紧定螺钉：

螺钉　GB/T 73　M5 × 12

单位：mm

螺纹规格 d		M1.2	M1.6	M2	M2.5	M3	M4	M5	M6	M8	M10	M12
螺距 p		0.25	0.35	0.4	0.45	0.5	0.7	0.8	1	1.25	1.5	1.75
d_f	≈	螺纹小径										
d_t	min	—	—	—	—	—	—	—	—	—	—	—
	max	0.12	0.16	0.2	0.25	0.3	0.4	0.5	1.5	2	2.5	3
d_p	min	0.35	0.55	0.75	1.25	1.75	2.25	3.2	3.7	5.2	6.64	8.14
	max	0.6	0.8	1	1.5	2	2.5	3.5	4	5.5	7	8.5
n	公称	0.2	0.25	0.25	0.4	0.4	0.6	0.8	1	1.2	1.6	2
	min	0.26	0.31	0.31	0.46	0.46	0.66	0.86	1.06	1.26	1.66	2.06
	max	0.4	0.45	0.45	0.6	0.6	0.8	1	1.2	1.51	1.91	2.31
t	min	0.4	0.56	0.64	0.72	0.8	1.12	1.28	1.6	2	2.4	2.8
	max	0.52	0.74	0.84	0.95	1.05	1.42	1.63	2	2.5	3	3.6
z	min	—	0.8	1	1.25	1.5	2	2.5	3	4	5	6
	max	—	1.05	1.25	1.5	1.75	2.25	2.75	3.25	4.3	5.3	6.3
GB/T 71—1985	l（公称长度）	2~6	2~8	3~10	3~12	4~16	6~20	8~25	8~30	10~40	12~50	14~60
	l（短螺钉）	2	2~2.5	2~2.5	2~3	2~3	2~4	2~5	2~6	2~8	2~10	2~12
GB/T 73—1985	l（公称长度）	2~6	2~8	2~10	2.5~12	3~16	4~20	5~25	6~30	8~40	10~50	12~60
	l（短螺钉）	—	2	2~2.5	2~3	2~3	2~4	2~5	2~6	2~6	2~8	2~10
GB/T 75—1985	l（公称长度）	—	2.5~8	3~10	4~12	5~16	6~20	8~25	8~30	10~40	12~50	14~60
	l（短螺钉）	—	2~2.5	2~3	2~4	2~5	2~6	2~8	2~10	2~14	2~16	2~20
l（系　列）		2, 2.5, 3, 4, 5, 6, 8, 10, 12, (14), 16, 20, 25, 30, 35, 40, 45, 50, (55), 60										

注：1. 公称长度为商品规格尺寸。

2. 尽可能不采用括号内的规格。

附录C 键 与 销

附表 C.1 普通平键 型式尺寸（GB/T 1096—2003）

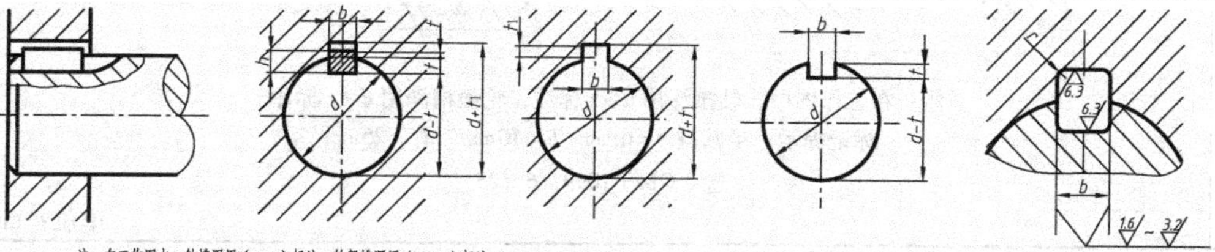

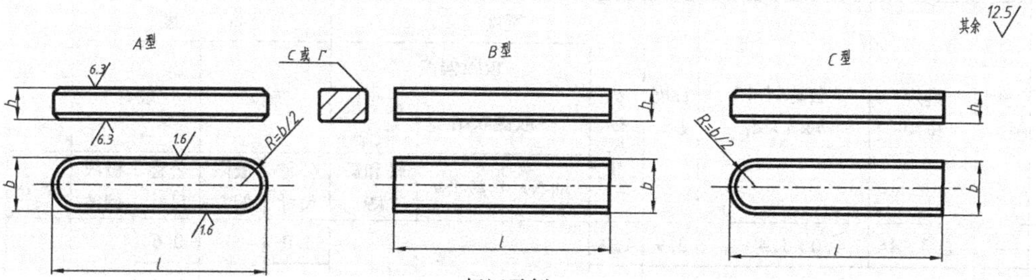

标记示例

圆头普通平键（A 型）、$b=18$mm、$h=11$mm、$L=100$mm： 键 A GB/T 1096 18×100、

平头普通平键（B 型）、$b=18$mm、$h=11$mm、$L=100$mm： 键 B GB/T 1096 18×100、

单圆头普通平键（C 型）、$b=18$mm、$h=11$mm、$L=100$mm： 键 C GB/T 1096 18×100

单位：mm

<table>
<tr><th>轴</th><th colspan="2">键</th><th colspan="12">键 槽</th></tr>
<tr><th rowspan="4">公称直径 d</th><th rowspan="4">公称尺寸 b×h</th><th rowspan="4">长度 L</th><th colspan="6">宽 度 b</th><th colspan="4">深 度</th><th rowspan="3" colspan="2">半径 r</th></tr>
<tr><th rowspan="3">长尺寸 b</th><th colspan="5">极限偏差</th><th rowspan="2" colspan="2">轴 t</th><th rowspan="2" colspan="2">毂 t₁</th></tr>
<tr><th colspan="2">较松键联结</th><th colspan="2">一般键联结</th><th>较紧键联结</th></tr>
<tr><th>轴 H9</th><th>毂 D10</th><th>轴 N9</th><th>毂 JS9</th><th>轴和毂 P9</th><th>公称尺寸</th><th>极限偏差</th><th>公称尺寸</th><th>极限偏差</th><th>最小</th><th>最大</th></tr>
<tr><td>自 6~8</td><td>2×2</td><td>6~20</td><td>2</td><td rowspan="2">+0.025
0</td><td rowspan="2">+0.060
+0.020</td><td rowspan="2">-0.004
-0.029</td><td rowspan="2">±0.0125</td><td rowspan="2">-0.006
-0.031</td><td>1.2</td><td rowspan="5">+0.1
0</td><td>1</td><td rowspan="5">+0.1
0</td><td rowspan="3">0.08</td><td rowspan="3">0.16</td></tr>
<tr><td>>8~10</td><td>3×3</td><td>6~36</td><td>3</td><td>1.8</td><td>1.4</td></tr>
<tr><td>>10~12</td><td>4×4</td><td>8~45</td><td>4</td><td rowspan="3">+0.030
0</td><td rowspan="3">+0.078
+0.030</td><td rowspan="3">0
-0.030</td><td rowspan="3">±0.015</td><td rowspan="3">-0.012
-0.042</td><td>2.5</td><td>1.8</td></tr>
<tr><td>>12~17</td><td>5×5</td><td>10~56</td><td>5</td><td>3.0</td><td>2.3</td><td rowspan="3">0.16</td><td rowspan="3">0.25</td></tr>
<tr><td>>17~22</td><td>6×6</td><td>14~70</td><td>6</td><td>3.5</td><td>2.8</td></tr>
<tr><td>>22~30</td><td>8×7</td><td>18~90</td><td>8</td><td rowspan="2">+0.036
0</td><td rowspan="2">+0.098
+0.040</td><td rowspan="2">0
-0.036</td><td rowspan="2">±0.018</td><td rowspan="2">-0.015
-0.051</td><td>4.0</td><td rowspan="11">+0.2
0</td><td>3.3</td><td rowspan="11">+0.2
0</td></tr>
<tr><td>>30~38</td><td>10×8</td><td>22~110</td><td>10</td><td>5.0</td><td>3.3</td><td rowspan="5">0.25</td><td rowspan="5">0.40</td></tr>
<tr><td>>38~44</td><td>12×8</td><td>28~140</td><td>12</td><td rowspan="4">+0.043
0</td><td rowspan="4">+0.0120
+0.050</td><td rowspan="4">0
-0.043</td><td rowspan="4">±0.0215</td><td rowspan="4">+0.018
-0.061</td><td>5.0</td><td>3.3</td></tr>
<tr><td>>44~50</td><td>14×9</td><td>36~160</td><td>14</td><td>5.5</td><td>3.8</td></tr>
<tr><td>>50~58</td><td>16×10</td><td>45~180</td><td>16</td><td>6.0</td><td>4.3</td></tr>
<tr><td>>58~65</td><td>18×11</td><td>50~200</td><td>18</td><td>7.0</td><td>4.4</td></tr>
<tr><td>>65~75</td><td>20×12</td><td>56~220</td><td>20</td><td rowspan="4">+0.052
0</td><td rowspan="4">+0.0149
+0.065</td><td rowspan="4">0
-0.052</td><td rowspan="4">±0.026</td><td rowspan="4">+0.022
-0.074</td><td>7.5</td><td>4.9</td><td rowspan="5">0.40</td><td rowspan="5">0.60</td></tr>
<tr><td>>75~85</td><td>22×14</td><td>63~250</td><td>22</td><td>9.0</td><td>5.4</td></tr>
<tr><td>>85~95</td><td>25×14</td><td>70~280</td><td>25</td><td>9.0</td><td>5.4</td></tr>
<tr><td>>95~110</td><td>28×16</td><td>80~320</td><td>28</td><td>10.0</td><td>6.4</td></tr>
<tr><td>>110~130</td><td>32×18</td><td>90~360</td><td>32</td><td rowspan="4">+0.062
0</td><td rowspan="4">+0.0180
+0.080</td><td rowspan="4">0
-0.062</td><td rowspan="4">±0.031</td><td rowspan="4">-0.026
-0.08</td><td>11.0</td><td>7.4</td></tr>
<tr><td>>130~150</td><td>36×20</td><td>100~400</td><td>36</td><td>12.0</td><td rowspan="3">+0.3
0</td><td>8.4</td><td rowspan="3">+0.3
0</td><td rowspan="3">0.70</td><td rowspan="3">1.0</td></tr>
<tr><td>>150~170</td><td>40×22</td><td>100~400</td><td>40</td><td>13.0</td><td>9.4</td></tr>
<tr><td>>170~200</td><td>45×25</td><td>110~450</td><td>45</td><td>15.0</td><td>10.4</td></tr>
</table>

注：1. $d-t$ 和 $d+t_1$ 两组组合尺寸的极限偏差按相应的 t 和 t_1 的极限偏差选取，但 $d-t$ 极限偏差应取负号（-）。

2. L 系列：6，8，10，12，14，16，18，20，22，25，28，32，36，40，45，50，56，63，70，80，90，100，110，125，140，160，180，200，220，250，280，320，360，400，450，500。

3. 平键轴槽的长度公差用 H14。

附表 C.2　半圆键型式尺寸（GB/T 1099—2003）

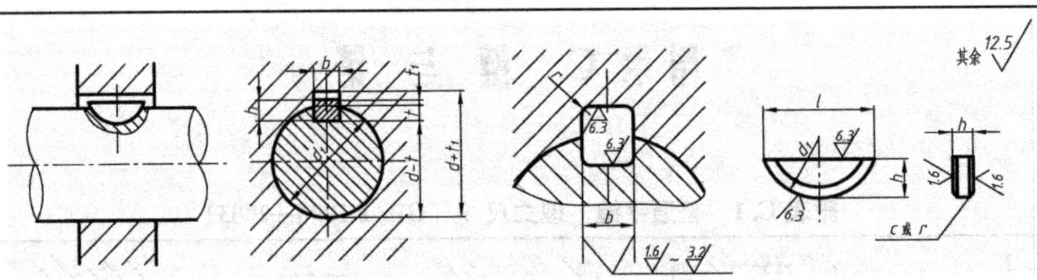

注：在工作图中，轴槽深用 $d-r$ 标注，轮毂槽深用 $d+r$ 标注。

标记提示：半圆键 $b=6\text{mm}$　$h=10\text{mm}$　$d_1=25\text{mm}$

键　GB/T 1099　6×25

单位：mm

轴径 d		键		键槽									
				宽度 b				深度				半径	
					极限偏差			轴 t		毂 t_1			
					一般键联结		较紧键联结						
键传递扭距	键定位用	公称尺寸 $b\times h\times d_1$	长度 $L\approx$	公称尺寸	轴 N9	毂 JS9	轴和毂 P9	公称尺寸	极限偏差	公称尺寸	极限偏差	最小	最大
自 3～4	自 3～4	1.0×1.4×4	3.9	1.0	−0.004 −0.029	±0.012	−0.006 −0.031	1.0	±0.10	0.6		0.08	0.16
>4～5	>4～5	1.5×2.6×7	6.8	1.5				2.0		0.8			
>5～6	>6～8	2.0×2.6×7	6.8	2.0				1.8		1.0			
>6～7	>8～10	2.0×2.6×7	9.7	2.0				2.9		1.0			
>7～8	>10～12	2.5×3.7×10	9.7	2.5				2.7		1.2			
>8～10	>12～15	3.0×5.0×13	12.7	3.0				3.8	+0.2 0	1.4			
>10～12	>15～18	3.0×6.5×16	15.7	3.0				5.3		1.4		0.16	0.25
>12～14	>18～20	4.0×6.5×16	15.7	4.0	0 −0.030	±0.015	−0.012 −0.042	5.0		1.8			
>14～16	>20～22	4.0×7.5×19	18.6	4.0				6.0		1.8			
>16～18	>22～25	5.0×6.5×16	15.7	5.0				4.5		2.3			
>18～20	>25～28	5.0×7.5×19	18.6	5.0				5.5		2.3			
>20～22	>28～32	5.0×9.0×22	21.6	5.0				7.0		2.3			
>22～25	>36～40	6.0×9.0×25	21.6	6.0				6.5	+0.3 0	2.8			
>25～28	>36～40	6.0×10.0×25	24.5	6.0				7.5		2.8	+0.2 0	0.25	0.40
>28～32	40	8.0×11.0×28	27.4	8.0	0 −0.036	±0.018	−0.015 −0.051	8.0		3.3			
>32～38	……	10.0×13.0×32	31.4	10.0				10.0		3.3			

注：$d-t$ 和 $d+t_1$ 两个组合尺寸的极限偏差按相应的 t 和 t_1 的极限偏差选取，但 $d-t$ 极限偏差值应取负号（−）。

附表 C.3 圆柱销 不淬硬钢和奥氏体不锈钢（GB/T 119.1—2000）
圆柱销 淬硬钢和马氏体不锈钢（GB/T 119.2—2000）

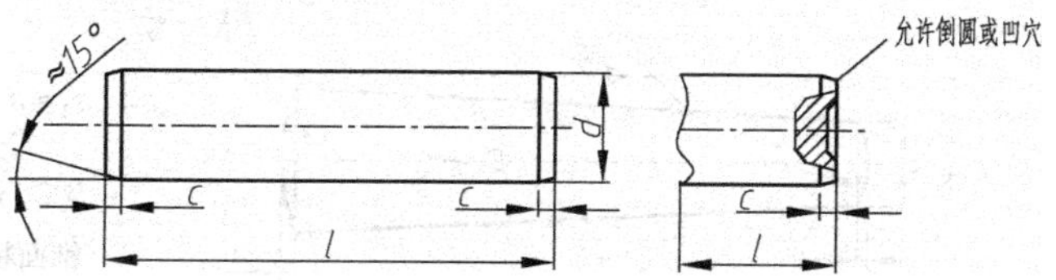

标记示例

公称直径 $d=6$mm、公差为 m6、公称长度 $l=30$mm、材料为钢、不经淬火、不经表面处理的圆柱销：

销 GB/T 119.1 6m 6×30

公称直径 $d=6$mm、公差 $l=$m6、公称长度 $l=30$mm、材料为钢、普通淬火（A 型）、表面氧化处理的圆柱销：

销 GB/T 119.2 6×30

单位：mm

l（公称）		1.5	2	2.5	3	4	5	6	8
$c\approx$		0.3	0.35	0.4	0.5	0.63	0.8	1.2	1.6
l（商品长度范围）	GB/T 119.1	4~16	6~20	6~24	8~30	8~40	10~50	12~60	14~80
	GB/T 119.2	4~16	5~20	6~24	8~30	10~40	12~50	14~60	18~80
l（公称）		10	12	16	20	25	30	40	50
$c\approx$		2	2.5	3	3.5	4	5	6.3	8
l（商品长度范围）	GB/T 119.1	18~95	22~140	26~180	35~200 以下	50~200 以下	60~200 以下	80~200 以下	95~200 以下
	GB/T 119.2	22~100 以下	26~100 以下	40~100 以下	50~100 以下	—	—	—	—
l（系列）		3，4，5，6，8，10，12，14，16，18，20，22，24，26，28，30，32，35，40，45，50，55，60，65，70，80，85，90，95，100，120，140，160，180，200，……							

注：1. 公称直径 d 的公差：GB/T 119.1—2000 规定为 m6 和 m8，GB/T—2000 仅 m6，其他公差由供需双方协议。
2. GB/T 119.2—2000 中淬硬钢按淬火方法不同分为普通淬火（A 型）和表面淬火（B 型）。
3. 公称长度大于 200mm，按 20mm 递增。

附表 C.4 圆锥销（GB/T 117—2000）摘编

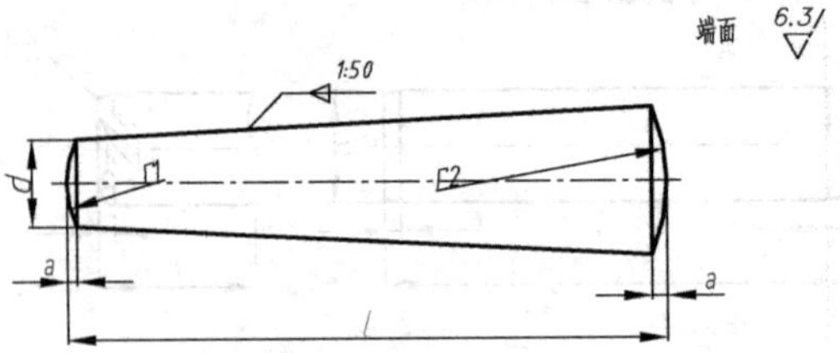

$r_2 \approx d$

$r_2 \approx \frac{a}{2} + d + \frac{(0.02l)^2}{8a}$

锥面粗糙度见附注。

标记示例

公称直径 d = 6*mm*、公称长度 l = 30*mm*、材料为 35 号钢、热处理硬度 28 ~ 38*HRC*、表面氧化处的 *A* 型圆锥销：

销 *GB/T* 117 6×30

单位：*mm*

d（公称）	0.6	0.8	1	1.2	1.5	2	2.5	3	4	5
a≈	0.08	0.1	0.12	0.16	0.2	0.25	0.3	0.4	0.5	0.63
l（商品长度范围）	4 ~ 8	5 ~ 12	6 ~ 16	6 ~ 20	8 ~ 24	10 ~ 35	10 ~ 35	12 ~ 45	14 ~ 55	18 ~ 60
d（公称）	6	8	10	12	16	20	25	30	40	50
a≈	0.8	1	1.2	1.6	2	2.5	3	4	5	6.3
l（商品长度范围）	22 ~ 90	22 ~ 120	22 ~ 160	32 ~ 180	40 ~ 200 以上	45 ~ 200 以上	50 ~ 200 以上	55 ~ 200 以上	60 ~ 200 以上	65 ~ 200 以上
l（系列）	2，3，4，5，6，8，10，12，14，16，18，20，22，24，26，28，30，32，35，40，45，50，55，60，65，70，75，80，85，90，95，100，120，140，160，180，200，……									

注：1. 公称直径 *d* 的公差规定为 *h*10，其他公差如 *a*11，*c*11 和 8 由供需双方协议。

2. 圆锥销有 *A* 型和 *B* 型。*A* 型为磨削，锥面表面粗糙度 Ra = 0.8*μm*，*B* 型为切削或冷镦，锥面表面粗糙度 Ra = 3.2*μm*。

3. 公称长度大于 200*mm*，按 20*mm* 递增。

附表 C.5 开口销（GB/T 91—2000）摘要

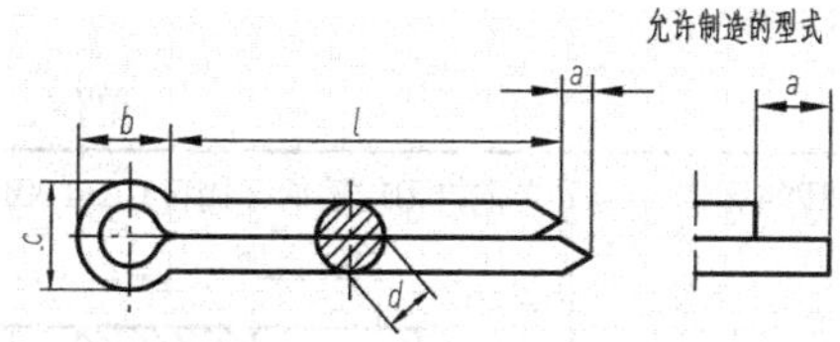

标 记 示 例

公称规格为 5mm、公称长度 l = 50mm、材料为 Q215、不经表面处理的开口销：

销 GB/T 91 5×50

单位：mm

公称规格			0.6	0.8	1	1.2	1.6	2	2.5	3.2
d	max		0.5	0.7	0.9	1.0	1.4	1.8	2.3	2.9
	min		0.4	0.6	0.8	0.9	1.3	1.7	2.1	2.7
a	max		1.6	1.6	1.6	2.50	2.50	2.50	2.50	3.2
b≈			2	2.4	3	3	3.2	4	5	6.4
c	max		1.0	1.4	1.8	2.0	2.8	3.6	4.6	5.8
适用的文字	螺栓	>	—	2.5	3.5	4.5	5.5	7	9	11
		≤	2.5	3.5	4.5	5.5	7	9	11	14
	U 形销	>	—	2	3	4	5	6	8	9
		≤	2	3	4	5	6	8	9	12
商品长度单位			4~12	5~16	6~20	8~25	8~32	10~40	12~50	14~63
公称规格			4	5	6.3	8	10	13	16	20
d	max		3.7	4.6	5.9	7.5	9.5	12.4	15.4	19.3
	min		3.5	4.4	5.7	7.3	9.3	12.1	15.1	19.0
a	max		4	4	4	4	6.30	6.30	6.30	6.30
b≈			8	10	12.6	16	20	26	32	40
c	max		7.4	9.2	11.8	15.0	19.0	24.8	30.8	38.5
适用的文字	螺栓	>	14	20	27	39	56	80	120	170
		≤	20	27	39	56	80	120	170	—
	U 形销	>	12	17	23	29	44	69	110	160
		≤	17	23	29	44	69	110	160	—
商品长度单位			18~20	22~100	32~125	40~160	45~200	71~250	112~280	160~280
L（系列）			4，5，6，8，10，12，14，16，18，20，22，25，28，32，36，40，50，56，63，71，80，90，100，112，125，140，160，180，200，224，250，280							

注：1. 公称规格等于开口销孔的直径。对销孔直径推荐的公差为：

公称规格≤1.2：H13；公称规格>1.2：H14

根据供需双方协议，允许采用公称规格为 3mm、6mm 和 12mm 的开口销。

2. 用于铁道和在 U 形销中开口销承受交变横向力的场合，推荐使用的开口销规格应较本表规定的加大一挡。

附录D 轴承

单位：mm

深沟球轴承（摘自GB/T 276—1994）

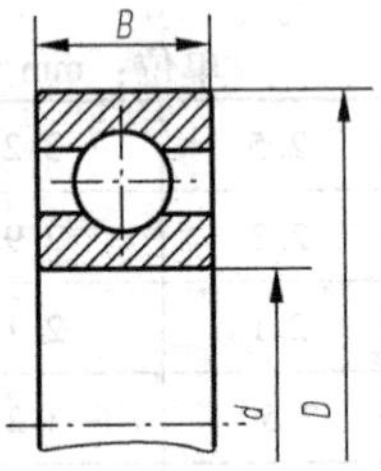

标记示例：
滚动轴承 6310 GB/T 276

圆锥滚子轴承（摘自GB/T 297—1994）

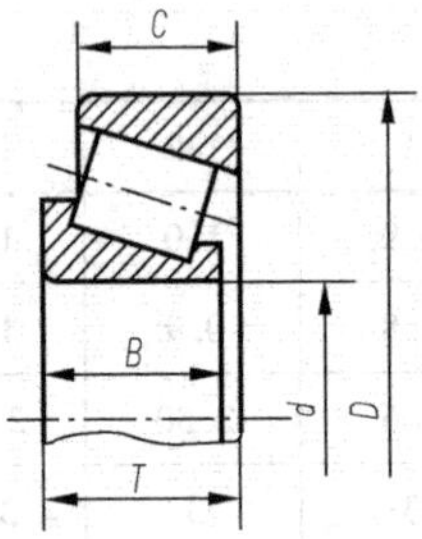

标记示例：
滚动轴承 30212 GB/T 297

单向推力球轴承（摘自GB/T 301—1995）

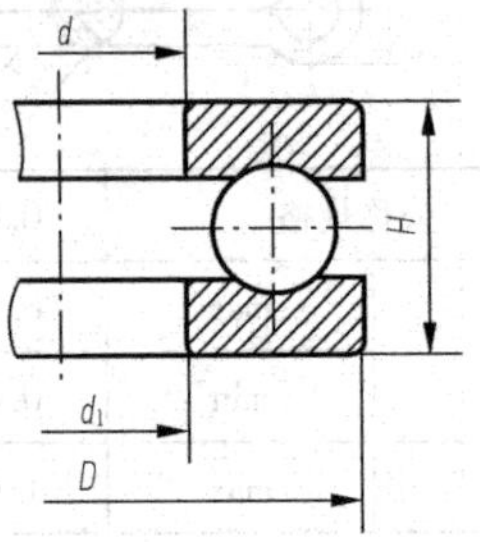

标记示例：
滚动轴承 51305 GB/T 301

轴承型号	尺寸		
	d	*D*	*B*
尺寸系列〔（0）2〕			
6202	15	35	11
6203	17	40	12
6204	20	47	14
6205	25	52	15
6206	30	62	16
6207	35	72	17
6208	40	80	18
6209	45	85	19
6210	50	90	20
6211	55	100	21
6212	60	110	22
尺寸系列〔（0）3〕			
6302	15	42	13
6303	17	47	14
6304	20	52	15
6305	25	62	17
6306	30	72	19
6307	35	80	21
6308	40	90	23
6309	45	100	25
6310	50	110	27
6311	55	120	29
6312	60	130	31
尺寸系列〔（0）4〕			
6403	17	62	17
6404	20	72	19
6405	25	80	21
6406	30	90	23
6407	35	100	25
6408	40	110	27
6409	45	120	29
6410	50	130	31
6411	55	140	33
6412	60	150	35
6413	65	160	37

轴承型号	尺寸				
	d	*D*	*B*	*C*	*T*
尺寸系列〔02〕					
30203	17	40	12	11	13.25
30204	20	47	14	12	15.25
30205	25	52	15	13	16.25
30206	30	62	16	14	17.25
30207	35	72	17	15	18.25
30208	40	80	18	16	19.75
30209	45	85	19	16	20.75
30210	50	90	20	17	21.75
30211	55	100	21	18	22.75
30212	60	110	22	19	23.75
30213	65	120	23	20	24.75
尺寸系列〔03〕					
30302	15	42	13	11	14.25
30303	17	47	14	12	15.25
30304	20	52	15	13	16.25
30305	25	62	17	15	18.25
30306	30	72	19	16	20.75
30307	35	80	21	18	22.75
30308	40	90	23	20	25.25
30309	45	100	25	22	27.25
30310	50	110	27	23	29.25
30311	55	120	29	25	31.50
30312	60	130	31	26	33.50
尺寸系列〔13〕					
31305	25	62	17	13	18.25
31306	30	72	19	14	20.75
31307	35	80	21	15	22.75
31308	40	90	23	17	25.25
31309	45	100	25	18	27.25
31310	50	110	27	19	29.25
31311	55	120	29	21	31.50
31312	60	130	31	22	33.50
31313	65	140	33	23	36.00
31314	70	150	35	25	38.00
31315	75	160	37	26	40.00

轴承型号	尺寸			
	d	*D*	*T*	d_1
尺寸系列〔12〕				
51202	15	32	12	17
51203	17	35	12	19
51204	20	40	14	22
51205	25	47	15	27
51206	30	52	16	32
51207	35	62	18	37
51208	40	68	19	42
51209	45	73	20	47
51210	50	78	22	52
51211	55	90	25	57
51212	60	95	26	62
尺寸系列〔13〕				
51304	20	47	18	22
51305	25	52	18	27
51306	30	60	21	32
51307	35	68	24	37
51308	40	78	26	42
51309	45	85	28	47
51310	50	95	31	52
51311	55	105	35	57
51312	60	110	35	62
51313	65	115	36	67
51314	70	125	40	72
尺寸系列〔14〕				
51405	25	60	24	27
51406	30	70	28	32
51407	35	80	32	37
51408	40	90	36	42
51409	45	100	39	47
51410	50	110	43	52
51411	55	120	48	57
51412	60	130	51	62
51413	65	140	56	68
51414	70	150	60	73
51415	75	160	65	78

注：圆括号中的尺寸系列代号在轴承型号中省略。

附录E 常用标准结构和标准数据

附表 E. 1 中心孔（GB/T 145—2001）、中心孔表示法（GB/T 4459—1999）摘编

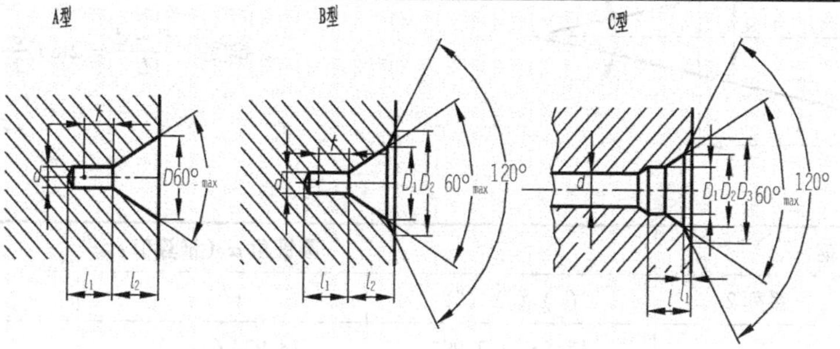

（D、l_2制造厂可任选其一）　（D_2、l_2制造厂可任选其一）

中心孔尺寸　单位：mm

A型				B型					C型					
d	D	l_2	t 参考	d	D_1	D_2	t_2	t 参考	d	D_1	D_2	D_3	l	l_1 参考
2.00	4.25	1.95	1.8	2.00	4.25	6.30	2.54	1.8	M4	4.3	6.7	7.4	3.2	2.1
2.50	5.30	2.42	2.2	2.50	5.30	8.00	3.20	2.2	M5	5.3	8.1	8.8	4.0	2.4
3.15	6.70	3.07	2.8	3.15	6.70	10.00	4.03	2.8	M6	6.4	9.6	10.5	5.0	2.8
4.00	8.50	3.90	3.5	4.00	8.50	12.25	5.05	3.5	M8	8.4	12.2	13.2	6.0	3.3
(5.00)	10.60	4.85	4.4	(5.00)	10.60	16.00	6.41	4.4	M10	10.5	14.9	16.3	7.5	3.8
6.30	13.20	5.98	5.5	6.30	13.20	18.00	7.36	5.5	M12	13.0	18.1	19.8	9.5	4.4
(8.00)	17.00	7.79	7.0	(8.00)	17.00	22.40	9.36	7.0	M16	17.0	23.0	25.3	12.0	5.2
10.00	21.20	9.70	8.7	10.00	21.20	28.00	11.6	8.7	M20	21.0	28.4	31.3	15.0	6.4

注：1. 尺寸l_1取决于中心钻的长度，此值不应小于t值（对A型、B型）。
2. 括号内的尺寸尽量不采用。
3. R型中心孔未列入。

中心孔表示法　单位：mm

要　求	符　号	表示法示例	说　明
在完工的零件上要求保留中心孔	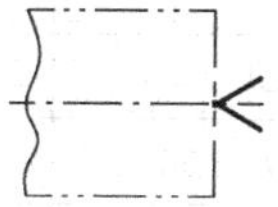	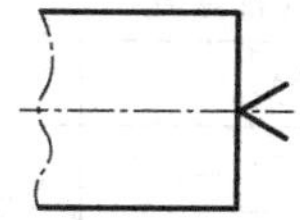	采用B型中心孔 d = 2.5mm　D_1 = 8mm 在完工的零件上要求保留
在完工的零件上可以保留中心孔	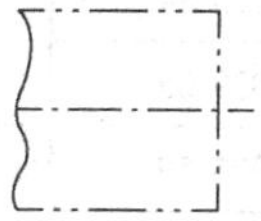	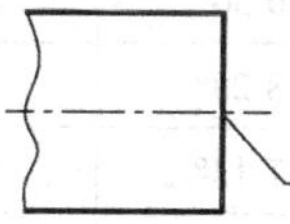	采用A型中心孔 d = 4mm　D_1 = 8.5mm 在完工的零件上是否保留都可以
在完工的零件上不允许保留中心孔	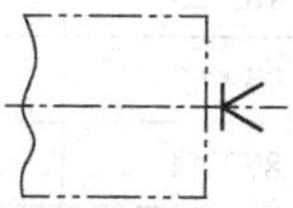	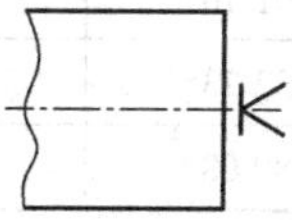	采用A型中心孔 d = 1.6mm　D_1 = 3.35mm 在完工的零件上不允许保留

注：在不引起误解时，可省略标记中的标准编号。

附表 E.2 圆锥的锥度与锥角系列（GB/T 157—2001）摘编

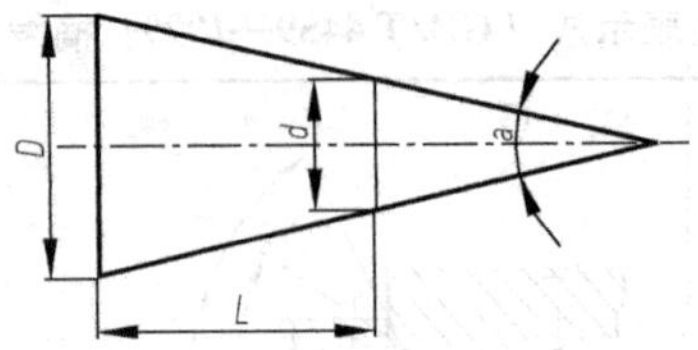

$$锥度 = \frac{D-d}{L} = 2\tan\frac{a}{2}$$

一般用途圆锥

基本值		圆锥角 α（推算值）		
系列 1	系列 2	(°)(′)(″)	(°)	rad
1 : 3		18°55′28.7199″	18.924 644 42°	0.330 297 35
	1 : 4	14°15′0.1177″	14.250 032 70°	0.248 709 99
1 : 5		11°25′16.2706″	11.421 186 27°	0.199 337 30
	1 : 6	9°31′38.2202″	9.527 283 38°	0.166 282 46
	1 : 7	8°10′16.4408″	8.171 233 56°	0.142 614 93
	1 : 8	7°9′9.6075	7.152 668 75°	0.124 837 62
1 : 10		5°43′29.3176″	5.724 810 45°	0.099 916 79
	1 : 12	4°46′18.7970″	4.771 888 06°	0.083 285 16
	1 : 15	3°49′5.8975″	3.818 304 87°	0.066 641 99
1 : 20		2°51′51.0925″	2.864 192 37°	0.049 989 59
1 : 30		1°54′34.8570″	1.909 682 51°	0.033 330 25
1 : 50		1°8′45.1586″	1.145 877 40°	0.019 999 33
1 : 100		34′22.6309″	0.572 953 02°	0.009 999 92
1 : 200		17′11.3219″	0.286 478 30°	0.004 999 99
1 : 500		6′52.5295″	0.114 591 52°	0.002 000 00

注：优先选用系列 1。

特定用途圆锥

基本值	圆锥角 α（推算值）			用途
	(°)(′)(″)	(°)	rad	
1 : 19.002	3°0′52.3956″	3.014 554 34°	0.052 613 90	莫氏锥度 No.5
1 : 190180	2°59′11.7258″	2.986 590 50°	0.052 125 84	莫氏锥度 No.6
1 : 190212	2°58′53.8255″	2.981 618 20°	0.052 039 05	莫氏锥度 No.0
1 : 19.254	2°58′30.4217″	2.975 117 13°	0.051 925 59	莫氏锥度 No.4
1 : 19.922	2°52′31.4463″	2.875 401 76°	0.050 185 23	莫氏锥度 No.3
1 : 20.020	2°51′40.7960″	2.861 332 23°	0.049 939 67	莫氏锥度 No.2
1 : 20.047	2°51′26.9283″	2.857 480 08°	0.049 872 44	莫氏锥度 No.1

附录 F　轴和孔的极限偏差

附表 F. 1　轴的极限偏差（GB/T 1800. 2—2009）

基本尺寸/mm		A *	b *		c			d				e		
大与	至	11	11	12	9	10	11	8	9	10	11	7	8	9
–	3	-270 -330	-140 -200	-140 -240	-60 -85	-60 -100	-60 -120	-20 -34	-20 -45	-20 -60	-20 -80	-14 -24	-14 -28	-14 -39
3	6	-270 -345	-140 -215	-140 -260	-70 -100	-70 -118	-70 -145	-30 -48	-30 -60	-30 -78	-30 -105	-20 -32	-20 -38	-20 -50
6	10	-280 -370	-150 -240	-150 -300	-80 -116	-80 -138	-80 -170	-40 -62	-40 -76	-40 -98	-40 -130	-25 -40	-25 -47	-25 -61
10 14	14 18	-290 -400	-150 -260	-150 -330	-95 -138	-95 -165	-95 -205	-50 -77	-50 -93	-50 -120	-50 -160	-32 -50	-32 -59	-32 -75
18 24	24 30	-300 -430	-160 -290	-160 -370	-110 -162	-110 -194	-110 -240	-65 -98	-65 -117	-65 -149	-65 -195	-40 -61	-40 -73	-40 -92
30	40	-310 -470	-170 -330	-170 -420	-120 -182	-120 -220	-120 -280	-80	-80	-80	-80	-50	-50	-50
40	50	-320 -480	-180 -340	-180 -430	-130 -192	-130 -230	-130 -290	119	-142	-180	-240	-75	-89	-112
50	60	-340 -530	-190 -380	-190 -490	-140 -214	-140 -260	-140 -330	-100	-100	-100	-100	-60	-60	-60
65	80	-360 -550	-200 -390	-200 -500	-150 -224	-150 -270	-150 -340	-146	-174	-220	-290	-90	-106	-134
80	100	-380 -600	-220 -440	-220 -570	-170 -257	-170 -310	-170 -390	-120	-120	-120	-120	-72	-72	-72
100	120	-410 -630	-240 -460	-240 -590	-180 -267	-180 -320	-180 -400	-174	-207	-260	-340	-107	-126	-159
120	140	-460 -710	-260 -510	-260 -660	-200 -300	-200 -360	-200 -450	-145	-145	-145	-145	-85	-85	-85
140	160	-520 -770	-280 -530	-280 -680	-210 -310	-210 -370	-210 -460							
160	180	-580 -830	-310 -560	-310 -710	-230 -330	-230 -390	-230 -480	-208	-245	-305	-395	-125	-148	-185
180	200	-660 -950	-340 -630	-340 -800	-240 -355	-240 -425	-240 -530	-170	-170	-170	-170	-100	-100	-100
200	225	-740 -1030	-380 -670	-380 -840	-260 -375	-260 -445	-260 -550							
225	250	-820 -1110	-420 -710	-420 -880	-280 -395	-280 -465	-280 -570	-240	285	-355	-460	-146	-172	-215
250	280	-920 -1240	-480 -800	-480 -1000	-300 -430	-300 -510	-300 -620	-190	-190	-190	-190	-110	-110	-110
280	315	-1050 -1370	-540 -860	-540 -1060	-330 -460	-330 -540	-330 -650	+271	-320	-400	-510	162	-190	-240
315	355	-1200 -1560	-600 -960	-600 -1170	-360 -500	-360 -590	-360 -720	-210	-210	-210	-210	-125	-125	-125
355	400	-1350 -1710	-680 -1040	-680 -1250	-400 -540	-400 -630	-400 -760	-299	-350	-440	-570	-182	-214	-265
400	450	-1500 -1900	-760 -1160	-760 -1390	-440 -595	-440 -690	-440 -840	-230	-230	-230	-230	-135	-135	-135
450	500	-1650 2050	-840 -1240	-840 -1470	-480 -635	-480 -730	-480 -880	-327	-385	-480	-630	-198	-232	-290

注：1. * 基本尺寸小于 1mm 时，各级的 *a* 和 *b* 均不采用。

2. 黑体字为优先公差带。

续表

f					g			h							
5	6	7	8	9	5	6	7	5	6	7	8	9	10	11	12
−6 −10	−6 −12	−6 −16	−6 −20	−6 −31	−2 −6	−2 −8	−2 −12	0 −4	0 −6	0 −10	0 −14	0 −25	0 −40	0 −60	0 −100
−10 −15	−10 −1	−10 −22	−10 −28	−10 −40	−4 −9	−4 −12	−4 −16	0 −5	0 −8	0 −15	0 −22	0 −36	0 −58	0 −75	0 −120
−13 −19	−13 −22	−13 −28	−13 −35	−13 −49	−5 −11	−5 −14	−5 −20	0 −6	0 −9	0 −15	0 −22	0 −36	0 −588	0 −90	0 −150
−16 −24	−16 −27	−16 −34	−16 −43	−16 −59	−6 −14	−6 −17	−6 −24	0 −8	0 −11	0 −18	0 −27	0 −43	0 −70	0 −110	0 −180
−20 −29	−20 −33	−20 −41	−20 −53	−20 −72	−7 −16	−7 −20	−7 −28	0 −9	0 −13	0 −21	0 33	0 −52	0 −84	0 −130	0 −210
−25 −36	−25 −41	−25 −50	−25 −64	−25 −87	−9 −20	−9 −25	−9 −34	0 −11	0 −16	0 −25	0 −39	0 −62	0 −100	0 −160	0 −250
−30 −43	−30 −49	−30 −60	−30 −76	−30 −104	−10 −23	−10 −29	−10 −40	0 −13	0 −19	0 −30	0 −46	10 −74	0 −120	0 −190	0 −300
−36 −51	−36 −58	−36 −71	−36 −90	−36 −123	−12 −27	−12 −34	−12 −47	0 −15	0 −22	0 −35	0 −54	0 −87	0 −140	0 −220	0 −350
−43 −61	−43 −68	−43 −83	−43 −106	−43 −143	−14 −32	−14 −39	−14 −54	0 −18	0 −25	0 −40	0 −63	0 −100	0 −160	0 −250	0 −400
−50 −70	−50 −79	−50 −96	−50 −122	−50 −165	−15 −35	−15 −44	−15 −61	0 −20	0 −29	0 −46	0 −72	0 −115	0 −185	0 −290	0 −460
−56 −79	−56 −88	−56 −108	−56 −137	−56 −186	−17 −40	−17 −49	−17 −69	0 −23	0 −32	0 −52	0 −81	0 −130	0 −210	0 −320	0 −520
−62 −87	−62 −98	−62 −119	−62 −151	−62 −202	−18 −43	−18 −54	−13 −75	0 −25	0 −36	0 −57	0 −89	0 −140	0 −230	0 −360	0 −570
−68 −95	−68 −108	−68 −131	−68 −165	−68 −223	−20 −47	−20 −60	−20 −83	0 −27	0 −40	0 −63	0 −97	0 −155	0 −250	0 −400	0 −630

续表

基本尺寸/mm		js			*k*			*m*			*n*			*p*		
大于	至	5	6	7	5	6	7	5	6	7	5	6	7	5	6	7
—	3	±2	±3	±5	+4 0	+6 0	+10 0	+6 +2	+8 +2	+12 +2	+8 +4	+10 +4	+14 +4	+10 +6	+12 +6	+16 +6
3	6	±2.5	±4	±6	+6 +1	+9 +1	+13 +1	+9 +4	+12 +4	+16 +4	+13 +8	+16 +8	+20 +8	+17 +12	+20 +12	+24 +12
6	10	±3	±4.5	±7	+7 +1	+10 +1	+16 +1	+12 +6	+15 +6	+21 +6	+16 +10	+19 +10	+25 +10	+21 +15	+24 +15	+30 +15
10 14	14 18	±4	±5.5	±9	+9 +1	+12 +1	+19 +1	+15 +7	+18 +7	+25 +7	+20 +12	+23 +12	+30 +12	+26 +18	+29 +18	+36 +18
18 24	24 30	±4.5	±6.5	±10	+11 +2	+15 +2	+23 +2	+17 +8	+21 +8	+29 +8	+24 +15	+28 +15	+36 +15	+31 +22	+35 +22	+43 +22
30 40	40 50	±5.5	±8	±12	+13 +2	+18 +2	+27 +2	+20 +9	+25 +9	+34 +9	+28 +17	+33 +17	+42 +17	+37 +26	+42 +26	+51 +26
50 65	65 80	±6.5	±9.5	±15	+15 +2	+21 +2	+32 +2	+24 +11	+30 +11	+41 +11	+33 +20	+39 +20	+50 +20	+45 +32	+51 +32	+62 +32
80 100	100 120	±7.5	±11	±17	+18 +3	+25 +3	+38 +3	+28 +13	+35 +13	+48 +13	+38 +23	+45 +23	+58 +23	+52 +37	+59 +37	+72 +37
120 140 160	140 160 180	±9	±12.5	±20	+21 +3	+28 +3	+43 +3	+33 +15	+40 +15	+55 +15	+45 +27	+52 +27	+67 +27	+61 +43	+68 +43	+83 +43
180 200 225	200 225 250	±10	±14.5	±23	+24 +4	+33 +4	+50 +4	+37 +17	+46 +17	+63 +17	+51 +31	+60 +31	+77 +31	+70 +50	+79 +50	+96 +50
250 280	280 315	±11.5	±16	±26	+27 +4	+36 +4	+56 +4	+43 +20	+52 +20	+72 +20	+57 +34	+66 +34	+86 +34	+79 +56	+88 +56	+108 +56
315 355	355 400	±12.5	±18	±28	+29 +4	+40 +4	+61 +4	+46 +21	+57 +21	+78 +21	+62 +37	+73 +37	+94 +37	+87 +62	+98 +62	+119 +62
400 450	450 500	±13.5	±20	±31	+32 +5	+45 +5	+68 +5	+50 +23	+63 +23	+86 +23	+67 +40	+80 +40	+103 +40	+95 +68	+108 +68	+131 +68

续表

r			*s*			*t*			*u*		*v*	*x*	*y*	*z*
5	6	7	5	6	7	5	6	7	6	7	6	6	6	6
+14 +10	+16 +10	+20 +10	+18 +14	**+20 +14**	+24 +14	–	–	–	**+24 +18**	+28 +18	–	+26 +20	–	+32 +26
+20 +15	+23 +15	+27 +15	+24 +19	**+27 +19**	+31 +19	–	–	–	**+31 +23**	+43 +28	–	+36 +28	–	+43 +35
+25 +19	+28 +19	+34 +19	+29 +23	**+32 +23**	+38 +23	–	–	–	**+37 +28**	+43 +28	–	+43 +34	–	+51 +42
+31 +23	+34 +23	+41 +23	+36 +28	**+39 +28**	+46 +28	–	–	–	**+44 +33**	+51 +33	–	+51 +40	–	+61 +50
						–	–	–			+50 +39	+56 +45	–	+71 +60
+37 +28	+41 +28	+49 +28	+44 +35	**+48 +35**	+56 +35	–	–	–	**+54 +41**	+62 +41	+60 +47	+67 +54	+76 +63	+86 +73
						+50 +41	+54 +41	+62 +41	**+61 +48**	+69 +48	+68 +55	+77 +64	+88 +75	+101 +88
+45 +34	+50 +34	+59 +34	+54 +43	**+59 +43**	+68 +43	+59 +48	+64 +48	+73 +48	+76 +60	+85 +60	+84 +68	+96 +80	+110 +94	+128 +112
						+65 +54	+70 +54	+79 +54	+86 +70	+95 +70	+97 +81	+113 +97	+130 +114	+152 +136
+54 +41	+60 +41	+71 +41	+66 +53	**+72 +53**	+83 +53	+79 +66	+85 +66	+96 +66	**+106 +87**	+117 +87	+121 +102	+141 +122	+163 +144	+191 +172
+56 +43	+62 +43	+73 +43	+72 +59	**+78 +59**	+89 +59	+88 +75	+94 +75	+105 +75	**+121 +102**	+132 +102	+139 +120	+165 +146	+193 +174	+229 +210
+66 +51	+73 +51	+86 +51	+86 +71	**+93 +71**	+106 +71	+106 +91	+113 +91	+126 +91	**+146 +124**	+159 +124	+168 +146	+200 +178	+236 +214	+280 +258
+69 +54	+76 +54	+89 +54	+94 +79	**+101 +79**	+114 +79	+119 +104	+126 +104	+139 +104	**+166 +144**	+179 +144	+194 +172	+232 +210	+276 +254	+332 +310
+81 +63	+88 +63	+103 +63	+110 +92	**+117 +92**	+132 +92	+140 +122	+147 +122	+162 +122	**+195 +170**	+210 +170	+227 +202	+273 +248	+325 +300	+390 +365
+83 +65	+90 +65	+105 +65	+118 +100	**+125 +100**	+140 +100	+152 +134	+159 +134	+174 +134	**+215 +190**	+230 +190	+253 +288	+305 +280	+365 +340	+440 +415
+86 +68	+93 +68	+108 +68	+126 +108	**+133 +108**	+148 +108	+164 +146	+171 +146	+186 +146	**+235 +210**	+250 +210	+277 +252	+335 +310	+405 +380	+490 +465
+97 +77	+106 +77	+123 +77	+142 +122	**+151 +122**	+168 +122	+186 +166	+195 +166	+212 +166	**+265 +236**	+282 +236	+313 +284	+379 +350	+454 +425	+549 +520
+100 +80	+109 +80	+126 +80	+150 +130	**+159 +130**	+176 +130	+200 +180	+209 +180	+226 +180	**+287 +258**	+304 +258	+339 +310	+414 +385	+449 +470	+604 +575
+104 +84	+113 +84	+130 +84	+160 +140	**+169 +140**	+186 +140	+216 +196	+225 +196	+242 +196	**+313 +284**	+330 +284	+369 +340	+454 +425	+549 +520	+669 +640
+117 +94	+126 +91	+146 +94	+181 +158	**+190 +158**	+210 +158	+241 +218	+250 +218	+270 +218	**+347 +315**	+367 +315	+417 +385	+507 +475	+612 +580	+742 +710
+121 +98	+130 +98	+150 +98	+198 +170	**+202 +170**	+222 +170	+263 +240	+272 +240	+292 +240	**+382 +350**	+402 +350	+457 +425	+557 +525	+682 +650	+822 +790
+133 +108	+144 +108	+165 +108	+215 +190	**+226 +190**	+247 +190	+293 +268	+304 +268	+325 +268	**+426 +390**	+447 +390	+511 +475	+626 +590	+766 +730	+936 +900
+139 +114	+150 +114	+171 +114	+233 +208	**+244 +208**	+265 +208	+319 +294	+330 +294	+351 +294	**+471 +435**	+492 +485	+566 +530	+696 +660	+856 +820	+1036 +1000
+153 +126	+166 +126	+189 +126	+259 +232	**+272 +232**	+295 +232	+357 +330	+370 +330	+393 +330	**+530 +490**	+553 +490	+635 +595	+780 +740	+980 +920	+1140 +1100
+159 +132	+172 +132	+195 +132	+279 +252	**+292 +252**	+315 +252	+387 +360	+400 +360	+423 +360	**+580 +540**	+603 +540	+700 +660	+860 +820	+1040 +1000	+1290 +1250

附表 F.2　孔的极限偏差（GB/T 1800.2—2009）

基本尺寸/mm		A*	B*		C		D				E		F			
大于	至	11	11	12	**11**	12	8	**9**	10	11	8	9	6	7	**8**	9
-	3	+330 +270	+200 +140	+240 +140	**+120 +60**	+160 +60	+34 +20	**+45 +20**	+60 +20	+80 +20	+28 +14	+39 +14	+12 +6	+16 +6	**+20 +6**	+31 +6
3	6	+345 +270	+215 +140	+260 +140	**+145 +70**	+190 +70	+48 +30	**+60 +30**	+78 +30	+105 +30	+38 +20	+50 +20	+18 +10	+22 +10	**+28 +10**	+40 +10
6	10	+370 +280	+240 +150	+300 +150	**+170 +80**	+230 +80	+62 +40	**+76 +40**	+98 +40	+130 +40	+47 +25	+61 +25	+22 +13	+28 +13	**+35 +13**	+49 +13
10	14	+400 +290	+260 +150	+330 +150	**+205 +95**	+275 +95	+77 +50	**+93 +50**	+120 +50	+160 +50	+59 +32	+75 +32	+27 +16	+34 +16	**+43 +16**	+59 +16
14	18															
18	24	+430 +300	+290 +160	+370 +160	**+240 +110**	+320 +110	+98 +65	**+117 +65**	+149 +65	+195 +65	+73 +40	+92 +40	+33 +20	+41 20	**+53 +20**	+72 +20
24	30															
30	40	+470 +310	+330 +170	+420 +170	**+280 +120**	+370 +120	+119 +80	**+142 +80**	+180 +80	+240 +80	+89 +50	+112 +50	+41 +25	+50 +25	**+64 +25**	+87 +25
40	50	+480 +320	+340 +180	+430 +180	**+290 +130**	+380 +130										
50	65	+530 +340	+380 +190	+490 +190	**+330 +140**	+440 +140	+146 +100	**+174 +100**	+220 +100	+290 +60	+106 +60	+134 +60	+49 +30	+60 +30	**+76 +30**	+104 +30
65	80	+550 +360	+390 +200	+500 +200	**+340 +150**	+450 +150										
80	100	+600 +380	+440 +220	+570 +220	**+390 +170**	+520 +170	+174 +120	**+207 +120**	+260 +120	+340 +120	+126 +72	+159 +72	+58 +36	+71 +36	**+90 +36**	+123 +36
100	120	+630 +410	+460 +240	+590 +240	**+400 +180**	+530 +180										
120	140	+710 +460	+510 260	+660 +260	**+450 +200**	+600 +200	+208 145	**+245 +145**	+305 +145	+395 +145	+148 +85	+185 +85	+68 +43	+83 +43	**+106 +43**	+143 +43
140	160	+770 +560	+530 +280	+680 +280	**+460 +210**	+610 +210										
160	180	+830 +580	+560 +310	+710 310	**+480 230**	+630 +230										
180	200	+950 +660	+630 +340	+800 +340	**+530 +240**	+700 +240	+242 +170	**+285 +170**	+3555 +170	+460 +170	+172 +100	+215 +100	+79 +50	+96 +50	**+122 +50**	+165 +50
200	225	+1030 +740	+670 +380	+840 +380	**+550 +260**	+720 +260										
225	250	+1110 +820	+710 +420	+880 +420	**+570 +280**	+740 +280										
250	280	+1240 +920	+800 +480	+1000 +480	**+620 +300**	820 +300	+271 +190	**+320 +190**	+400 +190	+510 +190	+191 +110	+240 +110	+88 +56	+108 +56	**+137 +56**	+186 +56
280	315	+1370 +1050	+860 +540	+1060 +540	**+650 +330**	+850 +330										
315	355	+1560 +1200	+960 +600	+1170 +600	**+720 +360**	+930 +360	+229 +210	**+350 +210**	+440 +210	+570 +210	+214 +125	+265 +125	+98 +62	+119 +62	**+151 +62**	+202 +62
355	400	+1710 +1350	+1040 +680	+1250 +680	**+760 +400**	+970 +400										
400	450	+1900 +1500	+1160 +760	+1390 +760	**+840 +440**	+1070 +440	+327 +230	**+385 +230**	+480 +230	+630 +230	+232 +135	+290 +135	+108 +68	+131 +68	**+165 +68**	+223 +68
450	500	+2050 +1650	+1240 +8400	+1470 +840	**+880 +480**	+1110 +4888										

注：1. *基本尺寸小于 1mm 时，各级的 A 和 B 均不采用。

2. 黑体字为优先公差带。

续表

G		H							JS			K		
6	7	6	7	8	9	10	11	12	6	7	8	6	7	8
+8 +2	+12 +2	+6 0	+10 0	+14 0	+25 0	+40 0	+60 0	+100 0	±3	±5	±7	0 −6	0 −10	0 −14
+12 +0	+16 +4	+8 0	+12 0	+18 0	+30 0	+48 0	+75 0	+120 0	±4	±6	±9	+2 −6	+3 −9	+5 −13
+14 +5	+20 +5	+9 0	+15 0	+22 0	+36 0	+58 0	+90 0	+150 0	±4.5	±7	±11	+2 −7	+5 −10	+6 −16
+17 +6	+24 +6	+11 0	+18 0	+27 0	+43 0	+70 0	+110 0	+180 0	±5.5	±9	±13	+2 −9	+6 −12	+8 −19
+20 +7	+28 +7	+13 0	+21 0	+33 0	+52 0	+84 0	+130 0	+210 0	±6.5	±10	±16	+2 −11	+6 −15	+10 −23
+25 +9	+34 +9	+16 0	+25 0	+39 0	+62 0	+100 0	+160 0	+250 0	±8	±12	±19	+3 −13	+7 −18	+12 −27
+29 +10	+40 +10	+19 0	+30 0	+46 0	+74 0	+120 0	+190 0	+300 0	±9.5	±15	±23	+4 −15	+9 −21	+14 −32
+34 +12	+47 +12	+22 0	+35 0	+54 0	+87 0	+140 0	+220 0	+350 0	±11	±17	±27	+4 −21	+12 −28	+20 −43
+39 +14	+54 +14	+25 0	+40 0	+63 0	+100 0	+160 0	+250 0	+400 0	±12.5	±20	±31	+5 −24	+13 −33	+22 −50
+44 +15	+61 +15	+29 0	+46 0	+72 0	+115 0	+185 0	+290 0	+460 0	±14.5	±23	±36	+5 −24	+13 −33	+22 −50
+49 +17	+69 +17	+32 0	+52 0	+81 0	+130 0	+210 0	+320 0	+520 0	±16	±26	±40	+5 −27	+16 −36	+25 −56
+54 +18	+75 +18	+36 0	+52 0	+81 0	+130 0	+210 0	+320 0	+520 0	±18	±28	±44	+7 −29	+17 −40	+28 −61
+60 +20	+83 +20	+40 0	+63 0	+97 0	+155 0	+250 0	+400 0	+630 0	±20	±31	±48	+8 −32	+18 −45	+29 −68

续表

基本尺寸/mm		M			N			P		R		S		T		U
大于	至	6	7	8	6	7	8	6	7	6	7	6	7	6	7	7
-	3	-2 -8	-2 -12	-2 -16	-4 -10	**-4** **-14**	-4 -18	-6 -12	**-6** **-16**	-10 -16	-10 -20	-14 -20	**-14** **-24**	-	-	**-18** **-28**
3	6	-1 -9	0 -12	+2 -16	-5 -13	**-4** **-16**	-2 -20	-9 -17	**-8** **-20**	-12 -20	-11 -23	-16 -24	**-15** **-27**	-	-	**-19** **-31**
6	10	-3 -12	0 -15	+1 -21	-7 -16	**-4** **-19**	-3 -25	-12 -21	**-9** **-24**	-16 -25	-13 -28	-20 -29	**-27** **-32**	-	-	**-22** **-37**
10	14	-4	0	+2	-9	**-5**	-3	-15	**-11**	-20	-16	-25	**-21**	-	-	**-26**
14	18	-15	-18	-25	-20	**-23**	-30	-26	**-29**	-31	-34	-34	**-39**			**-44**
18	24	-4	0	+4	-11	**-7**	-3	-18	**-14**	-24	-20	-31	**-27**	-	-	**-33** **-54**
24	30	-17	-21	-29	-24	**-28**	-36	-31	**-35**	-37	-41	-44	**-48**	-37 -52	-33 -54	**-40** **-61**
30	40	-4	0	+5	-12	**-8**	-3	-21	**-17**	-29	-25	-38	**-34**	-43 -59	-39 -64	**-51** **-76**
40	50	-20	-25	-34	-28	**-33**	-42	-37	**-42**	-45	-50	-54	**-59**	-49 -65	-45 -70	**-61** **-86**
50	65	-5	0	+5	-14	**-9**	-4	-26	**-21**	-35 -54	-30 -60	-47 -66	**-42** **-72**	-60 -79	-55 -85	**-76** **-106**
65	80	-24	-30	-41	-33	**-39**	-50	-45	**-51**	-37 -56	-32 -62	-53 -72	**-48** **-78**	-69 -88	-64 -94	**-91** **-121**
80	100	-6	0	+6	-16	**-10**	-4	-30	**-24**	-44 -66	-38 -73	-64 -86	**-58** **-93**	-84 -106	-78 -113	**-111** **-146**
100	120	-28	-35	-48	-38	**-45**	-58	-52	**-59**	-47 -69	-41 -76	-72 -94	**-66** **-101**	-79 -119	-91 -126	**-131** **166**
120	104									-56 -81	-48 -88	-85 -110	**-77** **-117**	-115 -140	-107 -147	**-155** **-195**
140	160	-8 -33	0 -40	+8 -55	-20 -45	**-12** **-52**	-4 -67	-36 -61	**-28** **-68**	-58 -83	-50 -90	-93 -118	**-85** **-125**	-127 -152	-119 -159	**-175** **-215**
160	180									-61 -86	-53 -93	-101 -126	**-93** **-133**	-139 -164	-131 -171	**-195** **-235**
180	200	-8	0	+9	-22	**-14**	-5	-41	**-33**	-68 -97	-60 -106	-113 -142	**-105** **-151**	-157 -186	-49 -195	**-219** **-265**
200	225									-71 -100	-63 -109	-121 -150	**-113** **-159**	-171 -200	-163 -209	**-241** **-287**
225	250	-37	-46	-63	-51	**-60**	-77	-70	**-79**	-75 -104	-67 -113	-131 -160	**-123** **-169**	-187 -216	-179 -225	**-267** **-313**
250	280	-9	0	+9	-25	**-14**	-5	-47	**-36**	-85 -117	-74 -126	-149 -181	**-138** **-190**	-209 -241	-198 -250	**-295** **-347**
280	315	-41	-52	-72	-57	**-66**	-86	-79	**-88**	-89 -121	-78 -130	-161 -193	**-150** **-202**	-231 -263	-220 -272	**-330** **-382**
315	355	-10	0	+11	-26	**-16**	-5	-51	**-41**	-97 -133	-87 -144	-179 -215	**-169** **-226**	-257 -293	-247 -304	**-369** **-426**
355	400	-46	-57	-78	-62	**-73**	-94	-87	**-98**	-103 -139	-93 -150	-197 -233	**-187** **-244**	-283 -319	-273 -330	**-414** **-471**
400	450	-10	0	+11	-27	**-17**	-6	-555	**-45**	-113 -139	-103 -166	-219 -259	**-209** **-272**	-317 -357	-307 -370	**-467** **-530**
450	500	-50	-63	-86	-67	**-80**	-103	-95	**-108**	-119 -159	-109 -172	-239 -279	**-229** **-292**	-347 -387	-337 -400	**-517** **-508**

参 考 文 献

[1] 赵红．工程图样的绘制与识读．北京：高等教育出版社，2013.
[2] 吕波．工程制图．北京：北京邮电大学出版社，2013.
[3] 金大鹰．机械制图．北京：机械工业出版社，2013.
[4] 杨老记．机械制图．北京：机械工业出版社，2012.
[5] 刘力．机械制图．北京：高等教育出版社，2008.
[6] 王其昌．机械制图．北京：人民邮电出版社，2012.
[7] 沙莉．机械制图．北京：人民邮电出版社，2011.
[8] 钱可强．机械制图．北京：高等教育出版社，2011.
[9] 姜勇．AutoCAD2008 中文版辅助机械制图．北京：北京邮电大学出版社，2009.
[10] 王春莲．机械制图．北京：化学工业出版社，2013.
[11] 王志泉．机械制图与公差．北京：清华大学出版社，2006.
[12] 胡琳．机械制图．北京：机械工业出版社，2005.
[13] 张小红．机械制图与识图职业技能训练教程．北京：高等教育出版社，2008.
[14] 张萌克．机械制图．北京：机械工业出版社，2008.
[15] 叶玉驹．机械制图手册．北京：机械工业出版社，2008.